Logistik Management

Thomas Spengler
Stefan Voß
Herbert Kopfer
Herausgeber

Logistik Management

Prozesse, Systeme, Ausbildung

Mit 150 Abbildungen
und 55 Tabellen

Physica-Verlag
Ein Unternehmen
des Springer-Verlags

Professor Dr. Thomas Spengler
Technische Universität Braunschweig
Institut für Wirtschaftswissenschaften – Produktionswirtschaft
Katharinenstraße 3
38106 Braunschweig, Germany
t.spengler@tu-braunschweig.de

Professor Dr. Stefan Voß
Universität Hamburg
Institut für Wirtschaftsinformatik
Von Melle-Park 5
20146 Hamburg, Germany
stefan.voss@uni-hamburg.de

Professor Dr. Herbert Kopfer
Universität Bremen
Fachbereich Wirtschaftswissenschaft, Lehrstuhl für Logistik
Wilhelm-Herbst-Straße 5
28359 Bremen, Germany
kopfer@logistik.uni-bremen.de

ISBN 3-7908-0121-6 Physica-Verlag Heidelberg

Bibliografische Information Der Deutschen Bibliothek

Die Deutsche Bibliothek verzeichnet diese Publikation in der Deutschen Nationalbibliografie; detaillierte bibliografische Daten sind im Internet über *http://dnb.ddb.de* abrufbar.

Physica-Verlag Heidelberg
ein Unternehmen der BertelsmannSpringer Science + Business Media GmbH

http://www.springer.de

Umschlaggestaltung: Erich Kirchner, Heidelberg

SPIN 10953822 88/3130 – 5 4 3 2 1 0 – Gedruckt auf alterungsbeständigem Papier

Preface

Globalization and virtualization of business relations increase the importance and complexity of logistical challenges faced by companies. The configuration and the management of logistic networks as well as relations to logistic service providers become a vital factor of competitiveness. The combined knowledge of scientists and practitioners about this led to the development and discussion of strategies, methods and tools to enable companies to meet the high demands concerning logistical tasks.

This proceedings volume consists of selected papers presented at the conference *Logistics Management 2003* (LM 03), which was held at the University of Technology in Braunschweig, Germany, from September 24th to 26th, 2003. The LM 03 is the continuation of a series of scientific conferences initiated in 1999 and aims to stimulate the exchange of ideas and discussions among science and practitioners about current problems, solutions, and future development in logistics. Previous conferences were held in Bremen (1999) and Aachen (2001). These are well documented in Kopfer and Bierwirth (1999) as well as Sebastian and Grünert (2001).

The conference is held in cooperation with the Scientific Commission "Logistics" within the Association of University Professors of Business Administration, currently chaired by Herbert Kopfer. The conference location is at the "Technische Universität Carolo-Wilhelmina zu Braunschweig", Germany's oldest university of technology which looks back on a tradition of academic teaching and research of more than two and a half centuries.

The contributions that are presented at the conference as well as the papers in these proceedings show that logistics management is gaining more and more importance in various areas. Academics as well as practitioners are well involved in the development of the field. The overall focus of the papers may be best described by processes, systems, and education. Focussing on these overall topics we group the papers into seven parts encompassing Planning Processes, E-Business, Supply Chain Management, Supply Chain Controlling and Efficiency, Reverse Logistics, Sea Transport and Terminal Logistics as well as Education.

While we believe that these proceedings provide insights into the state-of-the-art of the field, we also hope and know that the story is never-ending. That is, new advances on different levels are expected, taking into consideration innovations in all areas in logistics management.

Acknowledgements

Of course such an ambitious project like organizing the conference and publishing the proceedings to reflect its outcome would not have been possible without the most valuable input of a large number of people. First of all, we wish to thank all the authors and presenters for their contributions. Furthermore, we greatly appreciate the valuable help from the members of the international program committee as well as the referees (see the Appendix for appropriate lists).

The conference has only been made possible by the generous support we achieved from some sponsors; a list of them is given in the Appendix. While running the conference and compiling the proceedings we received enthusiastic support from various people. Most importantly, we mention Birgit Heck, Ronald Krick, and Wiebke Stölting (Braunschweig) for their input in preparing the conference and doing the local arrangements. We are also indebted to Holger Höller (Hamburg) for his support while editing the proceedings, especially for transferring all papers to let them have a common look. Last not least our thanks go to Werner A. Müller at Springer Publishers for his help and encouragement.

Thomas Spengler, Braunschweig
Stefan Voß, Hamburg
Herbert Kopfer, Bremen

September 2003

Contents

Flexibilisierung der Tourenplanung: Bisherige Ansätze und das Konzept der generischen Algorithmen

Tore Grünert

RWTH Aachen, Lehr- und Forschungsgebiet Operations Research und Logistik Management, Templergraben 64, 52056 Aachen, Germany
tore@or.rwth-aachen.de

Zusammenfassung Tourenplanungsprobleme sind in der Praxis dadurch gekennzeichnet, daß sie eine Vielzahl von Restriktionen aufweisen, die man in den abstrakten Modellen des Operations Research nicht findet. Will man derartige Tourenplanungsprobleme mit Hilfe von rechnergestützten Entscheidungsunterstützungssystemen lösen, so benötigt man ein Konzept, um diese komplexen Restriktionen, die nicht Teil der Standard-Modelle sind, zu modellieren und in Algorithmen zu implementieren. In diesem Artikel werden die wichtigsten bisherigen Modellierungs-Ansätze aus dem Bereich des Operations Research und der Software-Entwicklung kurz vorgestellt und ein neues Modell sowie einige darauf aufbauende generische Algorithmen vorgeschlagen.

1 Einführung

Unter „Tourenplanung" (engl.: vehicle routing and scheduling) soll in diesem Beitrag eine Gruppe von Optimierungsproblemen subsumiert werden, welche sich dadurch kennzeichnen lassen, daß eine Menge von Fahrzeugen eine Menge von Aufträgen innerhalb eines bestimmten Planungshorizonts bedienen soll. Diese bewußt sehr unscharf gehaltene Eingrenzung des Gebiets der Tourenplanung rührt daher, daß es kaum möglich ist, a priori festzulegen, welche Ziele und welche Restriktionen bei einem konkreten Tourenplanungsproblem einzuhalten sind. In der Literatur findet man Ansätze, sowohl die wichtigsten Ziele und Restriktionen von Tourenplanungsproblemen aufzuzählen, wie z.B. in der Arbeit von Assad (1988), als auch sog. Klassifikationsschemata einzuführen. Letztere sind dadurch gekennzeichnet, daß sie versuchen, die wesentlichen Aspekte von Tourenplanungsproblemen durch Attribute anzugeben, wobei ein konkretes Problem durch bestimmte Ausprägungen der Attribute definiert wird; vgl. dazu Desrochers *et al.* (1990). Die wichtigsten Attribute beziehen sich auf den Typ der Nachfrage (tritt diese in den Knoten oder Kanten des Netzwerks auf?), die Anzahl der Depots, die Anzahl der Perioden, die Zusammensetzung und Eigenschaften der Fahrzeuge, auf Unsicherheiten in den Fahrzeiten, Strecken und Bedarfen, ob man nur einsammelt bzw. ausliefert oder ob auch beides notwendig ist und ob Zeitfenster zu berücksichtigen sind. Die Praxis zeigt jedoch, daß die bisher veröffentlichten Klassifikationsschemata es kaum erlauben, viele der in der Praxis auftauchenden Restriktionen zu berücksichtigen. Obwohl für die Praxis weniger hilfreich, bieten die Schemata aus Sicht der Wissenschaft den Vorteil, daß sich der Großteil der Publikationen zu diesem Thema klassifizieren läßt. So können relevante Publikationen schneller gefunden und die eigene Arbeit besser eingeordnet werden.

Die Tourenplanung ist in der Praxis auch heute noch eine Tätigkeit, die meistens manuell durchgeführt wird. Hier sind insbesondere die „Disponenten" zu nennen, welche im Laufe eines Arbeitstags eine Menge von Transportaufträgen mit einer verfügbaren Flotte von eigenen oder fremd gecharterten Fahrzeugen abwickeln. Die Arbeit der Disponenten ist durch eine hohe Dynamik und Unsicherheit gekennzeichnet. So ist es nicht selten, daß die Disponenten zum Beginn ihres Arbeitstags nur einen Teil der Aufträge kennen und über sehr ungenaue Angaben über die Eigenschaften, wie z.B. Maße und Gewichte, der Aufträge verfügen. Dies ist auch ein bekanntes Argument für den Verzicht auf eine computergestützte Planung.

Ab einer bestimmten Größe des Fuhrparks (und damit einhergehenden steigenden Kosten) gehen viele Unternehmen zu einer computergestützten Planung über. Diese hat gegenüber der manuellen Planung mehrere entscheidende Vorteile. Erstens lassen sich dadurch die Transportkosten senken, teilweise sogar erheblich, zweitens steigt die Effizienz der einzelnen Disponenten, was ebenfalls Personalkosten einspart, und drittens erzwingt die computergestützte Planung eine gewisse Standardisierung der Geschäftsprozesse, welche auch zur Reduktion von Durchlaufzeiten und der Erhöhung der Effizienz der vor- und nachgelagerten Prozesse genutzt werden kann.

Der Kern eines Tourenplanungssystems besteht aus einem oder mehreren Optimierungsalgorithmen, i.d.R. Heuristiken, welche auf einem bestimmten Grundmodell beruhen. Die Wahl dieses Grundmodells ist von entscheidender Bedeutung für die Anwendbarkeit und Flexibilität der entwickelten Software. So bestimmt dieses Modell, welche Art von Tourenplanungsproblem behandelt werden soll und welche Zielfunktion und Restriktionen a priori berücksichtigt werden. Kommen weitere Restriktionen (z.B. Zeitfenster, Lenkzeitvorschriften oder mehrfache Nutzung eines Fahrzeugs in einem Planungshorizont) hinzu oder ändert sich die Zielfunktion (z.B. von der Streckenminimierung auf die gleichmäßige Auslastung der Fahrzeuge), so müssen das Grundmodell ebenso wie die darauf aufbauenden Algorithmen angepaßt werden. Das Problem für den Software- und Algorithmen-Entwickler ist jedoch, daß von ihm erwartet wird, ein System zu entwerfen, *bevor* er das eigentliche (praktische) Problem kennt. Darüber hinaus zeigt die Erfahrung bei der Einführung derartiger Systeme, daß auch während der Entwicklung bzw. im Probebetrieb neue, bisher nicht explizit ausformulierte Restriktionen hinzukommen, welche ebenfalls zu berücksichtigen sind. Deshalb wird er bei Einführung dieses Systems in der Praxis den klassischen Weg des „Customizing" wählen. Dieser besteht darin, das Grundmodell und die darauf aufbauenden Algorithmen zu „erweitern". Beispielsweise kann man gewisse Schritte der Algorithmen nur dann zulassen, wenn sie alle, auch die nach der Entwicklung des Algorithmus hinzukommenden, Restriktionen einhalten. Dies ist jedoch nur bis zu einem bestimmten Punkt möglich, ab dem eigentlich eine Neuentwicklung des Algorithmus nötig wäre. Da dieser Punkt aber relativ früh überschritten wird, führt diese praktisch sehr häufig gewählte Vorgehensweise in vielen Fällen zur Ablehnung durch die Anwender und zum deutlichen Verfehlen der optimalen Lösung; vgl. auch Rousseau (1988).

Ziel dieses Beitrags ist es, ein „generisches" Modell für Tourenplanungsprobleme vorzuschlagen, welches sehr allgemein ist, aber trotzdem den Entwurf und die Implementation der wesentlichen Bestandteile von Heuristiken und Metaheuristiken erlaubt, ohne das „reale Problem" exakt zu kennen. Liegt später das reale Problem vor, so werden das Modell deklarativ mit der Zielfunktion und der Kostenfunktion dieses Problems „instanziiert" und bestimmte Bestandteile der Heuristiken ausformuliert. Die Bezeichnung „generisch" wurde gewählt, um zu verdeutlichen, daß mit diesem Ansatz eine ganze Klasse von verschiedenartigen Problemen behandelt werden kann. Insbesondere lassen sich mit Hilfe des Ansatzes wesentliche Teile von Heuristiken und Metaheuristiken entwickeln und implementieren, ohne daß die exakte Gestalt der Restriktionen und der Zielfunktion bekannt ist. Dies geschieht in Anlehnung an Konzepte der objektorientierten und generischen Programmierung, wo mit Hilfe virtueller Funktionen und sog. „Templates"eine Reihe von generischen Algorithmen, beispielsweise zur Sortierung und Aufbau von Bäumen, entwickelt worden sind, welche unabhängig von der Struktur der zu manipulierenden Objekte sind; vgl. Absschnitt 2.7 in Stroustrup (1998).

Der Schwerpunkt dieses Beitrags ist die Behandlung von deterministischen, knotenorientierten Tourenplanungsproblemen. Auf zusätzliche Aspekte, welche sich beispielsweise bei Berücksichtigung einer dynamischen Nachfrage und der Unsicherheit ergeben, wird nicht eingegangen. Selbstverständlich lassen sich diese Algorithmen im Sinne einer Reoptimierung innerhalb einer rollierenden Planung einsetzen; sie sind jedoch nicht speziell darauf ausgerichtet.

Der Beitrag ist wie folgt gegliedert: Im folgenden Abschnitt 2 werden nach einer kurzen Einführung in den Bereich der Tourenplanung die wichtigsten Ansätze zur Generalisierung der Modelle und Algorithmen vorgestellt. Im anschließenden Abschnitt 3 wird kurz auf die Praxis der computergestützten Tourenplanung eingegangen. Ein neues Modell zur Lösung praktischer Tourenplanungsprobleme und das darauf basierende Konzept der generischen Algorithmen werden in Abschnitt 4 erläutert. Der Abschnitt 5 beschreibt kurz die Anwendung dieses Konzepts zur Lösung eines Tourenplanungsproblems aus dem Bereich der Komplettladungstransporte. Die wichtigsten Ergebnisse dieser Arbeit werden schließlich in Abschnitt 6 zusammengefaßt.

2 Theorie der Tourenplanung und Ansätze zu ihrer Flexibilisierung

Mit theoretischen Aspekten der Tourenplanung befaßt sich das Operations Research seit den fünfziger Jahren sehr intensiv. Die grundlegenden Artikel zum Rundreiseproblem (engl.: travelling salesman problem, TSP) und Standardproblem der Tourenplanung (engl.: vehicle routing problem, VRP) wurden von Dantzig zusammen mit weiteren Autoren in dieser Dekade veröffentlicht; vgl. Dantzig *et al.* (1954) und Dantzig und Ramser (1959). Seitdem hat das Interesse an dieser Disziplin stark zugenommen, und es sind weit mehr als eintausend wissenschaftliche Artikel hinzugekommen.[1]

Die größte Zahl der Artikel befaßt sich mit der Modellierung und Lösung von „Standardproblemen" der Tourenplanung. Eine Übersicht über derartige Modelle geben u.a. Domschke (1997) sowie Toth und Vigo (2002). Typische Vertreter dieser Klasse sind das TSP und das VRP, deren Erweiterungen um Zeitfenster (engl.: time windows) TSPTW und VRPTW, das Einsammel- und Auslieferproblem (engl.: pickup & delivery problem, PDP), das Multi-Depot-VRP (MDVRP), das periodische VRP (PVRP) und das VRP mit heterogenem Fuhrpark (engl.: vehicle fleet mix problem, VFMP). Die Artikel behandeln im wesentlichen alternative Modellierungsansätze sowie die algorithmischen Aspekte neuer Lösungsverfahren. Bei der optimalen Lösung derartiger Probleme wurden zwar Fortschritte erzielt, welche für praktisch relevante Größenordnungen jedoch, bis auf wenige Ausnahmen, keine Bedeutung haben. So gibt es heute noch VRP mit weniger als 50 Aufträgen, welche nicht bewiesenermaßen optimal gelöst werden konnten. In der Praxis findet man jedoch Instanzen mit mehr als 1000 Aufträgen, weshalb dort, bis auf wenige, besonders strukturierte Ausnahmen, nur Heuristiken und Metaheuristiken eine Rolle spielen.

Berücksichtigt man diese Vielzahl an Veröffentlichungen, so fällt auf, daß die Generalisierung bzw. Flexibilisierung der Modelle bisher eine eher untergeordnete Rolle gespielt hat. Dies kann einerseits darauf zurückgeführt werden, daß es doch eine erhebliche Lücke zwischen „Theorie" und „Praxis" in diesem Bereich gibt und zum anderen, daß Hersteller von Tourenplanungssystemen aus kommerziellen Gründen derartige Ansätze nicht veröffentlichen. Im folgenden sollen kurz drei Ansätze beschrieben werden, welche im Bereich der Tourenplanung bisher verwendet wurden. Anschließend wird kurz auf die Lösung genereller gemischt-ganzzahliger linearer bzw. nichtlinearer Programmierungsprobleme mit Klassenbibliotheken eingegangen, da auch diese das gleiche Ziel der Generalisierung verfolgen.

2.1 Strafkosten-Ansatz

Angenommen, man hat einen Algorithmus für ein spezielles Problem, z.B. das VRP, entwickelt und möchte diesen Algorithmus zur Lösung eines ähnlichen

[1] Gemäß eigener Erhebung.

Problems einsetzen, welches weitere Restriktionen berücksichtigt, wie z.B. Zeitfenster und bestimmte Zusammenladungsverbote. Dieses um zusätzliche Restriktionen erweiterte Problem soll im folgenden als *erweitertes Problem* bezeichnet werden und dasjenige Problem, für das man den Algorithmus entworfen hatte, als *relaxiertes Problem.* Zielsetzung des Strafkosten-Ansatzes ist es, einen Algorithmus für das relaxierte Problem zu verwenden, um das erweiterte Problem zu lösen. Dabei wird die Verletzung der Restriktionen des erweiterten Problems zur Bewertung der Entscheidungen im Algorithmus herangezogen.

Der Strafkosten-Ansatz ist aus dem Bereich der nichtlinearen Programmierung bestens bekannt; vgl. z.B. Bazaraa *et al.* (1979). Grundlage des Ansatzes ist eine Menge von möglicherweise nichtlinearen Restriktionen, welche aus dem ursprünglichen Problem weggelassen wurden, um zum relaxierten Problem zu gelangen. Die Indexmenge dieser Restriktionen sei mit M bezeichnet. Für jedes $i \in M$ wird mit Hilfe der Entscheidungsvariablen $x \in R^n$ sowie der Funktion $g_i(x) : R^n \rightarrow R^1$ eine Restriktion definiert. Diese kann allgemein durch

$$g_i(x) \leq 0$$

angegeben werden. Für jede Restriktion kann eine monoton steigende Strafkostenfunktion $p_i : R^1 \rightarrow R^1_+$ definiert werden. Diese bestraft die Verletzung der Restriktion, indem der Strafterm

$$p_i(g_i(x))$$

zur Zielfunktion des Problems addiert wird. Im einfachsten Fall hat man eine lineare Strafkostenfunktion der Art $p_i(x) = \pi_i \max\{0, g_i(x)\}$, mit $\pi_i \geq 0$; es sind jedoch auch andere Formen denkbar, wie z.B. eine quadratische Strafkostenfunktion:

$$p_i(x) = \begin{cases} \pi_i g_i^2(x), & \text{falls } g_i(x) > 0 \\ 0, & \text{sonst} \end{cases}$$

Alle Heuristiken und Metaheuristiken führen im weitesten Sinne eine Nachbarschaftssuche durch, Eröffnungsverfahren um den schrittweisen Aufbau einer zulässigen Lösung zu gewährleisten und Verbesserungsverfahren um den Wechsel von der aktuellen Lösung zu einer Nachbarlösung zu ermöglichen. In jedem Schritt einer Heuristik werden dazu potentielle Nachbarlösungen untersucht und bewertet. Betrachtet man nun einen Algorithmus zur Lösung des relaxierten Problems, so wird dieser die relaxierten Nebenbedingungen dann implizit berücksichtigen können, wenn diese über die Strafkosten in der Zielfunktion die Bewertung und somit die Auswahl der nächsten Schritte steuert. Genau dies ist die generelle Vorgehensweise des Strafkosten-Ansatzes: Durch Beeinflussung der Bewertung von Nachbarlösungen mit Hilfe von Strafkosten wird implizit versucht, die Zulässigkeit der Restriktionen zu erreichen.

Das Problem des Strafkostenansatzes besteht u.a. in der Skalierung der Multiplikatoren π_i für die Strafkostenfunktionen. Wählt man die Multiplikatoren zu hoch, so basieren die getroffenen Entscheidungen ausschließlich auf der Einhaltung der Restriktionen, und die eigentlichen Kosten werden kaum berücksichtigt. Wählt man die Multiplikatoren zu niedrig, so besteht die Gefahr, daß die Restriktionen nicht eingehalten werden.

Strafkosten werden im Zusammenhang mit Eröffnungsverfahren meist iterativ eingesetzt. Eine Möglichkeit, die Strafkosten bei linearen Strafkostenfunktionen anzupassen, bieten die *Lagrange-Heuristiken*; vgl. Grünert (2002). Dabei wird das Eröffnungsverfahren mehrfach gestartet und die Multiplikatoren abhängig von dem Grad der Verletzung der relaxierten Nebenbedingungen angepaßt.

Die Idee der dynamischen Anpassung der Strafkosten ist auch innerhalb von Verbesserungsverfahren und Metaheuristiken verfolgt worden; vgl. z.B. Gendreau *et al.* (1994) für das VRP. Hierbei wird regelmäßig nach Ablauf einer bestimmten Anzahl an Iterationen überprüft, wie oft welche Restriktionen in den letzten Iterationen eingehalten wurden. Wurde eine Restriktion (relativ betrachtet) oft eingehalten, so werden die Strafkosten verringert, wurde sie selten eingehalten, so werden die Strafkosten erhöht, und treffen diese beiden Fälle nicht zu, so werden die Strafkosten unverändert beibehalten.

Unabhängig davon, ob man ein Eröffnungs- oder Verbesserungsverfahren betrachtet, besteht immer die Möglichkeit, daß für das erweiterte Problem keine zulässige Lösung gefunden werden kann. Dann kann man entweder die Strafkosten der entsprechenden Restriktionen weiter erhöhen oder einen sog. ***Reparaturalgorithmus*** anwenden. Reparaturalgorithmen versuchen, durch Anwendung bestimmter Prozeduren eine zulässige Lösung für das relaxierte Problem in eine zulässige Lösung für das erweiterte Problem zu transformieren.

Strafkostenansätze können dann erfolgreich eingesetzt werden, wenn der Algorithmus für das relaxierte Problem die meisten Restriktionen des erweiterten Problems explizit berücksichtigt und nur wenige Restriktionen mit Hilfe des Strafkostenansatzes relaxiert werden, also wenn der Unterschied zwischen dem relaxierten und dem erweiterten Problem nicht „zu groß" ist. Nur in diesem Fall ist zu erwarten, daß man mit den oben genannten Methoden auch zulässige Lösungen ermitteln kann. Deshalb kann der Ansatz als nur begrenzt anwendbar zur Generalisierung vorhandener Algorithmen angesehen werden.

Eine weitere Anwendung von Strafkosten findet man bei der Formulierung von unscharfen Modellen (engl.: soft models). Dabei wird bewußt erlaubt, daß „leicht unzulässige" Lösungen generiert werden, ähnlich wie in der Fuzzy-Set-Theorie. Es handelt sich um Ansätze, die die vorhandene Ungenauigkeit in den Daten oder auch die ungenaue Spezifikation von Restriktionen dahingehend auszunutzen, daß man deren Verletzung zumindest partiell zuläßt, um somit möglicherweise zu besseren Lösungen hinsichtlich der Kosten zu gelangen. Beispielhaft sei die Verletzung eines Zeitfensters um wenige Minuten genannt, welches möglicherweise dazu genutzt werden kann, die Kosten einer Tour zu reduzieren. In der Literatur findet man daher auch insbesondere Ansätze zur „Aufweichung“ von Zeitfenstern; vgl. Koskosidis *et al.* (1992), Balakrishnan (1993), Taillard *et al.* (1997), Fagerholt (2001). Diese Ansätze arbeiten auch mit Strafkosten, die jedoch extern vorgegeben sein müssen, um den Ausgleich (im Sinne einer Substitution) zwischen den verschiedenen Restriktionen und der Zielfunktion bewerten zu können. Die hierbei verfolgte Zielsetzung betrifft ausschließlich die Modelle und *nicht* die dazugehörigen Algorithmen. Diese müssen zwar eine Verletzung bestimmter Restriktionen zulassen und auch bewerten können, sind aber nicht dazu vorgesehen, weitere Restriktionen auf bestimmte Weise zu integrieren.

2.2 Constraint-Programming

Constraint-Programming (CP) hat seine Wurzeln in den Bereichen der Logik-Programmierung und der Künstlichen Intelligenz. Es handelt sich dabei um einen Ansatz der deklarativen Programmierung zum Formulieren und Lösen von Zulässigkeits- und Optimierungsproblemen. Von daher ist das Anwendungsfeld von CP ähnlich groß wie das der gemischt-ganzzahligen Programmierung. Für eine Einführung in das Thema seien der Artikel von Lustig und Puget (2001) und das Buch von Marriott und Stuckey (1998) genannt.

Formal kann man mit Hilfe der Entscheidungsvariablen $x_1, \ldots, x_n$ das sog. „Constraint-Satisfaction-Problem“ (CSP) definieren. Dazu sei für jede Variable x_i eine Domäne $\mathcal{D}_i$ gegeben, welche die zulässigen Werte dieser Variable angibt. Eine Restriktion bzw. Constraint c ist eine Relation auf der Menge $\mathcal{D}_1 \times \mathcal{D}_2 \times \cdots \times \mathcal{D}_n$. Ein Constraint läßt sich alternativ mit Hilfe der Funktion $f : \mathcal{D}_1 \times \mathcal{D}_2 \times \cdots \times \mathcal{D}_n \rightarrow \{0, 1\}$ definieren, wobei man sagt, daß das Constraint erfüllt ist, wenn $f(x_1, \ldots, x_n) = 1$ ist und nicht erfüllt ist, falls $f(x_1, \ldots, x_n) = 0$ gilt. Das CSP fragt nun bei n Entscheidungsvariablen mit entsprechenden Domänen und m Constraints $f_1, \ldots, f_m$ nach einer Variablenbelegung $(\bar{x}_1, \ldots, \bar{x}_n)$, so daß

$$\bar{x}_j \in \mathcal{D}_j \quad \text{für alle } j = 1, \ldots, n$$
$$f_i(\bar{x}_1, \ldots, \bar{x}_n) = 1 \quad \text{für alle } i = 1, \ldots, m$$

erfüllt ist. Die Constraints können deklarativ mit Hilfe von Variablen und Relationen formuliert werden. Die entsprechenden Erweiterungen klassischer Programmiersprachen stellen zusätzlich die Möglichkeit zur Verfügung, Suchstrategien zu formulieren, welche eine zielgerichtete Suche nach zulässigen bzw., im Falle der Optimierung, nach optimalen Lösungen erlaubt. Die Optimierung geschieht beim CP durch Angabe von Anspruchsniveaus für die Zielfunktion, welche solange mit Hilfe von linearer oder binärer Suche angepaßt werden können, bis eine nachgewiesen optimale Lösung bestimmt wurde. Der Vorteil des CP liegt darin, daß das Hinzufügen neuer Constraints zu einem

Modell nicht unbedingt erfordert, daß die bisherige Suchstrategie verändert wird. Somit hat man die Möglichkeit, flexibel neue, praktisch relevante Constraints zum Modell hinzuzufügen.

In der Tourenplanung wurde das CP zur Lösung eines TSP mit Zeitfenstern von Pesant *et al.* (1998) angewendet. Die Autoren zeigen die Flexibilität des Ansatzes bei Erweiterung des Modells auf mehrfache Zeitfenster in Pesant *et al.* (1999). Das CP wird bei diesem hybriden Ansatz mit der Berechnung von unteren Schranken im Sinne eines Branch-and-Bound kombiniert, und eine Reihe von redundanten Constraints dient der Erhöhung der Effizienz der Suche. Die Erhöhung der Flexibilität in der Modellierung steht in den genannten Arbeiten nicht wirklich im Vordergrund.

Die Flexibilisierung der Tourenplanungsmodelle und -algorithmen ist erklärtes Ziel der Arbeiten de Backer *et al.* (2000), Kilby *et al.* (1999, 2000), Shaw (1998), die in den neunziger Jahren an der University of Strathclyde durchgeführt wurden, und ihren Niederschlag im kommerziellen Softwaresystem „Dispatcher" der Firma ILOG fanden; vgl. ILOG (1999). Grundlage dieser Modelle sind zwei Objekte, sog. „visits", die die Orte angeben, die besucht werden müssen, und die Fahrzeuge selbst („vehicles"). Das System stellt eine Reihe von Heuristiken, Eröffnungsverfahren, Verbesserungsverfahren sowie Metaheuristiken zur Verfügung, welche auf bestimmten vordefinierten Nachbarschaften arbeiten. Das System bietet darüber hinaus die Möglichkeit, eigene benutzerdefinierte Constraints zu deklarieren, welche in den Algorithmen berücksichtigt werden, indem vor jeder Ausführung eines potentiellen Schritts überprüft wird, ob die Restriktionen eingehalten werden oder nicht. Ferner kann der Benutzer eigene Heuristiken programmieren. Die Notwendigkeit, eigene Heuristiken zu entwickeln, scheint dann gegeben, wenn das zugrundeliegende Tourenplanungsproblem von der Struktur eines VRP oder PDP abweicht, denn dann ist zu erwarten, daß die bereitgestellten Verfahren bzw. Nachbarschaften keine oder nur sehr schlechte Ergebnisse liefern. In diesem Fall stellt sich allerdings die Frage, ob es überhaupt notwendig und effizient ist, das Softwaresystem einzusetzen. Zu kritisieren ist das relativ unübersichtliche und schwer durchschaubare Konzept des Gesamtansatzes, das aus keiner der Veröffentlichungen klar hervorgeht.

2.3 Das Ressourcen-Konzept beim Column-Generation

Column-Generation-Ansätze gehören zu den leistungsfähigsten Verfahren zur Optimierung von Tourenplanungsproblemen mit Restriktionen, wie z.B. Zeitfenstern oder Präzedenzrelationen. Diese auf der Danzig-Wolfe-Dekomposition beruhenden Ansätze haben sich insbesondere im Bereich der Crew- und Fahrzeugeinsatzplanung bewährt. Im Artikel von Desaulniers *et al.* (1998) ist ein generisches Modell angegeben, welches eine Vielzahl von Modellen aus den genannten Bereichen als Spezialfälle umfaßt. Ferner wird dort die generelle Herangehensweise zur Lösung dieses Modells mittels der Technik des Column-Generation beschrieben.

Grundlage des Modells ist die Beschreibung des zugrundeliegenden Problems mittels sog. „Ressourcenvariablen". „Ressourcen" sind in diesem Konzept Objekte, die einem Verbrauch unterliegen, wie z.B. die Elementarfaktoren Arbeit, Betriebsmittel und Werkstoffe oder auch die Zeit. Der hierbei verwendete Begriff der Ressource ist allgemeiner zu verstehen, als in der betriebswirtschaftlichen Literatur üblich.[2] Man sollte daher eher von Attributen sprechen, was jedoch im vorliegenden Aufsatz nicht getan wird, um die Beziehung zur o.g. Arbeit zu verdeutlichen. Fahrzeuge werden nun von einer Quelle zu einer Senke in einem Netzwerk bewegt, um die Menge aller Aufträge abzuwickeln. Beim Übergang von einem Knoten zu einem anderen Knoten entlang eines Bogens dieses Netzwerks werden die Ressourcenvariablen gemäß einer festen Vorschrift aktualisiert. Mit dieser Vorschrift kann die Berechnung der Variablen innerhalb einer Route erfolgen. Eine Ressourcenvariable ist in einem Knoten zulässig, falls sie innerhalb eines geschlossenen Intervalls (dem sog. „Ressourcenfenster") liegt. Damit lassen sich Restriktionen überprüfen, welche sich auf die einzelnen Routen beziehen, wie z.B. Zeitfenster, Vorrangbeziehungen, Kapazitätsrestriktionen usw.

Bestehen Restriktionen zwischen Variablen aus verschiedenen Routen, so wird dies im sog. „Master-Program" berücksichtigt. Derartige Restriktionen beziehen sich im wesentlichen auf gemeinsame Ressourcen, welche von vielen Fahrzeugen benötigt werden, wie z.B. Rampen oder Sortierkapazitäten in einem Depot. Der Vorteil des Ressourcen-Ansatzes ist, daß komplexe nichtlineare Zusammenhänge in den Ressourcenvariablen innerhalb einer Route beschrieben werden können, da diese bei der Lösung der sog. „Pricing-Probleme" mittels spezieller Kürzeste-Wege-Algorithmen Berücksichtigung finden.

An dieser Stelle wird auf eine detaillierte formale Beschreibung diese Konzepts verzichtet. Dazu sei auf den Artikel von Desaulniers *et al.* (1998) verwiesen, dessen Wiedergabe den Rahmen dieses Beitrags sprengen würde.

Das Ressourcen-Konzept erlaubt ebenfalls die generische Formulierung von Tourenplanungsproblemen, d.h., die Entwicklung von exakten Optimierungsalgorithmen, bevor die Struktur und das Zusammenspiel der einzelnen Ressourcenvariablen feststeht. Prinzipiell ist das Column-Generation ein Ansatz zur exakten Optimierung, in der Praxis wird jedoch auch eine Vielzahl von Heuristiken eingesetzt, um auch größere Instanzen lösen zu können; vgl. dazu Desaulniers *et al.* (2002).

Nachteilig ist, daß der Ansatz des Column-Generation nur dann gute Ergebnisse liefert, wenn die sog. *Ganzzahligkeitslücke*, d.h., der relative Abstand zwischen dem Zielfunktionswert der LP-Relaxation und der optimalen ganzzahligen Lösung, gering ist. Darüber hinaus macht der Ansatz gewisse Monotonie-Annahmen über die Gestalt der Übergangsfunktion, die in vielen praktischen Fällen nicht erfüllt sind. Diese werden zur Elimination dominier-

[2] Er wird jedoch im zitierten Aufsatz nicht definiert.

ter Zustände beim Pricing benötigt und schränken die generelle Anwendbarkeit ein.

2.4 Klassenbibliotheken für Optimierungsprobleme

In den letzten Jahren sind neben Solver-Bibliotheken und den sog. aufrufbaren Programmpaketen, wie man sie zur Lösung linearer, gemischt-ganzzahliger und nichtlinearer Programmierungsprobleme einsetzt, verstärkt sog. *Klassenbibliotheken* entwickelt worden. Diese stellen im Gegensatz zu den Solvern und den aufrufbaren Programmpaketen keine direkt anwendbaren Funktionen zur Verfügung, sondern bieten eine strukturierte Umgebung zur Definition von Optimierungsproblemen und Lösungsverfahren an.

Technisch handelt es sich dabei in der Regel um Programmcodes, welche in einer objektorientierten Programmiersprache, wie z.B. C++ oder Java entwickelt wurden. Dabei nutzen sie intensiv die Abstraktionsmechanismen der generischen Programmierung und der Polymorphie, auf die wir an anderer Stelle eingehen werden. Ziel dieser Ansätze ist vor allem die Wiederverwendbarkeit eines Großteils der entwickelten Software. Das Buch von Voß und Woodruff (2002) gibt einen guten Überblick über den derzeitigen Stand auf diesem Gebiet. Die dort vorgestellten Ansätze befassen sich vor allem mit der Nutzung von Metaheuristiken sowie dem Einsatz des CP in diesem Bereich.

Das in Abschnitt 4 vorgestellte erweiterte Ressourcenmodell mit den darauf aufbauenden generischen Algorithmen verfolgt genau wie die Klassenbibliotheken das Ziel, eine strukturierte Umgebung sowie eine Menge von Software-Komponenten zur Lösung von Optimierungsproblemen zur Verfügung zu stellen. Der wesentliche Unterschied zwischen diesen beiden Ansätzen ist darin zu sehen, daß das in Abschnitt 4 dargestellte Konzept sich auf die Lösung von knotenorientierten Tourenplanungsproblemen konzentriert und somit wesentlich *spezieller* ist als die Klassenbibliotheken. Ferner basiert es, im Gegensatz zu diesen, auf einem generischen Modell, welches die Anwendbarkeit des Konzepts genau definiert. Diese Spezialisierung geschieht mit dem Ziel, einerseits größere Teile der Algorithmen a priori implementieren zu können und andererseits die zu erwartende Lösungsqualität und -effizienz gegenüber einem allgemeineren Ansatz zu erhöhen.

3 Computergestützte Tourenplanung

Die computergestützte Tourenplanung setzt sich in der Praxis immer weiter durch. So sind in der 2001 veröffentlichten Übersicht von Piontek (2001) eine Auswahl von 12 Systemen aufgeführt, die allesamt von deutschen Anbietern vertrieben werden, wobei eine Vielzahl von Anbietern weggelassen wurde. Baker (2001) spricht von 133 Systemen, welche von insgesamt 80 Anbietern im US-amerikanischen Raum angeboten werden. Schließlich gibt Vahrenkamp (2003) eine Übersicht über die bekanntesten Systeme deutscher Anbieter, aus der hervorgeht, daß im Jahre 2001 etwa 1.000 Installationen dieser Hersteller im Betrieb sind.

Interessant ist, daß die meisten dieser Systeme relativ einfache Heuristiken einsetzen. Sofern die Hersteller dazu Angaben machen, handelt es sich häufig um Varianten und Erweiterungen des Savings-Algorithmus, vgl. Clarke und Wright (1964), dem Cluster-First, Route-Second-Ansatz, vgl. Fisher und Jaikumar (1981), und einfachen Kantenaustauschverfahren, wie z.B. 2-Opt, 3-Opt und Or-Opt, vgl. auch Kindervater und Savelsbergh (1997). Einige Anbieter haben auch neuere Metaheurisitken implementiert; es bleibt jedoch unklar, wie diese tatsächlich mit Restriktionen umgehen, die über diejenigen der Standard-Modelle hinausgehen. So zeigt die Studie von Piontek (2001) auch, daß viele Systeme nicht in der Lage sind, mit relativ einfachen Erweiterungen der Standardprobleme, wie z.B. Multi-Depot-Problemen zu arbeiten.

Bisher existiert aus verständlichen Gründen keine Vergleichsstudie, welche die *Qualität* der gefundenen Lösungen und die benötigte Rechenzeit anhand einer Auswahl von praktischen Problemen für verschiedene Systeme vergleicht. Vielmehr werden typischerweise die Angaben der Anbieter bezüglich der Typen von Restriktionen wiedergegeben, welche durch das System berücksichtigt werden. Dies ist unbefriedigend, vor allem vor dem Hintergrund, daß in nahezu allen Fällen die Qualität der Ergebnisse das wesentliche Argument für die Beschaffung des Systems ist. Die Alternative, ein maßgeschneidertes System entwickeln zu lassen, scheitert sehr oft an den damit verbundenen Schwierigkeiten, wie hohe Entwicklungsdauer und Kosten, und dem fehlenden Verständnis vieler Anwender für Optimierung und Algorithmen-Entwurf; vgl. hierzu Rousseau (1988). Allerdings wird dort argumentiert, daß dies in vielen Fällen trotzdem die richtige Entscheidung sein kann.

4 Ein neuer Ansatz für die Entwicklung flexibler Heuristiken und Metaheuristiken

In diesem Abschnitt wird ein auf dem Ressourcen-Modell des Column-Generation basierendes Modell vorgeschlagen, welches als Basis für die Entwicklung von Heuristiken und Metaheuristiken dient. Dieses Modell macht nur sehr wenige Annahmen über die Restriktionen des später zu lösenden „praktischen" Problems. Vielmehr basieren die Algorithmen auf diesem relativ abstrakten Modell und können somit unabhängig von den konkreten Problemen entwickelt werden. Dazu wird intensiv auf die Verwendung virtueller Funktionen zurückgegriffen, wie man sie aus dem Bereich der objektorientierten Programmierung kennt.

4.1 Das erweiterte Ressourcen-Modell

Grundlage des erweiterten Ressourcen-Modells ist ein Netzwerk $D = (V, A)$, bestehend aus Knoten V und gerichteten Bögen $A \subseteq V \times V$. Ein (Transport-)

Auftrag kann darin bestehen, einen oder mehrere Knoten dieses Netzwerks nacheinander mit einem Fahrzeug zu besuchen. Eine *Route* ist ein Weg (v_1, $\ldots, v_\ell$) in diesem Netzwerk, wobei $(v_i, v_{i+1}) \in A, i = 1, \ldots, \ell - 1$ gelten muß. Jede Route wird genau einem Fahrzeug $k \in K$ zugeordnet. Eine Route beginnt in einem Startdepot $v_1 = o^k$ und endet in einem Zieldepot $v_\ell = d^k$. Jedem Fahrzeug k ist in jedem Knoten $i \in V$ ein Ressourcenvektor $\mathcal{R}_i^k \in R^m$ zugeordnet, wobei m die Anzahl der Elemente des Ressourcenvektors ist. Dieser beschreibt den Zustand des Fahrzeugs bei der Ankunft im Knoten i. Beispiele für Elemente des Ressourcenvektors sind die aktuelle Zeit, die zurückgelegte Strecke, die angefallenen Kosten und die bisher genommenen Pausen. Beim Übergang vom Knoten i zum Knoten j entlang des Bogens $(i, j) \in A$ mit dem Fahrzeug $k \in K$ wird der Ressourcenvektor gemäß der *Übergangsfunktion* $\Phi_{ij}^k : R^m \to R^m : \mathcal{R}_j^k = \Phi_{ij}^k(\mathcal{R}_i^k)$ aktualisiert. In vielen Fällen läßt sich die Übergangsfunktion parametrisieren, so daß ihre Gestalt für alle Bögen und Fahrzeuge gleich bleibt und sich lediglich die Parameter unterscheiden. Tab. 1 faßt einige Beispiele für dieses Konzept zusammen.

Ressourcenvariable	Parameter	Übergangsfunktion $i \to j$
Ankunftszeit T_i^k	t_{ij}^k	$T_j^k = \max\{a_j, T_i^k + t_{ij}^k\}$
Beladung L_i^k	Δ_i	$L_j^k = L_i^k + \Delta_i$
Distanz E_i^k	d_{ij}	$E_j^k = E_i^k + d_{ij}$
Kosten C_i^k	c_1^k, c_2^k	$C_j^k = c_1^k T_j^k + c_2^k E_j^k$

Tab. 1. Beispiele für Ressourcen, Parameter und Übergangsfunktionen

Die Tab. 1 bedarf einiger Erläuterungen: Die Ankunftszeit T_j^k im Knoten j ergibt sich aus dem Maximum aus der Summe der Ankunftszeit im Knoten i, T_i^k, zuzüglich der Fahrzeit von i nach j mit dem Fahrzeug k, t_{ij}^k, und der frühesten Ankunftszeit, a_j, im Knoten j. Man beachte, daß mit diesem Konzept auch tageszeitabhängige Fahrzeiten modelliert werden können, indem man die Übergangsfunktion entsprechend erweitert, so daß das Ergebnis der Auswertung auch von der Ankunftszeit T_i^k im Knoten i abhängt, vgl. dazu beispielsweise auch Gietz (1994). Die Beladung des Fahrzeugs k im Knoten j ergibt sich aus der Beladung im Knoten i zuzüglich der Lademenge, welche in i aufgenommen ($\Delta_i > 0$) bzw. entladen wird ($\Delta_i < 0$). Schließlich ergeben sich die Kosten des Fahrzeugs k im Knoten j aus einer Linearkombination aus der Fahrzeit und der zurückgelegten Strecke mit den Parametern $c_1^k \geq 0$ und $c_2^k \geq 0$. Die hier aufgeführten Beispiele haben einen illustrativen Charakter und sind deshalb relativ einfach. In der Praxis werden i.d.R. kompliziertere Übergangsfunktionen benötigt, beispielsweise um die Lenkzeit- und Arbeitszeitverordungen des nationalen und des EU-Rechts oder komplexere Berechnungen für die Zulässigkeit der Gesamtbeladung oder den Fall mehrfacher Zeitfenster zu modellieren.

Ein weiterer wichtiger Bestandteil des Modells sind die *Domänen* der Ressourcenvektoren. Diese geben den zulässigen Bereich eines Ressourcenvektors an, der möglicherweise nichtlinear und nicht-konvex sein kann. Formal läßt sich die Domäne eines Ressourcenvektors $\mathcal{R}_i^k$ als Relation $\mathcal{D}_i^k \subseteq R^m$ definieren. Ein Ressourcenvektor ist zulässig, wenn er Element seiner Domäne ist, falls also $\mathcal{R}_i^k \in \mathcal{D}_i^k$ gilt. Greift man das Beispiel der Tab. 1 auf, so kann die Domäne der Fahrzeit im Knoten i beispielsweise aus der Vereinigung mehrerer Intervalle bestehen, welche die Öffnungszeit des Kunden oder des Depots wiedergeben.

Das Konzept der Übergangsfunktion bezieht sich in der bisherigen Darstellung ausschließlich auf Ressourcenvariablen, die von einzelnen Routen abhängen. In manchen Fällen ist es notwendig, auch Beziehungen zwischen Ressourcenvariablen von mehreren Routen zu modellieren. Beispiele hierfür sind Mehrperiodenmodelle, Sortierkapazitäten in Depots, eine beschränkte Anzahl an Stellplätzen in Depots usw. Aus Platzgründen wird an dieser Stelle nicht auf die entsprechenden Erweiterungen des Modells eingegangen.

Mit Hilfe der bisher eingeführten Begriffe und noch einzuführender binärer Entscheidungsvariablen läßt sich ein formales generisches Modell für Tourenplanungsprobleme formulieren. Dazu sei die Entscheidungsvariable x_{ij}^k gleich eins, wenn das Fahrzeug $k \in K$ vom Knoten i zum Knoten j fährt und sonst gleich null. Ferner sei für jeden Auftrag $r \in R$ ein eindeutiger Knoten $s(r)$ gegeben, welcher den ersten Knoten (z.B. den Aufnahmeort des Auftrags) angibt.

$$\min \sum_{k \in K} C_{d^k}^k \tag{1}$$

so daß

$$\sum_{k \in K} \sum_{(i,j) \in A : j = s(r)} x_{ij}^k = 1 \quad \text{für alle } r \in R \tag{2}$$

$$\sum_{(h,i) \in A} x_{hi}^k - \sum_{(i,j) \in A} x_{ij}^k = \begin{cases} -1 \text{ falls } i = o^k \\ +1 \text{ falls } i = d^k \\ 0 \quad \text{sonst} \end{cases} \quad \text{für alle } i \in V, k \in K \tag{3}$$

$$x_{ij}^k = 1 \Rightarrow \mathcal{R}_j^k = \Phi_{ij}^k(\mathcal{R}_i^k) \quad \text{für alle } (i,j) \in A, k \in K \tag{4}$$

$$\mathcal{R}_i^k \in \mathcal{D}_i^k \quad \text{für alle } i \in V, k \in K \tag{5}$$

$$x_{ij}^k \in \{0,1\} \quad \text{für alle } (i,j) \in A, k \in K \tag{6}$$

Die Zielfunktion (1) minimiert die Summe der Kosten über alle Fahrzeuge. Die Kosten $C_{d^k}^k$ sind ein Pflichteintrag im Ressourcenvektor jedes Fahrzeugs. Sie werden im Zieldepot d^k des jeweiligen Fahrzeugs k ermittelt. Die Restriktionen (2) stellen sicher, daß jeder Auftrag genau einmal bedient wird. Durch die Flußerhaltungsgleichungen (3) wird modelliert, daß jedes Fahrzeug seine Fahrt im Startdepot beginnt und im Zieldepot beendet. Dazwischen besuchte

Knoten müssen wieder verlassen werden. Die oben beschriebene Aktualisierung des Ressourcenvektors beim Übergang zwischen zwei Knoten erfolgt gemäß der Bedingungen (4). Durch die Restriktionen (5) wird gewährleistet, daß jeder Ressourcenvektor nur zulässige Werte annimmt. Schließlich besagen die Bedingungen (6), daß ein Fahrzeug zwei Knoten auf seiner Tour verbinden kann oder nicht.

Dieses Modell kann dahingehend als *generisch* bezeichnet werden, als es nur sehr schwache Annahmen über die Ressourcenvariablen macht. Es wird lediglich vorausgesetzt, daß diese sich mit Hilfe der Übergangsfunktion korrekt beschreiben lassen. Erst das Ausformulieren der Übergangsfunktion für ein konkretes Problem macht aus dem generischen Modell ein Modell für das konkrete Problem. Man kann deshalb in zweifacher Weise von einer *Instanziierung* sprechen: Zum ersten wird durch die Angabe der Übergangsfunktion das generische Modell zu einem Modell für ein spezielles Tourenplanungsproblem, und zum zweiten wird durch die Angabe der konkreten Daten eines Problems eine *Instanz* des speziellen Modells erzeugt. Abb. 1 stellt diese Zusammenhänge graphisch dar.

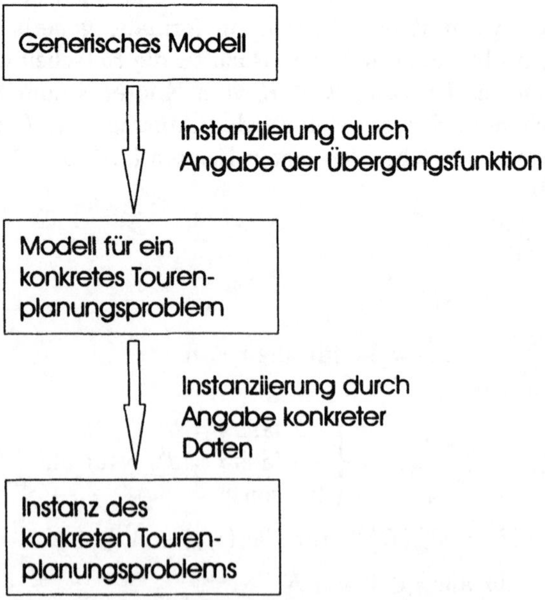

Abb. 1. **Zusammenhang zwischen generischem Modell, dem Modell für ein konkretes Tourenplanungsproblem und einer Instanz des konkreten Problems**

Das hier vorgestellte generische Modell weicht vom Ressourcenmodell von Desaulniers *et al.* (1998) hinsichtlich der Definition der Zulässigkeit ab. Während Desaulniers *et al.* (1998) die Domäne der einzelnen Einträge des Ressourcenvektors auf geschlossene Intervalle beschränken, kann im vorliegenden Modell ein beliebiger Zulässigkeitsbereich definiert werden. Beide Modelle lassen prinzipiell beliebige Übergangsfunktionen zu, wobei zu bemerken ist, daß eine Lösung mittels Column-Generation voraussetzt, daß die Übergangsfunktion gewisse Monotonie-Eigenschaften aufweist, damit das notwendige Pricing durch Lösen von ressourcenbeschränkten Kürzeste-Wege-Problemen überhaupt möglich ist.

4.2 Polymorphismus und virtuelle Funktionen

Wenn das Ziel erreicht werden soll, Algorithmen zu entwerfen und zu implementieren, welche auf der Basis des generischen Modells (1)–(6) beruhen, so bedarf es der Möglichkeit, problemspezifische Teile der Algorithmen erst dann fertigzustellen, wenn das zu lösende Tourenplanungsproblem feststeht. Die objektorientierte Programmierung stellt hierzu den Mechanismus der *virtuellen Funktionen* bereit.

Nach Stroustrup (1998), S. 328, beheben virtuelle Funktionen „...das Problem der Typerkennung dadurch, daß sie es dem Programmierer erlauben, Funktionen in der Basisklasse zu deklarieren, die in jeder abgeleiteten Klasse redefiniert werden können.“ In der Tourenplanung kann man sich beispielsweise vorstellen, daß man Funktionen benötigt, um Aufträge in Routen einzufügen oder wieder zu löschen, zwei Routen aneinanderzufügen, die Kompatibilität von Aufträgen zu überprüfen usw. Diese Funktionen können selbstverständlich erst bereitgestellt werden, wenn das zu lösende Tourenplanungsproblem bekannt ist. Andererseits kann man die virtuellen Funktionen zu abstrakten Algorithmen zusammenfassen, ohne eine exakte Kenntnis über das zu lösende Problem zu besitzen.

Zum besseren Verständnis der Nutzung des Polymorphismus und der virtuellen Funktionen sollen kurz die wesentlichen Klassen aufgeführt werden, die zur Implementierung der im folgenden Abschnitt definierten generischen Algorithmen für die Tourenplanung notwendig sind. Diese Aufzählung dient nicht der vollständigen Spezifikation einer Klassenhierarchie, da dies den Rahmen des vorliegenden Artikels sprengen würde. Sie soll vielmehr einen Eindruck über die wichtigsten Klassen und deren Beziehung zueinander vermitteln:

- **Ressourcenvektor.** Diese Klasse implementiert einen Ressourcenvektor und erlaubt es, die Kosten zurückzugeben sowie die Zulässigkeit zu überprüfen.
- **Knoten.** Diese Klasse stellt die Knoten des Netzwerks dar. Sie ermöglicht die Rückgabe der Eigenschaften eines Knotens, wie z.B. Namen, Typ, Index usw. Darüber hinaus enthält sie Methoden zum Verwalten von Constraints, die sich auf diesen Knoten beziehen. Schließlich hat sie einen Verweis auf den dazugehörigen Ressourcenvektor und ermöglicht die Überprüfung aller Constraints, die sich auf diesen Knoten beziehen.

- **Auftrag.** Ein Auftrag besteht aus einer Liste von Knoten, die in genau dieser Reihenfolge durchzuführen sind. Diese Liste enthält z.B. beim TSP und VRP nur einen Knoten, während sie beim PDP zwei Knoten enthält.

- **Routenelement.** Ein Routenelement ist ein Bestandteil einer Route, welcher genau einen Knoten enthält. Die Klasse stellt Methoden zur Verfügung, um beispielsweise den enthaltenen Knoten auszugeben und erlaubt den Zugriff auf den Vorgänger und Nachfolger in der Route sowie auf die Route, welche „Besitzer" des Routenelements ist.

- **Route.** Eine Route ist eine Folge von Knoten, welche mit einem Fahrzeug abgearbeitet wird. Die Routen-Klasse implementiert eine Reihe von virtuellen Methoden, welche in Abhängigkeit des vorliegenden Problems spezifiziert werden müssen. Darüber hinaus stellt sie Methoden zur Verfügung, die einen Zugriff auf die Routenelemente und den Routenplan erlauben und das Einfügen, Löschen und Anhängen von Knoten ermöglichen. Ein Routenplan ist wiederum „Besitzer" einer Route. Die wesentlichen virtuellen Methoden dieser Klasse werden benötigt, um die beste Einfügeposition für einen Knoten oder einen Auftrag zu bestimmen. Dazu kann man sich klar machen, daß der Begriff der „besten" Einfügeposition i.d.R. vom vorliegenden Problem abhängt und daher nicht a priori für alle denkbaren Probleme implementiert werden kann. Ferner ist klar, daß beipielsweise das Einfügen eines Auftrags in eine Route eine virtuelle Funktion erfordert, da die notwendigen Operationen von der Anzahl der Knoten eines Auftrags abhängt. So wird im Falle eines TSP oder VRP genau ein Knoten eingefügt, während im Falle eines PDP simultan zwei Knoten einzufügen sind.

- **Routenplan.** Ein Routenplan enthält eine Menge von Aufträgen sowie eine Menge von Routen. Er stellt Methoden zur Verfügung, welche die Abdeckung aller Aufträge, die Kosten des Routenplans u.ä. zurückgeben.

- **Fahrzeug.** Ein Fahrzeug hat bestimmte Eigenschaften, wie ein Start- und Zieldepot und kann zu einer Fahrzeuggruppe von identischen Fahrzeugen gehören, die in einer bestimmten Anzahl zur Verfügung stehen. Ferner kann jedem Fahrzeug eine Route zugeordnet werden.

- **Netzwerk.** Die Netzwerk-Klasse dient zur Verwaltung des Netzwerks. Für jedes Paar von Knoten und jedes Fahrzeug gibt es eine virtuelle Methode, welche die Übergangsfunktion realisiert.

- **Nähe.** Diese Klasse bestimmt die „Nähe" zweier Aufträge oder zweier Knoten. Dazu werden entsprechende virtuelle Methoden zur Verfügung gestellt. Die Nähe muß kein räumliches Maß darstellen, sondern kann genauso die Überlappung von Zeitfenstern, die Kompatibilität von Ladungen etc. berücksichtigen. Das abstrakte Konzept der Nähe spielt in vielen Algorithmen der Tourenplanung eine wichtige Rolle.

4.3 Generische Algorithmen

In diesem Artikel sollen Algorithmen zur Lösung des generischen Tourenplanungsproblems (1)–(6) als *generische Algorithmen* bezeichnet werden. Diese bestehen aus einer Ansammlung von Datenstrukturen und einer Vielzahl von virtuellen und nicht-virtuellen Funktionen. Sie bauen im wesentlichen auf den im vorigen Abschnitt definierten Klassen auf. Dazu werden die relevanten Aufträge in den Eröffnungsverfahren zu Routen zusammengestellt und diesen Routen Fahrzeuge zugeordnet, was schließlich einen Routenplan ergibt. Die Verbesserungsverfahren manipulieren dagegen den bestehenden Routenplan, indem Aufträge innerhalb oder zwischen Routen verschoben werden. Dazu werden entsprechende Methoden der Klassen *Fahrzeug*, *Route* und *Routenplan* eingesetzt.

Da die Lösung von praktischen Tourenplanungsproblemen im Vordergrund steht, werden diese Algorithmen in der Regel Heuristiken oder spezielle Implementierungen von Metaheuristiken sein, wobei auch die Anwendung von Metaheuristiken in vielen Fällen aus Zeitgründen nicht in Frage kommt.

Sowohl die hier eingeführten generischen Algorithmen als auch Metaheuristiken beinhalten eine Vielzahl von generischen Strategien, welche erst bei der Lösung eines konkreten Problems vollständig spezifiziert werden müssen. Somit stellt sich die Frage nach dem Verhältnis zwischen Metaheuristiken und generischen Algorithmen.

Nach Voß *et al.* (1999) ist eine Metaheuristik „*ein iterativer Master-Prozeß der die Operationen von untergeordneten Heuristiken lenkt und modifiziert, um auf effiziente Weise Lösungen mit einer hohen Qualität zu produzieren.*“[3] Ein Kennzeichen der meisten Metaheuristiken ist, daß sie zur generellen Lösung von linearen, nichtlinearen, gemischt-ganzzahligen und kombinatorischen Optimierungsproblemen geeignet und daher gewissermaßen universell sind. Die hier vorgeschlagenen generischen Algorithmen sind wesentlich spezieller, da sie ausschließlich zur Lösung des generischen Modells (1)–(6) entwickelt werden. Daher sind die generischen Algorithmen deutlich spezifischer, was z.B. die betrachteten Nachbarschaften, die Einhaltung von Restriktionen und die manipulierbaren Objekte angeht. Von daher ist es durchaus möglich, daß ein generischer Algorithmus eine spezielle Implementierung einer Metaheuristik, wie z.B. Tabu Search oder Simulated Annealing ist. Umgekehrt ist es aber nicht möglich, daß ein generischer Algorithmus eine Metaheuristik ist, da dazu die Allgemeingültigkeit zur Lösung allgemeiner Optimierungsprobleme fehlt.

Im folgenden sollen beispielhaft drei generische Algorithmen für die Tourenplanung vorgestellt werden. Da potentiell unendlich viele generische Algorithmen entwickelt werden können, dient diese Auswahl zur Veranschaulichung der großen Bandbreite derartiger Verfahren:

- Parallele Einfügeheuristik

[3] Singgemäße Übersetzung aus dem Englischen.

- Löschen und Einfügen
- Eine Variante des Adaptive Memory Programming (AMP)

Es handelt sich bei dieser Auswahl um ein Eröffnungsverfahren zur Generierung einer zulässigen Lösung, ein Verbesserungsverfahren zur Verbesserung einer zulässigen Lösung und um eine Variante einer Metaheuristik.[4]

Parallele Einfügeheuristik

Derartige Heuristiken werden seit langem im Bereich der Tourenplanung eingesetzt; vgl. Christofides *et al.* (1979) für das VRP sowie Savelsbergh (1990), Potvin und Rousseau (1993), Russell (1995) für das VRPTW. Die Grundidee dieser Verfahren ist die Bildung einer Menge von Referenztouren, welche einen Teil der Aufträge umfassen. In diese Referenztouren werden nach und nach weitere Aufträge eingefügt, bis schließlich alle Aufträge einer Tour zugeordnet wurden. Konnte ein Auftrag keiner Tour zugeordnet werden, so wird er entweder als nicht bearbeitet markiert, oder man bildet mit diesem Auftrag eine neue Tour. In jedem Schritt des Algorithmus muß man einen noch nicht bearbeiteten Auftrag sowie eine Tour auswählen. Diesen Schritt kann man sich durch eine Matrix veranschaulichen, in der die Zeilen bisher noch nicht bearbeiteten Aufträgen und die Spalten Touren entsprechen. Der Eintrag h_{ij} in dieser Matrix gibt die Einfügekosten für den Auftrag i in die Tour j wieder. Ist eine Einfügung nicht zulässig, so setzt man $h_{ij} = M$, wobei M eine sehr große Zahl ist. Diese Einfügekosten können neben der zusätzlichen Strecke auch weitere Kenngrößen, wie z.B. Leerfahrtanteil, Auslastung des Fahrzeugs usw. berücksichtigen. Eine häufig angewandte Methode, um den nächsten einzufügenden Auftrag zu bestimmen, besteht darin, für jeden Auftrag die Differenz aus zweitniedrigsten und niedrigsten Einfügekosten zu bestimmen und denjenigen Auftrag zu wählen, für den diese Differenz am größten ist. Diese Methode ist in der Literatur als „regret“ oder Vogelsche Approximationsmethode bekannt geworden und wurde ursprünglich zur Lösung des Transportproblems entwickelt.

Das Verfahren wird mit einer Menge an Referenztouren begonnen, die ausschließlich einzelne Aufträge bedienen. Zur Bestimmung dieser Touren kann u.a. folgende Methode der ***kompatiblen Aufträge*** herangezogen werden. Zwei Aufträge, die potentiell mit demselben Fahrzeug bedient werden können, seien als kompatibel bezeichnet. Je nach Problemstellung kann dies bedeuten, daß die Aufträge im Sinne eines bestimmten Abstandsmaßes „benachbart“

[4] Das AMP wurde zuerst von Rochat und Taillard (1995) als Verfahren zur Lösung von Tourenplanungsproblemen vorgeschlagen, allerdings nicht unter der Bezeichnung AMP. Erst später wurde von Taillard *et al.* (2001) der Begriff AMP eingeführt und als allgemeine Metaheuristik beschrieben, welche gewissermaßen andere Metaheuristiken als Spezialfälle enthält. Dieser Arbeit liegt eine eingeschränkte Sichtweise des AMP zugrunde, die das AMP eher als Metaheuristik auffaßt, welche die Vorgehensweise aus Rochat und Taillard (1995) generalisiert.

sind oder sich unabhängig davon zusammen mit einem Fahrzeug bedienen lassen. Damit kann man folgenden *Kompatibilitätsgraphen* aufbauen: Generiere für jeden Auftrag einen Knoten und verbinde zwei Knoten durch eine Kante, falls diese kompatibel sind. In diesem Graphen korrespondiert jede unabhängige Knotenmenge[5] mit Aufträgen, welche niemals zusammen mit einem Fahrzeug transportiert werden können. Eine gute Kandidatenmenge für die Referenztouren ist die Menge der Touren, gebildet aus den ausgewählten Aufträgen der maximal unabhängigen Knotenmenge. Diese muß nicht unbedingt exakt bestimmt werden, sondern kann auch mittels einer geeigneten Heuristik gefunden werden. Diese Methode hat den Vorteil, daß sie nur implizit von den Eigenschaften der Instanz des zugrundeliegenden Problems, wie z.B. den Abständen der Knoten zueinander, abhängig ist und nur die Konstruktion des Kompatibilitätsgraphen eine virtuelle Funktion darstellt. Der Ablauf der Heuristik kann wie folgt zusammengefaßt werden:[6]

Algorithmus: Paralleles Einfügen

1. *Berechne den Kompatibilitätsgraphen.*
2. Bestimme die maximale unabhängige Knotenmenge im Kompatibilitätsgraphen und *bilde mit den ausgewählten Aufträgen Referenztouren.*
3. Wiederhole, solange nicht alle Aufträge in eine Tour eingefügt wurden:
   (a) *Bestimme Einfügekosten für alle Aufträge und alle Touren.*
   (b) Falls ein Auftrag in keine Tour mehr eingefügt werden kann, dann *bilde mit diesem eine neue Tour* und gehe zu 3.
   (c) Bestimme für alle Aufträge die Differenz aus niedrigsten und zweitniedrigsten Einfügekosten.
   (d) Wähle denjenigen Auftrag mit der größten Differenz.
   (e) *Füge den ausgewählten Auftrag an der besten Position in die Route ein.*

Diejenigen Teile, welche den Aufruf einer virtuellen Funktion benötigen, sind in der obigen Beschreibung kursiv hervorgehoben. Zur Berechnung des Kompatibilitätsgraphen kann beispielsweise die Klasse *Nähe* herangezogen werden. Liegt z.B. der Abstand zweier Aufträge zu weit auseinander, so können diese als nicht-kompatibel deklariert werden. Das Bilden von Referenztouren geschieht im wesentlichen mit Hilfe der Klassen *Auftrag*, *Routenelement*, *Route* und *Fahrzeug*. Zur Bestimmung der Einfügekosten wird zusätzlich die Klasse *Netzwerk* benötigt, die eine Auswertung der Übergangsfunktion erlaubt. Die weiteren Teile des Algorithmus, welche den Aufruf von virtuellen Funktionen benötigen, greifen ebenfalls auf die genannten Klassen zu.

[5] Eine unabhängige Knotenmenge (engl.: independent vertex set) in einem Graphen ist eine Teilmenge der Knoten mit der Eigenschaft, daß die Knoten in dieser Teilmenge jeweils paarweise nicht-adjazent sind.

[6] Einige Schritte dieser Heuristik lassen sich effizienter durch Benutzung geeigneter Datenstrukturen implementieren. Dies steht hier jedoch nicht im Vordergrund, weshalb nicht explizit darauf eingegangen wird.

Im Gegensatz zu den Bestandteilen des Algorithmus, die virtuelle Funktionen aufrufen, kann die Bestimmung einer unabhängigen Knotenmenge als nicht-virtuelle Funktion realisiert werden. Denn dies ist nicht abhängig vom zugrundeliegenden Problem und kann mit einer geeigneten Heuristik oder mit einem exakten Verfahren geschehen.

Löschen und Einfügen

Auch das Löschen und Einfügen ist eine Technik, die man in vielen Verbesserungsverfahren der Tourenplanung und auch in einer großen Variantenvielfalt wiederfindet; vgl. z.B. Russell und Igo (1979), Osman (1993), Osman und Salhi (1996). Die Grundidee dieses sehr einfachen Verfahrens ist das Löschen eines oder mehrerer Aufträge aus ihren aktuellen Touren. Nach diesem Schritt hat man eine unvollständige Lösung, in die Aufträge wieder eingefügt werden müssen. Dies kann beispielsweise mit Hilfe eines Eröffnungsverfahrens geschehen, welches das Einfügen von Aufträgen in bestehende Touren ermöglicht, also auch mit dem oben beschriebenen parallelen Einfügeverfahren. Falls sich durch die Anwendung des Löschens und Wiedereinfügens eine Verringerung der Kosten ergibt, so wird die Operation durchgeführt und ansonsten wird sie verworfen. Die Laufzeit hängt wesentlich von der Anzahl der simultan entfernten Aufträge, der Anzahl der Routen und dem Verfahren zum Wiedereinfügen der entfernten Aufträge ab. Das Verfahren kann folgendermaßen beschrieben werden, wobei die natürliche Zahl p ein Parameter des Verfahrens ist:[7]

Algorithmus: Löschen und Einfügen

1. Wiederhole folgende Schritte, für alle relevanten Auftragskombinationen mit p Aufträgen:
   (a) Setze $\Delta :=$ *Kosten des aktuellen Tourenplans.*
   (b) *Entferne* $p \geq 1$ *Aufträge aus dem Tourenplan.*
   (c) *Füge die* p *entfernten Aufträge mit einem Einfügeverfahren in den Tourenplan ein.*
   (d) Setze $\Delta := \Delta -$ *Kosten des aktuellen Tourenplans.*
   (e) Falls $\Delta > 0$, dann *führe die Operation Entfernen/Einfügen durch* und beginne die Schleife 1. von neuem.

Man erkennt, daß nahezu alle Schritte dieses Algorithmus virtuelle Funktionen aufrufen. Im Schritt (1c) wird sogar eine weitere generische Heuristik innerhalb dieser generischen Heuristik aufgerufen, was zeigt, wie mehrere generische Algorithmen miteinander verschachtelt werden können. Auf eine Beschreibung der betroffenen Klassen und der entsprechenden virtuellen Methoden wird aus Platzgründen verzichtet.

[7] Typische Werte für p sind 1, 2 oder 3.

Adaptive Memory Programming

Unter dem Begriff „Adaptive Memory Programming" (AMP) generalisieren Taillard *et al.* (2001) eine Gruppe von Metaheuristiken, wie z.B. Genetische Algorithmen, Scatter Search, Tabu Search und Ameisen-Systeme und zeigen, daß diese - zumindest abstrakt betrachtet - große Gemeinsamkeiten aufweisen. Alle diese Verfahren haben als Gemeinsamkeit die Benutzung irgendeiner Form eines Gedächtnisses. Die Autoren schlagen deshalb das AMP als generelle Metaheuristik vor, welche prinzipiell einen Speicher aus einer Menge von Teillösungen eines Problems initialisiert, mit Hilfe dieses Speichers neue Lösungen konstruiert und diese anschließend mit einem lokalen Verbesserungsverfahren oder einer (einfachen) Metaheuristik verbessert.

Als Vorläufer und klassische Implementation des AMP kann die Arbeit von Rochat und Taillard (1995) für das VRP und das VRP mit Zeitfenstern angesehen werden, welche auch als Grundlage für die hier betrachtete Variante des AMP angesehen werden soll. Die generelle Idee ihres Verfahrens ist die Verwaltung einer Menge von „guten Touren" in einem Speicher. Eine Tour ist gut, wenn sie zu einem Tourenplan mit niedrigen Kosten gehört. Aus dieser Menge von Touren werden sequentiell Touren ausgewählt, bis entweder ein vollständiger Tourenplan entsteht oder keine Tour mehr im Speicher enthalten ist, die nicht mindestens einen Auftrag bedient, der bereits in einer ausgewählten Tour enthalten ist. Die Auswahl der Touren geschieht zufällig, wobei die Touren aus den Tourenplänen mit den niedrigsten Kosten die größte Auswahlwahrscheinlichkeit haben. Nach der Auswahl einer Tour, werden diejenigen Touren aus dem Speicher entfernt, die mindestens einen Auftrag enthalten, der in der aktuellen Tour bedient wird. Somit endet das Auswahlverfahren in der Regel mit einer unvollständigen Lösung, in der einige Aufträge nicht bedient werden. Diese müssen mittels eines Eröffnungsverfahrens zur Lösung hinzugefügt werden, so daß eine zulässige Lösung entsteht. Diese zulässige Lösung kann ggf. mittels eines Verbesserungsverfahrens verbessert werden. Dieser Algorithmus benötigt relativ viel Rechenzeit, da er als Ausgangspunkt eine Reihe von möglichst guten Tourenplänen generieren muß und anschließend in jedem Schritt eine lokale Suche durchführt. Vorteilhaft ist seine Allgemeinheit, welche ihn als besonders guten Kandidaten für die Implementierung als generischen Algorithmus erscheinen läßt. Die hier beschriebene Variante des AMP kann wie folgt zusammengefaßt werden:

Algorithmus: Ein AMP-Algorithmus für die Tourenplanung

1. Initialisiere den Tourenplanspeicher als leer, d.h., $L := \emptyset$.
2. Wiederhole folgende Schritte p Mal:
   (a) *Generiere eine Ausgangslösung mit einem Eröffnungsverfahren.*
   (b) *Verbessere die Ausgangslösung mit einem Verbesserungsverfahren.*
   (c) Füge den Tourenplan zum Speicher L hinzu.
3. Initialisiere den Tourenspeicher M mit den Touren aus den $q < p$ Tourenplänen mit den niedrigsten Kosten.

4. Wiederhole folgende Schritte, bis ein Stopp-Kriterium erfüllt ist:
   (a) Setze $T := M$.
   (b) Setze den aktuellen Tourenplan x als leeren Plan.
   (c) Wiederhole folgende Schritte, bis $T = \emptyset$:
      i. Wähle zufällig eine Tour $t \in T$, wobei Touren aus „guten" Tourenplänen eine höhere Wahrscheinlichkeit haben.
      ii. Füge die Tour t zum Tourenplan x hinzu.
      iii. Lösche alle Touren aus T, die mindestens einen Auftrag aus t enthalten.
   (d) *Vervollständige die Lösung x mit einem Eröffnungsverfahren.*
   (e) *Verbessere die Lösung x mit einem Verbesserungsverfahren.*
   (f) Falls die Kosten von x geringer sind als die Kosten des schlechtesten Tourenplans aus M, dann entferne die Touren des schlechtesten Tourenplans aus M und füge die Touren aus x zum Tourenplan hinzu.

Dieser generische Algorithmus ruft seinerseits zwei weitere generische Algorithmen auf, und zwar ein Eröffnungs- und ein Verbesserungsverfahren. Das Eröffnungsverfahren könnte beispielsweise die parallele Einfügeheuristik und das Verbesserungsverfahren der Algorithmus Löschen und Einfügen sein. Ansonsten sind alle Bestandteile des Algorithmus gewöhnliche Funktionen.

5 Ein praktischer Anwendungsfall

Das Konzept der generischen Algorithmen wurde u.a. zur Lösung des Tourenplanungsproblems der Danzas Euronet GmbH, eines großen deutschen Anbieters von Komplettladungsverkehren angewendet; vgl. Grünert *et al.* (2002), Hartmann (2002).[8] Transportaufträge beinhalten im wesentlichen den Transport von Sattelaufliegern und Wechselbrücken von einem Start- zu einem Zielort, wobei ein Fahrzeug simultan maximal zwei Wechselbrücken aufnehmen kann. Es handelt sich daher um eine eingeschränkte Variante des PDP. Täglich sind etwa 3.000 bis 5.000 Aufträge zu Touren zu verplanen. Für die computergestützte Optimierung steht ein Zeitraum von etwa fünf Minuten zur Verfügung.

Zielsetzung ist die Kostenminimierung, wobei die Kostenfunktion aufgrund der typischen vertraglichen Regelungen im Transportgewerbe nichtlinear und sogar nicht-monoton ist. Bei der Planung dieser Fernverkehrsfahrten spielen neben mehrfachen Zeitfenstern u.a. die gesetzlichen Lenkzeitvorschriften eine wichtige Rolle. Eine spezielle Eigenschaft der Lenkzeitvorschriften ist die Möglichkeit, längere Ruhepausen, die innerhalb eines rückwärtsgerichteten Zeitintervalls vorgeschrieben sind, auf bis zu drei kürzere Ruhepausen aufzuteilen. Auch hier hat sich gezeigt, daß deren Modellierung ohne Schwierigkeiten mit Hilfe von Ressourcenvariablen und einer nichtlinearen Übergangsfunktion erfolgen kann. Die Fahrzeugflotte besteht aus mehr als

[8] Derzeit wird an weiterführenden Veröffentlichungen zu diesem Thema gearbeitet.

eintausend Fahrzeugen, welche räumlich auf eine Vielzahl von Depots verteilt sind.

Dieses sehr anspruchsvolle Tourenplanungsproblem konnte auf elegante Weise mit dem hier beschriebenen Verfahren der ressourcenorientierten Modellierung und der generischen Algorithmen gelöst werden. Dabei sind die Kosten gegenüber dem vorhandenen System deutlich gesenkt worden. Zur Lösung wird u.a. eine Variante des oben beschriebenen parallelen Einfügeverfahrens eingesetzt.

Als sehr hilfreich erwies sich während des Projekts die dort realisierte Unabhängigkeit der generischen Algorithmen von der konkreten Struktur der einzelnen Restriktionen. So konnten in einer sehr späten Projektphase hinzukommende Restriktionen formuliert und durch Einführung weiterer Ressourcen sowie einer damit einhergehenden Erweiterung der Übergangsfunktion berücksichtigt werden, ohne an der internen Logik der Algorithmen und der Programme Veränderungen vorzunehmen. Das späte „Entdecken" neuer, vom Anwender nur implizit vorausgesetzter Restriktionen in einer späten Projektphase ist typisch für derartige Praxisprojekte.

6 Zusammenfassung und Ausblick

Tourenplanungsprobleme in der Praxis sind vor allem dadurch gekennzeichnet, daß sie eine Reihe von Restriktionen berücksichtigen müssen, welche in den Standard-Modellen des Operations Research nicht vorkommen. Es gibt verschiedene Ansätze, mit den daraus resultierenden Schwierigkeiten umzugehen. Die wichtigsten bisherigen Ansätze wurden erläutert und bewertet. Auf dieser Grundlage wurde ein neues Konzept der ressourcenorientierten Modellierung mit darauf aufbauenden generischen Algorithmen vorgeschlagen.

Das Konzept der ressourcenorientierten Modelle und generischen Algorithmen verfolgt das Ziel, eine Vielzahl von Algorithmen zur Verfügung zu stellen, die unabhängig von der konkreten Formulierung der Restriktionen sind. Damit lassen sich Software-Bibliotheken für die Tourenplanung entwickeln, ohne daß man auf die Lösung eines speziellen Problems abzielt. Die damit verbundenen Effizienzsteigerungen in der Software-Entwicklung führen u.a. zu deutlich reduzierten Entwicklungsdauern bei der Durchführung entsprechender Projekte und ebenfalls zu Kosteneinsparungen. Darüber hinaus lassen sich die Softwaresysteme einfacher erweitern, falls im Laufe der Entwicklung Veränderungen in den zugrundeliegenden Prozessen und Kosten auftreten. Ein weiterer Vorteil des Ansatzes ist, daß die Anwendung neuer Ideen und Konzepte gleich für eine ganze Gruppe von Problemen und nicht nur für ein einzelnes Problem erprobt und umgesetzt werden kann.

Das Konzept basiert wesentlich auf den Arbeiten zum Ressourcenmodell, welches im Bereich des Column-Generation eingesetzt wird. Der Fokus der hier vorgestellten generischen Algorithmen liegt aber auf der Lösung komplexer, praktischer Tourenplanungsprobleme, weshalb im wesentlichen Heuristiken und Metaheuristiken als Optimierungsverfahren in Frage kommen. Dies stellt auch den Bezug zu den sog. Optimierungs-Software-Bibliotheken dar welche das gleiche Ziel verfolgen, wie der hier eingeführte Ansatz. Die beiden Ansätze unterscheiden sich besonders hinsichtlich ihrer Allgemeinheit: Während die hier eingeführten generischen Algorithmen zur Lösung von Tourenplanungsproblemen dienen, wurden die Optimierungs-Software-Bibliotheken zur Lösung allgemeiner mathematischer Optimierungsprobleme entwickelt. Die dort eingeführten Strukturen sind wesentlich abstrakter – und müssen dies auch sein – als dies für den hier betrachteten speziellen Bereich der Tourenplanung notwendig ist. Ferner greifen die generischen Algorithmen zum großen Teil auf Ideen zurück, welche sich besonders im Bereich der Tourenplanung als sehr leistungsfähig erwiesen haben.

Die praktische Anwendung des Konzepts der generischen Algorithmen hat gezeigt, daß damit auch sehr große Tourenplanungsprobleme mit außerordentlich geringen Laufzeiten und einer hohen Qualität gelöst werden können. Besonders die Laufzeit der Verfahren spielt für die praktische Akzeptanz eine wichtige Rolle. So zeigt die Erfahrung, daß Laufzeiten im einstelligen Minutenbereich in sehr vielen Fällen von den Anwendern verlangt werden, besonders vor dem Hintergrund, daß viele Daten einer hohen Dynamik unterliegen, z.B. indem neue Aufträge hinzukommen und alte Aufträge gelöscht werden.

Als weitere Aufgabe für die Zukunft bleibt die Erstellung und Implementierung einer größeren Bibliothek von generischen Algorithmen. Die Algorithmen in dieser Bibliothek sollten mit einer großen Anzahl an Referenzinstanzen aus der Literatur sowie mit Instanzen von praktischen Problemstellungen getestet und verglichen werden. Dies ist Gegenstand aktueller Forschungsarbeiten. Daraus lassen sich Empfehlungen ableiten, welche Algorithmen für welche Problemstellungen besonders gut geeignet sind.

Danksagung

Der Autor dankt den Herren Michael Drexl, Dr. Birger Funke und Dr. Stefan Irnich für wertvolle Diskussionen und Verbesserungsvorschläge zu diesem Artikel. Die Auswertung der Änderungsvorschläge zweier anonymer Gutachter trug ebenfalls zu einer Verbesserung des Beitrags bei.

Petrinetzbasierte Losgrößenplanung für mehrstufige Entscheidungsprobleme mit Hilfe approximativer dynamischer Programmierungsmethoden

Dirk Sackmann[1] und Ronald Bogaschewsky[2]

[1] Logica Automotive GmbH, Rothenfelder Str. 47, 38440 Wolfsburg, Germany
dirk.sackmann@logicacmg.com
[2] Universität Würzburg, Fakultät Wirtschaftswissenschaften, Lehrstuhl für Betriebswirtschaftslehre und Industriebetriebslehre, Sanderring 2, 97070 Würzburg, Germany

Zusammenfassung Im vorliegenden Beitrag wird gezeigt, wie mehrstufige Entscheidungen des Logistikmanagements mit Hilfe neuerer approximativer dynamischer Programmierungsmethoden optimiert werden können. Den Schlüssel dazu bilden maschinelle Lernansätze, die an dieser Stelle im Rahmen eines petrinetzbasierten Modells eingesetzt werden. Durch die Kombination maschineller Lernansätze mit einem Algorithmus zur zeitlich verschränkten Konstruktion und Analyse von Erreichbarkeitsgraphen des zugrunde liegenden Petrinetzes werden die Dimensions- und Bewertungsprobleme traditioneller Lösungsansätze vermieden. Am Beispiel eines mehrstufigen Entscheidungsproblems der Losgrößenplanung werden die Anwendungspotenziale des theoretischen Konzeptes abschließend demonstriert.

1 Einleitung

Die Situation von Industrieunternehmen ist durch eine Intensivierung des Wettbewerbs verbunden mit einer Internationalisierung der Märkte sowie durch gestiegene Kundenanforderungen gekennzeichnet. Diese Rahmenbedingungen erfordern insbesondere vom Logistikmanagement flexible Reaktionen auf veränderte Anforderungen der Umgebung. Am Beginn der Entwicklung eines – in das Informationssystem eines Unternehmens eingebetteten – rechnergestützten Systems zur Entscheidungsunterstützung der Logistikplanung steht in diesem Zusammenhang zunächst die Formulierung eines Modells, das im Rahmen einer Auswertung die Lösung von Logistikplanungsproblemen gestattet.

Zu unterstützende Logistikplanungsentscheidungen werden in diesem Beitrag exemplarisch anhand eines Problems der Losgrößenplanung erläutert. Am Beispiel eines Produktionssystems, in dem die Produktion jeweils mit verschiedenen Losgrößen durchgeführt werden kann, wird zunächst das Potential petrinetzbasierter Ansätze hinsichtlich der Modellkonstruktion und der -auswertung im Hinblick auf die Lösung mehrstufiger Entscheidungsprobleme erläutert. Durch die Auswertung des petrinetzbasierten Modells werden dabei die Lösungsmöglichkeiten von Methoden zur dynamischen Programmierung für mehrstufige Entscheidungsprobleme der Losgrößenplanung aufgezeigt. Im folgenden Abschnitt wird anhand eines exemplarischen Entscheidungsproblems die Modellbildung mit Hilfe von Petrinetzen demonstriert.

Den Kern des vorliegenden Beitrags bilden anschließend die Auswertungsmöglichkeiten von Petrinetzen mit Hilfe der Analyse von Erreichbarkeitsgraphen durch dynamische Programmierungsansätze. Insbesondere wird dabei der Einsatz von approximativen dynamischen Programmierungsverfahren im Hinblick auf die Einsatzmöglichkeiten für Probleme praxisrelevanter Größenordnung diskutiert. Während bei der Anwendung klassischer dynamischer Programmierungsansätze die Formalzielwirkungen lokaler Entscheidungen als bekannt vorausgesetzt werden, erlaubt die Anwendung approximativer Verfahren eine optimierte Logistikplanung selbst dann, wenn die Güte von Entscheidungen in einem mehrstufigen Entscheidungsprozess ausschließlich anhand der Güte einer Folge von lokalen Entscheidungen durch die Bewertung eines terminalen sachzielerfüllenden Zustands erfolgt.

Bevor auf die Analyse von Petrinetzen zur Unterstützung der Losgrößenplanung eingegangen wird, werden im folgenden Abschnitt zunächst die notwendigen Aspekte der Modellkonstruktion erläutert. Die Auswertungsmöglichkeiten von Petrinetzen konzentrieren sich anschließend auf Algorithmen der dynamischen Programmierung.

2 Petrinetze zur Modellierung von Losgrößenplanungsproblemen

Für die Modellierung von Produktionssystemen mit Hilfe von Petrinetzen zum Zweck der Unterstützung der Logistikplanung existieren verschiedene Netzklassen. Die Modellierung von Produktionssystemen erfolgt in diesem Beitrag anhand der Netzklasse der Stellen/Transitions-Netze (S/T-Netze). Die Konzentration auf diese Netzklasse gilt ohne Beschränkung der Allgemeinheit und geschieht nicht ohne den Bezug zur Modellierung mit höheren Netzklassen – Prädikat/Transitions-Netzen oder gefärbten Netzen, die sich aufgrund ihrer Modellierungsgüte und Kompaktheit für die Modellierung von Problemstellungen praxisrelevanter Größe anbieten – aufzugeben, da es möglich ist, höhere Netze zu einem S/T-Netz zu entfalten, solange die Ausprägungen der Attribute im höheren Netz auf endlich viele Alternativen beschränkt bleiben. Ein 6-Tupel $Y = (S, T, F, K, W, M_0)$ heißt S/T-Netz (vgl. Baumgarten (1996)) mit:

$$S = \{s_1, ..., s_n\} \tag{1}$$

$$T = \{t_1, ..., t_m\} \tag{2}$$

$$S \cap T = \{\} \tag{3}$$

$$F \subseteq (S \times T) \cup (T \times S) \tag{4}$$

$$K : S \rightarrow IN \cup \infty \tag{5}$$

$$W : F \rightarrow IN \tag{6}$$

$$M_0 : S \rightarrow IN_0 \tag{7}$$

Während Stellen $s \in S$ die passiven Elemente eines S/T-Netzes darstellen, bilden die Transitionen $t \in T$ aktive Netzelemente, indem sie bei so genannten Schaltvorgängen Marken auf adjazenten Stellen erzeugen oder vernichten. In der Definition eines S/T-Netzes werden diese Marken nicht explizit erwähnt, sondern sind in der Kapazitätsfunktion K, der Gewichtsfunktion W und M_0, der Anfangsmarkierung, implizit enthalten. Die Kapazitätsfunktion ordnet jeder Stelle eine natürliche Zahl zu, nämlich die maximale Anzahl von Marken, die sich auf ihr befinden können. Durch die Gewichtsfunktion W wird jeder Kante eine natürliche Zahl zugeordnet, die die Anzahl der Marken angibt, die bei einem Schaltvorgang einer adjazenten Transition von einer Stelle in Kantenrichtung bewegt werden.

Nach der Darstellung der durch obige Definition festgelegten statischen Eigenschaften von Petrinetzen wird durch die Schaltregel auf die Dynamik von S/T-Netzen eingegangen. Beim Schalten einer Transition werden jeder Eingangsstelle eine dem Gewicht der zugehörigen Kante entsprechende Anzahl von Marken entzogen und jeder Ausgangsstelle die dem Gewicht der zuführenden Kante entsprechende Markenzahl hinzugefügt.

Durch eine Markierung M, d.h. durch die Anzahl der auf den Stellen vorhandenen Marken, ist der Zustand eines S/T-Netzes gekennzeichnet. Eine Voraussetzung für das Schalten einer Transition ist ihre Aktiviertheit. Eine Transition $t \in T$ heißt aktiviert unter der Markierung M, wenn für die Stellen im Eingangsbereich $M(s) \geq W(s,t)$ und für die Stellen im Ausgangsbereich $M(s) \leq K(s) - W(t,s)$ gilt. Die Menge der aktivierten Transitionen unter M sei mit $t_{akt}(M)$ bezeichnet. Zustandsänderungen ergeben sich mit dem Schalten von Transitionen nach folgender Schaltregel: Eine Transition $t \in T$ schaltet von M_i nach M_j, wenn t unter der Markierung M_i aktiviert ist und M_j durch Entnahme von Marken aus den Stellen im Eingangsbereich und durch Ablage von Marken auf den Stellen im Ausgangsbereich gemäß der Gewichtsfunktion W entsteht.

Dargestellt sei die Modellierung am Beispiel einer Losgrößenplanung auf einer Produktionsstufe. Abb. 1 verdeutlicht die Repräsentation eines Entscheidungsproblems der Losgrößenplanung an einem einfachen Beispiel. Das Modell repräsentiert ein Produktionssystem, das die Fertigung einer Produktart in verschiedenen Losgrößen erlaubt. Die Transitionen t_1, t_2 und t_3 mit deren adjazenten Kanten und Kantengewichten repräsentieren in diesem Zusammenhang drei alternative Losgrößen, mit denen die Gütereinheiten, die als Marken auf den Stellen des S/T-Netzes modelliert werden, gefertigt werden können.

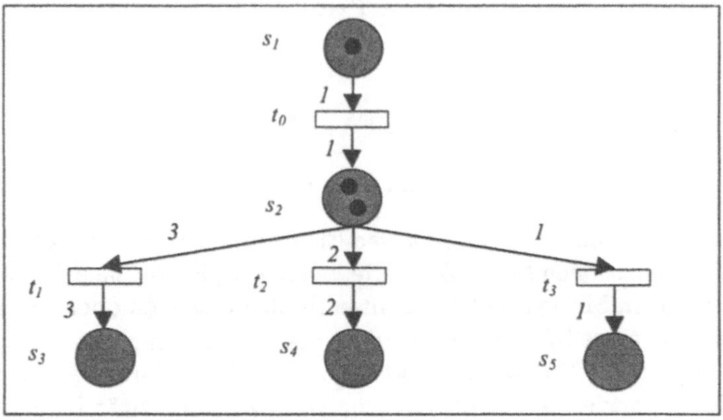

Abb. 1. Exemplarisches Petrinetzmodell eines Produktionssystems

Die verbleibenden Freiheitsgrade der Logistikplanung – die Bestimmung der Losgröße – werden anschließend im Rahmen der Auswertung des Modells geschlossen.

Die Anwendung der Schaltregel lässt die alternativen Prozessfortsetzungen im Produktionsprozess erkennen. Die Fertigung einer Produktart kann in obigem Beispiel anhand von drei verschiedenen Losgrößen erfolgen. In Abhängigkeit von verschiedenen Einflussgrößen der Planung bedeuten Entscheidungen über unterschiedliche Prozessfortsetzungen unterschiedliche Formalzielwirkungen. Eine Entscheidung über die Auftragslosgröße mag im vorliegenden Beispiel ausschließlich von den Kostenwirkungen der zugrunde liegenden Entscheidungen und damit ausschließlich von den Schaltwirkungen der Transitionen abhängen. Durch das Schalten einer Transition t werden damit die verbundenen vereinfachend konstant und bekannt angenommenen Kostenwirkungen c_{ij} induziert. Ein Instrument zur detaillierten Analyse denkmöglicher Prozessfortsetzungen wird im folgenden Abschnitt anhand von Erreichbarkeitsgraphen vorgestellt.

3 Erreichbarkeitsgraphen zur Analyse von Losgrößenplanungsproblemen

Ein vollständiger Erreichbarkeitsgraph stellt ein Analyseinstrument dar, das sämtliche Systemzustände als Markierungsknoten sowie die dazugehörigen Zustandsübergänge als gerichtete Kanten enthält, wobei die Kanten das Schalten von Transitionen repräsentieren. Ein Zustandsübergang findet dabei im vorliegenden Beitrag durch das Schalten einer einzelnen Transition statt.

Bei dem Erreichbarkeitsgraphen des beschriebenen Losgrößenplanungsproblems handelt es sich um einen gerichteten azyklischen Graphen mit einer initialen Markierung M_0 als Quelle. Die Grundidee des Verfahrens zur

Konstruktion eines Erreichbarkeitsgraphen besteht darin, ausgehend von M_0 durch wiederholte Überprüfung der schaltfähigen Transitionen und Ermittlung der Folgemarkierungen die Knotenmenge und die Kantenmenge des Graphen sukzessive zu erweitern und zu vervollständigen. Die Konstruktion ist abgeschlossen, wenn keine Transitionen mehr gefunden werden können, die durch Markierungen der Knotenmenge aktiviert werden und noch nicht durch entsprechende Kanten in der Kantenmenge enthalten sind. Im Erreichbarkeitsgraphen des skizzierten Beispiels stellt jede terminale Markierung eine sachzielerfüllende zulässige Lösung des Losgrößenplanungsproblems dar. Eine solche Lösung ist dadurch charakterisiert, dass sich auf den Stellen s_3 bis s_5 des in Abb. 1 dargestellten S/T-Netzes insgesamt drei Marken befinden. Jeder Pfad im Erreichbarkeitsgraphen von der Quelle zu einer der terminalen Markierungsknoten repräsentiert damit eine zulässige und sachzielerfüllende Strategie eines Entscheidungsträgers. Abb. 2 zeigt den vollständigen Erreichbarkeitsgraphen des betrachteten Beispiels. Die Markierungsknoten M_i repräsentieren dabei vektoriell jeweils eine Markenbelegung der Stellen im zugrunde liegenden Petrinetz.

Abb. 2 veranschaulicht, dass es sich im Beispiel um ein diskretdeterministisches endliches System handelt. Die terminalen Zustände M_4, M_8 und M_{10} repräsentieren darin als sachzielerfüllende Zustände die Konsequenzen der verschiedenen Alternativen im Rahmen der Losgrößenplanung. Der vorliegende Erreichbarkeitsgraph stellt somit einen gerichteten azyklischen Graphen dar, der mit verschiedenen Optimierungsmethoden des *OR* oder intelligenten Heuristiken der *KI* nach einem Pfad, der zu einem optimalen sachzielerfüllenden Zustand führt, durchsucht werden kann. Die meisten

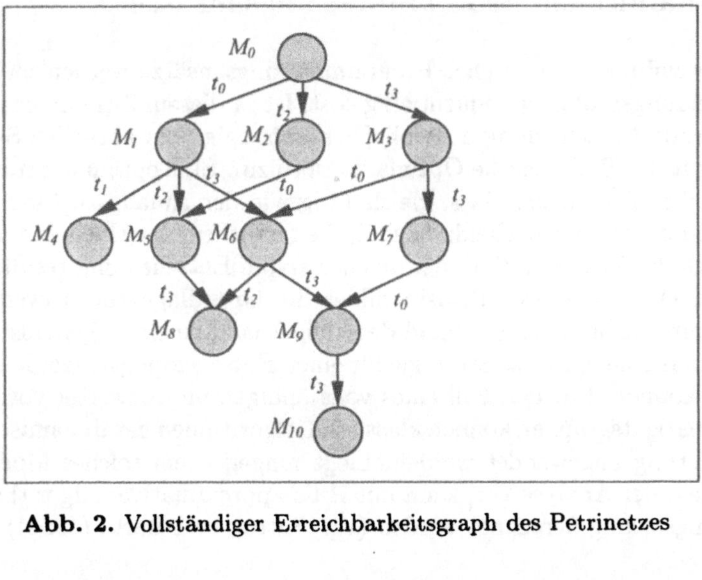

Abb. 2. Vollständiger Erreichbarkeitsgraph des Petrinetzes

Methoden setzen dabei voraus, dass ein bereits konstruierter vollständiger Erreichbarkeitsgraph vor der eigentlichen Analyse vorliegt.

Für Probleme praxisrelevanter Größenordnung ergibt sich dabei ein Dimensionsproblem, das durch eine zeitliche Verschränkung der Phasen der Konstruktion und Auswertung gelöst werden kann (vgl. Sackmann und Ey (1999)). Auf diese Weise wird ein Erreichbarkeitsgraph nur partiell unter der Zielsetzung der Fokussierung auf die für die Analyse interessant erscheinenden Bereiche konstruiert. Gemeinsam ist den in der Literatur diskutierten Ansätzen darüber hinaus, dass die Schaltwirkungen von Transitionen und damit die Wirkungen lokaler Entscheidungen des Losgrößenplanungsproblems auf Formalzielgrößen als unmittelbar bekannt vorausgesetzt werden und damit ein bewerteter Erreichbarkeitsgraph vorliegt.

Da in der Praxis der Logistikplanung die Wirkungen lokaler Entscheidungen auf Formalzielgrößen nicht unbedingt bekannt sein dürften, ergibt sich ein Bewertungsproblem. In den folgenden Abschnitten wird zunächst mit der Auswertung von Erreichbarkeitsgraphen mit Hilfe der klassischen dynamischen Programmierung ein Ansatz vorgestellt, der einen vollständigen, bewerteten Erreichbarkeitsgraphen voraussetzt. Anschließend wird ein Ansatz zur approximativen dynamischen Programmierung entwickelt, der die Konstruktion und Auswertung von Erreichbarkeitsgraphen zeitlich verschränkt und darüber hinaus auf die Voraussetzung einer vorliegenden Bewertung von lokalen Entscheidungen im Hinblick auf die unterstellten Formalzielgrößen verzichtet. Der vorgestellte Ansatz greift dabei die geschilderte Dimensions- und Bewertungsproblematik auf und stellt einen integrierten Lösungsansatz vor.

4 Analyse von Erreichbarkeitsgraphen mit Hilfe dynamischer Programmierungsansätze

Bei Anwendung dynamischer Programmierungsansätze werden mehrstufige Entscheidungsprobleme sequentiell gelöst. Ist in diesem Zusammenhang eine zu treffende Entscheidung ausschließlich abhängig vom aktuellen Systemzustand, gilt das Bellmansche Optimalitätsprinzip. Eine optimale Strategie hat danach die Eigenschaft, dass, gleichgültig wie der Anfangszustand des Systems und die erste Entscheidung sind, die restlichen Entscheidungen optimal bezüglich des Zustands sind, der aus der ersten Entscheidung resultiert (vgl. Bellman (1957)). Dieses Prinzip bildet die Grundlage zur Anwendung einer Rekursionsbeziehung anhand derer die Zustände eines Systems bewertet und daraus eine optimale Strategie für einen Entscheidungsträger identifiziert werden können. Für den Fall eines vollständigen und bewertet vorliegenden Erreichbarkeitsgraphen können klassische Algorithmen der dynamischen Programmierung angewendet werden. Liegt hingegen ein solches Modell nicht im Vorfeld der Analyse vor, kann mit Hilfe approximativer Algorithmen eine Näherungslösung berechnet werden (vgl. Sutton und Barto (1998)).

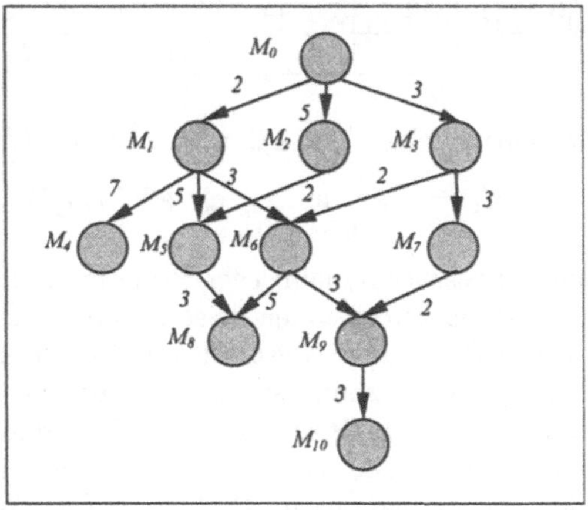

Abb. 3. Bewerteter Erreichbarkeitsgraph

4.1 Klassische dynamische Programmierung

Die dynamische Programmierung bietet Lösungsmöglichkeiten für Entscheidungsprobleme, bei denen eine Folge voneinander abhängiger Entscheidungen getroffen werden kann, um für das Gesamtproblem ein Optimum zu erzielen. Den Kern eines Algorithmus der dynamischen Programmierung bildet die Ermittlung einer Funktion, anhand derer die Zustände eines Systems bewertet und eine Sequenz optimaler Entscheidungen abgeleitet werden kann. Es geht um die Ermittlung einer Bewertungsfunktion $V^*(M_i)$. In der hier skizzierten Anwendung weist die Funktion für einen Zustand M_i die Kosten aus, die entstehen, wenn sich das System im Zustand M_i befindet und ausgehend von M_i optimale Entscheidungen im Rahmen einer Strategie π^* getroffen werden. Es handelt sich dabei um einen kürzesten Weg zu einer terminalen Markierung, wenn sich das System im Zustand M_i befindet. Die Messung der Weglänge erfolgt an dieser Stelle durch die Summe der Kantenbewertungen c_{ij} des Erreichbarkeitsgraphen. c_{ij} sind dabei die Kosten, die entstehen, wenn durch das Schalten einer Transition t ein Zustandsübergang vom Zustand M_i in den Zustand M_j stattfindet. Wird mit M_j eine Folgemarkierung von M_i bezeichnet, kann aufgrund des Bellmanschen Optimalitätsprinzips (vgl. Bellman (1957)) folgende Rekursionsbeziehung zur Ermittlung von $V^*(M_i)$ formuliert werden:

$$V^*(M_i) = \min_j [c_{ij} + V^*(M_j)] \tag{8}$$

Anhand der hier angenommenen konstanten Kostenwirkungen von Entscheidungen und damit vorliegenden Schaltwirkungen von Transitionen liegt folgender bewerteter Erreichbarkeitsgraph vor.

$V^*(M_i)$ und die zugehörigen optimalen Entscheidungen und damit die optimale Schaltung von Transitionen $t^*(M_i) \in t_{akt}(M_i)$ lauten:

i	0	1	2	3	4	5	6	7	8	9	10
$V^*(M_i), t^*(M_0)$	$9, t_0$	$7, t_1$	$5, t_0$	$7, t_0$	$-, -$	$3, t_3$	$5, t_2$	$5, t_0$	$-, -$	$3, t_3$	$-, -$

Die optimale Schaltung einer Transition im Zustand M_i folgt dabei aus:

$$t^*(M_i) = \arg \min_{t \in t_{akt}(M_i)} (c_{ij} + V^*(M_j)) \tag{9}$$

Die Anwendung klassischer dynamischer Programmierungsverfahren zur Auswertung von Erreichbarkeitsgraphen ist somit an einen vor der Optimierung vorliegenden bewerteten und vollständigen Erreichbarkeitsgraphen gebunden. Diese Prämisse kann zunächst aufgrund des bestehenden Dimensionsproblems für Probleme praxisrelevanter Größenordnung kritisiert werden. Darüber hinaus scheint die mangelnde Bewertungsmöglichkeit lokaler Entscheidungen der Logistikplanung im Hinblick auf die Wirkung bezüglich existierender Formalzielgrößen ein Hemmnis für den Einsatz in der Praxis.

Im folgenden Abschnitt wird anhand eines Verfahrens zur dynamischen Programmierung, bei dem die Bewertungsfunktion $V^*(M_i)$ approximiert wird, aufgezeigt, wie das Dimensionsproblem durch eine zeitlich verschränkte Konstruktion und Auswertung von Erreichbarkeitsgraphen gelöst werden kann. Die Lösung des Bewertungsproblems erfordert die Anwendung eines Verfahrens mit dessen Hilfe einzelne Entscheidungen innerhalb einer Sequenz von Entscheidungen ausschließlich anhand der Formalzielwirkungen von sachzielerfüllenden terminalen Zuständen bewertet werden können.

4.2 Approximative dynamische Programmierung

In diesem Abschnitt sei ein dynamischer Programmierungsansatz vorgestellt, mit dessen Hilfe eine approximative Bewertungsfunktion gelernt werden kann, ohne dass ein vollständiger und bewerteter Erreichbarkeitsgraph vor der Analyse bekannt ist. Vielmehr sei angenommen, dass initial ausschließlich terminale Zustände anhand einer Zielfunktion bewertet werden können. Eine Funktion zur Bewertung nicht terminaler Zuständes des Erreichbarkeitsgraphen wird dabei durch wiederholtes Durchlaufen einzelner Pfade des Erreichbarkeitsgraphen gelernt, ohne dass der Graph notwendigerweise vollständig durchsucht werden muss. Eine Bewertung einzelner Entscheidungen in einer Sequenz von Entscheidungen kann dabei anhand der Formalzielwirkungen eines erreichten terminalen Zustandes erfolgen. Wird der Erreichbarkeitsgraph, wie in Abb. 4 dargestellt, beispielsweise auf einem Pfad $M_0 \xrightarrow{t_0} M_1 \xrightarrow{t_3} M_6 \xrightarrow{t_3} M_9 \xrightarrow{t_3} M_{10}$ durchlaufen, erfolgt eine Bewertung der Sequenz von Entscheidungen anhand eines Signals r einer unterstellten Formalzielfunktion, mit der der Zustand M_{10} und damit $Q(M_9, t_3)$ bewertet werden kann. Gelingt für alle $t \in t_{akt}(M_i)$ eine Bewertung der Paare (M_i, t), so erfolgt anhand einer solchen, durch wiederholtes Traversieren des Graphen erlernten Funktion $Q(M_i, t)$ eine Bewertung einzelner Entscheidungen eines mehrstufigen Entscheidungsproblems. Anhand einer gelernten Approximation Q

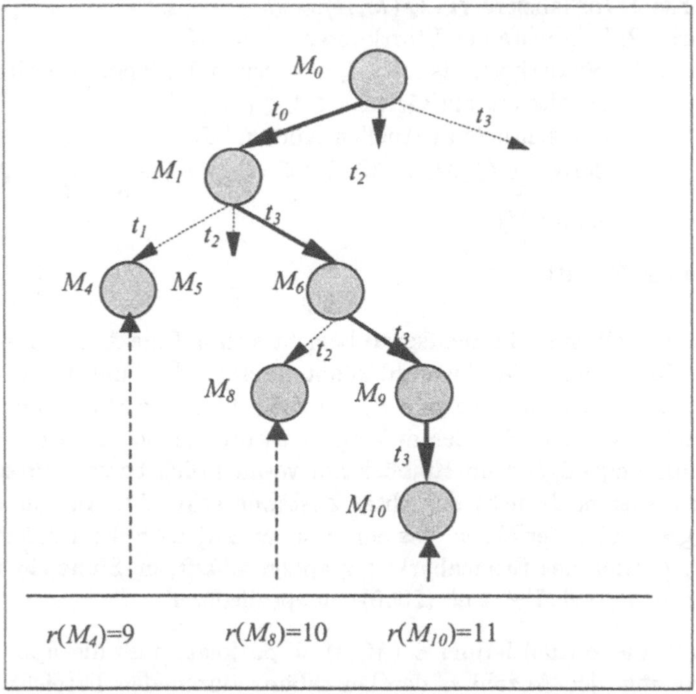

Abb. 4. Traversierter Pfad im Erreichbarkeitsgraphen

können damit die Zustände bewertet werden. Bei einem unterstellten Minimierungsproblem gilt:

$$V(M_i) = \min_{t \in t_{akt}(M_i)} Q(M_i, t) \tag{10}$$

Die Bewertung einzelner Entscheidungen $Q(M_i, t)$ wird anhand folgender Beziehung gelernt, wobei $r(M_j)$ ein externes Signal aus der Umgebung darstellt, welches die minimalen Kosten auf einem Pfad zu einem terminalen Zustand zusammenfasst und als bekannte Information vorausgesetzt wird.

$$Q(M_i, t) = r(M_j) + \min_{t' \in t_{akt}(M_j)} Q(M_j, t') \tag{11}$$

M_j sei dabei eine Folgemarkierung von M_i. In der vorliegenden Problemstellung dienen die Signale $r(M_j)$ ausschließlich der Bewertung von $Q(M_i, t)$, falls M_j ein terminaler Zustand ist. In diesem Fall ist $\min_{t' \in t_{akt}(M_j)} Q(M_j, t') = 0$. Liegt mit M_j ein nicht terminaler Zustand vor, ist $r(M_j) = 0$ und $Q(M_i, t)$ wird allein durch den Wert von $\min_{t' \in t_{akt}(M_j)} Q(M_j, t')$ bestimmt.

Anhand des folgenden Algorithmus (vgl. Ey *et al.* (2000)) wird Q approximiert:

Schritt 1: Initialisiere $\forall i : Q(M_i, t) := \infty$
Schritt 2: Betrachte den Startknoten $M_i := M_0$
Schritt 3: Wiederhole, bis mit M_i ein terminaler Knoten vorliegt:
Schalte ein aktiviertes $t \in t_{akt}(M_i)$
Betrachte den aktuellen Knoten M_j
Berechne $Q(M_i, t)$: $Q(M_i, t) = r(M_j) + \min_{t \in t_{akt}(M_j)} Q(M_j, t')$
$M_i := M_j$

Gehe zu Schritt 2.

Ein verbleibender Freiheitsgrad bezieht sich auf die Auswahl einer Transition t. Im Rahmen der Auswahl könnte anhand der Funktion $Q(M_i, t)$ die momentan am besten bewertete Prozessfortsetzung im Sinne einer Exploitation gewählt werden. Bei diesem Vorgehen würde jedoch der Erreichbarkeitsgraph nur ungenügend im Hinblick auf vermeintlich bessere Prozessfortsetzungen bisher noch nicht besuchter Zustände erforscht. Aus diesem Grund ist ein geeignetes Verfahren, das eine Balance zwischen der Exploitation und der Exploration des Erreichbarkeitsgraphen schafft, im Sinne einer Explorationsstrategie (vgl. Ey *et al.* (2000)) zu spezifizieren.

Durch die Initialisierung $Q(M_i, t) = \infty$ folgt, dass die approximierten Q-Werte mit der Anzahl n der Durchläufe durch den Erreichbarkeitsgraphen abnehmen oder konstant verharren $Q_{n+1}(M_i, t) \leq Q_n(M_i, t)$. Damit gilt: $\infty \geq Q(M_i, t) \geq Q^*(M_i, t)$. Gilt $n \to \infty$, konvergiert $Q(M_i, t)$ gegen die optimierte Bewertungsfunktion $Q^*(M_i, t)$ (vgl. Mitchell (1997)).

Für $Q^*(M_i, t)$ gilt im vorliegenden Beispiel:

$Q^*(M_0,t_0)$	$Q^*(M_0,t_2)$	$Q^*(M_0,t_3)$	$Q^*(M_1,t_1)$	$Q^*(M_1,t_2)$	$Q^*(M_1,t_3)$	$Q^*(M_2,t_0)$
9	10	11	9	10	10	10
$Q^*(M_3,t_0)$	$Q^*(M_3,t_3)$	$Q^*(M_5,t_3)$	$Q^*(M_6,t_2)$	$Q^*(M_6,t_3)$	$Q^*(M_7,t_0)$	$Q^*(M_9,t_3)$
10	11	10	10	11	11	11

$V^*(M_i)$ lautet:

i	0	1	2	3	4	5	6	7	8	9	10
$V^*(M_i)$	9	9	10	10	–	10	10	11	–	11	–

Die Funktion $V^*(M_i)$ gibt die minimalen Gesamtkosten an, wenn sich das System im Zustand M_i befindet und anschließend eine optimale Politik verfolgt wird. Die approximativ optimale Politik ergibt sich für einen Entscheidungsträger aus den ermittelten Q-Werten. Für eine partielle zeitlich verschränkte Konstruktion und Analyse des Erreichbarkeitsgraphen ist anwendungsabhängig empirisch die Anzahl der notwendigen Durchläufe zu bestimmen, die eine Approximation von $Q^*(M_i, t)$ erlaubt.

5 Zusammenfassung und Ausblick

Petrinetze besitzen ein beachtliches Potenzial bezüglich der Modellkonstruktion und -auswertung von Entscheidungsproblemen im Rahmen der Ablaufplanung (vgl. Zelewski (1995)). Am Beispiel eines Problems der Auftragsgrößenplanung wurde im vorliegenden Beitrag gezeigt, wie auf Petrinetzen basierende Erreichbarkeitsgraphen durch Algorithmen der dynamischen Programmierung ausgewertet werden können. Bei der Anwendung klassischer Ansätze der dynamischen Programmierung treten dabei zwei Probleme auf. Zum einen handelt es sich um ein Dimensionsproblem, das aufgrund der Größe praxisrelevanter Problemstellungen die Anwendung klassischer dynamischer Programmierungsansätze erschwert, wenn nicht gar unmöglich macht. Andererseits wird für die Anwendung klassischer Lösungsansätze ein bewerteter Erreichbarkeitsgraph vorausgesetzt. Diese Voraussetzung impliziert, dass lokale Entscheidungen anhand ihrer Formalzielwirkungen unmittelbar bewertet werden können. Da diese Voraussetzung vor allem im Rahmen mehrstufiger Entscheidungsprozesse nicht erfüllt sein dürfte, liegt ein Bewertungsproblem vor. Für beide Probleme wird anhand approximativer dynamischer Programmierungsmethoden ein integrierter Lösungsansatz vorgestellt. Einerseits werden darin die Phasen der Konstruktion und der Analyse von Erreichbarkeitsgraphen zeitlich miteinander verschränkt, wodurch eine Fokussierung auf die interessant erscheinenden Bereiche des Erreichbarkeitsgraphen ermöglicht wird. Andererseits wird von der Voraussetzung der unmittelbaren Bewertung lokaler Entscheidungen im Hinblick auf Formalzielgrößen Abstand genommen. Vielmehr wird das Bewertungsproblem dadurch gelöst, dass unterstellt wird, dass ausschließlich terminale sachzielerfüllende Zustände anhand ihrer Formalzielwirkungen bewertet werden können.

A collaborative approach for solving the portfolio re-composition problem in transport cooperations

Jörn Schönberger and Herbert Kopfer

University of Bremen, Faculty of Economics, Chair of Logistics,
Wilhelm-Herbst-Straße 5, 28359 Bremen, Germany
{sberger,kopfer}@logistik.uni-bremen.de

Abstract A carrier company determines routes in order to fulfill a given set of customer requests (portfolio). Some requests cannot be fulfilled due to limited transport resources. External logistics service provider are paid for serving these requests. The charges to be paid often exceed the earned revenues. On the other hand, some carriers cannot use their complete capacities because they have not acquired enough requests. Groupage Systems (GS) are set up in order to enable a request interchange between several carriers and to achieve an equilibrium between the demanded and the available transport resources. In the Portfolio Re-composition Problem (PRP) it is aimed at recomposing the carrier's portfolios by transferring requests between several carriers. In this article, we present an optimization model for the PRP and propose a two-step collaborative solution algorithm. In the first step, each carrier identifies the most profitable requests. In the second step, a mediator assigns the requests to these carriers and solves conflicts occurring if two or more carriers want to serve the same requests. We set up an experiment to simulate the GS behavior and present numerical results and compare them with the results obtained by a non-collaborative approach.

1 Introduction

Vehicle routing problems have their origins in distribution and/or collection problems. Typically, it is assumed, that a sufficient large fleet of vehicles is exclusively available for fulfilling the demanded transport tasks (requests). This assumption coincided with the real world for several years.

During the last years, a large number of companies sourced out their fleets into independent carrier companies and allowed them to operate for their own responsibility. For such a carrier, the operational short-term route generation problem differs considerably from the standard problems, especially the vehicle routing problem with time windows (VRPTW) and the pickup and delivery problem with time windows (PDPTW). Since the daily request portfolio cannot be anticipated exactly and since the available transport resources cannot be immediately adapted to the needed demand, bottleneck-situations appear. In these situations the demanded transport resources exceed the available capacities. The solution of such a bottleneck situation has received only minor attention so far in the vehicle routing context. However, such situations often occur in practical applications. A typical remedy is to order a logistics service provider to serve these requests. Typically, such a service is available but its charge often exceeds the revenues associated with the corresponding requests.

Since the ad-hoc incorporation of a logistics service provider is not convenient, cooperations between several independent carriers, called Groupage-Systems (GS), are set up. Its purpose is to find an equilibrium between the demanded and available transport resources within several carriers by interchanging customer requests in order to prevent from the necessity to incorporate expensive additional resources (Kopfer and Pankratz (1998)). Instead, requests are negotiated between participants of the GS for fair charges. Each participant should benefit from this cooperation by enlarging its efficiency.

This paper proposes a simple optimization model for the determination of a profit maximal interchange of requests between carriers forming a GS. To maximize the success of the participating carrier companies, each of them is allowed to specify and to propose bundles of requests, that they can fulfill with non-negative profit contributions (earned revenues minus spent costs). If several carriers compete for the same requests then an independent coordinator determines the final assignment of the bundles to the carriers. Thereby, the minimization of costs for external request fulfillments is targeted.

The organization of this article is as follows. In Section 2, the optimization model is derived. In Section 3, its application in a GS is described and a simulation environment is set up. Numerical results from experiments that simulate the configured GS are reported in Section 4. This article terminates with summarizing remarks and some hints for further research topics.

2 The portfolio re-composition problem

A GS aims at interchanging requests between carriers, so that each carrier achieves an updated request portfolio that can be served leading to a maximized profit contribution. Requests that do not lead to a positive contribution to the profit of a certain carrier are allowed to be fulfilled by another carrier. The corresponding revenues are simultaneously transmitted from the emitting to the serving carrier. Other charges are not paid.

The success of a GS depends upon its capability to determine appropriate exchanges of requests among the carriers forming the GS. A model for optimizing the request interchange in a GS is presented. It is aimed at recomposing the request portfolios of the carriers in order to reduce the sum of travel costs and service provider costs. Unprofitable requests are tried to be transferred into the portfolio of other GS participants. On the other hand each carrier tries to acquire additional profitable requests from other GS participants. The presented model can be configured for several GS environments.

2.1 Literature review

A planning domain describes a part of a value-added chain that is under the control of one planning organization. The incorporation of two or more planning domains into one single planning domain leads to collaborative planning (Kilger and Reuter (2002)). A cooperation is a framework in which the rules for the domain integration are described (Seuring (2001)). It allows the coordination of the planning processes in order to achieve efficiency improvements. The exchange of data that is relevant for the planning process is a core aspect of the cooperation.

A cooperation is instantiated if each single co-operator cannot receive a given goal because the competencies or resources are insufficient or if the cooperation leads to additional benefits for each co-operator.

The simplest form of a cooperation of more than one carrier is established for only one request or one bundle of requests. A carrier pays another carrier for serving one or several request(s), cf. Diaby and Ramesh (1995). This special form of cooperation is called *carrier service*. The corresponding collaborative planning problem is a combined route generation and freight optimization problem (Kopfer (1992)).

A cooperation of several independent carriers constitutes a GS if each participating carrier is allowed to offer and to receive requests from one or more other participating carriers (Kopfer and Pankratz (1998)). Instead of paying charges to the executing carriers, the emitting carriers let the receiving carriers have the associated revenues.

To establish a GS, rules that define the possible interactions of the participants are defined. The request assignment must take into account some organizational restrictions that represent the demand of the partners in the cooperation. Additionally, each single participant must be protected against unfair request distribution.

The goal of a GS is to find an assignment of requests to the available carriers that maximizes the overall global profit or, equivalently, minimizes the total costs. However, the participants themselves who want to maximize their own profit and not necessarily the profit of the GS contradict this goal. Instead of global optimization approaches, agent-based bilateral negotiating systems are proposed (Kopfer and Pankratz (1998), Gomber *et al.* (1997)).

2.2 Formal problem statement

Assume several independent carrier companies $C_1, \ldots, C_M$. Each carrier C_i comes along with the request portfolio $\mathcal{R}_i$. This set is partitioned into the two sets $\mathcal{R}_i^+$ and $\mathcal{R}_i^-$. The former set contains all requests served by the fleet of C_i following the routing plan $\Pi(\mathcal{R}_i^+)$. All remaining requests, collected in the latter set, are transferred to an external logistics service provider for execution.

The execution costs for carrier C_i are denoted by $C(\Pi(\mathcal{R}_i^+))$ and the freight charge paid to the incorporated logistics service provider is $FC(\mathcal{R}_i^-)$. The portfolio composition

$$(\mathcal{R}_1^+, \ldots, \mathcal{R}_M^+, \bigcup_{i=1}^{M} \mathcal{R}_i^-) \tag{1}$$

causes overall costs of the amount

$$\sum_{i=1}^{M} (C(\Pi(\mathcal{R}_i^+)) + FC(\mathcal{R}_i^-)). \tag{2}$$

A request r that is unprofitable for a carrier C_i could be inserted into the portfolio of another carrier C_j. The latter carrier receives the revenues REV_r associated with r. A request interchange between two carriers is profitable for both carriers if and only if

- the additional costs for C_j caused by the incorporation of r are less than REV_r, and
- the costs for serving r with C_i's own equipment or for the incorporation of a logistics service provider (from outside the GS) to serve r are larger than REV_r.

A profitable request interchange between two carriers enlarges the profit contributions of both carriers. The emitting carrier looses the revenues but it saves the service provider or travel costs, which exceed the earned revenues. On the other hand, the receiving carrier enlarges its profit contribution, because the additional revenues exceed its additional (travel) costs.

Let R_{ij} denote the set of requests transferred from the portfolio of carrier C_i to the portfolio of C_j. The updated request portfolio $\bar{\mathcal{R}}_i$ is given by

$$\bar{\mathcal{R}}_i := \mathcal{R}_i \cup \left(\bigcup_{j=1}^{M} R_{ji} \right) \setminus \left(\bigcup_{j=1}^{M} R_{ij} \right). \tag{3}$$

All unfavorable requests are given to another participant of the GS or they have been inserted into the pool $\bar{\mathcal{R}}_{M+1}$ of requests that the GS assigns to external service providers. Therefore, $\bigcup \bar{\mathcal{R}}_i^- = \emptyset$ can be assumed.

The updated portfolio composition is given by

$$(\bar{\mathcal{R}}_1, \ldots, \bar{\mathcal{R}}_M, \bar{\mathcal{R}}_{M+1}). \tag{4}$$

In the Portfolio Re-Composition Problem (PRP) it is aimed at identifying pairwise disjoint request transfers R_{ij} leading to an updated portfolio composition with minimized costs. The PRP can be stated more formally in the optimization model

$$\min \; FC(\bar{\mathcal{R}}_{M+1}) + \sum_{i=1}^{M} C(\Pi(\bar{\mathcal{R}}_i^+)) \tag{5}$$

$$s.t. \; R_{ij} \subseteq \mathcal{R}_i \; \forall i,j \in \{1,\ldots,M\} \tag{6}$$

$$R_{ij} \cap R_{kl} = \emptyset \; \forall (i,j) \neq (k,l) \tag{7}$$

The goal is to modify the given portfolio composition. Therefore, the necessary request transfers between the carriers are determined. Constraint (6) ensures that only available requests are transferred and (7) allows only the unique transfer of a certain request.

The determination of a cost minimal partition of the request portfolio $\mathcal{R}_i$ of a certain carrier C_i can be formulated in terms of a Pickup and Delivery Selection Problem, for short PDSP, introduced by Schönberger *et al.* (2002). Schönberger and Kopfer (2003) propose an elaborated meta-heuristic based on a genetic algorithm framework for solving instances of this problem.

3 Configuration of the groupage system

A pure centralized assignment of requests to carriers is often hindered by the participants themselves who worry about disadvantages resulting from the disclosure of internal data or unbalanced request allocations. However, a complete absence of a central coordination which observes the overall success of the GS and prevents from tactical or strategic acting to extrude certain weak customers from further participation within the cooperation is often observed.

In the PRP, a global reassignment of requests among the independent carriers is aimed in order to reduce the sum of costs. However, this is not realizable in real world applications. As mentioned already above, each single customer has to protect its own economic success so that no carrier would allow handing out the responsibility of its complete request portfolio. Otherwise, a carrier runs in danger to be forced to emit its most profitable requests and to serve other less profitable requests.

In a global optimal solution of a PRP instance, the preservation of the interests of certain carriers cannot be guaranteed. Therefore, a heuristic two-step approach for the determination of the transfer sets R_{ij} is proposed. Initially, each carrier selects the requests leading to maximal profit contributions. Afterwards, an independent mediator decides about the assignment of requests to the carriers with the goal of minimizing the sum of carrier service costs.

In the first step, each carrier is allowed to select the requests that it wants to fulfill. Beside the requests from its own portfolio it is allowed to select requests acquired by other members of the cooperation. This feature allows each cooperator to select the most profitable requests and allows a request interchange between the carriers. Additionally, no carrier has to serve any request that it does not want to fulfill. Typically, a single request cannot be served in a profitable way. For this reason, the carrier composes several requests into routes in order to achieve positive profit contributions. The carriers do not only specify single requests but bundles of requests that they can serve in a profitable way. Such a bundle consists of the requests served within one route. Each carrier is allowed to specify several bundles.

In the second step, the proposed bundles are assigned to carriers. Generally, several carriers compete for the most profitable requests. A conflict occurs as soon as two or more carriers declare at least one request as profitable and claim to serve it. It is not possible to partition one of the bundles in order to solve the conflict. Only one of the conflicting bundles can be assigned to the corresponding carrier. The other bundles are completely ignored. An independent mediator is called. He decides with the aim of minimizing additional costs arising from the incorporation of a non-cooperating logistics service provider. It is tried to keep these costs as small as possible. However, necessary service provider costs are distributed among the cooperators so that each one has to pay the same part of the carrier costs.

3.1 Bundle specification by the carriers

Let $\mathcal{R} := \mathcal{R}_1 \cup \ldots \cup \mathcal{R}_M$ be the union set of the request portfolios provided by the cooperation carriers $C_1, \ldots, C_M$, $n := |\mathcal{R}|$.

Each carrier specifies the request bundles in complete blindness about the selection of the other carriers. It has to decide only knowing the specifications of the requests and of its own equipment.

The bundles assigned to carrier C_i are determined solving a PDSP instance in which $\mathcal{R}$ gives the set of available requests and the available fleet is set to the fleet of C_i. Let Π_i contain the routes determined for serving the requests selected by carrier C_i and let N_i denote the number of routes in Π_i. Carrier C_i specifies the bundles $B_i^1, \ldots, B_i^{N_i}$. The bundle B_i^j contains all requests contained in the j-th route in Π_i.

Each bundle B_i^j is expected to contribute a non-negative amount to the overall profit of the carrier company. Otherwise, the route would not be in a solution of the PDSP instance of carrier C_i. Its ignorance would increase the overall profit contribution of this carrier. For this reason, B_i^j describes a collection of requests that can be served by C_i in an advantageous way.

For determining the routes in Π_i the authors have proposed a memetic algorithm (MA). The description of this algorithm is out of the scope of this paper. The reader is referred to Schönberger and Kopfer (2003) for a detailed description of the algorithm features, its configuration and an experimental assessment and proof of its applicability.

3.2 Bundle assignment by the mediator

After each carrier has bundled its selected requests, the bundles are assigned to the carriers. Since the bundles of a certain carrier only consist of the most promising requests (from the point of view of the carriers), it cannot be ensured that all requests contained in $\mathcal{R}$ are served by cooperating carriers. For requests that cannot be assigned to a vehicle of any participating carrier, an external carrier service has to be incorporated. The carriers forming the GS must pay the carrier service providers. Each participant has to pay a part of the overall amount of carrier service costs. To support the maximization of the profit contribution of each single carrier company, the bundles are assigned to the carriers in a way, which minimizes the necessary costs for using external carriers.

The carrier companies have specified the bundles

$$\mathcal{R}^* := \bigcup_{i=1}^{M} \{B_i^1, \ldots, B_i^{N_i}\}, \tag{8}$$

which they want to serve completely or not at all. Let N be the number of bundles in $\mathcal{R}^*$. For each bundle $B \in \mathcal{R}^*$ the specifying carrier is denoted as $c(B)$.

The binary decision variable x_B is equal to 1 if and only if bundle $B \in \mathcal{R}^*$ is selected, i.e., carrier $c(B)$ is selected to serve the requests in B.

The composites of the bundles are stored in the binary matrix $(Y_{rB}) \in \{0,1\}^{n \times N}$. The entry Y_{rB} is set to 1 if and only if request r is contained in bundle B. If request r is contained in bundle B and B is selected to be assigned completely to $c(B)$ then the expression $Y_{rB} \cdot x_B$ is equal to 1, otherwise it is 0.

The goal is to minimize the remaining carrier costs for requests that are not assigned to any cooperating carrier company from the GS. Equivalently, the goal can be re-expressed as to minimize the negative sum of prevented carrier costs $c_1 + \ldots + c_n$ where c_r denotes the costs for incorporating a carrier service to fulfill request r. For each request the resulting carrier costs are determined by

$$c_r := f_r \cdot REV_r \cdot \sum_{B \in \mathcal{R}^*} Y_{rB} \cdot x_B. \tag{9}$$

If request r is contained in a bundle assigned to a carrier then c_r gives the corresponding carrier service costs that are saved, otherwise it is 0. The factor f_r describes the additional charge for the incorporation of the carrier service. If $f_r > 1$ then the costs c_r exceed the obtained revenues REV_r.

The objective function can be defined as in (10). It is ensured that each request is assigned to at most one participating carrier (11). The problem of finding a minimal freight charge request assignment can now be formulated in terms of the optimization problem (10)-(12). It is of a special type, called combinatorial auction (de Vries and Vohra (2003)).

$$\min Z = -\sum_{r=1}^{n} c_r \tag{10}$$

$$\sum_{B \in \mathcal{R}^*} Y_{rB} \cdot x_B \leq 1 \; \forall r \in \mathcal{R} \tag{11}$$

$$x_B \in \{0, 1\} \; \forall B \in \mathcal{R}^*. \tag{12}$$

The combinatorial auction (10)-(12) is an integer linear program with N binary decision variables and n constraints. Special algorithms have been developed to deal with very large instances of combinatorial auctions (see, e.g. de Vries and Vohra (2003), Sandholm (2002)). However, the problem instances at hand are as small as an exact solution can be obtained engaging ILOG's Mixed-Integer-Linear-Program solver in the CPLEX-package (Version 7.1).

4 Computational experiments

Several numerical experiments have been performed to show the general applicability of the collaborative two-step assignment procedure for determining the portfolio modifications R_{ij}.

4.1 Test cases

Some benchmark instances are generated in order to perform numerical experiments that show the general applicability of the presented approach. They describe the special situation in which the carriers are strongly spatially distributed among the operational area. A cooperation is intended because each single carrier cannot cover the whole area: the fulfillment of a large number of requests is hindered by latest fulfillment times associated which each pickup- and each delivery-operation of the requests.

The operations area $\mathcal{O}$ is defined as $\mathcal{O} := [0; 100]^2$. Four Carriers are considered. Each provides one vehicle. The depot of the first carrier is situated in the north-western corner $(0, 100)$ of $\mathcal{O}$; the remaining carriers are positioned in the north-eastern $(100, 100)$, the south-eastern $(0, 100)$ and the south-western corner $(0, 0)$. The vehicles start from these positions and must return there after having finished their operations.

Requests are generated at random for each carrier. The pickup and the delivery locations are arbitrarily determined, so that each request is completely included into exactly one of the clusters $\mathcal{O}_1 := [0, 50]^2$, $\mathcal{O}_2 := [50, 100] \times [0, 50]$, $\mathcal{O}_3 := [50, 100] \times [50, 100]$ or $\mathcal{O}_4 := [0, 50] \times [50, 100]$. In each cluster R requests are derived for each carrier, so that each carrier provides a request portfolio of $4 \cdot R$ requests.

The demanded transport volume is set to one capacity unit for each request and the maximal allowed capacity of each vehicle is set to ∞. The capacities of the available vehicles do not compromise the composition of requests into routes. However, each request must be completely served within the customer specified time window $[0, T]$. The latest allowed execution time T is determined as small as it is not possible for any carrier to serve all available requests. It is intended that, in the cooperation, each carrier serves all the requests that are situated near its depot and that can be executed within $[0, T]$.

Each benchmark instance is determined by the triple (I, R, T), where $I = 0, \ldots, 4$ denotes the seeding of the request generator, $R = 6, \ldots, 10$ specifies the number of requests for each carrier in each cluster and $T = 200, 300, 400, 500$ gives the latest allowed finishing time of each request. Overall $5 \cdot 5 \cdot 4 = 100$ instances are derived.

4.2 Collaborative planning approach

Requests can be shifted between the cooperating carriers. If a carrier must serve a request acquired by another carrier within the cooperation the complete revenues are transferred from the original to the serving carrier.

For requests that remain unserved after the bundles have been assigned to the carriers, an external carrier service is engaged. It must be paid for each request that it fulfills. The charge is 20% larger than the revenues associated with the currently considered request. Hence, the carrier service incorporation is unprofitable. The sum of the carrier costs is distributed among the participants of the cooperation so that each company has to pay the same part of the sum. Every independent carrier provides one vehicle to participate in the cooperation.

4.3 Reference approach

The setup of the non-collaborative planning approach that serves as referential system is as follows. Each carrier company only knows about its own requests that are spread across the complete operational area $\mathcal{O}$. Requests of other carriers are not allowed to be fulfilled. Another cooperating carrier cannot serve a request acquired by a certain carrier. For each excluded request a carrier service must be incorporated. The costs for the carrier service incorporation exceed the associated revenues by 20%, i.e., $1.2 \cdot REV_r$ monetary units must be paid for an externally served request r. It is assumed that such a carrier is always available.

4.4 Results

Each benchmark instance is evaluated once by the collaborative approach and once by the reference approach. Since the MA used for the request selection

R	T			
	200	300	400	500
6	42%	56%	70%	50%
7	37%	54%	61%	54%
8	36%	57%	62%	70%
9	32%	48%	59%	63%
10	28%	44%	51%	56%

R	T			
	200	300	400	500
6	23%	33%	39%	38%
7	23%	31%	36%	41%
8	22%	30%	32%	33%
9	20%	28%	35%	39%
10	20%	26%	30%	32%

Table 1. Expected percentage of self served requests, obtained for different problem instances $(\cdot, R, T)$ using the collaborative (left) and the reference assignment procedure

is a randomized procedure, average results taken from five independent runs are presented.

First, it can be observed, that the cooperative request assignment is able to incorporate significantly more requests. In Table 1 the expected percentages of self-served requests are presented, grouped for different problem classes $(\cdot, R, T)$. The left table shows the results obtained from the cooperative approach whereas the right one includes the results of the reference approach. It can be stated, that the expected number of requests served by the cooperation increases if the latest allowed completion time is extended, if the set of available requests is enlarged or if both happens. Comparing both approaches, the expected number is drastically enlarged in the cooperative approach. It can be seen, as expected, that the overall percentage of served requests in the collaboratively generated routes dominates the percentage of served requests in the routes generated by the reference approach. Table 2 shows the average improvements of the quotas of requests served without incorporating expensive external carrier services for the different problem instances $(\cdot, R, T)$. For several instances with large time windows the quote is more than doubled, whereas for shorter allowed serving intervals, it is enlarged by at least 30%.

R	T			
	200	300	400	500
6	82%	70%	79%	31%
7	60%	75%	70%	32%
8	64%	90%	93%	112%
9	60%	71%	69%	62%
10	40%	69%	70%	75%

Table 2. Expected improvement of the quote of requests served without incorporation of external service providers, achieved by applying the collaborative planning approach

R	T			
	200	300	400	500
6	0.97	0.84	0.84	0.50
7	0.91	0.88	0.75	0.59
8	1.00	1.00	0.88	0.84
9	1.00	0.97	0.88	0.84
10	0.94	1.00	0.84	0.81

Table 3. Average ratios of bundles accepted in the second step in the collaborative approach

Table 3 shows the percentage of assigned bundles. It can be seen that the corresponding quotas for $R = 6, T = 500$ and $R = 7, T = 500$ are significantly smaller than the remaining quotas. In the other cases, the quotas of assigned bundles vary between 75 and 100%.

In the collaborative assignment approach, requests are shifted and exchanged between the participating carriers. Table 4 shows the composition of the request stock of each single carrier for different time windows. For each single carrier 0,1,2 or 3 it is broken down from which carrier the served requests are acquired. The quotas of shifted requests vary between 20 and 31%. For example, in the case of $T = 300$, 26% of the requests assigned to carrier 0 are self-acquired, 26% have been provided by carrier 1, respectively 23% of the transport demands are taken from carrier 2 and finally 25% originate from carrier 3. The observed results match the expectation that each carrier provides around a quarter of the requests to fulfill due to their spatial distribution. The percentages change only slightly if the latest allowed finishing time is varied.

	T=300					T=400					T=500			
	0	1	2	3		0	1	2	3		0	1	2	3
0	0.26	0.26	0.23	0.25	0	0.24	0.27	0.25	0.24	0	0.20	0.30	0.25	0.25
1	0.24	0.25	0.25	0.26	1	0.24	0.25	0.25	0.25	1	0.21	0.31	0.23	0.26
2	0.27	0.23	0.26	0.23	2	0.24	0.27	0.24	0.24	2	0.22	0.28	0.27	0.24
3	0.24	0.29	0.24	0.24	3	0.25	0.25	0.25	0.24	3	0.20	0.29	0.28	0.23

Table 4. Interchanges of requests between the cooperating carriers: composition of the schedules with requests acquired by different carriers

Table 5 shows the average profit contribution achieved by a single bundle for different instances $(\cdot, R, T)$. It increases if the time windows are expanded and if the carrier companies do not compete for the requests. If R is enlarged, the profitability is also improved. In both cases the number of available requests is raised up, which supports the consolidation of profitable routes.

R	T			
	200	300	400	500
6	281.47	349.55	403.52	264.29
7	310.69	406.11	420.27	363.26
8	350.65	521.81	514.77	535.25
9	371.68	495.49	579.97	573.31
10	369.27	537.86	589.72	607.00

R	T			
	200	300	400	500
6	42.08	71.90	87.31	80.21
7	64.45	94.34	115.08	134.60
8	104.88	139.83	137.44	120.28
9	108.60	147.08	174.05	198.82
10	118.51	147.15	172.90	169.29

Table 5. Average profit received from the operations of a single vehicle for the problem instances $(\cdot, R, T)$ using the collaborative assignment (left) and the reference assignment procedure

R	T			
	200	300	400	500
6	507.14	364.64	203.89	466.56
7	664.38	456.05	396.79	476.49
8	781.74	462.39	409.12	314.75
9	963.08	702.46	542.21	469.57
10	1177.83	844.00	740.86	641.57

R	T			
	200	300	400	500
6	810.72	699.78	636.21	637.55
7	959.68	849.09	771.35	693.72
8	1091.76	971.14	937.05	958.67
9	1295.73	1147.89	1031.37	931.36
10	1479.14	1374.22	1282.32	1248.96

Table 6. Average carrier service costs obtained for the problem instances $(\cdot, R, T)$ using the collaborative assignment (left) and the reference assignment procedure

Since in the collaborative request assignment approach the set of available requests is expanded again, the profitability of the routes in the cooperation dramatically outperforms the routes obtained in the reference request assignment scheme as shown in Table 5. The profit is multiplied by an average factor around 4. The same factor describes the enlargement of the request backlog available to consolidate appropriate bundles.

Table 6 shows, that the costs for incorporating external carrier services from outside the cooperation (assigned to each carrier company) can be reduced due to the capability of generating more profitable routes. Unprofitable requests are often not necessarily served by expensive carrier services but by carrier companies belonging to the cooperation.

A consequence of the enlargement of the number of incorporated and cooperation-served requests is the increasing of the obtained overall average profit contribution. The amounts achieved for the considered benchmark field are presented in Table 7. For instances, whose results are marked by $*$ the collaborative request assignment does not work. This seems to be caused by conflicting bundles resulting from a competition between the carriers to obtain requests that are profitable to different carriers. For instances that are labeled by a $\bullet$, tight time windows and/or the small number of available requests seem to hinder the consolidation of requests to appropriate bundles. For the unmarked instances in the left tabular representation in Table 7,

R	T			
	200	300	400	500
6	-225.67•	-15.09	199.63	-202.27*
7	-353.69•	-49.94•	23.48	-113.22*
8	-431.09•	59.42	105.65	220.50
9	-591.40•	-206.97•	37.76	103.74
10	-808.56•	-306.14•	-151.14•	-34.58

R	T			
	200	300	400	500
6	-93.04	-44.73	-18.72	-26.05
7	-95.50	-47.17	-13.48	18.98
8	-77.08	-22.03	-18.73	-39.50
9	-107.35	-44.23	2.15	43.59
10	-126.55	-81.89	-40.82	-38.87

Table 7. Average profit contribution obtained for the problem instances $(\cdot, R, T)$ using the collaborative assignment (left) and the reference assignment procedure

the collaborative request assignment leads to an improved overall profit. Requests that cannot be served by the acquiring carriers are fulfilled by other cooperation members at reasonable quotas.

5 Conclusion

This investigation addresses the determination of profitable interchanges of requests among several independent but cooperating carriers. Requests that cannot appropriately be assigned to any carrier are fulfilled by external carriers for extra charges.

An important feature is the blind selection of profitable requests that enforce the necessity of each carrier to select the requests that are profitable without knowing the selections of other carriers. Tactical but unprofitable bargaining is excluded.

The obtained results are promising. Future research should be dedicated to the investigation of situations in which the regional specialization is varied and in which the competition upon requests is larger. The generation of bundles that lead to non-negative profit contributions seems to be a crucial aspect of the cooperative request assignment. Additionally, it should be investigated if and how the application of different planning approaches (routing algorithms) by some carriers influences the success of single carriers in a cooperation.

[illegible]

Table 7: Average profit [illegible]

[illegible]

Conclusion

[illegible]

Mobile Speditionslogistikunterstützung durch integrierte Kommunikationssysteme

Volker Gruhn[1], Malte Hülder[1], Raschid Ijioui[1] und Lothar Schöpe[2]

[1] Universität Leipzig. Lehrstuhl für Angewandte Telematik / e-Business, Klostergasse 3, 04105 Leipzig, Germany
{gruhn,huelder,ijioui}@ebus.informatik.uni-leipzig.de

[2] Informatik Centrum Dortmund e.V., Abt. Softwaretechnik, Joseph-v.-Fraunhofer-Str. 20, 44227 Dortmund, Germany
lothar.schoepe@icd.de

Zusammenfassung Für Speditionsunternehmen liegt ein erhebliches Potenzial zur Effizienzsteigerung in der verbesserten Kommunikation zwischen Disponent und Fahrer. Dies bezieht sich insbesondere auf die Übermittlung von Auftrags- und Transportdaten, die zur Auftragsfortschrittskontrolle dienen. Durch ein Kommunikationssystem kann diese Kommunikation zwischen Fahrer und Disponent verbessert werden, und durch die zeitnahe Bereitstellung von Daten werden der Disponent und der Fahrer bei erforderlichen Entscheidungen besser unterstützt. Ein derartiges Kommunikationssystem wird im Rahmen des Forschungsprojekts „Mobile Spedition im Web (SpiW)"[1] entwickelt. Dieses Kommunikationssystem soll als Zusatzkomponente in eine bestehende Hard- und Softwareinfrastruktur eines Speditionsunternehmens eingebunden werden. Hierzu verfügt das Kommunikationssystem über offene Schnittstellen zur Integration mit verschiedenen Speditionslogistikanwendungen. Da aber auch die Arbeitsabläufe in verschiedenen Speditionsunternehmen unterschiedlich sind, wird durch eine spezielle Workflow-Engine erreicht, dass das Kommunikationssystem leicht an unternehmensspezifische Arbeitsabläufe angepasst werden kann.

1 Motivation

Speditionsunternehmen erzielen einen Wettbewerbsvorsprung, wenn sie durch einen funktionierenden Güterverkehr Transporte schnell und sicher sowie pünktlich und kostengünstig durchführen können. „*Die Zeit wird im Straßengüterverkehr mehr und mehr zu einer kritischen Komponente*" (Ernst und Walpukis (1997)). Dieser Wettbewerbsvorsprung ist umso wichtiger, da durch den Wegfall der Tarifbindung und durch die Globalisierung die Anzahl der Mitbewerber am Markt steigt. Speditionsunternehmen, die durch den Einsatz von mobiler Kommunikation in der Speditionslogistik die genannten Anforderungen (schnell, sicher, günstig, pünktlich) besser erfüllen können, gewinnen Vertrauen bei ihren Kunden und können sowohl die Kundenbindung erhöhen als auch ihren Marktanteil steigern.

[1] Gefördert durch das BMBF unter der Kennziffer 01HT0143.

Folgende Probleme können nach Erkens und Kopfer (2001) bei der Kommunikation und Kooperation zwischen den verschiedenen Rollen innerhalb eines Speditionsunternehmens (Fahrer, Disponent, Kunde) auftreten und damit die Erfüllung der Anforderungen behindern:

- Probleme des Disponenten:
  Diskontinuierlicher, mündlicher Informationsaustausch zwischen Disponent und Fahrer führt zu Zeitverzögerungen und Übertragungsfehlern.
  Der Fahrer ist aus Sicht des Unternehmens eine zentrale Informationsquelle - jedoch können die bei ihm auflaufenden Informationen bisher nicht ohne Medienbruch in Speditionslogistikanwendungen übernommen und damit nicht ohne weiteren manuellen Eingriff nutzbar gemacht werden (z.B. für einen Fuhrparkleitstand, für eine kunden-/prozessbezogene Statistik, für die Preiskalkulation).
  Aufgrund des fehlenden Kenntnisstandes der Disponenten über den Auftragsfortschritt ist eine kurzfristige Umdisposition nur begrenzt möglich.
  Auf Termin- bzw. Soll-Abweichungen des LKW-Güterverkehrs kann vom Disponenten, sofern diese überhaupt rechtzeitig bekannt werden, nur eingeschränkt korrigierend reagiert werden.
  Eine Kalkulation der Betriebs- bzw. Transportkosten ist nur mit zeitlicher Verzögerung zu erreichen.
- Probleme des Fahrers:
  Der Fahrer kann Störungen oft nur fernmündlich kommunizieren.
  Der Fahrer hat nur geringen Einfluss auf Tagestouren und Umdisposition.
  Übermittelte Daten sind zum Teil unvollständig oder falsch.
  Der Disponent ist bei Rückfragen nicht ständig erreichbar.
- Probleme des Kunden:
  Der Auftragsfortschritt ist für den Kunden nicht transparent.
  Verspätungen sind nicht kalkulierbar.

Durch den Wegfall einer standortgebundenen Erfassung und Übertragung von Informationen und der Hinwendung zu einer mobilen Kommunikation, bei der Endgeräte nicht mehr ortsgebunden sind, sondern entweder selbst portabel sind oder durch eine Verbindung mit einem Fahrzeug eine Portabilität erlangen, wird es erforderlich eine Vielzahl von Informationen zeitnah zu übermitteln. Informationen, die übermittelt werden können, umfassen dann sowohl Sensorikdaten, Telematikdaten als auch Transportdaten und Dispositionsdaten. Diese Informationen und deren Verarbeitung können dann zur Lösung der vorher genannten Probleme beitragen, indem durch ihre zeitnahe Bereitstellung Entscheidungen durch den Fahrer oder durch den Disponenten schneller und sicherer getroffen werden können. *„Ein besonderes Gewicht erhält dabei die Information [...], da eine effiziente Nutzung dieses Faktors [...] entscheidende Vorteile bringen kann.*" (Daduna und Voß (2000)).

2 Stand der Forschung und der Technik

Die Erarbeitung von Möglichkeiten zur Unterstützung der Speditionslogistik ist bereits seit einiger Zeit Gegenstand von Forschungsprojekten bei Instituten und Hochschulen und ebenso Ziel von Softwareentwicklungen bei Unternehmen. Hier werden entweder neue Konzepte für Kommunikationssysteme entwickelt und umgesetzt oder existierende Speditionslogistikanwendungen um neue Funktionalitäten erweitert.

An der Universität Koblenz wurde im Mai 2000 das Projekt FlottHit begonnen; vgl. Jung und Hampe (1998). Ziel dieses Projektes ist die Steigerung der Effizienz und die Optimierung der Logistikprozesse in einem Speditionsunternehmen, die durch den verstärkten Einsatz von Telematik erreicht werden soll.

Die Universität Bremen hat zum April 2001 das Projekt WapLog begonnen; vgl. Erkens und Kopfer (2001). Das Projekt hat die Erarbeitung eines Konzeptes und dessen Realisierung zum Ziel, um die Steuerung von Speditionsflotten mit Handy zu unterstützen. Dies soll mit Hilfe von Informations- und Kommunikationstechniken, die das *Wireless Application Protocol* (WAP) verwenden, realisiert werden.

Die Universität Leipzig arbeitet seit November 2001 im Verbundprojekt SpiW an der Konzeption und Realisierung eines Kommunikationssystem, welches über offene Schnittstellen zur Integration mit Speditionslogistikanwendungen verfügt, dynamisch an fachliche Geschäftsprozesse anpassbar ist und neue Kommunikationstechniken nutzt (*HSCSD - High Speed Circuit Switched Data, GPRS - General Package Radio Service , EDGE - Enhanced Data Rates for GSM Evolution, GSM - Global System for Mobile Communication, UMTS - Universal Mobile Telecommunications System*).

Die Optimierung und Verwaltung von Transporten und die Kommunikation mit Fahrern ist mit der heutigen Kommunikationstechnik zwar möglich, aber noch gibt es wenige Systeme, die alle diese Möglichkeiten ohne Medienbruch integrieren. Im Folgenden werden einige Systeme beschrieben, die die Verwaltung und Steuerung eines Fuhrparks unterstützen und marktbestimmend verfügbar sind. Diese Systeme sind den beiden ersten Gruppen von Anwendungssystemen zur Unterstützung des Güterverkehrs, wie sie in Daduna und Voß (2000) beschrieben werden, nicht disjunkt zuzuordnen. Eine weitere umfassende Vorstellung von verschiedenen Systemen findet sich in Jung und Hampe (1998):

- Das Softwaresystem WebFleet (vgl. WebFleet-Datafactory AG (2003)) stellt Services für die Ortung und Verfolgung von Fahrzeugen bereit. Dafür werden Techniken wie Satellitenortung mittels *Global Positioning System* (GPS), mobile Datenkommunikation, digitale Straßenkarten und Internet genutzt. Es lassen sich Positionsdaten, Textnachrichten, Meldungen über Betriebs- oder Ladezustände, elektronisch erfasste Identifikationsnummern von Paketen und weitere Informationen versenden, verwalten und auf einer digitalen Straßenkarte bis hin zum detaillierten Stadtplan darstellen. Dieses Softwaresystem läuft ausschließlich auf den Servern des Anbieters, und Schnittstellen zu bereits vorhandenen Speditionslogistikanwendungen eines Speditionsunternehmens werden nicht angeboten.

- Eine weitere Lösung zur Optimierung der Fuhrparkmanagementprozesse ist das System Transwatch der Firma Eurotelematik; vgl. Euro Telematik AG (2003). Durch dieses System werden bestimmte Endgeräte wie z.B. Navigationssysteme, Mobiltelefone und *PDA's (Personal Digital Assistant)* verschiedener Hersteller verwendet. Dieses System bietet ebenfalls Dienste zur Verwaltung von Fahrzeugen, Ortung, Nachrichtenübermittlung, sowie zur Auftragsabwicklung. Um Verkehrsinformationen im System verarbeiten zu können, wird der Informationsdienst *PASSO* (vgl. Vodafone Passo GmbH (2001)) verwendet. Aufgrund dieses Dienstes kann Transwatch jedoch nicht international betrieben werden.
- Durch das Softwaresystem FleetBoard (vgl. FleetBoard (2003)) werden über das Internet Dienste zur Verwaltung und zum Management einer Fahrzeugflotte eines Unternehmens angeboten. Die Dienste dieses Systems umfassen eine Analyse der Fahrweise, die Übermittlung einer Tourenplanung, die Übermittlung von Aufträgen sowie Unterstützung einer Verfolgung von Sendungen. Die Fahrzeuge benutzen verschiedene Komponenten zur Erfassung und Übertragung von Informationen (Dispositions- und Positionsdaten) mittels *GSM* und *GPS*. Die Darstellung von Fahrzeugpositionen erfolgt, ähnlich den anderen Systemen, auf einer digitalen Landkarte auf dem Display. Das System übermittelt die Daten an einen zentralen Server in der sog. FleetBoard Zentrale. Über diese Zentrale sind Auswertungen und Daten durch berechtigte und befugte Anwender über das Internet nutzbar. Das System läuft ausschließlich auf den Servern des Anbieters. Die Integration des Servers in eine Infrastruktur eines Unternehmens wird nicht angeboten.
- Das Softwaresystem DORIS (vgl. DORIS Domino EDV-Kommunikation (2003)) der Firma Domino EDV-Kommunikation GmbH, benutzt ebenfalls das Internet als Übertragungsmedium. Das System ist international einsetzbar, und die Fahrzeuge bzw. Fahrer sind mit *PDA's* ausgestattet. Die Positionsbestimmungen erfolgen durch *GPS*. Das Senden und Empfangen von Informationen erfolgt mit textbasierten Kurznachrichten (*SMS Short Message Service*). Die Offenheit des Systems erlaubt im Gegensatz zu anderen Systemen die Integration in eine bestehende Infrastruktur des Unternehmens. Das System an sich ist modular aufgebaut, wodurch man die Möglichkeit hat, jederzeit neue Bausteine zu integrieren bzw. zu ergänzen. Das System läuft ausschließlich auf den Servern des Anbieters.

Jedes System hat seinen speziellen Schwerpunkt: entweder Unterstützung einer properitären Hard- und Softwareinfrastruktur, ausgerichtet auf eine besondere Anwendungsdomäne oder auf einen speziellen Funktionsumfang. Eine Bewertung von ausgewählten Systemen auf der Basis eines Kriterienkatalogs findet sich in Siek *et al.* (2003). Die Systeme WebFleet, Transwatch und FleetBoard werden zentral auf einem Server des jeweiligen Dienstleisters betrieben. Dadurch werden relevante Firmendaten bei einem Drittanbieter verwaltet, und die Spedition wird abhängig von der Verfügbarkeit und Sicherheit des angebotenen Dienstes. Beim Softwaresystem Doris besteht zwar die Möglichkeit, das System in eine eigene Infrastruktur zu integrieren, jedoch wird durch das System Doris die bisher eingesetzte Speditionslogistikanwendung ersetzt. Die Disponenten müssen daher auf komplett neuen Systemen geschult werden, was weitere Kosten verursacht. Bei allen Systemen müssen Daten aus bestehenden Speditionslogistikanwendungen migriert werden, ein zeitaufwändiger und fehlerträchtiger Vorgang. Im Extremfall müssen beide Systeme – für eine bestimmte Zeit - gleichzeitig betrieben werden.

Das hier vorgestellte Kommunikationssystem soll unbeeinflusst von existierenden Rahmenbedingungen als Ergänzung zu vorhandenen Speditionslogistikanwendungen eingesetzt werden. Ein solches Kommunikationssystem sollte im Kontext der Speditionslogistik idealer weise über offene Schnittstellen mit Speditionslogistikanwendungen integrierbar sein und daher den Vorteil bieten, dass Speditionslogistikanwendungen unterschiedlichster Anbieter integriert werden können. Hierdurch wird eine Trennung zwischen kaufmännischen Planungs- und Logistiksystemen und Kommunikationssystemen erreicht. Unternehmen sind dann nicht gezwungen, monolithische Softwaresysteme mit einem umfangreichen Funktionsumfang zu kaufen und einzusetzen, nur um die Kommunikationsfunktionalität nutzen zu können. Ebenso wird durch diese Trennung der Investitionsschutz für Softwaresysteme unterstützt, d.h. existierende Softwaresysteme können weiterhin genutzt werden und der Datenbestand dieser Systeme braucht nicht migriert zu werden. Durch die Bereitstellung von zwei unterschiedlichen offenen Schnittstellen zur Integration wird erreicht, eine größere Menge von Speditionslogistikanwendungen integrieren zu können und damit noch besser einen Investitionsschutz zu gewährleisten. Hierdurch wird die Möglichkeit – gerade auch für kleine und mittelständische Unternehmen – geschaffen, sich durch den Einsatz neuer Kommunikationssysteme am Markt zu behaupten. Durch die Trennung des Kommunikationssystems von Speditionslogistikanwendungen ist ebenfalls die getrennte Wartung und Weiterentwicklung der beiden Systeme möglich. So kann das Kommunikationssystem mit der Verfügbarkeit neuer Standards im Funktionsumfang erweitert werden (z.B. Übertragung von Fotos und Videos, Verbesserung der Benutzerinteraktion), ohne dass notwendigerweise Speditionslogistikanwendungen überarbeitet werden muss.

Neben der Nutzung der konventionellen Technik *GSM*, werden durch dieses Kommunikationssystem neue Kommunikationstechniken (*GPRS, EDGE, HSCSD, UMTS*) verwendet, wodurch es möglich wird, auch datenintensivere

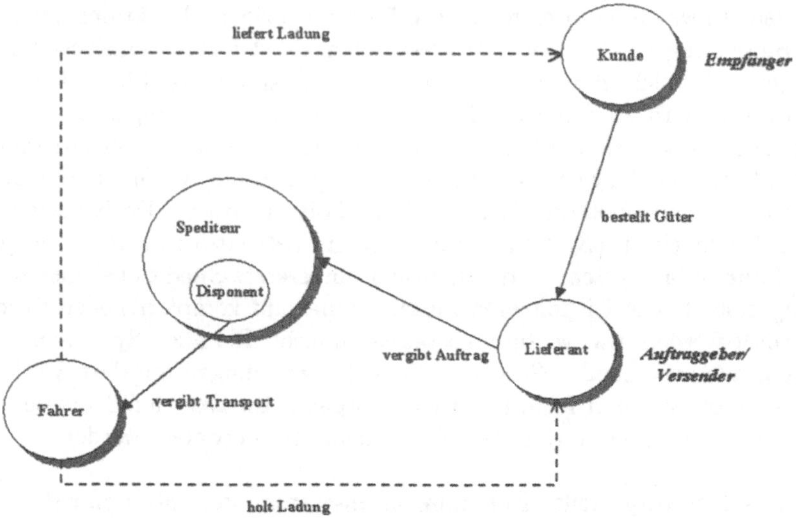

Abb. 1. Rollen im Güterverkehr

Informationen (Bilder, Videos) zwischen Disponenten und Fahrer auszutauschen.

Das Kommunikationssystem soll als Ergänzung zu existierenden Speditionslogistikanwendungen dienen. Die fachlichen Geschäftsprozesse, die durch diese Anwendungen bereits unterstützt werden, müssen auch durch das Kommunikationssystem unterstützt werden. Da die Art und Anzahl der bereits unterstützten Geschäftsprozesse je nach Speditionslogistikanwendung variiert, müssen die Geschäftsprozesse des Kommunikationssystems für die jeweiligen Bedürfnisse eines Unternehmens adaptierbar sein. Die Architektur des Kommunikationssystems, bestehend aus verschiedenen Teilsystemen, unterstützt gerade diesen Aspekt besonders.

3 Anwendungsszenario

Im Rahmen eines Güterverkehrs wird ein Speditionsunternehmen beauftragt, bei einem Versender eine Anzahl von Ladungen abzuholen und auszuliefern. Das Speditionsunternehmen vergibt einen Transport an einen Fahrer – angestellt oder Subunternehmer –, der die Ladungen bei dem Versender abholt und nacheinander an die Empfänger ausliefert (vgl. Abb. 1).

Durch dieses Szenario wird ausschließlich der Ganzladungsverkehr und Teilladungsverkehr (z.B. Transport von Stahl und Stahlerzeugnissen) dargestellt. Der Ganz- und Teilladungsverkehr ist eine spezielle Variante des Güterverkehrs und unterscheidet sich im Vergleich zu den KEP-Diensten (Kurier-, Express- und Paket-Diensten) dadurch, dass kein Vor- oder Nachlauf stattfindet und dass die Kunden (Versender, Empfänger) selten Privatpersonen, sondern in der Regel Unternehmen sind.

Zur Unterstützung der Kommunikation und Kooperation zwischen den beteiligten Rollen in diesem Szenario werden technische Hilfsmittel und Softwaresysteme eingesetzt. Das Speditionsunternehmen setzt Speditionslogistikanwendungen ein, um den Disponenten bei der Disposition von Aufträgen zu unterstützen. Die Kooperation und Kommunikation mit dem Fahrer erfolgt in der Regel mündlich per Telefon/Mobiltelefon oder schriftlich mittels Dokumenten (Rollkarten, Lieferscheine, Ladelisten). Die Kommunikation zwischen dem Disponenten und den Kunden (Empfänger/Versender) erfolgt telefonisch oder schriftlich per Fax oder per elektronischen Datenaustausch (*EDI - Electronic Data Interchange*) über eine Schnittstelle der Speditionslogistikanwendung. Bei der ausschließlichen Verwendung dieser technischen Hilfsmittel können die in der Einleitung genannten Probleme auftreten.

Der Einsatz eines Kommunikationssystems als Ergänzung zu einer Speditionslogistikanwendung soll bei der Problemlösung helfen. Die Benutzer eines solchen Kommunikationssystems sind die Disponenten und die Fahrer eines Speditionsunternehmens, wobei der Fahrer ausschließlich das Kommunikationssystem nutzt, während der Disponent auch die Speditionslogistikanwendung nutzt. Durch die Integration mit einer Speditionslogistikanwendung und die mögliche Erweiterung der Kundenschnittstelle der Speditionslogistikanwendung können auch Kunden eines Unternehmens das Kommunikationssystem indirekt nutzen. So können über die entsprechenden Schnittstellen (*EDI*) beispielsweise Informationen zu Transportaufträgen in das Speditionslogistiksystem eingespielt werden, die nach der Disposition – über das Kommunikationssystem - an den Fahrer übermittelt werden. Andererseits kann die Übermittlung von Transportstatus und Position eines Fahrzeugs aus dem Kommunikationssystem zum *Tracking* und *Tracing* innerhalb der Speditionslogistikanwendung genutzt werden.

Es werden hier daher im wesentlichen zwei Arten von Benutzern unterschieden, die auch verschiedene Geräte verwenden. Während der Fahrer eines Speditionsunternehmens ein mobiles Endgerät (*PDA*) nutzt, nutzt der Disponent ein stationäres Endgerät (*PC - Personal Computer*).

4 Architektur

Die Systemarchitektur des Kommunikationssystems besteht aus drei Komponenten: mobilen Endgeräten, stationären Endgeräten und einem Anwendungsserver. Die mobilen Endgeräte nutzen ein leiterungebundenes Medium (*GSM, EDGE, GPRS, HSCSD, UMTS*) zur Kommunikation mit einem Anwendungsserver, während durch das stationäre Endgerät ein leitergebundenes Medium (*Ethernet, FastEthernet*) zur Kommunikation mit dem Anwendungsserver verwendet wird.

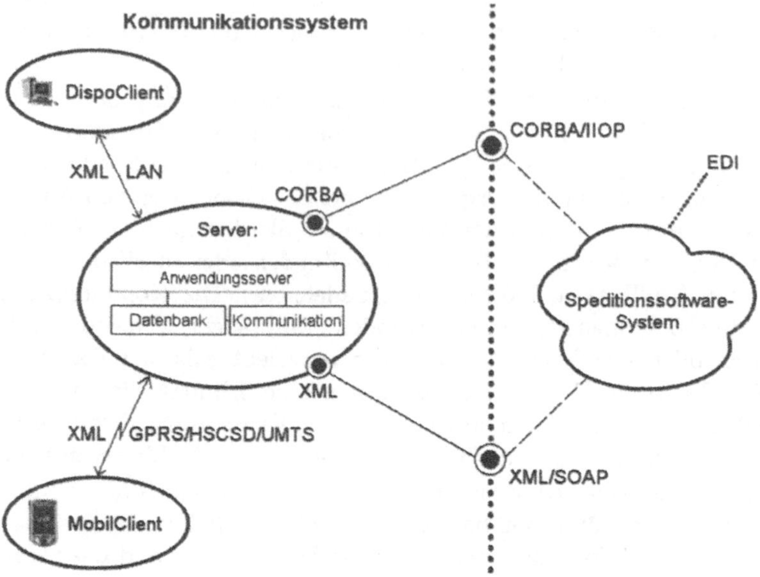

Abb. 2. Architektur des Kommunikationssystems

Die Softwarearchitektur des Kommunikationssystems folgt dem Client/Server-Konzept; vgl. Lewandowski (1998). Durch einen Anwendungsserver wird die Geschäftslogik zur Bearbeitung von Geschäftsobjekten (vgl. Baker und Geraghty (1998)) bereitgestellt. Zur Umsetzung, Unterstützung und Ausführung dieser fachlichen Geschäftslogik bedient sich der Anwendungsserver weiterer Serverkomponenten: eines Workflow-Servers, eines Kommunikations-Servers und eines Datenbank-Servers (vgl. Abb. 2). Durch die Clients werden die vom Server entsprechend der fachlichen Geschäftslogik angebotenen Dienste genutzt, um Daten zielgerichtet einem Benutzer zur Bearbeitung zur Verfügung zu stellen.

Die Art der Daten, die durch die verschiedenen Clients zur Bearbeitung zur Verfügung gestellt werden, ist unterschiedlich. Nicht jeder Benutzer benötigt aufgrund seiner Rolle die gleichen Daten. Während der Fahrer im Wesentlichen nur Transportdaten benötigt, ist der Disponent neben den Transportdaten auch an den Dispositionsdaten interessiert. Durch die verschiedenen Clients werden in Abhängigkeit von der Art des Endgeräts und dessen technischen Möglichkeiten (z.B. Größe des Displays) nicht nur die Daten unterschiedlich dargestellt, sondern auch die Menge der dargestellten Daten begrenzt. Ebenso ist die Art der Benutzungsführung unterschiedlich (z.B. durch vordefinierte Tasten beim *PDA* oder Zeigersteuerung durch eine Maus beim *PC*).

Wenn die Geschäftslogik nicht nur durch einen Anwendungsserver bereitgestellt wird, sondern Teile der Geschäftslogik auf einen Client verlagert werden, werden Clients als *Thick-Clients* (vgl. Lewandowski (1998)) bezeichnet. Dagegen verfügen *Thin-Clients* (z.B. Web-Browser) über keine eigene Geschäftslogik, sondern nutzen ausschließlich die von einem Anwendungsserver bereitgestellten Dienste.

Obwohl *Thin-Clients* in der Regel weniger Ressourcen beanspruchen und sich daher besonders für Endgeräte mit geringer Prozessorleistung und Speicheraustattung eignen, kommen auf den mobilen Endgeräten *Thick-Clients* zur Anwendung. Dies liegt in der Tatsache begründet, dass nicht immer sichergestellt werden kann, dass die Kommunikationsverbindung über ein leiterungebundenes Medium zwischen mobilen Endgeräten und dem Anwendungsserver verfügbar ist. Um jedoch den Anforderungen, die aus den in der Einleitung genannten Problemen resultieren, gerecht zu werden, muss ein Teil der Geschäftslogik auch weiterhin ausgeführt werden können, wenn die Kommunikationsverbindung zeitweise unterbrochen ist. Nach Wiederherstellung der Kommunikationsverbindung muss dann eine Synchronisation stattfinden.

Die Wahrscheinlichkeit, dass eine Kommunikationsverbindung über ein leitergebundenes Medium in einem *Local Area Network (LAN)* über längere Zeit ausfällt, ist gering, so dass diese Gründe bei stationären Endgeräten nicht zum Tragen kommen. Auf Seiten eines stationären Endgeräts kommt jedoch ebenfalls ein *Thick-Client* zur Anwendung, der teilweise die gesamte Geschäftslogik zur Disposition und zur Stammdatenverwaltung enthält. Über die weiteren Vor- und Nachteile von *Thin-* und *Thick-Clients* sei auf Lewandowski (1998) und Orfali *et al.* (1996) verwiesen.

Da das Kommunikationssystem von der Speditionslogistikanwendung getrennt ist, müssen Daten zwischen den beiden Systemen ausgetauscht werden. Beide Systeme benötigen Daten zur Steuerung ihrer spezifischen fachlichen Geschäftslogik, z.B.:

- Die Speditionslogistikanwendung benötigt Informationen über den Auftragsfortschritt, um eine Rechnungsstellung zu initiieren.
- Das Kommunikationssystem benötigt Informationen über den Empfänger (Ladebedingungen, Warte- und Pausenzeiten), um den Fahrer bei einer Entscheidung zu unterstützen.

Für diesen Datenaustausch mit Speditionslogistikanwendungen stellt das Kommunikationssystem zwei Schnittstellen (eine objektorientierte und eine textdokumentorientierte Schnittstelle) zur Verfügung.

- **CORBA/IIOP (Common Object Request Broker Architecture / Internet Inter ORB Protocol):** Die Daten werden im Kommunikationssystem als semantische Objekte im Sinne des objektorientierten Paradigmas (Gruhn und Thiel (1998)), Szyperski (1998) betrachtet. Durch einen *Object Request Broker* werden Dienste zum Austausch von Objekten zwischen Softwarekomponenten – in einem homogenen Softwaresystem – bereitgestellt; vgl. Emmerich (2000). Um einen Austausch von Objekten zwischen verschiedenen heterogenen Softwaresystemen zu gewährleisten, kann das *IIOP* genutzt werden. Dies setzt aber voraus, dass bei den beteiligten Softwaresystemen jeweils ein *Object Request Broker* zur Anwendung kommt.

- **XML/SOAP (Extensible Markup Language / Simple Object Access Protocol):** Die Struktur der Daten des Kommunikationssystems werden durch *Document Type Definitions (DTD)* (Tolksdorf (1999), Böhnlein und Ulbrich vom Ende (1999)) beschrieben – wenn nur die Daten ausgetauscht werden sollen. Informationen, die zwischen heterogenen Softwaresystemen ausgetauscht werden sollen, werden durch Instanziierungen dieser *DTDs* repräsentiert. Diese Instanziierungen werden mit der Beschreibungssprache *XML* beschrieben, so dass eine automatische Verarbeitung der Informationen durch die verschiedenen Softwaresysteme möglich ist. Die Art der automatischen Verarbeitung, d.h. welche Operationen mit diesen Informationen arbeiten, wird zusätzlich durch das *Simple Object Access Protocol* (vgl. Chester (2001)) festgelegt.

5 Workflow-Unterstützung

Die fachlichen Geschäftsprozesse, die durch das Kommunikationssystem unterstützt werden sollen, werden durch globale Workflows beschrieben (vgl. Abb. 3). Durch jeden Workflow wird genau ein fachlicher Geschäftsprozess (z.B. Verweigerung der Warenannahme durch einen Kunden) mit seinen Bedingungen und Entscheidungen beschrieben. Fachliche Geschäftsprozesse können zusammenhängen, d.h. sie können sich initiieren oder bedingen (z.B. die Erfassung einer Annahmeverweigerung durch einen Fahrer bei einem Kunden löst durch eine Änderung des Auftragsstatus eine Benachrichtigung an den Disponenten aus, damit die Erstellung eines Retourenauftrags durchgeführt werden kann).

Ein Workflow selbst besteht aus einer Menge von einzelnen Tätigkeiten, die wiederum einfach oder komplex sein können. Diese Tätigkeiten eines Workflows werden entweder sequentiell bzw. parallel oder alternativ zueinander durchgeführt.

Für jedes Teilsystem der fachlichen Architektur (vgl. Abb. 4) werden ein oder mehrere Workflows beschrieben, durch die die fachlichen Daten – d.h. die Instanzen der Klassen innerhalb eines Teilsystems – erstellt, bearbeitet und angezeigt werden können.

Entsprechend den Abhängigkeiten zwischen Teilsystemen können verschiedene fachliche Workflows unterschiedlicher Teilsysteme ebenfalls voneinander abhängig sein. Diese Abhängigkeiten von Workflows sind nicht immer fix, sondern können sich erst nach der Modifikation oder Erstellung von Daten ergeben (Entscheidung), u.U. auch erst nach dem Lesen von Daten.

Jede Klasse eines Teilsystems enthält eine Display-Methode, mit der sich die Daten dieser Klasse – unter Berücksichtigung eines Styleguides und entsprechender Benutzungsführung – darstellen lassen. Hierdurch wird sichergestellt, dass die Darstellung von Daten auf dem mobilen Endgerät immer in

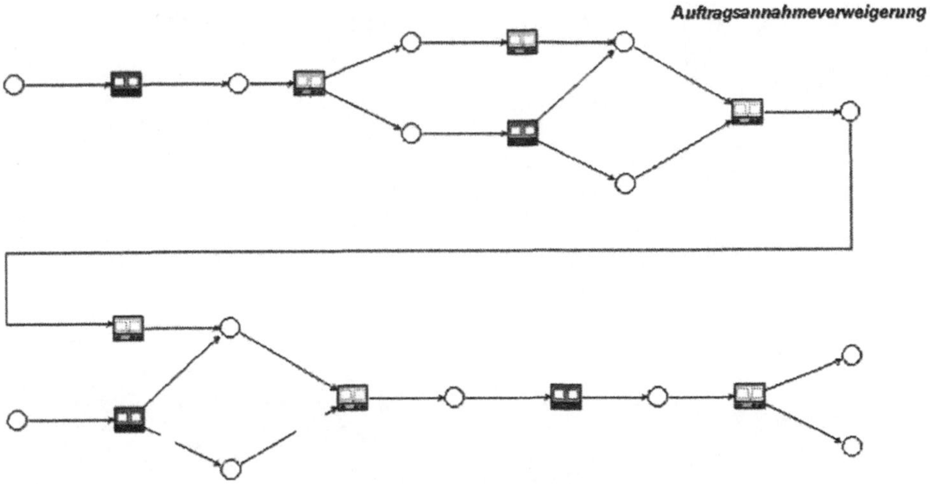

Abb. 3. Fachliche Geschäftsprozesse

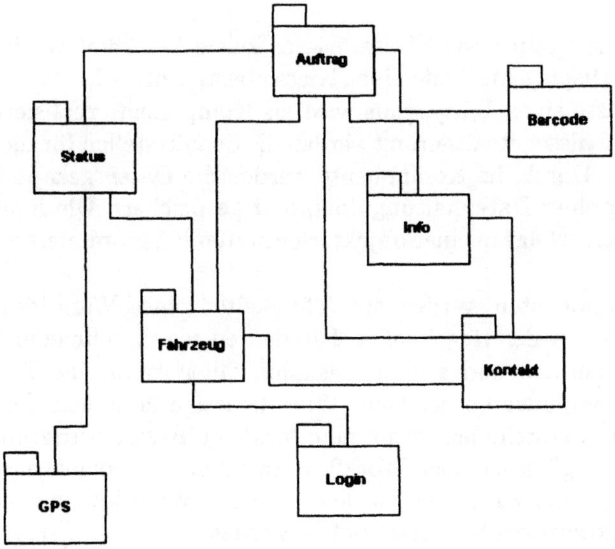

Abb. 4. Teilsysteme des Kommunikationssystems

der gleichen Art und Weise erfolgt und dass die Benutzerführung zur Bearbeitung der Daten ebenfalls immer gleich erfolgt.

In Ergänzung zu den globalen Workflows, durch die fachliche Geschäftsprozesse beschrieben werden, beschreibt ein lokaler Workflow den Ablauf von

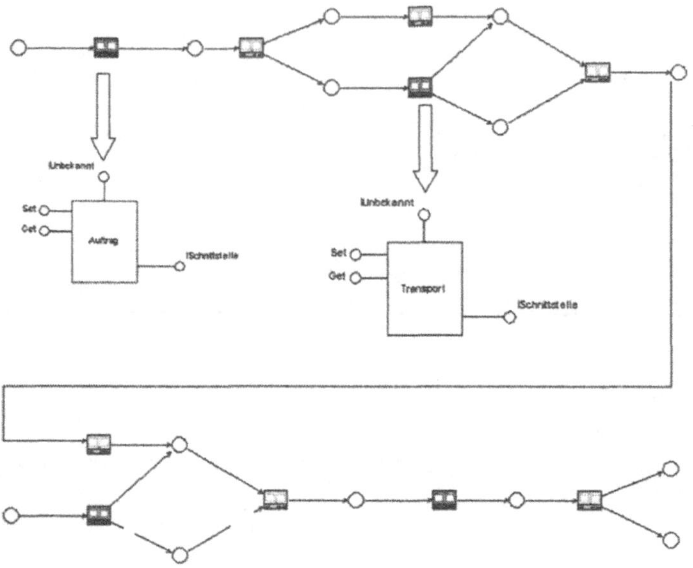

Abb. 5. Realisierte und zugeordnete Komponenten

Methoden innerhalb einer Klasse. Dieser lokale Workflow wird durch Realisierung der Display-Methode einer Klasse bestimmt.

Jede Klasse eines Teilsystems wird als Komponente realisiert und implementiert. Bei dieser Realisierung werden die Schnittstellen für die Komponente festgelegt. Durch die Komponente werden die Daten gekapselt und durch Verwendung einer Datenhaltung dauerhaft gespeichert. Die Realisierung der Komponenten erfolgt in einer objektorientierten Programmiersprache (JAVA, C#).

Die Komponenten werden den Tätigkeiten eines Workflows zugeordnet (vgl. Abb. 5). In der Regel sollte Tätigkeiten jeweils nur eine Komponente zugeordnet werden, und nur in Ausnahmefällen kann eine Zuordnung von mehreren Komponenten erfolgen. Eine derartige komplexe Zuordnung soll aber nur dann stattfinden, wenn eine fachliche Restrukturierung des Workflows nicht möglich ist. Der Workflow zwischen den zugeordneten Komponenten muss dann zusätzlich zu dem globalen Workflow und den einzelnen lokalen Workflows explizit beschrieben werden.

Wenn bei der Durchführung einer Tätigkeit eine Entscheidung – auf der Basis von Daten – getroffen werden muss, die den weiteren Ablauf eines Workflows bestimmt, muss für die entsprechende Tätigkeit eine Entscheidungstabelle angegeben werden (vgl. Abb. 6).

Die Steuerung der Workflows erfolgt durch einen Workflow-Server, der Teil des Anwendungsservers ist. Da Bestandteile eines fachlichen Geschäftsprozesses verteilt – sowohl auf den Clients als auch auf dem Anwendungsserver – ausgeführt werden, muss der Workflow-Server auch die verteilte

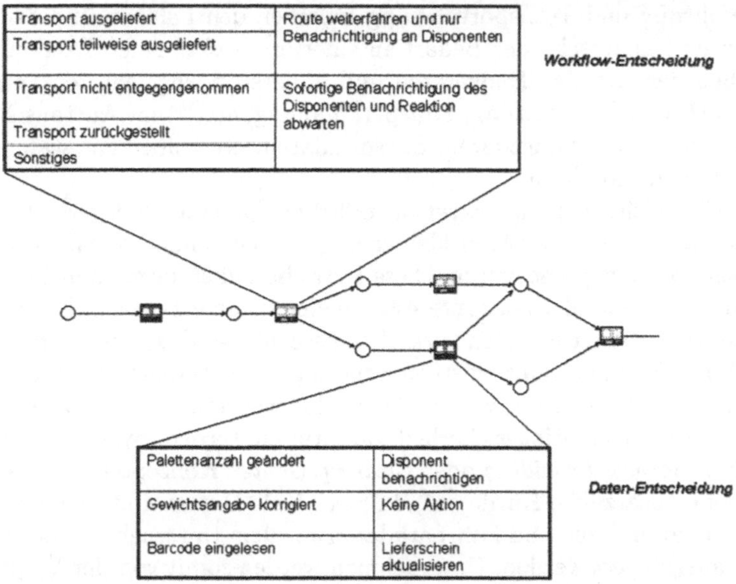

Abb. 6. Entscheidungstabellen für Tätigkeiten

Ausführung von Komponenten unterstützen und die Konsistenz und Integrität sicherstellen. Diese verteilte Ausführung kann zentral oder dezentral gelöst werden. Unter Berücksichtigung der leiterungebundenen Kommunikation zwischen den mobilen Clients und dem Anwendungsserver und den daraus resultierenden Problemen (Verbindungsabbruch, Verbindungsverfügbarkeit, etc.), bietet sich eine dezentrale Lösung an, bei der sowohl auf den mobilen Clients als auch auf dem Anwendungsserver jeweils ein Workflow-Server eingesetzt wird, die jedoch in der Mächtigkeit ihrer Funktionalität verschieden sind (vgl. *Thin-/Thick-Clients*).

6 Fazit und Ausblick

Eine elektronische Unterstützung der Transportdurchführung ist aus informationstechnischer Sicht bisher nur schwach mit Speditionslogistikanwendungen integriert. Eine Kommunikation während der Transportdurchführung bzw. bei seiner Nachbereitung findet per Papier mittels Formularen oder per Telefon statt, was wiederum eine nachträgliche elektronische Erfassung von Informationen bedingt. Diese nachträgliche Erfassung ist fehlerbehaftet. Der Disponent ist während der Transportdurchführung nicht ausreichend über den Fortschritt informiert und muss sich bei Bedarf erforderliche Informationen aktiv beschaffen.

Es besteht daher einerseits der Bedarf an einer bidirektionalen Kommunikation zum zeitnahen Austausch von Informationen für die Transportdurchführung und Transportplanung zwischen den Fahrern und dem Disponenten und anderseits der Bedarf an einer unidirektionalen Kommunikation zwischen den mobilen Endgeräten und anderen nachgelagerten Softwaresystemen (Finanzbuchhaltung, Fuhrparkplanung, etc.) zum Austausch von Informationen (Rechnungsdaten, Sensorikdaten, etc.) über ein stabiles leiterungebundenes Medium.

Der Vergleich von am Markt befindlichen Systemen hat gezeigt, dass hier vielfach an den Bedürfnissen kleiner und mittelständischer Speditionsunternehmen vorbei geplant wurde. Diese Betriebe haben oftmals nicht die finanziellen Mittel und nicht das Interesse, in eine komplett neue Software zu investieren. Mitarbeiter müssten zusätzlich geschult werden, und nach wie vor ist der Markt für Speditionslogistikanwendungen so zersplittert, dass nicht prognostiziert werden kann, welche Anwendungssysteme sich langfristig halten und dadurch Investitionssicherheit garantieren werden. Systeme, die auf *Application Service Providing* oder *Clearing Center* Konzepten beruhen, bauen noch eine zusätzliche Hürde auf, da hier vitale Unternehmensdaten wie z.B. Kundenstammdaten und Fuhrparkdaten aus dem Unternehmen an eine dritte Stelle ausgelagert werden. Unternehmen werden somit von der Verfügbarkeit und Datensicherheit bei dieser dritten Stelle abhängig.

Ein Kommunikationssystem sollte daher zusätzlich zu einer bereits in einem Unternehmen eingesetzten Speditionslogistikanwendung genutzt werden können. Um aber zusätzliche Vorteile im Rahmen der Logistik für ein Unternehmen zu bieten, muss das System

- die Integration mit Speditionslogistikanwendungen bieten,
- neue Telematik- und Kommunikationstechniken nutzen,
- flexibel an Arbeitsabläufe angepasst werden können.

Dies wird durch die Bereitstellung von zwei offenen Schnittstellen zur Integration, durch die dynamische Nutzung von moderner Kommunikationstechnik und durch die Realisierung eines Workflow-Servers erreicht.

Ermöglicht wird die Erreichung dieser Ziele durch die komponentenbasierte Architektur des Kommunikationssystems und durch die Verwendung von objektorientierten Programmiersprachen während der Implementierung des Systems.

Trotz des zu erwartenden Nutzens eines integrierten Kommunikationssystems für die Speditionslogistik müssen trotz allem die Kosten für die Anschaffung und – wichtiger noch – für den Betrieb berücksichtigt werden. Eine Bestimmung des Nutzenpotenzials ist unternehmensspezifisch und kann daher nicht allgemein gültig getroffen werden, insbesondere da z.B. die Kosten für *UMTS* noch nicht festliegen und die Kosten für Mautgebührenerfassungsgeräte auch noch nicht stabil sind.

Logistics managers' perceptions and viewpoint to inter-organizational supply chain collaboration by CPFR

Herbert Kotzab[1], Tage Skjoett-Larsen[1], Claus Andresen[2] and Christian Thernoe[2]

[1] Dept. of Operations Management, Copenhagen Business School, Solbjerg Plads 3, 2000 Frederiksberg, Denmark
hk.om@cbs.dk, tsl.om@cbs.dk

[2] Supply Chain Management Group, Strandboulevarden 148, 2100 København Ø, Denmark
kontakt@scmgroup.dk

Abstract Supply chain management aims for the harmonization and integration of business processes among supply chain members. While in the past, many supply chain projects focused on typical order management processes, the upcoming concept of Collaborative Planning Forecasting & Replenishment (CPFR) directs the supply chain integration efforts to the strategic planning level. The following paper presents selected results from an empirical study among 218 Danish managers and their attitudes towards inter-organizational supply chain collaboration and CPFR. The results show, that although there is a lack of CPFR-knowledge, the majority of the respondents showed generally a very positive collaborative mind-set.

1 Introduction

In 1995 Collaborative Planning, Forecasting & Replenishment (CPFR) was introduced in connection with a pilot project among Wal-Mart, Warner-Lambert, Benchmarking Partners, SAP and Manugistics (cf. Cooke (1998b)). Based on these experiences, the Voluntary Interindustry Commerce Standards (VICS) introduced in 1998 a guideline for CPFR collaboration. Whereas the previous methods such as VMI (vendor-managed inventory) or CRP (continuous replenishment program) mainly focussed on collaboration concerning replenishment/reordering, the CPFR concept also promotes integration of planning and forecasting processes.

In 1999, Stank *et al.* (1999) presented in their work the results of an empirical study on the application of CPFR within 98 US-American manufacturing and retailing companies, whose logistics managers were listed in the Council of Logistics Membership Roaster 1998. The study showed a wide spread use of CPFR amongst the respondents and a high satisfaction with the results of CPFR. Based on these results, we wanted to assess first the use of CPFR-principles among Danish companies and secondly the general attitude towards interorganizational collaboration among Danish logistics/supply chain managers. This assessment of the Danish CPFR-affinity is the base of the following paper.

After a short introduction, we discuss in the second section our conceptual understanding of CPFR. In the third part of the paper we present our research design (= questionnaire, e-mail-survey) that we used to examine our research questions. The fourth part includes selected results of our empirical study ($n = 218$) that shows an interesting picture on supply chain collaboration and attitudes towards CPFR of Danish logistics/supply chain managers. The results are discussed in the fifth section, where also some managerial implications are presented. The paper closes with a critical discussion and an outlook for future research.

2 A conceptual understanding of CPFR

The VICS that holds the copyrights for the name of CPFR defines the concept as "a collection of new business practices that leverage the Internet and electronic data interchange in order to radically reduce inventories and expenses while improving customer service" (cf. VICS (1998b)). This definition suggests that the Internet and electronic data interchange (EDI) are substantial prerequisites of CPFR. Other definitions as the one of ECR Europe (2001), p. 13, are more general and refer rather to collaboration than to EDI: "CPFR is a cross-industry initiative designed to improve the supplier/manufacture/retailer relationship through co-managed planning processes and shared information". In spite of the minor discrepancy in the definitions of CPFR, there is little doubt that the ruling perception of CPFR is based on the VICS definition.

VICS also crafted a guideline in the form of a nine-step model detailing how to implement CPFR (cf. `www.vics.org`; VICS (1998a)). The CPFR process builds to a large extent on the exchange of information among collaboration partners. This exchange of information can be carried out through the use of various technologies such as EDI, private networks or the Internet (XML). For the processing of information a large number of software programs have been developed to support the CPFR processes (e.g., Syncra, Logility, Manugistics; i2 Technologies, E-Millennium, E3, J.D. Edwards, Numetrix or Excentric, SAP, Oracle, Baan or Peoplesoft). For simplicity and overview we have chosen to structure the generic VICS business model through a division into a planning phase (step 1-2), a forecasting phase (step 3-8) and a replenishment phase (step 9) (see Table 1). As Fliedner (2003), p. 15, points out, these steps can be seen as a "cyclic and iterative approach to derive consensus supply chain forecasts". However, the first two steps could be seen as an alternative way to define (e.g., Chopra and Meindl (2001), p. 6) notions on supply chain planning, where "companies define a set of operating policies ...".

Step	Activity	Description
1	Develop Front-End Agreement	A front-end agreement is developed. Criteria for success are established. Identification of the CPFR project owners in the companies. Financial reward and contribution system is agreed upon.
2	Create Joint Business Plan	A joint Business Plan for the areas of collaboration is created Plans regarding advertising campaigns etc.
3-5	Sales Forecast Collaboration	The parties get together with each of their customer demand prognoses to establish a common prognosis. In case of deviation from forecast the partners meet to discuss deviations and to update the common forecast.
6-8	Order Forecast Collaboration	The partners share replenishment plans and discuss deviations and constraints.
9	Order Generation	The reordering process/goods flow is initiated. Result data is discussed (POS, orders, shipments) Forecast deviation and stock level problems are identified and solved.

Table 1. A short overview to the CPFR-activities

An important issue for CPFR is, that the successful application of the concept consists of more than partners, who are merely opening up and exchange information. The predominant part of the process consists of partners joining in a number of joint planning activities. That is why some authors see CPFR as an evolution of Efficient Consumer Response (ECR), VMI systems and CRP (e.g., Barratt and Oliveira (2001) or Stank *et al.* (1999)). The essence of CPFR can so be characterised as addressing the deficiencies found in those previous forms of collaborative arrangements, such as (cf. Barratt and Oliveira (2001)):

1. The influence of promotions in the creation of the sales forecast (and its influence on inventory management policy)
2. The influence of changing demand patterns in the creation of the sales forecast (and its influence on inventory management policy)
3. The common practice of holding high inventory levels to guarantee product availability on the shelves
4. The lack of general synchronisation (or co-ordination) in the manufacturer's functional departments (sales/commercial, distribution and production planning)
5. The multiple forecast developed within the same company (marketing, financing, purchasing and logistics)

But there are not many examples available that show a full implementation of the VICS model. Sliwa (2002) refers to a study of AMR Research that estimates 45 – 65 retailers and 100 – 150 manufacturers that are involved in CPFR pilots. Although CPFR is presented in the literature as a holistic approach to Supply Chain Management (SCM), the label 'CPFR' is limited to the retailing industry. Nevertheless, CPFR is recognized as an important SCM tool, mainly because SCM also emphasizes on the collaborative organization of relations and business processes (e.g., Anthony (2000), Bowersox *et al.* (2000), Stank *et al.* (1999), Anderson and Lee (1999), Lummus and Vokurka (1999)). Overall, we understand CPFR as collaboration concept in which two or more parties in the supply chain together plan a number of sales promoting activities and create synchronised forecasting prognoses on which production and replenishment processes are established.

3 Current understanding of CPFR in Danish business practice

3.1 Research approach

As we observe an increasing interest of CPFR within business practice, it would have been interesting to see how supply chain decision makers perceive this value and its applicability for their supply chains. Therefore, we set up the following research questions:

1. How do Danish logistics/supply chain managers perceive CPFR and to what extent do they use it?
2. What attitudes do Danish logistics/supply chain managers have towards inter-organizational collaboration in general and in specific towards CPFR?
3. What are the characteristics of those companies, whose managers have a positive/negative attitude towards CPFR?

In this paper, we focus on the attitudes towards inter-organizational collaboration, the perceived importance of inter-organizational collaboration and the use of CPFR.

3.2 Methodology

To examine our research questions, we have developed a questionnaire consisting of 15 inter-organizational cooperation and CPFR related questions and eight general questions on the company background of the respondent (see Fig. 1).

As we assumed a little know-how about the term CPFR among Danish supply chain managers, we introduced the specific term "CPFR" first in question 20. This design was pre-tested by evaluating the answers of 10 respondents that characterized our population. We also tested the acceptance of our mailing text by sending to half of the group an email indicating 'a CPFR-study' and the other half a text indicating 'a SCM-study'. Based on the results of the pre-test we decided to introduce the topic as a SCM-issue

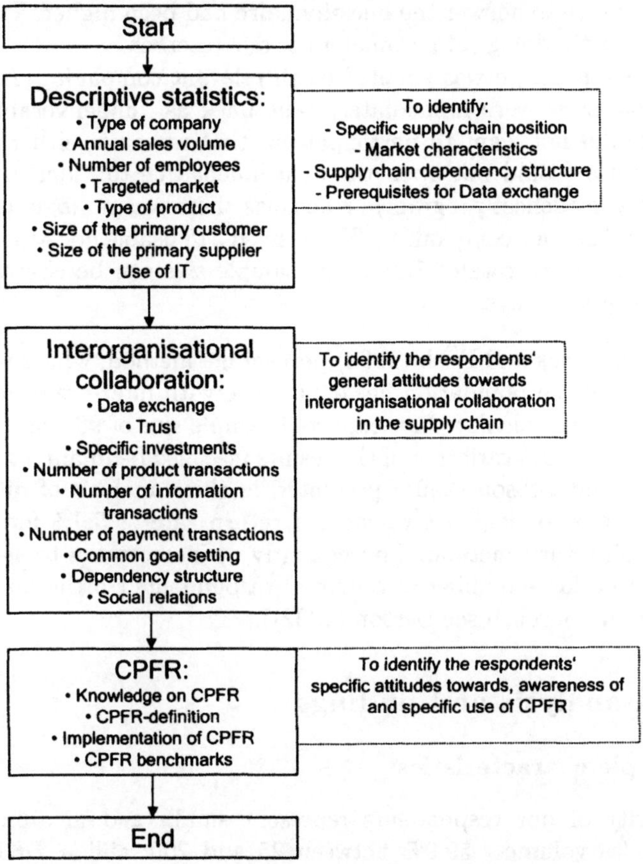

Figure 1. Structure and logic of the questionnaire

Type of survey:	Email-out/email-return survey with attachment
Database and population	3,008 Danish companies that were listed in Dun & Bradstreet with a minimum sales volume of 25 million DKK (approx. 3.4 million €) and minimum of 25 employees
Duration of the data collection and analysis:	March 2002 – June 2002
Targeted respondent:	Logistics/SCM manager
Number of returned and analyzed questionnaires:	218
Total return-rate:	7.8 %
Analysis software and statistical analysis:	SPSS version 10.1, uni- and bivariate analysis

Table 2. Research design

as the acceptance to answer the questionnaire had been higher. Table 2 summarizes the methodological parameters of our research.

The research design was emailed to all relevant companies ($N = 3,008$). 123 questionnaires were immediately sent back as "undeliverable" and 33 respondents did not want to participate in that research, either because of technical issues (could not open the attachment due to older excel-version or different spreadsheet program) or because there was no logistics manager (e.g., financial service companies). We received 218 usable questionnaires that represented a return rate of 7.8%. The sample size can be characterized as satisfactory in two ways:

1. Based on Burns and Bush (1998) percentage method, where we assumed that 50% of the population has experience with inter-organizational collaboration, we calculated an expected sample size of 96 (95% confidence interval, +/- 10% variation of the results (see also Lehmann *et al.* (1998)).
2. Ruthner and Gibson (2001) presented in their analysis of different survey methods for logistics research a return rate of 5.9% for the email-out/email-return method. Consequently, it is necessary to send out the survey to a large number of potential respondents (to the disadvantages of such an approach see Larson (2002)).

4 Data analysis and findings

4.1 Sample characteristics

The majority of our respondents represent small- and medium sized (in terms of sales volume - 59.9% between 25 and 200 million DKK; in term of the total number of employees - 74.4% between 25 and 200 employees). The respondents work mainly in manufacturing companies (50.9%) and suppliers to OEM (14.7%). Consequently, 82.4% of all respondents indicate to serve mainly business-to-business markets and the products were characterized mostly as slow-movers (47.2%). The dependency within the supply chain seems to be stronger at the inbound than at the outbound level. 33.5% of the respondents pointed out that their five largest clients account for 26 – 50% of the total purchasing volume and even 14.3% of the respondents indicate a purchasing volume of their largest suppliers being 76 – 100% of the total purchasing volume. The equivalent results for the customer side had been the follows: In 42.4% of all cases, the five largest clients account for 1 – 25% of the total sales volume and in only 6% of all cases take in the 5 biggest clients more than 75% of the sales volume. The general use of IT/software that can assist data exchange can be considered as rather good, however, the most specified class – email (48.2%) – refers to a more unstructured type of electronic data exchange, followed by EDI (23.4%), that can guarantee an electronic data exchange in a highly structured manner (see Emmelhainz (1998) or Kotzab (1997)).

4.2 Inter-organizational collaboration in general

First we wanted to assess a general picture on the respondents' considerations, which precondition is needed in order to set up any inter-organizational collaboration. Therefore we confronted the respondents with predefined conditions and asked them to evaluate their importance (see Table 3). A look at the distribution pattern of the answers is given in Fig. 2.

Descriptive Statistics						
	N	Minimum	Maximum	Mode	Mean	Std. Dev.
Trust between partners	217	1	5	5	4,60	0,71
Common goal-setting	217	1	5	4	3,90	1,03
Data exchange with suppliers/customers	217	1	5	5	3,61	1,23
Formal contracts between partners	217	1	5	4	3,37	1,09
Number of transactions in terms of information	217	1	5	3	3,29	1,06
A mutual dependence between partners	217	1	5	4	3,18	1,06
Number of transactions in terms of products	217	1	5	3	3,03	1,15
Number of transactions in terms of payments	217	1	5	3	2,99	1,14
Social relations between partners	216	1	5	2	2,74	1,22
Specific investments to start the collaboration	216	1	5	3	2,58	1,05

Table 3. The perceived importance of general prerequisites for inter-organizational supply chain collaboration (5 point Likert scale, 1 – no importance, 5 high importance)

The most important prerequisite for any form of inter-organizational supply chain collaboration refers to network specific items of trust (4.6; mode = 5). This is followed by a group consisting of a mix of transaction cost and network related items. Although trust is seen as the major driver, it seems that the necessity of social relations between the partners (2.74; mode = 2) and the investments in building up social relations (2.58; mode = 3) is not that important. Then we have analyzed whether the indicated importance of any supply chain collaboration is related to the companies' characteristics (see Table 4; Kruskal-Wallis-test). Most of the differences were not statistically significant, however we could identify some significant results:

1. Data exchange is much more important for managers, whose companies' 5 largest suppliers take up more than 50% of the total purchasing volume, than for those managers, where the share of the largest suppliers is less than 50% of the total volume. Contrary to that, the need for formal contracts is more important for the group, where the top 5 suppliers have less than 50% of the total purchasing volume.
2. Managers using more EDI and ERP evaluate the data exchange with customers/suppliers (e.g., email and XML) significantly higher than others.

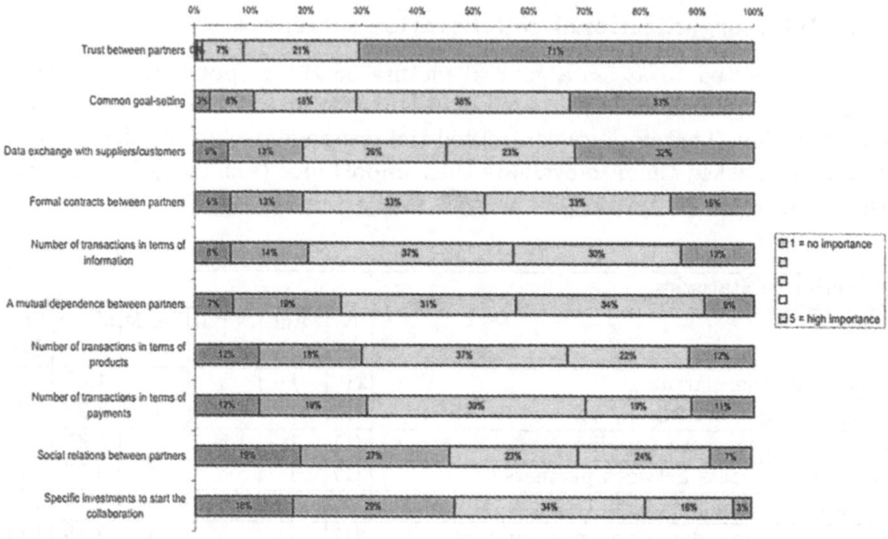

Figure 2. The perceived importance of general prerequisites for inter-organizational supply chain collaboration

3. Managers, who operate with slow moving products rate the importance of transactions in terms of products significantly higher than those dealing with fast moving products or services. The need for social relations is also significantly more important for managers dealing with slow movers and services than for managers operating with fast moving products.
4. Managers, who serve business to business markets rate the need for specific investments into the relationship significantly higher than managers operating on business to consumer markets
5. Managers of smaller companies (measured by the number of employees) rate the number of transactions in terms of payment significantly higher than others.

4.3 The perceived value of specific inter-organizational collaboration subject areas

After assessing the general attitudes towards supply chain collaboration, we analyzed in a next step the attitudes of the respondents to specific collaborative supply chain domain (production planning, promotion, product development, forecasting, replenishment, transportation; see Table 5).

Overall, we could identify indifferent attitudes towards our collaboration areas, where collaboration in product development has been evaluated as the most attractive one (see also Fig. 3). A differentiation between small-, medium- and large-sized companies did also not lead to significant differences

	1	2	3	4	5	6	7	8
Trust between partners	ns	ns	ns	ns	ns	ns	ns	ns
Common goal-setting	ns	ns	ns	ns	ns	ns	ns	ns
Data exchange with suppliers/customers	ns	ns	ns	ns	ns	ns	s	s
Formal contracts between partners	ns	ns	ns	ns	ns	ns	s	ns
Number of transactions in terms of information	ns	ns	ns	ns	ns	ns	ns	ns
A mutual dependence between partners	ns	ns	ns	ns	ns	ns	ns	ns
Number of transactions in terms of products	ns	ns	ns	ns	s	ns	ns	ns
Number of transactions in terms of payments	ns	ns	s	ns	ns	ns	ns	ns
Social relations between partners	ns	ns	ns	ns	ns	ns	ns	ns
Specific investments to start the collaboration	ns	ns	ns	s	s	ns	ns	ns

Table 4. Analysis of the perceived importance of general prerequisites for inter-organizational supply chain collaboration by company characteristics – Kruskal-Wallis-test (n.s. = not significant; s = significant $p < .05$; 1 = type of company; 2 = size in terms of sales volume; 3 = size in terms of employees; 4 = type of market; 5 = type of product; 6 = share of the 5 largest clients on the sales volume; 7 = share of the 5 largest suppliers on the purchasing volume; 8 = type of technology used for data exchange)

Attitude towards collaboration in	N	Minimum	Maximum	Mode	Mean	Std.Dev.
... product development	210	1	5	4	3,74	1,20
... replenishment	212	1	5	4	3,69	1,09
... forecasting	212	1	5	4	3,62	1,18
... production planning	212	1	5	3	3,56	1,10
... transportation	212	1	5	3	3,47	1,17
... promotion	211	1	5	3	3,07	1,14

Table 5. Attitudes towards specific inter-organizational collaboration subject areas (5 point Likert scale, 1 – very negative, 5 very positive)

(Kruskal-Wallis, $p > .05$). It seems that in the Danish setting, size does not matter when it comes to the evaluation of inter-organizational collaboration. Based on the underlying CPFR-framework, we could make out, that the areas of replenishment and forecasting have been considered as attractive collaboration subjects. The exchange of promotion data (that could influence the bullwhip effect within the supply chain) has been rated as less attractive. In a next step we analyzed whether certain company characteristics might change the attitudes (see Table 6). Here we could find out the following significant differences between the examined groups:

1. Managers representing middle-sized companies (in terms of sales volume; 51 – 200 Mio. DKK) are significantly more positive towards production planning collaboration than others.

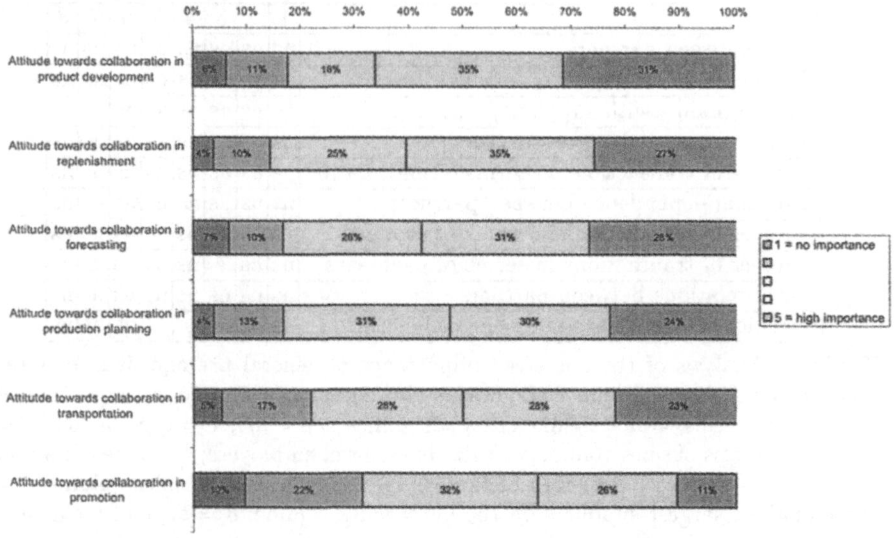

Figure 3. The perceived importance of CPFR-collaboration

2. Managers in the business to business market have a significantly more positive attitude towards replenishment and product development collaboration than managers in business to consumer markets.
3. Managers dealing with fast moving products rate the collaboration areas of promotion, transportation and forecasting significantly more positive than managers, who serve their markets with slow moving products and/or services.
4. Managers whose five largest suppliers account for more than 75% of the total purchasing volume rate collaboration in production planning and product development significantly higher than the others.

4.4 The knowledge of CPFR

Although the total attitudes towards collaboration in certain supply chain areas had been very positive, only a minority of 30 respondents (= 13.8%) indicated to know the concept of CPFR per se. There we could not identify any significant differences in the CPFR knowledge between different groups of companies. However, we could see that managers knowing CPFR (= expert group) had much more positive attitudes towards specific supply chain collaboration areas than those managers not knowing CPFR (= non expert group; see Fig. 4).

Here, the differences in the areas of collaborative production planning, product development and forecasting can be considered as significant

Attitude towards collaboration in	1	2	3	4	5	6	7	8
... product development	ns	ns	ns	s	ns	ns	s	ns
... replenishment	ns	ns	ns	s	ns	ns	ns	ns
... forecasting	ns	ns	ns	ns	s	ns	ns	ns
... production planning	ns	s	ns	ns	ns	ns	s	ns
... transportation	ns	ns	ns	ns	s	ns	ns	ns
... promotion	ns	ns	ns	ns	s	ns	ns	ns

Table 6. Analysis of the attitudes towards specific supply chain collaboration subject areas by company characteristics – Kruskal-Wallis-test (n.s. = not significant; s = significant $p < .05$; 1 = type of company; 2 = size in terms of sales volume; 3 = size in terms of employees; 4 = type of market; 5 = type of product; 6 = share of the 5 largest clients on the sales volume; 7 = share of the 5 largest suppliers on the purchasing volume; 8 = type of technology used for data exchange)

Report

Do you know the concept of Collaborative Planning Forecasting Replenishment (CPFR)		Attitude towards collaboration in production planning	Attitude towards collaboration in promotion	Attitude towards collaboration in product development	Attitude towards collaboration in forecasting	Attitude towards collaboration in replenishment	Attitutde towards collaboration in transportation
Yes	Mean	3,97	3,17	4,17	4,30	3,97	3,67
	N	30	30	30	30	30	30
	Std. Deviation	,890	1,085	,950	,952	1,033	1,093
No	Mean	3,49	3,05	3,66	3,52	3,64	3,43
	N	181	180	179	181	181	181
	Std. Deviation	1,114	1,150	1,222	1,162	1,089	1,179
Total	Mean	3,55	3,07	3,74	3,64	3,69	3,46
	N	211	210	209	211	211	211
	Std. Deviation	1,096	1,139	1,198	1,165	1,085	1,168

Figure 4. Differences in the attitudes towards specific supply chain collaboration subject areas between CPFR-experts and CPFR-non-experts (5 point Likert scale, 1 – not implemented at all, 5 fully implemented)

(Kruskal-Wallis-test, $p < .05$). Next, we asked the respondents to present their subjective understanding of CPFR, which was different to the basic notions of CPFR as presented in Section 2 of the paper. Some of the logistics/supply chain managers defined CPFR as a strategic management philosophy putting it on the same level as SCM. Others conceived CPFR as a specific inter-organizational business process tool that can optimize the supply chain.

After that, we examined the application rate of CPFR within those 30 companies (see Fig. 5). The implementation results can be interpreted as sobering as none of the respondents indicated to have CPFR fully implemented. Indeed, in most cases, CPFR is even not put into practice. Based on these results we waived additional statistical examination.

5 Discussion and conclusion

The presented results provide insight to the perceptions of Danish supply chain decision makers towards inter-organizational collaboration in general

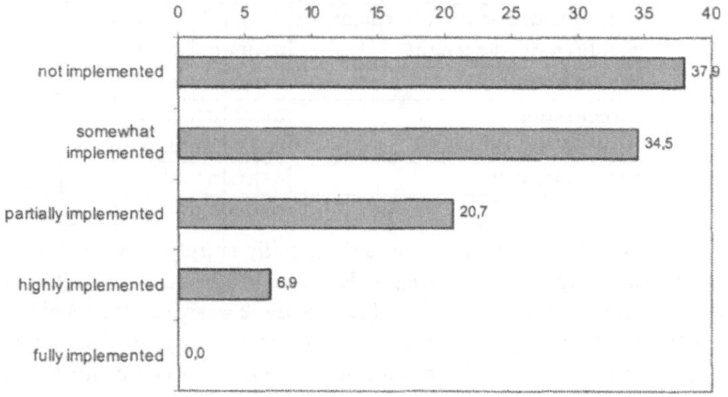

Figure 5. The implementation rate of CPFR in the analyzed companies (5 point Likert scale, 1 not implemented, 5 fully implemented; valid answers $n = 29$)

and towards CPFR in special. In general, we made out a misfit between the generic VICS model and the Danish CPFR understanding and we could not confirm the positive results like Stank *et al.* (1999) have presented. The CPFR principles per se are not that well introduced and developed in Denmark as they might be in the USA. There, business practice considers CPFR as *the* future problem solver, as this quote from Manugistics Senior Vice President Jeff Holmes might give evidence for: "The CPFR process is arguably one of the more influential changes to business processes that we'll see over the next five to eight years" (cf. Cooke (1999), p. 61). CPFR in a Danish context is a new cooperation approach with a high degree on coordination/synchronisation of information and activities. However, we did not refer to the explicit term of CPFR as Stank *et al.* (1999) did. Taking this into account, we could identify a very positive attitude of Danish supply chain/logistics managers towards interorganizational cooperation, in particular in the replenishment area. We could also see that technology is considered as a driver for cooperation but not important when it comes to specific CPFR areas. This could be due to the sample characteristics, as most of the companies of the managers involved are rather small- and medium sized companies. But we found out that also contingency factors such as size and company type do not matter. In fact, the product characteristics and the market served are much more relevant than other factors. Also we saw that upstream collaboration is much more incisive than downstream collaboration.

Appendix – Descriptive sample characteristics

Table 7 shows some descriptive sample characteristics.

	N absolute	Valid N %
Annual sales volume in Mio. DKK		
25 - 50 Mio	33	15.6
51 – 200 Mio	94	44.3
201 – 500 Mio	38	17.4
Over 500 Mio	47	22.2
Total	212	100,0
Number of employees		
25 – 50	48	22.3
51 – 200	112	52.1
201 – 500	27	12.6
Over 500	28	13.0
Total	215	100,0
The 5 largest customers refer to .... % of the total sales volume		
1 – 25	89	42.4
26 – 50	70	33.3
51 – 75	38	18.1
76 - 100	13	6.2
Total	210	100,0
The 5 largest suppliers refer to .... % of the total purchase volume		
1 – 25	50	23.8
26 – 50	73	34.8
51 – 75	57	26.1
76 – 100	13.8	14.3
Total	210	100,0
Type of company		
Manufacturer	111	50.9
Wholesaler	26	11.9
Service	42	19.3
Retailer	7	3.2
Supplier	32	14.7
Total	218	100,0
The main sales volume is generated in the ...		
Business to Business-market	178	82.4
Business to Consumer-market	38	17.6
Total	216	100,0
Characteristics of the product offered		
Fast moving product	69	31.9
Slow moving product	102	47.2
Service	45	20.8
Total	216	100
Use of IT for data-exchange		
Email	105	48.2
EDI	51	23.4
Internet/XML	38	17.4
ERP	14	6.4
Other	9	4.1
None	1	.5
Total	218	100

Table 7. Descriptive sample characteristics

www.stationaerhandelgoesinternet.dk - how Danish retailers use the Internet

Herbert Kotzab and Lars B. Sørensen

Copenhagen Business School, Dept. of Operations Management, Solbjerg Plads 3, 2000 Frederiksberg, Denmark
hk.om@cbs.dk, lbs.om@cbs.dk

Abstract The paper presents an extension of the Kotzab and Madlberger (2001a,b) retail web-scan framework, which is here used to examine the Internet activities of the top 100 Danish retailers. The results show that traditional (= asset-based or stationary) retailers included more or less web-based distribution channels in their channel portfolio. However, not many of them would be considered as clicks-and-mortar retailers because of a limited use of the web as an active sales channel.

1 Introduction

A recent article in Business week reports that Wal-Mart is recognized as one of e-business winners, because it's e-involvement made their competitors to invest heavily into technology (Mullaney *et al.* (2003)). Wal-Mart's e-business strategy can be – according to Schramm-Klein (2002) - characterized as multi-channel-retailing: a retail distribution strategy, where retailers establish and use simultaneously multiple sales channels. Such a strategy that has always been common (see Coughlan *et al.* (2001) or CMC (2003) who refer to the German term "mehrgleisiges Distributionssystem") gets now beyond the perspective of the recent "dot.com-retail-revolution", more and more attractive for bricks-and-mortar retailers, who add electronic (= Internet driven or web-based) marketing channels to their existing portfolio (e.g. Morganosky (1997), Doherty *et al.* (1999), Zentes and Schramm-Klein (2001)). Retailers such as Wal-Mart that operate both, online and store-based retail formats (= asset based) are also called clicks-and-mortar retailers (Laudon and Travor (2001), p. 549). Another prominent example for that can be found in Tesco's Tesco.com, the world's largest online-grocery store, which opened a portal in the Korean market in March 2002.

Based on the negative experiences with pure e-tailers (e.g. the failure of WebVan in 2001), a clicks-and-mortar-strategy as a special form of multi-channel-strategy seems to be a promising alternative for the dominant players in the retail sector. E-channels might be one solution to their channel-portfolio-dilemma, because many traditional retail channels (e.g. hypermarkets, category killers or supermarkets) are in the maturing or even declining phase of a retail format life cycle (e.g. Berekoven (1995)). So it would be interesting to check how retailers use electronic channels in their channel activities.

The paper at hand continues the work of Kotzab and Madlberger (2001a,b) and presents results of an explorative web-content analysis of how leading Danish retailers use the Internet. The initial model has therefore been expanded by introducing the idea of websites generations, which refer to different types of website functionalities.

2 A framework for analyzing the content of retailers' websites

2.1 Electronic commerce - a set of retail and web-based processes

Any retailer can be seen as the result of a set of various value-adding processes, which refers mainly to marketing and/or logistics such as *assortment processes* (the presentation and offering of a market-oriented collection of products and/or services as well as in quality and in quantity e.g. category management), *logistics processes* (to get the market-oriented assortment to the end-users; e.g. transportation, inventory management, space management, in-store-logistics) and *advice, advertising and credit processes* (to ease the purchase for end users) (Berekoven (1995), Levy and Weitz (2001)) .

When it comes to web-based business activities, additional requirements such as *connectivity* (= the existence of websites to allow electronic retailing), *interaction* (web-based communication should allow to get in "touch" with the client actively and to offer an attractive communication tool) and *security* (in order to reduce frauds and misuse of the technology, which links worldwide individual computers; e.g., Liu *et al.* (1997), Liebmann *et al.* (1999) or Fog *et al.* (1999)) have to be considered.

The orchestration of these functions leads to various retail formats (e.g. supermarket, hypermarket, department store, mail order, home delivery) including clicks-and-mortar-retailing.

2.2 The Kotzab and Madlberger web-scan framework

In order to observe the Internet retail activities of Austrian retailers, Kotzab and Madlberger (2001a,b) have developed a web-scan-model that included 13 individual observation items, which referred to a number of retail processes that can be executed over a web-site. The web-scan model allows a structured observation of the state-of-the-art of a retailer's "Internet performance" (see Fig. 1 and the Appendix).

The model was validated among the 48 largest retail companies in Austria representing 80% of the retailing business in the period 2-13 October 2000. Out of these 48 companies, 43 (90%) had an Internet presence and 18 (42%) of these could be considered as "clicks-and-mortar-retailers" because

Web-scan Framework						
1. Online presence						
Assortment	**Logistics**	**Advice**	**Advertising**	**Credit**	**Feedback**	**Others**
3. Online assortment	11. Minimum Qty	2. Locations	4. Online promotions	13. Online payment	6. Email service	10. Security
5. Online sales	12. Delivery Fee	7. Search engines			8. Chat rooms	
					9. Recruitment	

Figure 1. The web-scan-framework as presented by Kotzab and Madlberger (2001a)

they offered an online sales functions. The most frequent e-functions were: E-mail service 88% (38), Online assortment 74% (32), Locations 72% (31) and Recruitment 63% (27). Least frequent were: Chat rooms 12% (5) and Minimum Quantity 5% (2) (see also Fig. 2).

The results showed that asset-based retailers used electronic distribution possibilities, however, the activities have rather be characterized as demand generating than demand fulfilling. The content of the websites was very marketing-oriented with low logistics support.

2.3 Transferring the web-scan-framework to the Danish retail setting

Adaptation of the research design. Based on these experiences, Nielsen *et al.* (2001) and Kotzab *et al.* (2002) modified the initial web-scan-model in order to describe the Internet activities of retailers in Denmark. The adaptations included the adding and consolidation of certain observation items into the following four categories: '*Marketing*', '*Logistics*', '*Communication*' and '*Other*'.

The authors followed here the idea of Hart *et al.* (2000) who used the categories *Registration*, *Information Provision*, and *Interactivity* to describe the different stages of corporations' use of the Internet as a communication and distribution channel. The authors also introduced the term "*generation*" in order to describe the scope and stage of the web-site-development and differed between three generations:

- Generation 0 sites characterizing companies without a web site,

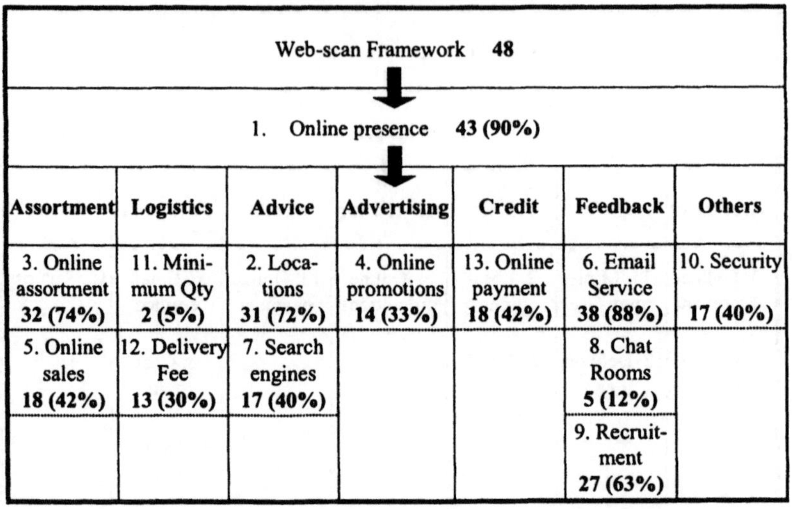

Figure 2. Summary of the web-scan-results by Kotzab and Madlberger (2001a)

- Generation 1 sites representing a site without sales function (= static),
- Generation 2 sites containing observation items with a sales related function (= dynamic)

We built up on these suggestions and introduced an additional generation level 'Generation 3' that should include interactive and customized value-adding functions. This resulted in an observation model with 17 observation items (see Table 1).

The Danish sample. This new model was tested among the top 100 retail chains in Denmark (Anonymous (2001)). The authors knew the websites of many of these chains from previous research (Nielsen *et al.* (2001) or Kotzab *et al.* (2002)). Remaining web sites were located with the aid of search tools such as `www.yahoo.dk`, `www.jubii.dk` and `www.krak.dk`. By contacting the relevant companies by phone we validated the existence/non-existence of websites.

This approach resulted in a sample size of 86 retailers that were actively present on the web. These retailers represent a total sales volume of 150 billion DKK (approx. 20 billion €) ranging from 375 million DKK to 14 billion DKK (median 995 mio DKK). The store network totaled 7,814 stores (ranging from 2 to 479 outlets; median 62 stores).

The web observations were performed in the period May 13-16 2002. The identification of the individual observation items was afterwards confirmed by performing the analysis by several observers, whose results were compared afterwards. Where results differed, the analysis was performed again and a joint decision was made.

	Observation Item	Description	Gen.
Marketing	M1 History	Indicates the presence of company history on the site.	1
	M2 Locations	Indicates the presence of information on the chain's retail store addresses (store locator).	1
	M3 Assortment	Indicates the presence of a web-catalogue of the chain's assortment.	1
	M4 Promotions	Indicates the presence of promotion of special items in the assortment, e.g. "On Offer This Week" or as a competition.	1
	M5 Investor Relations	Indicates the presence of information on the chain's economic performance, e.g. annual reports.	3M
	M6 "My Site" / Customization	Indicates the presence of user customization options.	3M
	M7 Surveys	Indicates the presence of web-based user surveys.	3M
Logistics	L1 Sales	Indicates a transaction possibility.	2
	L2 Online Payment	Indicates an online payment possibility.	2
	L3 Returns	Indicates whether the chain's policy on return of purchased goods is posted on the web site.	2
	L4 Differentiated Delivery	Indicates that the web customer has options in regards to delivery, e.g. no delivery, choice of transportation provider.	3L
	L5 Track & Trace	Indicates the possibility to locate a purchased good in the supply chain.	3L
	L6 Availability	Indicates the possibility to check whether a specific item is in stock.	3L
Communication	C1 Email service	Indicates the presence of a corporate e-mail address.	1
	C2 Recruitment	Indicates the presence of a recruitment forum: Job openings, possibility to send unsolicited applications etc.	1
	C3 User Community	Indicates the presence of a user-to-user communication forum.	3C
	C4 Newsletter	Indicates the presence of a newsletter service.	1

Table 1. Definition of Danish web-scan-observation items

3 Selected results

This section includes selected results of our study and discusses the electronic channel activities of the examined retailers as well as an analysis of our notions of "websites generation". We differed between large and small retailers in terms of sales volume and store-network in order to receive a differentiated picture of the total results. Therefore, we used the median of the variable "sales" and "number of stores" to split the sample. Consequently we received two sub-samples representing retailers with a sales volume lower than 995 mio DKK ($n = 43$) and a sales volume higher than 996 mio DKK ($n = 43$) and two sub-samples of retailers with a store-network with less than 63 shops ($n = 44$) and more than 62 shops ($n = 42$).

3.1 Internet activities of Danish retailers

Fig. 3 summarizes the main results of the observation. The most frequent functions refer to locations (82; 95.3%), email service (73; 84.9%), promotions (65; 75.6%) and recruitment (60; 69.8%). Compared with the Austrian results we could actually see a difference in the promotions activities that are performed more often by Danish retailers. This difference can be explained by

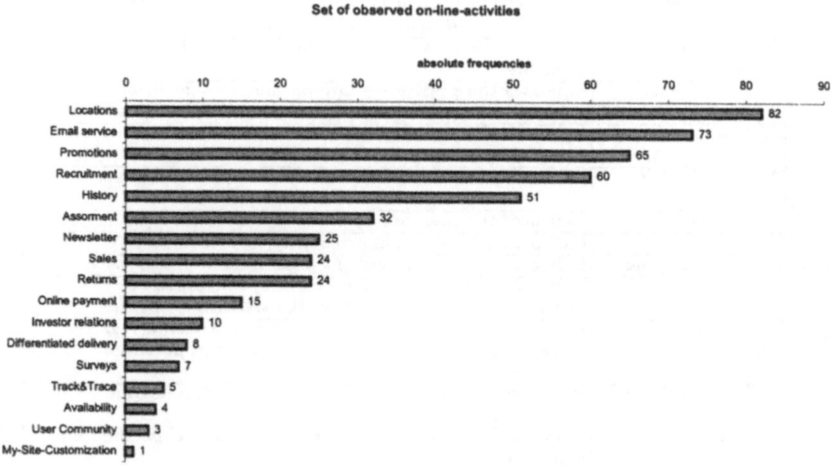

Figure 3. Frequency distribution of the observed on-line-functionalities ($n = 86$)

the time lag between the studies, assuming that retailers have in the meantime learned to use the web-channel alternatively. Only 24 retailers actively used their websites as distribution channels by offering on-line sales. Interestingly enough those sites were rather operated by large retailers than by their smaller counterparts.

Fig. 4 shows the total results of the web-observation by using the differentiation criteria sales volume. We could see that email-services, on-line promotions, on-line-recruitment possibilities, on-line-history, newsletter activities and on-line-investor relations, were significantly more frequent on websites of larger retailers (chi-square test, $p < .05$). Interestingly enough, we could not identify any significant differences in the occurrence of the observation items by using the size of the store network as a differentiation criterion. It looks like that the number of outlets is no indicator for performance of web-based activities.

Summarizing the results of the individual observations items to the three groups of marketing, sales/logistics and communication led to a rather poor image of web-based channel activities (see Table 2).

We calculated an activity ratio that should indicate how the observed websites made use of our observation items. We simply compared the actual number of observed items with the maximum possible number of observations (e.g., if all 86 websites would include all seven marketing, it would total to 602 points; as we observed 248 items, the activity ratio is 41.2).

Our analysis showed that the retailers in our sample are mostly active in the marketing area followed by communication. Taking our sales sub-samples into consideration we found out that the marketing and communication ac-

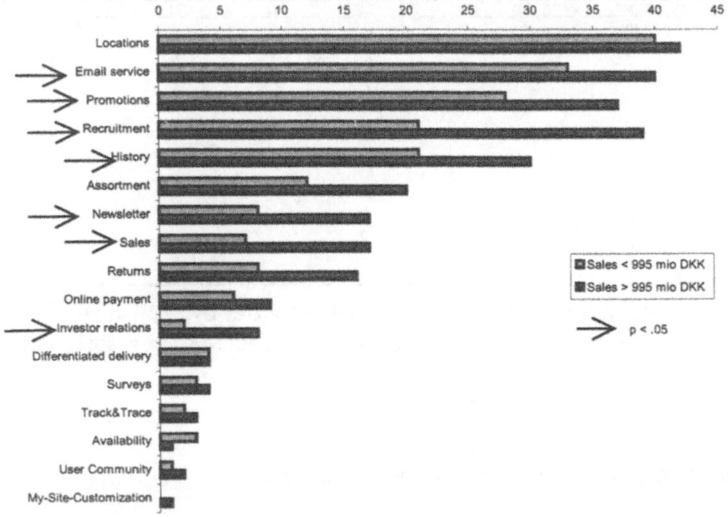

Figure 4. Set of observed on-line-activities – sales volume specific analysis

	Observed			Potential			Activity ratio		
	T	S	L	T	S	L	T	S	L
Marketing	248	106	142	602	301	301	41.2	32.2	47.2
Communication	161	63	198	516	258	258	31.2	29.1	38.0
Sales/Logistics	80	30	50	344	172	172	23.3	17.4	29.1

Table 2. Web based marketing, sales/logistics and communication activity ratios of Danish retail websites

tivity ratio of websites of larger retailers was higher than the activity ratios of websites of smaller retailers. Again, the size of the store-network gave no reason for being an indicator for any web-based activity.

Next, we looked at a combination pattern between the 17 items in order to find out significant combinations (e.g., whether a sales function is supported by a promotion function). Here we could identify the following structure (see Table 3; X = significant combination, chi-square test; $p < .05$). From a logistical perspective, we saw that

1. the existence of on-line sales (L1), on-line payment (L2), on-line returns (L3), differentiated delivery (L4) and track and trace (L5) functionalities were significantly linked with the existence of an assortment functionality (M3).
2. On-line-promotions (M4) were also seen significantly combined with the sales function (L1) and on-line-availability (L6); and
3. on-line sales (L1) is offered in significant combinations with on-line returns (L3) and track and trace (L5).

	M1	M2	M3	M4	M5	M6	M7	L1	L2	L3	L4	L5	L6	C1	C2	C3	C4
M1			X	X	X									X	X		
M2																	
M3	X							X	X	X	X	X		X	X		
M4	X							X		X				X	X		X
M5	X							X				X	X				
M6																	
M7													X				
L1			X	X	X					X		X					
L2			X														
L3			X	X				X									X
L4			X														
L5			X		X			X									
L6					X		X										
C1		X	X	X													
C2	X		X	X													X
C3																	
C4				X						X					X		

Table 3. Combination of electronic channel activities by Danish retailers - Example: A site that included L1 (= sales) also included M3 (= assortment) but not necessarily locations (M2).

3.2 A 'typology' of web-site generations

Taking the generation-approach into account, our results showed that the six most frequent items refer to static items. All 86 sites included at least one static observation item, while 33 included one or more sales related functions. Only 25 of the observed websites included at least one sophisticated web-item (= Generation 3).

Differing between the generations in terms of marketing, communications and sales, we found the following generation structure, which is depicted in Fig. 5. Again, most of the content was categorized as being static as well in marketing as in communication. Only 33 sites included dynamic (sales and logistics-related) functionalities, Generation 3 categories were mainly found in the marketing area, followed by logistics.

Based on our sub samples of retailers (in terms of sales and store network), we saw that more sophisticated marketing sites were operated by larger retailers (chi square test, $p < .05$). Again, the size of the store network had no influence on the existence of a Generation 3 site item. This is an interesting result, because we rather assumed that smaller retailers in terms of sales and/or store network might use the web-channel as a competitive alternative against their bigger competitors.

Afterwards we tried to identify certain combination patterns. Preliminary results of a qualitative analysis of the individual websites showed the following types of sites. The labeling of the groups refers to KPMG's Internet Maturity model as presented by Ellinger *et al.* (2003):

1. Sites that could be characterized as ***static marketing/communication-sites***: Such sites support existing channels by using the web site as an information tool for shoppers without customization possibilities (e.g., `www.sportmaster.dk`).
2. Sites that could be characterized as ***transactional marketing-sites***, including more customized information, mainly in form of investors rela-

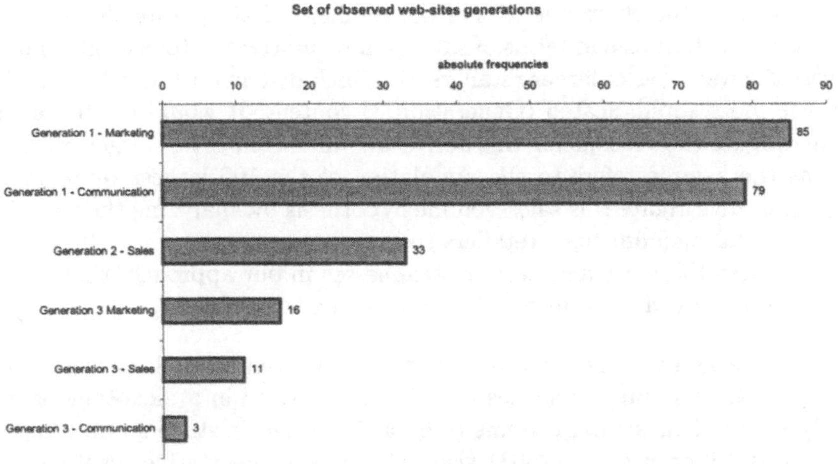

Figure 5. Analysis of websites generations by field of activity

tions (e.g., `www.skoringen.dk`) and sometimes customization possibilities (e.g., my-sylvan, `www.sylvan.dk`)

3. An ***interactive selling-site*** that uses the web as an additional sales channel with all support possibilities (e.g., `www.smagogbehag.dk` or `www.imerco.dk`).

However, this grouping needs further empirical evidence.

4 Conclusion and outlook

Applying the extended web-scan framework to the one hundred largest retailer in Denmark was performed without any (unmanageable) problems. The overall results in this research support the assumptions of prior research referring to the management of electronic distribution channels by asset-based retailers (e.g., Kotzab and Madlberger (2001a), Schönleitner (1999)).

Although the analyzed retailers have recognized the Internet as an important driver for their future channel-management, basic marketing and communication functionalities seem to be still the most popular electronic retailing processes. Only 24 of the Danish retailers in our sample could be seen as "clicks-and-mortar-retailers" as they use the Internet actively as a sales channel.

Our functionality analysis brought plausible results. The websites with on-line-sales also included an on-line-assortment. On-line sales was always accompanied with on-line-payment. And a on-line newsletters refer also to on-line promotions. However, the majority of the websites offered non-sales related content.

Looking at the characteristics of the retailers, that operate the observed sites, it seems that size in terms of sales volume matters. Interestingly enough it were the web sites of larger retailers, that included an on-line sales function and the more sophisticated (Generation 3) content. It would be interesting to investigate the reasons for this active web-management of larger retailers. But as the sample refers to the population of the 100 largest retailers, we suggest to investigate this sales-volume hypothesis by analyzing the web sites of small- and medium sized retailers too.

Of course there are also certain weaknesses in our approach, that should be discussed in order to suggest future research issues:

- The character of the empirical study can be seen as explorative and descriptive. The functionalities have been examined in a dichotomous way (yes/no). This strategy seems to be at the existing stage an appropriate one as Ellinger *et al.* (2003) also only present descriptive results of the web-activities of motor carrier websites.
- It could have been also been interesting to analyze the intensity of the realization of the web-based functionalities. Here, researchers are asked to develop scales for measuring this. The presented activity ratio can be seen as a first attempt. However, on a strategic level, the generation model itself can be seen as an indicator for web-intensity.
- In order to analyze the multi-channel-applicability of the Internet driven business activities, the web-scan should include the assessment of functionalities that link the off-line and on-line sales activities. Taking this thought into account, we also suggest investigating Category Management possibilities, that would include connections to vendors.

Appendix

The Original Web-scan Framework is shown in Table 4.

Web-scan Items			
Measure	**Purpose**	**Based on**	**Refers to**
1. Online presence	Identification of a homepage in order to confirm the electronic distribution channel possibility.	Rowley (1996) Morganosky (1997) Doherty *et al.* (1999) Liu *et al.* (1997) Liebmann *et al.* (1999)	Connectivity
2. Locations	Store-locator offered to identify the nearest available store.	Rowley (1996)	Advice
3. Online assortment	Number of products presented on the web. Differences between virtual and store-based offer.	Rowley (1996) Doherty *et al.* (1999) Fog *et al.* (1999)	Assortment
4. Online promotions	Brand and logo visible. Use of promotions. Special internet promotions.	Liu and Arnett (2000)	Advertising
5. Online sales	Online sales function available.	Morganosky (1997) Doherty *et al.* (1999)	Assortment
6. E-mail service	General interaction between visitor and company possible. Special interaction possibilities offered.	Liu *et al.* (1997) Liebmann *et al.* (1999)	Interactivity
7. Search engine	Internal and external search engines available.	Fog *et al.* (1999)	Advice
8. Chat rooms	Information exchange between customers and visitors.	Liu *et al.* (1997) Fog *et al.* (1999)	Interactivity
9. Recruitment	Employment activities (active and passive).	Liu *et al.* (1997) Liebmann *et al.* (1999)	Interactivity
10. Security	Data privacy granted. Secure payment modes possible.	Rowley (1996) Fog *et al.* (1999)	Security
11. Minimum	Minimum sales or article quantity to generate EOQ-based orders.	Developed by authors	Logistics
12. Delivery fees	Delivery fee charged. Information whether the delivery is outsourced or not.	Developed by authors	Logistics
13. Online payment	Payment possibilities offered (from traditional to internet related payment modes).	Developed by authors	Credit

Table 4. Original web-scan-model as presented by Kotzab and Madlberger (2001a)

Integration eines durchgängigen Lieferantenmanagements im E-Procurement

Rainer Lasch und Christian Friedrich

Technische Universität Dresden, Fakultät Wirtschaftswissenschaften, Lehrstuhl für Betriebswirtschaftslehre, insb. Logistik, Mommsenstr. 13, 01069 Dresden, Germany
rlasch@rcs.urz.tu-dresden.de

Zusammenfassung Die zunehmende Durchdringung betrieblicher Strukturen durch Internet-Technologien hat auch in der Beschaffung für neue Impulse gesorgt. Hiervon besonders betroffen sind die Lieferanten-Abnehmer-Beziehungen. Die Anbahnung von Partnerschaften sowie die Integration der Partner durch Informations- und Kommunikationstechnologien in Lieferketten und Netzwerke erfordert neue Wege, Methoden und Kriterien bei der Lieferantenbewertung, -auswahl und -entwicklung. Jedoch finden sich die für ein nachhaltiges Lieferantenmanagement notwendigen Funktionalitäten in den gängigen E-Procurement-Lösungen – wie ERP-Systemen und virtuellen Marktplätzen – nur ansatzweise verwirklicht. Ausgehend von empirisch ermittelten Anforderungen an Lieferantenmanagementsysteme sollen gegenwärtige E-Procurement-Lösungen hinsichtlich ihrer Eignung zur Übernahme und Unterstützung der hiermit verbundenen Aufgaben untersucht werden. Zudem werden Potenziale und Ansatzpunkte für die Gestaltung eines durchgängigen Lieferantenmanagements in E-Procurement-Lösungen aufgezeigt.

1 Problemstellung und Zielsetzung

Das Konzept des Supply Chain Management und die anhaltende Fokussierung der betrieblichen Wertschöpfung auf die Kernkompetenzen haben den Wandel der industriellen Beschaffungsfunktion zum strategischen Erfolgsfaktor maßgeblich beeinflusst. Entlang der Lieferkette streben die beteiligten Wertschöpfungspartner eine strategische, langfristige und vor allem partnerschaftliche Zusammenarbeit an. Bezogen auf die Beschaffungsfunktion muss die Zielsetzung daher lauten, die internen Regelkreise von Abnehmer und Lieferanten aufeinander abzustimmen, die Schnittstellen neu zu definieren und den Ressourceneinsatz innerhalb der Lieferkette möglichst effizient zu gestalten. In diesem Zusammenhang spielt die Wahl der richtigen Partner und damit die Erschließung neuer Erfolgspotenziale für die Leistungsfähigkeit des Abnehmers eine Schlüsselrolle (Nachtweh (1998)). Hierbei ist ein systematisches und zielorientiertes Lieferantenmanagement für die Identifikation und Integration der leistungsfähigsten Lieferanten erforderlich.

Im Zuge der Verbreitung von Internet-Technologien in der Beschaffung haben Anbieter internetgestützter Beschaffungslösungen (z.B. Betreiber virtueller Marktplätze) das Lieferantenmanagement als Betätigungsfeld entdeckt und damit einen Wandel in den industriellen Lieferanten-Abnehmer-Beziehungen ausgelöst. Die Strukturen traditioneller Geschäftsbeziehungen werden aufgebrochen. Neue Faktoren, wie die Leistungsfähigkeit internetgestützter Beschaffungslösungen als verknüpfendes Element zwischen den Partnern, können über Erfolg und Scheitern von Geschäftsbeziehungen entscheiden (Stölzle und Heusler (2001)).

Der Einsatz von Informations- und Kommunikationstechnologien ermöglicht die elektronische Unterstützung und Integration von Beschaffungsprozessen. Während in der Vergangenheit der beschaffungsspezifische Fokus von Informations- und Kommunikationstechnologien vornehmlich auf der Vereinfachung und Automatisierung operativer Bestell- und Abwicklungsprozesse für standardisierte Materialen (z.B. C-Artikel) lag, rücken nun zusehends auch komplexere Beschaffungsobjekte in den Mittelpunkt der Betrachtungen, um auch hier Einsparpotenziale durch die Standardisierung einzelner Beschaffungsprozesse zu realisieren (Lasch (2001)). Aufgrund der hohen Leistungsbedeutung dieser Materialien für das beschaffende Unternehmen, ist zur Realisierung eines nachhaltigen und durchgängigen Lieferantenmanagements eine Ausweitung des Leistungsspektrums internetgestützter Beschaffungslösungen auf strategische Aufgaben erforderlich.

Auf Informations- und Kommunikationstechnologien basierende Lösungen für die Beschaffung komplexer und oftmals individualisierter Materialien (z.B. Module im Automobilbereich) sollten sich durch ein hohes Flexibilitätspotenzial auszeichnen. Sie müssen der Komplexität der Beschaffungsobjekte und der Komplexität der damit verbundenen Beschaffungsprozesse gleichermaßen gerecht werden. Im Gegensatz zu Funktionalitäten der elektronischen Geschäftsanbahnung und Auftragsabwicklung im Business-to-Business-Bereich findet sich das Lieferantenmanagement nur in Teilen verwirklicht, obwohl auch hier weitere Optimierungspotenziale durch Standardisierung und Automatisierung denkbar sind.

Im Sommer 2001 führten die Autoren eine empirische Untersuchung zum Lieferantenmanagement bei deutschen Industrieunternehmen durch (Lasch *et al.* (2001)). Von 905 angeschriebenen Unternehmen haben insgesamt 217 – vornehmlich große Unternehmen – den Fragebogen zurückgesandt; 193 konnten in die Untersuchung einbezogen werden. Dies entspricht einer Rücklaufquote von rund 21% hinsichtlich der verwertbaren Fragebögen.

In der Studie wurde der Prozess des Lieferantenmanagements untersucht. Im Einzelnen galt es festzustellen, wie lieferantenspezifische Informationen beschafft und verwertet werden, unter welchen Rahmenbedingungen die Identifikation, Bewertung und Auswahl von Lieferanten erfolgt und wie schließlich die gewonnenen Erkenntnisse zur gezielten Steuerung der Lieferantenbeziehung genutzt werden. Diese Ergebnisse geben Anhaltspunkte über die wesentlichen Parameter bei der Gestaltung eines Lieferantenmanagementsystems in der industriellen Praxis.

Aufbauend auf den resultierenden Anforderungen soll im Folgenden untersucht werden, ob gegenwärtige Konzepte für eine internetgestützte Beschaffung zur Übernahme bzw. Unterstützung der Aufgaben des Lieferantenmanagements geeignet sind. Ferner sollen die Potenziale und der Gestaltungsrahmen für eine Ausweitung des Leistungsspektrums internetgestützter Beschaffungskonzepte in Richtung eines integrierten, durchgängigen Lieferantenmanagements aufgezeigt werden. Die resultierenden Anforderungen an diese Konzepte sind auch Gegenstand einer laufenden empirischen Untersuchung der Autoren bei deutschen Industrieunternehmen.

2 Der Prozess des Lieferantenmanagements

2.1 Der Gestaltungsrahmen des Lieferantenmanagements

In der Regel sieht sich das beschaffende Unternehmen (Abnehmer) einer Vielzahl externer wie interner Einflüsse ausgesetzt, deren Auswirkungen auch im Lieferantenmanagement berücksichtigt werden müssen. Die meisten dieser Einflussfaktoren spiegeln sich im Anforderungsprofil an den Lieferanten und sein Produkt bzw. in den realisierten Beschaffungsstrategien wider (Glantschnig (1994)). Auf eine ausführliche Darstellung aller Determinanten soll daher verzichtet werden.[1] Wesentliche Einflussfaktoren des Lieferantenmanagements sind demnach Beschaffungsstrategie, Beschaffungsobjekt und Lieferant (vgl. Abb. 1):

- Die *Beschaffungsstrategie* und ihre Teilstrategien (z.B. Single Sourcing, Modular Sourcing) stellen eine Konkretisierung der Unternehmensstrategie dar, welche die Richtung und den Rahmen unternehmerischen Handelns im Lieferantenmanagement zur Realisierung der Unternehmens- und Beschaffungsziele vorgibt. Dabei geht es vor allem um Kostensenkung, Leistungssteigerung, Versorgungssicherheit sowie die Erhöhung der Flexibilität (Koppelmann (2000)).
- Als *Beschaffungsobjekte* werden alle zu beschaffenden Produkte und Dienstleistungen bezeichnet, die direkt oder indirekt (MRO – Maintenance Repair and Operation-Leistungen) in die betriebliche Wertschöpfung eingehen. In Abhängigkeit von der Komplexität der Beschaffungsobjekte wird im Folgenden zudem zwischen komplexen und standardisierten Beschaffungsobjekten differenziert.
- In Anlehnung an die vorgenannte Klassifizierung der Beschaffungsobjekte lassen sich die *Lieferanten* einer Unternehmung in Anbieter von komplexen Materialien und Anbieter von standardisierten Materialen unterteilen. Die Lieferanten zeichnen sich jeweils durch ihre Leistungsfähigkeit aus, welche sich in der Bereitstellung und Weiterentwicklung des vom Abnehmer geforderten Know-hows manifestiert.

[1] Eine ausführliche Beschreibung direkter und indirekter Einflussfaktoren ist z.B. bei Harting (1994) nachzulesen.

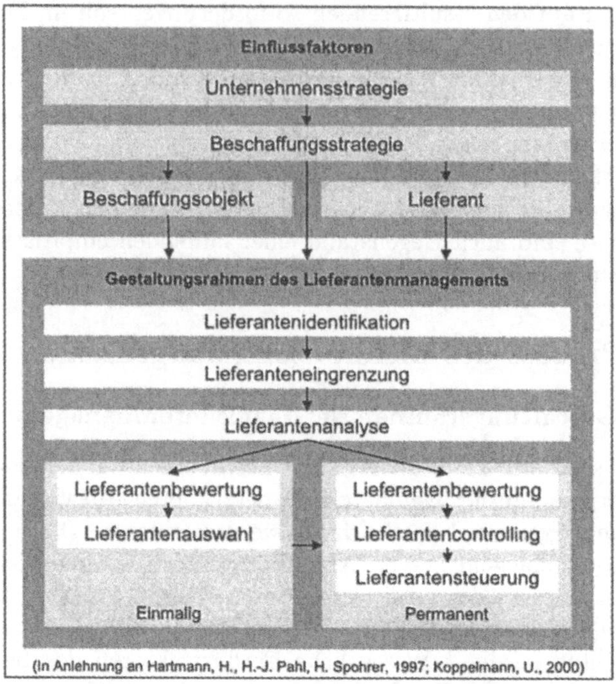

Abb. 1. Prozess des Lieferantenmanagements

Das Lieferantenmanagement ist im Rahmen des Beschaffungsmanagements für die Ausgestaltung der Lieferanten-Abnehmer-Beziehungen verantwortlich. Ziel ist der Aufbau und die Erhaltung eines im Umfang angemessenen Lieferantenstammes, dessen Mitglieder sich durch Kontinuität, Leistungsfähigkeit und Lieferbereitschaft auszeichnen (Arnolds *et al.* (2001)).

Die jeweiligen Lieferanten-Abnehmer-Beziehungen unterliegen im Allgemeinen einem zyklischen Verlauf, der mit der Anbahnung der Geschäftsbeziehung beginnt und zur Integration des Lieferanten in die Wertschöpfung des Abnehmers führen kann. Mit der Beendigung der Geschäftsbeziehung erfährt der Zyklus seinen Abschluss (Stölzle (2000)). Von Anfang an wird die Lieferanten-Abnehmer-Beziehung durch das Lieferantenmanagement begleitet. Sein Aufgabenspektrum reicht von der Lieferantenidentifikation und -eingrenzung über die Lieferantenanalyse und -bewertung bis hin zu Lieferantenauswahl, -controlling und -steuerung (vgl. Abb. 1).

Die einzelnen Phasen des Lieferantenmanagements sollen im Folgenden näher betrachtet werden, wobei jeweils Bezug auf die Ergebnisse der von den Autoren durchgeführten empirischen Untersuchung genommen wird.

2.2 Lieferantenidentifikation und -eingrenzung

Bei der Lieferantenidentifikation gilt es einen Überblick über die potenziellen Beschaffungsmärkte – insbesondere über die sich auf ihnen befindlichen Lieferanten – zu erlangen und die relevanten Märkte abzustecken (Glantschnig (1994)). Ausgehend vom Weltmarkt wird die Gesamtheit der Beschaffungsmärkte soweit segmentiert, bis schließlich im Idealfall nur noch beschaffungsobjektspezifische Märkte mit Beschaffermacht übrig bleiben (Brodersen (2000)). Für die anschließende Lieferantensuche ist das Suchfeld anhand des Beschaffungsobjektes, der Branche oder des Produktionsverfahrens zu bestimmen (Koppelmann (2000)).

Für die Lieferantenidentifikation, wie auch für die nachfolgenden Prozessschritte des Lieferantenmanagements, ist die Gewinnung von Informationen über Beschaffungsmarkt und Lieferanten notwendig. Eine regelmäßige und systematische Beschaffungsmarktforschung ist hierbei erforderlich. Während bei der Lieferantenidentifikation und -eingrenzung vorwiegend auf sekundäre Informationsquellen (z.B. Datenbanken, Kataloge) zurückgegriffen wird, kommen bei der sich anschließenden Lieferantenanalyse hauptsächlich Primärquellen (z.B. Angebote, Betriebsbesichtigungen) zum Einsatz. Die durchgeführte empirische Untersuchung hat diesbezüglich ergeben, dass das Internet von fast 90% der Unternehmen als primäre und sekundäre Informationsquelle genutzt wird (Lasch *et al.* (2001)).

Da grundsätzlich alle identifizierten Anbieter als potenzielle Lieferanten gelten, ist deren Eignung anhand von Mindestanforderungen – sogenannten K.O.-Kriterien – grob zu überprüfen und damit die Zahl der potenziellen Kandidaten weiter einzugrenzen. Neben den zur Verfügung stehenden Sekundärquellen erscheint die Lieferantenselbstauskunft zu diesem Zweck am geeignetsten und wird auch in der Beschaffungspraxis generell als bedeutend eingestuft (Lasch *et al.* (2001)).

2.3 Lieferantenanalyse

Im Anschluss an die Grobselektion werden die verbleibenden Anbieter einer genaueren Analyse unterzogen. Als Vorbereitung auf die anschließende Bewertung erfolgt eine Aufbereitung und Strukturierung der vorliegenden primären und sekundären Informationen.[2] Nur die genaue Kenntnis über die Leistungsfähigkeit der Lieferanten schafft Transparenz bei der Lieferantenbewertung. Hierbei sind zwei Grundrichtungen der Lieferantenanalyse, die dann zu Zielsetzungen der Lieferantenbewertung werden, zu berücksichtigen:

[2] In der Literatur wird in der Regel keine scharfe begriffliche Trennung zwischen Lieferantenanalyse und Lieferantenbewertung vorgenommen. Nach Koppelmann (2000) ist die Lieferantenbewertung als Endpunkt in der Lieferantenanalyse enthalten. Im Gegensatz dazu verstehen Hartmann *et al.* (1997) die Lieferantenanalyse als Bestandteil der Lieferantenbewertung.

- Lieferantenanalyse zum Zweck der Lieferantenauswahl (einmalig)
- Lieferantenanalyse zum Zweck des Lieferantencontrollings (permanent)

Anhand der in den Phasen Lieferantenidentifikation und -eingrenzung aus Beschaffungsmarktforschung und Lieferantenselbstauskunft gewonnenen Informationen erfolgt eine Querschnittsbetrachtung der wirtschaftlichen, ökologischen und technisch/technologischen Leistungsfähigkeit der Lieferanten in Form einer Momentaufnahme (Hartmann *et al.* (1997)). Dabei fokussiert sich der Blick vom gesamten Beschaffungsmarkt auf den einzelnen Lieferanten. Soll ein Lieferant, zu dem bereits eine Geschäftsbeziehung besteht, wiederholt analysiert werden, sind außerdem Ergebnisse und Erkenntnisse früherer Analysen hinzuzuziehen, um somit zusätzlich eine Längsschnittbetrachtung zu ermöglichen.

Für den Fall, dass die primären und sekundären Informationen aus Beschaffungsmarktforschung und Lieferantenselbstauskunft nicht ausreichen, stellen Lieferantenauditierungen durch den Abnehmer ein probates Mittel zur weiteren Detaillierung der Lieferantendaten dar. In der Beschaffungspraxis führen über drei Viertel der Industrieunternehmen Audits bei ihren Lieferanten durch (Lasch *et al.* (2001)). Audits unterstützen aufgrund der systematischen und umfassenden Untersuchung der Leistungsfähigkeit der Lieferanten die Feinselektion. Insbesondere bei der Lieferantenauswahl kann durch diesen Filter die Anzahl potenzieller Lieferanten weiter reduziert werden. Ferner ermöglichen Wiederholungsaudits eine regelmäßige Überprüfung im Verlauf der Lieferanten-Abnehmer-Beziehung.

Bei den meisten Unternehmen steigt die Intensität der Lieferantenanalyse und -bewertung mit zunehmender Integration der Lieferanten in die Wertschöpfungskette an (Lasch *et al.* (2001)). Infolgedessen gewinnen die resultierenden Entscheidungen in Lieferantenauswahl und -controlling an Bedeutung. Neben der Beurteilung der vom Lieferanten angebotenen Leistung ist somit auch eine ganzheitliche Analyse seiner Leistungsfähigkeit notwendig (vgl. Abb. 2).

2.4 Lieferantenbewertung

Nach Abschluss der Lieferantenanalyse erfolgt bei der Lieferantenbewertung anhand der strukturierten lieferantenspezifischen Informationen die systematische und umfassende Beurteilung der Leistungsfähigkeit zur Auswahl von Lieferanten, Überwachung und Steuerung von Lieferantenbeziehungen, Pflege und Entwicklung von Lieferantenbeziehungen sowie Erhaltung und Stärkung der Wettbewerbsfähigkeit des Abnehmers (Muschinski (1998b)).

Grundsätzlich sollten dabei in Abhängigkeit vom Zweck der Bewertung – Lieferantenauswahl oder Lieferantencontrolling – alle entscheidungsrelevanten Informationen in Form von Kriterien Berücksichtigung finden, um eine umfassende und der jeweiligen Entscheidungssituation angemessene Beurteilung der Leistungsfähigkeit der Lieferanten zu realisieren. Zur Abdeckung

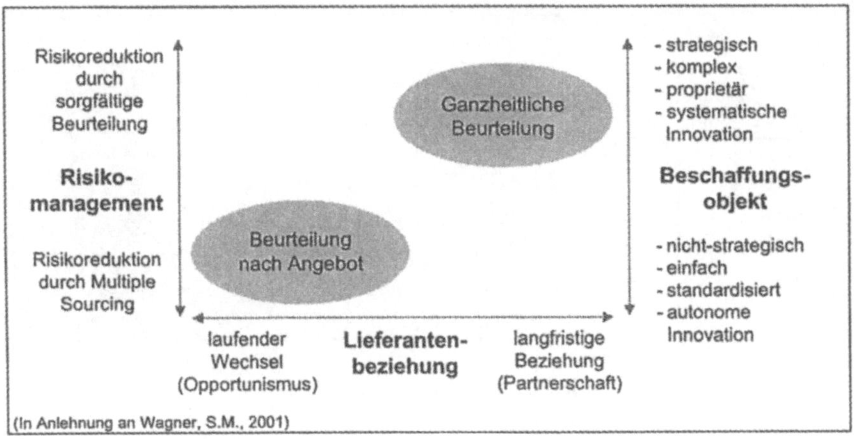

Abb. 2. Strategien zur Lieferantenanalyse

der wesentlichen Leistungsbereiche sind die Mengen-, Qualitäts-, Logistik-, Entgelt-, Service-, Informations-, Innovations- und Umweltleistung der Lieferanten zu bewerten (Glantschnig (1994)).[3] Auch Unternehmens- und Beschaffungsziele sollten – als Rahmenbedingungen – in die Bewertung einfließen.

In Abhängigkeit von den Entscheidungssituationen Routinebeschaffung (I.), Lieferantenwechsel (II.), Sortimentswechsel (III.) und Neuprodukteinführung (IV.) lässt sich die relative Bedeutung der Hauptbewertungskriterien im Einzelnen bestimmen. Diese Entscheidungssituationen resultieren aus einer 2x2-Matrix, in der Lieferanten und Beschaffungsobjekte aus Sicht des Abnehmers hinsichtlich ihrer Bekanntheit differenziert werden (vgl. Abb. 3) (Arnold (1997)).

Aus der durchgeführten empirischen Untersuchung geht hervor, dass der Qualitätsleistung in drei der vier Entscheidungssituationen eine Schlüsselrolle zukommt. Mit Ausnahme der Umweltleistung (durchschnittlich eine Situation), kommen die verbleibenden Hauptbewertungskriterien in durchschnittlich zwei Entscheidungssituationen zum Tragen. Des Weiteren ist empirisch festzustellen, dass bei Lieferantenwechsel und Neuprodukteinführung – jeweils Konfrontation mit neuen Lieferanten – eher auf eine größere Anzahl an Bewertungskriterien zurückgegriffen wird als in anderen Situationen (Lasch *et al.* (2001)).

Für die eigentliche Bewertung stehen eine Vielzahl an Verfahren zur Verfügung (vgl. Abb. 3). In der betrieblichen Praxis werden einfachere (z.B. Preis- und Kostenanalysen) den komplexeren Verfahren (z.B. Nutzwertana-

[3] Es handelt sich hierbei um Hauptbewertungskriterien, welche jeweils in Abhängigkeit von der Entscheidungssituation in die Bewertung einbezogen werden können und sich durch Subkriterien konkretisieren lassen.

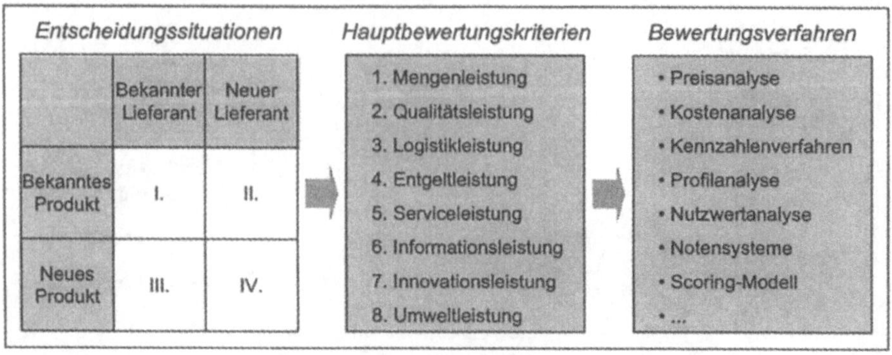

Abb. 3. Lieferantenbewertung

lyse und Fuzzy Logic) vorgezogen. Durchschnittlich werden vier verschiedene Verfahren bei der Lieferantenbewertung eingesetzt (Lasch *et al.* (2001)).

2.5 Lieferantenauswahl

Mit der Lieferantenauswahl wird schließlich nach erfolgter Feststellung des Bedarfs, Spezifizierung des Beschaffungsobjektes, Identifikation verschiedener Lieferanten sowie deren Bewertung der Endpunkt des Entscheidungsprozesses erreicht (Webster und Wind (1972)). Der Auswahl neuer Lieferanten geht eine ganzheitliche Lieferantenanalyse und -bewertung voraus, deren Fokus auf der Erschließung von Erfolgspotenzialen (z.B. neue Technologien) liegt. Im Gegensatz dazu zielt die Auswahl bekannter Lieferanten auf die konkrete Beschaffung bestimmter Beschaffungsobjekte. Die Beurteilung bekannter Lieferanten erfolgt vornehmlich anhand der unterbreiteten Angebote (vgl. Abb. 2) (Large (2000)).

Für die Auswahlentscheidung ist die sich aus der Bewertung ergebende Rangfolge oftmals nicht der alleinige Maßstab. Gerade die speziellen Beziehungen zwischen Lieferant und Abnehmer sind bei der Entscheidungsfindung von erheblicher Bedeutung (Arnolds *et al.* (2001)). Beispielsweise kann, trotz besserer Konditionen, die Pflege der Beziehungen zu Stammlieferanten für den Abnehmer von größerer Bedeutung sein, als die Verpflichtung eines neuen noch relativ unbekannten Lieferanten.

2.6 Lieferantencontrolling

Zur Gewährleistung der Versorgungssicherheit muss die Leistungsfähigkeit der ausgewählten Lieferanten im Verlauf der Lieferanten-Abnehmer-Beziehung regelmäßig überwacht werden. Ziel ist die Aufdeckung von Veränderungen in Leistungserbringung und -fähigkeit der Lieferanten, um gezielte Maßnahmen im Rahmen der Lieferantensteuerung einleiten zu können (Muschinski (1998b)).

Die kontinuierliche Überwachung der Produkt- bzw. Leistungsqualität erfolgt im Wareneingang bzw. bei der Abnahme von Dienstleistungen. Zuverlässigkeits- und Qualitätskennziffern (76% und 56%) kommen hierbei am häufigsten zum Einsatz (Lasch *et al.* (2001)). Alle weiteren vertraglichen Aspekte werden von der beschaffenden Stelle bzw. vom Bedarfsträger überprüft. Demgegenüber ist die ganzheitliche Überprüfung der Leistungsfähigkeit mit einem deutlich höheren Aufwand verbunden – insbesondere bei der vorangehenden Lieferantenanalyse und -bewertung – und erfolgt demnach in Abhängigkeit von der Lieferantenart nur in bestimmten Intervallen. So werden in der Praxis Lieferanten von A-Materialien regelmäßig überprüft, während C-Material-Lieferanten in den meisten Fällen nur unregelmäßig oder nie überprüft werden (Lasch *et al.* (2001)).

Eine weitere wichtige Aufgabe des Lieferantencontrollings liegt in der Sammlung und Bereitstellung lieferantenspezifischer Informationen. Im Sinne eines Lieferanteninformationssystems werden neben den Informationen aus dem Lieferantencontrolling auch jene aus Beschaffungsmarktforschung, Lieferantenanalyse, Lieferantenbewertung und Lieferantenauswahl festgehalten. Sie dienen als Basis für künftige Entscheidungen (Muschinski (1998b)).

2.7 Lieferantensteuerung

Der Abnehmer ist in der Regel bestrebt, die Leistungsstruktur seines Lieferantenstammes fortwährend zu verbessern und den sich ändernden Bedingungen anzupassen (Large (2000)). Infolge der Aufdeckung von Stärken und Schwächen im Lieferantencontrolling, entsteht für den Abnehmer daher die Notwendigkeit, die Leistungsfähigkeit seiner Lieferanten durch gezielte Steuerungsmaßnahmen zu beeinflussen. Dies erfolgt unter Berücksichtigung und Abwägung der lieferantenspezifischen Verhältnisse.

Damit diese Maßnahmen auf möglichst große Akzeptanz stoßen, sollte der Abnehmer seine Lieferanten über das Prozedere bei Lieferantenanalyse, -bewertung und -controlling in Kenntnis setzen. Viele Unternehmen stellen ihren Lieferanten in diesem Zusammenhang einen Leitfaden zur Verfügung (Lasch *et al.* (2001)). In diesem sind auch die grundsätzlich an Lieferanten gestellten Anforderungen aufgeführt.

Ebenso sollte jeder Lieferant neben den eigenen auch die anonymisierten Bewertungsergebnisse der anderen Stammlieferanten als Anreiz zur Leistungsverbesserung erhalten. Im Sinne eines Benchmarkings wird den Lieferanten somit ein Leistungsvergleich ermöglicht.

Zur zielgerichteten Gestaltung der Lieferanten-Abnehmer-Beziehung stehen der beschaffenden Unternehmung verschiedene Steuerungsinstrumentarien im Rahmen der Lieferantenpflege, -förderung, -entwicklung und -erziehung zur Verfügung (Arnolds *et al.* (2001)).

Im Allgemeinen honorieren die meisten Unternehmen überdurchschnittliche Leistungen ihrer Lieferanten mit einer verstärkten Integration in die

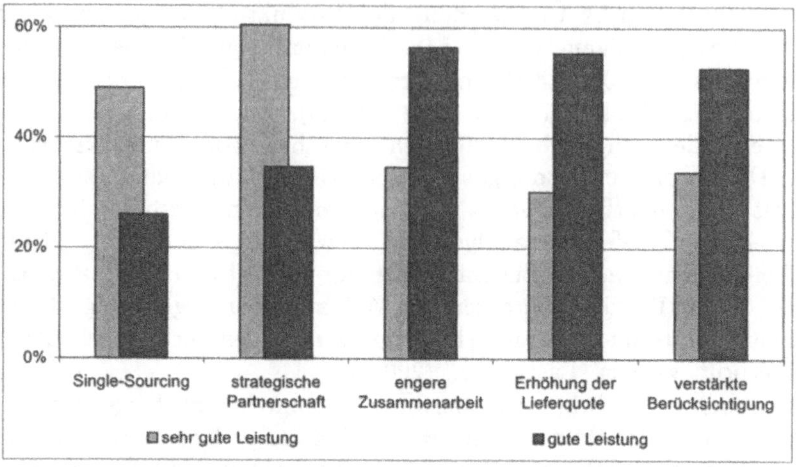

Abb. 4. Lieferantenintegration in Abhängigkeit von der Leistung (Lasch *et al.* (2001))

Wertschöpfungskette (Muschinski (1998a)), wie auch in der bereits durchgeführten empirischen Untersuchung festgestellt wurde (vgl. Abb. 4).

In gleichem Maße wie Gut-Leistungen belohnt werden, müssen Schlecht-Leistungen der Lieferanten geahndet werden. Bei einer bislang noch unkritischen Häufung von Fehlern sind zunächst verstärkte Kontrollen zu veranlassen. Handelt es sich hierbei nicht um eine temporäre Erscheinung, ist zur Beseitigung der Defizite ein Lieferantengespräch mit Zielvereinbarungen notwendig (Knapp *et al.* (2000)). Bei schwerwiegenden zu Versorgungsstörungen führenden Leistungsdefiziten der Lieferanten kann auf vertragsrechtliche Sanktionen zurückgegriffen werden (Arnolds *et al.* (2001)). Weitere Konsequenzen können Senkung der Lieferquote, Androhung eines Wechsels oder vorübergehende Nichtberücksichtigung sein. Treten trotz verschärfter Sanktionen weiterhin erhebliche Mängel auf, ist die Eliminierung aus dem Lieferantenstamm als letzte Konsequenz in Erwägung zu ziehen.

Die wesentlichen Schwerpunkte der einzelnen Phasen des Lieferantenmanagementprozesses sind in Abb. 5 zusammenfassend dargestellt. Sie bilden die Grundlage für die Ausführungen im nachfolgenden Kapitel zum Umsetzungsstand des Lieferantenmanagements in internetgestützten Beschaffungslösungen.

3 Umsetzungsstand und Potenziale im E-Procurement

Unter Electronic Procurement (E-Procurement) ist der Einsatz internetgestützter Informations- und Kommunikationstechnologien sowie die Verwendung von Internetdiensten (z.B. E-Mail, WWW) zur Unterstützung und

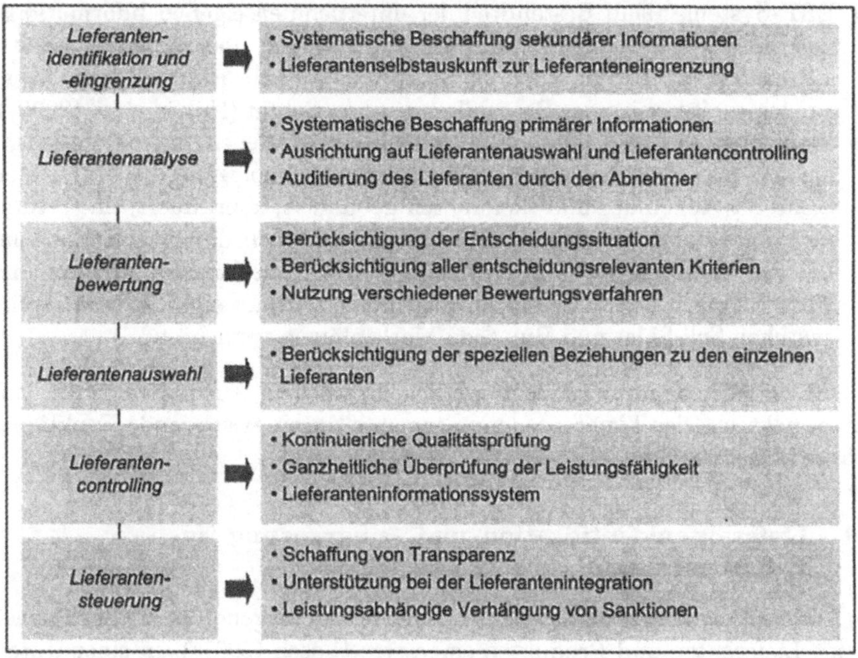

Abb. 5. Schwerpunkte im Lieferantenmanagement

Integration betrieblicher Beschaffungsprozesse zu verstehen (Bogaschewsky (1999)).

Internetgestützte Beschaffungslösungen, sogenannte E-Procurement-Lösungen, bestehen in der Regel aus einem Bündel von Funktionalitäten, die zur Unterstützung und Optimierung der Beschaffungsprozesse beitragen. Die in aktuellen E-Procurement-Lösungen angebotenen Funktionalitäten lassen sich in Transaktions- und Dienstleistungsfunktionen differenzieren. Während erstere auf die Anbahnung und Abwicklung von Aufträgen gerichtete Transaktionsmechanismen (z.B. Auktionen und Ausschreibungen) darstellen, ergänzen die Dienstleistungsfunktionen das Leistungsangebot der E-Procurement-Lösungen und liefern einen weitergehenden Mehrwert (z.B. durch die Vermittlung von Logistikanbietern); Kersten *et al.* (2002).

In E-Procurement-Lösungen integrierte Lieferantenmanagementfunktionalitäten sind den eigentlichen Transaktionsmechanismen vor- bzw. nachgelagerte Dienstleistungsfunktionen. Ausschließlich auf Transaktionen gerichtete E-Procurement-Lösungen werden daher nicht Gegenstand der weiteren Betrachtungen sein. Folglich werden nur Enterprise-Resource-Planning-Systeme (ERP) und elektronische Marktplätze berücksichtigt:

- ERP-Systeme[4] sind Bestandteil der unternehmenseigenen Informations- und Kommunikationsinfrastruktur und verfügen über externe Schnittstellen. Sie sind auf die Planung, Steuerung und Abwicklung betrieblicher Prozesse – inklusive der Beschaffung – ausgerichtet (Norris *et al.* (2000)).
- Elektronische Marktplätze sind Plattformen, auf denen, unter Zuhilfenahme von Informations- und Kommunikationstechnologien, die Aktivitäten mehrerer Abnehmer und Lieferanten gebündelt, koordiniert, unterstützt und abgewickelt werden können. Sie unterstützen die Marktteilnehmer bei der Vorbereitung und Abwicklung von Transaktionen (Richter und Nohr (2002)). Aus Vereinfachungsgründen wird auf eine Differenzierung zwischen Sell-Side- und Buy-Side-Marktplätzen verzichtet.[5]

Es soll im Folgenden untersucht werden, in welchem Ausmaß sich das Aufgabenspektrum des Lieferantenmanagements durch existierende Funktionalitäten abdecken lässt.

3.1 Lieferantenidentifikation und -eingrenzung im E-Procurement

Im Lieferantenmanagement wird das Internet vorwiegend für die Suche nach neuen Lieferanten und Produkten eingesetzt (Lasch (2001)). In einer Untersuchung zur Internetnutzung im Einkauf wurde festgestellt, dass vor allem allgemeine Informationen beschafft, Produktkataloge eingesehen aber auch Angebote eingeholt werden (Davis *et al.* (2001)). So können beispielsweise Suchhilfen, Internetdatenbanken, Unternehmenshomepages, Websites von Verbänden und Institutionen sowie Foren zum Informationsaustausch mit Fachkollegen erste Angaben über potenzielle Lieferanten liefern.

Eine weitere Möglichkeit zur Ermittlung neuer Lieferanten besteht in der Nutzung elektronischer Marktplätze. Die meisten dieser Plattformen bieten Verzeichnisse über registrierte Marktplatzteilnehmer und Unternehmensselbstdarstellungen an. Weitere Firmeninformationen wie Bonitätsauskünfte und Angaben zu Zertifizierungen werden von knapp der Hälfte der elektronischen Marktplätze angeboten. Defizite liegen in der Bereitstellung von Informationen zum Marktumfeld (Bogaschewsky und Müller (2002)).

In E-Procurement-Lösungen könnten dem Abnehmer, in Abhängigkeit von der Lieferantenmanagementphase – Identifikation, Eingrenzung oder Analyse –, vorstrukturierte Informationen zur Verfügung gestellt werden. Während für die Lieferantenidentifikation eher allgemeine Informationen ausreichen, sollte bei Lieferanteneingrenzung und -analyse der Detaillierungsgrad zunehmen. Da mit Fortschreiten des Selektionsprozesses die Anzahl der potenziellen Lieferanten sinkt und im Gegenzug die Komplexität der

[4] Viele ERP-Systeme haben sich erst durch die Internetintegration zu E-Procurement-Lösungen entwickelt.

[5] Zu den verschiedenen Betreiberkonzepten elektronischer Marktplätze vgl. Bogaschewsky und Müller (2002), S. 16.

Informationen zunimmt, erscheint diesbezüglich eine Implementierung von unterstützenden Funktionalitäten in E-Procurement-Lösungen sinnvoll. Die Vereinfachung der Handhabung und die Aufbereitung großer Informationsmengen sollte hierbei im Vordergrund stehen. Zwei Varianten sind denkbar:

- Für alle Anwender werden die Informationen in Abhängigkeit von den Phasen Lieferantenidentifikation, -eingrenzung und -analyse nach dem gleichen Schema strukturiert.
- Der Anwender kann die Parameter für die vorgenannten Phasen selbst festlegen und somit auf ein individualisiertes Informationsangebot zurückgreifen.

3.2 Lieferantenanalyse im E-Procurement

Explizite umfassende Funktionalitäten für die Lieferantenanalyse sind in E-Procurement-Lösungen bislang nicht verankert (Bogaschewsky und Müller (2002), Kersten *et al.* (2002)). Wie bereits im vorigen Abschnitt erwähnt, werden für die Lieferantenanalyse detailliertere Informationen zur Untersuchung der Leistungsfähigkeit der Lieferanten benötigt als in den Phasen Lieferantenidentifikation und -eingrenzung. In Abhängigkeit vom Zweck der sich anschließenden Lieferantenbewertung sind die Informationen entweder für die Lieferantenauswahl oder für das Lieferantencontrolling aufzubereiten. Dabei müssen die Informationen den vom Abnehmer bestimmten Auswahl- bzw. Controlling-Kriterien zuordenbar sein.

Ansätze zur Unterstützung der Lieferantenanalyse sind auf einigen elektronischen Märkten zu finden, wobei diese nur auf die Vorbereitung der Auswahl potenzieller Lieferanten ausgerichtet sind. Als Entscheidungshilfen werden teilweise Auditierungen potenzieller Lieferanten sowie Lieferantenbewertungsergebnisse anderer Abnehmer, die bereits Transaktionen mit diesen Lieferanten getätigt haben, angeboten (Kersten *et al.* (2002)). Somit kann der Anwender von den Erfahrungen anderer profitieren und daraus entsprechende Schlüsse in seiner Entscheidungsfindung ziehen. Bei der Auditierung gilt es zu überlegen, ob neben den allgemeinen Audits nicht auch Produkt-, Verfahrens- und Systemaudits angeboten werden sollten, die der Abnehmer bei Bedarf beim Betreiber des Marktplatzes in Auftrag geben kann. Eine Besichtigung oder Inspektion der Produkte bieten bereits 30% der Plattformen ihren Kunden an (Bogaschewsky und Müller (2002)).

3.3 Lieferantenbewertung im E-Procurement

Die meisten ERP-Systeme verfügen über eine integrierte Lieferantenbewertung (Lasch *et al.* (2001)). Aufgrund seiner starken Verbreitung soll die Lieferantenbewertung in ERP-Systemen am Beispiel SAP R/3 kurz skizziert werden: Zum Einsatz kommt ein Punktbewertungsverfahren, in das bis zu 99 frei bestimmbare Hauptkriterien einbezogen werden können, welche sich jeweils aus 20 Teilkriterien zusammensetzen können. Die Gewichtung der Kriterien ist frei bestimmbar und obliegt dem Anwender. Einige der für die Bewertung notwendigen Informationen (z.B. Preisentwicklung, Termin- und Mengentreue) können vom System bereitgestellt werden (Wenzel (1999)).

Wie bereits erwähnt, besteht auch auf einigen elektronischen Marktplätzen (z.B. auf den Marktplätzen der Newtron AG) die Möglichkeit zur Lieferantenbewertung. Diese erfolgt in der Regel über Checklisten, auf denen einige Leistungsmerkmale durch den Bewertenden abgehakt werden können. 29% der Marktplatzbetreiber bieten sogenannte Lieferantenmanagement-Systeme an. Jedoch handelt es sich hierbei vielmehr um eine auf die Systematisierung der Lieferanten ausgerichtete Funktionalität, die nicht auf die spezifische Beschaffungssituation des Abnehmers ausgelegt ist (Bogaschewsky und Müller (2002)).

Das Leistungsspektrum derzeitig angebotener Lieferantenbewertungsfunktionalitäten, insbesondere auf elektronischen Marktplätzen, ist nur rudimentär ausgeprägt. Da die bekannten Bewertungsverfahren jeweils unterschiedliche Stärken und Schwächen aufweisen, sollten mehrere Verfahren parallel angeboten werden. Zudem ist ein umfassender Kriterienkatalog zur Verfügung zu stellen, aus dem der Abnehmer die für seine spezifische Entscheidungssituation relevanten Kriterien auswählen kann (Muschinski (1998b)). Ebenso sollte die Gewichtung der Kriterien, soweit erforderlich, dem Abnehmer überlassen werden. Hierdurch wird zwar die Vergleichbarkeit der Bewertungsergebnisse verschiedener auf dem elektronischen Marktplatz vertretener Abnehmer deutlich eingeschränkt, jedoch dürfte eine der Entscheidungssituation angemessene Bewertung für den Einzelnen von größerer Bedeutung sein. Während eine einheitliche Vorgehensweise für die Bewertung von Lieferanten von standardisierten Artikeln ausreichend erscheint, muss dem Abnehmer bei der Beschaffung komplexer Materialien ein weitreichenderes, flexibleres und der Situation angemessenes Instrumentarium angeboten werden. Nachvollziehbarkeit und Transparenz der Bewertungen für andere Teilnehmer lassen sich beispielsweise durch die Nennung der jeweiligen Parameter verbessern.

Des Weiteren haben Untersuchungen gezeigt, dass der Einkauf nicht mehr allein für die Lieferantenbewertung verantwortlich ist (Lasch *et al.* (2001)). Eine Verknüpfung und Integration der beteiligten Fachbereiche im Rahmen der E-Procurement-Lösung ist daher erforderlich.

3.4 Lieferantenauswahl im E-Procurement

Die endgültige Entscheidung des Abnehmers im Selektionsprozess für oder gegen einen Lieferanten lässt sich durch E-Procurement-Funktionalitäten nur schwer abbilden. Gerade die speziellen Beziehungen zwischen Abnehmer und Lieferant verleihen der Entscheidungssituation eine hohe Komplexität – erster Kontakt vs. langjährige Geschäftsbeziehung (Arnolds *et al.* (2001)). Daher sollten auf die Lieferantenauswahl gerichtete Funktionalitäten in E-Procurement-Lösungen eher als Kommunikationsplattform für Abnehmer und Lieferant dienen, um den Entscheidungsprozess und damit die direkte Interaktion der Beteiligten (z.B. bei Vertragsverhandlungen) zu fördern.

Jedoch ist bei standardisierten, schematischen Entscheidungsprozessen eine Umsetzung in E-Procurement-Lösungen denkbar. Die Beschaffung von standardisierten Artikeln bietet sich als Anwendungsgebiet an, da gerade hier – aufgrund der geringen Wertschöpfung – von den meisten Unternehmen eine Reduzierung der Prozesskosten angestrebt wird. Folgende Voraussetzungen müssen erfüllt sein:

- Anzahl und Zusammensetzung der relevanten Lieferanten sind determiniert.
- Entscheidungskriterien und Gewichtungen sind determiniert.
- Es wird immer der Lieferant mit dem besten Bewertungsergebnis ausgewählt.

3.5 Lieferantencontrolling im E-Procurement

Einer vollständigen Realisierung des Lieferantencontrollings in E-Procurement-Lösungen stehen ähnliche Hindernisse wie bei der Lieferantenauswahl entgegen. Die Entwicklung des speziellen Beziehungsgeflechts zwischen Abnehmer und Lieferant lässt sich nur schwer antizipieren und ist daher kaum standardisierbar zur Abbildung in E-Procurement-Lösungen.

Unterstützend wirken können E-Procurement-Lösungen durch die Integration eines Lieferanteninformationssystems in Form eines Data Warehouses, in dem sich die gewonnenen Informationen fortlaufend festhalten lassen. Dem Abnehmer soll anhand der zur Verfügung stehenden Informationen eine umfassende Überprüfung der Leistungsfähigkeit seiner Lieferanten ermöglicht werden. Standardisierte Auswertungsfunktionen und automatisierte Wiederholungsbewertungen, wie sie bereits ansatzweise im ERP-System SAP R/3 angeboten werden, können hierbei hilfreich sein (Wenzel (1999)). Auf die Lieferqualität gerichtete Kontrollmechanismen (z.B. Qualitäts- und Zuverlässigkeitskennzahlen), die einer permanenten Leistungsüberwachung beim Wareneingang dienen, zählen ebenso dazu.

Auch elektronische Marktplätze bieten Informationssysteme an, jedoch sind diese nicht auf die Belange des Lieferantenmanagements und insbesondere des Lieferantencontrollings ausgerichtet. Eine fortwährende Überprüfung der Leistungsfähigkeit der Lieferanten kann durch den Abgleich mit Bewertungsergebnissen anderer Abnehmer auf dem elektronischen Marktplatz erfolgen. Voraussetzung ist jedoch die intensive Nutzung der Lieferantenbewertungsfunktionalität durch andere Abnehmer. Obwohl diese Daten für eine umfassende Beurteilung nicht ausreichen, ermöglichen sie dem Abnehmer allerdings die frühzeitige Identifikation von Problemen und Entwicklungen bei den Lieferanten. Darüber hinaus bieten mehr als die Hälfte der elektronischen Marktplätze eine Auftragsstatusüberwachung an und geben ihren Kunden damit zusätzlich die Möglichkeit, etwaige Verzögerungen beim Lieferanten rechtzeitig zu erkennen (Bogaschewsky und Müller (2002)).

Eine vollständige Abdeckung der Aufgaben des Lieferantencontrollings in E-Procurement-Lösungen erscheint lediglich bei standardisierten Überwachungsprozessen sinnvoll. Weitreichenden Analysen zur Leistungsfähigkeit kann es nur als Hilfsinstrument dienen. Dabei ist auch hier wieder nach der Leistungsbedeutung des Lieferanten (standardisiertes oder komplexes Material) für den Abnehmer zu differenzieren.

3.6 Lieferantensteuerung im E-Procurement

Für eine nur partielle Umsetzung der Lieferantensteuerung in E-Procurement-Lösungen sprechen die gleichen Argumente wie beim Lieferantencontrolling. Einsatz und Wirkung der verschiedenen zur Verfügung stehenden Anreiz- und Sanktionsmechanismen müssen einerseits der Leistungssituation und andererseits den spezifischen Machtverhältnissen zwischen Abnehmer und Lieferant angemessen sein. Unternehmensindividuelle Lösungen – z.B. mit Hilfe von Expertensystemen[6] – sind nur mit hohem Aufwand zu realisieren. Prozessstandardisierungen, wie sie vor allem auf elektronischen Märkten eingesetzt werden, sind jedoch aufgrund der teilweise sehr unterschiedlichen betrieblichen Rahmenbedingungen kaum umsetzbar. Darüber hinaus ist der persönliche Kontakt bei der Steuerung der Lieferantenbeziehung durch Lieferantenpflege, -förderung, -entwicklung oder -erziehung oftmals entscheidend für die Wirksamkeit der ergriffenen Maßnahmen.

Deshalb sollten E-Procurement-Lösungen im Rahmen der Lieferantensteuerung vielmehr als Kommunikationsplattformen dienen. Gerade bei der Integration aussichtsreicher Lieferanten in die Wertschöpfungskette, ist der Informationsaustausch zwischen den Geschäftspartnern besonders wichtig. Entsprechende Funktionen für den Dokumenten- und Nachrichtenaustausch werden von den meisten elektronischen Marktplätzen angeboten (Bogaschewsky und Müller (2002)). Eine immer wichtigere Rolle kommt in diesem Zusammenhang Funktionalitäten zu, die eine stärkere Einbindung von Wertschöpfungspartnern, insbesondere in der Produktentstehungsphase, ermöglichen. Auf einigen Plattformen werden dazu bereits Dienste zur Unterstützung konstruktionstechnischer Prozesse, virtuelle Projekträume sowie Online-Projektmanagement-Werkzeuge angeboten (Kersten *et al.* (2002)).

Zusammenfassend ist festzustellen, dass die Integration der Phasen Lieferantenidentifikation und -eingrenzung in E-Procurement-Lösungen am weitesten fortgeschritten ist. Bei Lieferantenanalyse und -bewertung ist eine noch stärkere Ausrichtung der angebotenen Funktionalitäten an den Anforderungen der Abnehmer notwendig. Im Gegensatz dazu sind auf die Phasen Lieferantenauswahl, -controlling und -steuerung ausgerichtete Funktionalitäten in

[6] Expertensysteme ermöglichen anhand von Expertenregeln (Wenn-dann-Bedingungen) die Abbildung menschlichen Entscheidungsverhaltens.

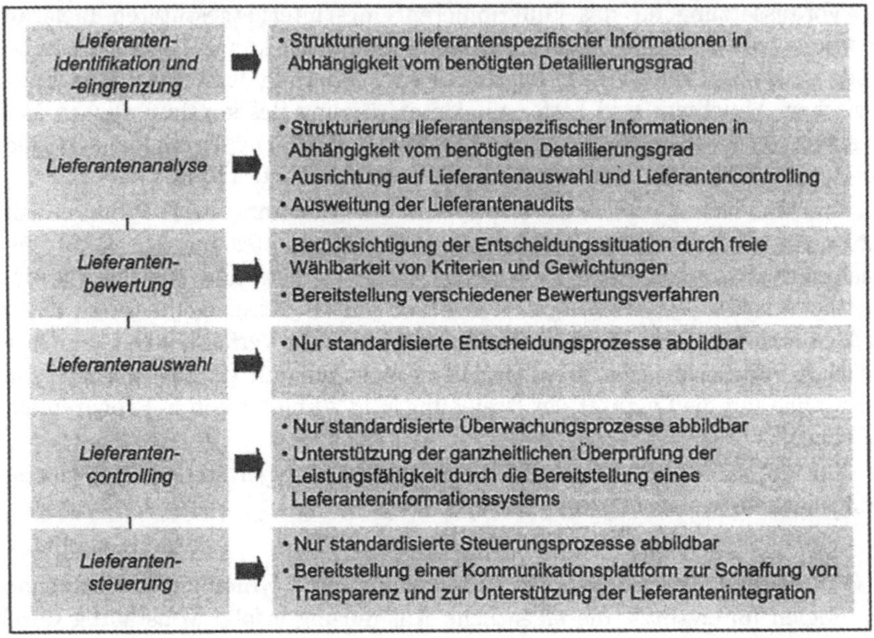

Abb. 6. Einsatzpotenziale für E-Procurement-Lösungen im Lieferantenmanagement

E-Procurement-Lösungen kaum vorhanden, was auf die Komplexität der abzubildenden Lieferanten-Abnehmer-Beziehungen zurückzuführen sein dürfte (vgl. Abb. 6).

4 Gestaltungsansätze für ein integriertes Lieferantenmanagement im E-Procurement

Bislang wurden nur Fragmente des Lieferantenmanagements in E-Procurement-Lösungen wie elektronischen Marktplätzen und ERP-Systemen umgesetzt. Explizit auf das Lieferantenmanagement gerichtete, ganzheitliche Ansätze existieren zur Zeit noch nicht. Der Einsatz durchgängiger E-Procurement-Lösungen bietet jedoch die Möglichkeit einer weiteren Vereinfachung und partiellen Standardisierung der Prozesse im Lieferantenmanagement (z.B. bei der Lieferantenbewertung). Ziel könnte es sein, existierende, auf die Beschaffungsabwicklung gerichtete E-Procurement-Lösungen, durch Funktionalitäten des Lieferantenmanagements zu vervollständigen. Als Ergebnis entstehen E-Procurement-Lösungen, die sowohl Transaktionen als auch das Lieferantenmanagement durchgehend integrieren und unterstützen. Bereits in ERP-Systemen und auf elektronischen Märkten vorhandene Ansätze können als Ausgangspunkt für die Weiterentwicklung existierender E-Procurement-Lösungen dienen.

Voraussetzung für das Funktionieren eines internetgestützten Lieferantenmanagements ist die Berücksichtigung der für das konventionelle Lieferantenmanagement geltenden Erfolgsfaktoren: Förderung der Vertrauensbildung zwischen Abnehmer und Lieferant, Unterstützung des kontinuierlichen Verbesserungsprozesses, kooperatives Konfliktmanagement, Ermöglichung eines intensiven Informationsaustausches (Weber und Wertz (1999)).

Darüber hinaus spielen die Reputation des Anbieters von E-Procurement-Lösungen und die Leistungsfähigkeit seines Konzeptes für den Erfolg des Lieferantenmanagements eine wichtige Rolle (Stölzle und Heusler (2001)). Bei der Ausführung der Aufgaben des Lieferantenmanagements durch Dritte (z.B. Betreiber elektronischer Marktplätze) müssen Verlässlichkeit und Integrität gewährleistet sein. Hierbei geht es nicht nur um Datensicherheit, sondern auch um die Qualität der Beziehung zum Anbieter von E-Procurement-Lösungen.

Für die Konzeption von E-Procurement-Lösungen stehen drei Gestaltungsansätze zur Verfügung (Allweyer (2002)):

- Die Aufgaben werden durch Informations- und Kommunikationstechnologien unterstützt, die eigentliche Ausführung erfolgt vollständig durch den Anwender.
- Teilaufgaben werden durch einen externen Anbieter von E-Procurement-Lösungen erbracht (z.B. Bestellabwicklung).
- Die Aufgaben werden im Wesentlichen durch einen externen Anbieter von E-Procurement-Lösungen ausgeführt.

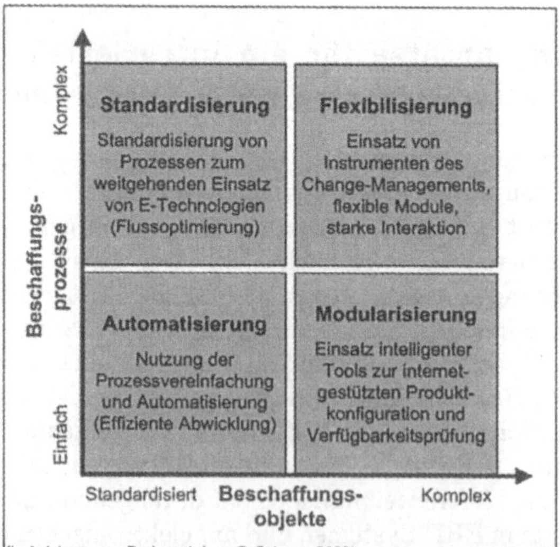

Abb. 7. Normstrategien für die Gestaltung von E-Procurement-Lösungen

Bei der weiteren Ausgestaltung sind einerseits die Eigenschaften der Beschaffungsobjekte und andererseits die Komplexität der abzubildenden Prozesse zu berücksichtigen (vgl. Abb. 7). Einfache, auf standardisierte Beschaffungsobjekte fokussierte Beschaffungsprozesse sollten zur effizienteren Abwicklung soweit wie möglich vereinfacht und automatisiert werden. Unterliegt die Beschaffung von Standardmaterialien einer komplexen Prozessanordnung, ist für eine Implementierung in E-Procurement-Lösungen eine Standardisierung der Beschaffungsprozesse erforderlich. Im Gegensatz dazu sind intelligente Tools (z.B. zur Produktkonfiguration) bei der Lösung einfacher Beschaffungsaufgaben hinsichtlich komplexer Beschaffungsobjekte notwendig. Zeichnen sich Beschaffungsprozesse und Beschaffungsobjekte durch eine hohe Komplexität aus, sind noch anpassungsfähigere Tools bereitzustellen, die zudem die direkte Interaktion zwischen Abnehmer und Lieferant ermöglichen. Derartige Funktionalitäten sind vor allem in der Produktentstehungsphase und während der Lieferantenintegration von besonderer Bedeutung (Darkow und Schupp (2002)).

Eine weitgehende Standardisierung und Automatisierung aller Teilprozesse im Lieferantenmanagement ist aufgrund der Vielzahl der zu berücksichtigenden Variablen nicht möglich. Daher sollte neben der Vereinfachung und Optimierung der Prozesse vor allem die Förderung und Unterstützung der Kommunikation an den Schnittstellen zwischen Lieferant und Abnehmer im Mittelpunkt stehen.

Der geringe aktuelle Umsetzungsstand des Lieferantenmanagements in E-Procurement-Lösungen ist vermutlich auf die teilweise nur unzureichende Auseinandersetzung vieler Unternehmen mit dieser Thematik zurückzuführen. Zudem besteht die Gefahr, dass die Anbieter von E-Procurement-Lösungen nur selten auf langjährige Erfahrungen in der industriellen Beschaffung zurückblicken können. Infolgedessen werden weitere Optimierungspotenziale in den Lieferantenmanagementprozessen nicht erkannt oder als nicht realisierbar angesehen. Da die Umsetzung eines durchgängigen Lieferantenmanagementkonzepts in E-Procurement-Lösungen mit erheblichen Kosten für den Anbieter dieser Lösungen verbunden ist, muss zunächst das Bewusstsein der beschaffenden Unternehmen für die strategische Bedeutung eines in E-Procurement-Lösungen integrierten Lieferantenmanagements geschärft werden, um sukzessive einen Markt für diese Leistungen zu schaffen. Letztendlich orientiert sich das Funktionalitätenangebot in E-Procurement-Lösungen im Wesentlichen an der Nachfrage und Zahlungsbereitschaft der potenziellen Nutzer.

5 Ausblick

Die aufgezeigten Potenziale für eine Erweiterung des Leistungsspektrums aktueller E-Procurement-Lösungen um die Aufgaben des Lieferantenmanagements und deren Umsetzung durch Anbieter von E-Procurement-Lösungen sind Gegenstand einer laufenden Untersuchung der Autoren. Unter anderem werden folgende Inhalte im Rahmen einer umfangreichen Unternehmensbefragung einer ausführlichen Analyse unterzogen:

- Künftige Positionierung und Stellenwert der Beschaffung entlang des Produktlebenszyklus und im Hinblick auf E-Procurement-Lösungen
- Künftige Bedeutung der Teilprozesse im Lieferantenmanagement in Abhängigkeit von der Komplexität der Beschaffungsobjekte
- Stand des Outsourcings von Lieferantenmanagementaufgaben an spezialisierte Dienstleister – Einsatzpotenziale für Anbieter von E-Procurement-Lösungen
- Anforderungen an Lieferantenbewertungsfunktionen in E-Procurement-Lösungen
- Einsatzpotenziale für E-Procurement-Lösungen im Lieferantenmanagement aus Abnehmersicht

Mit Hilfe dieser Studie sollen die Auswirkungen einer zunehmenden Vernetzung innerhalb der Lieferketten auf das Lieferantenmanagement untersucht werden.

Modellgestützte Ermittlung und Verteilung von Kooperationsvorteilen in der Logistik

Stefan Minner

Universität Paderborn, Fakultät für Wirtschaftswissenschaften, Warburger Str. 100, 33098 Paderborn, Germany
Stefan_Minner@notes.upb.de

Zusammenfassung Logistikkooperationen bieten als Alternative zur vollständigen Fremdvergabe insbesondere für klein- und mittelständische Unternehmen Kosteneinsparungspotenziale aufgrund von Synergieeffekten. Der vorliegende Beitrag diskutiert, wie bekannte quantitative Planungsansätze der Beschaffungs-, Produktions- und Distributionslogistik genutzt werden können, um in den verschiedenen Phasen einer Kooperation, Anbahnung - Vertragsgestaltung - Controlling, Synergiepotenziale zu schätzen bzw. zu ermitteln. Darüber hinaus werden ökonomische Ansätze zur Verteilung von Kooperationsvorteilen vorgestellt und diskutiert.

1 Einleitung

In vielen Entscheidungsbereichen der Logistik stellt sich die Frage, ob Leistungen eigenerstellt oder an Dienstleister fremdvergeben werden sollen. Als Alternative zu diesen beiden extremen Strategien, mit den jeweils bekannten Vor- und Nachteilen, bietet sich die Möglichkeit der Kooperation, die insbesondere kleinen und mittelständischen Unternehmen (KMU) die Erschließung erheblicher Synergiepotenziale eröffnet. Wie im allgemeinen Kontext von Unternehmenskooperationen (vgl. z.B. Schertler (1995)) werden im Logistikbereich (vgl. Pfohl (2000a), o.V. (1998a)) damit insbesondere die Ziele Kosteneinsparung, Serviceerhöhung und Flexibilität verfolgt. Einsparungspotenziale werden dabei hauptsächlich bei Frachtkosten, Beständen und bei der Kapazitätsbereitstellung identifiziert.

In der Literatur findet sich bereits ein breites Spektrum an Anwendungen von Kooperationen in der Logistik. Eßig (1999) behandelt Einkaufsgemeinschaften und kooperative Beschaffung. In Opitz (2000) sind Synergien durch die gemeinsame Nutzung von Baumaschinen Gegenstand der Analyse. Zentes (1998) und Fleischmann (1999) diskutieren Anwendungen in der Konsumgüterdistribution, während Kaupp (1998), Erdmann (1999) und Zäpfel und Wasner (2000) Transport- und Frachtkooperationen betrachten. Ein weiteres Anwendungsfeld, bei dem mehrere der genannten Aspekte gemeinsam auftreten, ist die Instandhaltung (vgl. Minner (2002)), bei der die Beschaffung und die Bewirtschaftung von Ersatzteilen sowie die gemeinschaftliche Nutzung von Instandhaltungsressourcen Synergiepotenziale bereithalten. Die allen Anwendungen zugrunde liegenden Kooperationsmotive lassen sich in drei

Kategorien einteilen. Erstes Motiv sind Economies of Scale, d.h. Mengendegressionseffekte, wie sie insbesondere bei der Beschaffung mit den Motiven der Fixkostendegression und der Erzielung von Mengenrabatten auftreten. Daneben sind Economies of Scope, d.h. Diversifikationsvorteile ein Motiv, das insbesondere bei der gemeinschaftlichen Nutzung von Ressourcen auftritt. Das dritte Kooperationsmotiv, welches insbesondere bei Speditionskooperationen auftritt, sind Economies of Density, d.h. Dichteeffekte durch räumliche Bündelung von Sendungen.

Prinzipiell lassen sich im Supply Chain Management horizontale und vertikale Kooperationen unterscheiden. Vertikale Kooperationen betrachten die Zusammenarbeit von Unternehmen auf unterschiedlichen Stufen der Wertschöpfungskette, z.B. Hersteller und Lieferanten bzw. Dienstleister auf der einen Seite sowie Abnehmer bzw. Unternehmen auf der anderen Seite. Viele der auftretenden Problemstellungen lassen sich als Prinzipal-Agenten-Probleme beschreiben; vgl. Fandel und Lorth (2001). Aufgabe ist es, Verträge so zu gestalten, dass Entscheidungen vor- oder nachgelagerter Akteure zu einem gewünschten Ergebnis führen. Existiert keine Hierarchiebeziehung, so lassen sich die zugrunde liegenden Probleme in vielen Fällen spieltheoretisch modellieren; vgl. Inderfurth und Minner (2001). Darüber hinaus lassen sich gemeinschaftliche Planungsinstrumente bewerten, die durch den Austausch von Informationen und durch die gemeinschaftliche Prognose Kooperationsvorteile eröffnen. Im Gegensatz dazu finden sich in horizontalen Kooperationen Unternehmen der gleichen Wertschöpfungsstufe zusammen. Während Großunternehmen bereits Teile dieser Potenziale durch Zentralisierung von Prozessen erschließen können, ergeben sich für KMU erhebliche Kooperationspotenziale. Darüber hinaus ist zwischen kurzfristigen, im Extremfall einmaligen, und wiederholten Kooperationen zu unterscheiden. Einmalige Kooperationen in der Logistik werden z.B. über Spotmärkte wie Beschaffungsplattformen oder Frachtbörsen angebahnt. Die Zielsetzung besteht vorwiegend in der Realisierung von Kostendegressionseffekten und Preisvorteilen. Im Gegensatz dazu bieten wiederholte Kooperationen zusätzliche Synergiepotenziale, da hier aufgrund der Wiederholung Lerneffekte erzielt werden können und durch eine gemeinsame Strategieoptimierung, z.B. bei der Technologiewahl, weitere Kosteneinsparungen realisierbar sind.

Der vorliegende Beitrag diskutiert, wie sich bekannte quantitative Planungsansätze der Logistik adaptieren lassen, um Synergiepotenziale zu ermitteln. Dazu werden im Wesentlichen zwei Kategorien von Modellen unterschieden, Ansätze zur Abschätzung der Potenziale auf Basis aggregierter Informationen und solche, die für detaillierte Daten die realisierten Vorteile quantifizieren. Da es sich allgemein um eine Methodik zur Quantifizierung von Synergiepotenzialen handelt, eröffnet sich darüber hinaus noch ein weiteres Anwendungsgebiet. Sie eignet sich ebenfalls, um im Rahmen von Verhandlungen um eine Fremdvergabe von Leistungen an einen Dienstleister eine Schätzung seiner Synergiepotenziale und damit der Angebotserstellung zugrunde liegenden Kostenstruktur vorzunehmen.

In Kapitel 2 werden kurz die organisationstheoretischen Grundlagen und im Anschluss daran ein Rahmenkonzept für Kooperationen vorgestellt, in dessen unterschiedlichen Phasen Modelle zur Anwendung kommen können. Danach werden für die Teilbereiche Materialwirtschaft in Kapitel 3, Produktion in Kapitel 4 und Distribution in Kapitel 5 exemplarische Prototypen vorgestellt und ihr Einsatz innerhalb des organisatorischen Rahmenkonzeptes zur Kooperationsanbahnung und Abwicklung diskutiert. In Kapitel 6 werden Konzepte zur Verteilung der Vorteile vorgestellt und diskutiert.

2 Organisationstheoretische Grundlagen

Theoretisch lassen sich Koordinationsformen im Kontext der Transaktionskostentheorie und der Netzwerktheorie begründen; vgl. Fleisch (2001). In der Transaktionskostentheorie werden als prinzipielle Koordinationsformen die Hierarchie (Unternehmung) und der Markt unterschieden. Für die Logistik bedeutet dies die Entscheidung zwischen Eigenerstellung der Leistungen und der Fremdvergabe an einen Logistikdienstleister. Die Kooperation stellt eine Hybridform dar. Neben der Dauer (einmalig versus wiederholt) und der Intensität der Kooperation sind räumliche Nähe (regional, lokal, global) und die Organisation (fokales Unternehmen versus Netzwerkstruktur, stabile oder dynamische Netzwerke, Kopplung und informationstechnische Verknüpfung) wesentliche Unterscheidungsmerkmale; vgl. Picot *et al.* (2002).

In diesem Abschnitt soll als Grundlage der folgenden Diskussion der Kooperationsprozess in unterschiedliche Phasen gegliedert werden. Die Phase der Kooperationsanbahnung dient der Anregung für Unternehmen, generell über eine Kooperation nachzudenken. Hier ist es von zentraler Bedeutung, ausgehend von relativ geringer und aggregierter Information, eine Schätzung der Potenziale abzugeben und eventuell ein Benchmarking mit anderen Kooperationen bzw. vollständiger Fremdvergabe vorzunehmen. In der Phase der Vertragsgestaltung sind Aspekte der Wahl der Organisationsform (z.B. Genossenschaft), zu tätigende Investitionen und entsprechende finanzielle Beteiligungen der Kooperationspartner sowie eventuell weitere Vertragsgegenstände zu berücksichtigen. Dabei ist zur Erhaltung der Anpassungsfähigkeit an eine dynamische Umwelt darauf zu achten, dass keine Überregulierung vorgenommen wird. Es kommt zu sogenannten impliziten Regelungen, d.h. unvollständigen Verträgen. In dieser Phase hat das Zusammenspiel von Synergiepotenzialschätzungen und Verhandlungsaspekten besondere Bedeutung. Zur Kooperationsabwicklung in einer bestehenden Kooperation stellt sich das permanente Problem der Verteilung der erzielten Vorteile bzw. angefallener Kosten. Zu Abrechnungszwecken und darüber hinausgehenden Controllingaufgaben ist es notwendig, die tatsächlich angefallenen Vorteile bzw. Kosten zu ermitteln und nach einem bestimmten Verfahren zu verteilen.

Das vorgestellte Phasenkonzept erfordert insbesondere an zwei entscheidenden Stellen quantitative Entscheidungsunterstützung durch logistikspezifische Modelle, im Rahmen der Kooperationsanbahnung und bei der Steuerung der Kooperation. Die langfristige Potenzialschätzung hat in den meisten Fällen mit ungenauen, aggregierten Daten zu erfolgen. So sind z.B. nur Mittelwerte und Streuungen für Bedarfe bzw. allgemeine geographische Informationen zur Warenverteilung verfügbar. Die Modelle zur Potenzialermittlung versuchen, ausgehend von diesem Datenstand, den maximal erzielbaren Kooperationsvorteil im Sinne eines Benchmarks zu bestimmen, d.h. die Modellierung erfolgt unter der Fiktion einer integrierten, zentralen Optimierung über alle beteiligten Unternehmen. Im Sinne der Produktions- und Kostentheorie wird als Ergebnis dieser zentralen Optimierung die aggregierte Kostenfunktion in Abhängigkeit von den Rahmenbedingungen (z.B. Bedarfsraten, Kundendichte etc.) bestimmt. Im Gegensatz dazu erfolgt die kurzfristige Vorteilsermittlung mit sehr spezifischen Daten, z.B. konkret realisierten raum-zeitlichen Nachfragemengen. Die Vorteilsermittlung erfolgt aus dem Vergleich der individuell, dezentral optimierten Lösung und der zentral optimalen Lösung.

Das diskutierte Rahmenkonzept und die in den folgenden Kapiteln beschriebenen Modelle gehen von der Benchmarksituation eines größt möglichen Vorteils aus. Dennoch ist diese Annahme nicht unproblematisch, da es zwar relativ unstrittig ist, dass sich unter Umständen durch Logistikkooperationen sogenannte Win-Win-Situationen zum Vorteil aller Beteiligten finden lassen, es dennoch bei der konkreten Verteilung der Kosten bzw. Vorteile zu opportunistischem Verhalten und Dissens kommen kann. So besteht, nachdem die beteiligten Unternehmen unterschiedliche spezifische Investitionen geleistet haben, z.B. das sogenannte Hold-up-Problem, d.h. nach Tätigung der Investitionen besteht bei anderen Unternehmen der Anreiz zu Nachverhandlungen, da erstere Gruppe durch die versunkenen Kosten sich in einer relativ schlechten Verhandlungsposition befindet. Im Rahmen der Vertragsgestaltung und der Abrechnung ergeben sich bei Informationsasymmetrie, d.h. die benötigten Daten sind nicht allen Beteiligten volländig bekannt, weitere Probleme, da bei der Festlegung von Verteilungsschlüsseln der Anreiz besteht, den eigenen Nutzen aus der Kooperation geringer erscheinen zu lassen, als es tatsächlich der Fall ist; zu einer Diskussion dieser Aspekte siehe z.B. Milgrom und Roberts (1992). Darüber hinaus sei noch kurz auf rechtliche Rahmenbedingungen wie z.B. das Wettbewerbs- und Kartellrecht hingewiesen, die im Falle, dass sich durch die Kooperation eine wettbewerbsbehindernde Marktstellung ergibt, zu beachten sind; vgl. o.V. (2001).

3 Kooperationsvorteile in der Materiallogistik

Für den Bereich der Materiallogistik sollen die Aspekte des kooperativen Einkaufs und der kooperativen Materialbewirtschaftung betrachtet werden.

Bezüglich des letztgenannten Aspekts werden zwei unterschiedliche Fragestellungen, die der gemeinschaftlichen Nutzung von Lagerkapazität und der Aspekt des gemeinschaftlichen Risikomanagements, diskutiert.

3.1 Einkauf

Einkaufskooperationen zeichnen sich durch eine gemeinschaftliche Beschaffung von Produktionsfaktoren aus. Praktische Anwendungen finden sich unter den Schlagworten Group Buying, Einkaufsgemeinschaften und Cooperative Sourcing; vgl. z.B. Eßig (1999). Dadurch vergrößert sich das Beschaffungsvolumen und somit die Verhandlungsposition der Kooperation gegenüber einem bzw. mehreren potenziellen Lieferanten. Seitens der Kooperation lassen sich dadurch neben besseren Zahlungskonditionen insbesondere Mengenrabatte erzielen; vgl. Munson und Rosenblatt (1998). Neben diesen Vorteilen bei den Beschaffungskonditionen tritt ein weiterer Aspekt hinzu, da die anfallenden Transaktionskosten unter den beteiligten Kooperationspartnern aufgeteilt werden können. Darüber hinaus besteht die Möglichkeit, eine gemeinsame, optimierte Bestellstrategie zu implementieren. Diese beiden Aspekte, Bestellstrategieoptimierung und Erzielung von Mengenrabatten, sollen im Folgenden getrennt voneinander modelltheoretisch näher betrachtet werden.

Zur strategischen Abschätzung des Synergiepotenzials einer optimierten Bestellstrategie sei das Modell der klassischen wirtschaftlichen Losgröße betrachtet. Zur Vereinfachung der Darstellung sei angenommen, dass die zu betrachtenden Kooperationspartner eine identische Kostenstruktur aufweisen, welche aus bestellfixen Kosten K je Bestellung und Lagerhaltungskosten h je Mengeneinheit und Zeiteinheit besteht. Die individuellen Bedarfsraten der Unternehmen $i = 1, 2, ..., n$ seien mit d_i Mengeneinheiten je Zeiteinheit bezeichnet. Der Anforderung, mit relativ wenig Information Synergiepotenziale zu schätzen, wird dadurch Rechnung getragen, dass lediglich ein Nachfrageniveau in Form der Nachfragerate zu spezifizieren ist. Daraus folgen die optimale Bestellmenge Q_i^* und die optimalen entscheidungsrelevanten Kosten je Zeiteinheit C_i^*:

$$Q_i^* = \sqrt{\frac{2d_iK}{h}} \qquad C_i^* = \sqrt{2d_iKh}. \tag{1}$$

Die optimale kooperative Bestellstrategie ergibt sich aus einer zentralen, horizontal integrierten Betrachtungsweise, d.h. der optimalen Bestellmenge mit aggregierter Bedarfsrate $D = \sum_{i=1}^{n} d_i$. Der Kooperationsvorteil beträgt

$$\Delta = \sqrt{2Kh}\left(\sum_{i=1}^{n}\sqrt{d_i} - \sqrt{\sum_{i=1}^{n} d_i}\right). \tag{2}$$

Für den Spezialfall vollständig identischer Unternehmen ($d_i = d \; \forall i$) zeigt sich das sogenannte Wurzelgesetz der Zentralisierung. Die optimalen Kosten

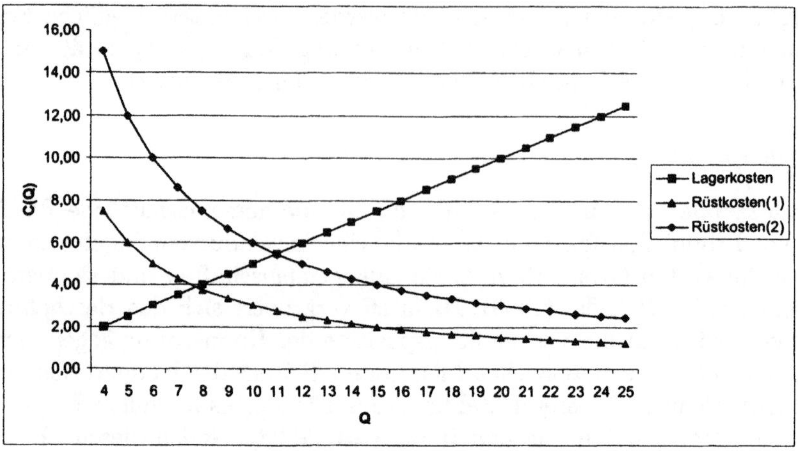

Abb. 1. Kooperationseffekt im Losgrößenmodell

n kooperativ agierender Unternehmen wachsen lediglich mit dem Faktor $\sqrt{n}$. Graphisch ist dieser Tatbestand anhand der Kostenfunktionen in Abb. 1 veranschaulicht. Darin sind, in Abhängigkeit von der gewählten Bestellmenge Q, die Lagerhaltungskosten pro Zeiteinheit sowie die bestellfixen Kosten je Zeiteinheit dargestellt. Die optimale Bestellmenge ist dadurch charakterisiert, dass diese beiden Kostenkomponenten identisch sind, d.h. die entsprechenden Funktionsverläufe sich schneiden. Aus der Abbildung wird deutlich, dass die Verdopplung der Anzahl von Unternehmen lediglich zu einer Erhöhung der optimalen Bestellmenge von 8 auf 11 führt. An diesem Beispiel wird auch der Unterschied zwischen kurzfristigen und langfristigen Vorteilen deutlich. Teilt man lediglich die Fixkosten, ohne jedoch die optimale Bestellmenge anzupassen, so ergeben sich für zwei identische Unternehmen Gesamtkosten in Höhe des 1,5-fachen der individuellen Kosten (Halbierung der bestellfixen Kosten bei unveränderten Lagerhaltungskosten), während eine Strategieoptimierung Gesamtkosten in Höhe des 1,41-fachen liefert. Die Einsparungspotenziale betragen somit 25% bzw. 29,3%.

Neben dem vorgestellten Transaktionsargument stellen Mengenrabatte eine weitere Quelle für Kostensenkungspotenziale dar. Im Folgenden soll dazu der Fall von Rabatten auf die Gesamtmenge betrachtet werden; vgl. z.B. Domschke *et al.* (1997). Dabei offeriert der Lieferant verschiedene Preise c_i, die ab einer Mindestbestellmenge in Höhe von b_i gültig sind. Da zur Vereinfachung der Darstellung von bestellfixen Kosten abgesehen wird, ist es für einen Besteller lediglich relevant, als potenzielle Bestellmengen die Mindestbestellmengen b_i in Betracht zu ziehen ($b_i = 0$ bedeutet dabei bedarfssynchrone Beschaffung). Im Unterschied zum Transaktionsmodell sind hier die variablen Beschaffungskosten wegen ihrer Abhängigkeit von der Bestellmenge entscheidungsrelevant. Die Periodenkosten bei Bestellung der Menge b_i, unter Beachtung von zahlungswirksamen Lagerhaltungskosten h und Kapitalbindungskosten mit Zins r, sind gegeben durch

$$C(b_i) = d_i c_i + \frac{h + r c_i}{2} b_i. \tag{3}$$

Die Break-Even-Nachfragerate $d(i, i+1)$, bei der es lohnender ist, b_{i+1} statt b_i zu bestellen, beträgt

$$d(i, i+1) = \frac{1}{2} \frac{h(b_{i+1} - b_i) + r(c_{i+1} b_{i+1} - c_i b_i)}{c_i - c_{i+1}}. \tag{4}$$

Eine Beschaffungskooperation, respektive eine Erhöhung der Nachfragerate durch Bündelung der individuellen Bedarfe kann zu drei potenziellen Effekten führen: 1) Weisen Kooperationspartner vor der Kooperation unterschiedliche Einstandspreise auf, so lassen sich Vorteile bereits durch Mitbestellen der Bedarfe kleinerer Partner durch das fokale Unternehmen erzielen. 2) Eine Erhöhung der (kumulierten) Nachfragerate ermöglicht das Erreichen eines günstigeren Einstandspreises für alle beteiligten Kooperationspartner. 3) Selbst bei Nichterreichen der kritischen Menge existiert, neben dem bereits erwähnten Mitbestelleffekt, ein weiterer Kosteneinsparungseffekt durch die gemeinsame Beschaffung der Menge b_i. Im Vergleich zur individuellen Bestellung und Lagerung fallen die Lagerhaltungskosten (der Preis für das Erreichen der kritischen Menge für einen besseren Einstandspreis) nur einmal für die gesamte Kooperation an.

Die beiden vorgestellten Modelle zur Potenzialschätzung lassen sich kombinieren für den Fall, dass sowohl bestellfixe Kosten als auch Mengenrabatte zu berücksichtigen sind. Eine Verallgemeinerung der vorgestellten Kalküle ist allerdings notwendig für den Fall, dass explizite Kosten der Kooperationsabwicklung zu berücksichtigen sind. Neben den fixen Kosten je Bestellung vom Lieferanten fallen dann weitere Verteilungskosten, z.B. für Umschlag und Transport zwischen dem fokalen Unternehmen und den beteiligten Partnern, an. Dieses Problem mit zwei Kategorien bestellfixer Kosten, für jeden Bestellvorgang (unabhängig von den beteiligten Produkten bzw. Bestellern) und weiteren fixen Kosten je individueller Bestellung (hier für die Warenverteilung) ist aus der Lagerhaltung als Sammelbestellungsproblem bekannt; vgl. Aksoy und Erenguc (1988). Es sei an dieser Stelle jedoch erwähnt, dass die gemeinsame Bestellstrategie hier wesentlich komplizierter ist, da nicht jeder Kooperationspartner notwendigerweise bei jeder Bestellung mitbestellt.

Nach dem Problem der Potenzialschätzung bei aggregierter Information, d.h. statisch deterministischer Bedarfsrate, soll nun der Aspekt der konkreten Vorteilsermittlung bei gegebenen Bedarfen beleuchtet werden. Diese Problemstellung tritt dann auf, wenn für konkret feststehende individuelle Bedarfsmengen festzustellen ist, wie groß das jeweils eingebrachte Kooperationspotenzial ist. Hierbei handelt es sich um eine kurzfristige, disaggregierte Betrachtung der operativen Losgrößenplanung mit schwankenden, dynamischen Bedarfen. Dieses Problem der dynamischen deterministischen Losgrößenplanung bedient sich, im Gegensatz zum statischen Modell, eines diskreten Zeitrasters. In jeder Periode t sind bei Unternehmen i Bedarfe d_{it} zu befriedigen. Ohne zentrale Strategieoptimierung ergeben sich bereits Vorteile durch ein reines Mitbestellen bei unveränderten Bestellzeitpunkten aller beteiligten Unternehmen. Um die Vorteile einer gemeinsamen Strategie realisieren zu können, ist es allerdings erforderlich, dass zunächst die individuellen Bedarfe aggregiert werden, d.h. die Bedarfe d_{it} an eine Koordinationstelle weitergeleitet werden, die dann diese Bedarfe zum Gesamtbedarf $d_t = \sum_{i=1}^{n} d_{it}$ aggregiert und daraus mit den bekannten Verfahren (Wagner-Whitin bzw. Losgrößenheuristiken, vgl. z.B. Domschke *et al.* (1997)) die optimale Bestellpolitik der Kooperation ermittelt. Der realisierte Kooperationsvorteil lässt sich hier ermitteln als Differenz der Gesamtkosten der gemeinsamen (optimalen, realisierten) Bestellstrategie und der Summe der Kosten aller individuellen Bestellpläne (ebenfalls ermittelt mit entsprechenden Methoden der dynamischen deterministischen Einproduktlosgrößenplanung). Für den Fall, dass Mengenrabatte zu berücksichtigen sind bzw. dass eine verallgemeinerte Transaktionskostenstruktur vorliegt, sei auf entsprechende Modellerweiterungen verwiesen; vgl. Domschke *et al.* (1997), Tempelmeier (2002). Die Vorgehensweise sei anhand des folgenden Beispiels mit zwei Unternehmen, 12 Perioden mit dynamischen Bedarfen, bestellfixen Kosten in Höhe von $K = 800$ und Lagerhaltungskosten $h = 2$ pro Stück und Periode verdeutlicht.

	1	2	3	4	5	6	7	8	9	10	11	12
d_{1t}	144	59	89	109	24	44	156	130	130	87	129	122
d_{2t}	62	63	91	120	115	115	89	48	103	93	12	177
Aggr.	206	122	180	229	139	159	245	178	233	180	141	299
Lose 1	203	0	266	0	0	0	286	0	217	0	251	0
Lose 2	216	0	0	235	0	252	0	0	208	0	0	177
Aggr.	328	0	409	0	298	0	423	0	554	0	0	299

Tab. 1. Beispiel Beschaffungskooperation

Während die strategische Betrachtungsweise ein Einsparungspotenzial von 29,3% prognostiziert, ergeben sich hier konkrete Einsparungen von 33,6%. Die Option reiner Mitbestellungen vermeidet hier nur zwei Bestellungen und ergibt lediglich Einparungen von 15%.

3.2 Lagerhausmanagement

Die im vorherigen Kapitel diskutierten Modellansätze unterstellen einen unbeschränkten Lagerplatz. Existiert allerdings nur ein begrenzt verfügbarer Lagerplatz, so sind die zu planenden Losgrößen anzupassen. Ausserdem ist das gesamte, den selben Lagerraum beanspruchende Produktspektrum simultan zu betrachten. Im Modell der klassischen Losgröße mit mehreren Produkten und begrenzt verfügbarem Lagerplatz existiert eine Vielzahl alternativer Modelle zur Festlegung der Losgrößen, allerdings ist eine optimale Lösung dieses Problems nur in Spezialfällen (z.B. identische Produkte) möglich; vgl. z.B. Brink (1988), Domschke *et al.* (1997).

Synergieeffekte ergeben sich im Lagerhausmanagement, wenn die zu lagernden Produkte beliebig (chaotisch) eingelagert werden, d.h. wenn es keine fest vorgegebenen Lagerplätze für die individuellen Produkte gibt. Im Unterschied zum Fall mit vorgegebenen Plätzen, bei dem die Summe der mit der Platzbeanspruchung gewichteten Bestellmengen die gesamte Kapazität nicht überschreiten darf, besteht bei gemeinschaftlicher Nutzung die Möglichkeit, die Bestellungen zeitlich zu staffeln und somit den durch Verbrauch der anderen Produkte freigegebenen Lagerplatz bereits wieder zu nutzen. Dieser Sachverhalt ist in Abb. 2 für den Fall von zwei Produkten mit identischen Daten dargestellt. Die schraffierten Flächen stellen die jeweiligen Bestände der beiden Produkte dar. Bei fester Platzzuweisung ergibt sich ein Kapazitätsbedarf in Höhe der doppelten Bestellmenge und eine resultierende Auslastung von 50%. Eine zeitliche Staffelung der Bestellungen ohne Anpassung der Bestellmengen, d.h. ein Produkt wird bestellt, wenn der Bestand des jeweils anderen Produkts auf die Hälfte der Bestellmenge abgesunken ist, führt dazu, dass der Lagerplatzbedarf sich auf 75% reduziert und dieser Platz zu 66% ausgelastet ist.

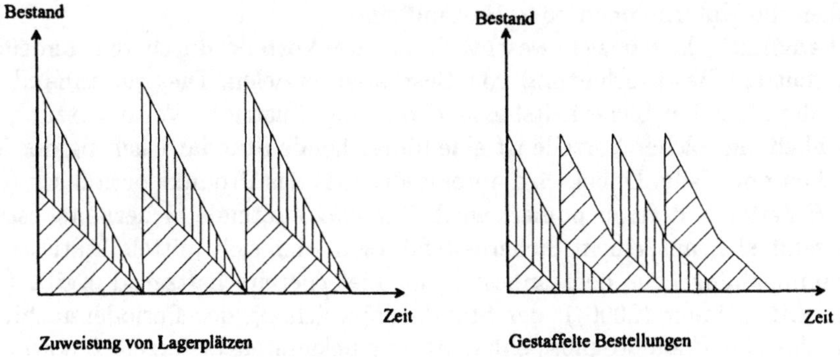

Abb. 2. Synergiepotenzial bei gemeinsamer Lagerung

Eine modellgestützte Schätzung der Kooperationspotenziale lässt sich hier durch Verwendung des Mehrproduktlagerhaltungsmodells für die Einlagerung durch mehrere Unternehmen erreichen. Verfügbare Modellansätze sind z.B. der in Brink (1988) dargestellte Lagrange-Multiplikatoransatz oder das Common-Cycle Modell. Zur kurzfristigen Ermittlung der Kooperationsvorteile mit schwankenden Nachfragedaten kann z.B. der in Günther (1991) dargestellte Ansatz verwendet werden, der ein entsprechend der Problemstellung erweitertes Wagner-Whitin Modell darstellt. Die Realisierbarkeit der dargestellten Synergiepotenziale setzt allerdings eine zentrale Koordination der Bestellungen, z.B. durch den das Lager betreibenden Dienstleister, voraus.

3.3 Risikomanagement

Während in den vorhergehenden Abschnitten die Transaktions- (Fixkostendegression) und Konditionenmotive (Mengenrabatte) der Lagerhaltung den Ausgangspunkt für die Synergiepotenziale bildeten, steht im Risikomanagement das Sicherheitsmotiv im Vordergrund. Bei den zu betrachtenden Risiken kann es sich sowohl um Zeitrisiken (Lieferzeiten) als auch um Mengenrisiken (Kundennachfrage) handeln. Zur Absicherung gegen diese Risiken existieren unterschiedliche Strategien, z.B. Sicherheitszeiten, Mehrverbrauchszuschläge und Sicherheitsbestände; vgl. z.B. Tempelmeier (2002).

Kurzfristig ergeben sich Kooperationsvorteile durch den Austausch von Restbeständen von Unternehmen mit positivem Bestand und Unternehmen ohne Restbestand und weiterer Nachfrage. Die Beurteilung der Vorteilhaftigkeit solcher Zwischenbelieferungen (Transshipments) wird von mehreren Kostengrößen beeinflußt. Auf Seiten des empfangenden Unternehmens werden Kosten der Lieferunfähigkeit vermieden, und es fallen Transportkosten an, wohingegen beim liefernden Unternehmen einerseits Lagerkosten gespart werden können, jedoch ein erhöhtes Fehlmengenrisiko auftritt; siehe Minner *et al.* (2003). Bei mehr als zwei beteiligten Unternehmen ergibt sich ein Transportproblem, wobei die Quellen die Unternehmen mit Restbestand und die Senken die Unternehmen ohne Bestand sind.

Langfristig lassen sich wesentlich höhere Vorteile durch die gemeinsame, zentrale Bewirtschaftung von Beständen erzielen. Dies sei anhand des Grundmodells der Sicherheitsbestandsplanung illustriert. Voraussetzung zur Erschließung solcher Vorteile ist eine hinreichende Standardisierung der Materialien und Teile. Dabei wird unterstellt, dass das Produkt periodisch (d.h. alle R Zeiteinheiten) disponiert wird. Der vorzuhaltende Sicherheitsbestand SB setzt sich aus einem Sicherheitsfaktor k, der sich mittels statistischer Zusammenhänge aus dem angestrebten Lieferbereitschaftsgrad ergibt (vgl. dazu z.B. Minner (2000)), der Standardabweichung der Periodennachfrage bzw. des Nachfrageprognosefehlers σ_i, der bekannten Lieferzeit L sowie des Überwachungsintervalls R zusammen.

$$SB_i = k \cdot \sigma_i \cdot \sqrt{L+R} \tag{5}$$

Im Fall der Kooperation von n Unternehmen mit unabhängigen Nachfragen ergibt sich die Standardabweichung der Gesamtnachfrage $\sigma(n)$ aus

$$\sigma(n) = \sqrt{\sum_{i=1}^{n} \sigma_i^2}. \tag{6}$$

Für den Spezialfall vollständig identischer Unternehmen ($\sigma_i = \sigma \; \forall i$) ergibt sich $\sigma(n) = \sigma \cdot \sqrt{n}$. Bei Bewertung des Sicherheitsbestands mit dem Lagerhaltungskostensatz h und der Annahme, dass sich die Unternehmen nur hinsichtlich der Unsicherheit über die Bedarfe unterscheiden, ergibt sich der Kooperationsvorteil $\Delta(n)$ aus

$$\Delta(n) = h \cdot k \cdot \sqrt{L+R} \cdot \left(\sum_{i=1}^{n} \sigma_i - \sqrt{\sum_{i=1}^{n} \sigma_i^2} \right) . \tag{7}$$

Somit ist, wie bereits im Bestellmengenproblem, auch hier der Wurzeleffekt zu beobachten. Es handelt sich um sogenannte statistische Economies of Scale. In Abb. 3 sind bei normalverteiler Nachfrage die Dichtefunktionen für den individuellen Bedarf mit Erwartungswert 8 und Standardabweichung 3 sowie der gemeinsame Bedarf zweier Unternehmen mit Erwartungswert 16 und Standardabweichung 4,24 dargestellt. Um mit dem Sicherheitsbestand eine Lieferfähigkeit (α-Servicegrad) von 90% zu sichern, sind im ersten Fall jeweils 12 Stück bereitzuhalten, im Kooperationsfall lediglich 21.

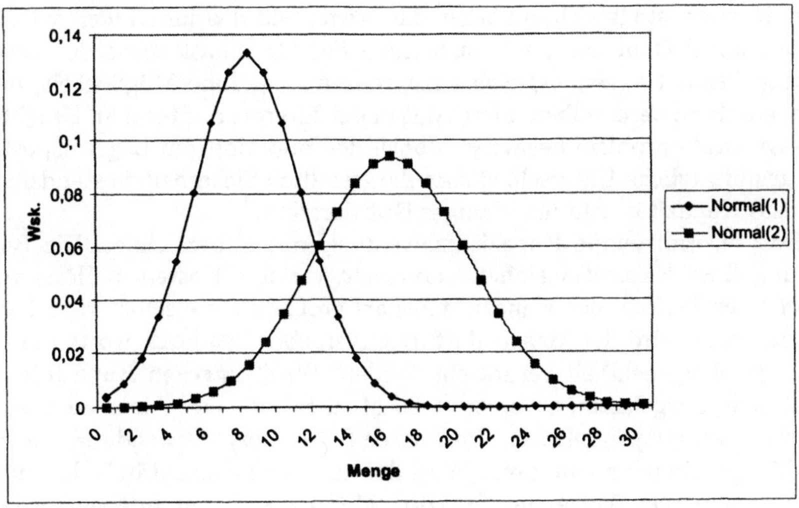

Abb. 3. Risikodiversifikation im Bestandsmanagement

Das vorgestellte Grundmodell der Sicherheitsbestandsplanung setzt voraus, dass sich die stochastischen Bedarfe durch eine Normalverteilung beschreiben lassen. In einigen Anwendungen, insbesondere der Ersatzteilwirtschaft, wird man von dieser Hypothese nicht ausgehen können und sich Modellen mit sporadischer Nachfrage zuwenden müssen. Auch hier steht eine Vielzahl von Modellen zur Verfügung, die allerdings überwiegend numerisch auszuwerten sind und sich nicht mehr durch die klassische Wurzelformel beschreiben lassen. Eine Möglichkeit, diesen Tatbestand zu modellieren, besteht darin, für das Auftreten von Bedarfen einen Poisson-Prozess zu unterstellen; vgl. z.B. Zipkin (2000). Die Zeit zwischen zwei aufeinanderfolgenden Bedarfsanforderungen für ein Ersatzteil ist dabei exponentialverteilt. Daraus ergibt sich, dass die Gesamtzahl von Anfragen pro Jahr Poisson-verteilt ist. Erwartungswert und Varianz der Gesamtnachfrage ergeben sich aus der Summe der individuellen Erwartungswerte bzw. Varianzen, d.h. auch hier ist der Wurzeleffekt zu beobachten.

4 Kooperationsvorteile in der Produktionslogistik

Bei der Entscheidungsfindung über eine Kooperation bei der Ressourcennutzung treten ähnliche Fragestellungen auf, wie sie im Rahmen einer Eigen- versus Fremdfertigung zu beantworten sind. Das Problem der Hybridstrategie Kooperation ist die Kombination von Eigenerstellung und Fremdvergabe. Dabei wird versucht, eine relativ zuverlässig abzuschätzende Grundauslastung selbst zu erstellen bzw. an ein ausgewähltes Subunternehmen fremd zu vergeben. Demgegenüber ergeben sich beim Ausgleich von Spitzenbelastungen durch die hier verstärkte Unsicherheit große Potenziale zur Bündelung. Insofern stellt sich zunächst die Frage, wie das individuell vorzuhaltende Kapazitätsniveau zur Bearbeitung der Grundlast sowie der darüber hinausgehende Spitzenausgleich abzugrenzen sind. Eine Möglichkeit, diesen Sachverhalt zu beschreiben, bietet das in der Literatur unter dem Begriff Zeitungsverkäuferproblem bekannte Modell der einperiodigen Lagerdisposition. Der grundsätzliche Unterschied zum dargestellten Sicherheitsbestandsmodell ist, dass Kapazität kein lagerfähiges Gut darstellt.

Das zu ermittelnde Kapazitätsniveau sei mit S bezeichnet. Die Bereithaltung einer Kapazitätseinheit verursacht variable Kosten in Höhe von c. Ist in einer Periode der Kapazitätsbedarf größer als die selbst vorgehaltene Kapazität, so wird der Mehrbedarf fremdvergeben, wodurch Kosten in Höhe von v je Mengeneinheit verursacht werden. Wird hingegen Kapazität nicht vollständig ausgelastet, so besteht die Möglichkeit, diese einer anderen (allerdings weniger produktiven, im Extremfall keiner) Verwendung mit Erlös g je Mengeneinheit zuzuführen. Wird der unsichere Kapazitätsbedarf mittels einer statistischen Verteilungsfunktion F (Dichte f) beschrieben, so lassen sich die Gesamtkosten wie folgt darstellen:

$$K(S) = c \cdot S + v \cdot \int_S^\infty (u - S) \cdot f(u)du - g \cdot \int_0^S (S - u) \cdot f(u)du \quad (8)$$

Das optimale Kapazitätsniveau resultiert aus der Bestimmungsgleichung (vgl. z.B. Silver *et al.* (1998))

$$F(S) = \frac{v - c}{v - g}, \quad (9)$$

d.h. das optimale Kapazitätsniveau wird so gewählt, dass die Wahrscheinlichkeit, genügend Kapazität zu haben, dem Verhältnis von Unterinvestitionskosten $(v - c)$ und der Summe aus Unterinvestitionskosten und Überinvestitionskosten $(c - g)$ entspricht. Für den Spezialfall, dass der Kapazitätsbedarf normalverteilt ist (Erwartungswert μ, Standardabweichung σ), und $S = \mu + k \cdot \sigma$ lassen sich die optimalen Kosten wie folgt darstellen (vgl. Silver *et al.* (1998)); f bezeichnet dabei die Dichte der Standardnormalverteilung:

$$K(S^*) = c \cdot \mu + (v - g) \cdot \sigma \cdot f(k^*) \tag{10}$$

Zur Bewertung einer kooperativen Kapazitätsnutzung lassen sich kurzfristig Vorteile durch den Abgleich von Mehrbedarf und nicht genutzten Ressourcen erreichen. Langfristig sind zusätzliche Vorteile durch eine gemeinschaftliche Planung und Nutzung der Kapazität erzielbar. Das Potenzial lässt sich unter Anwendung der obigen Methodik mit Hilfe der gemeinsamen Verteilung der Bedarfe bestimmen. Unterstellt man, dass die individuellen Kapazitätsbedarfe normalverteilt mit Erwartungswert μ_i und Standardabweichung σ_i sind und dass diese Bedarfe unabhängig von den Bedarfen der anderen Unternehmen anfallen (eine Erweiterung im Falle korrelierter Bedarfe ist problemlos möglich), so ist der gemeinsame Kapazitätsbedarf von n Unternehmen wiederum normalverteilt mit Erwartungswert $\mu(n)$ und Standardabweichung $\sigma(n)$:

$$\mu(n) = \sum_{i=1}^{n} \mu_i \qquad \sigma(n) = \sqrt{\sum_{i=1}^{n} \sigma_i^2} \tag{11}$$

Der Kooperationsvorteil $\Delta(n)$ beträgt unter Nutzung von (10) somit

$$\Delta(n) = (v - g) \cdot f(k^*) \cdot \left(\sum_{i=1}^{n} \sigma_i - \sqrt{\sum_{i=1}^{n} \sigma_i^2} \right). \tag{12}$$

Das nachfolgende Beispiel illustriert diesen Bündelungseffekt. Zwei Unternehmen mit ex-ante normalverteilten Kapazitätsbedarfen mit Erwartungswerten $\mu_1 = 10$, $\mu_2 = 15$ und Standardabweichungen $\sigma_1 = 5$, $\sigma_2 = 7$, Bereitstellungskosten in Höhe von $c = 100$ pro Einheit, Fremdbezugskosten von $v = 150$ pro Einheit sowie der Möglichkeit, nichtgenutzte Ressourcen anderweitig mit Erlös von $g = 80$ zu nutzen, beobachten innerhalb einer Zeitspanne von 12 Wochen die in Tab. 2 dargestellten, tatsächlich realisierten Kapazitätsnachfragen. Aus der Bestimmungsgleichung (9) für die Kapazitätsermittlung ergibt sich, dass die individuell optimalen Kapazitäten 13 bzw. 19 betragen. Unternehmen 1 bezieht daher lediglich in Woche 11 Fremdleistungen in Höhe von 4 Einheiten, während Unternehmen 2 in den Wochen 5,6,7 und 9 insgesamt 16 Einheiten fremdbezieht. Durch Kooperation und Bündelung der Bedarfe reduziert sich der Fremdbezug von insgesamt 20 auf 7 Einheiten, da in den Wochen mit überschüssigem Bedarf bei einem Unternehmen im Regelfall das andere Unternehmen noch Restkapazitäten aufweist. Außer diesem Ausgleichseffekt ergibt sich für die Kooperation jedoch noch die

Periode	1	2	3	4	5	6	7	8	9	10	11	12
Nachfrage 1	5	5	10	7	8	8	8	9	13	13	17	13
Nachfrage 2	12	10	9	17	26	22	20	9	24	16	4	8
Fremdbezug 1	0	0	0	0	0	0	0	0	0	0	4	0
Fremdbezug 2	0	0	0	0	7	3	1	0	5	0	0	0
Nachfrage	17	15	19	24	34	30	28	18	37	29	21	21
Fremdbezug	0	0	0	0	4	0	0	0	7	0	0	0

Tab. 2. Beispiel Kapazitätskooperation

Möglichkeit, die gemeinsam vorzuhaltende Kapazität zu reduzieren. Im vorliegenden Fall ergibt die Auswertung der Bestimmungsgleichung, dass statt 13+19=32 ex-ante nur 30 Einheiten notwendig sind. Daher kann es, wie in Woche 9, dazu kommen, dass vereinzelt der Fremdbezug ansteigt, der nun insgesamt 11 beträgt. Die individuellen Kosten betragen 12.680 und 19.840, bei einer Kooperation ohne Kapazitätsreduktion ergeben sich Kosten von 31.610, wohingegen bei gemeinsamer Kapazitätsplanung Kosten von 31.410 anfallen. Die Kosteneinsparungspotenziale betragen somit 2,8% bzw. 3,4%. Die strategische Potenzialschätzung hingegen prognostiziert individuelle Kosten von 15.000 bzw. 22.200 und Kooperationskosten in Höhe von 35.161,40, d.h. ein Einsparungspotenzial von 5,5%.

Neben der Entscheidung über die Kapazitätsplanung ist darüber hinaus die gemeinschaftliche Nutzung der Ressourcen und die Arbeitsteilung zwischen den Kooperationspartner zu gestalten. Eine Möglichkeit der modellgestützten Prognose von Kooperationsvorteilen in der gemeinschaftlichen Produktion bieten die vielfältigen Modelle der Warteschlangentheorie; vgl. z.B. Neumann und Morlock (2002). Dabei betrachtet man sowohl das unsichere Auftreten von Bedarfen als auch die erforderlichen Prozesszeiten als stochastische Größe. Bei individueller Produktion hat jedes Unternehmen eigene Ressourcen bereitzuhalten. Im Rahmen eines Warteschlangenmodells ist dies die Anzahl von Bearbeitungsstationen, von welchen so viele vorhanden sein müssen, dass die Kosten aus ihrer Bereitstellung und die Kosten von Wartezeiten (Beständen) minimiert werden.

Durch gemeinschaftliche Nutzung vorhandener Ressourcen lassen sich die Wartezeiten und damit Bestände verringern. Werden Ressourcen gemeinsam beschafft, so lässt sich dies in einem Vergleichsmodell abbilden, bei dem der Ankunftsprozess von Kapazitätsanforderungen sich als Summe der individuellen Bedarfsprozesse darstellt. Der Kooperationsvorteil besteht dann darin, dass gemeinsam eine geringere Anzahl von Bedienstationen erforderlich ist, um für jeden Kooperationspartner die gleichen Serviceerfordernisse zu erfüllen. Dies sei anhand des Grundmodells der Warteschlangentheorie mit mehreren Bedienstationen ($M/M/s$-Modell) veranschaulicht. Bedarfe sind unsicher und entstehen in dem Modell gemäß eines Poisson-Prozesses. Die Ankunftsrate (Aufträge pro Zeiteinheit) sei λ. Die Bearbeitungzeit sei exponentialverteilt mit Rate μ. Weiterhin sei angenommen, dass die Anzahl verfügbarer Ressourcen gleich s ist. Das Problem der Kapazitätsplanung besteht darin, die Kosten der Bereithaltung dieser Ressourcen gegen die Wartekosten, die durch w je Auftrag und Zeiteinheit charakterisiert sind, abzuwägen. Aus der Warteschlangentheorie ist bekannt, dass sich die mittlere Durchlaufzeit DLZ (Wartezeit plus Bearbeitungszeit) eines Auftrags in einem Warteschlangensystem mit s Bedienstationen wie folgt ermitteln lässt

$$DLZ = \frac{P_0 \cdot p \cdot \left(\frac{\lambda}{\mu}\right)^s}{s! \cdot (1-p)^2 \cdot \lambda}. \tag{13}$$

Dabei stellt p die mittlere Kapazitätsauslastung und P_0 die Wahrscheinlichkeit, dass sich kein Auftrag im System befindet, dar. Diese Größen ergeben sich aus

$$p = \frac{\lambda}{s \cdot \mu} \qquad P_0 = \left(\sum_{n=0}^{s-1} \frac{(\lambda/\mu)^n}{n!} + \frac{(\lambda/\mu)^s}{s!} \cdot \left(\frac{1}{1-p}\right)\right)^{-1}. \tag{14}$$

Aufgabe der Kapazitätsplanung ist es, die Anzahl Ressourcen zu finden, so dass die Summe aus Kapazitätsbereitstellungskosten und von den Durchlaufzeiten induzierten Kosten pro Zeiteinheit minimal ist; vgl. Neumann und Morlock (2002).

$$\min K(s) = c \cdot s + w \cdot \lambda \cdot DLZ \tag{15}$$

Dies lässt sicht für ganzzahlige Werte von s mittels Suche sehr einfach auswerten. Zur Bewertung einer Kooperation ist in Analogie zu den vorhergehenden Modellen der gemeinsame Nachfrage(Ankunfts-)prozess von Aufträgen zu ermitteln. Im Falle von individuellen, unabhängigen Poisson-Prozessen ist der gemeinsame Prozess wiederum ein Poisson-Prozess mit Rate $\lambda(n) = \sum_{i=1}^{n} \lambda_i$.

Aus operativer Sicht ist bei einer gemeinsamen Bereithaltung der Ressourcen eine kooperative Sequenzplanung vorzunehmen, d.h. die Bearbeitungszeiten für einzelne Kooperationspartner sind aufeinander abzustimmen (zu Modellen siehe z.B. Domschke *et al.* (1997)). Bei Abweichungen der Vorstellungen über individuell optimale Belegungen von den für den Verbund optimalen Vergaben von Zeitfenstern sind entsprechende Transferzahlungen vorzusehen. Eine modellgestützte Ermittlung dieser Transferpreise kann durch Ansätze der kooperativen Sequenzspiele erfolgen, die sich in die im folgenden Kapitel vorzustellenden Koalitionstheorien einordnen lassen; vgl. z.B. Curiel (1997). Weiterhin sind bilaterale Verhandlungen über den Tausch von Kapazitätsslots denkbar, im allgemeinen Fall ergeben sich Multi-Agenten-Probleme.

5 Kooperationsvorteile in der Distributionslogistik

Aus dem Bereich der Distributionslogistik sollen drei Prototypen betrachtet werden. Die erste Problemstellung der Transportplanung betrifft das Problem, dass Güter an unterschiedlichen Orten produziert und konsumiert werden. Es ist deshalb erfoderlich, in entsprechenden Zeitintervallen die Güter vom Produktionsstandort zu den Distributionsstandorten zu transportieren. Am jeweiligen Distributionsstandort ergeben sich die Probleme der Tourenplanung sowie des Bestandsmanagements.

5.1 Transportplanung

Die erste Fragestellung lässt sich in Analogie zum Losgrößenmodell analysieren; vgl. Bertazzi und Speranza (2002). An einer Quelle Q entstehen $i = 1, 2, ..., n$ verschiedene Produkte mit konstanter Produktionsrate d_i, die mit der gleichen Rate an einer Senke S verbraucht werden. Das Planungsproblem besteht darin, die Produkte von Q nach S zu transportieren, wobei jeder Transportvorgang Kosten in Höhe von c verursacht und eine Maximalkapazität von W aufweist. Jede Einheit von Produkt i beansprucht v_i Kapazitätseinheiten. Darüber hinaus fallen (unabhängig von Quelle oder Senke) Lagerhaltungskosten je Mengeneinheit und Zeiteinheit in Höhe von h_i an. Die zu minimierende Zielfunktion stellt sich ähnlich wie im Bestellmengenproblem dar und das optimale Transportintervall t^* ist gegeben durch

$$t^* = \min\left\{\sqrt{\frac{2 \cdot c}{\sum_{i=1}^{n} d_i \cdot h_i}}; \frac{W}{\sum_{i=1}^{n} v_i \cdot d_i}\right\}. \tag{16}$$

Kurzfristig sind Synergien durch eine bessere Auslastung nicht genutzter Transportkapazitäten erzielbar, langfristig sind durch eine abgestimmte Transportstrategie, d.h. synchronisierte Transportintervalle, weitere Vorteile zu erzielen. Zur operativen Vorteilsermittlung bei realisierten Bedarfsmengen sind entsprechende dynamische Modelle heranzuziehen.

5.2 Tourenplanung

Wie in den vorhergehenden Kapiteln sollen auch hier zwei Typen von Modellen, für aggregierte und disaggregierte Daten vorgestellt werden. Zur Vereinfachung soll das Problem einer vorgegebenen Zuordnung von Kunden zu Touren, d.h. gegebene Gebietseinteilung, betrachtet werden, bei dem nur die optimale Sequenz der Belieferung festzulegen ist. Dabei handelt es sich um das bekannte Rundreiseproblem. Zur Abschätzung der Länge einer solchen Auslieferungstour bei aggregierter Information über Kundenstandorte und Nachfragemengen existiert eine Vielzahl von geographisch orientierten Modellansätzen (siehe Daganzo (1999)), von denen im Folgenden einer exemplarisch vorgestellt werden soll. Ausgehend von einer gleichmäßigen Verteilung der n Kunden innerhalb eines Gebiets in Kreisform mit Radius R, zentralem Depot und C Kunden pro Tour (d.h. n/C stellt die vorgegebene Anzahl Touren dar) gibt Daganzo (1999) die erwartete Länge einer Auslieferungstour wie folgt an:

$$D = \begin{cases} \frac{2 \cdot n \cdot E(r)}{C} + 0,57 \cdot R \cdot \sqrt{n \cdot \pi} & n/C >> C \\ 0,75 \cdot R \cdot \sqrt{n \cdot \pi} & n/C << C \end{cases} \tag{17}$$

Ist die Anzahl der Touren wesentlich grösser als die Anzahl der in jeder enthaltenen Kunden, so ist die Länge approximativ durch die doppelte mittlere Distanz der Kunden zum Depot $E(r)$ (Weg für Beginn und Ende der Tour) und einen Wurzelausdruck für die Zwischenwege gegeben, während sich im umgekehrten Fall die Länge relativ gut durch einen isolierten Wurzelterm beschreiben lässt. Wie bereits im Modell der Bestellmengenplanung und der Transportplanung ergibt sich auch hier eine strategische Kostenfunktion mit Quadratwurzelstruktur. Die Synergiepotenziale durch Erhöhung der Kundenzahl n, also einer Erhöhung der Kundendichte bei unveränderter Grundfläche, lässt sich somit als Economies of Density auffassen.

Zum Zwecke der operativen Ermittlung des tatsächlich realisierten Kooperationsvorteils ist eine zentrale Tourenplanung notwendig, bei der zunächst die Sendungsmengen zentral gesammelt (umgeschlagen) werden, um danach eine gemeinsame Auslieferung zu ermöglichen. Die zur Vorteilsermittlung notwendigen Tourenlängen lassen sich, sowohl für die individuellen Unternehmen als auch für die Kooperation, mit entsprechenden Verfahren zur Lösung des Rundreiseproblems ermitteln; vgl. Domschke (1997). In Abb. 4 ist dieses Problem für zwei Speditionen dargestellt, deren jeweils 15 Kunden sich in einem Kreis mit Radius 50 verteilen und in einer Tour beliefert werden können. Das strategische Modell prognostiziert hier ex-ante individuelle Tourenlängen von 257, während bei Kooperation mit einer mittleren Länge von 364 zu rechnen ist. Die exakte Lösung der Rundreiseprobleme für die hier gegebenen Daten ergibt Touren der Länge 269 bzw. 325 für die individuellen Speditionen und

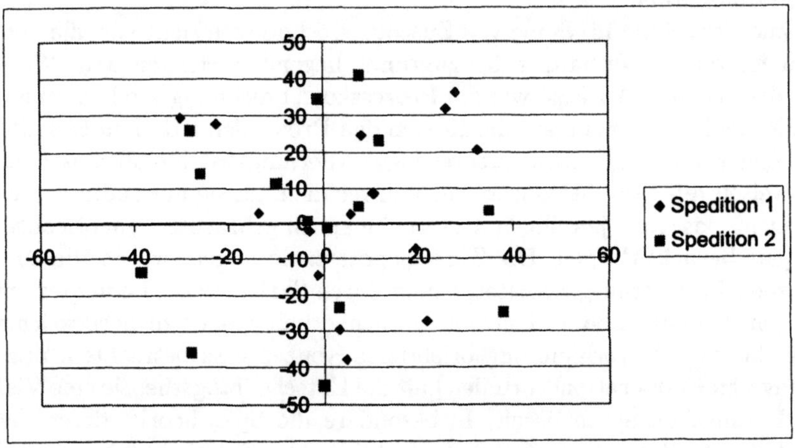

Abb. 4. Synergiepotenzial beim Rundreiseproblem

397 für die Kooperation. Das strategisch prognostizierte Einsparungspotenzial beträgt 29,2%, die operativ realisierte Einsparung 33,2%.

5.3 Lagerhaltung und Risikomanagement

Wie in der Beschaffungslogistik so existieren für das Bestandsmanagement in der Distribution ebenfalls Synergiepotenziale. Kurzfristig sind Zwischenbelieferungen zwischen einzelnen Distributionslägern denkbar. Langfristig ergeben sich durch die Zentralisierung von Beständen Risikodiversifikationspotenziale. Allerdings stellt sich das Problem in mehrstufigen Distributionssystemen wesentlich komplexer dar, da neben den Optionen vollständige Zentralisierung bzw. vollständige Dezentralisierung weitere Optionen der Verteilung der Bestände in der Logistikkette existieren; vgl. Eppen (1979), Minner (2000).

6 Verteilung der Kooperationsvorteile

Prinzipiell ist das Problem der Verteilung von gemeinschaftlich erzielten Kooperationsvorteilen wie das Gemeinkostenverteilungsproblem nicht ohne eine gewisse Willkür möglich, da in der Regel keine verursachungsgerechte Zuordnung möglich ist; siehe z.B. Riebel (1994), Ewert und Wagenhofer (2002). Um dennoch für die Abrechnung notwendige Verrechnungspreise zu bestimmen, existiert eine Vielzahl von Handlungsempfehlungen, welche sich in kostenrechnerische und verhandlungsorientierte Methoden unterscheiden lassen; vgl. Ewert und Wagenhofer (2002). Im Kontext der Logistikkooperationen diskutiert Fleischmann (1999) Anforderungen an Verteilungsregeln und schlägt verschiedene Regeln vor. Dabei wird empfohlen, die Vorteile kostenproportional zu verteilen. Zäpfel und Wasner (2000) schlagen eine Gleichverteilung der Vorteile vor. Im Folgenden sollen bekannte ökonomische Konzepte vorgestellt werden.

Eine Verteilung im Sinne von Zuschlagsrechnungen sieht vor, die angefallenen Kosten im Verhältnis der zugrunde liegenden Mengen bzw. Werte zu verteilen. Neuere Ansätze wie die Prozesskostenrechnung streben eine differenziertere Schlüsselung an, die Kosten den Prozessen, z.B. dem Bestell- und dem Lagerhaltungsprozess, zuzurechnen. Allerdings ist bei all diesen Vorgehensweisen mit Stabilitätsproblemen zu rechnen, da sie nur rudimentär oder gar nicht das vom jeweiligen Unternehmen eingebrachte Synergiepotenzial adäquat berücksichtigen. Die Synergiepotenziale folgen, wie in diesem Beitrag mehrfach herausgearbeitet, einem durch Skaleneffekte bedingten, nichtlinearen Zusammenhang. Um diesen Sachverhalt besser zu berücksichtigen, empfiehlt es sich, verhandlungsorientierte Konzepte zu betrachten. Zur Verteilung von Kooperationsvorteilen hält die Entscheidungstheorie eine Vielzahl von Lösungskonzepten bereit. Insbesondere die Spieltheorie, deren Gegenstand die Analyse strategischer Interaktion von Entscheidungen ist, bietet hier eine Fülle von Lösungsansätzen.

Ausgangspunkt für die folgenden Überlegungen ist die Tatsache, dass alle (potenziellen) Kooperationspartner ein Interesse an einer Kooperation haben. Dabei sei unterstellt, dass die Abschätzung des Kooperationsvorteils ein positives Potenzial ermittelt hat (Win-Win-Situation). Die Problematik der Verteilung der Kooperationsvorteile besteht darin, dass die Kooperationspartner divergierende Interessen bezüglich der Verteilung des Vorteils haben, da jeder Beteiligte versuchen wird, einen möglichst großen Teil des Vorteils für sich zu bekommen. Im Folgenden werden zwei Kategorien spieltheoretischer Lösungskonzepte betrachtet, die ökonomische Verhandlungstheorie sowie die Koalitionstheorie. Die Anwendung von Koalitionstheorien und der daraus hervorgehenden Lösungskonzepte erfolgt bereits auf dem Gebiet der Allokation von Gemeinkosten; vgl. Wißler (1997). Insofern liegt hier eine ähnliche Problemstellung vor, Synergieeffekte den einzelnen beitragenden Unternehmen bzw. Abteilungen zuzurechnen. Ähnlich wie in der Kostenrechnung ausführlich diskutiert (vgl. Ewert und Wagenhofer (2002)), ist eine verursachungsgerechte Verteilung gemeinschaftlich erbrachter Vorteile/Kosten vielfach nicht möglich.

Im einfachsten Fall von nur zwei beteiligten Unternehmen existiert eine Vielzahl von Verhandlungsmodellen (zu einem Überblick vgl. Muthoo (1999), Raiffa *et al.* (2002)). Die Nash-Verhandlungslösung geht zunächst von der von beiden Verhandlungspartnern ohne Kooperation erreichbaren Situation aus. Zusätzlich findet die Risikoeinstellung, d.h. im Rahmen der Verhandlung nicht zu einer Einigung zu kommen und somit den Kooperationsvorteil nicht zu realisieren, Berücksichtigung. Als Konsequenz wird ein risikoscheuer Verhandlungspartner einen geringeren Anteil am Kooperationsvorteil akzeptieren, da das Risiko, keinen Vorteil zu realisieren, höher gewichtet wird. Die mathematische Ermittlung der Verhandlungslösung erfolgt über die Annahme von Axiomen rationalen Entscheidungsverhaltens. Daraus lässt sich ableiten, dass die Verhandlungslösung diejenige ist, die (für jeden Verhandlungspartner) das Produkt der Differenzen aus verhandeltem Anteil und Anteil ohne Kooperation optimiert. Im Spezialfall, dass beide Akteure risikoneutral sind, ergibt sich als Lösung eine Gleichverteilung des Kooperationsvorteils. Sobald allerdings sich die Risikoeinstellung eines Akteurs verändert oder falls keine symmetrische Verhandlungsmacht vorliegt, verliert diese sogenannte split-the-difference Verteilungsregel ihre Gültigkeit.

Im Gegensatz dazu wird im Verhandlungsmodell von Rubinstein (vgl. Muthoo (1999)) der Prozess zur Erzielung einer Einigung über die Verteilung des Kooperationsvorteils explizit modelliert. Die beteiligten Verhandlungspartner geben wechselseitig Angebote zur Aufteilung ab. Akzeptiert ein Partner die vom anderen vorgeschlagene Aufteilung, so wird diese Lösung umgesetzt und der Verhandlungsprozess ist beendet. Die Ablehnung eines Angebots eröffnet die Möglichkeit, ein eigenes Gegenangebot zu unterbreiten, allerdings entstehen durch die dadurch verzögerte (unter der Annahme, dass es in Zukunft überhaupt zu einer Einigung kommen wird) Umsetzung der Kooperation Kostennachteile, da bis zu einer Einigung stets die schlechtere, individuelle Strategie verfolgt werden muss. Die Gleichgewichtsanalyse dieses Spiels zeigt, dass ein sogenanntes teilspielperfektes Gleichgewicht existiert und dass es optimal ist, dieses Angebot sofort zu unterbreiten bzw. anzunehmen.

Die Betrachtung von Koalitionen beinhaltet zwei wesentliche Komponenten, die Anbahnung und Bildung einer Koalition sowie die Frage nach der Stabilität einer bestehenden Koalition. Beide Fragestellungen werden maßgeblich durch die Art und Weise, in der die Kooperationsvorteile verteilt werden (sollen), beeinflusst. Im Gegensatz zu den diskutierten Verhandlungsmodellen eignen sich diese Ansätze insbesondere, wenn es um die Betrachtung von Kooperationen mit mehr als zwei beteiligten Partnern geht. In einem solchen Fall gestaltet sich die Analyse von Angebot und Gegenangebot und die entsprechende Reihenfolge solcher Interaktion mit zunehmender Zahl von Beteiligten immer schwieriger. Zur Formalisierung der Verteilung sei N die Menge und n die Anzahl der Akteure in einer bestehenden Kooperation, S sei eine beliebige Teilmenge von Akteuren. $v(S)$ beschreibt die sogenannte charakteristische Funktion, d.h. den Kooperationsvorteil, welchen die Teilmenge S durch einen Zusammenschluss in dieser Gruppe erzielen kann. Diese Bewertungsfunktion ergibt sich aus der Anwendung der in den vorhergehenden Kapiteln beschriebenen Modelle zur Kooperationsbewertung. x_i bezeichne den (absoluten) Anteil am gesamten Kooperationserfolg, den Unternehmen i erhält. Ein Konzept zur Lösung des Verteilungsproblems ist der Shapley-Wert. Würde man davon ausgehen können, dass die in einer Koalition zusammengeschlossenen Partner in einer bestimmten Reihenfolge in diese Koalition eingetreten wären, so ließe sich der Wert eines Koalitionspartners durch den durch seinen Beitritt zusätzlich erzielten Vorteil verursachungsgerecht messen. Da diese Reihenfolge jedoch in den meisten Fällen nicht ermittelt werden kann, ist diese Vorgehensweise nicht praktikabel. Zur Ermittlung des Shapley-Wertes für einen Kooperationsteilnehmer werden deshalb sämtliche Reihenfolgen eines Koalitionsbeitritts durchgespielt, die jeweiligen zusätzlichen Vorteile ermittelt, und danach erfolgt eine Durchschnittsbildung. Bei n beteiligten Unternehmen existieren $n!$ verschiedene Reihenfolgen. Der Grenzbeitrag des Unternehmens i zu einer potenziellen Kooperation S mit Anzahl s beträgt $v(S) - v(S \backslash \{i\})$, d.h. Ergebnis der Kooperation der in S enthaltenen Unternehmen abzüglich des Ergebnisses der gleichen Koalition ohne Unternehmen i. Insgesamt existieren $(s-1)! \cdot (n-s)!$ Reihenfolgen des Koalitionsbeitritts, bei denen Unternehmen i zuletzt der Koalition S beitritt (Anzahl Reihenfolgen der ersten $s-1$ Unternehmen multipliziert mit der Anzahl der Reihenfolgen der verbliebenen $n-s$ Unternehmen). Somit ergibt sich der Shapley-Wert aus

$$x_i = \sum_{S \subseteq N} \frac{(s-1)!(n-s)!}{n!} \left(v(S) - v(S \backslash \{i\})\right). \tag{18}$$

Der Vorteil dieses Konzepts besteht darin, dass es einen eindeutigen Vorschlag zur Verteilung ermittelt. Allerdings können sich dabei Stabilitätsprobleme ergeben. Diese treten dann auf, wenn Teile einer Koalition durch Abspaltung zusammen einen höheren Vorteil erzielen, als ihnen zusammen in der derzeitigen Verteilung zugewiesen wird. Diese Problematik wird bei der Ermittlung des sogenannten Kerns berücksichtigt. Dieses Konzept ermittelt für eine bestehende Koalition diejenigen Verteilungen, bei denen sich keine Teilgruppe durch Abspaltung besser stellen kann. Der Nachteil des Kerns besteht darin, dass im Allgemeinen eine Vielzahl von Verteilungen des Kooperationsvorteils diesem Stabilitätskriterium genügt und somit zur Auswahl wiederum eine weitere Entscheidung notwendig ist. Damit eine Aufteilung $(x_1, x_2, ..., x_n)$ des Kooperationsvorteils $v(N)$ stabil in diesem Sinne ist, muss eine vollständige Aufteilung des Vorteils erfolgen, und für alle möglichen Teilkoalitionen S muss gelten, dass das Ergebnis, welches die Teilkoalition S erzielen kann, niemals größer ist, als die Summe der derzeitigen Anteile potenzieller Koalitionspartner. Der Kern wird somit durch alle Aufteilungen beschrieben, welche den folgenden Restriktionen genügen.

$$\sum_{i=1}^{n} x_i = v(N), \qquad \sum_{i \in S} x_i \geq v(S) \qquad \forall S \subseteq N \tag{19}$$

Neben diesen Lösungskonzepten hält die kooperative Spieltheorie noch eine Reihe von weiteren Ansätzen zur Verteilung von Kooperationsvorteilen bereit, welche sich hauptsächlich durch die Definition von Stabilitätserfordernissen in einer Koalition unterscheiden. Zu einer Übersicht sei auf die im Zusammenhang mit der Gemeinkostenallokation geführte Diskussion in Wißler (1997) verwiesen, Anwendungen der kooperativen Spieltheorie in Produktion und Logistik werden in Curiel (1997) dargestellt.

7 Schlussbetrachtung

Im Beitrag wurden prototypisch verschiedene Modelle zur Schätzung und Ermittlung von Kooperationsvorteilen in diversen Bereichen der Logistik vorgestellt. Im konkreten Anwendungsfall, der sich von den diskutierten Prototypen durch erweiterte und differenziertere Rahmenbedingungen unterscheidet, sind entsprechend erweiterte Modellansätze heranzuziehen bzw. Kombinationen der Prototypen erforderlich (z.B. bei einer kombinierten Bestellmengen- und Sicherheitsbestandsplanung). Existierende quantitative Modelle der Beschaffungs-, Produktions- und Distributionslogistik bieten hierfür einen reichhaltigen Fundus.

Weiterentwicklungen des vorgestellten Rahmenkonzeptes sind in verschiedenen Richtungen notwendig. Zunächst muss die Trennung von langfristiger, strategischer Betrachtung zur Schätzung der Potenziale und der kurzfristigen operativen Abrechnung aufgehoben werden, da neben der Identifikation der

Potenziale bereits bei der Kooperationsanbahnung die späteren zu erwartenden Abrechnungen den Verhandlungsprozess beeinflussen. Eine Möglichkeit, diesen Aspekt zu integrieren, bietet eine hierarchische Betrachtungsweise, wie sie z.B. von Schneeweiß (1999) vorgeschlagen wird. Im Zusammenhang mit der Vertragsgestaltung ist eine detailliertere Berücksichtigung der Kooperationsrisiken zu integrieren. Organisatorisch legt der Beitrag ein Konzept vor, das als Grundlage eines Vergleichs zwischen langfristigen Kooperationen und einer wiederholten kurzfristigen Kooperation, z.B. auf Spotmärkten wie Einkaufs- und Frachtbörsen, dienen kann. Dazu wäre es ausserdem hilfreich, die Methodik zu dynamisieren, um weitere praktisch relevante Phänomene wie Lerneffekte und den Eintritt bzw. Austritt von Partnern in bzw. aus der Kooperation zu integrieren.

Ein dezentrales Planungs- und Steuerungssystem für die Beschaffung von Sekundärbedarfen innerhalb der Supply Chain

Wilhelm Dangelmaier[1], Ulrich Pape[1] und Michael Rüther[2]

[1] Fraunhofer-Anwendungszentrum für Logistikorientierte Betriebswirtschaft (ALB), Fürstenallee 11, 33102 Paderborn, Germany
{whd,pape}@hni.uni-paderborn.de

[2] Technische Universität Dresden, Fakultät Wirtschaftswissenschaften, Lehrstuhl für Betriebswirtschaftslehre, insb. Logistik, Mommsenstr. 13, 01069 Dresden, Germany

Zusammenfassung Die Rahmenbedingungen in der Logistik haben sich in den letzten Jahren stark verändert. Steigende Komplexität sowohl durch Teile- und Varianten- als auch durch Kunden-, Lieferanten- und Distributionskanalvielfalt beeinflussen das Wettbewerbsumfeld. Verkürzte Produktlebenszyklen und technologischer Fortschritt verschärfen den zunehmend globalen Wettbewerb. Die unternehmensübergreifende Geschäftsprozessintegration soll hier bisher ungenutzte Erfolgspotenziale erschließen. Mit Hilfe der effektiven Vernetzung logistischer Prozesse soll auf die geänderten Bedingungen reagiert werden. Dieser Beitrag stellt ein Konzept für die Prozessintegration für die Auftragsabwicklung zwischen Abnehmer, Lieferant und Logistikdienstleister vor.

1 Einführung

Nachdem in vielen Unternehmen im Zuge der „Lean-Production-Bewegung" in den 90'er Jahren unternehmensinterne Optimierungen vorangetrieben wurden – als Beispiel sei hier die „ERP-Implementierungswelle" genannt – konnten die innerbetrieblichen Abläufe in den Betrieben effizienter gestaltet werden. Um nun weitere Verbesserungen des Material- und Informationsflusses zu erzielen, richtet sich der Optimierungsfokus im Rahmen des Supply Chain Managements aktuell auf die Prozesse an den unternehmensübergreifenden Schnittstellen. Im Vordergrund stehen (vgl. Stadtler (2002)):

1. eine globale Optimierung innerhalb von Unternehmensverbünden,
2. eine Intensivierung der Datenerhebung und des Datenaustausches zwischen Lieferanten und Kunden in Echtzeit und
3. eine synchronisierte Planung über die gesamte Wertschöpfungskette.

Für die Prozessoptimierung wird in einem ersten Schritt eine zeitnahe, sichere und kostengünstige Möglichkeit des Datenaustausches gefordert. Zwar tauschen Unternehmen seit jeher Informationen in Form von Beschaffungs-

und Absatzzahlen aus; aber oftmals reichen diese Daten bei den nachgelagerten Unternehmen nicht aus, um eine abgestimmte Planung und Steuerung zu ermöglichen.

In vielen Branchen, wie zum Beispiel im Automobilsektor, wird daher von Großunternehmen ein strukturierter Austausch von Bedarfsdaten über EDI-Systeme gefordert. Kleine und mittlere Unternehmen stehen dem Geschäftsdatenaustausch via EDI aufgrund der relativ hohen Einstiegsinvestitionen überwiegend skeptisch und ablehnend gegenüber. Um jedoch wichtige Geschäftsbeziehungen zu Großunternehmen und bedeutenden Geschäftspartnern aufrechtzuerhalten, wird oftmals eine Beteiligung an bestehenden EDI-Netzwerken trotz der hohen Kosten akzeptiert.

Die Entwicklung des Internets und die damit verbundenen Technologien ermöglichen die Entwicklung von Applikationen, die eine preisgünstigere Anbindung an EDI-Netze großer Unternehmen ermöglichen. Unter dem Begriff Web-EDI werden diese Bemühungen zusammengefasst. Diese internetbasierten Anwendungen nutzen dabei die über das EDI-System des Kunden übermittelten Datensätze und stellen diese unter Nutzung der XML-Technologie dem Lieferanten in einem Browser zur Verfügung (Busch und Dangelmaier (2002)). Web-EDI-Systeme dienen also dem Datenaustausch zwischen Unternehmen, die bereits klassische EDI-Systeme einsetzen, und Lieferanten, die in direktem Geschäftskontakt zu diesen stehen. Offensichtlich ist aber, dass Unternehmen, die über Web-EDI-Systeme Daten empfangen und damit keine eigenständige EDI-Plattform einsetzen, eine systemgestützte Datenweitergabe an deren Lieferanten verwehrt bleibt. Im Sinne des Supply Chain Managements, das die Betrachtung von ganzen Wertschöpfungsnetzen über viele Stufen im Blickwinkel hat, bieten Web-EDI-Systeme somit nur eine partielle Optimierung der Prozesse an (Abb. 1). Im Rahmen des vom Bundesministerium für Bildung und Forschung (BMBF) geförderten Verbundprojekts CoagenS wird daher in einem Teilprojekt eine praxisgerechte Lösung für die Übertragung von Bestelldaten entlang der ganzen Wertschöpfungskette erarbeitet.

2 CoagenS – Das Konzept

Das Gesamtkonzept des Projektes orientiert sich an der oben beschriebenen Forderung eines effizienten Datenaustausches zwischen den Supply Chain Partnern. Durch die Einbeziehung eines Logistikdienstleisters in den Projektrahmen konnten neben den klassischen Akteuren Lieferant und Abnehmer ebenfalls dessen Sichtweisen mit einbezogen werden. Aus der eingehenden Analyse der bei den Industriepartnern vorgefundenen Geschäftsprozesse und der Bewertung derselben wurde ein Anforderungskatalog für einen zukünftigen Prozessablauf erstellt. Die erarbeiteten Anforderungen machten den Bedarf einer Systemunterstützung mit dem folgenden Grundverständnis deutlich:

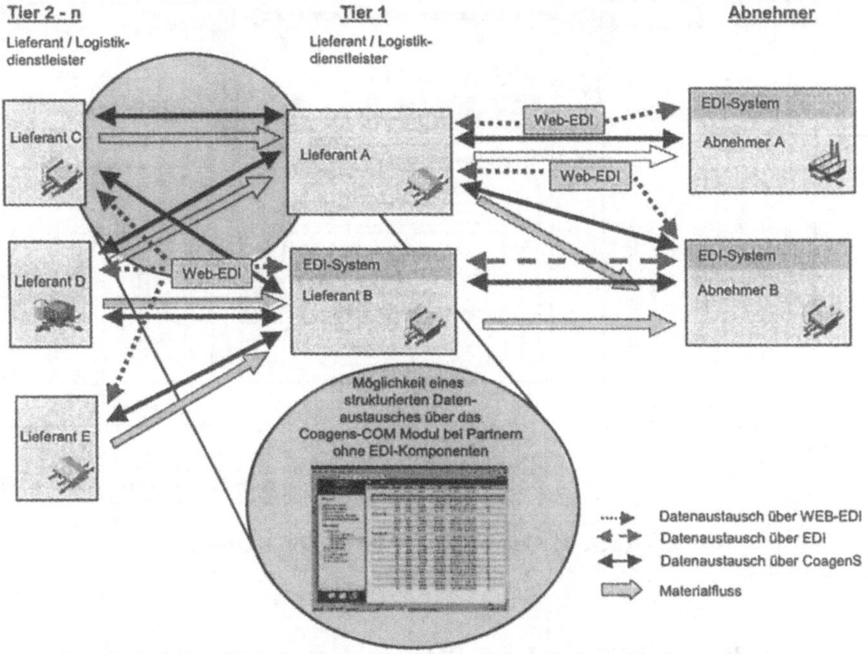

Abb. 1. Einsatzmöglichkeiten von Web-EDI und CoagenS-COM

1. Bidirektionale Anbindung der Supply Chain Partner über mehrere Wertschöpfungsstufen
2. Erstellung von Softwaremodulen als Ergänzung zu bestehenden ERP-Systemen
3. Hohe Anpassungsfähigkeit des Systems bei Änderung der Prozessabläufe
4. Nutzbarkeit der Software speziell auch für kleine und mittelständische Unternehmen
5. Integrationsmöglichkeit in vorhandene IT-Systeme
6. Einfache Anpassungsfähigkeit der Systeme an unterschiedliche Branchenstandards

Eine erste grobe Unterteilung der aus den Anforderungen entstandenen Softwaremodule ergibt sich nach Ausprägung des Einsatzszenarios. Unter dem Begriff CoagenS-COM werden die Lösungsansätze für die unternehmensübergreifende Kommunikation verstanden. Unter CoagenS-OPT werden Module zusammengefasst, die Optimierungen im innerbetrieblichen Bereich anstreben und sich an die Schnittstellen zum Kommunikationsmodul CoagenS-COM sowie an die sich im Einsatz befindlichen ERP-Systeme angliedern (Abb. 2).

Die Module von CoagenS-OPT umfassen dabei:

1. Modul „Optimierte Produktionsplanung"
   Betrachtet man die Ermittlung der Bedarfe in klassischen PPS-Systemen,

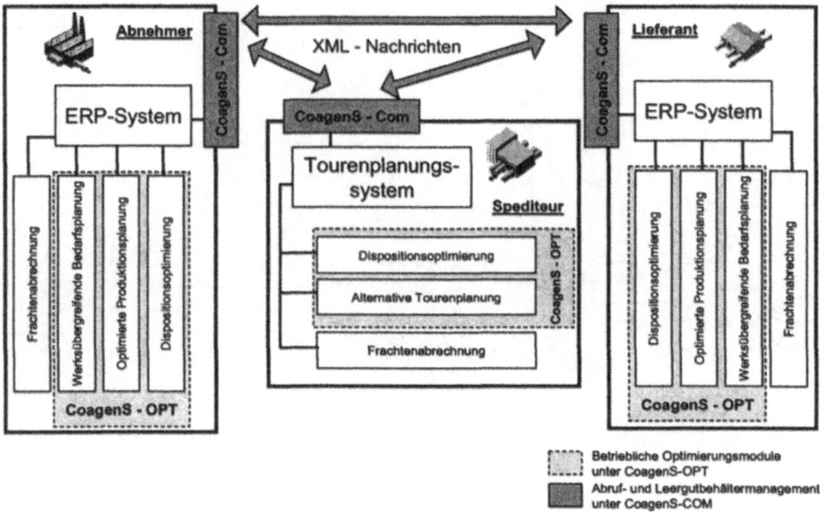

Abb. 2. CoagenS im Wertschöpfungsnetz

so stößt man häufig auf das Sukzessivplanungskonzept mit seinen bekannten Nachteilen. Um diesen zu begegnen, wurde das Konzept der dynamischen, belastungsabhängig berechneten Durchlaufzeiten entwickelt. Bei der Planerstellung innerhalb der Sekundärbedarfsplanung werden die Durchlaufzeiten der Fertigungsstufen nicht als fix angesehen, sondern resultieren aus der Belegungs- und Reihenfolgeplanung.

2. Modul „Dispositionsoptimierung"
   An die Ermittlung der Sekundärbedarfe über die internen Produktionsstufen hinweg schließt sich zur Lieferantenseite die Disposition der Materialabrufe an. Heute werden dabei meist die anfallenden Frachtkosten für den Transport nicht ausreichend berücksichtigt. Die entwickelte Optimierungsheuristik, die auf einem Branch-and-Bound-Verfahren basiert, aggregiert die verschiedenen Lieferabrufe über einen zuvor definierten Zeitraum unter dem Gesichtspunkt der Frachtkostenoptimierung. Beträgt der Vorgriffshorizont nur wenige Tage, kann bei der Zusammenfassung der Bedarfe eine Berücksichtigung von anfallenden Lagerkosten entfallen.
3. Modul „werksübergreifende Bedarfsplanung"
   Der zuvor beschriebene Lösungsansatz wird hier auf die Struktur eines Werksverbundes übertragen. Angestrebt wird eine über einzelne Werksgrenzen hinausgehende Optimierung der Disposition. Sinn macht dies nur, falls ein Lieferant verschiedene Werke eines Verbundes beliefert. Der Fokus liegt hier wieder auf der Reduzierung der Frachtkosten unter Inkaufnahme beschränkt erhöhter Bestände (vgl. Dangelmaier *et al.* (2002c)).

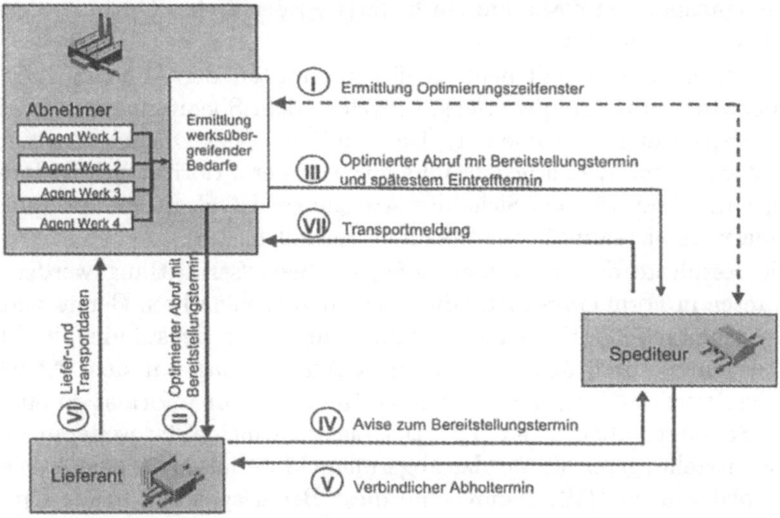

Abb. 3. Prozessablauf zwischen den Supply Chain Partnern

2.1 Unterstützung des Beschaffungsprozesses mit CoagenS-COM

Für eine effiziente netzwerkübergreifende Steuerung ist es notwendig, mit allen Partnern des Netzwerkes gleichermaßen schnell und verlustfrei kommunizieren zu können. Die Möglichkeit des elektronischen Datenaustausches im Rahmen der Geschäftsprozesse muss daher mit allen Teilnehmern des Netzwerkes gewährleistet sein, insbesondere auch mit den kleineren Partnern.

Im Rahmen des Projekts CoagenS sind die möglichen Beziehungen in einem Wertschöpfungsnetzwerk exemplarisch auf das Zusammenspiel von Abnehmer – Lieferant – Spediteur reduziert worden. Als Anwendungsfall wurde in Abstimmung mit den Industriepartnern der Beschaffungsprozess von Sekundärbedarfen bestimmt. Um diesen mit seiner dazugehörigen Kommunikationsstruktur in Teilen neu zu definieren, wurde vereinbart, als Grundprinzip eine partnerschaftliche Zusammenarbeit anzustreben. Ergebnis der Bemühungen ist ein Beschaffungsprozess, der durch eine regelbasierte Kommunikation unter Einbeziehung von Informationen aller Teilnehmer gekennzeichnet ist (Abb. 3). Durch die Schaffung von Optimierungsspielräumen bei den Teilnehmern wird der Einsatz der zuvor beschriebenen CoagenS-OPT Module möglich.

Ausgangspunkt für den Beschaffungsprozess sind die Ergebnisse der werksübergreifenden Bedarfsermittlung des Abnehmers. Um das werksübergreifende Optimierungspotenzial realisieren zu können, ist es notwendig, dem Lieferanten nicht mehr wie heute üblich die Wareneingangstermine in den Werken, sondern die entsprechenden Warenausgangs- bzw. Bereitstellungstermine beim Lieferanten mitzuteilen. Bei der Ermittlung der Bereitstellungstermine erfolgt ein Aufschlag des Wareneingangstermins um eine relationsbezogene Transportzeit sowie um ein bedarfstypspezifisches Optimierungszeitfenster für den Spediteur.

Im Zusammenspiel mit dem Spediteur ermittelt der Abnehmer die entsprechenden Optimierungszeitfenster, welche dem Spediteur einen größeren Planungsspielraum einräumen (I). Die Ermittlung des Optimierungszeitfensters ist dabei im Wesentlichen abhängig von der Priorität der Bedarfe. Je geringer die Priorität aus Sicht des Abnehmers ist, desto größer kann der Optimierungszeitraum für den Spediteur ausfallen.

Die Resultate der werksübergreifenden Bedarfsermittlung werden dem Lieferanten in Form eines Lieferabrufs mit den gewünschten Bereitstellungsterminen mitgeteilt (II). Dieser Abruf kann unter Umständen in Menge und Zeitpunkt durch den Lieferanten in Abstimmung mit dem Abnehmer verändert werden. Zeitgleich werden die Resultate zur Information ebenfalls an den Spediteur übermittelt (III). Der Lieferant meldet im weiteren Verlauf den Bereitstellungstermin für das abgerufene Material durch eine Avisierung beim Spediteur an (IV). Damit kann diese Bedarfsposition in die Optimierungsrechnung des Spediteurs einbezogen werden. Anschließend wird dem Lieferanten der verbindliche Abholtermin des Spediteurs innerhalb eines fest definierten Zeitvorlaufs mitgeteilt (V). Nach Übermittlung des verbindlichen Abholtermins an den Lieferanten kann dieser nur noch in Ausnahmefällen geändert werden. Mit der erfolgten Abholung beim Lieferanten meldet der Lieferant die tatsächlichen Transport- und Lieferdaten an den Abnehmer, wobei als Liefertermin lediglich der Abholtermin inklusive der entsprechenden Transportzeit angegeben werden kann (VI). Die endgültigen Transportdaten werden zum Abschluss des Vorgangs vom Spediteur an den Abnehmer übermittelt (VII).

Die aus dem beschriebenen Soll-Prozess entwickelte Software-Lösung liegt derzeit in Form eines Prototypen vor und wird im nächsten Abschnitt näher erläutert.

2.2 Umsetzung als Multi-Agenten-System

Der neu definierte Prozessablauf innerhalb des Beschaffungsprozesses ist innerhalb des Projektes in Form eines Multi-Agenten-Systems umgesetzt worden. Dabei wird jedem Teilnehmer des Produktionsnetzwerkes ein Agenten-System zugeordnet und so ein Multi-Agenten-System aufgebaut (vgl. Brenner *et al.* (1998)). Die Architektur des Systems beruht auf dem Referenzmodell der FIPA (Foundation for Physical Agents; `www.fipa.org`). Diesem Referenzmodell folgend besteht jedes Agenten-System aus den folgenden Grundbausteinen, die gemäß den Projektanforderungen fallspezifisch ausgeprägt wurden (Dangelmaier *et al.* (2002b)):

1. Work-Agents (WA): Diese Softwareagenten führen entsprechend des XML-Steuerungscodes die einzelnen Java-Methoden aus.

2. Agent Management System (AMS): Dieses Modul übernimmt die Administration des Agenten-Systems, startet und verwaltet die Work-Agents.
3. Directory Facilitator (DF): Dieses Verzeichnis beinhaltet alle im System verfügbaren Service Broker und listet diese Dienste in Form eines Verzeichnisses auf.
4. Message Transport System (MTS): Die Aufgabe dieses Bausteins ist die Kommunikation innerhalb des Agenten-Systems bzw. zwischen den einzelnen Agenten-Systemen.

Mit Hilfe der Agenten-Systeme werden die abgebildeten Geschäftsprozesse automatisiert und die menschlichen Mitarbeiter der Unternehmen soweit wie möglich von Routinearbeiten, wie z.B. dem Versenden von Bestellungen, dem Nachhalten von Avisen oder der Kontrolle von Transportmengen, entlastet.

Die Konzeption des Multi-Agenten-Systems ist mit seinen Strukturen und der Vorgehensweise so gestaltet, dass ein Einsatz des Multi-Agenten-Systems auch auf andere Prozesse als den vorgestellten Anwendungsfall möglich ist. Darüber hinaus sollen Änderungen bzw. Erweiterungen an die sich im Betrieb befindlichen Systeme mit möglichst geringem Aufwand durchführbar sein. Die gewünschte Flexibilität wird dabei in zwei Bereichen angestrebt. Zum einen soll die Umsetzung der Prozesse in das Multi-Agenten-System unabhängig vom Anwendungsfall sein. Zum anderen soll die Modellierung der Prozesse auf unterschiedlichen Detaillierungsebenen möglich sein (Ferber (2001)).

Für die erste Anforderung wurde eine vom Anwendungsfall unabhängige Modellierungsmethode gewählt. Ein beliebiger Geschäftsprozess wird mit Hilfe von UML-Diagrammen modelliert und automatisch in Form von XML-Dateien ausgeleitet. Dieser XML-Code dient den einzelnen Agenten-Systemen als Steuerungsanweisung. Abhängig von anstehenden Events werden die entsprechend modellierten Prozessschritte in Form von XML-Anweisungen ausgeführt. Die ausführbaren Programmanweisungen sind dabei in Java implementierte Methoden, die dem Benutzer bei der anfänglichen Modellierung in UML in Form einer Bibliothek zur Verfügung gestellt werden.

Um für Änderungen bzw. Erweiterungen im System flexibel zu bleiben, wird bei der Modellierung zwischen der Ablauf- und Verarbeitungslogik unterschieden. Hierbei bezeichnet die Ablauflogik (Instruction Flow) die Reihenfolge der einzelnen Prozessschritte, die sich z.B. durch unterschiedliche Verantwortlichkeiten voneinander abgrenzen. Jeder Prozessschritt selbst beinhaltet daneben seine individuelle Verarbeitungslogik (Instruction Base), die im Detail beschreibt, was das Agenten-System im Einzelnen auszuführen hat. Diese Beschreibung erfolgt wiederum durch eine Abfolge von Java-Methoden. Dabei kann es sich z.B. um das Ausführen von Datenbankoperationen oder das Erzeugen bzw. Versenden von Nachrichten handeln.

Mit Hilfe dieser Aufteilung ist eine Aufteilung der Gesamtmodellierung geschaffen worden, die es erlaubt, Änderungen auf der Ebene der Ablauflogik vorzunehmen, ohne in die Verarbeitungslogik eingreifen zu müssen.

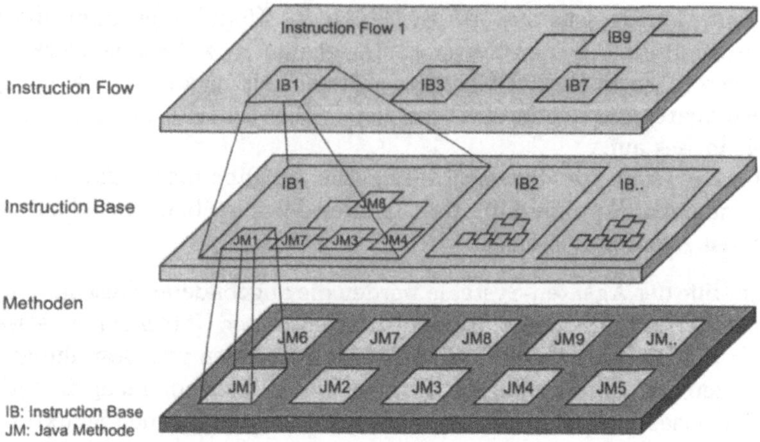

Abb. 4. Hierarchischer Aufbau der Agenten-Systeme

Das aufgezeigte Vorgehensmodell ist auch für die Umsetzung von beliebigen anderen Geschäftsprozessen brauchbar. Neben den bisher unterstützten Prozessen ist es z.B. denkbar, Geschäftsprozesse, die sich innerhalb eines unternehmensübergreifenden Lieferantenmanagements ergeben, mit in die Plattform zu integrieren. Abb. 4 zeigt die Aufteilung der Modellierung in drei Ebenen.

2.3 Realisierung des Prototypen

Um die Plattformunabhängigkeit des Multi-Agenten-Systems zu wahren, wurde bei der Implementierung des Agenten-Systems die Programmiersprache Java verwendet. Die interne Kommunikation jedes Agenten-Systems ist mit Hilfe einer „Warteschlange" auf Basis von JMS (Java Message Service) realisiert. Die externe Kommunikation zwischen den Agenten-Systemen basiert auf XML-Dokumenten, die via E-Mail ausgetauscht werden. Sowohl die Benutzeroberfläche als auch die Datenhaltung sind in einer Lotus Notes Umgebung realisiert.

Die Architektur einer Agentenplattform, die bei den Supply Chain Partnern zu implementieren ist, wird in Abb. 5 dargestellt. Jedes Unternehmen besitzt eine Agentenplattform, die aus einem Server mit Betriebssystem im Verbund mit einem Lotus Domino Server besteht. Der Domino Server stellt hierbei die Datenbank-Funktionen und seine Kommunikationsfähigkeiten zur Verfügung. Für die eigentlichen Agenten und die restlichen Funktionen der Agentenplattform (AMS, MTS und DF) wird Java 2[1] verwendet.

[1] Java ist eine von Sun Microsystems entwickelte objektorientierte Programmiersprache. Als „Write Once, Run Anywhere"-Programmiersprache wird der Code nur einmal erstellt und ist dann auf vielen Rechnerplattformen lauffähig (vgl. `http://java.sun.com`).

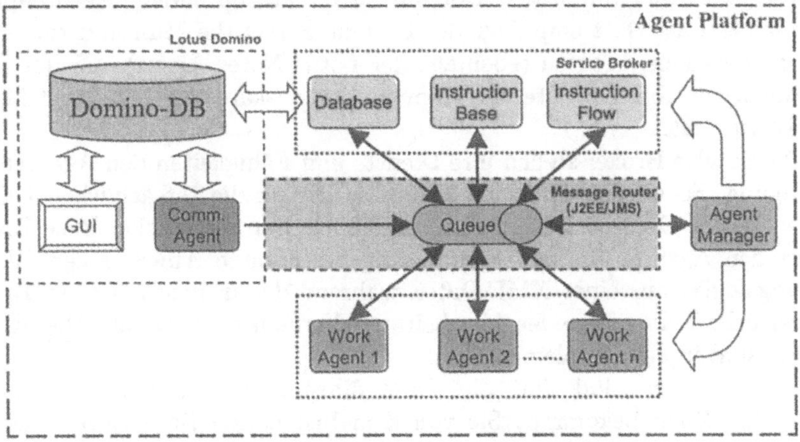

Abb. 5. Architektur der Agentenplattform

Der Agent Manager ist die zentrale Kommandostelle innerhalb der Agentenplattform. Er startet die angeforderten Agenten, führt einen Index aller zur Zeit laufenden Agenten und ist für den gesamten ordnungsgemäßen Ablauf der Agentenplattform verantwortlich. Die gesamte Funktionalität des Agent Managers wird in Java 2 implementiert.

Mit dem Message Router wird die ordnungsgemäße Auslieferung von Nachrichten an die einzelnen Agenten durchgeführt und gewährleistet. Dabei muss zwischen der Kommunikation zwischen einzelnen Agenten einer Agentenplattform und der Kommunikation zwischen Agenten unterschiedlicher Agentenplattformen unterschieden werden (Russel und Norvig (1995)).

Für die interne Kommunikation wird JMS[2] auf Basis des J2EE[3]-Applikationsservers verwendet. Der JMS bietet als Kommunikationskanal einen Datentypen „Queue", über den die gesamte interne Kommunikation abläuft. Dazu muss sich jeder Agent, der Nachrichten über diesen Kanal versenden oder empfangen will, als Sender bzw. als Empfänger an diesem Kanal anmelden. Erhält der JMS eine Nachricht für einen bestimmten Agenten, so wird sie an diesen Agenten weitergeleitet.

Für die externe Kommunikation zwischen einzelnen Agentenplattformen werden die Kommunikationsmittel des Domino Servers verwendet, d.h. es wird durch einen Agenten eine Mail generiert, an einen Lotus Notes Agenten

[2] JMS ist ein Application Program Interface (API) von der Sun-Microsystems, das die formale Kommunikation unterstützt, die als Nachrichtenübermittlung zwischen Computern in einem Netz bekannt ist. JMS stellt eine geläufige Schnittstelle zu den Standardnachrichtenübermittlungsprotokollen und zu den speziellen Nachrichtenübermittlungsdienstleistungen zur Unterstützung der Java Programme zur Verfügung.

[3] Java 2 Enterprise Edition (J2EE) ist ein Industriestandard für den Einsatz der Java-Technologien zur Entwicklung von (mehrschichtigen) Applikationen.

weitergeleitet und durch den Domino Server an die andere Agentenplattform verschickt. Dort empfängt der Domino Server die Mail und ruft einen Kommunikations-Agenten (ebenfalls der Lotus Notes Agent) auf, der dann die Nachricht über den internen Kommunikationskanal an den Agent Manager weiterleitet.

Die Service Broker stellen ihre Dienste und Fähigkeiten den Agenten zur Verfügung. So werden über den Database Broker die tatsächlichen Operationen in der Domino Datenbank ausgeführt. Der Instruction Base Broker liefert den Agenten die zur Abarbeitung bestimmten Anweisungen (Verarbeitungslogik) aus einer XML-Datei, während der Instruction Flow Broker die zeitliche Reihenfolge der Abarbeitung (Verlaufslogik) kennt. Alle Service Broker sind in Java implementiert.

Die Agenten sind für die Durchführung von Arbeitsanweisungen zuständig. Dazu bekommen Sie von dem Instruction Base Broker die Arbeitsanweisungen in Form einer XML-Zeichenfolge. Diese XML-Zeichenfolge wandelt der Agent durch die JDOM[4]-API in ein JDOM-Dokument. Dieses Dokument enthält dann die eigentlichen Arbeitsanweisungen in Form von Java-Funktionsaufrufen. Zum Durchsuchen des Dokuments wird die JAXEN-API[5] für JDOM benutzt. Die eigentlichen Funktionsaufrufe erfolgen dann durch die Java-Funktionalität der Reflexion mittels invoke-Befehlen. Hat der Agent seine Tätigkeiten abgeschlossen und somit seine Arbeitsanweisungen durchlaufen, meldet er sich beim Agent Manager für diesen Arbeitsauftrag ab und ist damit gleichzeitig frei für die Abarbeitung der nächsten Aufgabe. Der Agent Manager kann nun den Instruction Flow Broker nach weiteren Arbeitsanweisungen für einen Agenten befragen und entsprechend einen neuen Agenten starten (Wooldridge (2000)).

Die Graphical User Interface (GUI) ist eine in Lotus Domino/Notes implementierte Anwendung. Mit dieser GUI können die in den Domino Datenbanken vorliegenden betriebswirtschaftlichen Daten erstellt, verändert oder gelöscht werden. Zusätzlich dient die GUI zur Anzeige von Statusmeldungen bzw. zur Anzeige von Daten, die ein menschlicher Agent weiterverarbeiten muss, falls in der Verarbeitungslogik des Agentensystems eine Routine zur Weiterleitung an einen menschlichen Sachbearbeiter ausgelöst wurde.

Um die technischen Voraussetzungen zur Teilnahme von vor allem kleineren Partnern an CoagenS-COM möglichst gering zu halten, wurde neben

[4] Java Document Object Model (JDOM) wurde entwickelt, um die Vorteile von DOM (Document Object Model) und SAX (Simple API for XML) zu vereinen. DOM ist ein plattform- und sprachunabhängiges Interface, welches Programmen erlaubt, dynamisch auf den Inhalt, die Struktur und das Design von Dokumenten zuzugreifen und Änderungen durchzuführen. SAX ist im Gegensatz zu DOM event-basiert, und die Events, die beim Parsen auftreten, können direkt von einer Applikation verarbeitet werden.

[5] JAXEN ist eine Java-Implementierung einer XPath-Engine (Xpath=XML Path Language) und unterstützt bzw. erleichtert die Suchfunktion nach Inhalten und Elementen eines XML-Dokuments.

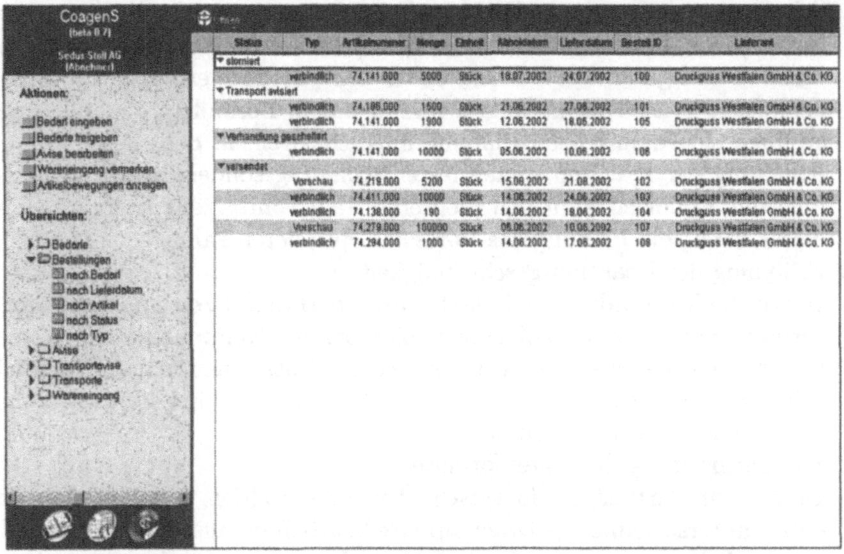

Abb. 6. Exemplarische Benutzeroberfläche eines Abnehmers

dem Zugang über Lotus Notes ebenfalls die Möglichkeit geschaffen, über einen Web-Browser auf das System zuzugreifen. Abb. 6 zeigt beispielhaft die Lotus Notes Benutzeroberfläche eines Abnehmers. In der Navigationsleiste auf der linken Bildschirmseite sind zum einen die Aktionen aufgeführt, die dem Mitarbeiter zur Verfügung stehen, um im Agenten-System zu arbeiten. Zum anderen werden ihm eine Reihe von Übersichten angeboten, die ihm einen übersichtlichen Einblick in die aktuellen Prozess-Stati erlauben. Darüber hinaus bietet der Prototyp in seiner aktuellen Version folgende Eigenschaften:

1. Übermittlung von Bestellabrufen an den Lieferanten
2. Avisierung und Versenden der Informationen zum Abnehmer und Spediteur
3. Übermittlung der Transportavise an Lieferant und Abnehmer
4. Überwachung und Kontrolle des Bestell-/Beschaffungsprozesses
5. Verfolgung der Prozess-Stati

Wesentliche Vorteile, die sich durch den Einsatz von CoagenS-COM bei den Supply Chain Partnern ergeben, sind:

1. Höhere Prozess-Transparenz
   Mit der Festlegung auf Regelprozesse und dem Treffen von Vereinbarungen im Falle von Ausnahmesituationen erhöht sich die Transparenz zwischen den Partnern. Mit der Protokollierung bzw. Archivierung von Prozessschritten sind alle Beteiligten immer in der Lage, sich einen Überblick über die aktuelle Situation zu verschaffen.

2. Schaffung von Planungsspielräumen
   Mit der verbindlichen Definition der Prozesse können Spielräume geschaffen und garantiert werden, die es den Partnern ermöglichen, unternehmensinterne Optimierungen vorzunehmen. Besonders für Spediteure eröffnen sich damit neue Planungsmöglichkeiten, in dem dieser für die Abholung der Frachten keinen festen Abholtag sondern einen zuvor definierten Abholzeitraum von mehreren Tagen mitgeteilt bekommt, und dieser damit die Planung des Vorlaufes optimieren kann.
3. Erhöhung der Reaktionsgeschwindigkeit
   Durch die Verwendung von elektronischen Datensätzen und dem damit verbundenen Verzicht auf eine papierbasierte Kommunikation können Daten effizienter weiterverarbeitet werden. Zusammen mit der Möglichkeit der individuellen Adressierung von Nachrichten führt dieses Vorgehen zu schnelleren Antwortzeiten.
4. Standardisierung der Datenformate
   Gerade für Partner, die in verschiedenen Netzwerken beteiligt sind und damit unterschiedlichste Datenformate bearbeiten müssen, bietet sich die Möglichkeit einer automatischen Format-Konvertierung der ein- und ausgehenden Datensätze an.
5. Reduzierung des administrativen Aufwandes
   Durch den Verzicht auf papierbasierte Formulare reduziert sich besonders im Wareneingang und -ausgang der Aufwand für die LKW-Abfertigung. Ein hohes Einspar-Potenzial wird von den Konsortialpartnern hierbei bei der Leergutverwaltung gesehen.

3 Ausblick

Das vorgestellte Konzept stellt für die Supply Chain Partner eine Möglichkeit dar, den Prozessablauf der Beschaffung von Sekundärbedarfen zu automatisieren und zu optimieren. Der Zugriff auf stets aktuelle Daten ermöglicht es schließlich, die Planungen zwischen den Supply Chain Partnern schneller und sicherer durchzuführen.

Nach der Realisierung des Prototyps und den Testläufen der modellierten Prozesse sind bis zum Ende des Jahres die Installationen bei den Industriepartnern geplant. Die dazu notwendigen Anpassungen an die entsprechenden Industrienormen werden im nächsten Schritt vorgenommen. Die bei den Pilotanwendern gewonnenen Erkenntnisse sollen im Anschluss in die Weiterentwicklung einfließen.

Weitere Schwerpunkte der Entwicklung liegen in der Konzeption von autonomen verhandlungsbasierten Regelkreisen zwischen den Supply Chain Partnern, der Schaffung von Schnittstellen zu den ERP-Systemen der Industriepartner und der Weiterentwicklung der Optimierungsmodule.

Stand der IT-Unterstützung für das Supply Chain Management in der Prozessindustrie

Sebastian Friedrich

Universität Hamburg, Institut für Wirtschaftsinformatik, Von-Melle-Park 5, 20146 Hamburg, Germany
friedrich@econ.uni-hamburg.de

Zusammenfassung Die Ergebnisse einer Branchenstudie zum Stand der Umsetzung des Supply Chain Management in der Prozessindustrie werden vorgestellt und bewertet. Insbesondere wird der Einsatz von Informationstechnologie zu dessen Unterstützung untersucht. Es wird gezeigt, dass bei den befragten Unternehmen noch eine große Diskrepanz zwischen den von Seiten der Theorie propagierten Ideen und dem Stand der praktischen Umsetzung des Supply Chain Management existiert.

1 Einleitung

Die Wettbewerbsfähigkeit von Unternehmen hängt in steigendem Maß von einer stärkeren Prozessorientierung und einer Abwendung von isolierten – auf einzelne Funktionen bezogenen – Organisationsansätzen ab. Die Abstimmung der Informations- und Materialflüsse zwischen den Bereichen Beschaffung, Produktion, Lagerhaltung, Distribution und Absatz innerhalb eines Unternehmens stellt eine wesentliche Herausforderung dar.

Als weitere Herausforderung wächst in hohem Maß auch der Abstimmungsbedarf zwischen Unternehmen. Aber gerade die Abstimmung der Prozesse und eine intelligente Gestaltung der Schnittstellen zwischen verschiedenen Einheiten innerhalb des Gesamtsystems entscheiden über das Maß, in dem die Marktanforderungen erfüllt werden können. Das Supply Chain Management (SCM) stellt einen Ansatz dar, um solchen Aufgaben zu begegnen. Insbesondere die Bewältigung der anfallenden Integrations- und Planungsaufgaben ist ein Schlüssel für effektives SCM.

Eine Branche, die aufgrund ihrer komplexen Produktionsstrukturen und Materialflüsse deutlich von einem integrierten Management der Supply Chain profitieren kann, ist die Prozessindustrie. Ihre branchenspezifischen Merkmale stellen insbesondere auch spezielle Anforderungen an die zur Unterstützung des SCM eingesetzte Software. Die hohe Komplexität der Produktionsabläufe kann nur mit leistungsfähigen Planungs- bzw. Optimierungsverfahren beherrscht werden.

Für das SCM bzw. einzelne Teilbereiche wurde bereits eine Reihe von Studien durchgeführt. Dangelmaier *et al.* (2002a) legen den Fokus auf die Unterschiede von Softwaresystemen für das Collaborative Supply Chain Management. Pfohl *et al.* (2001) untersuchen den Umsetzungsstand des SCM bei den Unternehmen der Fertigungsindustrie. Fandel *et al.* (1997) konzentrieren ihre Analyse auf eine Beurteilung von Softwaresystemen. Hier werden fokussiert Enterprise Resource Planning- (ERP) und Produktionsplanungs-Systeme untersucht. Auch diese Analyse bezieht sich im Schwerpunkt auf die Fertigungsindustrie.

Keine der genannten Studien setzt sich mit den speziellen Anforderungen der Prozessindustrie auseinander. Das Institut für Wirtschaftsinformatik der Universität Hamburg und die initions AG haben daher in einer Kooperation eine Branchenstudie in der Prozessindustrie durchgeführt.[1] Die drei zentralen Fragen dieser Studie waren, inwieweit die von der Theorie bereitgestellten Konzepte des SCM in der Branche bereits umgesetzt werden, welche Möglichkeiten der Unterstützung durch Informationstechnologie (IT) für das SCM genutzt werden und auf welche Bereiche des SCM die Unternehmen der Branche in den kommenden Jahren den Fokus legen werden.

Nach einer kurzen Einführung zum SCM und den Besonderheiten der Prozessindustrie wird in Kap. 3 zunächst der Stand der Umsetzung von Konzepten des SCM innerhalb der funktionalen Teilbereiche der Supply Chain – vom Auftragseingang bis zur Distribution – untersucht. Im zweiten Teil dieses Abschnitts wird ferner die IT-Unterstützung in den funktionalen Teilbereichen beurteilt. In Kap. 4 wird die Umsetzung der teilbereichsübergreifenden Konzepte des SCM dargestellt. Auch hier gilt der Unterstützung durch IT besonderes Augenmerk. Der darauf folgende Abschnitt widmet sich den zukünftigen Schwerpunkten der Unternehmen bei der Umsetzung der Konzepte des SCM. Abschließend wird ein Fazit hinsichtlich des Standes des SCM in der Prozessindustrie, insbesondere hinsichtlich der IT-Unterstützung, gezogen.

2 Grundlagen des Supply Chain Management und der prozessindustriellen Produktion

Für den Begriff des SCM ist eine Reihe verschiedener Definitionen zu finden. Während beispielsweise Lambert *et al.* (1998) in erster Linie den Gedanken der Integration aller an einer Supply Chain beteiligten Partner in den Vordergrund stellen, rechnen unter anderen Stadtler (2002) und Hahn (2000) dem SCM explizit auch Kontroll- und Planungsaufgaben zu. Der alleinige Blick auf die Integration vernachlässigt wesentliche Potenziale des SCM. So kann eine effiziente Ausnutzung aller an der Supply Chain beteiligten Ressourcen erst durch eine genaue Analyse der vorhandenen Daten und ein ganzheitliches Planungskonzept erreicht werden. Im Folgenden sollen unter SCM daher die Integration aller Kerngeschäftsprozesse entlang der Supply Chain, deren

[1] Die Studie wurde im 1. Halbjahr 2002 durchgeführt. Von 1308 angeschriebenen Unternehmen haben 92 an der Befragung teilgenommen. Die Unternehmen entstammen den Bereichen Bauchemie, Chemie, Farben & Lacke, Gießereien, Körperpflege & Waschmittel, Papier und weiteren kleineren Bereichen; vgl. hierzu sowie zu ergänzenden Ergebnissen Anschütz und Friedrich (2002).

ganzheitliche Analyse und die übergreifende Planung dieser Prozesse verstanden werden.

Die Produktionssysteme der Unternehmen der Prozessindustrie unterscheiden sich von denen, die in der Fertigungsindustrie anzutreffen sind, dadurch, dass bei der prozessindustriellen Produktion eine Stoffumwandlung im Gegensatz zu einer Stoffverformung stattfindet.[2] Dabei sind neben konvergierenden und divergierenden auch regelmäßig rekursive Stoffflüsse anzutreffen (Drenkard (1989)). Ferner sind viele Produkte oder Zwischenprodukte nur begrenzt oder gar nicht lagerfähig.

In der prozessindustriellen Produktion sind die kontinuierliche Produktion und die Chargenproduktion als zwei Formen der Prozessführung, also der Stetigkeit des Stoffflusses durch die Apparate, zu unterscheiden (Sutter (1976), Blömer (1999)). Beide stellen in Teilen verschiedenartige Anforderungen an das SCM.

Bei der kontinuierlichen Produktion laufen die Stoffe in stetigem Fluss durch die Apparate. Es besteht ein sehr hoher Automatisierungsgrad. Kontinuierliche Prozesse sind typischer Weise in der Massenfertigung der Grundstoffindustrie und der Mineralölverarbeitung anzutreffen (Loos (1999)). Die Planung erfolgt aufgrund der jeweils zu fertigenden Produktionsvolumina für einen verhältnismäßig langen Zeithorizont. Die Produktion erfolgt daher in der Regel für einen anonymen Markt. Die Anforderungen an ein SCM liegen hier insbesondere in der Bereitstellung bzw. Unterstützung langfristiger Absatzprognosen und in der strategischen Planung und Koordination der Produktionsvolumina entsprechend dieser Prognosen.

Die Chargenproduktion hingegen zeichnet sich durch einen diskontinuierlichen Stofffluss aus.[3] Dabei ist eine Anlage[4] im Gegensatz zur konti-

---

[2] Der Begriff Prozess ist nach DIN 19222 als Gesamtheit der in einem System aufeinander wirkenden Vorgänge definiert, durch welche Materie, Energie oder Informationen umgeformt, transformiert oder gespeichert werden. Der Prozessbegriff innerhalb des Wortes Prozessindustrie bezieht sich speziell auf verfahrenstechnische Prozesse, wobei der verfahrenstechnische Prozessbegriff eine Spezialisierung des allgemeinen Prozessbegriffs ist. Ein verfahrenstechnischer Prozess kann nach DIN 28004 als „eine Folge von chemischen, physikalischen oder biologischen Vorgängen zur Gewinnung, Herstellung oder Beseitigung von Stoffen oder Produkten" gesehen werden. Eine grundsätzliche Abgrenzung verfahrenstechnischer Prozesse von diskreten Produktionsvorgängen gibt DIN 8550. Für eine ausführliche Abgrenzung verfahrenstechnischer Prozesse von diskreten Produktionsvorgängen vgl. Blömer (1999); für eine Unterscheidung speziell in Hinblick auf die Konsequenzen für die Produktionsplanung vgl. Voß und Witt (2003).

[3] Ein Chargenprozess kann nach Uhlig und Bruns (1995) als ein „diskontinuierlich ablaufender Prozess, bei dem nach einer vorgegebenen Vorschrift (Rezept) das gewünschte Produkt in einer zeitsequentiellen Folge von verfahrenstechnischen Teilaufgaben portionsweise (d. h. in Chargen) hergestellt wird", definiert werden.

[4] Die Gesamtheit aller Apparate und Einrichtungen, die für die Durchführung eines Verfahrens notwendig sind, bezeichnet man nach DIN 28004 als Anlage.

nuierlichen Produktion sehr flexibel für unterschiedliche Prozesse bzw. zur Herstellung verschiedener Produkte einsetzbar. Eine Verfahrensstufe bei der Herstellung eines Produktes kann oftmals auf verschiedenen Apparaten ablaufen (Anschütz (2001)). Um die gegebene Flexibilität auf wirtschaftliche Weise auszunutzen, entstehen hier entsprechend hohe Anforderungen an die Planung des Ressourceneinsatzes und damit an die Ablaufplanung als Teilbereich des SCM. Auch bei Chargenproduktion, wie beispielsweise im Bereich der Wirkstoffproduktion für die pharmazeutische Industrie, fallen teilweise Durchlaufzeiten von ein bis zwei Jahren an. In diesen Fällen werden dann zusätzlich ähnlich Anforderungen an das SCM gestellt wie bei der kontinuierlichen Produktion.

3 Funktionale Teilbereiche der Supply Chain

Das SCM stellt ein übergreifendes Konzept für nahezu alle Unternehmensbereiche dar. Für die entsprechende Integration der gesamten Supply Chain ist zunächst in den einzelnen Teilbereichen die Basis zu schaffen. Eine Analyse des Standes der Umsetzung einzelner Konzepte in den Teilbereichen der Supply Chain ist aus diesem Grund unabdingbar. In diesem Abschnitt werden daher – hinsichtlich ausgewählter Aspekte[5] – Anforderungen an ein effizientes SCM dargestellt und der Stand der Umsetzung von Konzepten des SCM zur Begegnung dieser Anforderungen untersucht. Dabei stehen zunächst organisatorische Aspekte mit Blick auf eine Untergliederung nach funktionalen Teilbereichen im Vordergrund. Anschließend werden Aspekte der Unterstützung durch Informationsverarbeitung betrachtet.

3.1 Organisatorische Aspekte

Auftragseingang und Verkauf. Die Ergebnisse der Studie bestätigen, dass die deutliche Mehrzahl der Unternehmen im Verkauf mit einer hohen Auftragsanzahl konfrontiert ist. Dies deutet auf einen hohen Zeit- und Personalaufwand im Auftragseingang hin. Entsprechend hohe Potenziale können in diesem Bereich für das SCM, insbesondere für die Integration der Kunden, abgeleitet werden.

Ein noch deutlicheres Ergebnis zeigt sich bei der Frage nach der Häufigkeit kurzfristig eingehender Aufträge. Fast alle Unternehmen sind mit dieser Problematik konfrontiert. Dementsprechend hohe Anforderungen werden an die Performance in der Auftragsbearbeitung und an die Produktionsplanung gestellt. Zusammen mit den Ergebnissen zu Anzahl und Größe der Aufträge bestätigt sich, dass effiziente Auftragseingangsprozesse für die untersuchten Unternehmen im Rahmen des SCM von großer Bedeutung sind.

[5] Für eine vollständige Darstellung der Ergebnisse der Studie vgl. Anschütz und Friedrich (2002).

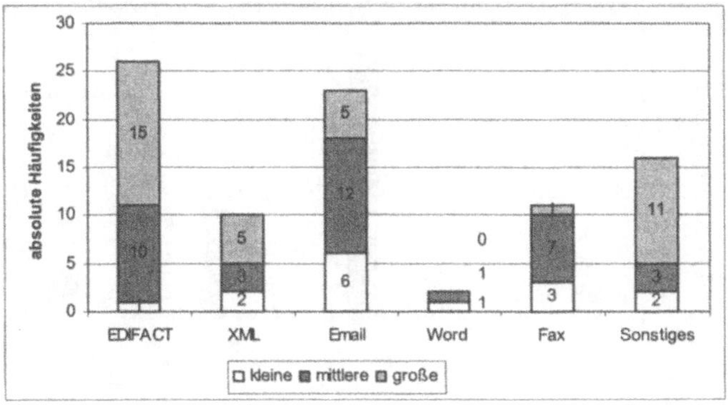

Abb. 1. Format bei elektronischem Auftragseingang (nach Unternehmensgröße)[6]

Eine Automatisierung des Auftragseingangsprozesses stellt hier den ersten Schritt hin zu einer Integration im Sinne des SCM dar. Ein hoher Anteil der Unternehmen setzt allerdings noch nicht auf elektronischen Datenaustausch mit strukturierten Formaten wie EDIFACT oder XML. Strukturierte Austauschformate werden von weniger als 30% der befragten Unternehmen eingesetzt (s. Abb. 1). Größere Unternehmen geben der Umsetzung von elektronischem Datenaustausch tendenziell einen höheren Stellenwert als kleinere.

Als weiteres Ergebnis kann festgehalten werden, dass sich auch die Möglichkeit der Auftragsverfolgung via Internet noch nicht durchgesetzt hat.

ATP (Available-to-promise)-Funktionalitäten[7] haben sich bereits weitgehend etabliert. Allerdings konnte nicht geklärt werden, inwieweit die eingesetzte ATP-Funktionalität bereits standortübergreifende Informationen bietet, da die meisten Unternehmen aufgrund ihrer eingesetzten Softwaresysteme (vgl. Kap. 4) nicht in der Lage sind, Planbestände auch werksübergreifend zu berücksichtigen.

Beschaffung. In der Prozessindustrie nehmen die Rohstoffkosten generell einen hohen Stellenwert ein. Dennoch wurde festgestellt, dass selbst bei den Unternehmen, bei denen der Rohstoffkostenanteil noch über dem Branchenschnitt liegt, Rohstoffe über längere Zeiträume gelagert und somit erhebliche

[6] Die Unternehmen wurden in Abhängigkeit ihrer Mitarbeiterzahl und ihres Umsatzes in drei Gruppen zusammengefasst. Unternehmen mit weniger als 50 MA und weniger als 25 Mio. € Umsatz bilden die Gruppe der kleinen Unternehmen. Als große Unternehmen werden Unternehmen mit mindestens 500 MA oder mindestens 150 Mio. € Umsatz bezeichnet. Die übrigen Unternehmen stellen die Gruppe der mittelgroßen Unternehmen dar.

[7] ATP-Funktionalitäten ermöglichen es, zum Zeitpunkt einer Kundenbestellung zu überprüfen, ob die bestellte Menge zu dem vom Kunden gewünschten Zeitpunkt geliefert werden kann. Die dabei hinterlegte Logik variiert je nach System zwischen einer einfachen Überprüfung der freien Lagerbestände bis hin zu einer Einbeziehung von mehreren Lagerorten und Produktsubstituten.

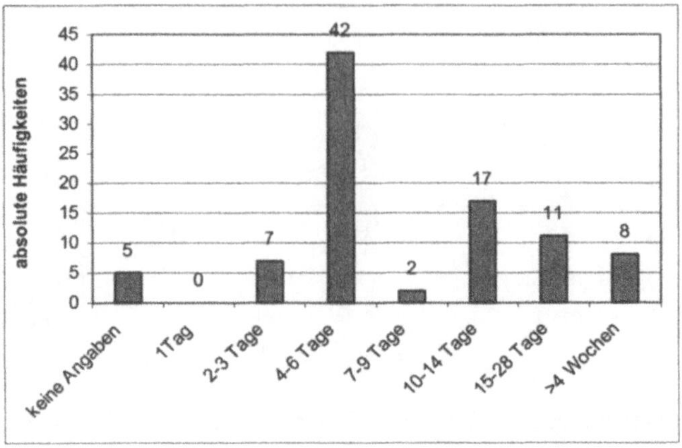

Abb. 2. Durchschnittliche Lieferzeiten für Rohstoffbestellungen

Kapitalbindungskosten in Kauf genommen werden. Diese Ergebnisse sind allerdings insofern zu relativieren, als bei der Befragung nicht nach verschiedenen Rohstoffklassen unterschieden wurde. Es kann nicht ausgeschlossen werden, dass lediglich verhältnismäßig günstige Rohstoffe über längere Zeiträume gelagert werden. Auch in saisonalen Einkäufen von Naturprodukten kann ein Grund für lange Lagerungszeiten von Rohstoffen liegen. Es konnte ferner festgestellt werden, dass viele Unternehmen mit längeren Rohstofflieferzeiten konfrontiert sind (vgl. Abb. 2). Dies könnte ein weiterer Grund für eine Vorratsbildung der Unternehmen sein.

Auffällig ist des Weiteren, dass im Bereich der Beschaffung noch weniger Unternehmen auf einen elektronischen Datenaustausch mit strukturierten Datenformaten setzen. Bei gerade 16 der 92 befragten Unternehmen basiert der Datenaustausch auf den Formaten EDIFACT oder XML (vgl. Abb. 3).

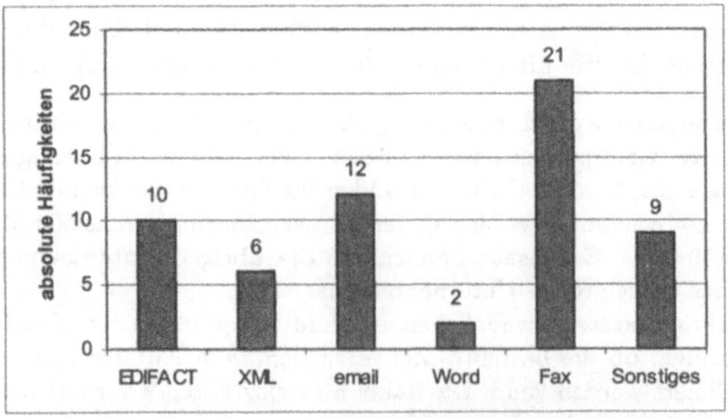

Abb. 3. Elektronische Formate von Bestellungen

Für den Bereich der Beschaffung ist festzuhalten, dass ein beachtlicher Teil der Potenziale, die das SCM durch eine stärkere Integration von beschaffendem Unternehmen und Zulieferern bietet, bisher noch kaum genutzt worden ist.

Produktion. Der Bereich der Produktion hat in Unternehmen im Allgemeinen wenige oder gar keine Schnittstellen mit externen Unternehmen. Während die Definition und Umsetzung von Schnittstellen mit externen Unternehmen bzw. Partnern in der Regel einen verhältnismäßig großen Koordinationsaufwand mit sich bringt, kann die Datenintegration mit anderen Unternehmensbereichen durch den Einsatz von ERP-Systemen und die Schaffung einer gemeinsamen Datenbasis sehr viel einfacher umgesetzt werden. Die Studie zeigt, dass sich der Einsatz von ERP-Systemen tatsächlich bereits sehr stark durchgesetzt hat.[8]

Unternehmen der Prozessindustrie zeichnen sich in großen Teilen durch eine relativ komplexe Produktionsstruktur aus. Entsprechend bestehen sehr hohe Anforderungen an die Planung des Ressourceneinsatzes. Trotz der allgemeinen Erkenntnis, dass innerhalb der Unternehmen der Prozessindustrie relativ komplexe Produktionsstrukturen vorkommen, können dennoch deutliche Unterschiede bezüglich der Komplexität zwischen den untersuchten Unternehmen festgestellt werden. Um die Ergebnisse der Befragung weiter zu spezifizieren, wird daher eine Clusterung der Unternehmen in drei Komplexitätsgruppen vorgenommen. Kriterien sind dabei u.a. die Anzahl und Anordnung der Apparate, die Anzahl der Produktionsstufen, die Art der Materialflüsse, Vorgaben für Umrüstungen, die Vielfalt des Produktionsprogramms sowie die Möglichkeiten der Zwischenlagerung.

90% der befragten Unternehmen produzieren entweder permanent oder zumindest in Stoßzeiten am Kapazitätslimit. Knapp drei Viertel dieser Unternehmen entstammen den Clustern mit mittlerer oder hoher Komplexität des Produktionsprozesses (Anschütz und Friedrich (2002)). Entsprechend dem SCM wäre zu erwarten, dass die Unternehmen in starkem Maß eine Computerunterstützung für die Planung und Optimierung nutzen, wie sie beispielsweise durch Advanced Planning Systeme (APS) geboten wird.[9]

Die Ergebnisse der Studie zeigen, dass an vielen Stellen manuell geplant wird, und dass die Produktion in einzelnen Fällen sogar ohne vorherige Planung durch spontane Einlastung der Aufträge erfolgt. Fast die Hälfte der befragten Unternehmen vertraut auf die Hilfe eines Softwaresystems zur Produktionsplanung und -steuerung (PPS). Die meisten eingesetzten PPS-Lösungen sind dabei Bestandteile von ERP-Systemen. Optimierungssysteme im Sinne des Supply Chain Planning setzen nur die wenigsten der befragten Unternehmen ein (vgl. Abb. 4).

---

[8] Vgl. hierzu auch Kap. 3.2 sowie insbesondere Abb. 5 – 8.

[9] Für einen Überblick über die Möglichkeiten des Einsatzes computergestützter Optimierungsverfahren für die Produktionsplanung innerhalb der Supply Chain siehe Voß und Woodruff (2003); zu APS vgl. z.B. Stadtler und Kilger (2002).

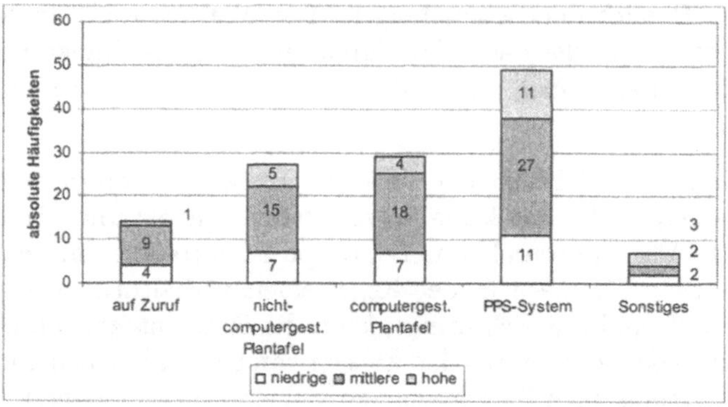

Abb. 4. Eingesetzte Hilfsmittel für die Produktionsplanung (untergliedert nach der Komplexität des Produktionsprozesses)

Absatz und Lagerwirtschaft. Im gesamten produzierenden Gewerbe war in den letzten Jahren eine Verschiebung von einer Make-to-Stock- zu einer Make-to-Order-Produktion zu beobachten. Diese Tendenz bestätigen auch die befragten Unternehmen der Prozessindustrie, die mehrheitlich angeben, durchgängig oder zumindest teilweise kundenauftragsbezogen zu produzieren.

Insbesondere für die Lagerhaltung hat der Auslösetyp der Produktion wesentliche Implikationen. So stellt eine Make-to-Stock-Strategie erheblich höhere Anforderungen an das Bestandsmanagement sowie an die Qualität der Absatzprognose und ist in der Regel mit deutlich höheren Lagerbeständen verbunden. Allerdings kann, wenn verfahrenstechnische Restriktionen eine vergleichsweise hohe Durchlaufzeit in der Produktion erzwingen, den Anforderungen des Marktes an kurzfristige Lieferverfügbarkeit in der Regel nur durch eine Make-to-Stock-Strategie entsprochen werden. Die Studie zeigt jedoch, dass fast 50% der 31 Unternehmen mit einer Make-to-Stock-Strategie ihren Kunden nur Lieferzeiten zwischen drei Tagen und mehreren Wochen anbieten.

Das Ziel der Make-to-Order-Strategie ist es dagegen, Lagerbestände an Fertigprodukten so weit wie möglich zu vermeiden und damit eine geringe Kapitalbindung zu erreichen. Die Studie zeigt, dass weniger als 25% der 60 Unternehmen mit einer Make-to-Order-Strategie ihre Produkte unmittelbar nach der Fertigstellung ausliefern. Sie besitzen trotz einer Make-to-Order-Strategie ein Endproduktlager, wobei der überwiegende Teil dieser Unternehmen einen Teil seiner Produktion dennoch unmittelbar nach Fertigstellung ausliefert. Dies ist als Hinweis zu werten, dass es sich bei den Ursachen für die Lagerung von Endprodukten in erster Linie um organisatorische Faktoren und weniger um produktionstechnisch bedingte Faktoren handelt.

Eine verbesserte – auf Optimierungsverfahren basierende – Planung bietet hier noch ein erhebliches Potenzial, die durch Lagerbestände verursachten Kapitalbindungskosten zu senken.

Distributionslogistik. Im Bereich der Distributionslogistik zeigt sich eine klare Entscheidung der Unternehmen für die Auslagerung von Distributionsleistungen an Fremdfirmen. Kein einziges der befragten Unternehmen liefert noch komplett in eigener Regie mit eigenem Fuhrpark aus.

Umso wichtiger ist somit die Integration der Transportdienstleister. Allerdings hat sich auch im Bereich der Distributionslogistik der elektronische Datenaustausch mit strukturierten Austauschformaten noch nicht durchgesetzt. Mit 44 Unternehmen setzt im Bereich der Distributionslogistik die Mehrzahl ausschließlich auf nicht-elektronische Kommunikation.

3.2 IT-Unterstützung der funktionalen Teilbereiche

Die meisten Unternehmen setzen ihr jeweiliges ERP-System durchgängig in den Bereichen Auftragseingang, Beschaffung, Lagermanagement und Rezeptverwaltung ein. Erwartungsgemäß dominiert dabei das System SAP R/3.

Im Bereich der Produktionsplanung zeigt sich eine etwas größere Vielfalt an Systemen. Allerdings dominiert auch hier SAP R/3. Es fällt auf, dass alle genannten Systeme keine dedizierten PPS-Systeme, sondern ERP-Systeme sind, deren PPS-Komponenten angesichts der hohen Anforderungen der Prozessindustrie oft an ihre Grenzen stoßen dürften. Bereits in Kap. 3.1 wurde aufgezeigt, dass oftmals noch manuell geplant wird und Optimierungssysteme im Sinne des Supply Chain Planning nur von den wenigsten der befragten Unternehmen eingesetzt werden. In diesem Bereich besteht also offenbar ein Bedarf an leistungsfähigen Softwarelösungen; vgl. Abb. 5 – 8).[10]

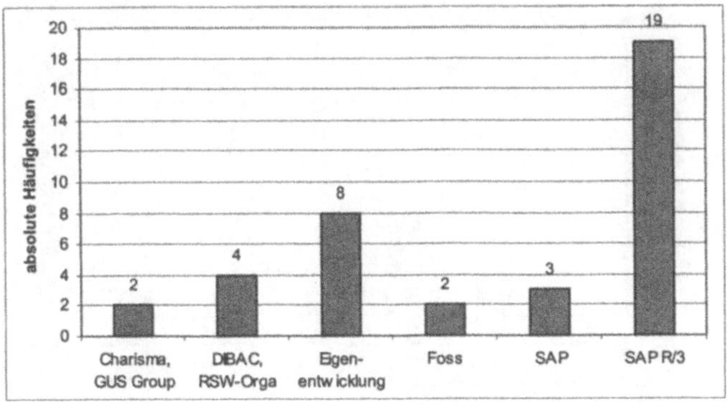

Abb. 5. ERP-System für Auftragseingang und -verwaltung

[10] Bei der Auswertung der Befragung konnten die Nennungen von „SAP" nicht eindeutig einem System (R/2 oder R/3) zugewiesen werden und sind daher einzeln aufgeführt. (Dies gilt analog für nachfolgende Abbildungen.)

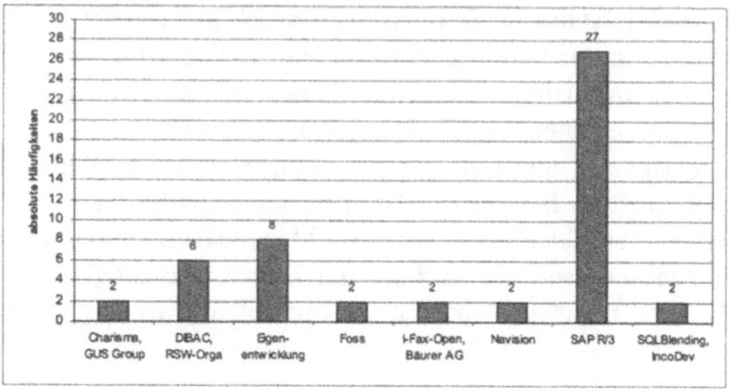

Abb. 6. ERP- oder Materialwirtschaftsystem in der Beschaffung

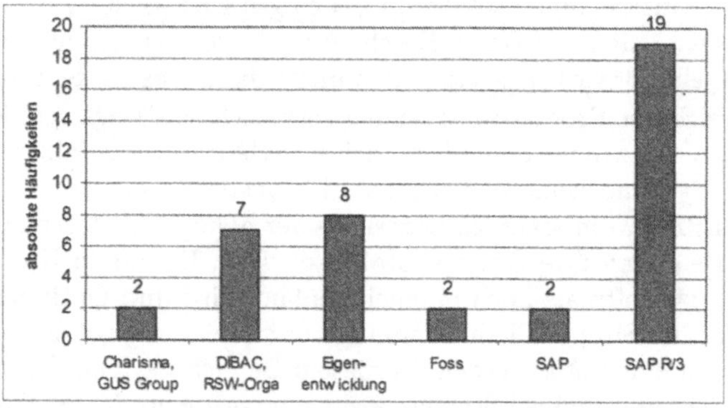

Abb. 7. System zur Rezepturverwaltung und Pflege

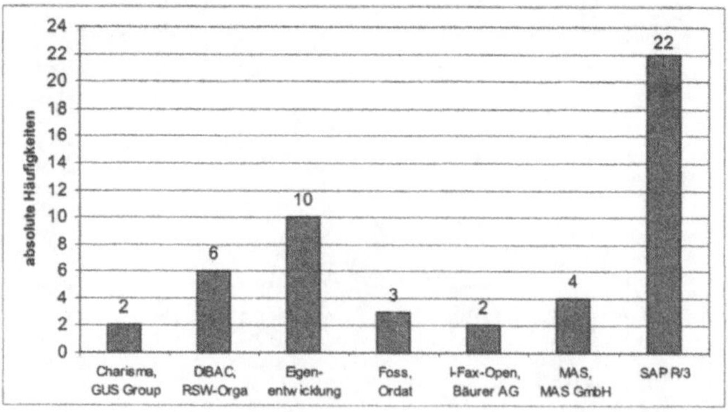

Abb. 8. ERP- oder Materialwirtschaftssystem zur Lagerverwaltung

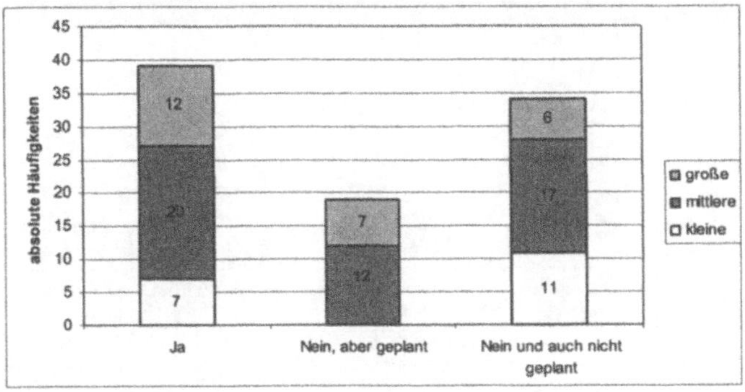

Abb. 9. Einsatz einer Software für das Management der gesamten Supply Chain (nach Unternehmensgröße)

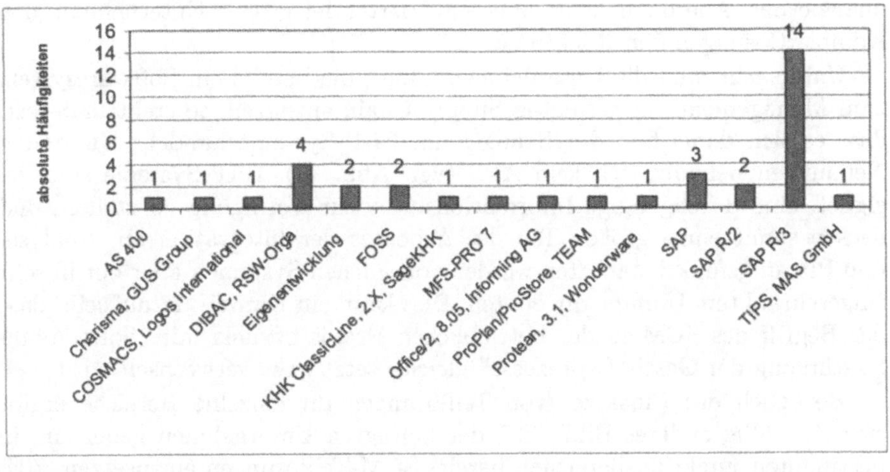

Abb. 10. Softwarelösung für das Management der gesamten Supply Chain (sofern vorhanden)

Hierzu stellt sich die Frage, inwiefern weitere und umfassende Softwaresysteme im Einsatz oder geplant sind, die sowohl alle betriebswirtschaftlichen Bereiche der Supply Chain abdecken als auch weitere Aspekte des SCM unterstützen.[11] Unsere Ergebnisse zeigen, dass 37% der befragten Unternehmen ein umfassendes Softwaresystem zum Management der gesamten Supply Chain weder im Einsatz noch in Planung haben (s. Abb. 9 und 10). Kleine Unternehmen sind in dieser Gruppe erwartungsgemäß überproportional vertreten. Für sie ist die Anschaffung z.B. eines APS in der Regel nicht

[11] APS bieten z.B. Möglichkeiten, Kontroll- und Planungsaufgaben Supply-Chain-übergreifend zu unterstützen.

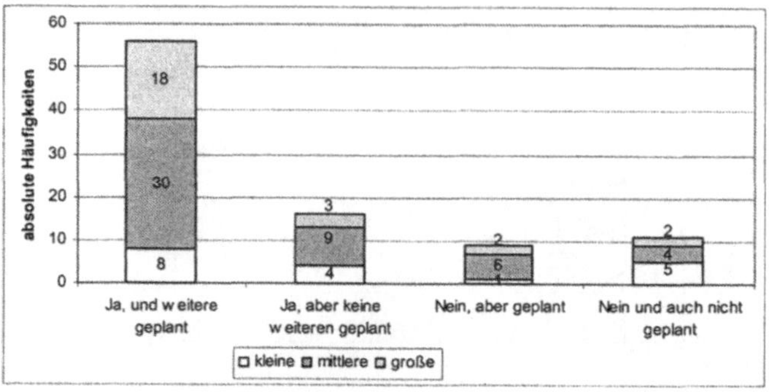

Abb. 11. Einsatz von Softwarelösungen für das Management einzelner Bereiche der Supply Chain (nach Unternehmensgröße)

finanzierbar. Allerdings kehrt auch ein Viertel der großen Unternehmen den Komplettlösungen den Rücken zu.

Untersucht man die Unternehmen näher, die bereits ein Softwaresystem zum Management der gesamten Supply Chain einsetzen, so stellt man fest, dass es sich dabei fast durchgängig um ERP-Systeme handelt. Unter den Nennungen befindet sich kein APS (vgl. Abb. 10). ERP-Systeme sind geeignet, eine durchgängige Informationsbasis zur Verfügung zu stellen, und decken somit einen großen Teil des Aspektes der Integration ab. Analyse- und Planungsfunktionalitäten werden von solchen Systemen aber nur in sehr eingeschränktem Umfang angeboten. Dies kann ein Hinweis darauf sein, dass der Begriff des SCM in der betrieblichen Praxis oftmals mit „Softwareunterstützung der Geschäftsprozesse" gleichgesetzt bzw. verwechselt wird.

Bezüglich des Einsatzes von Teillösungen für einzelne Bereiche ergibt sich ein völlig anderes Bild. 78% der befragten Unternehmen geben an, in bestimmten Funktionsbereichen bereits SCM-Teillösungen einzusetzen, 70% wollen darüber hinaus weitere Teilsysteme einsetzen (vgl. Abb. 11). Diese Zahlen verdeutlichen noch einmal, welchen Stellenwert offenbar das Thema SCM bei den Unternehmen einnimmt. Wie weit reichend die von solchen Teillösungen gebotenen Funktionalitäten sind, wurde im Rahmen der Studie allerdings nicht untersucht.

4 Standortübergreifende Koordination und Planung

Primäres Ziel der standortübergreifenden Koordination und Planung ist die effiziente Ausnutzung aller an der Supply Chain beteiligten Ressourcen durch gemeinsame Planung. Die standortübergreifende Planung erfolgt in der Regel mit einem deutlich niedrigeren Detaillierungsgrad als die Feinplanung in den einzelnen Bereichen der Supply Chain. Sie betrachtet ferner einen größeren Zeitraum und schaut somit auf einen weiter entfernt liegenden zeitlichen Horizont. Im Sinne einer hierarchischen Planung ist die standortübergreifende Planung der Feinplanung übergeordnet.

Der Fokus dieses Abschnitts liegt auf ausgewählten Fragestellungen hinsichtlich der Umsetzung von übergreifender Koordination und Planung über mehrere Teilbereiche der Supply Chain und den sich daran anknüpfenden Fragen der IT-Unterstützung.[12] Insbesondere für Unternehmen mit mehreren Standorten oder mehreren Betrieben pro Standort sind diese Aspekte von großer Bedeutung. Bei der Auswertung der Ergebnisse werden daher auch nur diejenigen 58 Unternehmen betrachtet, die über mehr als einen Standort bzw. mehr als einen Betrieb verfügen.

4.1 Organisatorische Aspekte

Hinsichtlich des organisatorischen Ansatzes bieten die meisten der befragten Unternehmen die Voraussetzungen für eine übergreifende Koordination im Sinne des SCM. Die überwiegende Zahl der befragten Unternehmen verfügt über eine zentrale Beschaffung für alle oder zumindest einen Teil der Rohstoffe (Anschütz und Friedrich (2002)).

Auch im Bereich der Produktion ist eine Zentralisierung der Planung erkennbar (Anschütz und Friedrich (2002)). Korrespondierend mit der zentralen Planung gibt es bei der Mehrheit der betrachteten Unternehmen auch einen standardisierten Rückmeldeprozess als Feedback für die zentrale Planung. Dies stellt eine Basis dar, um gegenseitige Abhängigkeiten der Produktion an verschiedenen Standorten hinsichtlich der Erstellung von Vorprodukten aber auch hinsichtlich der Inanspruchnahme von Lager- und Transportressourcen zu koordinieren und so erhebliche Einsparungspotenziale freizusetzen. Die tatsächliche Qualität und die Durchführbarkeit von Planvorgaben hängen allerdings in starkem Maß von der Leistungsfähigkeit des eingesetzten Planungsverfahrens bzw. Abstimmungsmechanismus und damit von der eingesetzten IT-Unterstützung ab.

4.2 IT-Unterstützung

Bezüglich der IT-Unterstützung wurde bereits bei der Analyse der funktionalen Teilbereiche gezeigt, dass ein Großteil der Unternehmen keine übergreifende Softwarelösung einsetzt (vgl. Abb. 10) und insbesondere diejenigen Unternehmen, die bereits übergreifende Softwarelösungen im Einsatz haben, nach den Ergebnissen der Studie lediglich über ERP-Systeme verfügen. Wirkliche SCM- bzw. APS-Lösungen, die auch Planungsverfahren für eine Durchführung der übergreifenden Planung bieten, sind so gut wie noch nicht im Einsatz.

[12] Für einen Überblick über die Planungsaufgaben innerhalb des SCM und deren hierarchische Abhängigkeiten vgl. Fleischmann *et al.* (2002)

4.3 Bewertung

Die Tatsache, dass keines der Unternehmen bereits eine übergreifende Softwarelösung für Planung, Koordination und Monitoring der Supply Chain einsetzt, aber dennoch die überwiegende Zahl der Unternehmen über einen zentralen Beschaffungsprozess, eine zentrale Produktionsplanung verfügt und dabei einen strukturierten Rückmeldeprozess einsetzt, führt zu der Frage, auf welche Weise die Planung bzw. Koordination durchgeführt wird. Die eingesetzte Software bietet keine modell- und verfahrensgestützte Lösung für eine zentrale Planung. ERP-Systeme wie SAP R/3 bieten nur für eng begrenzte Bereiche (z.B. Logistic Information System (LIS)) übergreifende Auswertungstools. Sie bieten keine Supply-Chain-übergreifenden Planungstools, die Funktionalitäten im Bereich der Optimierung umfassen.

Die Auswertung der Antworten lässt den Schluss zu, dass die genannten zentralen Planungen weitgehend manuell abgewickelt werden. Aufgrund der Fülle von Daten stellt es sich allerdings als sehr schwierig bzw. nahezu unmöglich dar, bei einer zentralen Planung alle relevanten Randbedingungen in einem ausreichenden Detaillierungsgrad zu berücksichtigen. Durch unternehmens- bzw. Supply-Chain-übergreifende Analyse- und Planungstools könnte eine solche Planungstätigkeit in erheblichem Maß unterstützt und vor allem auch beschleunigt werden.

5 Planung und Ziele im SCM-Bereich

Neben der Darstellung und Analyse des Ist-Zustands wurde auch nach den wesentlichen Zielen der Unternehmen für den Bereich des SCM gefragt.

Bei den SCM-Zielen dominieren mit der Senkung von Fertigproduktbeständen, der Verbesserung der Auftragseingangsprozesse und der Steigerung der Produktivität (vgl. Abb. 12) in der Produktion drei Ziele, die nicht erst im Zuge der aktuellen Diskussion für die Unternehmen von zentraler Bedeutung sind. Alle drei Bereiche zeichnen sich durch besonders hohes Einsparungspotenzial aus, das bisher aber nicht oder nur in geringem Maß realisiert werden konnte. Die neue Generation von Supply Chain Planning-Systemen bietet nun erstmals die Chance, diese Potenziale zu heben. Das haben offenbar auch die Unternehmen erkannt.

Die betriebs- und standortübergreifende Planung, die eine zentrale Rolle im Gesamtkonzept des SCM spielt, wird von vielen Unternehmen offenbar zurzeit als weniger wichtig erachtet. Als Ursache ist zu vermuten, dass andere Ziele zunächst als leichter umsetzbar erscheinen. Es ist daneben aber auch festzuhalten, dass diese Planungsdimension für kleinere Unternehmen in den meisten Fällen gar nicht relevant ist.

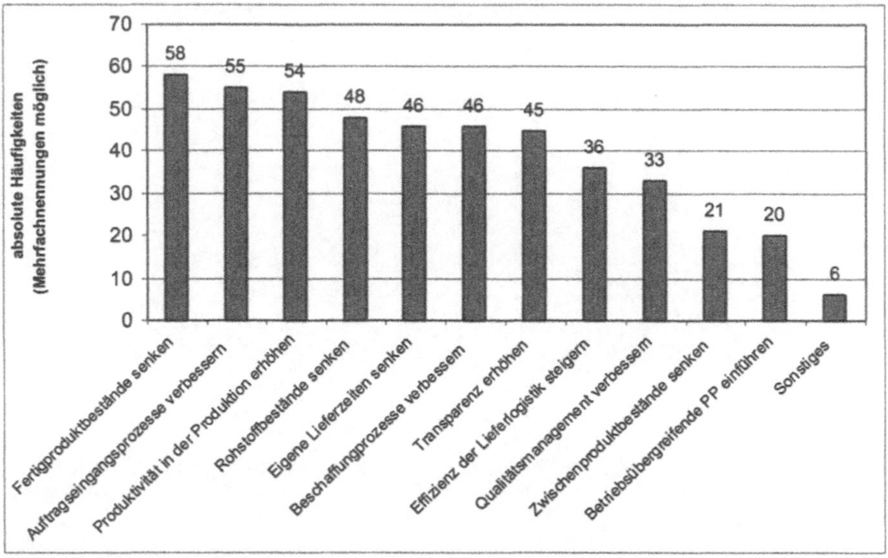

Abb. 12. Die aus Sicht der Unternehmen wichtigsten Aufgaben im Bereich des SCM in den nächsten Jahren

6 Fazit

Der Anspruch an das SCM – vollständige Integration und eine übergreifend koordinierte Analyse und Planung – und der Stand der praktischen Umsetzung sind noch sehr weit voneinander entfernt. Es wurde gezeigt, dass sich die Nutzung von ERP-Systemen innerhalb der einzelnen Teilbereiche der Supply Chain zwar weitgehend durchgesetzt hat, die Datenintegration zwischen verschiedenen Bereichen und insbesondere mit Supply Chain Partnern (Zulieferer und Kunden) jedoch in vielen Fällen bei weitem noch nicht vollzogen ist. Im Gegensatz dazu werden Analyse- und Planungsfunktionen innerhalb von umfassenden APS-Lösungen noch fast gar nicht genutzt. Die Mehrzahl der Unternehmen bevorzugt bzw. plant im Bereich der Analyse- und Planungssysteme den Einsatz von Teillösungen an Stelle einer umfassenden Gesamtlösung. Eine IT-gestützte bereichs- und standortübergreifende Analyse oder Planung ist somit erst bei wenigen Unternehmen im Einsatz bzw. konkret geplant. Weiter konnte festgestellt werden, dass das Konzept der Supply-Chain-übergreifend koordinierten Analyse und Planung, vielerorts noch gar nicht bekannt ist. Sehr viele Unternehmen verbinden mit dem Begriff SCM lediglich Integrationsaufgaben.

Für die Umsetzung des SCM kann festgehalten werden, dass insbesondere die hohen Potenziale, die das SCM im Bereich der Analyse und der Planung durch übergreifende Bewertung und Optimierung des Ressourceneinsatzes bietet, noch zu einem sehr niedrigen Grad genutzt werden.

Supply Chain Simulation mit ICON-SimChain

Kai Gutenschwager[1] und Knut Alicke[2]

[1] SimPlan AG, Ndl. Braunschweig, Adolfstr. 21, 38102 Braunschweig, Germany
[2] ICON GmbH, Amalienbadstr. 36, Raumfabrik Bau 31, 76227 Karlsruhe-Durlach, Germany
kai.gutenschwager@simplan.de, knut_alicke@icon-scm.com

Zusammenfassung Die Planung und Analyse komplexer Lieferketten bedingen Werkzeuge, die zum einen Transparenz und zum anderen eine Bewertbarkeit der dynamischen Zusammenhänge entsprechender Systeme ermöglichen. Stochastische Einflüsse ergeben sich insbesondere durch Störungen in innerbetrieblichen Produktions- bzw. Lagerprozessen, im Transportablauf oder auch durch Verzögerungen in der Informationsweitergabe. In diesem Beitrag werden Potenziale der Supply Chain Simulation in den Phasen Planung, Inbetriebnahme und operativer Betrieb von Liefer- bzw. Distributionsnetzwerken am Beispiel des Werkzeugs ICON-SimChain vorgestellt. Ein Schwerpunkt liegt hierbei auf den Schnittstellen dieses Simulators, die insbesondere den Im- und Export von Strukturdaten sowie eine Integration übergeordneter Planungs- und Kollaborationssysteme ermöglichen. Gleichzeitig wird ein neuer Ansatz zur Abbildung (der Ergebnisgüte) von Prognoseverfahren präsentiert. Der Beitrag schließt mit der Darstellung eines industriellen Beispiels.

1 Einleitung

Zu Beginn der 90er Jahre führten Reengineering-Maßnahmen und die zunehmende Verringerung der Fertigungstiefe durch Outsourcing zu Lieferketten (Supply Chains) mit einer vergleichsweise großen Anzahl an Stufen. Weiterhin erhöhte sich durch Multi- und Global-Sourcing-Strategien der Grad der Vernetzung zwischen Unternehmen. Produkte werden heute zunehmend in weltweiten Unternehmensnetzwerken an mehreren Standorten hergestellt, und Ausgleichslieferungen sowie alternative Beschaffungs- und Distributionswege sind inzwischen Standard. Dadurch entstehen neue Schnittstellen zwischen Unternehmen einer Supply Chain. Werden sie nicht in eine prozessorientierte Planung und Steuerung integriert, ist der Bullwhip-Effekt, der die (entlang der Kette zunehmende) Überreaktion der Unternehmen einer Supply Chain auf Ausschläge in der Kundennachfrage beschreibt, heute vielerorts eine Folge der nicht beherrschten Komplexität; vgl. Simchi-Levi *et al.* (1999). Die Unternehmen sichern sich gegen diese Nachfrageschwankungen mit Überkapazitäten und/oder Überbeständen ab. Diese Maßnahmen widersprechen jedoch den Anforderungen an Supply Chains, die auf kurze Lebenszyklen, stark schwankende Nachfragen etc. adäquat reagieren sollen.

Dies gilt insbesondere für hochdynamische Märkte im Hightech-Bereich, aber auch für klassische Branchen wie die Automobil- oder die Konsumgüterindustrie. Kundenbestellungen erfolgen in immer geringeren Mengen. Die

Transparenz des Marktes und damit die Vergleichbarkeit von Produkten bzw. Dienstleistungen haben durch das Internet drastisch zugenommen. Die sich ergebenden Anforderungen können nur mit angepassten bzw. entsprechend komplexen Lösungsansätzen erfüllt werden. So vertreten z.B. Allard *et al.* (1999) die Meinung, dass nach einer Reihe von Konzepten wie z.B. *Business Process Reengineering*, *Total Quality Management* und *Lean Management* unternehmensinterne Optimierungspotenziale weitgehend erschöpft sind. An dieser Stelle setzt das Supply Chain Management (SCM) an, das zum Ziel hat, die gesamte Wertschöpfungskette zu betrachten und die Komplexität der zugrunde liegenden Strukturen sowie die Stochastik der dynamischen Prozesse beherrschbar zu machen bzw. zu reduzieren; siehe Alicke *et al.* (2002).

SCM beschreibt alle Aktivitäten, die erforderlich sind, um ein Produkt zu produzieren und zu liefern, vom Lieferanten des Lieferanten bis zum Endkunden. SCM beinhaltet die Steuerung und den Abgleich der Produktversorgung mit dem Bedarf, die Beschaffung der Rohstoffe und Bauteile, die Fertigung und Montage, die Lagerung und die Bestandskontrolle, die Auftragseingabe und die Auftragsabwicklung sowie den Versand und die Lieferung an den Kunden; vgl. hierzu die Definition des Supply Chain Council (2003). In der Vergangenheit wurden Teilprozesse i.d.R. funktionsorientiert optimiert, wobei Bestände und Überkapazitäten die fehlende Synchronisation „abpufferten". Der zentrale Ansatz der Supply-Chain-Management-Philosophie besteht darin, die Wirkungszusammenhänge zwischen diesen Teilaktivitäten zu analysieren, aufeinander abzustimmen und zu optimieren.

Lieferketten bzw. Distributionssysteme lassen sich in eine Materialflussebene und eine steuerungstechnische bzw. informationstechnische Ebene unterscheiden. Störungen bzw. Verzögerungen im Materialfluss haben einen großen Einfluss auf Lieferketten und sind ein wesentlicher Grund für den Aufbau von (Sicherheits-) Beständen an den einzelnen Knotenpunkten entsprechender Netzwerke. Wie hoch diese Sicherheitsbestände zu dimensionieren sind, hängt hierbei insbesondere auch von der Transparenz bzw. Informationsverfügbarkeit über Bestände, Aufträge etc. in der gesamten Kette ab. So bestehen die Ziele moderner informationtechnischer Lösungen typischerweise in schnelleren Reaktionszeiten, verringerten Durchlaufzeiten und Beständen sowie insgesamt einer erhöhten Sicherheit durch die Substitution von kostenintensiven Produktionsfaktoren durch Informationen; vgl. Voß und Gutenschwager (2001). Auf der steuerungstechnischen Ebene können zwei grundsätzliche Lösungsansätze unterschieden werden:

- *Übergeordnete Planungsinstanz*: Von einem Advanced Planning-System (APS) wird ein Gesamtplan erstellt, der i.d.R. einen Grobplan bzw. enge Vorgaben für die individuelle Produktions- bzw. Distributionsplanung aller Teilnehmer der Kette auf der Basis der aktuellen Bestände und der externen (Kunden-)Aufträge festlegt; vgl. insbesondere die Beiträge in Stadtler und Kilger (2002) zu entsprechenden Lösungsansätzen. Diese Systeme sind leistungsfähig in hierarchisch organisierten Netzwerken, wie sie typischerweise innerhalb eines Unternehmens zu finden sind. Moderne Konzepte umfassen zudem die Verbesserung von unternehmensübergreifenden Netzwerken, die häufig heterarchisch organisiert sind. Hier versagen klassische APS-Ansätze allerdings oftmals; siehe Alicke (2003).

- *Individuelle Planungsinstanzen:* Jeder Teilnehmer der Kette plant auf der Basis seiner aktuell vorliegenden Informationen über Aufträge, Kapazitäten etc. Die Informationsweitergabe kann unmittelbar oder verzögert – z.B. aufgrund von Medienbrüchen an Schnittstellen – erfolgen. So sind Planungszyklen von Wochen keine Seltenheit. Oft sind in den übermittelten Nachfragen (Abrufen) neben Bestellungen aufgrund von Kundenaufträgen (Make-to-order) auch Prognosewerte (Make-to-stock) enthalten.

Sofern alle Unternehmen der Supply Chain unabhängig voneinander (lokal) planen, werden zeit- bzw. kostenintensive Arbeiten häufig doppelt ausgeführt (Qualität prüfen, einlagern, auslagern). Weiterhin werden Informationen nur kaskadierend und dabei oftmals verfälscht weitergereicht, da jeder Teilnehmer eine eigene Prognoserechnung durchführen muss. Aufgrund von Verzögerungen im Informationsfluss erfährt das Unternehmen, das zuerst Leistungen zu erbringen hat, zuletzt über die aktuellen Marktbedarfe und Änderungen der Nachfrage.

Informations- bzw. steuerungstechnische Lösungsansätze stellen unterschiedliche Anforderungen an die Informationsverfügbarkeit (vgl. in diesem Zusammenhang auch den Begriff der zeitnahen Logistik; vgl. Mies und Voß (2002)). Diese sind für APS am höchsten, aber auch für den Fall einer direkten Informationsweitergabe ohne Informationsverzögerung sind moderne Konzepte wie z.B. Electronic Data Interchange (EDI) unerlässlich; vgl. Bergeron und Raymond (1992). Hier ist anzumerken, dass eine Supply Chain durch eine hohe Informationsverfügbarkeit nicht zuletzt auch transparent wird.

Um die Auswirkungen der Einführung solcher Lösungen bzw. verschiedener Strukturvarianten in komplexen logistischen Systeme zu bewerten, werden Werkzeuge benötigt, die insbesondere stochastische Einflußgrößen berücksichtigen. Derartige stochastische Einflüsse ergeben sich bei Störungen in Produktions- bzw. Lagerprozessen, im Transportablauf und durch die genannten Verzögerungen in der Informationsweitergabe. Hier bietet sich die diskrete, ereignisorientierte Simulation als Analysewerkzeug an (Law und Kelton (2000)). Die Simulation dient in diesem Zusammenhang auch dazu, Varianten der Informationsdistribution zu vergleichen sowie wesentliche Steuerungsparameter, wie z.B. Reichweiten für Bestände oder Liefermengen und -zykluslängen, festzulegen.

Im folgenden Abschnitt wenden wir uns zunächst den Potenzialen der Simulation im SCM zu, um anschließend den Modellierungsansatz des Simulationswerkzeugs ICON-SimChain vorzustellen. Dabei sollen die Besonderheiten zur Modellierung von Informationsverzögerungen, zur Abbildung von Prognoseverfahren sowie die Schnittstellen zu anderen SCM-Werkzeugen herausgestellt werden.

2 Potenziale der Simulation im Supply Chain Management

Die diskrete, ereignisorientierte Simulation ermöglicht, Material- und Informationsflüsse in mehrstufigen Liefer- und Informationsbeziehungen unter Berücksichtigung relevanter stochastischer Einflüsse abzubilden und somit die Einführung von neuen Kollaborationskonzepten sowie das (Re-)Design von Liefernetzwerken zu untersuchen. Man beachte, dass die Simulation im Kontext der Analyse und Optimierung von Lieferketten bzw. Distributionsnetzwerken normalerweise nur Szenarienanalyse und nicht stochastische, ereignisdiskrete Simulation bezeichnet, wie wir sie im Weiteren behandeln. Lee und Kim (2002) sehen die Anwendungsbereiche der diskreten, ereignisorientierten Simulation insbesondere an der Schnittstelle von der Netzwerkoptimierung zur Konfiguration und Analyse von Entscheidungs- bzw. Steuerungsstrategien innerhalb der Netzwerke. Hier wird die Simulation als ergänzendes Werkzeug betrachtet, das nach der Konfiguration eines Netzwerkes und einer entsprechenden Optimierung mittels analytischer Verfahren einzusetzen ist.

Der Einsatz der Simulation empfiehlt sich allerdings über die reine Design-Phase hinaus. So ist ihr Einsatz während des vollständigen Lebenszyklus entsprechender Systeme möglich. Die weitergehende Nutzung von Modellen der Design-Phase bietet zusätzliche Potenziale während der Inbetriebnahme und des operativen Betriebs von Supply-Chain-Softwarelösungen.

Design-Phase. In der Design-Phase kann die Simulation dazu eingesetzt werden, eine neue oder bestehende Lieferkette zu analysieren und z.B. verschiedene Design-Alternativen miteinander zu vergleichen. Die Simulation kann in diesem Zusammenhang dazu dienen, Potenziale für strukturelle oder steuerungstechnische Veränderungen einer Lieferkette – als Werkzeug einer übergeordneten Wirtschaftlichkeitsanalyse – auf einem vergleichsweise hohen Detaillierungsgrad abzuschätzen sowie Ursache-Wirkungsbeziehungen in komplexen Systemen zu erkennen.

Hier entspricht der Einsatz der Simulation weitgehend demjenigen in klassischen Logistikprojekten, wobei sowohl *What-if-* als auch *How-to-achieve-*Analysen durchgeführt werden können. Der Nutzen bzw. das Ergebnis des Simulationseinsatzes kann hier insbesondere in der Festlegung bzw. Validierung der Ergebnisse eines analytischen Planungsverfahrens gesehen werden.

Neben der Überprüfung grundsätzlicher Netzwerkstrukturen können auch eher taktische Problemstellungen untersucht werden. So lassen sich unterschiedliche Produktions- bzw. Beschaffungsoptionen simulativ bewerten. In Liefernetzwerken existieren häufig Beschaffungsalternativen (multi-sourcing). Die Nachfrage- und Zulieferprozesse unterliegen dabei typischerweise stochastischen Einflüssen. Die eingesetzten Bestände zur „Absicherung der Stochastik“ sind hierbei häufig sub-optimal dimensioniert, womit i.d.R. erhöhte Kapitalbindungs- und Rückstandskosten verbunden sind. So entstehen beispielsweise in der Automobilindustrie erhebliche Kosten für die Bestandssicherung an den Montagelinien. Die zur (kurzfristigen) Sicherung oftmals notwendigen, kostenintensiven Sonderaktionen sind nicht zuletzt der Ausdruck von nicht beherrschten Prozessen.

Verbesserung versprechen Anwendungen des so genannten Supply-Chain-Monitoring, die unternehmensübergreifend Bestände und Nachfragen transparent machen. Damit ist ein proaktives Handeln im Engpassfall möglich, aber auch Überbestände können nach und nach abgebaut werden. Die Monitoring-Ansätze definieren als zentrale Instanz Richtwerte in Form von Korridoren von Bestandsreichweiten, die in den lokalen Steuerungen (Unternehmen) individuell umgesetzt werden können. Die Konfiguration dieser Richtwerte ist mit analytischen Mitteln kaum mehr effizient umsetzbar. Hier bietet die Simulation deutliche Vorteile, da sämtliche Störeinflüsse, die über Sicherheitsbestände „abzufedern" sind, explizit abgebildet werden können. Voraussetzung hierzu ist allerdings eine (Online-)Kopplung von Simulationsmodell und Monitoring-System.

Neben der Bestimmung notwendiger Bestandsreichweiten für einzelne Artikel kann die Definition geeigneter Transportlösungen bzw. -modi für die verschiedenen Lieferbeziehungen Gegenstand simulativer Untersuchungen sein. Die Auswirkungen von Lieferzyklen unterschiedlicher Länge (z.B. täglich oder wöchentlich) und (Mindest-)Bestellmengen können mittels geeigneter Simulationsmodelle untersucht werden. Entsprechende Kosten-Nutzen-Untersuchungen sind insbesondere im Rahmen der Vertragsgestaltung von Transportdienstleistungen von Bedeutung.

Inbetriebnahme. Die Konfiguration von Planungs- bzw. Monitoring-Systemen ist ein wesentlicher Anwendungsbereich der Simulation und berührt dabei insbesondere auch die Testphase (als Teil der Inbetriebnahmephase) der Software an sich. Für ein Supply-Chain-Monitoring- oder Planungssystem ist dabei grundsätzlich ein (Daten-)Modell der Lieferkette mit sämtlichen relevanten Strukturdaten, wie z.B. Stücklisten, Bestellzyklen und Losgrößen, zu hinterlegen. Der Test solcher Datenmodelle auf Korrektheit und Vollständigkeit läßt sich mittels eines (bestehenden) Simulationsmodells unterstützen, indem die Strukturdaten importiert werden und Experimente auf der Basis dieser Daten durchgeführt werden. Voraussetzung hierzu sind geeignete Schnittstellen. Eine beispielhafte Schnittstelle stellen wir im folgenden Abschnitt für ICON-SimChain vor.

In diesem Zusammenhang kann ein Simulationsmodell der Design-Phase mittels des Exports von Strukturdaten auch dazu genutzt werden, den Modellierungsaufwand zu reduzieren. Fehler in der (erneuten und damit zeitintensiven) Modellierung auf Seiten des Monitoring- bzw. Kollaborationssystems lassen sich damit vermeiden.

In dieser Phase können Simulationsmodelle auch zu Trainingszwecken und zur Ausbildung von Nutzern von Kollaborationslösungen genutzt werden. Hier können Nutzer z.B. die Auswirkungen von individuellen (lokalen) Planungsentscheidungen am Modell bewerten lassen.

Operativer Betrieb. Im operativen Betrieb kann die Simulation – gegebenenfalls unter Nutzung der genannten Schnittstellen – selbst als Prognosewerkzeug eingesetzt werden, um z.B. zu überprüfen, zu welchen Ergebnissen das übergeordnete Planungssystem (in der aktuellen Parameterkonfiguration) führen wird. Dies ist insbesondere dann sinnvoll, wenn sich die Rahmenbedingungen für die Lieferkette kurzfristig verändern. Hierzu gehören z.B. Streik- oder Hochwassersituationen, deren Einflüsse auf das Gesamtverhalten der Lieferkette zu bewerten sind. Gleichzeitig können verschiedene Lösungsstrategien zur Behebung der entstehenden (Versorgungs-)Probleme am Simulationsmodell untersucht werden.

Ein Werkzeug, das entsprechend durchgängige Simulationsanwendungen in allen Lebenszyklusphasen einer Supply Chain ermöglicht, stellt ICON-SimChain dar, das im folgenden Abschnitt vorgestellt wird.

3 Modellierungsansatz von ICON-SimChain

ICON-SimChain dient der Abbildung und Analyse von dynamischen Zusammenhängen von Lieferketten und Distributionsnetzwerken sowie von „individuellen" Planungs- und Bestellpolitiken. ICON-SimChain basiert auf einem prototypischen Bausteinkasten der SimPlan AG, der unter dem objektorientierten Simulationssystem eM-Plant der Firma Tecnomatix entwickelt wurde. Dieses Werkzeug zeichnet sich insbesondere durch eine Anbindung an das Monitoring- und Kollaborationssystem ICON-SCC der Firma ICON und durch einen (teil-)automatisierten Modellaufbau aus. Aufgrund der Objektorientierung und der damit verbundenen Flexibilität und Offenheit von eM-Plant ist ein Customizing von Modellen – d.h. der Abbildung auch problemspezifischer Strukturen und spezieller Prozesse – vergleichsweise unproblematisch. Damit grenzt sich dieser Simulator von den meisten Simulationswerkzeugen im Bereich des SCM ab, die eher einen monolithischen Ansatz verfolgen; vgl. hierzu auch den kurzen Überblick zu weiteren, speziellen SCM-Simulationswerkzeugen in Lee und Kim (2002).

Grundlagen. ICON-SimChain basiert auf zwei übergeordneten Bausteinen zur Abbildung von Material- und Informationsfluss, einem Baustein für die Parametrisierung sowie einem weiteren für die zentrale Verwaltung aller Ergebniswerte. In Abb. 1 ist die Oberfläche (einschließlich eines einfachen Beispiels für ein Distributionsnetzwerk) dargestellt.

Der zentrale Baustein ist das Depot. Depots können entweder interaktiv im Modell angelegt bzw. vernichtet werden, oder in einer entsprechenden Tabelle im Verwaltungsbaustein definiert werden. Diese werden dann automatisch in der Modellinitialisierung angelegt und parametrisiert.

Der Depot-Baustein besteht aus vier einzelnen Bausteinen (gemäß SCOR-Modell):

- Lager (Wareneingang und Warenausgang, definiert *Source* und *Deliver*)

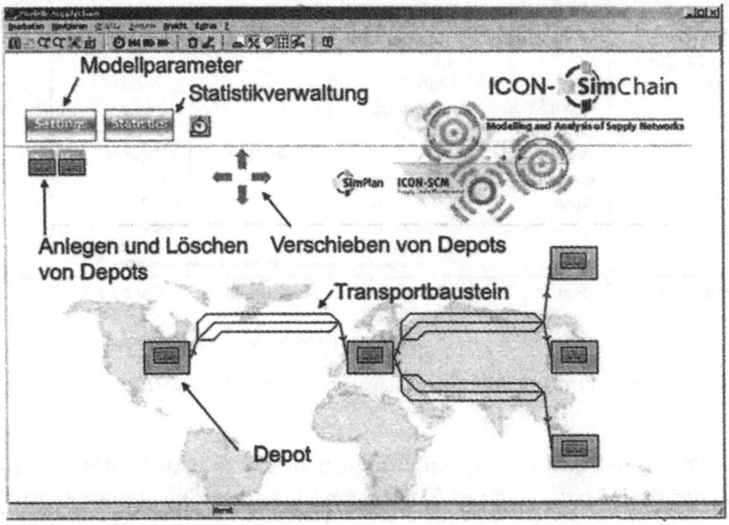

Abb. 1. Oberfläche von ICON-SimChain

- Produktion (mit Ressourcen, modelliert *Make*)
- Übergeordnetes Bestell- und Planungssystem (ERP, definiert *Plan*)

Die beiden Lagerbausteine dienen im Wesentlichen der Abbildung der Ein- und Auslagerungsprozesse unter Berücksichtigung von Leistungsschwankungen sowie der Verwaltung der Bestände und den damit verbundenen Kosten der Lagerhaltung. Im Produktionsbaustein können beliebig viele Ressourcen parametrisiert werden, wobei jedes Produkt aber immer nur genau einer (kapazitierten) Ressource zugeordnet werden kann. Für die einzelnen Ressourcen sind Kapazitäten anzugeben und für jedes zugeordnete Produkt jeweils ein Kapazitätsverbrauch. Die Angaben dienen gleichzeitig als Basis für den Kapazitätsabgleich im Rahmen der Produktionsplanung. Für alle Ressourcen sowie die beiden Läger können (unterschiedliche) Arbeitskalender definiert werden, die in der Planung entsprechend berücksichtigt werden.

Grundsätzlich erfolgt die Planung auf der Basis von Perioden (fester, aber frei parametrisierbarer Länge). Hierbei können (vordefinierte) Planungsverfahren oder Bestellungen in individuell festlegbaren Zyklen (für jedes Depot getrennt) ausgeführt werden.

Im Rahmen der Produktion werden Vorprodukte gemäß der Losgröße und Stückliste aus dem Wareneingangslager jeweils en bloc (zu Beginn der Produktion) aus dem Lager abgezogen. Nach Beendigung der Produktionszeit für die jeweilige Losgröße werden die entstandenen Produkte (nach Abzug eines Ausschussanteils) in das Wareneingangslager (Zwischenprodukte) oder Warenausgangslager (Endprodukte) eingelagert.

Sowohl Vor- bzw. Zwischenprodukte (im Wareneingangslager) als auch Endprodukte (im Warenausgangslager) können unter Angabe eines spezifi-

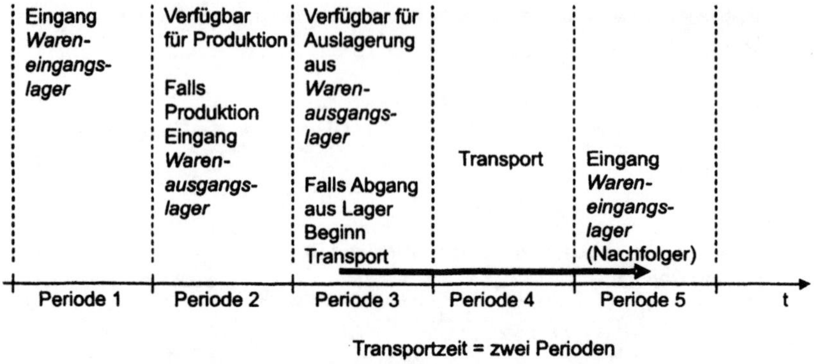

Abb. 2. Beispiel zum periodenorientierten Materialfluss unter ICON-SimChain

zierten Transportmodus von Nachfolgern in der Kette bestellt werden. Die entsprechenden Abzugs- bzw. Zugangsmengen werden genau einmal in der jeweiligen Periode verbucht. Dabei wird davon ausgegangen, dass in einer Periode nur Produkte das Depot verlassen können, die zu Beginn der Periode im Lager vorhanden sind. In Abb. 2 ist der periodenorientierte Materialfluss mit den entsprechenden Zeitpunkten, an denen Artikel nach einem Transport im Nachfolgerdepot für einen folgenden Produktionsschritt wieder verfügbar sind, beispielhaft dargestellt.

Die komplette Planungsfunktionalität – einschließlich des zugehörigen Informationsflusses obliegt dem überlagerten Planungs- und Bestellsystem eines Depots, das die folgenden Funktionalitäten umfasst:[1]

- Abbildung des Bestelleingangs (einschließlich der Verzögerung der Informationsweitergabe)
- Bestimmung von Lieferterminen (für Bestellungen von Nachfolgern in der Kette)
- Periodenweise Produktionsplanung / Planung der Bestellungen
- Verwaltung von Bestellungen bei Vorgängern in der Kette

Neben dem Depot bildet der Transportbaustein den wesentlichen Bestandteil des Simulationssystems. Diese werden grundsätzlich in der Initialisierungsphase automatisch angelegt und gemäß der Spezifikationen der definierten Lieferbeziehungen zwischen je zwei Depots parametrisiert. Lieferbeziehungen sind hierbei zwar für einzelne Produkte zu definieren; es können aber identische Transportmodi, die gesondert zu parametrisieren sind, genutzt werden. Der Transportbaustein erfüllt die folgenden Funktionalitäten:

- Abbildung von Transporten unter Berücksichtigung von (diskret verteilten) Transportverzögerungen, die für jeden Transportmodus zu definieren sind

[1] Auf die wesentlichen Aspekte dieser Funktionalitäten wird im Folgenden näher eingegangen.

- Bestimmung der Transportkosten (in Abhängigkeit des Transportmodus)
- Abbildung von Sondersituationen (und entsprechender Informationsverfügbarkeit), wie z.B. Streiks oder Hochwasser

Auch für einzelne Transportmodi können Arbeitszeitmodelle hinterlegt werden. Sämtliche Modellparameter werden zentral in einem eigenen Baustein verwaltet, über den sämtliche Modellparameter (Strukturdaten) eingestellt sowie die Modellinitialisierung bzw. Strukturveränderungen im Zeitverlauf vorgenommen werden. Die Struktur des Modells kann sich während eines Experiments ändern, da die Möglichkeit besteht, Gültigkeitsbereiche für Lieferbeziehungen und Stücklisten zu definieren. Darüber hinaus bietet der Verwaltungsbaustein – neben einer Schnittstelle zum Einlesen von vollständigen Auftragslisten – unterschiedliche Auftragsgeneratoren, um externe Kundenaufträge auf der Basis von Wahrscheinlichkeitsverteilungen zu erzeugen.

Die wesentlichen Datenstrukturen bzw. Modellparameter setzen sich aus den folgenden Tabellen zusammen:

- *Depots*: Periodenlänge, Frequenz von Planungs- und Bestellverfahren, Ressourcen, Arbeitskalender, Kapazitätsprofile, Verzögerungen im Informationsfluss
- *Artikel*: zeitabhängige Stücklisten, Sicherheitsbestände, Mindestproduktionsmengen, Losgrößen, Reichweiten, Ausschussanteil, Güte von Prognoseverfahren
- *Lieferbeziehungen*: Frequenz von Lieferungen, Transportmodi, minimale Transportmengen, Losgrößen, Gültigkeitsbereiche, Ausschussanteil, Angestrebter Servicegrad
- *Transportoptionen*: Transportdauer als diskrete Verteilung, Kostenstruktur, Arbeitskalender
- *Arbeitskalender und Kapazitätsprofile*: Verschiedene Kalender und Kapazitätsprofile auf Periodenbasis zur Abbildung von Wochenenden, Feiertagen, unterschiedlichen Schichtmodellen etc.
- *Ausnahmesituationen*: „Ergänzungen" zu den Arbeitskalendern und Kapazitätsprofilen, wobei neben der Angabe der Periode und der veränderten verfügbaren Kapazität auch die Periode anzugeben ist, ab der diese Veränderung bekannt ist
- *Kundenaufträge*: Lastgeneratoren bzw. Schnittstelle zu Datenbanken mit historischen Daten

Neben den Transportbausteinen wird auch ein Statistikbaustein für die Analyse bzw. Bewertung von Ergebnissen automatisch angelegt. In der Standardeinstellung werden z.B. für jedes Produkt an einem Standort eine Tabelle sowie ein Verlaufsdiagramm erzeugt, in denen die jeweiligen Ergebniswerte pro Periode protokolliert werden. Neben den Ziel- und Ist-Beständen werden hier z.B. Bestellmengen, Rückstände, Kostenkennzahlen sowie der Servicegrad geführt.

Schnittstellen für Strukturdaten. Die im Simulationsmodell zentral hinterlegten Strukturdaten können in das Monitoring-System ICON-SCC exportiert werden und stehen für den operativen Einsatz somit direkt zur Verfügung. Gleichzeitig kann ein Export der Strukturdaten von ICON-SCC nach ICON-SimChain erfolgen. Die Schnittstelle ist über einfache Textdateien realisiert.

Die Datenstrukturen der beiden Systeme entsprechen sich hierbei weitestgehend. Auf Seiten der Simulation sind allerdings weitere Parameter bzw. Einstellungen zur Abbildung stochastischer Größen sowie individueller Planungsmethoden zu spezifizieren. Bei einem Import werden die Daten zunächst in die simulationsinternen Datenstrukturen überführt (die sich insbesondere durch geschachtelte, d.h. multi-dimensionale, Tabellen auszeichnen).

Aufgrund des teilautomatisierten Modellaufbaus kann mit Simulationsexperimenten nahezu direkt nach Einlesen der Strukturdaten und der Festlegung von Auftragsdaten begonnen werden. Dies bedeutet, dass der simulationsseitige Modellierungsaufwand für Lieferketten, für die ICON-SCC installiert ist, äußerst gering ist.

Informationsweitergabe. Die Effizienz von Supply Chains hängt zu einem Großteil von einer hohen Informationsverfügbarkeit und der damit möglichen zeitnahen Koordination der Teilprozesse ab. Die Informationsweitergabe (Bestellungen etc.) kann auf verschiedenen Informationswegen erfolgen (mündlich, papierbasiert oder elektronisch). Als besonders kritisch sind hierbei Medienbrüche anzusehen. So kann ein solcher Bruch auch bei einer ansonsten elektronischen Kommunikationsform vorliegen, wenn z.B. eingehende Bestellungen zwar per E-Mail erfolgen, die Bestelldaten aber anschließend von Hand in die entsprechenden Anwendungssysteme einzugeben sind. Eine Durchgängigkeit – im Sinne der Kommunikation zwischen Anwendungen – liegt z.B. bei Konzepten aus dem Bereich EDI vor; vgl. z.B. Voß und Gutenschwager (2001) sowie Böse *et al.* (2003).

Unter ICON-SimChain können Medienbrüche bzw. Verzögerungen im Informationsfluss dergestalt abgebildet werden, dass Bestellungen erst zeitverzögert in den Planungsverfahren verarbeitet werden. Hierzu kann eine diskrete Wahrscheinlichkeitsverteilung für jedes Depot angegeben werden, die eine Parametrisierung der Verzögerung (angegeben in Anzahl Perioden) von Bestelleingängen ermöglicht. Der minimale Wert wird dabei in den Planungsverfahren zur Auslösung von Bestellungen als Standardwert berücksichtigt.

Um die Situation vollständiger Informationen abzubilden (keine Verzögerungen im Informationsfluss) ist zu gewährleisten, dass die aktuellen Bedarfe bzw. Bestellungen so durch die Kette propagiert werden, dass alle Depots sämtliche relevanten Informationen noch rechtzeitig für die aktuelle Planungsperiode erhalten. Hierzu wird im Modell ein entsprechender Vorgänger-Nachfolger-Graph in der Initialisierung ermittelt, aus dem die Reihenfolge der Aufrufe der Planungs- und Bestellverfahren der einzelnen Depots (pro Periode) abgeleitet wird.

Die Parametrisierung von Verzögerungen im Informationsfluss kann unter anderem für einen Vergleich unterschiedlicher Kommunikationswege bzw. -systeme genutzt werden. Somit können z.B. die Potenziale eines Supply-Chain-Monitoring-Systems im Vergleich zu den bestehenden Kommunikationsstrukturen im Rahmen einer Wirtschaftlichkeitsanalyse abgeschätzt werden. Das Ziel entsprechender Analysen könnte z.B. sein, am Modell zu bewerten, bis zu welchem Grad sich Bestände durch eine verbesserte Informationsgrundlage bzw. eine stärker zentralisierte Planung verringern lassen.

Prognose, Produktions- und Bestellplanung. Die Abbildung von Prognoseverfahren in Simulationssystemen stellt aus Sicht der Modellierung einen besonders kritischen Aspekt dar. So werden in der Praxis oftmals keine Standardverfahren aus der Fachliteratur eingesetzt, sondern individuelle Lösungsansätze. Im ungünstigsten Fall erfolgt die Prognose auf der Basis individueller Einschätzungen künftiger Entwicklungen.

Für die simulative Abbildung (von Ist-Situationen) sind aber genau diese Verfahren nachzuimplementieren bzw. geeignet zu modellieren. Hier entsteht ein gegebenenfalls hoher Modellierungsaufwand für notwendige Modellerweiterungen. Gleichzeitig ist es oftmals äußerst schwierig, „manuelle" (implizite) Verfahren in algorithmischer Form zu beschreiben; vgl. Voß und Gutenschwager (2001) zu entsprechenden Verfahren der Wissensakquisition.

Unter ICON-SimChain sind demzufolge keine expliziten Prognoseverfahren abgebildet. Statt dessen wird die Güte des jeweils eingesetzten Planungsverfahrens zur Beschreibung der Prognose als Modellparameter genutzt. Die Bewertung des eingesetzten Prognoseverfahrens beinhaltet dabei gleichzeitig eine Bewertung der Entscheidungssituation selbst. So ist die Ergebnisgüte eines Verfahrens bei höherer Informationssicherheit – wie sie typischerweise auf der ersten Ebene eine Supply Chain vorliegt – i.d.R. ebenfalls höher.

Unter ICON-SimChain wird hierzu folgender Ansatz umgesetzt. Zunächst werden in der Modellinitialisierung sämtliche Kundenauftragsdaten eingelesen oder über einen Auftragsgenerator erzeugt. Damit erhält man den so genannten *Masterplan*, der die im Simulationslauf dann tatsächlich eintretenden Kundenaufträge und (abgeleiteten) Bedarfe beschreibt.

Zur Laufzeit des Modells werden in jedem Planungsschritt (für die Prognose eines Artikels) die Prognosewerte für jede Periode des Planungshorizonts verfälscht. Die Grundlage bildet hierzu die Normalverteilung. Der Erwartungswert ist der für die jeweils betrachtete Periode später tatsächlich eintretende Bedarf, der dem Masterplan entnommen werden kann. Die einzige Ausnahme bilden Sprünge im Bedarf, die Bestandteil der Parametrisierung des entsprechenden Problemgenerators sind. Für jeden Sprung ist hier anzugeben, wie viele Perioden vorab dieser Sprung erstmals in der Prognose zu berücksichtigen ist. Vor dieser Periode, an der die Prognose die Veränderung erfasst, wird mit dem alten Erwartungswert prognostiziert. Damit können sowohl vorab bekannte saisonale Schwankungen als auch unerwartete Sprünge abgebildet werden (vgl. Abb. 3).

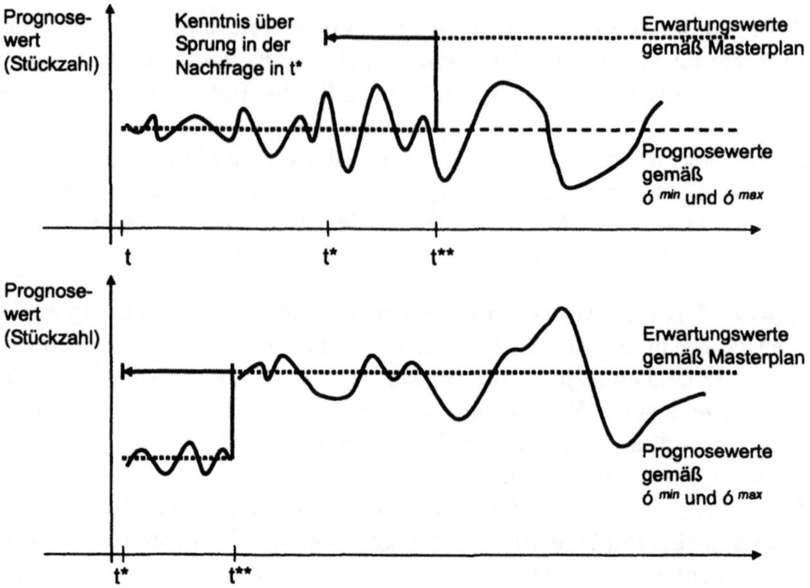

Abb. 3. Ermittlung des dynamischen Prognosefehlers unter Berücksichtigung von Sprüngen im Bedarf und entsprechender Informationsverfügbarkeit

In der Abbildung wird zum Zeitpunkt t ein Prognoseverfahren für einen Artikel angewendet. Hierbei wird ein gleichmäßiger Bedarf für den betrachteten Artikel für alle Perioden bis zum Zeitpunkt t^{**} unterstellt. Ab diesem Zeitpunkt erhöht sich der später tatsächlich eintretende Bedarf. Die (generelle) Kenntnis über den Sprung wird im Beispiel für den Zeitpunkt t^* unterstellt. Diese Form der Informationsverfügbarkeit kann im Auftragsgenerator entsprechend parametrisiert werden. Da dieser Zeitpunkt noch nicht erreicht ist, wird für die Ermittlung der Prognosewerte zunächst mit dem „alten" Erwartungswert für alle Perioden des Planungshorizonts gerechnet (vgl. Abb. 3, oben). Erst wenn der Zeitpunkt t^* erreicht ist, wird für die der entsprechenden Periode folgenden Perioden der neue (und korrekte) Erwartungswert unterstellt (vgl. Abb. 3, unten).

Ausgehend vom anzunehmenden Erwartungswert wird der Prognosewert als Verfälschung dieses Wertes bestimmt. Im Modell wird dabei berücksichtigt, dass die Informationsgüte und damit die Prognosequalität für die nähere Zukunft höher ist als für spätere Perioden des Planungshorizonts. Die unterstellte Standardabweichung der Normalverteilung ist somit dynamisch zu gestalten.

Hierzu ist im Modell ein Wert für die Standardabweichung in der ersten Planungsperiode (σ^{min}) sowie ein Wert für die Standardabweichung für die letzte Periode des Planungshorizonts (σ^{max}) für die Modellierung des Prognosefehlers anzugeben. Zwischen der ersten und der letzten Periode des

Planungshorizonts nimmt der Fehler (Standardabweichung) dabei im Modell linear zu (vgl. Abb. 3).

Formal bestimmt sich die Standardabweichung der zugrundeliegenden Normalverteilung für jede Periode i des Planungshorizonts der Länge n (mit $n > 1$) wie folgt:

$$\sigma_i = \sigma^{min} + (\frac{\sigma^{max} - \sigma^{min}}{n-1}) \cdot (i-1) \quad \forall i \in (1..n) \text{ mit } \sigma^{max} \geq \sigma^{min} \geq 0$$

Da negative Prognosewerte auszuschließen sind, werden die Prognosewerte nach unten begrenzt. Gleichzeitig wird angenommen, dass der verfälschte Prognosewert maximal doppelt so hoch sein darf wie der jeweilige Erwartungswert. Damit wird sichergestellt, dass die Verteilungen zur Abbildung der Verfälschungen weiterhin den vorgegebenen Erwartungswert besitzen.

Ausgehend von den ermittelten Prognosewerten wird eine periodenweise Bedarfsplanung für jedes Produkt eines Depots durchgeführt. Hierbei stehen verschiedene Verfahren zur Ermittlung des künftigen Bedarfs zur Verfügung:

- *Make-to-order*: Für die Produktion sind allein die aktuellen Aufträge von Relevanz, d.h., es wird kein Sicherheitsbestand berücksichtigt. Für diesen Fall werden keine Mindestproduktionsmengen beachtet.
- *Make-to-stock (fix)*: Das Ziel besteht darin, einen fixen Sollbestand eines Produkts am Lager vorzuhalten.
- *Make-to-stock (dynamisch bzw. reichweitenorientiert)*: Das Ziel besteht darin, einen dynamisch bestimmten Sollbestand eines Produkts am Lager vorzuhalten.
- *Verarbeitung der Ergebnisse übergeordneter Planungsverfahren*: Das Ziel besteht darin, Planungsergebnisse von APS in der Simulation umzusetzen, um eine Bewertung dieser unter Berücksichtigung relevanter stochastischer Einflüsse zu ermöglichen.

Bei der reichweitenorientierten Planung ist vom Anwender die Anzahl an Perioden anzugeben, für die der Lagerbestand am Ende der betrachteten Planung noch mindestens ausreichen soll. Der jeweilige Zielbestand wird dann dynamisch unter Berücksichtigung der aktuellen Prognose für die folgenden Perioden und eines Mindestbestands ermittelt.

Für eine Online-Kopplung mit einem übergeordneten Planungssystem steht in der aktuellen Version eine Schnittstelle zum *Demand Planner* der Firma ICON zur Verfügung. Diese Kopplung erfolgt zur Laufzeit nach folgendem Schema:

1. *Versenden* von Dateien mit allen Beständen, externen Bestellungen, Verfügbarkeiten, Arbeitskalendern etc. vom Simulationsmodell an den *Demand Planner* von ICON-SCC.
2. Aufruf des *Demand Planner* aus dem Simulationsmodell heraus. Dieser berechnet geeignete Korridore für die Zielbestände für alle Produkte und

Perioden, an denen sich die individuellen Produktions- und Bestellplanungen orientieren sollen. Die Korridore ergeben sich über die Angabe eines Mindest- sowie eines Maximalbestands für jedes Produkt pro Periode und Depot. Die entsprechenden Werte werden wiederum dem Simulationsmodell als Datei zur Verfügung gestellt und dort eingelesen.

3. Über einen Modellparameter *devFromSCC* wird für jedes Produkt abschließend festgelegt, wie sich der letztendliche Zielbestand im Rahmen der lokalen Planung des jeweiligen Depots ergibt. Das Ziel dieses Modellierungsansatzes besteht darin, individuelles Entscheidungsverhalten über *devFromSCC* abzubilden: Für Werte zwischen 0 und 1 wird der entsprechende Wert zwischen dem (vom Demand Planner) vorgeschlagenen minimalen und maximalen Zielbestand bestimmt. Für Werte zwischen 1 und 2 bzw. zwischen 0 und -1 wird diese Gerade zwischen den beiden Vorgabewerten (außerhalb des vorgeschlagenen Korridors) linear weitergeführt. Damit können z.B. auch überaus konservative individuelle Planungsannahmen (mit überhöhten Sicherheitsbeständen) abgebildet und die Auswirkungen eines von den Vorgaben abweichenden Verhaltens analysiert werden.

Ausgehend von den Zielbeständen für alle Perioden des Planungshorizonts wird anschließend ein Kapazitätsabgleich durchgeführt. Dieser basiert auf einer einfachen Heuristik, die in einer Vorwärtsrechung für jede Ressource überprüft, ob alle Kapazitätsrestriktionen in der jeweiligen Periode eingehalten werden. Ist dies nicht der Fall, so wird zunächst versucht, entsprechende Konflikte durch ein Vorziehen von (Teil-)Produktionsaufträgen (unter Beachtung von Losgrößen und Mindestproduktionsmengen) aufzuheben. Da mehrere Produkte einer Ressource zugeordnet sein können, wird hier versucht, die Verschiebung auf möglichst alle zugeordneten Produkte gleich zu verteilen. Ist ein Vorziehen nicht möglich, so wird sukzessive eine Verschiebung nach hinten, d.h. eine Verspätung um jeweils eine Periode, eingeplant, bis der Konflikt aufgelöst ist.

Bestellungen werden unter Beachtung eines *Supplier Splits* (bei alternativen Lieferanten) vorgenommen, der vorab festzulegen ist. Da unter ICON-SimChain mehrere Transportmodi für eine Transportverbindung angelegt werden können (z.B. Transport per Flugzeug oder Schiff), wird bei einer Bestellung jeweils der am höchsten priorisierte Modus (günstigste/langsamste) überprüft. Würde sich hierbei unter Beachtung von (vereinbarten) Mindesttransportdauern und Lieferzyklen eine Verspätung ergeben, so würde der nächste mögliche Transportmodus überprüft werden etc. Kann keine Alternative gefunden werden, die eine rechtzeitige Auslieferung gewährleistet, wird die schnellste/kostenintensivste Alternative gewählt. Es wird somit nicht nur ein Produkt in einer bestimmten Menge bestellt, sondern auch ein Transportmodus. Dies geschieht aus Gründen der Zurechenbarkeit entsprechender Kosten (Verursacherprinzip). Umgekehrt wird ein alternativer Transportmodus auch gewählt, wenn sich auf Seiten des Zulieferers eine Verspätung (z.B.

durch unzureichende Bestände) ergäbe, die dazu führen würde, dass der vereinbarte Servicegrad für die Lieferbeziehung durch den Zulieferer nicht mehr eingehalten wird.

Abbildung von Sondersituationen. Unter ICON-SimChain besteht die Möglichkeit, Sondersituationen (wie z.B. Streiks) mit einer veränderten Verfügbarkeit von Ressourcen zu parametrisieren. Im Unterschied zum normalen Arbeitskalender sind diese nicht sofort bekannt, sondern erst ab einem ebenfalls anzugebenden Zeitpunkt. Dies bedeutet, erst wenn dieser Zeitpunkt erreicht ist, wird mit den veränderten Randbedingungen geplant.

Sondersituationen können sowohl für Ressourcen und Läger als auch für Transportverbindungen modelliert werden. Hierzu dienen zwei Tabellen, in denen die Perioden mit veränderter Kapazität angegeben werden können. Die Angabe, ab welcher Periode die Veränderungen als bekannt vorausgesetzt werden können, dient modellintern dazu, die Produktionsplanung bzw. die Planung von Bestellungen auf der Basis dieser zusätzlichen Informationen durchzuführen. Dabei wird der ursprünglich relevante Arbeitskalender bzw. das entsprechende Kapazitätsprofil für die betroffenen Perioden überschrieben.

4 Anwendungsbeispiel

In diesem Abschnitt soll abschließend ein Praxisbeispiel vorgestellt werden, das sich insbesondere durch eine Prozessverbesserung durch vermiedene Sonderaktionen und reduzierte Bestände in einer vierstufigen Supply Chain auszeichnete. Das Beispiel entstammt einem realen Projekt aus dem Bereich der Automobilindustrie; die Darstellung wurde anonymisiert.

Das untersuchte Netzwerk. Der Aufbau des untersuchten Netzwerkes ist in Abb. 4 dargestellt. Ein Kunde (OEM) wird in einer vierstufigen Zulieferkette mit Waren versorgt. Die Planung der Unternehmen erfolgt lokal. Zudem wird die in der Automobilindustrie typische Abrufsteuerung verwendet, d.h., der Zulieferer erhält eine Vorschau der Nachfrage für die nächsten (typischerweise 9 bis 18) Monate, wobei die ersten Wochen auf Tagesbasis und anschließend auf Wochenbasis übermittelt werden. Basierend auf diesen Bedarfen plant das Unternehmen seine Produktion und gibt nun seinerseits die Abrufe weiter. Der OEM plant täglich, die Zulieferer auf der zweiten, dritten und vierten Ebene nur noch wöchentlich. Dies bedeutet, dass eine Änderung der Nachfrage den Zulieferer der vierten Ebene erst nach zwei Wochen erreicht. Die Steuerung des Netzwerkes erfolgt über Bestandsreichweiten, die Bestandteil des Vertrages zwischen Kunde und Lieferant sind.

Die Produktstruktur zeigt eine sehr frühe, prozessbedingte Variantenbildung bei dem Zulieferer der vierten Ebene. Der OEM produziert in einem Make-to-order-Prozess, allerdings liegt der *Order Penetration Point*, der den

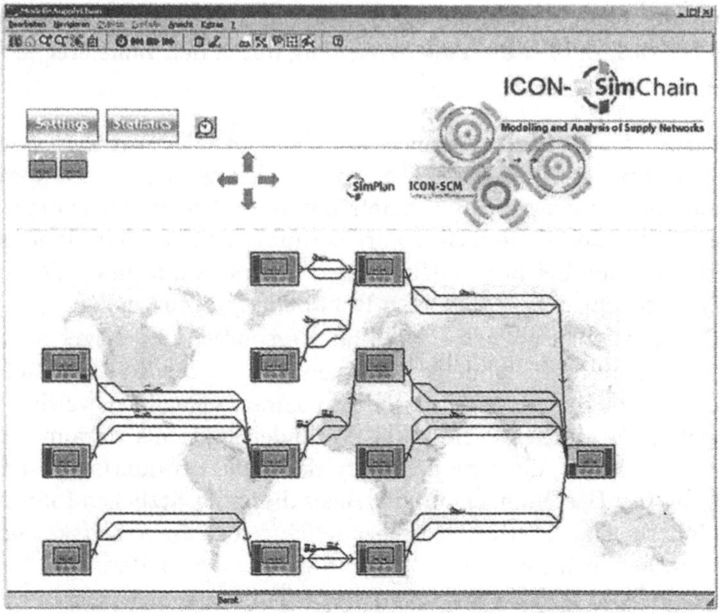

Abb. 4. Simulationsmodell der untersuchten Lieferkette

Übergang zwischen auftragsbezogener und auftragsneutraler Produktion bezeichnet, bei dem Zulieferer der zweiten Ebene. Somit müssen die Produktvarianten der vierten Ebene auftragsneutral (per Push-Ansatz) hergestellt werden, was in der Regel durch überhöhte Bestände abgefangen wird; vgl. Alicke (2003).

Ein weiteres Problem stellt der übermittelte Bedarfshorizont dar. So werden in dem Beispiel vom OEM täglich Abrufe für die nächsten neun Monate zur Verfügung gestellt, der Zulieferer auf der vierten Ebene erhält aber nur noch Abrufe für die nächsten drei Wochen von seinem Kunden (Unternehmen auf der dritten Ebene).

Vor allem die Produktionsprozesse auf der vierten und dritten Ebene sind durch lange (prozessbedingte) Durchlaufzeiten von bis zu drei Wochen geprägt. In Kombination mit der kaskadierenden Informationsweitergabe und der schwankenden Nachfrage des Marktes waren aufwendige und teure Sonderaktionen nötig, um die Versorgung der Montagelinien des OEM zu sichern.

Supply Chain Simulation für die Potenzialanalyse. ICON-SimChain wurde verwendet, um die komplexen Zusammenhänge innerhalb der Lieferkette zu modellieren und somit zu qualifizierten Aussagen über Prozessverbesserungen und damit zu Einsparpotenzialen zu kommen. In einem ersten Schritt wurde das Netzwerk mit den lokalen Planungsverfahren, dem bestehenden Informationsfluss und dem Materialfluss modelliert.

Die im Simulator vorgegebenen Datenstrukturen und implementierten (Planungs-)Verfahren waren für die Modellierung ausreichend und mussten nicht durch Modellerweiterungen projektspezifisch ergänzt werden. Der Modellierungsaufwand beschränkte sich damit auf eine reine Parametrisierung. Insbesondere die Abbildung der Prognoseverfahren an den einzelnen Depots hat sich als Vorteil erwiesen. Bei der Datenerhebung konnte auf eine aufwendige Beschreibung – und die damit verbundene Implementierung – der jeweils genutzten Prognoseansätze, die nicht zwangsweise methodisch unterstützt werden, verzichtet werden. Tatsächlich war die Angabe der Prognosequalität an den einzelnen Standorten mit vergleichsweise geringem Aufwand zu ermitteln, insbesondere wenn die Prognosewerte (in der Realität) „manuell" bestimmt werden.

Für die Untersuchungen wurden typische variantenbildende Produkte ausgewählt, um detaillierte Untersuchungen durchzuführen. Das Verhalten der Struktur wurde in einem ersten Schritt mit fiktiven Daten untersucht und anschließend mit historischen, realen Daten validiert. Zur Analyse der Ursache/Wirkungszusammenhänge wurden die fiktiven Daten verwendet, da es hier nicht zu Überlagerungseffekten und Nebenläufigkeiten kommt.

Der Bullwhip-Effekt (siehe Lee *et al.* (1997a)), der durch eine lokale Verarbeitung von Informationen sowie Bündeleffekten entsteht, konnte in der untersuchten Supply Chain nachgewiesen werden. Es zeigte sich, dass bei einer verbesserten Informationsverfügbarkeit die Sonderaktionen deutlich reduziert werden konnten. Diese Effekte wurden in Richtung der Zulieferer deutlicher. Auch war für einen Teil der Produkte eine Bestandsreduktion möglich. Diese Erkenntnisse wurden anschließend anhand der realen Abrufdaten, die für einen Zeitraum von 18 Monaten vorlagen, validiert.

Die verbesserte Prozesssicherheit, die damit einhergehende Verringerung der Sonderaktionen und die Bestandsreduktion wurden monetär am Modell bewertet. Hierbei ergab sich eine Reduktion der Logistikkosten von 8-10%. Um die Potenziale, die sich durch eine erhöhte Informationsverfügbarkeit ergaben, zu realisieren, wurde ein Supply-Chain-Monitoring-System eingeführt. Hier konnten die Potenziale in einem Pilotbetrieb auch in der Realität aufgezeigt werden.

In einem zweiten Schritt wurde das Design des Netzwerks untersucht. Bisher wurden alle Produkte aufgrund der großen räumlichen Entfernung per Luftfracht transportiert. Im Simulationsmodell wurden nun die Schnelldreher auf die wesentlich günstigere Seefracht umgestellt, die Langsamdreher werden weiterhin geflogen; siehe Fisher (1997) für eine Diskussion von innovativen und funktionalen Produkten und entsprechend definierten Supply Chains. Es zeigt sich, dass die Kapitalbindungskosten durch den erhöhten Pipelinebestand der Seefracht von den Einsparungen der Transportkosten überkompensiert werden. Insgesamt wurde der Nutzen der Simulation in diesem Projekt – nicht zuletzt aufgrund der vergleichsweise detaillieren Abbildung der Prozesse – als besonders positiv bewertet.

5 Zusammenfassung und Ausblick

Zur Beherrschung der immer komplexer werdenden Supply Chains sind neue Konzepte und Lösungsansätze nötig. Speziell bei früher Variantenbildung und Supply Chains mit sehr vielen Ebenen liegen Einsparpotenziale in reduzierten Sonderaktionen und Beständen. Zur Modellierung dieser Systeme und der stochastischen Einflussfaktoren bietet sich die stochastische, ereignisdiskrete Simulation an. Diese ermöglicht Wirtschaftlichkeitsanalysen für die Einführung innovativer Kollaborations- und Planungswerkzeuge und bietet gleichzeitig eine geeignete Basis zur Parametrisierung von eingesetzten Steuerungsverfahren innerhalb von Lieferketten und Distributionsnetzwerken.

Das vorgestellte SCM-Simulationswerkzeug ICON-SimChain basiert auf dem Simulationssystem eM-Plant und bietet die Möglichkeit der Untersuchung von komplexen Systemen mit einem hohen stochastischen Einfluss bei Nachfrage, Zuliefer- und Herstellprozessen. Die Modellierung im Sinne von SCOR-Prozessen macht hierbei das Modell transparent für die beteiligten Unternehmen. Durch Konzentration auf wenige Produkte sind die Einflussfaktoren auch für den praktischen Anwender nachvollziehbar, somit ist eine hohe Akzeptanz gewährleistet. Durch die enge Kopplung an das Monitoring-System ICON-SCC sind die ermittelten Potenziale auch im operativen Betrieb realisierbar.

Erste Pilotprojekte zeigen auf, dass die Simulation ein exzellentes Werkzeug darstellt, um komplexe Prozesse zu untersuchen und vor allem auch dem Anwender verständlich zu machen. So konnte in dem hier dargestellten Praxisfall aus der Automobilindustrie die Logistikkosten einer komplexen Lieferkette um ca. 8-10% gesenkt werden. Diese Abschätzungen bildeten die Entscheidungsgrundlage für die Einführung eines neuen Monitoring-Systems für die betrachtete Supply Chain.

Weitere Forschungsaktivitäten sollten sich in diesem Bereich insbesondere auf eine Kopplung mit Optimierungsverfahren konzentrieren. Für ICON-SimChain werden spezielle Ansätze zur simulationsgestützten Optimierung derzeit entworfen, die insbesondere einer automatisierten Kalibrierung von Steuerungsparametern dienen; vgl. z.B. Andradottir (1998) sowie Carson und Maria (1997). Gleichzeitig sollen weiterführende Planungsverfahren implementiert werden; vgl. hierzu z.B. die Ansätze in Voß und Woodruff (2003). Generell ist der Einsatz der Simulation in weiteren Projekten zu untersuchen, um so die Eignung dieses Werkzeugs auf einer breiteren Basis vornehmen zu können.

Supply Chain Event Management für globale Logistikprozesse: Charakteristika, konzeptionelle Bestandteile und deren Umsetzung in Informationssysteme

Marion Steven und Rolf Krüger

Ruhr-Universität Bochum, Lehrstuhl für Angewandte BWL I / Produktionswirtschaft, Universitätsstraße 150, 44801 Bochum, Germany
Marion.Steven@ruhr-uni-bochum.de, Rolf.Krueger@ruhr-uni-bochum.de

Zusammenfassung Aufgrund des intensiven Leistungsaustauschs lassen sich globale Wertschöpfungsstrategien häufig nur bei einer bestandsarmen Ausgestaltung der Logistik effizient verwirklichen. Deren Umsetzung erfordert ein proaktives, kurzfristiges Planungs- und Steuerungskonzept, welches als Supply Chain Event Management bezeichnet wird und operative Transparenz des Prozessvollzugs sowie möglicher Handlungsalternativen bei auftretenden Störungen gewährleisten soll. Das Supply Chain Event Management setzt sich aus drei konzeptionellen Bestandteilen zusammen, der Informationserhebung, der Informationsanalyse und -bewertung sowie der Aufbereitung und Auswertung. Diese drei Konzeptbestandteile werden durch die technischen Komponenten Tracking und Tracing, Decision Support sowie einer Front-End-Lösung entsprechend unterstützt, welche im Zuge der Implementierung aufeinander abgestimmt werden müssen. Kernaufgaben der Implementierung sind dabei die Prozessbeschreibung, die Auswahl logistischer Bezugsobjekte, die Ausgestaltung der Statusmeldungen, die Beschreibung von Events sowie die Entwicklung von Business Rules. Informationssysteme zur Unterstützung des Supply Chain Event Management können als eigenständige Systeme des Supply Chain Management aufgefasst werden. Diese werden zur Zeit verstärkt als Standardlösungen angeboten, weisen hinsichtlich ihres Funktionsumfangs und Einsatzgebiets allerdings zum Teil deutliche Grenzen auf. Hierfür lassen sich technische, vor allem aber auch nicht-technische Gründe anführen, die Weiterentwicklungen in diesem Bereich erwarten lassen.

1 Einleitung

Globale Wertschöpfung stellt hohe Anforderungen an die zugrunde liegende Logistik, deren Leistungsfähigkeit wesentlich durch die eingesetzten Informationssysteme geprägt wird. Auch wenn mit den Advanced Planning Systemen oder den Collaborative Planning Systemen leistungsstarke Informationssysteme zur zwischenbetrieblichen und unternehmensübergreifenden Disposition von Logistikprozessen zur Verfügung stehen, ergibt sich für die Logistik das Problem, dass derartige Systeme nur wenige Funktionalitäten bereitstellen, um den Auftragsfortschritt zu überwachen und zu steuern.

Dieser Bereich ist die Domäne der Supply Chain Event Management-Systeme, die mittlerweile verstärkt auch als Standardlösungen angeboten werden. Ihr Einsatz verspricht gerade für die globale Logistik Lagerbestandsreduzierungen und Lieferzeitverbesserungen. Im Folgenden wird im Kapitel 2 kurz das Umfeld globaler Logistikprozesse analysiert und das Supply Chain Event Management (SCEM) als proaktives, kurzfristiges Planungs- und Steuerungs-Konzept vorgestellt. Kapitel 3 stellt die konzeptionellen Bestandteile des SCEM sowie Kernelemente der Implementierung vor. Zur Zeit verfügbare SCEM-Informationssysteme als Standardlösungen werden im 4. Kapitel skizziert und hinsichtlich ihrer Arbeitsweise bewertet. Abschließend werden die wichtigsten Ergebnisse noch einmal zusammengefasst und ein kurzer Ausblick auf weitere Entwicklungen gegeben.

2 Die Planung und Steuerung globaler Logistikprozesse

2.1 Merkmale globaler Wertschöpfung

Internationale Wertschöpfungsaktivitäten unterliegen derzeit einem umfassenden Wandel (vgl. Porter (1989)): Ursprünglich stand der Zugang zu Ressourcen, Märkten und Technologien im Mittelpunkt der Internationalisierungsbestrebungen (vgl. Steven und Krüger (2001)). Derartige Zugangsziele beeinflussen die internationale Diversifikation der Wertschöpfungsaktivitäten und damit verbunden die Entfernung zwischen deren Standorten. Zu den durch das Entfernungsphänomen - von Bedeutung sind hier nicht nur die geografische Distanz, sondern auch kulturelle, ökonomische oder politische Unterschiede - geprägten Internationalisierungsstrategien zählt vor allem die Gruppe der multinationalen Strategien. Aufgrund von vielfältigen technischen, gesellschaftlichen, wirtschaftlichen und politischen Veränderungen der letzten Jahre hat jedoch eine zweite Kategorie von Internationalisierungszielen stark an Bedeutung gewonnen. Diese Spezialisierungsziele verändern nachhaltig die internationale Arbeitsteilung zwischen den Standorten. Zur Erzielung von Skalen- und Synergieeffekten werden Wertschöpfungsaktivitäten an solchen Standorten konzentriert, die die besten Rahmenbedingungen für deren Ausführung bieten (vgl. Ihde (2001)). Als Folge erstrecken sich Wertschöpfungsprozesse zunehmend über Ländergrenzen hinweg. Internationalisierungsstrategien, welche sowohl das quantitative Phänomen der Diversifikation und Entfernung als auch das qualitative Phänomen der Arbeitsteilung berücksichtigen, werden als globale Wertschöpfungsstrategien bezeichnet (vgl. Dicken (1998)).

Globale Wertschöpfungsstrategien erfordern einen umfassenden Leistungsaustausch zwischen den am Wertschöpfungsprozess beteiligten Standorten. Zur Abstimmung des Leistungsaustauschs ist eine Integration der räumlich verteilten und arbeitsteilig zusammenwirkenden Wertschöpfungsaktivitäten notwendig. Diese Integration entspricht dem Aufgabenbereich des Supply Chain Management. Speziell der Austausch physischer Leistungen obliegt dabei der Logistik, welche zusammen mit der Produktion als Kernprozess des Supply Chain Management aufgefasst werden kann. Für den Erfolg eines Globalisierungsprojekts leistet die Logistik einen wesentlichen, häufig unterschätzten Beitrag: So wird die Vorteilhaftigkeit einer globalen Wertschöpfungsstrategie ganz entscheidend durch den zusätzlichen Raumüberbrückungsaufwand relativiert (vgl. Steven und Krüger (2001)).

Im komplexen und unsicheren Umfeld globaler Supply Chains stellen leistungsstarke und zuverlässige Logistikprozesse hohe Anforderungen an die Planung, Steuerung und Kontrolle der logistischen Aktivitäten: Neben der taktisch-operativen Planung besitzt die kurzfristige Steuerung und Überwachung des tatsächlichen Prozessvollzugs große Bedeutung: Lange Transferzeiten, vielfältige Umschlagvorgänge und zahlreiche politisch-administrative, infrastrukturelle oder klimatisch zu begründende Störungsquellen führen gerade im globalen Kontext dazu, dass sich erhebliche Abweichungen zwischen der ursprünglichen Planung und den tatsächlichen Ergebnissen des Prozessvollzugs ergeben können.

Globale Wertschöpfung bei geringen Zeit- und Mengenpuffern erfordert daher operative Transparenz über die Ausführung der Logistikaktivitäten auf den verschiedenen Wertschöpfungsstufen sowie über mögliche Handlungsalternativen, die im Falle von auftretenden Störungen ergriffen werden können.

Derartige kurzfristig ausgerichtete Planungs- und Steuerungskonzepte sowie Informationssysteme zu deren Realisierung werden seit einigen Jahren unter dem Begriff Supply Chain Event Management diskutiert.

2.2 Supply Chain Event Management als proaktives, kurzfristiges Planungs- und Steuerungskonzept

Als Event wird eine Abweichung zwischen dem geplanten Soll-Zustand und dem tatsächlichen Ist-Zustand beim Vollzug des Auftragsfortschritts bezeichnet (vgl. Wieser und Lauterbach (2001) oder Bretzke *et al.* (2002)). Ein Event besitzt spürbare negative oder positive Folgen für die Planung und Ausführung nachfolgender Wertschöpfungsaktivitäten. Negative Folgen ergeben sich z.B. in Form eines Bandstopps aufgrund einer verspäteten Lieferung, der, wenn überhaupt, typischerweise durch kurzfristiges Krisenmanagement behoben werden kann. Im Einzelfall können die Kosten der Verhinderung höher als die durch den Bandstopp selbst verursachten Kosten sein. Aber auch die positiven Abweichungen vom Plan, z.B. eine zu früh ankommende Lieferung, lassen sich häufig nicht nutzen, da sich die zusätzlichen Handlungsspielräume nicht oder zu spät erkennen lassen. Anzustreben ist also ein proaktives Handeln bei auftretenden Abweichungen. Durch das rechtzeitige Feststellen einer Abweichung können unter Umständen Maßnahmen ergriffen werden, die negative Folgen von vornherein verhindern oder die zusätzliche Spielräume auch tatsächlich nutzbar machen. Lassen sich die Folgen einer Abweichung nicht verhindern, so werden durch proaktives Handeln Alternativen ausgewählt und umgesetzt, die den Schaden möglichst gering halten.

Ein solches proaktives Konzept der operativen, kurzfristigen Planung, Steuerung und Kontrolle, welches eingebettet in ein standort- und möglicherweise unternehmensübergreifendes Supply Chain Management weite Teile der Logistikkette umfasst, kann als Supply Chain Event Management bezeichnet werden. Neben der Frühwarnung und dem rechtzeitigen Aufdecken von Engpässen und Störungen bzw. zusätzlichen Zeitpuffern ergeben sich weitere Nutzenpotenziale (vgl. Nissen (2002a)). Diese Potenziale lassen sich grundsätzlich für jegliche Art von Logistikprozessen realisieren – unabhängig davon, ob diese innerbetrieblich oder zwischenbetrieblich sowie national oder international ausgerichtet sind. Gerade im globalen Kontext sind diese Zugewinne besonders groß, so dass ein SCEM häufig als unverzichtbar für den wirtschaftlichen Betrieb globaler Logistikprozesse angesehen werden kann.

1. Bestandsmanagement: Insbesondere bei langen Transportwegen und hohem Transportaufkommen wird eine Übersicht über die im Prozess befindlichen Bestände gewährleistet. Dies eröffnet einem Disponenten zusätzliche Handlungsspielräume bei Planungsveränderungen.
2. Ressourcennutzung: Durch das SCEM lässt sich die Ressourcenauslastung verbessern und der Materialschwund durch Überwachung von Teilen oder die Verfolgung von Mehrwegbehältern reduzieren. Für globale Logistikprozesse ergeben sich vor allem deswegen besondere Vorteile, da am Prozess verschiedene Transportmittel mit unterschiedlichen Kapazitätsquerschnitten beteiligt sind. Auch der Einsatz von Mehrwegbehältern für globale Logistikprozesse kann durch das SCEM deutlich verbessert werden, da globale Prozesse eine hohe Anzahl an Behältern binden und vielfältige Möglichkeiten des Verlusts bieten.
3. Statusmeldungen für den Kunden: Externe und interne Kunden erhalten zuverlässige Auskunft über den Status ihrer Lieferung. Mittels Internet lassen sich die Informationen einfach übermitteln bzw. zur Weiterverarbeitung bereitstellen. Gerade für global operierende Logistikdienstleister stellen solche Serviceleistungen ein wichtiges Differenzierungskriterium dar (vgl. Bretzke (2002a)).
4. Dokumentation von Prozessen: Die lückenlose Erfassung von Materialbewegungen dient der Fehleranalyse und leistet einen Beitrag, Verantwortlichkeiten, z.B. zwischen Zulieferer und Abnehmer, eindeutig zu klären. Eine solche Dokumentation kann auch die Erfüllung gesetzlicher Auflagen unterstützen, z.B. bei Rückruf von defekten, bereits ausgelieferten Chargen. Beide Aspekte besitzen auch für globale Logistik hohe Bedeutung. Die Dokumentation erleichtert die Übersicht über den komplexen Leistungsaustausch. Die durch das SCEM aufgebaute Datenbasis lässt sich dazu nutzen, den verschiedenen gesetzlichen Anforderungen der beteiligten Länder gerecht werden zu können.

Darüber hinaus lassen sich die durch das SCEM erfassten Daten durch das Controlling, das Performance Management oder das Qualitätsmanagement nutzen. Deren Datenauswertungen können Anstöße zur Prozessverbesserung geben. Ein SCEM schafft operative Transparenz in mehrerlei Hinsicht durch

- einen permanenten Soll-Ist-Vergleich,
- eine Zusammenstellung möglicher Handlungsalternativen und Vorgehensweisen bei Abweichungen und
- die Bewertung von Alternativen im Vergleich zu anderen.

Diese umfassenden Anforderungen prägen die konzeptionellen Bestandteile eines globalen SCEM, welche im Folgenden vorgestellt werden sollen.

3 Konzeptionelle Bestandteile des Supply Chain Event Management

3.1 Grundelemente eines globalen SCEM

Operative Transparenz konkretisiert sich anhand von fünf Grundfunktionen, die ein umfassendes SCEM erfüllen sollte (vgl. Knickle (2001)):

1. Überwachen (Monitor): Der Status von Beständen, Aufträgen, Lieferungen usw. wird erfasst und mit dem Soll-Zustand abgeglichen.
2. Melden (Notify): Wird ein Event identifiziert, sind in Abhängigkeit von der Art des Events die Prozessverantwortlichen automatisch zu benachrichtigen.
3. Simulieren (Simulate): Um auf ein Event reagieren zu können, werden durch Simulation verschiedene Handlungsalternativen geprüft und bewertet.
4. Steuern (Control): Nachdem eine Handlungsalternative ausgewählt worden ist, erfolgt deren Umsetzung.
5. Messen (Measure): Zur Leistungskontrolle lassen sich bestimmte Performance-Indikatoren erheben und anwenderspezifisch aufbereiten. Diese Funktion stellt eine wichtige Schnittstelle zwischen der Logistik und dem Performance-Management dar.

Konzeptionell lässt sich das SCEM anhand von drei Grundkomponenten beschreiben:

- Komponente 1: Informationserhebung
- Komponente 2: Informationsanalyse und -bewertung im Hinblick auf verschiedene Handlungsalternativen
- Komponente 3: Aufbereitung und Auswertung

Auch wenn das SCEM als Konzept unabhängig von technischen Einzelaspekten zu verstehen ist (vgl. Alvarenga und Schoenthaler (2003) oder Bretzke *et al.* (2002)), zeigt sich anhand dieser Funktionen und Konzeptbestandteile, dass der Einsatz von Informationssystemen für die Durchführung des SCEM von großer Bedeutung ist. Wie auch bei anderen durch den Einsatz von Informationssystemen geprägten Lösungen wird der Begriff des SCEM daher häufig in zweierlei Hinsicht verwendet und bezeichnet sowohl Konzept als auch Informationssystem. Im Folgenden werden jedoch zunächst einige konzeptionelle Überlegungen zur Arbeitsweise des SCEM vorgestellt, bevor im Kapitel 4 auf die derzeit verfügbaren Informationssysteme eingegangen wird.

Der erste Bestandteil ist auf die Bereitstellung von Informationen für das Supply Chain Management gerichtet und dient vor allem der Erfüllung der ersten Funktion „Überwachen": Die Informationserhebung kann grundsätzlich manuell oder unterstützt durch ein Informationssystem erfolgen. In den letzten Jahren kommen hier verstärkt Tracking und Tracing (T&T)-Systeme zum Einsatz. Solche Systeme werden vor allem von KEP-Diensten sowie anderen Logistikdienstleistern betrieben. Tracking als zeitpunktorientierte Teilfunktion bezeichnet das Feststellen eines Objektstatus. Ein logistisches Objekt stellt die Bezugsgröße für ein Event (Abweichung) dar (vgl. Wieser und Lauterbach (2001)).

Tracing als zweite Teilfunktion ist dagegen zeitraumorientiert. Durch Tracing lassen sich die Aktivitäts- und Prozessfolgen erfassen, die ein Objekt bis zum Erreichen eines bestimmten Status durchlaufen hat (vgl. Isermann (1998) oder Bodendorf *et al.* (2001)). Die Effektivität und Effizienz des T&T wird stark durch technische Entscheidungen geprägt (vgl. Stefansson und Tilanus (2000)), aber auch durch die Sorgfalt der am Prozess beteiligten Mitarbeiter bei der Datenaufnahme.

Klassische T&T-Systeme sind typischerweise passiv ausgerichtet: Auf eine konkrete Benutzerabfrage werden Statusinformationen geliefert. Eine Weiterentwicklung auf dem Weg zu einem umfassenden SCEM stellt das aktive T&T dar, durch welches eigenständig bestimmte Statusmeldungen an Entscheidungsträger gesendet werden (vgl. Bretzke (2002a)). Aktives Tracking und Tracing erfordert Entscheidungsunterstützung. Systemseitig sind Kriterien festzulegen und abzugleichen, die einen kritischen Status beschreiben. Sollen neben der Funktion „Melden" auch die Funktionen „Simulieren" und „Steuern" durch Informationssysteme unterstützt werden, müssen die Komponenten der Entscheidungsunterstützung entsprechend ausgeweitet werden.

Die Funktionen „Melden", „Simulieren" und „Steuern" zählen zum zweiten Bestandteil eines SCEM, der Informationsanalyse und -bewertung. Hier werden die eingehenden Informationen auf Soll-Zustände hin abgeglichen und mit verschiedenen Handlungsalternativen in Verbindung gesetzt. Anschließend werden eine Auswahlentscheidung getroffen und Maßnahmen zu deren Umsetzung eingeleitet.

Auch die Analyse und Bewertung kann grundsätzlich ohne technische Unterstützung durchgeführt werden, z.B. auf der Basis der durch das T&T bereitgestellten Informationen. Kommen Informationssysteme zum Einsatz, können diese allgemein als Decision Support-Systeme bezeichnet werden. Die Arbeitsweise einer Decision Support-Komponente für das SCEM lässt sich unter zwei Aspekten näher charakterisieren.

1. Wird der Vorgang der Entscheidungsunterstützung als Prozess aufgefasst, setzen sich die Unterstützungsleistungen aus der Annahme der durch den Tracking- und Tracing-Bestandteil bereitgestellten Daten und deren Abgleich von Soll-Werten zusammen. Wird eine kritische Statusmeldung identifiziert, sind weitere Aktivitäten ereignisgesteuert anzustoßen, welche anhand von Regeln ausgewählt werden. Zu diesen Aktivitäten zählen beispielsweise die Alarmierung eines Entscheidungsträgers oder Aktivierung nachgelagerter Informationssysteme. Gerade die Standardsoftwaresysteme zur Unterstützung des SCEM basieren daher auf Workflows und lassen sich unter diesem Aspekt als Workflow Management-Systeme charakterisieren.
2. Der Kern des Decision Support, welcher über die Anwendung von Regeln auf bestimmte Events entscheidet - im Sinne der vorangegangenen Überlegung also die Workflow Engine - ist äußerst komplex. Einerseits muss in quantitativer Hinsicht eine sehr große Anzahl an Daten verarbeitet werden können. Andererseits sind - gerade bei Unterstützung aller Teilfunktionen - eine Vielzahl an Sollgrößen und Regeln zu hinterlegen, die in Abhängigkeit vom Ereignis eine flexible Verarbeitungsreihenfolge erfordern. Ein für das SCEM geeignetes Informationssystem enthält daher auch Elemente eines logistischen Wissensmanagement, welches vergleichbar zu einem Expertensystem fachspezifisches Wissen, in diesem Fall das Wissen erfahrener Disponenten, sammelt und anwendet. Sollgrößen und Regeln entsprechen aus dieser Perspektive der Wissensbasis (Knowledge Base). Auftretende Ereignisse werden mit Hilfe dieser Wissensbasis durch das Anwenden der Regeln bearbeitet. Der Aufbau und die Pflege der Wissensbasis erfolgt durch das logistische Wissensmanagement. Die Erfassung des Wissens und die Transformation in Regeln sind als kritisch für das gesamte SCEM einzustufen - auch wenn kein Informationssystem zur Entscheidungsunterstützung zum Einsatz kommt. Sie prägen neben den Fragestellungen des T&T maßgeblich den Erfolg.

Der dritte konzeptionelle Bestandteil kann als „Aufbereitung und Auswertung" bezeichnet werden und übernimmt die Funktion des Messens, welche auch in enger Interaktion mit dem Perfomance Management oder dem Qualitätsmanagement steht. Kernaufgaben sind neben der manuellen Überwachung die Prozessbeschreibung und die Aufbereitung der Daten, um längerfristige Entwicklungen erkennen zu können. Aus informationstechnischer Sicht dient dieser Bestandteil als Front-End: Mit Hilfe dieser Komponente interagieren Benutzer und die T&T- bzw. die Decision Support-Komponente. Die

Komponente Aufbereitung und Auswertung kann auch durch weitere Systeme unterstützt werden. Dadurch erhält der Entscheidungsträger Zugang zu Wissen, welches nicht unmittelbar verfügbar ist. Angeschlossen werden können z.B. Dokumentenmanagement-Systeme, Expertenverzeichnisse, Groupware zur Kommunikation mit anderen Entscheidungsträgern oder Suchmaschinen. Die Bedeutung solcher externer Systeme hängt stark von der Leistungsfähigkeit des logistischen Wissensmanagement ab. Die Einbindung erfolgt manuell durch den Benutzer und stellt daher nur eine zweitbeste Lösung dar.

Insgesamt gesehen ist das Konzept des SCEM also nicht vollkommen neu. Die dem Konzept zugesprochenen Funktionen Überwachen, Melden, Simulieren, Steuern und Messen folgen der Vorgehensweise des „Exception Management" (Bretzke *et al.* (2002)). Die dazu notwendigen Informationssysteme lassen sich anhand ihrer Komponenten mit bereits vorhandenen Lösungen im Grundsatz vergleichen. Neu dagegen ist die zielgerichtete Zusammenführung von Funktionen und technischen Komponenten, wie das T&T, das Workflow Management und das Wissensmanagement, was nicht zuletzt auf die gestiegene Leistungsfähigkeit der Informationssysteme zurückzuführen ist. Bemerkenswert ist darüber hinaus, dass mit dem Konzept des SCEM verstärkt wieder operative Aspekte der Logistik in den Mittelpunkt des Interesses rücken.

Für die Implementierung des SCEM sind unabhängig von der eingesetzten Informationstechnik einige Kernaufgaben zu bewältigen. Ausgewählte Aufgaben, wie die grundlegende Prozessbeschreibung, das Festlegen von Statuspunkten, Objekten sowie Events, werden im folgenden Abschnitt vorgestellt (vgl. Nissen (2002a)).

3.2 Kernaufgaben der Implementierung

Basis jedes SCEM ist Aufnahme und Abbildung der zu überwachenden Logistikprozesse (vgl. Bretzke *et al.* (2002)). Eine Prozessbeschreibung erfolgt in hierarchischer Form mit unterschiedlichen Auflösungsniveaus. Auf dem untersten Niveau mit dem höchsten Detaillierungsgrad befinden sich die für den Prozessvollzug kritischen Aktivitäten. Hier werden Statuspunkte angesiedelt und die Entwicklung von Events beobachtet. Übergeordnete Auflösungsniveaus der Prozessbeschreibungen geben Aufschluss über mögliche Folgen von Abweichungen und dienen als Grundlage für die Entwicklung von Fehlerszenarien. Für die Abbildung globaler Logistikprozesse sind eine Vielzahl von Informationen zusammenzustellen: Neben Informationen zu Transportwegen, Maßeinheiten, Währungen, Adresseinstellungen, Dienstleistern (z.B. Angebote, Fahrpläne und Preise) sind auch Zeitzonen und weitere Landesspezifika zu erfassen. Nur dann können auch im globalen Kontext exakte Statusinformationen erzeugt und verteilt werden (vgl. Krüger (2002)).

Die Prozessbeschreibung steht in enger Interaktion mit der Auswahl eines logistischen Objekts, der Gestaltung der zur Überwachung notwendigen Statusmeldungen sowie der Beschreibung der Events, welche sich wiederum auf die logistischen Objekte beziehen.

Solche Bezugsobjekte lassen sich in reale und abstrakte Objekte einteilen (vgl. Wieser und Lauterbach (2001)):

- Reale Objekte können sich auf unterschiedliche Stufen der Ladeeinheitenhierarchie beziehen. Als Objekte kommen z.B. komplette LKW oder Container, Ladehilfsmittel (Vollwandboxen, Paletten usw.), Packstücke oder einzelne Artikel in Frage.
- Als abstrakte Logistikobjekte können auch Kundenaufträge oder einzelne Teilaufträge als Bezugsgröße ausgewählt werden.

Der Status beschreibt den räumlichen, zeitlichen und sachlichen Zustand eines Objekts. Beispiel für einen sachlichen Zustand ist im Kontext der globalen Logistik der Zollstatus eines Objekts.

Die Auswahl der räumlichen, zeitlichen und sachlichen Kriterien einer Statusmeldung ist durch den Konflikt geprägt, dass zum einen aussagekräftige und korrekte Statusinformationen benötigt werden. Zum anderen ist die Identifikation, Erfassung, Übertragung, Verarbeitung und Speicherung der Daten mit Kosten verbunden, die von der zu verarbeitenden Datenmenge erheblich beeinflusst werden. Für die globale Logistik sind vor allem Kosten aus der Datenübertragung charakteristisch.

Die wirtschaftliche Ausgestaltung des SCEM ist in ganz erheblichem Maße von der Frage abhängig, welche Statusinformationen notwendig sind, um ein Event mit hinreichender Genauigkeit feststellen zu können. Aus der Art und der Anzahl der einen Zustand beschreibenden Attribute ergibt sich die Komplexität der zu verarbeitenden Statusangaben (Stefansson und Tilanus (2000) oder Bretzke *et al.* (2002)). Im einfachsten Fall setzt sich eine solche Statusmeldung aus der Identität des Objekts, z.B. die Versandnummer einer logistischen Einheit, dem Zeitpunkt der Erfassung sowie dem Aufenthaltsort zum Zeitpunkt der Erfassung zusammen. Je genauer ein Objekt spezifiziert ist, z.B. einzelne Artikel anstelle von Ladehilfsmitteln, und je detaillierter Zeit- und Ortsangaben werden, desto mehr Statusmeldungen sind erforderlich und desto größer werden die Datenmengen je Meldung. Besonders umfassend werden sachliche Statusmeldungen, die über einfache Ja/Nein-Kriterien hinausgehen.

Für das ausgewählte Objekt wird ein Soll-Prozess definiert, welcher idealtypisch die zeitliche und sachliche Prozessabfolge darstellt und dadurch den Prozess messbar macht. Um die Statusinformationen zu einer Event-Meldung weiterzuentwickeln, sind Soll-Größen für den Prozessvollzug zu bestimmen (so genannte Meilensteine) und als kritisch einzustufende Abweichungen zwischen Ist- und Soll-Zustand festzulegen. Die Ergebnisse hängen nicht nur vom Prozessablauf, sondern auch von den Einschätzungen der jeweiligen Prozessverantwortlichen ab. Deutlich wird in diesem Zusammenhang daher der individuelle Charakter eines Event.

Schließlich sind konkrete Maßnahmen für die auftretenden Events zu entwickeln. Diese werden in Form von „Business Rules" in die Wissensbasis des

Informationssystems aufgenommen. Dazu sind Fehlerszenarien zu entwickeln, die auf den Erfahrungen der Prozessverantwortlichen oder historischen Datenreihen basieren (vgl. Bretzke *et al.* (2002)). Die Fehlerszenarien werden hinsichtlich der Folgen im Vergleich bewertet, so dass auftretenden Events in Abhängigkeit von der Bewertung der Folgen Prioritäten zugewiesen werden können. Die verschiedenen Funktionen lassen unterschiedliche Schwierigkeitsgrade bei der Entwicklung derartiger Regeln erwarten (vgl. hierzu auch Kapitel 4.2.).

Zur Umsetzung der Funktionen werden Workflows eingerichtet, durch welche z.B. unterschiedliche Entscheidungsträger in Abhängigkeit von der Priorität des Event benachrichtigt werden. Zu berücksichtigen ist allerdings, dass nicht alle möglicherweise auftretenden Events proaktiv berücksichtigt werden können. Für das Auftreten bislang unbekannter Fehler sind ebenfalls grundlegende Routinen zu entwickeln.

Wichtig für die Verbesserung von Maßnahmen sind ebenfalls die Aufbereitung und Auswertung. Hier stellt sich die Frage, welche Events in einem Zeitraum aufgetreten sind und ob bzw. wie diese Events behoben werden konnten. Verbesserungen können einerseits an der Arbeitsweise des SCEM vorgenommen werden. Andererseits kann auch eine Verbesserung der Prozessdurchführung notwendig sein, die zusammen mit dem logistischen Prozessmanagement umgesetzt werden muss.

Abb. 1 fasst noch einmal die wesentlichen Funktionen, konzeptionellen Bestandteile sowie die vorgestellten Kernelemente der Implementierung zusammen.

4 SCEM-Informationssysteme - Potenziale und Grenzen

4.1 SCEM-Systeme als eigenständige Informationssysteme des Supply Chain Management

Die Entwicklung und Verbreitung der Internettechnologie hat zu einem rasanten Entwicklungsschub bei den betriebswirtschaftlichen Informationssystemen geführt - gerade für standort- bzw. unternehmensübergreifende Logistikprozesse. Zur Unterstützung derartiger Prozesse kann mittlerweile auf unterschiedliche Lösungen zurückgegriffen werden:

Die klassische Variante, die nach wie vor weit verbreitet ist, kann in der Verbindung von standortbezogenen ERP-Systemen durch Electronic Data Interchange (EDI) gesehen werden. Mittels EDI lassen sich Daten für ausgewählte Transaktionen zwischen den ERP-Systemen austauschen. Auf diese Weise wird eine einfache aber schwache Form der Vernetzung realisiert. Für die Realisierung eines SCEM besitzt EDI lediglich für den Datentransfer eine gewisse Bedeutung - neben anderen Möglichkeiten des Transfers (vgl. Nissen (2002b)).

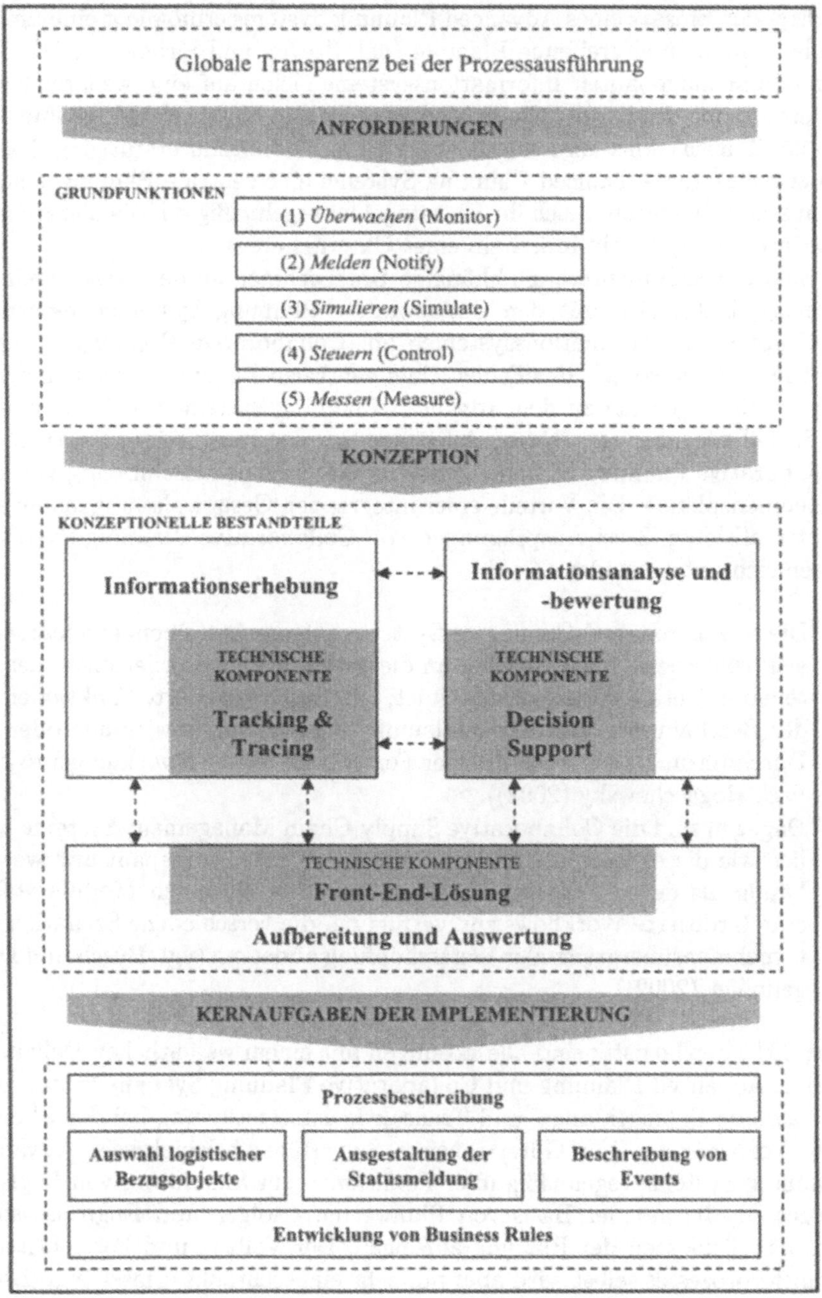

Abb. 1. Funktionen, konzeptionelle Bestandteile und Kernaufgaben des SCEM

Erst der Einsatz eines Advanced Planning Systems ermöglicht eine umfassende, standortübergreifende Planung (vgl. Steven und Krüger (2002). Diese modular aufgebauten Informationssysteme zielen auf eine weit reichende Unterstützung des Supply Chain Management und bieten vielfältige Funktionen zur Transaktions- und vor allem zur Entscheidungsunterstützung. Da die Arbeitsweise der Advanced Planning Systeme eine zentrale Planungsinstanz voraussetzt, beschränkt sich ihr Einsatzgebiet regelmäßig auf die hierarchisch geprägte Supply Chain innerhalb eines Unternehmens.

Sind dagegen mehrere unabhängige Unternehmen an der Wertschöpfung beteiligt, bietet sich mit den Collaborative Planning Systemen eine dritte Gruppe von Informationssystemen an. Collaborative Planning Systeme berücksichtigen explizit das Fehlen einer zentralen Planungsinstanz und verzichten im Gegensatz zu den Advanced Planning Systemen auf eine umfassende Offenlegung von Daten. Allerdings ist der Integrationsanspruch der Collaborative Planning Systeme geringer. Ziel ist eine Abstimmung von Unternehmensplänen. Die Vorteile einer integrierten Gesamtplanung lassen sich nicht realisieren. Zwei Ausprägungen von Collaborative Planning Systemen lassen sich unterscheiden.

- Die so genannten C-Commerce-Systeme entsprechen einem geschlossenen elektronischen Markt, welcher an die spezifischen Anforderungen der beteiligten Unternehmen angepasst ist, z.B. durch erweiterte Funktionen bei der Beschaffungs- und Absatzplanung, der Auftragsabwicklung oder der Durchführung gemeinschaftlicher Forschungs- und Entwicklungsprojekte (vgl. Bogaschewsky (2002)).
- Dagegen sind die Collaborative Supply Chain Management-Systeme ähnlich wie die Advanced Planning Systeme modular aufgebaut und werden häufig als deren Erweiterung angeboten. Die einzelnen Module stellen standardisierte Workflows zur Verfügung, die verschiedene Szenarien unternehmensübergreifender Wertschöpfung abdecken (vgl. Busch und Dangelmaier (2002)).

Aus Sicht der Logistik sind alle Lösungen mit einem wesentlichen Defizit behaftet: Advanced Planning und Collaborative Planning Systeme leisten zwar umfassende Entscheidungs- und Transaktionsunterstützung bei der Planung bzw. Vorbereitung eines Gütertransfers. So verfügen beispielsweise Advanced Planning Systeme regelmäßig über Funktionen zur Simulation von Logistikprozessen, die auf der Basis von Planwerten erfolgen und Engpässe sowie Unzulänglichkeiten der Planung aufzeigen. Der Vollzug und Fortschritt des Transferprozesses selbst wird aber nur sehr eingeschränkt erfasst (vgl. Bretzke (2002a) oder Nissen (2002a)). Insbesondere die Funktionen „Melden" und „Überwachen" sind regelmäßig schwach ausgeprägt. Abweichungen zwischen den Planwerten und dem tatsächlichen Auftragsfortschritt sind nicht vorgesehen und werden erst bei der Durchführung nachfolgender Wertschöpfungsaktivitäten registriert. Eine Anbindung an Simulations- und Steuerungsfunktionen ist ebenfalls nicht vorgesehen. Es bestehen wenig Möglichkeiten, rechtzeitig Abweichungen festzustellen und Gegenmaßnahmen einzuleiten.

Über die Funktionen „Melden" und „Überwachen" ergibt sich somit eine Lücke für eine eigenständige Form von Informationssystemen, die als SCEM-Systeme bezeichnet werden (vgl. Nissen (2002a)). SCEM-Systeme verbinden die Logistikplanung mit der Ausführung (vgl. Wieser und Lauterbach (2001)) und stehen in Interaktion mit den bereits erwähnten Informationssystemen der standortübergreifenden Planung.

Abb. 2 zeigt die idealisierte Architektur eines Workflow-basierten SCEM-Systems, welche als typisch für die zur Zeit am Markt erhältlichen Standardlösungen gelten darf (vgl. Nissen (2002a)). Dabei ist allerdings zu beachten, dass neben den Standardlösungen auch individuell entwickelte T&T-Systeme zu SCEM-Systemen weiterentwickelt werden, welche auf alternativen Architekturen beruhen.

In Abb. 2 lassen sich grundsätzlich die bereits diskutierten technischen Bestandteile wieder finden: Allerdings verschmelzen diese nun zu einer einheitlichen Lösung. Charakteristisches Merkmal ist der so genannte SCEM-Server. Die hinterlegten Soll-Größen und Regeln als Wissensbasis des Systems werden durch das logistische Wissensmanagement entwickelt und gepflegt.

Die Daten für die Statusmeldungen werden aus den jeweiligen lokalen Anwendungssystemen und weiteren IT-Systemen übermittelt. Diese Übermittlung kann durch entsprechende Workflows angestoßen werden. Eine manuelle Eingabe ist in Abhängigkeit von der Art des Prozessvollzugs ebenfalls denkbar. Anschließend sind die Daten in ein einheitliches Format zu transformieren.

Der SCEM-Server selbst setzt sich aus mehreren Teilen zusammen, die unterschiedliche Aufgaben erfüllen. In der idealisierten Architektur werden drei Teilbereiche unterschieden; das entsprechende System von SAP beispielsweise besteht aus vier Teilen (vgl. Wieser und Lauterbach (2001)).

Nach der Transformation werden die Daten zunächst zu Statusmeldungen aufbereitet und vorhandene Statusangaben aktualisiert. Während die Übertragung, Transformation und Aufbereitung grundsätzlich dem Bestandteil T&T zugeordnet werden können, werden die Daten im nächsten Schritt an die Komponenten des Decision Suppport weitergegeben. Es werden zunächst die Statusmeldungen identifiziert, die im Abgleich mit den Sollwerten als Event eingestuft werden müssen. Diese Events werden im dritten Schritt automatisch durch die im System hinterlegten Regeln bearbeitet, die den Funktionen Melden, Simulieren und Steuern zugeordnet werden können. Entsprechend der Regeln werden Entscheidungsträger informiert oder weitere Aktivitäten in nachgeordneten Informationssystemen angestoßen.

Zur manuellen Überwachung verfügt die Front-End-Komponente über eine grafische Benutzeroberfläche, welche die Supply Chain mit ihren Standorten und Relationen abbildet. Alert-Funktionen übernehmen die Alarmierung operativer Entscheidungsträger. Längerfristige Entwicklungen und

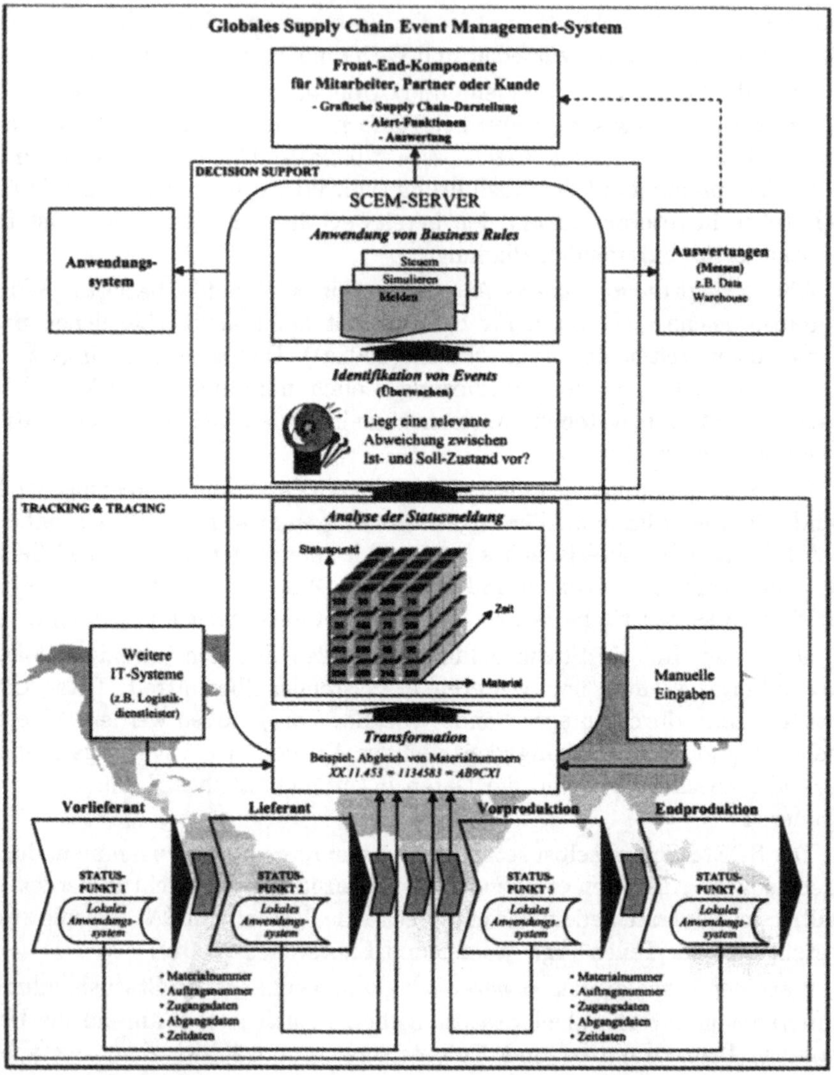

Abb. 2. Architektur eines Workflow-basierten SCEM-Systems

Trends lassen sich durch gesonderte Auswertungsfunktionen nachträglich aufbereiten und analysieren (vgl. Mors (2002)). Für Auswertungszwecke können weitere Systeme betrieben werden. Gegebenenfalls werden Daten zur Fortschreibung an die operativen Systeme oder eine Data Warehouse-Lösung zurückgemeldet.

Architektur und Funktionsweise sind hier idealisiert worden. Tatsächlich zeigen viele zur Zeit angebotenen Standardlösungen deutliche Einschränkungen. So unterstützen diese Systeme tendenziell nur die Funktionen Überwachen und Melden, also genau die Funktionen, die bislang unter dem Oberbegriff des aktiven T&T erfüllt wurden (vgl. Nissen (2002a), Bretzke *et al.* (2002)). Die weiteren Funktionen müssen durch Fremdsysteme oder manuell erbracht werden. Die zuverlässige Arbeitsweise einer solchen aktiven Lösung stellt für die kurzfristige Planung und Steuerung von Logistikprozessen eine erhebliche Vereinfachung dar und leistet einen wesentlichen Beitrag, Entscheidungsträger von Routinetätigkeiten zu entlasten. Dennoch sollten auch die Grenzen derartiger Lösungen berücksichtigt werden, welche Gegenstand des folgenden Kapitels sind.

4.2 Grenzen derzeitig verfügbarer Standardsoftware - Herausforderungen für das SCEM globaler Supply Chains

Die deutlichen Grenzen in der Arbeitsweise der SCEM-Systeme lassen sich auf technische, vielmehr aber auch auf nicht-technische Gründe zurückführen. Ein technisch grundsätzlich lösbares, im Einzelfall aber recht aufwändiges Problem kann die Übertragung der Daten aus den operativen Standortsystemen sein. Diese Systeme sind häufig als Legacy-Systeme zu charakterisieren: Sie entsprechen nicht mehr dem derzeit üblichen technischen Standard. Eine Anbindung an das SCEM-System kann mit hohem Integrationsaufwand verbunden sein und den Einsatz spezialisierter Systeme, so genannte Enterprise Application Integration-Lösungen, erfordern. Je nach Realisierungsaufwand kann also die flexible Anbindung von Partnern deutlichen Einschränkungen unterliegen.

Weitaus größere Probleme ergeben sich in organisatorischer Hinsicht: Zum einen sind diese SCEM-Systeme zentral strukturiert. Solche zentralen Lösungen können allerdings aus unternehmenspolitischen Gründen auf Vorbehalte stoßen, falls mehrere unabhängige Unternehmen an der Supply Chain beteiligt sind. Viele SCEM-Systeme stehen daher dem Gedanken der kollaborativen Zusammenarbeit, wie beispielsweise in den Collaborative Planning Systemen im Ansatz verwirklicht, entgegen. Insofern sind leistungsfähige dezentrale Lösungen ebenfalls erforderlich. Hier existieren mittlerweile zumindest T&T-Prototypen, die dezentral auf der Basis von Softwareagenten arbeiten (vgl. Bodendorf *et al.* (2001) oder Reinheimer und Zimmermann (2002)).

Die Qualität der Daten ist ein weiterer Engpassfaktor (vgl. Bretzke (2002a)): Ein SCEM ist nur dann arbeitsfähig, wenn korrekte, zeitnahe Daten zur Verfügung stehen und übermittelt werden. Um dies zu gewährleisten, sind dauerhafte organisatorische Maßnahmen erforderlich. Gerade an der Peripherie globaler Supply Chains lassen sich noch deutliche Defizite bei technischen Standards und Know How feststellen (vgl. Bretzke *et al.* (2002)).

Neben der Generierung von Statusinformationen erweist sich vor allem das logistische Wissensmanagement als zweiter Problembereich eines globalen SCEM (vgl. Steven und Krüger (2002)), der vor allem die Unterstützung der komplexen Funktionen wie „Simulieren" und vor allem „Steuern" beeinträchtigt: Events, Fehlerszenarien und Maßnahmen in Form von Business

Rules lassen sich nur entwickeln, wenn das im Unternehmen vorhandene Wissen über den Prozessablauf und die möglichen Handlungsalternativen offen gelegt werden kann. Wissen kann als Kombination von Informationen (welche durch die T&T-Komponente bereitgestellt werden) und Erfahrung (die in der Wissensbasis, dem Regelwerk des Servers hinterlegt ist) definiert werden (vgl. Willke (1998)).

Die Implementierung und der Betrieb eines SCEM-Systems werden stets durch ein logistisches Wissensmanagement begleitet, welches die zielgerichtete Gestaltung des Wissensprozesses übernimmt (vgl. Bea (2000)). Im Mittelpunkt steht dabei die Generierung von Wissen. Transfer und Speicherung als weitere Teilaufgaben des Wissensmanagement übernehmen in diesem Fall das SCEM-System sowie weitere angegliederte Systeme.

Die Wissensgenerierung kann auf unterschiedliche Weise vorgenommen werden (vgl. Nonaka und Takeuchi (1997)): Für ein globales SCEM ist vor allem die Externalisierung von Bedeutung. Dieser Vorgang bezeichnet die Umwandlung von implizitem Wissen, welches sich in den Köpfen der Mitarbeiter befindet, in externes Wissen, das dann der Gesamtorganisation unabhängig von einzelnen Mitarbeitern zur Verfügung steht. Vor dem Hintergrund interkultureller Unterschiede entlang der globalen Supply Chain kann die Wissensgenerierung auf spezifische Probleme stoßen (vgl. Hofstede (1993)).

Für den Transfer, die Speicherung und die Nutzung des Wissens sind Soll-Größen, kritische Abweichungen zur Identifikation von Events sowie Regeln zu entwickeln. Die hier erzielten Ergebnisse entscheiden über die Automatisierbarkeit des SCEM. Abhängig von der Komplexität der Aufgabenstellung lassen sich für die Grundfunktionen unterschiedliche Umsetzungsprobleme erwarten. Während die Funktionen „überwachen" und „melden" verhältnismäßig einfach unterstützt werden können, sind die mit den Funktionen „simulieren" und „steuern" verbundenen Maßnahmen erheblich komplexer: Hier dürfte die Unterstützung durch Business Rules nur eingeschränkt und nur bei weniger komplexem Umfeld möglich sein. So ist es nicht verwunderlich, dass bei vielen Standardsoftware-Paketen der Schwerpunkt auch auf den ersten beiden Funktionen liegt. Eine vollautomatische Unterstützung des SCEM ist auf absehbare Zeit wohl nicht zu erwarten.

Logistisches Wissensmanagement ist auch über die Einführungsphase hinaus notwendig. Während der Betriebsphase übernimmt es die Weiterentwicklung von Wissensbasis und Regelwerk und stellt damit die Verbesserung des SCEM-Systems sicher.

5 Zusammenfassung und Ausblick

Supply Chain Event Management ist ein Konzept zur proaktiven und kurzfristigen Planung, Steuerung und Kontrolle von Logistikprozessen entlang globaler Supply Chains. Konzeptionell verbindet das SCEM Elemente des Tracking und Tracing, des Workflow Management sowie des Wissensmanagement: Während T&T-Systeme schon seit einigen Jahren im Einsatz sind, liegt die Neuerung der SCEM-Systeme in der verstärkten Verbindung von Statusinformationen der T&T-Systeme mit einer workflowbasierten Entscheidungsunterstützungskomponente, welche Regeln zur Abweichungsidentifikation (Event-Identifikation) und zur Bereitstellung von Gegenmaßnahmen enthält. Der Einsatzbereich standardisierter Informationssysteme zur Unterstützung des SCEM unterliegt wesentlichen Restriktionen, die auch aus anderen Einsatzgebieten von Informationssystemen bekannt sind. Neben einer unzureichenden Datenqualität gestaltet sich insbesondere bei komplexen Rahmenbedingungen mit verschiedenen Handlungsalternativen nicht nur das Aufstellen von Regeln als schwierig oder unmöglich. Auch deren Weiterentwicklung unterliegt vielfältigen Einschränkungen, insbesondere bezüglich der Selbstlernfähigkeit der Systeme. Hier ergibt sich noch ein deutlicher Forschungsbedarf.

Bei vielen am Markt erhältlichen Standardsoftware-Systemen mit der Bezeichnung SCEM handelt es sich weit gehendst um aktive T&T-Systeme, die vor allem die Funktionen „Überwachen" und „Melden" unterstützen, und weniger um umfassende SCEM-Systeme im Sinne des hier vorgestellten Konzepts. Daher lässt sich SCEM eher als eine logistische Kompetenz, welche sich nur durch den Einsatz verschiedener Informationssysteme realisieren lässt, charakterisieren, denn als Standardsoftware. Eine vollautomatische Umsetzung des SCEM ist in absehbarer Zeit nicht zu erwarten. Dem Faktor Mensch, der in zunehmendem Maß durch den Einsatz von SCEM-Systemen von einfachen Routinetätigkeiten entlastet wird, kommt nach wie vor eine große Bedeutung zu.

Design for controlling in distribution process redesign: Principles and methodologies through a case study*

Giovanni Miragliotta[1], Alessandro Perego[1] and Marco Perona[2]

[1] Dipartimento di Ingegneria Gestionale, Politecnico di Milano, P.za L. da Vinci 32, 20133 Milano, Italy
[2] Dipartimento di Meccanica, Università di Brescia, Via Branze 38, 25123 Brescia, Italy
miraglio@polimi.it

Abstract The last decade has seen the wide spread of the management principle known as Supply Chain Management (SCM). This integrated way of thinking has offered valuable improvement in nowadays management attitude, but there is still something lacking, especially in the area of supply chain controlling, because there's no redesign principle in the SCM body of knowledge which explicitly takes into account the impact of a given (configuration or management) decision on the process visibility and on the capability of assuring a rational behaviour in the operative decision making. This paper aims at introducing a set of management principles coupled with a new procedural arrangement of well-acknowledged methodologies with the aim of improving cost and control performances while performing a distribution process redesign. The main objective of the paper is then to provide managers with a suitable and effective methodology to control costs and to process visibility, which are deadly important especially in those industries in which the critical activities are concentrated at the end of the logistic process. In order to prove its effectiveness and usability, a successful application to a large multinational company in the elevator business is here presented.

1 Introduction

Supply chain management is a well acquainted management philosophy and has deeply influenced the management attitude of manufacturing and service companies in the last decades. In fact, even if the first usage of this expression can be reported to Oliver and Webber (1982), SCM roots can be traced back to 1960s, when logistics started to be acknowledged as a competitive lever to simultaneously improve company efficiency and effectiveness. According to Ronchi (2002), who surveyed the literature of the SCM concept, SCM can be defined as "a management philosophy and approach striving for the integration of the supply chain. SCM involves all processes that, from design

* This paper is the result of research collaboration among authors. Nevertheless, the Introduction has been written by A. Perego, the Concluding Remarks have been written by M. Perona, while the rest of the paper has been written by G. Miragliotta.

to procurement, from manufacturing to delivery, from payment to post-sale services and reverse logistics, may occur within the supply chain in order to deliver value to end users. SCM's aim includes the integration of both physical and information flows, focusing on networked relationships of multiple businesses."

This broader management perspective has helped managers worldwide to remarkably improve their companies' performances. This result has been achieved through techniques and tools which operationalise the integrated management principle above. For instance, facility redesign, distribution redesign, collaborative planning etc. all represent well acknowledged techniques which translate the SCM integrated management principle both at the configuration and at the management level. The same way, information and organisation tools can be used to support the adoption of such techniques: e.g., interface managers, cross-company teams, etc. can be used to widen the organisational asset of the company, while supply chain cost accounting, cross-company incentive systems, etc. can be used to increase supply chain coordination. Nevertheless, the existence of these tools helps to highlight that the control issue has a primary importance in the SCM philosophy, but this area is not yet adequately supported through formalised and comprehensive methodologies.

For instance, let us consider the SCM literature concerning the distribution process: all those models which have been proposed by scholars to configure and manage the distribution process usually rely on operational research or simulation based approaches which analyse the logistic flow and strive for a cost/service optimisation. Nevertheless, minor attention has been paid to the impact of such actions on Supply Chain (SC) control.

With the word "control", we do not mean the exploitation of a dominant position, or the willingness to increase the company's bargaining power; on the contrary, we would define the *control impact of a certain (configuration or management) decision as the impact that such decision has on process visibility* and on *rational decision making within that process.* Process visibility and rational decision making are interrelated, but distinct aspects.

Process visibility can be defined as the *attitude of a process of being easily understood and monitored*, both in its elements (factors, activities, outputs, actors and resources) and performances. Visibility can be increased, e.g., by eliminating echelons in the supply chain, by simplifying the information and the material flows (through process re-engineering) or by investing in ICTs rather than by outsourcing some activities to a third party, which will perform them and provide transaction reports. All these courses of action, as a result, help the manager to increase control in the sense that he/she becomes able to better understand process flows, process performances as well as its weaknesses and criticalness.

Conversely, the concept of "rationality" within decision making is more studied (cf. Kreps (1998) and McFadden (1999)), and requires the decision maker *to perform a complete alternatives generation* and *to perform a correct alternatives' evaluation.* Basically, if we assume that the decision maker himself is competent and skilled, rationality can be improved by increasing information availability and quality, or by rearranging the decision process in order to isolate the alternatives' generation phase from the evaluation phase.

According to the definitions above, process visibility and rationality are not easy to be measured. For both of them, in fact, it is nonsense (from a managerial point of view) to provide an absolute measure, since its operationalisation would anyhow require a subjective evaluation. For instance, when making a decision, no manager is interested in generating *every* alternative, rather in generating *every interesting* alternative, where the meaning of "interesting" is a function of the decision problem, i.e. of the trade-off between the cost of generating new alternatives and the expected differential value increase if compared to the best option already available. Hence, for the sake of suitability, we will handle these concepts in a qualitative way, and we will refer to SC control in redesign processes as to an attitude to improve visibility and increase rationality.

Given this perspective, we maintain that a methodology able to properly match cost and control needs while redesigning the distribution process in a supply chain is now lacking. This paper aims at presenting a first attempt to discuss such a methodology. To this extent, this paper will be arranged as follows. Section 2 will briefly introduce the most acknowledged contributions in the area of SCM distribution process redesign, so to highlight which improvement space is open. Section 3 will describe the new developed methodology, while Section 4 will discuss its application to a relevant case study. Finally, Section 5 will be devoted to present some concluding remarks on the presented contents.

2 Background

Distribution process redesign is a well studied subject, and plenty of literature can be found concerning this topic. Nevertheless, as we mentioned before, scholars usually resort to operational research or simulation based approaches to handle such redesign problems, with few concern for the control issue. Besides that, from a general perspective, a first distinction can be made between strategic distribution process redesign and tactical distribution process redesign as follows:

1. *Strategic redesign*:
   (a) Physical configuration of the logistic network (number of distribution levels, warehouse location, storage capacity and throughput etc.)
   (b) Transportation modes definition
   (c) Vertical integration level definition (make or buy decision concerning the various storage, handling, transportation activities)

2. *Tactical redesign*:
   (a) Coordination with the manufacturing activities
   (b) Transportation planning policies
   (c) Stock management policies

All these aspects should be considered as strictly interrelated with each other. Nevertheless, one has to remember that the broader the analysis, the more complex the management problem becomes.

Strategic distribution redesign has been widely studied in literature. For instance, Ballou (1985) and Geoffrion and Powers (1993) proposed interesting models to define all the relevant characteristics of the distribution network (number, location and capacity of each distribution node, plus transportation means) taking as an input the location of production sites, plus other demand and technical data. Christopher (1992) and Mulkay (1994) designed remarkable models to define the proper number of distribution levels and, broadly speaking, optimal warehousing operations procedures. Ballou (1991) can be quoted with regard to transportation system redesign; his model takes as an input the location of all production and distribution sites and tries to optimise the transportation flows.

With reference to tactical distribution redesign, the most investigated topics are those of production-distribution coordination and of stock management. Being unable here to carefully address this area, we would like to quote some illustrative papers. For instance, interesting literature reviews can be found in Goetschalckx and Vidal (1997) and in Sarmiento and Nagi (1999). The first work offers a very complete classification of models concerning production and distribution coordination published up to 1995; it includes a specific section devoted to those papers which present an empirical application, thus helping to find the practical implications of research. The second one, conversely, offers a more complete analysis of the strategic and tactical aspects of merging production and distribution, and tries to point out how the variables included in the optimisation models can be merged together to sustain a competitive advantage. The same way, stock management literature is almost endless, and starting from Blumenfeld *et al.* (1985) who pointed out very clearly the trade-off among production, distribution and stock carrying costs, more and more complex problems have been addressed; the interested reader can refer to Cohen and Lee (1988), Pyke and Cohen (1994), Lee and Billington (1995), Barabarosoglu and Ozgur (1998), Dogan and Goetschalckx (1998) and Sakawa *et al.* (2000).

Nevertheless, none of these works is explicitly targeting the distribution network redesign problem under a SC controlling perspective. Moreover, of the enormous body of literature concerning SCM, just few research streams are explicitly dealing with this topic. One of these streams is represented by the "Forrester Effect" literature. Forrester (1961) undertook a pioneering work into supply chains' dynamics, soon followed by many other authors. His work has been systematised by Sterman (1989), who showed that actors in a distribution system which is made up of multiple echelons, feedbacks, non-linearities and time delays suffer from several "misperceptions of feedbacks" which may turn into unjustified demand amplification and, finally, in irrational choices and system instability. Sterman's analyses showed that the actors failed to control events which had been initiated but had not yet had their full impact. So, the poor performance charged onto exogenous events are actually a result of managers' own actions. This phenomenon has been studied by other authors by using quantitative models (simulation, filter theory and control theory); e.g., Stalk and Hout (1990), Towill *et al.* (1992), Berry and Towill (1992), Towill (1996) and Lee *et al.* (1997b). As an outcome of their remarkable work, some directives have been defined in order to reduce the supply chain sensitivity to the Forrester Effect: the interested reader could refer to Miragliotta (2003) for a complete discussion of this topic. This research stream is a very stimulating one and has provided valuable insights on some aspects of SC controlling, but it merely considers the *rational decision making* perspective, mainly focusing on reordering decisions, with no concern for the visibility aspect.

Another SCM research stream dealing with SC controlling is represented by Supply Chain Costing, which is quite a pioneering research area (see Seuring and Goldbach (2002)). Researchers within this area try to develop accounting systems which cross the borders of a single company, thus increasing the visibility of important cost data, or to analyse the effectiveness impact of a supply chain configuration, but their work somehow suffers from the symmetric limitation, i.e., they are not that concerned about rational decision making.

We believe that, by mixing these two research attitudes, a powerful methodology can be drawn to guide the distribution redesign process to an effective and efficient result, without forgetting the control issue.

3 Principles and methodologies for supply chain control in distribution redesign.

3.1 The basic principles and the methodologies

As we mentioned in the previous section, a major difficulty here arises because the control issue (i.e., process visibility and rational decision making) is not easily quantifiable. In other words, no "supply chain control" objective function can be written, nor analytic models can be formulated to maximise that function. Therefore, we contend that *SC control oriented design* is more an "attitude" in a structured process rather than a structured technique or tool. Relying on this belief, we developed the procedure described below as a guideline to distribution process redesign with a SC controlling attitude. To the extent of this paper, such stance is made up of:

1. A *set of redesign principles* oriented to increase process visibility and rational decision making

2. A *set of methodologies* to be coherently applied to pursue scientific thoroughness and correctness within the redesign process

With regard to the first issue, relying to common-sense intuition, SCM literature on Forrester's effect and evidences on SC cost accounting, we foster four redesign principles should be followed in order to improve process visibility and to allow proper decision making, as sketched below:

1. *Simplify the network by reducing the number of distribution echelons.* This principle, originally proposed by Forrester (1961), has a simple rationale: it simultaneously reduces the total pipeline time and removes decision-making echelons, which could distort demand patterns as they are transmitted upstream, introduce time delays (see below), and introduce further decision perturbations.
2. *Systematically reducing time delays.* This course of action is considered as a milestone of the SCM paradigm. Since Stalk and Hout (1990) it is clear which disruptive effect long lead times may have on cost performances. To our extent, time delays play a negative role also from a SC control point of view, since visibility on process performances (as well as system stability and control) get worse when significant time delays exist.
3. *Integrate the information flow.* Information distortion is the second source of incorrect decision making (the first being time delays). To overcome this limitation, data sharing with other actors in the chain is mandatory: organisational and information tools are welcome in order to ease the information exchange within the chain.
4. *Improve the distribution echelon's decision rules.* For instance, a model of the reordering system can be developed, to be translated into an optimising algorithm, whose output are the procurement orders, based on the customers' orders, on the echelon inventory status and on the pipeline orders' status.

Different levers, from configuration modification to management rules rearrangement, can be used in order to accomplish the redesign principles above. Anyway, what matters is that the alternative distribution system should be characterised by a reduced distortion in decision capabilities and by an easier access to data and information. With reference to the second issue, we found two methodologies to be the most effective in assuring a coherent focus on SC control in process redesign, namely:

1. *Business processes reengineering (BPR) approach*
2. *Activity based cost (ABC) approach to supply chain performance measure*

The first methodology assures a comprehensive view on the distribution process, its factors, activities, actors, and helps to maintain a focus on current state criticalities and performances improvement options. As will be clear later on, the BPR orientation is what assures the completeness and the organic unity of the redesign methodology as well as its ability to point out those aspects which may disrupt control performances. Dually, the well-known accounting methodology developed by Johnson and Kaplan (1987) is essential to point out the current supply resource consumption structure as a function of current distribution activities. In fact, minor modifications can be put forward to the ABC principle in order to comply with distribution processes which override a single company's boundaries as well as to build an activity based map of performances different from costs (e.g., time and quality).

3.2 A procedure to control oriented distribution redesign

Trying to stay focused on control oriented redesign, we defined the following steps to be followed when redesigning a distribution redesign.

1. *Current performances assessment.* Step 1 aims at pointing out the current distribution system cost and time structure, and at highlighting which weakness affects the current competitive position.
2. *Distribution process mapping.* Step 2, by making resort to consolidated methodologies, takes care of mapping the distribution process in terms of trigger events, input and output data, activities, used resources and activities' owners. The resulting map is then used in a twofold way:
   (a) On one hand, this information is of use to analyse the current situation and *to point out the main criticalities*, both in terms of cost / time performances and in terms of process control. To this extent, this phase has to be performed very carefully, with a structured data set (e.g., SADT diagrams) to be used to formalise control criticalities which are often expressed in a very informal way.
   (b) On the other hand, all this information (and especially the activities' list) is important to the following phase, i.e., the *assessment of the ABC model* of the current process.
3. *Activity based modelling.* Making resort to the ABC classical procedure:
   (a) All those activities detected in Step 2 are analysed to find out the drivers that better explain the resources' consumption due to that activity.
   (b) The unit cost to resort to each single driver is computed, so that an accurate cost structure of the current distribution process can be obtained. The same way, a time breakdown of the single activity can be proposed to obtain a time structure of the distribution process. This time structure is what is needed in order to monitor chief service performances.
4. *Alternatives generation.* This phase, by structuring the information collected in Step 2, is devoted to propose new distribution configuration and / or management options to improve company's performances. This is the core phase in which to struggle for a better SC control, both in

terms of process visibility and of proper decision making, by resorting to the redesign principles illustrated in the previous section.

5. *Alternatives evaluation and best option selection.* This phase takes care of performing a performance comparison among the current distribution model and the proposed alternatives. To this extent, cost and time performances can be easily computed relying on the ABC model, but other performance (e.g. quality, delivery completeness, etc.) can be estimated making resort to the developed process model. At this stage, we foster the resort to analytical and information tools able to improve the access to information and cost data; e.g., in the case study described later, a distribution network "cost computer" was designed in order to ease the computation and the visualisation of the distribution chain cost performances.

The procedure above tries to merge the soundness of consolidated redesign methodologies with a more conscious perspective on SC controlling since, we believe, this is the best way in which a hard-to-tackle issue as SC control can be operationally targeted.

4 The case study: the Elevator Company

4.1 Introduction

The feasibility of the developed methodology was tested on a case study held in the building trade industry. More specific, it involved a company which manufactures and distributes elevator plants. For the sake of confidentiality, we will refer to this firm as EC ltd., i.e. Elevator Company. The case study was held in the Italian division of EC, which is responsible for any manufacturing and distribution activity concerning civil elevators up to 5 floors in the whole Western Europe. This division represents the largest manufacturing unit in Europe with more than 10.000 elevators sold per year and a yearly turnover of about 130 Mln €.[1] This case offered a quite interesting background, since this industry has a very fragmented and articulated structure, both in Italy and in other European countries, together with complex project management issues. In fact, four main problems affected the distribution activity in EC:

1. *Synchronisation with building site operations.* This is a major problem, since a crucial point in the delivery process is the on-site installation of the elevator plant which otherwise would suffer from being left in the open air.
2. *Synchronisation with the installation team.* The skilled workforce team which performs the installation actually represents the bottleneck resource in the delivery process. Therefore, the final delivery should be called off just when the site is ready and when the installation team is available.

[1] These figures refer to the year 2000.

3. *Different access modes to the building site.* Sometimes the building site is within the city center, so that small lorries have to be used, while in other cases cheaper big truck delivery is allowed.
4. *Crane synchronisation.* The downloading and the handling of the packed elevator through the building site requires the availability of a crane; sometimes this is already available at the site, but more often a separate crane has to be hired.

Because of the unforeseeable events that may affect the building process, it is important to maintain a strict control on the overall process in order to satisfy the conditions above. Another reason why SC control is important to EC comes from the peculiar historical globalisation process undergone by EC. Basically, EC performed subsequent internationalisation steps, thus gradually increasing the local marketing presence. As a consequence, very different distributive modes were recognisable; e.g., in some countries (e.g. Germany) the vast majority of the deliveries took place though a local warehouse, while in some others (e.g. France) final deliveries took place directly from the central warehouse, located in Italy. Furthermore, the local warehouses may not be under EC's control, but may be owned and managed by local vending companies, which interacted directly with the customers for the call-off management. This makes quite difficult to know, at a central level, how many plants are in each warehouse, since it is not known if the plant has been installed yet or not. Finally, because of local resort to subcontractors and logistic partners, also the overall cost structure of the distribution process was quite uncertain, at least from local warehouses to the site.

The overall picture was therefore quite confusing, and EC's top management was very committed on this project, and on a distribution system reengineering methodology which could at the same time offer relevant cost reduction and SC control improvement. This application was issued, therefore, with much pressure on it. Relying on the steps introduced and discussed above, our methodology has been operationalised. The most interesting steps to be analysed here are the distribution process mapping, the ABC analysis and the alternatives generations, which are carefully illustrated in the following paragraphs.

4.2 Current distribution process

The current manufacturing / distribution process was articulated on five phases. Fig. 1 illustrates the delivery modes currently used.

1. *Components supply.* The various components which become an elevator are bought from suppliers mostly located in Northern Italy, in the neighbourhood of the MDC. Since all component manufacturing activities were assumed to be outside of the project boundaries, the distribution model starts with the availability of those parcels (≈ 10) which contain (properly packed) all the components needed to install a 5-floor elevator.

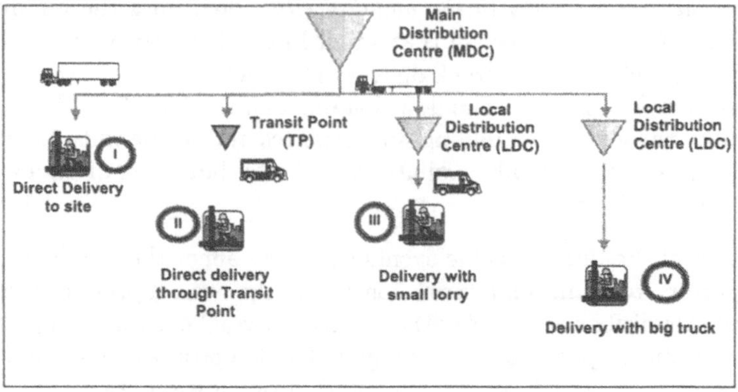

Figure 1. Available delivery modes

2. *Storage at the main distribution center* (MDC). In the MDC all components are grouped in similar categories, and then stored. Relevant handling and storage costs arise at this stage.
3. *Shipment to the first destination.* Depending on a specific trigger event, the picking and shipment activities are started: in more detail, in those countries where direct deliveries are used, the trigger is represented by the customer's call off; conversely, where local warehouses are used, the trigger is represented by a "request for shipment" forwarded by the local management. In this case, the request can be slightly delayed in order to optimise truck utilisation. The first destination may vary in function of the destination country (i.e., depending on local distribution network) and on site characteristics (i.e., accessibility). Therefore, the following three options are given:
   (a) First destination = Building site. This option is used for those countries which are directly served from the MDC. It represents ≈ 30% of total deliveries, and it is usually used to ship one plant at a time.
   (b) First destination = Transit point. This option is used for those countries directly served from the MDC but when a big truck is not allowed to enter the site. In such cases, an intermediate transit point is needed to move the 10 parcels from the big (international transportation) truck to a small lorry. This activity has a non negligible cost but does not imply a modification in the stock profile since the transfer requires a very short time. This option represents ≈ 10% of total deliveries.
   (c) First destination = Local warehouse. This option is followed anytime an elevator has to be shipped in one of those countries which are served through a local second level distribution system. Consequently, it covers ≈ 60% of total deliveries. This option allows to optimise first destination transportation costs, since up to three plants at a time are loaded onto a single truck.

4. *Storage at the local distribution center* (LDC). Currently, there are about 20 LDCs, serving the most populated regions in those European countries which are not used to direct deliveries. The LDC acts exactly as the MDC: packages received from the MDC are split and stored in dedicated areas ready to be picked and shipped when there is a call off from the building site. Handling and storage costs at this stage are not under control since the central Logistic Department does not know exactly how many elevators are in each LDC nor which is the cost of resorting to local logistic suppliers.
5. *Shipment to final destination.* In this case, too, different options are given in order to deliver the elevator to the building site:
   (a) Small truck direct delivery. If the building site is close to the LDC a small lorry can be used. Since LDCs are located close to big cities this option is used by about 95% of the elevators managed through a LDC, and therefore represents about 55% of total deliveries.
   (b) Large truck direct delivery (both direct or through transit point). This mode is used when the building site is so far from LDC that using a small truck would be much too expensive. In these cases (5% of the elevators managed through a LDC), a large truck is used to reduce transportation costs. As before, a transit point could be needed when a big truck is not allowed to reach the site: However, this happens so seldom ($\approx$ 0.5% of total deliveries) that we decided not to explicitly model this delivery mode.

In addition to the options above, there is a significant issue represented by the crane procurement. In fact, in 60% of total occurrences a crane has to be hired (25% of total deliveries are managed by hiring a separate crane while 35% are managed by hiring a truck, both big truck or small lorry, endowed with a crane). This element introduces further complexity in the delivery planning process as well as in the assessment of total delivery cost.

In conclusion, the then current delivery process was characterised by a remarkable complexity: many options were available (even in the same country) and many trade-offs had to be managed (e.g., big truck vs. small lorry delivery depending on the shipment distance). Furthermore, that configuration offered poor SC control opportunities:

1. The existence of many LDCs negatively affected process visibility since local sales managers tended to anticipate first shipments' due date in order to avoid delays to the building site. Since LDC managers were not charged the stock-keeping cost for elevators in their warehouse the average chain stock coverage rose up to 60 days (estimated).
2. The existence of so many alternatives caused poor decision making, consistently with the fact that the more alternatives one has the more complicated alternatives' evaluation is, and therefore the bigger the probability of making wrong decisions. No lever was available to manage this issue,

since centralised support in decision making was almost totally ineffective, being cost figures and logistic providers unknown at the MDC level.

Stemming from these considerations, many redesign options, both addressing configuration and management were available, with different impacts on the distribution chain cost and time structure as well as on SC control.

4.3 Activity based cost model

Before starting to work on the ABC model, an important decision had to be made about the opportunity of modelling also the supply side of EC's supply chain. This was not an obvious decision since the redesign mission was focused on the distribution process. Finally, we decided to include also this cost area because, in case of modification of the MDC's current location (e.g., from Italy to central Europe) also inbound transportation costs would have changed. As a consequence, the activities listed in Fig. 2 were pointed out to be analysed. For each of them, the following cost areas were deeply addressed.

1. *Transportation costs.* They include all transportation costs, from suppliers to the building site, whatever the transportation mean used.
2. *Handling costs at distribution centers* (both main and local). These include all cost items (monetary, as workforce, and non monetary, as depreciation) for handling tools and workforce needed in order to handle components. In case of outsourced logistic services, just monetary costs are headed.
3. *Storage costs at distribution centers* (both main and locals). These include all cost items (monetary, as space costs, and non monetary, as running capital costs) related to the storage activity.

	Direct Delivery to site (I)	Direct delivery (through TP) (II)	Delivery from LDC with small lorry (III)	Delivery from LDC with big truck (IV)
Shipment from suppliers to MDC.	◆	◆	◆	◆
Handling and storage at MDC	◆	◆	◆	◆
Shipment from MDC to proper LDC.			◆	◆
Handling and storage at LDC			◆	◆
Shipment from MDC to building site	◆			
Shipment from MDC to Transit Point		◆		
Handling at TP for truck-to-lorry change		◆		
Shipment from LDC to site with small lorry			◆	
Shipment from LDC to site with big truck				◆
Crane Hiring (on board or separate)	◆	◆	◆	◆

Figure 2. Activity breakdown per delivery mode

Activity	#	Driver	Impacting Factors
Transportation from suppliers to MDC	1	Truck Utilisation	Component's parcel dimensions Truck loading capabilities Yearly demand Shipment frequency
	2	Fares	Fixed cost Variable cost (€/km·hired capacity)
	3	Distance from supplier to MDC	Approximated geographic model (computer simulation)
Storage at distribution centers (both main and local)	1	Space occupation	Component's parcel dimensions Storage modes (ground, shelves, etc.)
	2	Space cost	Fares (if outsourced) Capital expenditure (in owned)
	3	Running capital	Average stock Unit variable costs Opportunity cost rate
Handling at distribution centers (both main and local)	1	Truck loading / unloading	Fares (if outsourced) Unit time and hourly costs (if internal)
	2	Elevator splitting / components' picking	Fares (if outsourced) Warehouse surface; forklift speed; unit handling time; hourly employee cost (if internal)
	3	Management effort	Unit time; hourly employee cost

Table 1. Main activity based cost drivers

4. *Other* (monetary) *costs for additional services* (e.g. transit point handling, crane hiring, etc.).

Starting from the breakdown above, a noteworthy effort was devoted to the definition of the ABC model. For the sake of conciseness, Table 1 summarises the most interesting elements of our analysis; e.g., the transportation model is described only with respect to inbound flows, but the same model has been extended, under different parameterisation, for every transportation activity.[2]

If we refer to the activity's list introduced in Fig. 2, some of them did not require any complex modelling (from a cost oriented point of view): e.g., the resort to a transit point was easily addressed by collecting the various fares that the different contractors across Europe charge to EC for their services; the same procedure was followed for the crane hiring. On the other hand, some of the redesign levers may imply relevant modifications in the distribution network, and therefore a more flexible cost model was needed. For instance, in order to explore the feasibility of a modification in the LDCs' location, it would be needed to collect a complete fares list for all feasible origins / destinations in Europe. Being unable to follow this path, a cost

[2] More information is available on request.

model has been developed as illustrated in Table 1. This model computes the transportation cost by roughly evaluating the transportation distance and the truck utilisation parameters.

In order to tune such a general purpose model, the available accounting data related to the current situation were used. Differences between the feed-forward model results and the feedback collected information were smaller than 5%, so that all the drivers and parameters instantiated in the ABC model were ratified.

4.4 Redesign alternatives generation

Starting from the criticalities highlighted through the distribution process mapping activity, some important redesign alternatives were proposed by the research team and by company's managers. More specific, two main areas were targeted.

Configuration redesign. In this area we basically followed the redesign principles illustrated in the previous sections. More detailed, the following configuration redesign levers were explored:

- MDCs' number and location modification. This lever was intended to modify the primary distribution system. Two alternatives to the current situation were explored: to move the only MDC to the center of Europe (Alsace, France) to gain a more barycentric position with respect to demand flows, and to duplicate the MDC, setting a new MDC in Northern Europe (Netherlands or Germany) to split the service responsibilities.
- LDCs' number and location modification. As above, this lever basically aimed at making the current distribution structure leaner by reducing the number of LDCs and thus increasing the control on the overall distribution chain. The same way, two alternatives to the current situation were explored: to eliminate all LDCs, and to rearrange LDCs' locations in order to better cover highly populated urban areas.

These two levers were explored simultaneously, so that nine different configurations (one current state and two new options for each lever) were modelled.

Management redesign. Various management levers were explored during the case study; among them, we would like to mention:

- Shipment frequency (both inbound supply and outbound delivery)
- Resort to different logistic service providers, and consequent fares structure modifications
- Rearrangement of the management activities within a distribution center and consequent modification in the unit handling cost
- Different stock management policies

Nevertheless, to the extent of this research project, management levers are of minor interest since they did not present any ground-breaking innovation to consolidated management practices, nor a relevant impact in terms of SC control improvement. For these reasons, management levers, which still were remarkable to EC's managers from a cost oriented point of view, will not be further discussed here. Hence, the current management practices recorded during the case study will be considered here, and just the nine configuration redesign options illustrated before will be addressed in the remaining of this paper.

A very important remark has to be made concerning the evaluation of the control impact of each configuration redesign lever. To this extent, a qualitative inquiry was made among EC's top managers in order to understand the likely effect of such modifications. The following aspects were brought to light:

- The number of LDCs was likely the parameter which affects the most the process visibility. LDCs, in fact, decoupled the logistic process, and prevented the central Logistic Department from having complete visibility on downstream deliveries.
- Dually, the number of MDCs was likely the parameter that (ceteris paribus) mostly affected decision making rationality, since more accurate, cost aware and timely decisions could be taken under a decentralised approach, instead of under a centralised one.

Relying on these two considerations, the evaluation process was started.

4.5 ABC model support tool

In order to ease the knowledge transfer and to effectively perform a sensitivity analysis, a software tool was designed to support the ABC model. This tool, which was developed with MS Excel and Visual Basic for Application (for additional coding requirements), can be linked to a static simulator which implements the ABC model and allows the various parameters to be automatically updated when changing the distribution model.

The software has a simple interface with separate input and output sections. The input section distinguishes between configuration and management redesign levers: while the latter are modified through tables, the former are addressed by making resort to a graphical interface, so that warehouses' location and service areas can be easily visualised. The output section is responsible for disaggregate cost data per delivery mode and per country as well as for processing physical information concerning the resort to different delivery modes. Fig. 3 illustrates the input section for MDCs location and service areas.

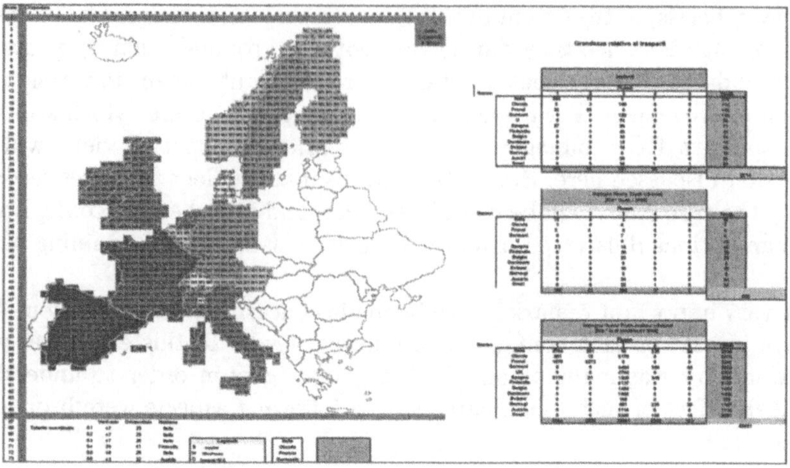

Figure 3. ABC software tool, MDC configuration sheet

4.6 The results

As mentioned in the previous section, nine different configuration redesign options were tested whilst, for the sake of convenience, cost figures will refer to the then used management procedures. Fig. 3 illustrates the main results obtained; for the sake of confidentiality, current state overall costs were set to 100.

As can be seen, the rearrangement of LDCs cannot provide remarkable cost improvements (row 1 vs. row 3). On the contrary, the complete elimination of LDCs (row 2) is a quite interesting option since this may appreciably reduce costs, especially when (the) one MDC is kept in the present location. On the other hand, the location change of the MDC is not a reasonable option (column 2); in fact, if the only MDC is moved north, the remarkable increase in inbound transportation costs overcomes the benefits in distribution activities. Similarly, if the MDC is duplicated and located in Northern Europe (column 3), these two contradictory cost items almost equal each other, so that there is no reason to accept the risks related to such a remarkable change.

Therefore, the best highlighted option would be that of eliminating the LDCs, while keeping the current MDC: this distribution redesign option would reduce total costs by about 7%, which represents a very noticeable amount if projected on the absolute value of yearly distribution costs. This solution is characterised by all the deliveries to be made through delivery modes 1 and 2 (cf. Fig. 4). Second best solution is represented by C2 cell, i.e., by eliminating all LDCs and by adding a second MDC. This solution, nevertheless, would require considerable effort to duplicate the MDC, with expected savings smaller than those achievable with A2 solution. Hence, it represents a dominated alternative.

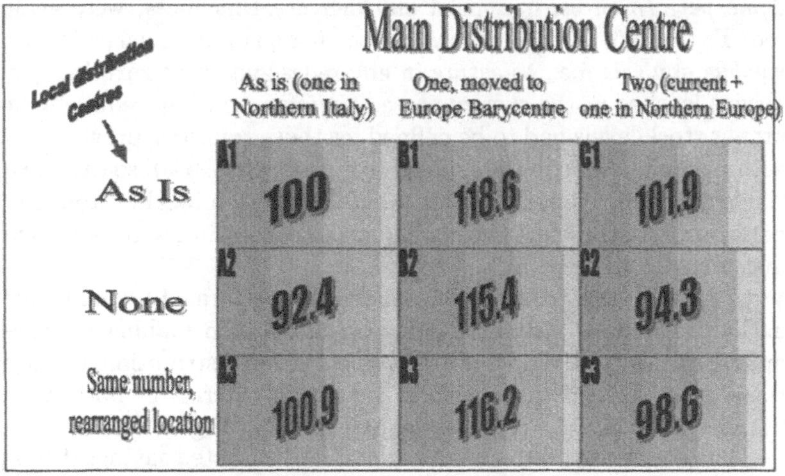

Figure 4. Summary of main cost results

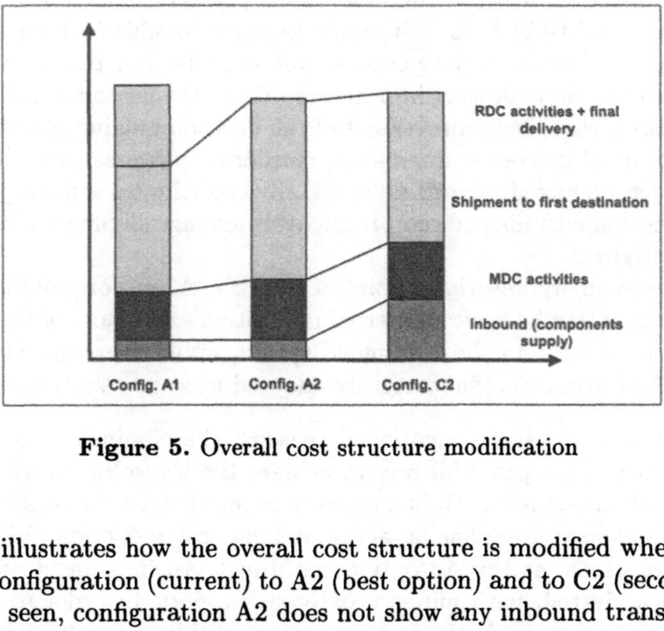

Figure 5. Overall cost structure modification

Fig. 5 illustrates how the overall cost structure is modified when moving from A1 configuration (current) to A2 (best option) and to C2 (second best). As can be seen, configuration A2 does not show any inbound transportation costs modification, but suffers from higher MDC costs. This is due to the fact that those stocks which were originally located at LDCs would have to be moved back to MDC. Shipment to first destination cost increases, mainly because of the elimination of efficient shipments (three plants per truck) to LDCs. Conversely, LDCs and final delivery costs are virtually cancelled, thus leading to a convincing result.

Cost figures, although important, were not the only key performance indicators evaluated in order to select the best option. To this extent:

- *Time performances*, i.e. speed and delivery timeliness, were evaluated, too. To this extent, the company's steering committee asked for a *ceteris paribus analysis*, i.e., to assure in any redesigned configuration the same service level as in the current state. Therefore, backup requirements and proper stock levels had to be defined for those countries previously served with a different distribution model (e.g. through LDCs), so that no appreciable service level perturbation would impact on local customers. Time performances, therefore, were treated as a constraint, and were translated into a cost factor;
- With regard to *SC control*, EC's managers performed a qualitative evaluation on process visibility and rational decision making improvement opportunities underlying the aforementioned distribution redesign options. They agreed that the best solution (in terms of both aspects of SC control) would be represented by cell C2 in Fig. 4. Nevertheless:
  - The cost analysis showed a reduction of expected savings if compared to A2 option.
  - The most disrupting control problem was represented by the poor process visibility, mainly due to the presence of LDCs. By eliminating the LDCs, in fact, it would become possible to have a complete figure of stock carrying costs as well as of the final part of the ordering process, so collecting information about the customer call-off procedures, etc. The improvement of the decision making process (both in terms of deliveries scheduling, reordering processes, etc.) could have been managed, according to EC, by resorting to a third party given the responsibility to comprehensively manage all physical distribution activities.
  - From an organisational point of view, the A2 option would likely have encountered a limited internal opposition since most of the LDCs are not owned and the redesigned system would represent an extension of a business model currently adopted in some countries.

Because of the above mentioned reasons, the elimination of the LDCs was judged to be a powerful way to achieve these results, as well as a convincing cost saving lever. EC's managers acknowledged the feasibility of the used methodology in balancing and matching cost reduction objectives and SC control needs, as the A2 option confirmed. An implementation process was then activated, with minimal external support, in order to turn these conclusions into a new business arrangement within a couple of years.

5 Concluding remarks

This paper has been devoted to present a methodology aiming at matching supply chain accountability and controlling needs in distribution process redesign. This methodology, which is inspired to a consolidated redesign practice (BPR) and to a well acquainted accounting model (ABC), strives for an innovative mood, since the redesign criteria and the alternatives generation guidelines are aimed at improving supply chain control, i.e., at increasing process visibility and at easing rational decision making. As a consequence, the compelling cost issue and the often neglected control issue are balanced into a new redesign philosophy.

The designed methodology has been applied to an extensive case study, performed at a large manufacturer of elevator plants for the civil building industry. This case study proved to be a suitable background to the methodology since a complex organisational and historical process had led the company to a hard-to-handle situation, with strong pressure on cost reduction, too.

The methodology, implemented through a purposely developed software tool, helped to point out a feasible distribution system redesign solution which is expected to reduce overall distribution cost and to show even better performances in terms of regained visibility on the distribution process. The management was very positive with regard to it, and felt that it helped in pointing out cost effective redesign alternatives, able to match also the control needs of their business. According to this first application, no peculiar adaptation or modification has to be made to the principles while, of course, the level of detail and the specific modelling approach could be tailored to different companies in order to meet the objectives.

Further developments of this research project have already been planned: e.g., the same company which hosted the first case study is willing to perform a similar analysis tackling a different business area in Europe. Apart from this very specific second case test, the development of a dynamic ABC model (i.e., able to handle fluctuating, time dependent demand data) is currently under evaluation as well as its application to different industries. These two directions represent the most feasible research development opportunities.

Supply chain performance measurement with customer satisfaction and uncertainties

Gerald Reiner

Vienna University of Economics and Business Administration, Department of Production Management, A-1200 Vienna, Austria
gerald.reiner@wu-wien.ac.at

Abstract This paper describes a performance measurement system for the evaluation of efficiency and effectiveness in supply chain processes and the corresponding business processes, and for the continuous improvement of those processes. This is necessary because firms normally use performance measurement systems which are unaffected by supply chain improvements. In order to make this possible, new performance dimensions must be taken into consideration. Therefore, we will integrate additional measures for different types of business relationships and uncertainty (risks), especially as interest in supply chain risks and how to handle them has grown steadily in recent years. In this context, we shall also describe how to monitor and analyze supply chain processes. Furthermore, we shall discuss how supply chain risk management and the continuous improvement of supply chain processes can be supported by means of simulation.

1 Introduction

In recent years, companies have realized that improvements in competitiveness must be achieved by extending their focus to inter-organizational (supply chain) processes. Thus different concepts of supply chain management have been implemented. The optimization of the flows of goods, information and funds is not limited to one´s own organization, but it concerns every firm involved in fulfilling customer orders.

Traditionally, businesses have used financially oriented measures of business performance. Dissatisfaction with these cost-accounting-based performance measures is on the rise, not least because their narrow focus has made them somewhat obsolete, and they fail to provide insight into the real drivers of business performance. Many indicators, such as knowledge, competencies, employee satisfaction and customer loyalty, are intangible and thus difficult to measure. Financial performance measures such as DuPont's return on investment (ROI) can only serve as a starting point for the development of extended performance measurement models.

One problem is that firms talk about the importance of supply chain concepts but continue to use performance measurement systems which are unaffected by supply chain improvements (Brewer and Speh (2000)). One explanation is given by Weber (2002b), who assumes that the degree of flow orientation generally increases with the chronological development of an enterprise. This development starts from a functional specialization, the next stage is the coordination function of logistics followed by process orientation and finally supply chain management, which is placed at the highest level. A decisive change occurs at the transition to the third and fourth levels: Process orientation means abandoning a functional view. The production of goods and services in the enterprise or one of its parts is now considered a process. Supply chain management is no longer limited to business processes internal to the company, but it focuses on the entire value-added chain. In so doing, process planning and control can span multiple enterprises so as to ensure high customer satisfaction and maximize the overall benefit of all companies involved. A company which reaches the fourth level also needs a suitable performance measurement system in order to avoid the problem mentioned above.

However, in recent years, companies have realized that process-oriented performance measurement systems were necessary to support the management of business processes. Traditional approaches to monitoring performance were metrics projects and balanced scorecards. In metrics projects, functional organizations and workgroups were established to track the metrics most relevant to measuring performance. But there were a number of limitations: local optimization, no insight into the future, manual metric tracking, no feedback or validation that the most relevant business drivers are being measured, and the fact that managers learned how to "play" with the metrics to make themselves look good. One attempt to overcome some of these limitations is the balanced scorecard based on the methodology of Kaplan and Norton (1997). Although conceptually compelling, most balanced scorecards were implemented as static management "dashboards" which were unable to drive action or performance improvement (Lee and Amaral (2002)). Therefore, it is necessary for enhanced performance measurement systems to overcome these limitations and to take continuous improvement into account.

Up to now, the field of performance measurement has focused on two specific issues: (i) *designing* and (ii) *implementing* measurement systems. The first stream of work is concerned with making choices about what to measure, how to measure it, what frameworks to use, etc. The second stream of work is concerned with overcoming the political, social and cultural barriers associated with measurement, as well as the technical ones (Neely (2003)).

The objective of this paper is to present the conceptual design of a supply chain performance measurement system for the evaluation of efficiency and effectiveness in supply chain processes as well as the corresponding business processes and for the continuous improvement of supply chain processes.

For this purpose, new performance dimensions have to be taken into consideration. Therefore, we will also integrate additional measures for network performance and uncertainty. In this context, we will describe ways of analyzing and improving supply chain processes with due consideration of uncertainties (e.g., by means of simulation models), and ways in which the continuous improvement of supply chain processes can be supported by performance measures.

It is also necessary to show how a particular company can integrate supply chain requirements into its company-specific performance measurement system. However, these performance measurement systems have to enable and support the collaborative, enterprise-spanning management of supply chain processes.

Finally, we use a case study to illustrate how selected process-oriented supply chain performance measures can be used.

2 Supply chain risk management

Risk can be defined as the probability of an undesirable outcome. Therefore, risk is related to the uncertainty associated with things that one can not control and the result of that uncertainty. It is thus difficult to make any decision – business-related or personal – without encountering risk. For example, in consumer goods industries, manufacturers maintain "safety stock" inventories of goods in order to protect themselves from the risk of running out of stock due to uncertain demand (see Evans and Olson (2002)).

Kajüter (2003) describes risk management as a means of achieving corporate goals. Therefore, in response to an increasing number of corporate crises, regulations or legal requirements concerning identification, communication and monitoring have been introduced in many countries (e.g., COSO Report in the USA, KonTraG in Germany). Basel II provides an additional example from the financial services (banking) industry. The new Basel II framework requires banks to improve their risk management frameworks and to measure all risks in a consistent and comprehensive way, with risk categories including credit risk, market risk, business risk and operational risk (see Bruggink and Buck (2002)). This impacts customer credit ratings as well as credit terms and conditions. Therefore, companies with lower operational risk enjoy better terms, which means that companies have to develop robust business processes (and their ability to manage risks) in order to reduce operational risk and improve their ratings. Consequently, the next step is to extend the scope to developing robust supply chain processes. Therefore, we shall discuss how risks can be managed with robust processes.

Lindroth and Norrman also argue that supply chain risk handling and risk sharing along the supply chain are an important topic, especially for industries characterized by long, complex supply chains which face uncertain supply and demand (see Agrell *et al.* (2002)). Each supply chain process improvement should also be evaluated with regard to its risk level; e.g., dependencies between supply chain partners increase the risk level, as in long-term alliances with single sourcing (see Elmaghraby (2000)). On the other hand, reducing the number of transactions decreases transaction and monitoring costs and enables bulk discounts and better-integrated processes, thus lowering risk (see Cohen and Agrawal (1999)). If the employees on both sides are experienced, it also has positive effects on the risk level. Therefore, proactive supply management more than offsets the additional risks which can arise from cooperation (increased dependencies); see Smeltzer and Siferd (1998). In this context, quality management plays a key role (e.g., ISO 9001).

Not all enterprise-specific risks may be relevant to supply chain management, as not all will have an impact on supply chain performance (Kajüter (2003)). In the interest of a clear understanding of supply chain risk management, we will use the following definition: "Supply chain risk management is a collaborative and structured approach to risk management, embedded in the planning and control processes of the supply chain to handle risks that might adversely affect the achievement of supply chain goals" (Norrman and Lindroth (2002)).

Therefore, it is important for supply chain controlling to use risk analysis methods and to classify which risks are important in supply chain management and the corresponding risk measures. This should serve as an additional input for performance measurement systems. Moreover, we will show that there is a need to use tools for process modelling, planning and evaluation which take these circumstances into account.

2.1 Product uncertainty

One simple way to characterize uncertainty in a product-specific supply chain is to specify the two uncertainty (risk) types the product faces: supply and demand (Lee (2002), Johnson (2001)). Types of uncertainty which revolve around the supply side (supply risks) include:

- market risks (e.g., currency fluctuations)
- business risks (e.g., a supplier's financial stability, price fluctuations)
- operational risks, e.g.,
  - manufacturing capacity (e.g., equipment, people or input to handle demand fluctuations)
  - transport (e.g., unreliable or reliable)
  - quality (e.g., yield level and variability)
  - lead time (e.g., dependable or variable)
  - flexibility (flexible or inflexible)
  - supply sources (e.g., single or multiple, reliable or unreliable)
  - breakdowns (less or vulnerable)
  - process changes (less or more)
  - production technology changes (e.g., current technology becomes obsolete)

"Stable" supply processes are characterized by mature manufacturing processes and underlying technologies, and their supply base is well established.

In contrast, "evolving" supply processes and technologies are still under development and change rapidly, and their supply base may also be limited.

Demand uncertainty is linked to the predictability of demand for the product. One standard classification assumes that functional products enjoy stable demand, while innovative products are subject to highly unpredictable demand (Fisher (1997)). However, there are additional factors which influence the predictability of demand and show the complexity of the problem:

- demand uncertainty (low or high)
- demand characteristics (stable or variable)
- product life (short or long)
- profit margin (low or high)
- product variety
- seasonal imbalance
- promotion campaigns
- new product adoptions
- fad volatility
- etc.

These supply and demand side factors of uncertainty (i.e., risk) can be used for risk analysis.

2.2 Supply chain risk analysis

Risk analysis is an approach to developing "a comprehensive understanding and awareness of the risk associated with a particular variable of interest" (Hertz and Thomas (1983)).

Risk analysis comprises the identification and evaluation of individual risks and takes place at the company and supply chain level. It provides transparency as to the current risk situation throughout the supply chain and is relevant to risk control measures (Kajüter (2003)). These measures can be used as leading indicators of potential problems in the future and could therefore be a starting point for supply chain process improvements.

In this context, adopting the failure mode and effect analysis (FMEA) could yield interesting results. FMEA is an effective tool for improving product design and process planning by discovering potential product and process failures so that preventive measures can be taken in early stages (Teng (1996)). Traditionally, failures have been prioritized for corrective action by calculating a risk priority number (RPN). The RPN technique uses linguistic terms to rank the severity of the failure effect (S), the probability of the failure-mode occurrence (O) and the probability of the failure being detected (D) on a numeric scale of 1 to 10. These rankings are then multiplied to calculate the RPN. In equation form, $RPN = S \times O \times D$. Failure modes with higher RPNs are assumed to be more important than those with lower RPNs (Sankar and Prabhu (1998)).

However, FMEA is more than the mere calculation of a risk priority number. Before FMEA can be applied, an interdisciplinary team has to be formed to carry out a number of tasks. It is necessary to identify the flow sequences and the dependence or independence of functions and operations, e.g. in the form of a tree. In order to conduct FMEA, the following essential steps are carried out in this order (Sankar and Prabhu (1998)):

1. Describe the part name, number and function
2. List the possible modes of failure
3. Estimate the severity of the failure
4. List the potential causes of failure
5. Estimate the frequency of failure occurrence
6. Describe failure detection method
7. Estimate failure detection
8. Evaluate the risk priority number
9. Recommend corrective action

Once these actions have been taken, the revised ratings are documented with the originals and the risk priority number is re-evaluated.

Another formula for evaluating FMEA risk priority is that used in Japan, in which five factors are combined to assess the risk of failure: C_1 is the degree of importance affecting the functional failure, C_2 is the affected range of the system, C_3 is the frequency of the failure, C_4 is the possibility of prevention, and C_5 is the difficulty of changing the design. The extended risk priority number is calculated using Equation (1) (Chang *et al.* (2001)).

$$C_s = \sqrt[5]{C_1 \times C_2 \times C_3 \times C_4 \times C_5} \tag{1}$$

where

$$C_s = \begin{cases} \text{Risk Level I} & 7 \leq C_s \leq 10 \\ \text{Risk Level II} & 4 \leq C_s < 7 \\ \text{Risk Level III} & 2 \leq C_s < 4 \\ \text{Risk Level IV} & C_s < 2 \end{cases}$$

A modification of traditional FMEA could be used for supply chain process improvements in the following way. The various types of risk can each demonstrate a different kind and scope. The size of risk (C_s) can, e.g., be quantified as the product of the degree of importance affecting consumer (final customer) satisfaction (C_1), C_2 is the affected range of the supply chain, frequency/probability is represented by C_3 (e.g., rare, frequent, very frequent), C_4 is the possibility of prevention in the supply chain under consideration, and C_5 is the difficulty of changing the supply chain processes. In this case, we use five factors to calculate the risk priority number (C_s). Therefore, it is possible to use (1).

This supply chain process FMEA is only intended as a starting point for further activities, as risk analysis should also try to examine the impacts of uncertainty in the estimates (and their potential interaction with one another) on the output variable of interest. The challenge is to frame the output of risk analysis procedures in a manner that makes sense to the manager and provides clear insight into the problem (Evans and Olson (2002)). For this purpose, developing a simulation model can be helpful.

2.3 Supply chain risk management supported by simulation

Here we would like to show a simulation-based analysis which takes the prerequisites of supply and demand risks into account and can help to improve customized supply chain design. In addition, we will discuss the requirements for performance measures and a performance measurement system to support continuous improvement.

We will further demonstrate how a simulation model can be used to support continuous improvement. In general, applying a simulation model is not new and innovative. However, simulation models are necessary to analyze risks – such as demand uncertainties – and the results of these uncertainties. Moreover, literature and practice also provide indications that simulation can be useful to analyze complex systems. For example, the Supply Chain Council (2003) recommends the following best practice for the "plan supply chain" process category: "Capability to run simulated full-stream supply/demand balancing for what-if scenarios" and "Supply chain modelling and visualization systems" are suggested as features.

Deterministic approaches lead to problems in uncertain environments, while a robust plan should stay valid in many possible situations. In order to guarantee a robust solution, it is necessary to analyze supply chain processes, to estimate important parameters (distribution of customer orders, decision rules in the supply chain, layout of the supply chain, etc.), and to build a specific simulation model of the supply chain. This simulation model can be used to ensure that the solution produces favorable results in many possible situations (simulation runs).

The starting points in the analysis of an existing supply chain are changes in the supply chain strategy or in the corporate strategy of a supply chain partner, or an ongoing improvement cycle (e.g., every year). In order to analyze different improvement alternatives, it is necessary to establish a target system for supply chain evaluation (a performance measurement system). Product-specific consumer requirements are related to the characteristics of the product, which should serve as the basis for a suitable strategy (e.g., agile, lean, a combination of both: "leagile," responsive, risk-hedging) for the entire supply chain. This strategy is intended to influence the selection of market winners and qualifiers out of the pool of relevant performance measures, such as quality, flexibility, performance and cost. Hill (1994) provided the basis for this classification by developing the concept of "order qualifiers" – a baseline for entering a competitive area – and "order winners" – specific capabilities to win the order. The broader supply-chain-oriented concept of "market qualifiers" and "market winners" was developed by Christopher and Towill (2000), who suggest market winners which correspond to the supply chain strategy chosen. One market winner in an agile supply chain is the service level (availability), in a lean supply chain it is cost, and in a "leagile" supply chain it is lead time.

At this level of analysis, it is essential that all data regarding the supply chain network be available. This includes the collection of logical data (e.g., process flow diagrams), POS data as well as order policies (parameter: reorder point, service level $\Leftrightarrow$ safety stock), production strategy (make-to-stock, make-to-order, batch size, service level) and the number of elements in the supply chain.

The next step consists in building a simulation model (e.g., discrete event simulation with ARENA, ProcessModel, etc.) of the relevant supply chain processes (see next section). It contains a base case process flow model (logical data) and numerical data, the stochastic behavior of uncertain supply and demand indicators, as well as disturbing events and information flow. Once validation has been effected, the simulation environment can be used to evaluate various supply chain design alternatives.

Therefore, the next step is to identify these design alternatives, which includes the design of experiments (DoE), i.e., the range of each decision variable (e.g., variations in the number of elements in the supply chain, batch size, reorder points, or target service level) and company-specific process as well as supply chain process alternatives (e.g., process flow models).

Once these experiments have been conducted by means of simulations (with sufficient replications ≥ 20), the effects of changes in a product-specific supply chain design on the overall work in process, fill rate (service level) and times (e.g., cycle time) – which are key supply chain measures in some industries – can be studied in detail. Obviously, there are also dependencies between these key supply chain measures and other performance measures (cost, quality, flexibility). The market winners are to be selected from this set of performance measures. This market winner performance measure triggers the evaluation of supply chain design alternatives, which should provide decision support for contract negotiations between supply chain partners and for the reorganization of supply chain processes. If the results obtained are not satisfactory, the design alternatives have to be refined and simulated again.

3 Integrated supply chain performance measurement system

In the theory and practice of supply chain performance measurement, one specific process is the focus of attention: the order fulfillment process. It is possible to find a great deal of supply-chain-specific research on problems in the order fulfillment process and improvement opportunities, such as the bullwhip effect (Lee *et al.* (1997b)). However, researchers have also discussed the clockspeed effect. In order to reduce the clockspeed effect, it is necessary to take the following processes into account: product development, marketing, supply chain design, order obtainment and order fulfillment (Fine (2000)). Therefore, it is mandatory to develop a performance measurement system for supply chains which covers all relevant supply chain processes.

One example of a supply chain performance measurement system is given by the Supply Chain Operations Reference (SCOR) model developed by the Supply Chain Council (SCC). SCOR is a process reference model designed as a cross-industry standard for supply chain management. The aims of the SCC are better customer-supplier relationships, software systems that better support members and benchmarking through the use of common measurements and terms, as well as the ability to recognize and adopt best practices rapidly, no matter where they originate (Meyr *et al.* (2002)). The SCOR model is a tool to build standardized, comparable and appraisable process models for supply chains. The model includes the sub-processes plan, source, make, deliver and return. The problem is that very important areas of supply chain management are not included, such as product development, order obtainment and marketing. In particular, it is necessary to understand the dependencies between the product development process, supply chain process design and order fulfillment. For example, "time to market" is a key process spanning supply chain performance measure here.

In this context, it is interesting that traditional quality management standards (e.g., ISO 9001, QS 9000) and total quality management methods (EFQM model, etc.) cover almost the entire spectrum of possible supply chain process elements. However, it is not surprising because customer focus practices (as defined in the context of quality management) involve establishing links between customer requirements, satisfaction and internal processes. This does not cover a broad spectrum in the context of supply chain management because these quality management concepts do not span multiple enterprises; in fact, only the interfaces between the companies are taken into account.

Therefore, we propose to extend the customer focus to include enterprise-spanning processes (supply chain processes) as well. Selected supply chain processes include supply chain process design, product development, order obtainment, order fulfillment and after-sales service. Supply chain process design occupies a central position and includes strategic issues (e.g., make-or-buy), the configuration of other supply chain processes (e.g., the development process, order fulfillment process), long-term capacity and resource planning, partnership development, etc.

Once supply chain processes have been identified, it is necessary to assign performance measures to them. Accordingly, objectives for these performance measures have to be derived from the corporate strategy and the supply chain strategy. This system will be described in detail below. These are the preconditions for supply chain management.

Before it is possible to develop the framework of a performance measurement system, it is necessary to define its range of use. In this paper, we wish to support supply chain risk analysis (as mentioned above) and improvement as well as supply chain monitoring and review, which should integrate a continuous improvement model.

The scope of this integrated supply chain performance system is directed toward collaborative supply chain management, and it primarily focuses on logistics networks of companies based on partnership-oriented business relations. The idea is that the company with direct consumer contact will identify consumer requirements and satisfaction and communicate these requirements to the other partners upstream in the supply chain. Furthermore, multi-enterprise teams are necessary to identify, collect and monitor broad, multi-company performance measures (see below); these teams are also ideal to carry out continuous improvement projects spanning multiple companies.

At the beginning of this chapter, we give an overview of the general conditions of an integrated supply chain performance measurement system. The second part of this chapter deals with the relevant performance measures and the structure of supply chain performance measurement system.

3.1 Company-specific performance measurement systems versus supply chain requirements

The problem is that a company will use only one performance measurement system to cover all company-specific requirements. However, a company is also a partner in various supply chains, each of which has specific requirements. These supply chains include different consumers and offer different products. Thus the company is faced with the problem of integrating intra-organizational and inter-organizational objectives. In order to be competitive with a product, a supply chain strategy that takes specific consumer requirements into account is necessary. The reasoning is that competition takes place between the supply chains and not between the individual companies.

Earlier, we stated that process orientation is a precondition for supply chain management. Therefore, Fig. 1 shows the structure of a process-oriented performance measurement system that could help companies integrate supply chain strategy requirements. This model consists of three company-specific levels. The first level includes financial (e.g., ROI, cash flow) and non-financial business results (customer satisfaction, customer loyalty and market share). The second level shows the business processes of the company, and the third level comprises product-specific processes. For each process, objectives are defined on the basis of operational strategy. These objectives can be divided into the following categories: cost, quality, performance and flexibility.

The first (business results) and second (business process performance) levels are aggregates of the underlying third level (product-specific processes). The third level is also interesting from the perspective of supply chain management.

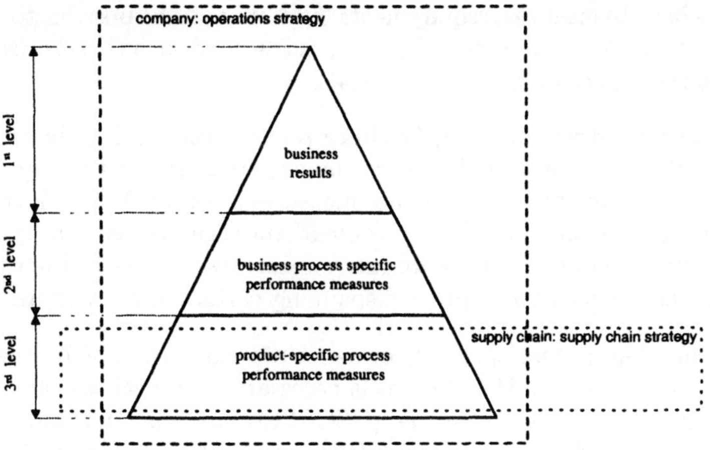

Figure 1. Levels of a performance measurement system

3.2 Relevant performance measures

Evaluations of supply chain performance should be based on an integrated process-oriented performance measurement system and has to include a number of different measures and associated indicators. Before we describe these measures in detail, it is necessary to explain performance effectiveness and efficiency.

In general, the efficiency of an activity is seen as the relationship between what has been gained and the level of resources used. In practice, a variety of metrics are used to determine efficiency. The selection and application of metrics to determine efficiency enable particular views of efficiency (e.g., cost or time based). Processes are normally performed in order to achieve a goal. However, the results obtained from performing a process may not always meet that goal. Process effectiveness can be described as the degree to which the results match the goal. The efficiency and effectiveness of a process are considered to exist irrespective of whether they are measured or not (see O'Donnell and Duffy (2002)).

In our supply chain performance measurement model, customer satisfaction – i.e., the degree to which performance meets customer requirements – is used to measure process effectiveness and plays a central role in the development of new goals for company-specific and supply chain processes. The values for customer satisfaction and requirements are determined by surveys. On the other hand, all performance measures can be used to determine process efficiency.

Measures to determine company performance. In order to be able to evaluate and improve the efficiency of company-specific processes, each company (potential supply chain partner) needs process and product-specific performance measures (e.g., work in process (WIP), cycle time). Performance measures have to meet two requirements: first, it has to be possible to evaluate efficiency by looking at these indicators, and second, it has to be feasible to translate these parameters into financials.

Measures to determine supply chain performance. Supply chain monitoring and review also requires performance measures at the supply chain level. The basis for these performance measures is formed by product-specific measures at each company. In this context, three categories can be differentiated: generic supply chain performance measures, aggregated performance measures, and supply chain process spanning performance measures.

- The problem is that some performance measures can not be aggregated (e.g., service level). Therefore, it is necessary to use generic supply chain process performance measures (GSCPPM) to gain information on the entire supply chain (e.g., service levels vis-à-vis the consumer). Another possibility, e.g., is to define new measures (e.g., a bullwhip effect performance measure) covering the entire supply chain process (Fransoo and Wouters (2000)): We can measure the bullwhip effect (W) at a particular echelon in the supply chain as the quotient of the coefficient of variation of demand generated by this echelon (D_{out}) and the coefficient of demand received by this echelon (D_{in}). The total bullwhip effect (W_{total}) of the supply chain (SC) is the coefficient of variation of the selected company (e.g., company X; see Fig. 2) divided by the coefficient of variation of consumer demand.
- On the other hand, some performance measures are suitable for aggregation (e.g., WIP, cost, order fulfillment cycle time, inventory days of supply). We will refer to these measures as aggregated supply chain process performance measures (ASCPPM) below.
- Supply chain process spanning performance measures (SCPSPM) are a particular kind of aggregated performance measure (e.g., time to market).

Performance measures to evaluate effectiveness. Product-specific consumer satisfaction can be employed to evaluate supply chain effectiveness. There is a direct relation between performance measures (see above) and consumer satisfaction.

In general, higher consumer satisfaction most likely leads to a positive consumer response, which in turn entails an increase in market share. Furthermore, it can be assumed that – due to such an increase in market share – economies of scale are available. As a result, it is possible for the supply chain partners to offer their products at a lower price or at a higher value. An investigation conducted by the U.S. Department of Commerce shows that the costs of attracting a new customer are estimated to be five times those of serving an existing one (Rust *et al.* (1994)).

Furthermore, customer satisfaction is also relevant in evaluating business process effectiveness at the company level. Only for companies with direct consumer contact are customer satisfaction and consumer satisfaction identical. All other companies work in a business-to-business environment. At the business-to-business level, customer satisfaction has the same positive effects as mentioned before.

Generic supply chain performance measures of the network. Generic supply chain performance measures of the network itself should also be considered. These are metrics that mainly address the collaboration (SC strategic alignment, SC planning collaboration, etc.), coordination (SC information availability, SC communication, etc.) and configuration flexibility (SC know-how, SC skill sharing, etc.) performance target areas of the network. The main interest is not the total score, but more the difference from previous benchmarks (Hieber (2002)).

Uncertainty measures. Finally, supply and demand uncertainty measures should also be considered. Measures dealing with uncertainty (coefficient of demand variation, etc.) are necessary to design robust supply chains which are able to handle uncertainties.

Fig. 2 shows the structure of a product-specific supply chain performance measurement system. This system tries to integrate the measure types relevant to supply chain management (mentioned above) and provides a framework for the collaborative management and improvement of a specific SC.

Supply chain performance measures (generic and aggregated) can be used to evaluate the efficiency of supply chain processes. In the same way, consumer requirements (communicated by each customer to the supplier upstream in the SC) and consumer satisfaction (which is an output measure of each SC process) can be used to measure the effectiveness of processes.

Furthermore, generic network performance measures are relevant to all SC processes. For collaborative product development and SC design, however, network performance is exceptionally important. Therefore, these measures are leading indicators of the future success of SC processes.

4 Illustration

A case study illustrates how the proposed SC performance measures can be used and how the improvement model can be applied. In our discussion, we describe a sub-process (element) of the SC design process. In particular, we analyzed and suggested design improvements in the order fulfillment process for a specific pasta SC. There is one manufacturer which primarily produces a large variety of pasta products and works in a very competitive environment. Its main customers include a small number of large retail chain companies and many small retailers. The measures crucial to the firm in question are the product's price (cost, market winner), on-time delivery and flexibility. However, since the information-sharing policy of the retail chain companies is very restrictive, the practical realization of a win-win situation cannot be achieved

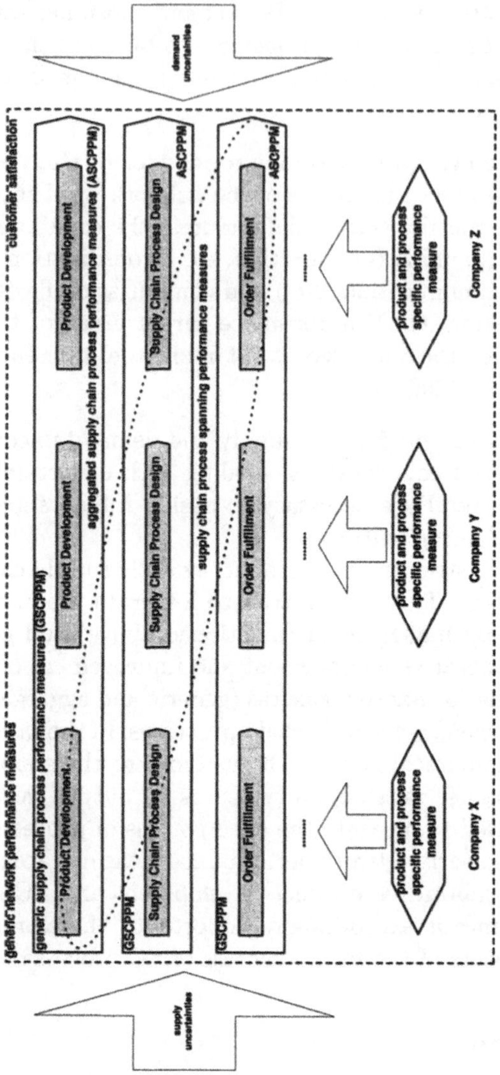

Figure 2. Integrated Product-specific SC Performance Measurement System

by adopting prominent supply chain management concepts such as CPFR. This means that it is not possible to realize a reduction – or even elimination – of uncertainty in the SC networks through information-sharing improvements made by the operative management. The pasta producer can be characterized by flow shop-oriented production design, sequence-dependent setup times and a divergent flow. Limited shelf life does not play an important role because the life of the finished product is longer than one year. Pasta is a product originally characterized by both low demand and supply uncertainties. The

Item	Potential failure mode	Potential effects	Potential causes	No.
Order fulfillment process	Manufacturer has problems handling demand uncertainties	low service level	variable lead time	R1
			bad inventory management	R2
			demand uncertainty caused by promotion campaigns	R3
			demand uncertainty seasonal imbalances	R4
			..	..
		high WIP	high utilization	S1
..	..	..	..	..

No.	C_1	C_2	C_3	C_4	C_5	C_s	Risk level
R1	8	6	1	1	4	2.9	III
R2	8	6	1	1	4	2.9	III
R3	8	6	8	6	8	7.1	I
R4	8	6	2	6	8	5.4	II
..	..	..	..	..	..	..	..
S1	6	6	8	4	6	5.9	II
..	..	..	..	..	..	..	..

Table 1. Supply chain process FMEA

problem is that large fluctuations in demand occur (e.g., as a result of retail chain promotions), which leads to waste and losses.

Therefore, it could be useful to conduct the modified supply chain process FMEA for selected supply and demand risks in order to elucidate the problems of the product-specific supply chain process. Table 1 illustrates the usage of FMEA. The risk priority number (C_s) was calculated using (1). The results show that the case of "demand uncertainty caused by promotions" shows the highest risk level. The reasons are the low capability of prevention and the high frequency of promotions (promotions are exclusively handled by the retail chain companies).

This risk analysis is intended as a starting point for further supply chain improvement activities. One example of simulation-based analysis can be found in Reiner and Trcka (2002). First, the product-specific order fulfillment process (make-to-stock) of the manufacturer was the starting point of our analysis. In this context, the relevant performance measures were service level (fill rate), WIP, and cycle time. The main indicators of these performance measures were the reorder point, lot size and available capacity. Second, we analyzed the supply-chain-specific order fulfillment process with attention to supply chain performance measures. In general, a standard product goes well with a lean supply chain, as the "cost" measure (market winner) is very important. In this case study, WIP is an important supply chain indicator

Scenario		manufacturer		distribution center		one retailer		WIP	std
		WIPm	std	WIPd	std	WIPr	std		
smooth	1	40070	184	15313	399	121	4	61427	441
smooth	2	7226	896	-	-	97	4	12055	897
volatile	3	46965	1401	30386	931	856	34	120143	1699
volatile	4	65557	2072	-	-	2177	99	174395	2187

Table 2. WIP – an ASCPPM (see Reiner and Trcka (2002))

with a direct impact on costs and has to be reduced. At the same time, the service level – being a market qualifier – should remain unchanged (in our case 98%).

Reiner and Trcka (2002) analyzed pasta supply chain design alternatives for two different products (Scenario 1: three-stage supply chain with smooth demand; Scenario 2: two-stage supply chain with smooth demand; Scenario 3: three-stage supply chain with volatile demand; Scenario 4: two-stage supply chain with volatile demand). In the three-stage supply chain setting, 50 retailers receive daily orders from their consumers. The orders placed by the retailers are transmitted to the distribution center (DC). If the DC is able to fill the order, it ships the products immediately within a fixed delivery time. If the goods are out of stock, the DC ships the product as soon as possible. The DC reports to the producer and receives its supplies after the lead time. In the two-stage setting, the retailers are modelled like those in the three-stage supply chain. They report their demand directly to the manufacturer.

We used the simulation results to illustrate the application of aggregated and generic supply chain process performance measures. Table 2 displays the results and demonstrates that it is possible to aggregate WIP for the whole supply chain (one manufacturer (WIPm), one distribution center (WIPd), or no distribution center and fifty retailers (WIPr)). We mentioned earlier that uncertainty also has to be taken into consideration. Therefore, mean and standard deviation (std) are presented for each measure.

Finally, we show in detail the bullwhip effect performance measure, which is a generic supply chain process performance measure. Table 3 shows the bullwhip effect at each particular echelon. The calculated measure shows how demand is amplified at each echelon (Wm=manufacturer, Wd=distribution center, Wr=retailer). In addition, we present the total bullwhip effect (Wtotal) of the supply chain, which is the coefficient of variation of the manufacturer divided by the coefficient of variation of consumer demand. The results correspond to the WIP results (see Table 2) and illustrate how the distribution center (three-stage supply chain) reduces the bullwhip effect in Scenario 3 (volatile demand). For smooth demand, the simulation shows the best results for the two-stage supply chain (Scenario 2).

Once the ideal order fulfillment process settings are identified for each product characteristic, the FMEA risk priority number (RPN) has to be re-

Scenario		Wm	Wd	Wr	Wtotal
smooth	1	1.31	1.37	5.19	9.28
smooth	2	1.14	-	1.86	2.13
volatile	3	1.08	0.42	2.78	1.25
volatile	4	0.33	-	4.07	1.33

Table 3. Bullwhip effect – an GSCPPM (see Reiner and Trcka (2002))

evaluated. In our case (R3), C_4 can be reduced to 2, thus the new RPN is 5.7 (Risk Level II). Therefore, another case (with a higher RPN) should be the starting point for further continuous improvement activities.

The insight gained from this example is that company-specific improvements are very limited. Due to existing dependencies, it is not possible to analyze one company-specific process alone; the effects on the overall supply chain have to be taken into consideration. This is one of the reasons why the whole supply chain network should be monitored and analyzed by supply chain performance measures, which allows us to look at more substantial improvement alternatives.

5 Conclusion

In this paper, we discuss supply chain risks, identify supply chain processes and introduce a process-oriented performance measurement system which is able to integrate company requirements as well as the characteristics of the product-specific supply chains, and which could be the basis for the continuous improvement of supply chain processes by means of simulation. This work gives a general idea of the types of performance measures which should be taken into account.

Finally, a case study shows the pilot application of a supply chain process FMEA and an analysis based on selected process-specific supply chain performance measures (aggregated and generic). The scope of this paper is limited to collaborative supply chain management, and it primarily focuses on networks of companies based on partnership-oriented relations.

Further research activities should discuss the interaction between quality management systems and supply chain processes in greater detail. Additional questions on how to implement the measurement system are not discussed in this paper.

Further research questions and activities could include developing a data warehouse design to support our supply chain performance measurement system, supporting performance measurement with system dynamics models, developing collaboration frameworks, risk-hedging contracts, etc. However, it will also be necessary to apply the supply chain performance measurement system in different industries and to generate product and industry-specific case studies.

Von der Unternehmens- zur Supply Chain Performance – ein konzeptioneller Beitrag für das Management von Supply Chains

Wolfgang Stölzle und Michael Karrer

Universität Duisburg-Essen (Standort Duisburg), Lehrstuhl für Betriebswirtschaftslehre mit Schwerpunkt Logistik und Verkehrsbetriebslehre, Geibelstraße 41, 47057 Duisburg, Germany
stoelzle@uni-duisburg.de, karrer@uni-duisburg.de

Zusammenfassung Die Ausrichtung von Unternehmensaktivitäten am Oberziel der Performance findet im Rahmen des Shareholder Value Konzepts seit mehr als 15 Jahren starke Verbreitung. In der Diskussion zum Supply Chain Management (SCM) werden Überlegungen angestellt, die Prinzipien des Konzepts auch unternehmensübergreifend anzuwenden. Dies erweist sich jedoch als schwierig. Ein zentrales Problem stellt insbesondere die fehlende Auseinandersetzung mit der „Supply Chain Performance" als Zielgröße von Unternehmensnetzwerken dar. Der vorliegende Beitrag konzentriert sich demnach auf die Frage, inwiefern Performance per se einen inhaltlichen Wandel erfährt, wenn sie auf einen interorganisationalen Kontext übertragen wird. Dafür wird der Performancebegriff losgelöst vom häufig adressierten Kontext des Performance Measurement diskutiert. Zunächst erfahren die Wechselwirkungen zwischen Performance und dem deutschen Leistungsbegriff eine Analyse. Anschließend werden mit der unternehmenswertorientierten Performance, der Zukunftsorientierung sowie der Mehrdimensionalität weitere begriffsbildende Komponenten der Performance vorgestellt. Die Performancewirkungen der Logistik bilden schließlich die Brücke zu einer Annäherung an das Performanceverständnis im SCM. Diese Annäherung stellt das Ergebnis des Beitrags dar und weist gleichzeitig auf den umfangreichen Forschungsbedarf hin, der im Bereich des Performance Measurement und Performance Management in der Supply Chain besteht.

1 Die Performancelücke im Supply Chain Management

Die Ausrichtung von Unternehmensaktivitäten am Oberziel der Performance als Erfolgsmaß einer wertorientierten Unternehmensführung findet im Rahmen des Shareholder Value Konzepts seit mehr als 15 Jahren starke Verbreitung. In der aktuellen, wissenschaftlich und praxisbezogen geführten Diskussion zum SCM werden Überlegungen angestellt, die Prinzipien der wertorientierten Unternehmensführung auch interorganisational anzuwenden. Dies erweist sich insbesondere aus zwei Gründen als schwierig: Zum einen eignen sich bestehende Ansätze zum Management der Unternehmensperformance nur bedingt für eine Übertragung auf das Supply Chain Umfeld. Zum anderen beschäftigt sich die betriebswirtschaftliche Forschung zum SCM zwar mit dessen allgemeinen Zielkategorien, vernachlässigt jedoch häufig eine detaillierte Auseinandersetzung mit der inhaltlichen Ausgestaltung der „Supply Chain Performance" als Zielgröße für die gesamte Supply Chain. Erste Ansätze in der Literatur schlagen eine schrittweise Ausdehnung des Shareholder Value Konzepts, ausgehend von der Sicht eines Einzelunternehmens (Akteursebene) über die Betrachtung einer dyadischen Beziehung (Kooperationsebene) bis hin zur mehrgliedrigen Supply Chain (Netzwerkebene) vor.[1] Dabei werden auf jeder institutionalen Ebene spezifische Anforderungen an ein Performance Measurement und Performance Management[2] gestellt. Bevor die Teilaufgaben der Planung, Messung, Steuerung und Kontrolle von Performance in der Supply Chain aufgegriffen werden können, gilt es jedoch zu untersuchen, inwiefern das Erkenntnisobjekt, die Performance per se, einen inhaltlichen Wandel erfährt, wenn sie auf einen interorganisationalen Kontext übertragen wird. Der vorliegende Beitrag widmet sich dieser Fragestellung, indem der Performancebegriff zunächst losgelöst vom häufig adressierten Kontext des Performance Measurement diskutiert wird. Dabei erfahren im Rahmen eines theoretisch-deduktiven Vorgehens identifizierte Charakteristika der Performance eine Übertragung auf das Anwendungsfeld des SCM.

Am Beginn der Untersuchung steht der vielschichtige Performancebegriff, der zunächst hinsichtlich seiner Wechselwirkungen mit dem deutschen Leistungsbegriff analysiert wird (Kap. 2.1). Nach einer Einschätzung des unternehmenswertorientierten Performanceverständnisses (Kap. 2.2) werden mit der Zukunftsorientierung sowie der Mehrdimensionalität der Performance weitere relevante begriffsbildende Komponenten der Performance vorgestellt (Kap. 2.3 sowie 2.4). Die Performancewirkungen der Logistik (Kap. 3), mit denen sich die Logistikforschung aktuell intensiv auseinandersetzt, bilden die Brücke zu einer Annäherung an das Performanceverständnis im SCM (Kap. 4). Letzteres stellt das Ergebnis des Beitrags dar und macht gleichzeitig den umfangreichen Forschungsbedarf, der im Bereich des Performance Measurement und Management in der Supply Chain besteht, deutlich.

2 Annäherungen an den Performancebegriff

Abgesehen von der Interpretationsvielfalt des englischsprachigen Begriffs[3] besteht im Deutschen kein eindeutig zuordenbares Gegenstück zu „Performance". Diese Tatsache spiegelt sich in der großen Vielfalt an Überset-

---

[1] Vgl. dazu z.B. Otto (2002), S. 99.

[2] Der vorliegende Beitrag konzentriert sich auf den Performance-Begriff per se, weshalb auf Performance Measurement- und Performance Management-Ansätze an dieser Stelle nicht näher eingegangen wird. Zum Konzept des Performance Measurement vgl. Riedl (2000), Gleich (2001), Grüning (2002) sowie Klingebiel (2000). Zu einer ersten Charakterisierung von Performance Measurement und Performance Management im SCM vgl. Stölzle und Karrer (2002).

[3] Vgl. Lebas (1995), S. 23.

zungsmöglichkeiten wider, die zur großen Vielschichtigkeit des Begriffs beigetragen haben. Eine profunde Auseinandersetzung mit den Konzepten, deren zentrales Interesse die Steigerung bzw. „Maximierung" der „Performance" darstellt, setzt jedoch eine begriffliche Eingrenzung, zumindest eine Zerlegung des Begriffs in seine wesentlichen Bestandteile voraus.

2.1 Performance- und Leistungsbegriff

Ein Weg zur Klärung des Performancebegriffs führt über den deutschsprachigen Begriff „Leistung", der aufgrund seiner inhaltlichen Nähe zur Performance in der Literatur häufig angeführt wird. Dieser findet zwar ebenfalls sehr unterschiedliche Verwendung[4], es lassen sich aber zum einen aus sprachwissenschaftlicher Sicht, zum anderen aus Sicht verschiedener Wissenschaftsdisziplinen einige Gemeinsamkeiten finden, die eine Eingrenzung des Leistungsbegriffs erleichtern.[5]

Gemäß der Etymologie[6] wurde das Wort „leisten" im Mittelalter im Sinne von „befolgen", „nachkommen", „erfüllen" oder „eine Pflicht tun" verwendet. Seitdem hat der Leistungsbegriff aus sprachwissenschaftlicher Sicht eine Transformation erfahren, die von seinem Ursprung, der im Prozess der Leistungserbringung selbst liegt, zu einem zunehmend ergebnisorientierten Leistungsverständnis geführt hat. Zudem ist festzustellen, dass die früher personenbezogene Bedeutung des Begriffs im Verlauf der Industrialisierung durch eine Orientierung am physikalisch-technischen Leistungsverständnis abgelöst wurde (z.B. in Form der Maschinenleistung).[7]

In etablierten Wissenschaftsdisziplinen besteht nach wie vor große Uneinigkeit über die Einordnung des Leistungsbegriffs. So existieren neben der Betriebswirtschaftslehre in der Physik, der Volkswirtschaftslehre, der Soziologie, der Psychologie, der Pädagogik, den Arbeitswissenschaften sowie den Rechtswissenschaften unterschiedliche Interpretationen der Leistung.[8] An dieser Stelle werden exemplarisch das physikalische sowie das volkswirtschaftliche Leistungsverständnis angeführt, da diese direkt auf das betriebswirtschaftliche Leistungsverständnis einwirken.[9]

- Der physikalische Leistungsbegriff definiert Leistung als das Produkt von Kraft und Weg (=Arbeit) pro Zeiteinheit. Die Arbeit umfasst dabei me-

[4] Vgl. Becker (1994), S. 11.
[5] Vgl. Becker (1994), S. 14, Wickinghoff (1999), S. 19, Hoffmann (2000), S. 7, sowie Gleich (2001), S. 34.
[6] Die Etymologie beschäftigt sich als sprachwissenschaftliche Forschung mit der Herkunft und Entwicklung der Wörter, ausgehend von deren „Wortwurzel".
[7] Siehe zum Ursprung des Leistungsbegriffs die Ausführungen in Becker (1994), S. 13, und die dort zitierte Literatur.
[8] Vgl. Gleich (2001), S. 34.
[9] Zu einer umfassenden Beschreibung der Leistungsauffassungen in unterschiedlichen Wissenschaftsdisziplinen vgl. Becker (1994), S. 16ff., und die dort zitierte Literatur.

chanische, chemische, thermische oder elektrische Dimensionen. Der Prozess, in dem die Schnelligkeit der Arbeit als Leistung ausgewiesen wird, steht im physikalischen Leistungsverständnis im Vordergrund des Interesses. Das Leistungsverständnis der Physik hat vor allem in eher technisch orientierte Teildisziplinen der Betriebswirtschaftslehre, wie z.B. die Produktionswirtschaft, Eingang gefunden.[10]

- Der volkswirtschaftliche Leistungsbegriff bezeichnet Leistung als Wert eines ökonomischen Gutes, gemessen am erzielten oder zu erzielenden relativen Marktpreis. Hiermit wird die marktwirtschaftliche Perspektive, gemäß der eine technische Leistung erst durch die Existenz eines Nachfragers einen ökonomischen Leistungswert erhält, eingeführt. Insofern findet sich in der Volkswirtschaftslehre vor allem ein ergebnisbezogenes, auf den Erfolg von Tätigkeiten fokussierendes Leistungsverständnis.[11]

Der Leistungsbegriff in der Betriebswirtschaftslehre wird in der gegenwärtigen wissenschaftlichen Literatur uneinheitlich verwendet.[12] Die bisherigen Ausführungen offenbaren jedoch zwei grundlegende Leistungsauffassungen, die in das betriebswirtschaftliche Leistungsverständnis Eingang gefunden haben:[13]

- Leistung wird als produzierende Tätigkeit aufgefasst, die sich auf den Arbeitseinsatz im Sinne der Erfüllung der Unternehmensaufgabe bezieht. Die Tätigkeit kann dabei zum einen aus Sicht der Mitarbeiter betrachtet werden, die ein bestimmtes „Leistungsverhalten" aufweisen. Das Leistungsverhalten wird durch die Leistungsfähigkeit (bzw. das Potenzial der Mitarbeiter) sowie durch die Leistungsbereitschaft (das Ausmaß, in dem die Leistungsfähigkeit in tatsächliche Leistung umgewandelt wird) bestimmt.[14] Zum anderen ist es möglich, die Tätigkeit als betriebliche Funktion zu verstehen, die im Sinne einer „betrieblichen Leistung" zur Befriedigung eines Konsumentenbedürfnisses erbracht wird.
- Leistung wird als Ergebnis einer produzierenden Tätigkeit bezeichnet. Dieses in der Betriebswirtschaftslehre weit verbreitete Leistungsverständnis bezieht sich sowohl auf mengenmäßige Ergebnisse (wie z.B. produzierte Sach- und Dienstleistungen) als auch auf wertmäßige Ergebnisse (wie z.B. den erzielten Wertschöpfungsbeitrag).[15] Die Literatur zur Kosten- und Leistungsrechnung betont mit Blick auf die Bewertung die Unterscheidung von pagatorischen Ansätzen, deren Leistungsberechnung auf

---

[10] Vgl. Gleich (2001), S. 38, und die dort zitierte Literatur.
[11] Vgl. Becker (1994), S. 30.
[12] Vgl. Weber (2002a), S. 176, sowie Riedl (2000), S. 16, und die dort zitierte Literatur.
[13] Vgl. Gleich (2001), S. 36.
[14] Vgl. zu Leistungsfähigkeit und Leistungsbereitschaft Corsten (2000).
[15] Vgl. Dyckhoff (2000), S. 188.

den Preisen des Absatzmarktes basiert, und dem (wertmäßigen) kostenorientierten Ansatz, der die für die Leistungserstellung notwendigen Inputfaktoren sachziel- und periodenbezogen bewertet.[16]

Becker (1994), S. 49, 67, der sich umfassend mit dem betriebswirtschaftlichen Leistungsverständnis auseinander setzt, geht neben den beiden genannten auf zwei weitere Leistungskategorien ein:

- Gemäß der technologisch orientierten Auffassung, die sich eng an den physikalischen Leistungsbegriff anlehnt, bezieht sich Leistung auf den Quotient aus Produktionsmenge und Zeitverbrauch. Dem Vorteil der Eindeutigkeit dieses Leistungsbegriffs, welche durch einheitliche Messvorschriften und mathematisch fixierte Beziehungen erreicht wird, steht die Vernachlässigung der Sinnhaftigkeit einer erbrachten Leistung als Hauptnachteil entgegen.
- Eine Kombination aus tätigkeits- und ergebnisorientiertem Leistungsverständnis stellt die Auffassung dar, sowohl Tätigkeit als auch Ergebnis seien gleichzeitig Bestandteil der Leistung. In der Konsequenz stellt Leistung eine Synthese aus Arbeitseinsatz und Arbeitsergebnis dar. Der Vorteil dieses Ansatzes besteht in einer Reduktion der Begriffsvielfalt durch die Zusammenführung der Leistungskomponenten „Tätigkeit" und „Ergebnis". Die Zusammenfassung dieser beiden Komponenten unter dem Begriff „Leistung" ist aber kritisch zu sehen, da Tätigkeit und Ergebnis auseinander fallen können, indem eine Tätigkeit zu einem negativen (technischen oder wirtschaftlichen) Ergebnis führt.[17]

Die beschriebenen Ansätze zur Klärung des Leistungsbegriffs haben bisher zu keiner einheitlichen Leistungsdefinition in der Betriebswirtschaftslehre geführt.[18] Die angesprochenen vier Leistungskategorien können jedoch dazu beitragen, eine Abgrenzung des Performancebegriffs vom Leistungsbegriff vorzunehmen. Dies erscheint insofern sinnvoll, als Performance in der einschlägigen deutschsprachigen Literatur oft explizit[19] bzw. implizit[20] mit Leistung gleichgesetzt wird.[21] Ein solcher Ansatz greift jedoch nach dem hier vertretenen Performanceverständnis zu kurz. Im Folgenden wird deshalb der in der Literatur postulierten Auffassung gefolgt, die eine Trennung der Be-

---

[16] Vgl. zum Leistungsverständnis im betrieblichen Rechnungswesen Kloock *et al.* (1999).

[17] Vgl. Becker (1994), S. 68, und die dort zitierte Literatur.

[18] Vgl. Weber (2002a), S. 175, Wickinghoff (1999), S. 20, und die dort zitierte Literatur sowie Becker (1994), S. 69.

[19] Vgl. Munari und Naumann (1999), S. 855, sowie Hoffmann (2000), S. 8.

[20] Vgl. Klingebiel (2000), S. 5, Gleich (2001), S. 39, sowie Grüning (2002), S. 4.

[21] In der englischsprachigen Literatur stellt sich diese Übersetzungsproblematik nicht. Dennoch wird der Performancebegriff auch dort sehr unterschiedlich verwendet, was von den englischsprachigen Autoren kaum thematisiert wird.

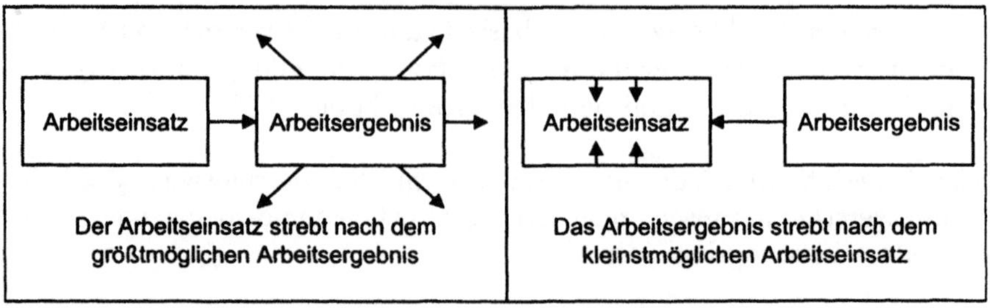

Abb. 1. Die Polarität zwischen Arbeitseinsatz und Arbeitsergebnis. Quelle: Thoms (1940), S. 19, zitiert in Gleich (2001), S. 35.

griffe sowohl aus pragmatischer als auch aus wissenschaftstheoretischer Sicht für sinnvoll erachtet.[22]

Der in diesem Beitrag propagierte Performancebegriff baut auf dem von Becker (1994), S. 46, vorgeschlagenen, tätigkeitsorientierten Leistungsbegriff auf. Anstatt jedoch ausschließlich die Tätigkeit (im Sinne des Inputs in einen Kombinationsprozess) zu betrachten, ist das Verhältnis von Input zu Output primäres Betrachtungsobjekt. Performance weist in diesem Sinn eine Effizienzkomponente auf, indem ein vorgegebener Output (im Sinne von Arbeitsergebnis) mit möglichst geringem Input realisiert werden soll, um die Performance zu steigern (vgl. Abb. 1).[23]

Der Performancebegriff umfasst darüber hinaus den ergebnisorientierten Leistungsbegriff und erweitert diesen. Dabei beschreibt Performance nicht nur die mengen- oder wertmäßigen Ergebnisse eines Kombinationsprozesses, sondern stellt die gewünschten bzw. geplanten Ergebnisse den tatsächlichen gegenüber. Der daraus resultierende Zielerreichungsgrad wird als Effektivität bezeichnet.[24] Die drittgenannte, technologisch-orientierte Leistungsauffassung erweist sich für das hier vertretene Performanceverständnis als nicht sinnvoll, da sie die für die Performance wesentliche Zielrelativität nicht betrachtet. Die oben beschriebene Zusammenführung von tätigkeits- und ergebnisbezogenem Leistungsbegriff schließlich wird in der betriebswirtschaftlichen Literatur meist vernachlässigt[25], kommt jedoch durch ihren integrativen Charakter dem hier vertretenen Performanceverständnis nahe. Die bereits angeführte Kritik an einer Zusammenführung von Tätigkeit und Ergebnis im Leistungsbegriff kann durch die Eingliederung der beiden Komponenten in den Performancebegriff abgemildert werden. Denn stellt man auf den Ziel-

[22] Vgl. Riedl (2000), S. 16, der eine Gleichsetzung der beiden Begriffe als zu reduktionistisch im Hinblick auf den Performancebegriff beurteilt.

[23] Eng verknüpft mit der Effizienz ist die Produktivität, unter der das Verhältnis von tatsächlicher Ausbringungsmenge zu tatsächlicher Einsatzmenge verstanden wird.

[24] Vgl. Otto (2002), S. 279.

[25] Vgl. Riedl (2000), S. 16.

erreichungsgrad als primären begriffsbildenden Bestandteil der Performance ab[26], so kann darunter sowohl das Verhältnis zwischen Input und tatsächlichem Output (Erreichungsgrad des Effizienzziels) als auch das Verhältnis zwischen tatsächlichem und geplantem Output (Erreichungsgrad des Effektivitätsziels) betrachtet werden.[27]

2.2 Unternehmenswertorientierte Performance

Ein großer Teil der einschlägigen Literatur zum Thema „Performance" widmet sich der wertorientierten Unternehmensführung. Aus diesem Grund verdient diese eine gesonderte Betrachtung. Bezeichnet Performance – wie oben postuliert – einen Zielerreichungsgrad, so lässt sich dieser anhand der Erreichung des Ziels der Steigerung des Unternehmenserfolgs bestimmen. Definition und Berechnung des Unternehmenserfolgs sind bislang jedoch umstritten. In der Praxis gelten traditionelle Maßstäbe unternehmerischen Erfolgs wie der Jahresüberschuss im externen Rechnungswesen oder das Betriebsergebnis im internen Rechnungswesen nach wie vor als weit verbreitet.[28] Diese Maßstäbe weisen allerdings Schwächen auf, die seit längerem in der einschlägigen Literatur diskutiert und empirisch belegt werden.[29] Zu den Hauptkritikpunkten zählen u.a. die mangelnde langfristige Erfolgsorientierung, die Vernachlässigung von Risikoaspekten, die unzureichende Korrelation mit Entwicklungen des Kapitalmarkts sowie die fehlende Zukunftsorientierung.[30] Insbesondere wird angeführt, dass traditionelle Erfolgsmaße nur unzureichend in der Lage seien, die Wertschaffung für die Anteilseigner eines Unternehmens korrekt zu beurteilen.[31] Seit Ende der 80er Jahre haben aus diesem Grund neue Verfahren der Unternehmensbewertung im Rahmen des Shareholder Value Management stark an Bedeutung gewonnen.[32] Hinsichtlich der Eignung dieser Verfahren zur Performancemessung und -steuerung erscheinen hier die Unterschiede zwischen Planungsrechnung und Kontrollrechnung relevant. Größen der Planungsrechnung, wie der Discounted Cash Flow (DCF), berücksichtigen explizit den Zukunftsbezug, indem sie sich direkt oder indirekt aus geplanten zukünftigen Zahlungsüberschüssen ableiten. Allerdings sind sie damit auch

---

[26] Vgl. Grüning (2002), S. 5, sowie Schrank (2002), S. 12.

[27] Vgl. dazu Mentzer und Konrad (1991), S. 33, sowie Lebas und Euske (2002), S. 68.

[28] Vgl. Günther (1997), S. 21.

[29] Beispielsweise kommt Chakravarthy (1986), S. 442, im Rahmen einer empirischen Untersuchung an 14 Unternehmen der Computerindustrie zu dem Ergebnis, dass konventionelle Erfolgsgrößen wie ROE, ROTC sowie ROS nicht geeignet sind, Unterschiede in der strategischen Performance zu diagnostizieren.

[30] Vgl. Rappaport (1986), S. 31.

[31] Vgl. Deimel (2002), S. 506, und die dort zitierte Literatur.

[32] Als bedeutendster Vertreter des Shareholder Value Managements gilt Rappaport (1986).

dem Vorwurf der Subjektivität ausgesetzt. Der Rückgriff auf die Kontrollrechnung, welche Kennzahlen wie z.B. den Economic Value Added (EVA) einsetzt, erlaubt demgegenüber eine größere Objektivierbarkeit der Erfolgsgrößen, da diese auf Jahresabschlussdaten basieren. Allerdings können dadurch die bereits angesprochenen einschlägigen Probleme traditioneller Kennzahlen(systeme) nur bedingt gelöst werden.

Trotz der intensiven Diskussion wertorientierter Steuerungsgrößen in Wissenschaft und Praxis[33] weist deren Aussagekraft in mehrerlei Hinsicht Unschärfen auf. So ist z.B. die Korrelation wertbasierter Kennzahlen mit den tatsächlich am Kapitalmarkt realisierten Renditen nicht vollständig geklärt. So stellen Günther *et al.* (2000), S. 133, in einer empirischen Untersuchung fest, dass die klassischen gewinnorientierten Kenngrößen langfristig besser mit der Kursentwicklung korrelieren als wertorientierten Performancemaße.[34] Sie halten dies allerdings für ein temporäres Phänomen, das auf die unvollständige Verbreitung des Shareholder Value Denkens in Deutschland zurückzuführen ist.[35] Des Weiteren sieht sich der Shareholder Value Ansatz häufig der Kritik ausgesetzt, die kurzfristige Maximierung der Anteilseignerrendite zugunsten der langfristigen Interessen anderer Stakeholder in den Vordergrund zu stellen.[36] Dieser Umstand beruht nicht zuletzt auf einem differierenden Performanceverständnis von Shareholdern und anderen Stakeholdern.[37] Während sich Performance im Sinne der Shareholder auf die Steigerung des auf die Eigenkapitalgeber entfallenden Unternehmenswertes sowie auf die Höhe der auszuschüttenden Dividende bezieht,[38] machen andere Stakeholder Performance an bestimmten Sachzielen fest, die mittels Verträgen (z.B. Kauf-, Liefer- oder Arbeitsverträge) mit dem Unternehmen vereinbart werden. Der Shareholder Value kann langfristig nur dann steigen, wenn diese Verträge eingehalten werden und die Stakeholder sich weiterhin im bzw. für das Unternehmen engagieren, so dass die Interessen der beiden

[33] Christopher und Ryals (1999), S. 2, zählen EVA und CFROI zu den „most widely studied internal measures [of value creation]".

[34] Siehe zur mangelnden Korrelation wertorientierter Performancekennzahlen mit den Aktienkursschwankungen die Studie von Schremper und Pälchen (2001).

[35] Auch andere Autoren schreiben wertorientierten Kenngrößen eine im Verhältnis zu den klassischen Erfolgsmaßstäben bessere Eignung zu, die Leistungsfähigkeit eines Unternehmens hinsichtlich der Kapitalgeberinteressen abzubilden; vgl. dazu Otto (2002), S. 126, und die dort zitierte Literatur.

[36] Vgl. Hungenberg (2001), S. 26.

[37] Die Shareholder stellen eine Teilmenge der Stakeholder dar. Die an dieser Stelle als „andere Stakeholder" bezeichneten Interessensgruppen umfassen z.B. Mitarbeiter, Kunden, Lieferanten, oder öffentliche Institutionen. Für eine vergleichende Darstellung der Ansätze von Shareholder und Stakeholder Management vgl. Hungenberg (2001). Für eine empirisch gestützte Analyse des Stakeholder Management und dessen Auswirkungen auf die Unternehmensperformance vgl. Hillman und Keim (2001).

[38] Vgl. Lücke (2001), S. 58.

Gruppen langfristig ausgeglichen sind. Allerdings vermögen die Shareholder eher als andere Stakeholder diese Steigerung auch kurzfristig – z.B. durch die Liquidierung ihrer Anteile am Kapitalmarkt – nutzbar zu machen.

2.3 Zukunftsorientierung der Performance

Ein wesentlicher inhaltlicher Bestandteil der Performance[39] besteht im Zukunftsbezug.[40] Die bereits angesprochene Gegenüberstellung von Performance- und Leistungsbegriff führt hier zu keinen neuen Erkenntnissen, da die in der Gegenwart gemessene Performance das Ergebnis vergangener Tätigkeiten darstellt, indem sie deren Zielerreichungsgrad aus Effizienz- und Effektivitätsgesichtspunkten aufzeigt. Im unternehmenswertorientierten Performanceverständnis ist der Zukunftsbezug enthalten, da zukünftige Cash Flows unter Berücksichtigung der durchschnittlichen Kapitalkosten auf die Gegenwart abdiskontiert werden. Allerdings werden mit der Betrachtung von Cash Flows wiederum lediglich die (finanziellen) Ergebnisse zukünftiger Handlungen betrachtet und weniger deren Treiber. Zudem fließen auch die wertorientierten Performancekonzepte in der betrieblichen Praxis schwerpunktmäßig in die Bewertung abgelaufener Rechnungsperioden ein.[41]

Aufschlussreich erweist sich die Betrachtung aktuell ablaufender Tätigkeiten, weil deren *potenzielle* Ergebnisse in die zukünftige Performance einfließen. Die Erfassung der Unsicherheit hinsichtlich der zukünftigen Ergebnisse kann durch die explizite Berücksichtigung der „Potenzialität" als Performancebestandteil zum Ausdruck gebracht werden. Ausschlaggebend für die Potenzialität sind die aktuellen Fähigkeiten sowie die Leistungsbereitschaft, die sich jeweils (z.B. über das Know How der Mitarbeiter) positiv oder negativ auf potenzielle Ergebnisse auswirken. Darüber hinaus ist das zeitliche Auseinanderklaffen von Ursache (aktuelle Tätigkeiten) und Wirkung (potenzielle Ergebnisse) zu beachten.[42] Diese Verzögerung kann über ein Latenzmaß berücksichtigt werden, das sich aus der Zusammenführung von aktuellen Fähigkeiten und potenziellen Ergebnissen ergibt. Die potenzielle bzw. zukünftige Performance lässt sich aus der gegenwärtigen Performance unter Berücksichtigung des angesprochenen Latenzmaßes ermitteln.[43]

---

[39] Die hier angesprochenen inhaltlichen Bestandteile der Performance spiegeln sich in den Anforderungen an dementsprechende Performance-Messgrößen wider. Neben den inhaltlichen Anforderungen werden an Performance-Messgrößen eine Reihe von formalen Anforderungen gestellt, u.a. zur Vergleichbarkeit, zur Objektivität oder Reliabilität, auf die hier nicht eingegangen werden soll; vgl. dazu z.B. Hauber (2002), S. 90-94.

[40] Vgl. Riedl (2000), S. 17, sowie Lebas (1995), S. 23.

[41] Vgl. Deimel (2002), S. 507 und S. 510.

[42] Vgl. Hauber (2002), S. 96.

[43] Vgl. dazu Stainer und Nixon (1997), S. 489, die das Latenzmaß als Quotient von aktuellen Fähigkeiten und zukünftigen Ergebnissen darstellen. Eine direkte mathematische Verknüpfung erscheint jedoch aufgrund der unterschiedlichen

Die Ausführungen zur Zukunftsorientierung machen deutlich, dass der Messung von langfristigen Erfolgspotenzialen eine wichtige Rolle bei der Bestimmung der zukünftigen Performance zukommt.[44] Die Bedeutung der Berücksichtigung von Potenzialen wird auch dadurch unterstrichen, dass sich mehrere Teildisziplinen der Betriebswirtschaftslehre, unter anderem die strategische Planung, sehr stark mit dieser Thematik auseinandersetzen. Zudem werden in Wissenschaft und Praxis Anstrengungen unternommen, Informationssysteme zu entwickeln, die zukunftsrelevante Messgrößen im Sinne von Performance*treibern* enthalten und deren dynamische Entwicklung abbilden können. Derartige Ansätze werden im Rahmen des Performance Measurement zurzeit sehr intensiv diskutiert.

2.4 Mehrdimensionalität der Performance

Ein weiterer Baustein des hier vertretenen Begriffsverständnisses besteht in der Mehrdimensionalität von Performance.[45] Diese Eigenschaft wurde bereits implizit durch die Zusammenführung von Effizienz- und Effektivitätsaspekten unter dem Oberbegriff „Performance" angesprochen. Auch im vielbeachteten Konzept der Balanced Scorecard spiegelt sich das Bestreben, Performance ausgewogen zu messen, wider, indem die Aufteilung der Performancegrößen eines Unternehmens in mehrere Perspektiven vorgeschlagen wird.[46] Eine Ursache für die zunehmende Bedeutung eines mehrdimensionalen Performanceverständnis ist in den Unzulänglichkeiten hinsichtlich der Aussagekraft und der mangelnden „Managementtauglichkeit" traditioneller Instrumente des betrieblichen Rechnungswesens, wie z.B. den traditionellen Kennzahlensystemen, zu suchen.[47] Neben anderen Kritikpunkten, wie z.B. der mangelnden Ausgewogenheit von quantitativen und qualitativen Informationen,[48] wird in der Literatur vor allem die Überbetonung der betrieblichen Kosten- gegenüber der Leistungsrechnung festgestellt.[49] Wissenschaft

Dimensionen von Fähigkeiten und Ergebnissen problematisch, weshalb an dieser Stelle auf einen reinen Wirkungszusammenhang zwischen aktuellen, momentan noch unausgeschöpften Fähigkeiten und deren potenziellen, zukünftigen Ergebnissen abgestellt wird.

[44] Vgl. Lebas und Euske (2002), S. 72, Lebas (1995), S. 23, sowie Riedl (2000), S. 16.

[45] Vgl. dazu Hoffmann (2000), S. 17, Grüning (2002), S. 6., Gleich (2001), S. 39, sowie Schrank (2002), S. 69.

[46] Vgl. Kaplan und Norton (1992), S. 72, die eine Einteilung erfolgsrelevanter Kennzahlen in die Perspektiven „Finanzen", „Kunden", „interne Prozesse" sowie „Lernen und Entwicklung" vorschlagen.

[47] Vgl. zu den typischen Kritikpunkten an rechnungswesenorientierten Kennzahlensystemen Weber und Schäffer (1999), S. 333, Hoffmann (2000), S. 16, Eccles (1991), S. 132, Kaplan und Norton (1992), S. 71, sowie die Aufzählung in Klingebiel (2000) , S. 30.

[48] Vgl. Neely *et al.* (1995), S. 80.

[49] Vgl. Weber (2002a), S. 110.

und Praxis haben auf die eingeschränkte Praktikabilität dieser Kennzahlensysteme mit einer Vielzahl von Anpassungsvorschlägen reagiert. Im Vordergrund steht dabei das Bemühen, die rein monetäre Betrachtungsweise der traditionellen Kennzahlensysteme zugunsten eines mehrdimensionalen Performanceverständnisses aufzugeben.[50] Der Umfang der Mehrdimensionalität lässt sich dabei sowohl in seiner Breite als auch in seiner Tiefe erfassen. Die Begriffsbreite bezieht sich auf die Anzahl der unterschiedlichen Bewertungskategorien, d.h. auf die Erweiterung des finanzzielorientierten Performancebegriffs um weitere Definitionsbereiche. Die Begriffstiefe ergibt sich aus der Betrachtung hierarchisch geordneter Performance-Ebenen.[51] Gleich (2001), S. 67, schlägt z.B. eine Differenzierung in Unternehmens-, Geschäftsbereichs-, Kostenstellen-, Prozess- und Mitarbeiterebene vor. Diese Hierarchisierung der Leistungsebenen legt allerdings die Unternehmensebene als höchste Leistungsebene fest.[52] Damit befindet sich Gleich zwar im Einklang mit dem Großteil der Fachliteratur, die vornehmlich auf die Erläuterung unternehmensspezifischer Performance-Ansätze abstellt, vernachlässigt jedoch die unternehmensübergreifende Perspektive[53] ebenso wie andere mögliche Systematisierungsalternativen, wie z.B. die Aufteilung in eine strategische, taktische und operative Performanceebene.

Fasst man die bisher gewonnenen Überlegungen zusammen, so lassen sich trotz der begrifflichen Vielschichtigkeit folgende Aussagen zur Performance treffen:

- Der Performancebegriff inkludiert den Leistungsbegriff und erweitert diesen. Demnach beschreibt Performance sowohl betriebliche Tätigkeiten als auch deren Ergebnisse.
- Effektivität und Effizienz sind zentrale Elemente der Performance. Entgegen der einseitig effizienzorientierten Schwerpunktsetzung im traditionellen Leistungsdenken erfährt die Effektivität als Zielerreichungsgrad im hier postulierten Performanceverständnis verstärkt Beachtung.
- Große praktische Bedeutung weist die unternehmenswertorientierte Dimension des Performancebegriffs auf, welche Performance insbesondere im Sinne einer Wertsteigerung für die Anteilseigner interpretiert.
- Indem aktuelle Fähigkeiten und deren potenzielle Ergebnisse in den hier vertretenen Performancebegriff einfließen, weist Performance einen expliziten Zukunftsbezug auf. Performance greift daher weiter als das finanzzielorientierte, vergangenheitsbezogene und periodenabhängige Performanceverständnis.
- Aufgrund der inhaltlichen Breite des Performancebegriffs reichen finanzbasierte Kenngrößen zu dessen Abbildung nicht aus. Ein mehrdimensio-

[50] Vgl. Chakravarthy (1986), S. 445, Caplice und Sheffi (1995), S. 62, Hoffmann (2000), S. 25, sowie Gleich (2001), S. 39.
[51] Vgl. Schrank (2002), S. 70.
[52] Vgl. Gleich (2001), S. 12.
[53] Vgl. Kap. 4.

nales Performanceverständnis erfordert demnach auch mehrdimensionale Messgrößen.

3 Die Performancewirkung der Logistik

Nach weit verbreiteter Ansicht kann das SCM als die höchste Entwicklungsstufe der betriebswirtschaftlichen Logistikkonzeption betrachtet werden, die den interorganisatorischen Integrations- und Koordinationsbedarf sowie die unternehmensübergreifende Flussorientierung schwerpunktmäßig herausstellt.[54] Analog zu diesem Entwicklungspfad erscheint es sinnvoll, vorerst den Performancebegriff in der Logistik zu untersuchen, bevor dieser im Rahmen des SCM auf eine unternehmensübergreifende Betrachtungsebene gehoben wird.

In der deutschsprachigen Literatur hat sich der Begriff der Logistik-Performance bislang nicht etabliert.[55] Eine Bewertung der Logistik erfolgt zumeist traditionell über die Erfassung von Logistikkosten und Logistikleistungen.[56] Argumentiert man aus verrichtungsorientierter Sicht,[57] so entstehen Logistikkosten durch die notwendigen Produktionsfaktoren, die als Inputströme in das Logistiksystem einfließen und im Rahmen der Logistikprozesse zu Outputströmen, d.h. Logistikleistungen transformiert werden.[58] Indem das Ziel verfolgt wird, eine festgelegte Logistikleistung (z.B. eine Lieferzuverlässigkeit von 98%) zu möglichst geringen Logistikkosten zu realisieren, wird der oben erwähnten Effizienzkomponente der Performance entsprochen.[59]

Die Berücksichtigung von Effektivitätsaspekten der Performance spiegelt sich ebenfalls in der Logistikliteratur wider. So stellt eine Logistikleistung den Beitrag der Logistik zur Erreichung der marktlichen und wirtschaftlichen Erfolgsziels eines Unternehmens dar.[60] Weil dadurch der Zielerreichungsgrad zum wichtigsten Beurteilungskriterium einer Logistikleistung wird, kann diese unter Berücksichtigung der o.g. Überlegungen auch als Logistik-Performance verstanden werden. Auch in der angloamerikanischen Literatur, die relativ umfassend mit dem Begriff Logistik-Performance umgeht, findet sich die Forderung nach einer vertikal integrierten Einordnung der

[54] Vgl. Pfohl (2000b), Göpfert (2002b) sowie Weber (2002c), S.5.
[55] Vgl. Wickinghoff (1999), S. 38.
[56] Vgl. Pfohl (1994), S. 258, sowie Weber (2002c).
[57] Vgl. zur funktionellen Abgrenzung von Logistiksystemen in eine phasenspezifische sowie eine verrichtungsspezifische Betrachtung Pfohl (2000a), S. 17.
[58] Vgl. Pfohl (2000a), S. 20. Der Output als Logistikleistung bezeichnet in der Praxis meist den Lieferservice, der sich aus den Komponenten Lieferzeit, Lieferzuverlässigkeit, Lieferbeschaffenheit und Lieferflexibilität zusammensetzt.
[59] Vgl. Weber und Dehler (1999), S. 64.
[60] Vgl. Pfohl (1994), S. 50, der das Erfolgspotenzial der Logistik als Summe von Kostenpotenzial und Marktpotenzial betrachtet; vgl. dazu auch Weber (2002c), S. 28.

Logistik-Performance in die übergeordnete Unternehmensperformance wieder.[61]

Impulse zur Integration und Quantifizierung der Performancewirkungen der Logistik bietet die unternehmenswertorientierte Performance. Anhand der Kennzahl EVA, die an dieser Stelle beispielhaft herangezogen wird, lassen sich vier Einflussbereiche der Logistik auf die Unternehmensperformance identifizieren (vgl. Abb. 2):[62]

- *Betriebliche Erträge (Revenue):* Die Dimensionen des Lieferservice weisen Ursache-Wirkungs-Zusammenhänge mit den Umsätzen eines Unternehmens auf. Auch wenn sich dieser Zusammenhang von anderen kaufbeeinflussenden Faktoren nicht völlig isolieren lässt, so wird er doch mittlerweile empirisch gestützt.[63] Lambert und Burduroglu (2000), S. 13, betonen die Bedeutung der aktiven Kommunikation von Lieferserviceverbesserungen gegenüber dem Kunden, da dies durch die Bewusstmachung der Serviceleistung u.a. zu einer geringeren Preiselastizität des Kunden und damit zu einem geringeren Margendruck führt. Des Weiteren ist ein hoher Lieferservicegrad mit einer Erhöhung der Kundenloyalität verknüpft, welche sich ebenfalls positiv auf den Umsatz auswirkt.[64]
- *Betriebliche Aufwendungen (Expenses):* Eine Reduktion der Logistikkosten wirkt sich über die Senkung der betrieblichen Aufwendungen positiv auf das betriebliche Ergebnis aus. Die in der Literatur am häufigsten genannten Kostenkategorien beinhalten u.a. Transportkosten, Handlingkosten, Kommissionierkosten, Fehlerkosten sowie Betriebskosten von IT-Systemen.[65]
- *Umlaufvermögen (Working Capital):* Das Umlaufvermögen lässt sich insbesondere durch eine Senkung des Bestandsniveaus in ausgewählten Bereichen, verbunden mit einer höheren Lagerumschlagshäufigkeit, senken.

[61] Vgl. Caplice und Sheffi (1995), S. 64.

[62] Vgl. Lambert und Burduroglu (2000), S. 13, sowie Christopher und Ryals (1999), S. 3-5. Eine ähnliche Darstellungsform zur Abbildung des Wertbeitrags der Logistik wählen Stapleton *et al.* (2002), indem sie das ursprünglich von Lambert und Stock (1993) entwickelte *Strategic Profit Model (SPM)* – welches wiederum eine konzeptionelle Weiterentwicklung des einschlägig bekannten DuPont System of Financial Control darstellt – für eine empirische Untersuchung der Logistik-Performance in der Fußbekleidungsindustrie heranziehen. Das SPM beruht auf drei Stellhebeln: Betriebsergebnis, Kapitalumschlag und das Verhältnis zwischen Bilanzsumme und Eigenkapital (Financial Leverage). Jede dieser Komponenten kann durch bestimmte Maßnahmen des Logistikmanagements beeinflusst werden und wirkt sich auf die Spitzenkennzahl des SPM, den Return on Net Worth (RONW), aus.

[63] Vgl. Lambert und Burduroglu (2000), S. 13, sowie Weber (2002c), S. 29.

[64] Vgl. Durtsche *et al.* (1999), S. 21-22.

[65] Vgl. Christopher und Ryals (1999), S. 3, sowie Lambert und Pohlen (2001), S. 13.

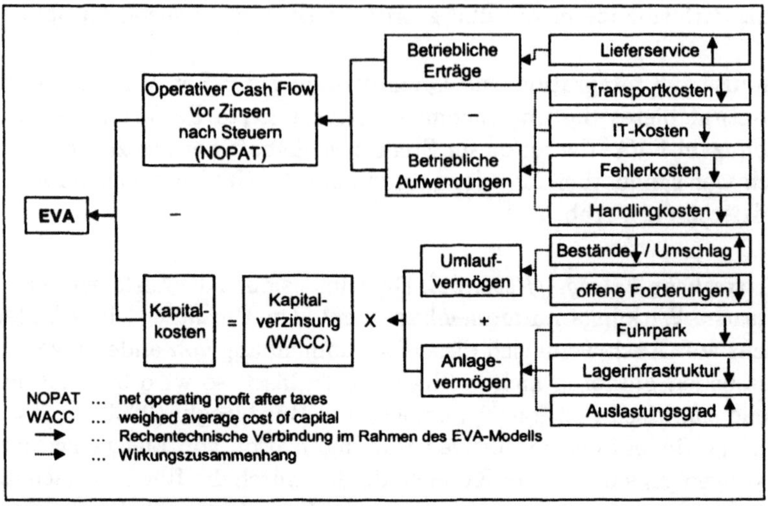

Abb. 2. Einflussmöglichkeiten der Logistik auf den EVA. Quelle: Mit Veränderungen entnommen aus Lambert und Burduroglu (2000), S. 13.

Eine Erhebung von Stapleton *et al.* (2002), S. 99, in der Fußbekleidungsindustrie ergab ebenfalls große Kostensenkungspotenziale im Bereich des Bestandsmanagement, insbesondere durch den Übergang von traditionellen Push- hin zu Pull-Systemen. Insbesondere durch Konzepte wie Collaborative Planning, Forecasting and Replenishment (CPFR) oder Vendor-Managed-Inventory (VMI) konnte das Umlaufvermögen erfolgreich gesenkt werden. Ebenso beeinflussen die Debitorenpolitik sowie die Qualität der Fakturierung direkt den Bestand an offenen Forderungen, die im Umlaufvermögen zu Buche schlagen.[66]

- *Anlagevermögen (Fixed Assets):* Eine Reduktion anlagenintensiver Logistikbereiche senkt die Kapitalkosten und wirkt sich damit unmittelbar positiv auf die finanzielle Performance aus. Einer der Haupttreiber für die aktuelle Outsourcingwelle besteht im zunehmenden Einsatz von Third Party Logistics Providers (3PLs) mit dem Ziel, den Anteil an fixen Vermögenspositionen (wie z.B. Fuhrpark und Lagerhaus) zu reduzieren.[67]

Trotz der praktischen Plausibilität dieser Zusammenhänge bestehen große Schwierigkeiten, die Auswirkungen einer Effizienz- und Effektivitätsaspekte umfassenden Logistik-Performance auf die Unternehmensperformance zu quantifizieren. Obwohl die „Schaffung von Verständnis über grundsätzliche Zusammenhänge und Abhängigkeiten des abgebildeten Geschäfts"[68] als bedeutsam anerkannt wird, sind in der Praxis die Kenntnisse über die Perfor-

[66] Vgl. Christopher und Ryals (1999), S. 5.
[67] Vgl. Christopher und Ryals (1999), S. 4
[68] Vgl. Weber und Blum (2001), S. 31.

mancewirkung der Logistik relativ gering.[69] So wird z.B. der Betrachtung der Logistikkosten und deren Verhältnis zu den Gesamtkosten große Aufmerksamkeit geschenkt.[70] Die Aussagekraft derartiger Messgrößen ist jedoch kritisch zu hinterfragen, da zum einen die Zuordnung von Kosten zu einzelnen Logistikleistungen – u.a. aufgrund des Dienstleistungscharakters der Logistik[71] – Schwierigkeiten bereitet. Zum anderen handelt es sich bei Logistikkosten wie bei anderen finanziellen Messgrößen um Ergebnisgrößen, denen der notwendige Zukunftsbezug fehlt. Die Literatur weist an dieser Stelle vielfach darauf hin, dass aussagekräftige Performance*treiber* eine Frühindikatorfunktion aufweisen müssen.[72] Diesbezügliche Kennzahlen, wie z.B. Reaktionszeiten, Durchlaufzeiten oder Fehlerquoten, befinden sich fast ausschließlich außerhalb des finanziellen Kennzahlenportfolios. Das Problem in der Praxis liegt nicht darin, dass diese nicht-finanziellen Messgrößen im Logistikbereich nicht verwendet werden, sondern bezieht sich auf die Tatsache, dass viele Unternehmen mit ad hoc zusammengestellten Katalogen isolierter Logistikkennzahlen agieren. Diese unterstützen den Entscheidungsträger zwar bei funktional abgegrenzten, operativen Einzelentscheidungen, erlauben jedoch aufgrund ihrer mangelnden kausalen Verknüpfung keine Aussagen über die Wirkung der Logistik auf die Gesamtperformance des Unternehmens.[73] Die Literatur beschäftigt sich in Bezug auf diese Problematik mit Lösungsansätzen, welche die Integration von logistischen Werttreibern in ganzheitliche Kennzahlensysteme nach dem Muster der Balanced Scorecard vorschlagen.[74] Zusammenfassend lässt sich konstatieren, dass sich die Performancewirkungen der Logistik zwar argumentativ belegen lassen, in der betrieblichen Praxis jedoch diesbezügliche Informationen bisher kaum systematisch genutzt werden.[75]

4 Auf dem Weg zu einem integrierten Performance Verständnis im Supply Chain Management

Überträgt man die bislang getroffenen Überlegungen zur Eingrenzung des Performancebegriffs auf das SCM, so lässt sich zunächst konstatieren, dass

---

[69] Vgl. Weber und Blum (2001), S. 24.

[70] Vgl. Pfohl (1994), S. 46. Die einseitige Betrachtung der Logistik als „Kostensenkungsfunktion" kommt auch in Abb. 2 zum Ausdruck, wo fast alle angeführten Stellhebel der Logistik sich auf Kostenaspekte beziehen.

[71] Zur Kostenerfassungsproblematik bei logistischen Dienstleistungen vgl. Pfohl (1994), S. 258-259. Zum Problem der Fixkosten, die bei der notwendigen Vorhaltung einer logistischen Leistungsbereitschaft im Rahmen des Dienstleistungscharakters der logistischen Wertschöpfung anfallen, vgl. Pfohl (2000a), S. 24.

[72] Vgl. Caplice und Sheffi (1995), S. 64, Eccles (1991), S. 132, Kaplan und Norton (2001), S. 87.

[73] Vgl. Durtsche *et al.* (1999), S. 34.

[74] Vgl. Pfohl und Elbert (2002).

[75] Vgl. dazu auch Weber (2002c), S. 102.

aufgrund der einschlägig bekannten Problemfelder des SCM[76] eine Festlegung auf ein Performanceverständnis in der Supply Chain noch schwerer fallen dürfte als auf Unternehmensebene. Doch selbst wenn sich alle Akteure einer Supply Chain auf ein standardisiertes Vorgehen zur Festlegung der einzelnen Kategorien der Unternehmensperformance einigen würden, wäre die Ermittlung der Gesamtperformance der Supply Chain kein triviales Problem.

Albach (2001), S. 655, weist darauf hin, dass die These Rappaports, der Unternehmenswert sei gleich der Summe der Geschäftsbereichswerte, bedeuten würde, dass (1) der Wert der Beziehungen zwischen einzelnen Geschäftsbereichen eines Unternehmens und/oder (2) der Wert der Beziehungen zwischen diesen Geschäftsbereichen und der Unternehmenszentrale gleich null sind. Dass dies nicht der Fall sei, wird anhand einer Diskussion der Problemkreise der asymmetrischen Informationsverteilung, des Risikomanagements in divisionalen Unternehmen, der Komplementarität von Entscheidungen einzelner Geschäftsbereiche sowie der Geschäftsbereichssteuerung im Multi-Markt-Wettbewerb belegt. Zusammengefasst kommt Albach zu dem Ergebnis, dass eine Steigerung des Gesamtunternehmenswertes nicht durch eine Maximierung isolierter Geschäftsbereichswerte erreicht werden könne.

Obwohl sich diese Überlegungen auf Konzernunternehmen mit rechtlich und strategisch unselbstständigen Geschäftsbereichen beziehen, lässt sich die grundlegende Aussage, die in systemtheoretischer Diktion „das Ganze ist mehr als die Summe seiner Teile" lauten könnte, auch auf das unternehmensübergreifende Anwendungsfeld des SCM übertragen (vgl. insbesondere die Netzwerkebene in Abb. 4). Dies mündet in den Gedanken, dass in Zukunft nicht mehr einzelne Unternehmen, sondern ganze Supply Chains miteinander konkurrieren.[77] Alle Aktivitäten der Supply Chain Teilnehmer haben sich an der *Gesamtperformance* zu orientieren, in der sich sowohl die Wertbeiträge der einzelnen Akteure als auch die im Supply Chain Verbund realisierten Wertsteigerungen widerspiegeln (vgl. Abb. 3).

Entsprechend diesem Wandel im klassischen Wettbewerbsdenken müssen auch die Erfolgsgrößen, die zur Messung des Zielerreichungsgrades des SCM herangezogen werden, angepasst werden. Erstens ist der Auswahlprozess geeigneter Performancemessgrößen zu beachten, da klassische, auf ein Unternehmen bezogene Kennzahlen nicht in der Lage sind, die Gesamtperformance der Supply Chain abzubilden. Als Bezugspunkte für Supply Chain Messgrößen kommen daher über die Akteursebene hinaus sowohl die Kooperationsebene als auch die Supply Chain bzw. Netzwerkebene in Frage. Zweitens müssen die identifizierten Messgrößen mit der gemeinsamen Supply Chain Strategie über die Bildung von Ursache-Wirkungs-Zusammenhängen verknüpft werden, damit die Wertsteigerungspotenziale des SCM für die ein-

[76] Zu den Problemfeldern Komplexität, Intransparenz und Dynamik im SCM vgl. Stölzle *et al.* (2001) und die dort zitierte Literatur.

[77] Vgl. Christopher (1998), S. 18.

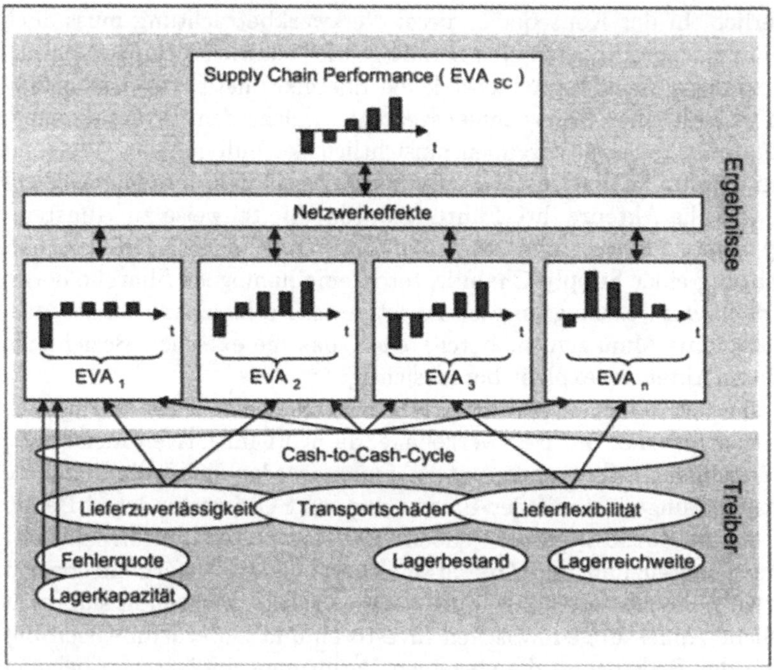

Abb. 3. Treiber und Ergebnisgrößen der Supply Chain Performance. Quelle: Mit starken Veränderungen übernommen von Kaufmann und Germer (2002), S. 90.

zelnen Akteure transparent werden.[78] Drittens sollten sich die identifizierten Messgrößen neben ihrer Strategieorientierung auch an den Supply Chain Prozessen ausrichten. Dadurch entsteht eine Form der „Engpasssteuerung", bei der die Performancemessung insbesondere an neuralgischen Punkten im Prozess erhoben wird (z.B. an externen Schnittstellen).[79] Viertens schließlich ist hinsichtlich des Zukunftsbezugs der Performance darauf zu achten, dass die Abbildung der Supply Chain Aktivitäten nicht ausschließlich anhand finanzieller Ergebniszahlen, sondern insbesondere durch die Darstellung von Performancetreibern erfolgt (vgl. Abb. 3).

Die geforderte ganzheitliche Betrachtung der Supply Chain Performance setzt voraus, dass die Supply Chain aus institutionaler Sicht als Einheit verstanden wird (vgl. die Netzwerkebene in Abb. 4). Otto (2002), S. 98, beschreibt die Supply Chain in diesem Zusammenhang als „Nichtnullsummenaußenwelt", bei der Nutzenmehrungen für einen Akteur nicht zwingend mit Nutzensenkungen für einen anderen Akteur verbunden sind. Zur Erschließung gemeinsamer Nutzenpotenziale sei allerdings kollektives Handeln

[78] Siehe zu Gestaltungsempfehlungen zum Performance Measurement in der Supply Chain im Rahmen des Instruments der Balanced Scorecard Stölzle *et al.* (2001), S. 80, sowie Zimmermann (2002), S. 405.

[79] Vgl. Stölzle (2002), S. 17.

erforderlich. In der Konsequenz dieser Netzwerkbetrachtung muss auch das Shareholder Value Konzept eine grundlegende Neuorientierung erfahren. Zum einen existiert im SCM zunächst keine übergeordnete Planungsinstanz wie z.B. in Gestalt einer Unternehmenszentrale, welche den Akteuren einer Supply Chain strategische Vorgaben hinsichtlich der individuellen Wertbeiträge machen könnte.[80] Diese Instanz müsste ggf. geschaffen werden, was zur Folge hätte, dass die Akteure ihre Führungsautonomie teilweise zu Gunsten einer Supply Chain-Führung einbüßen würden.[81] Zum anderen lässt sich bei der Betrachtung einer Supply Chain in toto keine homogene Shareholdergruppe mehr definieren. Lösungsansätze zu letzterer Problematik könnte das Stakeholder Value Management bereitstellen, das die externen Beziehungen zu relevanten Akteuren explizit berücksichtigt.[82]

In der betrieblichen Praxis erfolgt bislang keine Orientierung an einer Gesamtperformance auf Netzwerkebene, da SCM-Initiativen meist aus Sicht eines einzelnen Unternehmens unternommen werden, das individuelle Performancesteigerungsziele mit der Umsetzung von SCM verbindet.[83] Bereits auf dieser ersten Ebene bestehen jedoch eine Reihe von „Performancelücken", die eine Eingrenzung und Operationalisierung des Performancebegriffs erschweren.[84] So existieren z.B. im Rahmen der sog. „Verständnislücke" unterschiedliche Auffassungen zwischen Investoren und Unternehmensleitung hinsichtlich der Bedeutung, die einzelnen Performanceindikatoren beigemessen werden sollte.[85]

Eine Zwischenstufe zwischen der (Einzel)akteursebene und der Netzwerkebene stellt die Betrachtung einer dyadischen Beziehung dar. Diesem Ansatz folgende SCM-Projekte werden z.T. bereits realisiert (z.B. im Rahmen der

---

[80] An dieser Stelle lässt sich einwenden, dass – obwohl im SCM-Konzept bislang keine zentrale Planungsinstanz verankert ist, welche *de jure* gegenüber anderen Teilnehmern der Supply Chain weisungsbefugt wäre – dennoch häufig ein fokales Unternehmen (wie z.B. der Hersteller in einer Supply Chain der Automobilindustrie) existiert, welches *de facto* die Supply Chain Strategie maßgeblich prägt.

[81] Vgl. Otto (2002), S. 99. Interessant wäre an dieser Stelle auch die Frage, wer für die im Rahmen einer Supply Chain-Führung notwendige Koordinationsverantwortung wahrnimmt. In der logistikrelevanten Literatur ist zurzeit der sog. 4PL (Fourth Party Logistics Provider) als möglicher Anbieter solcher Dienstleistungen im Gespräch. Zum 4PL-Ansatz vgl. Bretzke (2002b).

[82] Hier wäre eine Unterscheidung in interne Stakeholder (z.B. Mitarbeiter, Shareholder) und externe Stakeholder (z.B. Lieferanten, Kunden, Öffentlichkeit) evtl. hilfreich.

[83] Vgl. dazu auch Christopher und Ryals (1999).

[84] Eccles *et al.* (2001) sprechen in diesem Zusammenhang von „value gaps" und unterteilen diese in „information gap", „reporting gap", „quality gap", „understanding gap" sowie „perception gap". Interessante Parallelen dazu finden sich in der deutschsprachigen Literatur zur Unternehmensplanung, wenn „Defekte der Planung", u.a. Abgrenzungs-, Wirkungs-, Bewertungs-, Zielsetzungs- sowie Lösungsdefekte, diskutiert werden; vgl. dazu Berens und Delfmann (2002), S. 18.

[85] Vgl. Eccles *et al.* (2001), S. 131.

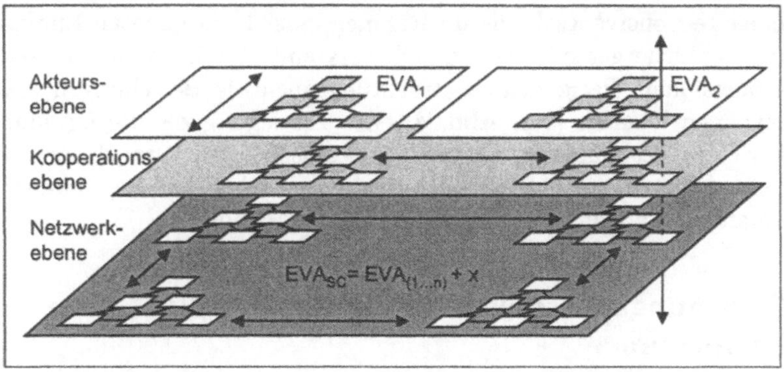

Abb. 4. Mehrebenenbetrachtung der Supply Chain Performance

Kooperation zwischen dem Einzelhandelsunternehmen dm-drogerie markt und dem Markenartikel- und Technologiekonzern Henkel).[86] Die Abstimmung eines gemeinsamen Performanceverständnisses sowie die Ableitung einheitlicher Performanceziele erfolgt im Fall der dyadischen Beziehung über einen bilateralen Abstimmungsprozess. Dies ist bereits als beträchtlicher Fortschritt gegenüber einer rein akteursspezifischen Betrachtung anzusehen, da in den meisten Unternehmen bislang keine Abstimmung mit Kunden oder Lieferanten in Richtung eines gemeinsamen Performanceverständnisses bzw. hinsichtlich der Festlegung jener Kennzahlen, anhand derer Performance gemessen wird, stattfindet. Keebler (2000) stellt z.B. im Rahmen einer Befragung von 335 Logistikverantwortlichen fest, dass lediglich 40% der Messgrößen, die zur Beurteilung von Supply Chain Partnern herangezogen werden, mit dem betreffenden Partnerunternehmen vereinbart werden. Abb. 4 vermittelt einen Überblick über die aufgezeigten Alternativen hinsichtlich einer Mehrebenenbetrachtung der Supply Chain Performance.

Im Rahmen der Mehrebenenbetrachtung ist auch die Mehrdimensionalität der Performance zu beachten. Demnach sind im Rahmen einer ganzheitlichen Performancebeurteilung erstens innerhalb einer Ebene verschiedene Messgrößendimensionen zu berücksichtigen, um eine möglichst „ausgewogene" Performanceerfassung sicherzustellen.[87] Die wissenschaftliche Literatur zum SCM macht unterschiedliche Vorschläge hinsichtlich der Auswahl relevanter Dimensionen zur Darstellung der Supply Chain Performance.[88] Die am häufigsten herangezogene Kategorisierung stützt sich auf die aus der Logistikforschung bekannten Dimensionen Kosten, Zeit, Qualität sowie Flexibilität.Die Flexibilitätsdimension wird dabei im SCM vor allem im Sinne einer

[86] Vgl. Schick (2002).

[87] Vgl. dazu Gleich (2001), S. 11, der Zusammenhänge zwischen Leistungsebenen feststellt, sich aber auf die Betrachtung eines einzelnen Unternehmens beschränkt.

[88] Siehe den Literaturüberblick in Beamon (1999), S. 277.

„customer responsiveness", die im Rahmen einer konsequenten Endkundenorientierung sichergestellt werden soll, verstanden.[89] Zweitens umfasst eine mehrdimensionale Performancebetrachtung auch die Beziehungen *zwischen* den einzelnen Ebenen (vgl. Abb. 4). Die Festlegung der Performanceziele und sowie die Verknüpfung von ebenenspezifischen Akteurs-, Kooperations- und Netzwerkzielen sind dabei als Aufgaben zu sehen, die im Rahmen eines Performance Managements abgebildet werden können.[90]

5 Forschungsperspektiven für die Supply Chain Performance

Die bisherigen Überlegungen zum Performance-Verständnis im SCM verstehen sich als konzeptioneller Beitrag zu einer noch sehr jungen Forschungsrichtung innerhalb des identifizierten Forschungsfeldes SCM. Der vorliegende Beitrag liefert einige grundlegende Anregungen und Abgrenzungen. Demnach ist Performance – im Hinblick auf die Problemfelder des SCM – als ein mehrdimensionales und zukunftsorientiertes Effektivitäts- und Effizienzmaß zu verstehen. Bezieht man dieses auf eine Supply Chain, so ist die Supply Chain Performance nicht als Summe von Einzelperformance-Ausprägungen, sondern als eigenständige Performance eines integrierten Netzwerks aufzufassen. Dies bedeutet, dass die Teilnehmer einer Supply Chain ein gemeinsames Performance-Verständnis anstreben sollten, *bevor* Überlegungen zur Ausgestaltung eines unternehmensübergreifenden Performance Measurement- oder Performance Management-Systems angestellt werden.

Für die betriebswirtschaftliche Forschung lassen sich mehrere offene Forschungsfelder identifizieren. Am dringlichsten erscheint die Ergänzung sowie weitere Konkretisierung der vorgeschlagenen Bestandteile des Performancebegriffs zu einer stabilen Arbeitsdefinition der Performance. Des Weiteren gilt es, die Übertragbarkeit verschiedener Ansätze zur wertorientierten Unternehmensführung auf das Handlungsfeld des SCM zu überprüfen. Als Bezugsrahmen kann dabei die Unterscheidung in die Akteurs-, Kooperations- sowie die Netzwerkebene dienen. Der engen Vernetzung der Ebenen ist durch die Entwicklung eines integrierten Managementkonzepts Rechnung zu tragen, das die vielfältigen Steuerungsaufgaben, die innerhalb des SCM anfallen, wahrnehmen kann. Bis zur Etablierung eines derartigen Managementkonzepts bleibt die Frage, ob eine wertorientierte Steuerung einer Supply Chain – losgelöst von der unternehmensspezifischen Shareholder Value Perspektive – überhaupt möglich ist, ebenso spannend wie offen.

[89] Zu den einzelnen Performancedimensionen vgl. Neely *et al.* (1995).

[90] Erste Anhaltspunkte zur Ausgestaltung eines Performance Managements in der Supply Chain geben Stölzle und Karrer (2002) sowie Stölzle (2002).

Marketing-Effektivität vs. Logistik-Effizienz: Theoretische Überlegungen und empirische Befunde

Joachim Zentes

Institut für Handel und Internationales Marketing, Universität des Saarlandes, Gebäude 15, 66123 Saarbrücken, Germany
him@mx.uni-saarland.de

Zusammenfassung In dem Beitrag werden zunächst Konfliktfelder zwischen Marketing, Logistik und Controlling – bezogen auf die Konsumgüterwirtschaft – aufgezeigt. Hieran schließt sich die Diskussion neuerer Konzepte des Supply Chain Managements im Hinblick auf deren Potenziale zur Lösung der aufgezeigten Konflikte an. Abschließend wird der Frage nachgegangen, ob die sich abzeichnenden wettbewerbsstrategischen Ausrichtungen von Industrie und Handel einer Gesamtsystemeffizienz zuwiderlaufen.

1 Marketing – Controlling – Logistik: Ein Spannungsfeld?

Marketing, Controlling und Logistik verfolgen aus betriebswirtschaftlicher Sicht unterschiedliche Zielsetzungen, die durch verschiedene Systemsichten beeinflusst werden. Aus Sicht des Marketing steht die dominante Perspektive der Kundenorientierung bei der Gestaltung von Wertschöpfungsprozessen im Vordergrund (vgl. Zentes und Swoboda (2001), S. 346 f.). Gerade in konjunkturell und strukturell schwierigen Zeiten wird die Ausrichtung an den Kundenbedürfnissen zu einer unabdingbaren Leitlinie unternehmerischen Handelns (vgl. Hoffmann und Mehra (2000), S. 365). Diese in marktwirtschaftlichen Systemen letztlich triviale Erkenntnis hat in den letzten Jahren im Zuge der Diskussion bzw. des Bedeutungsanstiegs des sog. Beziehungsmarketing bzw. Beziehungsmanagements (Relationship Marketing bzw. Relationship Management), so in den vielfältigen Ausprägungen des Customer Relationship Managements (CRM), die bislang oftmals vorherrschende kurzfristige Betrachtungsweise der Transaktionsorientierung abgelöst (vgl. Hunt und Morgan (1994), Bruhn (2001), S. 12).

Während das Marketing extern orientiert ist, steht im Bereich des Controlling die effiziente Steuerung und Koordination interner Prozesse im Vordergrund.[1] Die Aufgaben des Controlling bestehen in der Unterstützung der

[1] Neuere Controllingaspekte gehen weit über diese eindimensionale Betrachtungsweise hinaus, z.B. das Konzept der Balanced Scorecard, das auch qualitative Aspekte bzw. Aspekte der Marketing-Effektivität, so die „Kundenperspektive", einbezieht; vgl. hierzu Kaplan und Norton (1997).

zielgerichteten Führung von Unternehmen. Im Sinne eines präventiven und kurativen Managements können Krisenpotenziale frühzeitig erkannt, verringert oder sogar verhindert werden (vgl. Sonnek und Stüllenberg (2000)). Die Aufgabe der Diagnose und Früherkennung des Controlling stellt in der Konsumgüterwirtschaft erhöhte Anforderungen auf Grund verschiedener Absatzkanalstufen sowie der Distribution verschiedener Warengruppen mit unterschiedlichen Anforderungen an den Absatz- bzw. Logistikkanal (vgl. Ahlert (1997), S. 75). Vor diesem Hintergrund zielt das Controlling auf Komplexitätsreduzierung, z.B. in Form von „Variantenarmut", ab.

Eine ähnliche Zielsetzung wird anhand klassischer Logistikkonzepte angestrebt, da kontinuierliche, möglichst deterministische Zeitreihen der Auftrags- bzw. Bestelleingänge einfache Logistiklösungen ermöglichen. Die Planbarkeit und Beherrschbarkeit dieser Prozesse bezieht sich auf alle Teilaspekte der Logistik, so u.a. auf die Transport- und Personaleinsatzplanung. Dem „Logistik-Wunsch" nach möglichst stabilen Zeitreihen der Umsätze bzw. Auftragseingänge und damit der Warenausgänge steht das Marketing in einem weiteren Sinne jedoch entgegen: So besteht Marketing oft gerade darin, Zeitreihen zu destabilisieren, um den Wünschen der privaten und/oder gewerblichen Kunden weitestgehend zu entsprechen. Dies schlägt sich in vielfältiger Form in den Wertschöpfungsprozessen nieder: Variantenvielfalt, Customizing, Vermeidung von Out-of-Stock-Situationen, Just-in-Time- oder Just-in-Sequence-Lieferfähigkeit sind nur ausgewählte Konzepte, die diesen Trend belegen. Mit all diesen Entwicklungen geht meist eine Erhöhung der Komplexität einher.

Die logistische und controllingbezogene Problematik liegt darin begründet, dass Marketingeffekte stochastischer Natur und meist nur in unbefriedigendem Ausmaß prognostizierbar sind. Dieses kann wiederum zu Out-of-Stock-Situationen oder zu Überbeständen aus Sonderangebots- bzw. Promotionskampagnen führen, die zu Interessenkonflikten zwischen den Bereichen führen. Dabei besitzen die Bereiche Controlling und Logistik vorwiegend gleichgerichtete Interessen, z.B. geringe Bestände zur Verringerung der Kapitalbindungskosten zu halten. Auf der anderen Seite versucht der Bereich Marketing, dem Kunden ein breites Sortimentsspektrum zu jeder Zeit zur Verfügung zu stellen und neigt daher zu hohen Lagerbeständen. Marketing-Effektivität bildet somit zunächst einen Gegenpol zur Logistik-Effizienz. Vor diesem Hintergrund ist zu fragen, inwieweit durch neue Konzepte diese Widersprüchlichkeiten aufgelöst oder zumindest reduziert bzw. abgeschwächt werden können.

2 Unternehmensübergreifendes Supply Chain Management: Ein Lösungsansatz?

2.1 ECR-Orientierung als Basiskonzept

Das ECR (Efficient Consumer Response)-Konzept geht letztlich auf Entwicklungen im Industriegütersektor, so der Automobilwirtschaft, zurück. Seit

Anfang der neunziger Jahre ist es in der Konsumgüterwirtschaft bekannt (vgl. Zentes (1996)), wenngleich auch dort weitestgehend perfektionierte „Vorläufer" existieren, die ähnliche Konzepte bereits früher etabliert hatten.[2] Das Konzept des ECR rückt in der jüngsten Zeit verstärkt in den Mittelpunkt, um unternehmensübergreifende Optimierungspotenziale bei der Gestaltung und Steuerung von Wertschöpfungsketten freizusetzen (vgl. Seifert (2001), Wildemann (2001), S. 219 ff.). Dabei lassen sich verschiedene Basiselemente des Supply Chain Managements und CRM identifizieren. Während das Supply Chain Management den effizienten Warennachschub und damit den Bereich der (physischen) Logistik in den Vordergrund stellt (Efficient Replenishment), beinhaltet Letzteres das kooperative Marketing zwischen Industrie und Handel, das im dritten Teil näher ausgeführt wird.

Supply Chain Management (SCM) kann als Beitrag zur Erzielung einer größtmöglichen Logistik-Effizienz gesehen werden, da es Ausdruck der Erkenntnis eines nur begrenzten Optimierungspotenzials bei einer beschränkten, unternehmensbezogenen Betrachtung ist. Letztlich ist ein unternehmensübergreifender Ansatz zur Optimierung der Waren-, Informations- und Finanzströme erforderlich (vgl. auch Klaus (1998)), um eine Gesamtsystemoptimierung („total system efficiency") von den Zulieferanten über die Hersteller und den Handel bis zu den Endabnehmern zu erzielen (vgl. Skoett-Larsen (2000), S. 377 f.).

Abgesehen von überbetrieblichen Aspekten der Kooperation hinsichtlich der Formulierung von Standards (z.B. im Rahmen des elektronischen Datenaustauschs) zielt die ECR-Orientierung primär auf vertikale Kooperationen ab, die auch oftmals als kollaborative Formen der Zusammenarbeit bezeichnet werden.[3] Zunehmend finden sich auch kooperative Formen des Wertschöpfungsmanagements auf horizontaler Ebene, die eine Parallelität von Kooperation und Wettbewerb mit sich bringen.[4] So kooperieren Endprodukt-Konkurrenten auf vorgelagerten Wirtschaftsstufen („upstream"), aber auch „down-stream", beispielsweise durch gemeinsame Distributionslogistiksysteme. Dieses Phänomen des „Coopetition" führt gleichermaßen zu einem veränderten Wettbewerbsmuster (vgl. Nalebuff und Brandenburger (1996)), das von der ursprünglichen Vorstellung vollständig rivalisierender Akteure abweicht und daher auch als Paradigmenwechsel apostrophiert wird.

2.2 Entwicklung des Supply Chain Managements

Einen ersten Ansatzpunkt zur Effizienzsteigerung in der logistischen Versorgungskette stellen unternehmensübergreifende Dispositionskonzepte so-

[2] Beispielhaft sei an dieser Stelle der Bereich des Pressegroßhandels („Presse-Grosso") genannt (vgl. Brummund und Schwindt (1985)).

[3] Vgl. hierzu beispielsweise Stank *et al.* (1999), McKaige (2001).

[4] Vgl. zu den vielfältigen Kooperationsformen und den damit zusammenhängenden wettbewerbspolitischen und wettbewerbsrechtlichen Fragen Zentes *et al.* (2003a).

wie synchronisierte Produktionskonzepte dar, die zu einer Just-in-Time-Belieferung und Bestandsreduktion führen. So wird versucht, ein effizientes Replenishment durch Ansätze wie Continuous Replenishment (CRP) – in ähnlicher Form auch Quick Response (QR) – und Vendor Managed Inventory (VMI) zu erzielen (vgl. Liebmann und Zentes (2001), S. 597 ff.).

CRP bezeichnet zunächst die kontinuierliche Warenversorgung: Die Nachfrage der Verbraucher steuert den Nachschub sowie die Produktion. Ähnlich der aus der Automobilindustrie bekannten Just-in-Time-Belieferung muss der Point of Sale (PoS) immer genau zum richtigen Zeitpunkt über die benötigte Ware verfügen. Heydt (1998), S. 56, definiert Continuous Replenishment wie folgt: „Continuous Replenishment ist eine Basisstrategie des ECR-Konzeptes, die darauf abzielt, den Waren- und Informationsfluss entlang der Versorgungskette zu optimieren, indem das herkömmliche Belieferungssystem durch einen sich an der tatsächlichen bzw. prognostizierten Nachfrage der Konsumenten orientierenden, abgestimmten Prozess ersetzt wird." Beispielhaft zeigt Abb. 1 den Waren- und Datenfluss zwischen dem Drogeriemarktunternehmen „dm" und den einbezogenen Herstellern.

Auf der Basis einer informationstechnischen Vernetzung (EDI) erfolgt eine verbrauchsnahe Übermittlung von Abgangsdaten, die eine Synchronisation der Produktion ermöglicht. Durch einen optimalen Informationsaustausch werden die Reaktion auf Kundenwünsche und der Servicegrad bei gleichzeitiger Reduktion der Bestände erhöht (vgl. Fürst und Schmidt (2001), S. 528 f.). Durch kürzere „lead times" bzw. Bestellvorlaufzeiten können Hersteller ihre Abhängigkeit von längerfristigen und dadurch meist ungenauen Prognosedaten reduzieren. Die nachfragesynchrone Versorgung ermöglicht zugleich

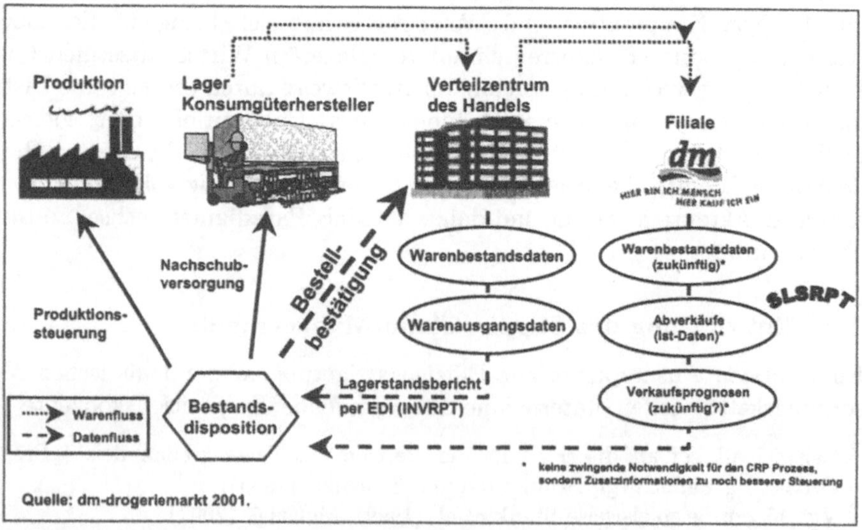

Abb. 1. Waren- und Datenfluss zwischen dm und Herstellern – CRP-Prozess

veränderte Lager- bzw. Umschlagskonzepte. So erleichtert bzw. ermöglicht CRP das (partielle) Umstellen eines (Zentral-)Lagers auf ein Warenverteilzentrum im Sinne eines Transit-Terminals oder gar den Einsatz von Cross-Docking-Systemen.

Bei einem VMI wird dem Hersteller die Dispositions- und damit die Bestandsverantwortung übertragen. In Anlehnung an Kotzab (1997), S. 142, wird VMI wie folgt definiert: Vendor Managed Inventory ist ein zwischen einem Hersteller und Handelsunternehmen stattfindendes Partnerschaftsprogramm, das einen automatisierten Warennachschub zum Ziel hat. Der automatisierte Warennachschub liegt in der Verantwortung des Herstellers und basiert auf einem permanenten Angleichen von Angebots- und Nachfragerhythmen. Das permanente Angleichen der Aktivitäten der beiden Partner erfolgt durch kontinuierlichen Datenaustausch und -abgleich und hat die Vermeidung (überflüssiger) Sicherheitsbestände auf der Handelsstufe zum Ziel (vgl. Kaipia *et al.* (2002)).

Vorteile durch VMI-Konzepte stellen sich dadurch ein, dass der Hersteller seine Nachfrageprognosen auf Basis vorliegender Handelsdaten selbst erstellt. Dies wirkt sich positiv auf Sicherheitsbestände, Out-of-Stock-Situationen sowie die Prozesskosten der Tourenplanung, Produktionsverschiebung und Optimierung von Produktionslosgrößen aus. Beispielsweise entsteht ein Peitscheneffekt ("Bull-Whip-Effect") durch das Vorhalten von Sicherheitsbeständen auf jeder Wertschöpfungsstufe (vgl. Gleißner (2000), S. 195 f., Lee *et al.* (1997a)). CRP/VMI-Systeme lösen daher ein Konfliktfeld zwischen Marketing und Logistik/Controlling auf, indem primär ein Warenbestandsgleichgewicht erreicht werden kann, das bei verbrauchsnaher Verfügbarkeit eine Reduktion der Bestände erzielt. Gleichzeitig wird durch CRP/VMI eine verbesserte Lieferbereitschaft und eine Verkürzung der Lieferzeiten erreicht.

Zur Verbesserung bzw. Steigerung der Logistik-Effizienz existieren eine Vielzahl von neuen Ansätzen zur effizienten Koordination der Versorgungskette, sowohl methodischer Art als auch technologischer Art. Herauszustellen sind aus methodischer Sicht z.B. die Ansätze des Supply Chain Event Managements (SCEM) und des Supply Chain Performance Managements (SCPM), aus technologischer Sicht die neueren Verfahren des Tracking & Tracing auf RFID-Basis (vgl. Sarma *et al.* (2003)).[5]

Supply Chain Event Management, eine Weiterentwicklung der Supply Chain Execution (SCE), hat die Aufgabe, die im Rahmen der operativen Tätigkeiten oftmals (ungeplant) auftretenden Störungen frühzeitig zu erkennen und schnellstmöglich adäquate Maßnahmen zur Störungsbehebung einzuleiten (vgl. Scheer *et al.* (2003)). Durch eine stärkere Transparenz der Informationsflüsse bei der operativen Ausführung und Steuerung der Warenströme wird ein proaktives Risikomanagement ermöglicht, das durch das controllingbezogene SCPM-System unterstützt bzw. realisiert wird.

---

[5] Auf diese technologischen Aspekte wird hier nicht eingegangen.

Das SCPM zielt auf eine ständige Verbesserung der Performanz der Supply-Chain-bezogenen Geschäftsprozesse ab (vgl. Brewer und Speh (2000), Chan und Qi (2002)). Durch ein Monitoring der Prozesse (Performance Measurement), gekoppelt mit einem internen und externen Benchmarking, werden Effizienzsteigerungspotenziale identifiziert und im Rahmen von Geschäftsprozessoptimierungen ausgeschöpft.[6] Dazu müssen die verschiedenen Controllingmaßnahmen und -instrumente unternehmensübergreifend auf operativer und strategischer Ebene implementiert werden (vgl. Cokins (2001), Cokins (1996)). Die Verdichtung der Kennzahlen zur Unterstützung des Managements ist ein entscheidender Erfolgsfaktor der Supply-Chain-Planung, die allerdings eine stärkere Berücksichtigung der Demand-Seite im ECR-Konzept und damit der Marketing-Effektivität erfordert.

2.3 Chancen und Risiken des SCM

Trotz der Vorteile von CRP/VMI-Systemen müssen bestimmte Rahmenbedingungen bei der Implementierung der Konzepte berücksichtigt werden. Erstens sind branchen- und unternehmensinterne Widerstände zu nennen, da die Weitergabe von PoS-Daten an den Hersteller die Bereitschaft zum Austausch sensibler Daten voraussetzt. Hier wird die Gefahr am höchsten eingeschätzt, dass wettbewerbsrelevante Daten über den Umweg der Kooperationspartner zum Wettbewerber gelangen. Zum zweiten stellt sich die Frage der Systemführerschaft zwischen Industrie und Handel in der Versorgungskette, insbesondere wenn der Handel durch Zentrallagerkonzepte versucht, die Systemführerschaft im Absatzkanal an sich zu ziehen. Damit sieht sich die Industrie der Gefahr gegenüber, den Handlungsspielraum in eigenen Distributionssystemen zu verlieren, das auch als Mittel der Nachfragesteuerung eingesetzt wird (vgl. Gleißner (2000), S. 113 f.). Drittens sind solche Konzepte mit hohen Investitionen verbunden, die vor allem zusätzliche Personalressourcen zur organisatorischen Abwicklung sowie Investitionen im Bereich der neuen Informations- und Kommunikationstechnologien erfordern (vgl. Brown und Bukovinsky (2001), S. 78).

Marktmäßige Voraussetzung des Einsatzes dieser Konzepte sind vergleichsweise stabile Absatz- bzw. Nachfrageentwicklungen. Dieser enge Bezug zur Marketing-Effektivität setzt somit die bereits erwähnte Vorhersehbarkeit und damit „Steuerbarkeit" der Nachfrage voraus. So finden sich derartige Verfahren vorrangig bei Unternehmen oder in Warengruppen im Einsatz, bei denen keine wesentlichen oszillativen Absatzschwankungen vorliegen, die bspw. durch Promotionsaktivitäten des Unternehmens selbst induziert werden. Gerade Handelsunternehmen, die durch eine „Dauerniedrigpreispolitik" (Every

[6] Hinzuweisen ist in diesem Kontext auf den Ansatz „Retail Performance Measurement" (RPM), ein IT-gestütztes Tool, welches das Institut für Handel und Internationales Marketing an der Universität des Saarlandes im Rahmen einer projektbezogenen Zusammenarbeit mit T-Systems, Entwicklungszentrum Süd-West, gegenwärtig erarbeitet (vgl. Zentes und Biesiada (2003)).

Day Low Price, EDLP) gekennzeichnet sind – wie etwa dm-Drogeriemarkt in Deutschland und Wal-Mart in den USA – setzen diese Konzepte erfolgreich ein (vgl. Zentes (2002), S. 282). So belegen empirische Studien auch den erfolgreichen Einsatz der Konzepte in Warengruppen mit einem geringen Umschlag und geringer Nachfrage (vgl. Kaipia *et al.* (2002), Fraza (1998)).

Gleichzeitig sind mit diesen Konzepten aber auch weiter gehende Chancen verbunden, wenn die Sichtweise von der operativen Steuerung und Durchführung auf die strategische Ebene des Managements gelenkt wird (vgl. Mentzer *et al.* (2001), S. 4). Damit wird SCM als Lösung bestehender Problem- und Konfliktfelder gesehen (vgl. Chandra und Kumar (2000), S. 100). Bei der Hervorhebung der strategischen Aspekte der Supply-Seite stehen vor allem die langfristige Orientierung bei der Zusammenarbeit und gegenseitiges Vertrauen im Vordergrund, die zu einer gemeinsamen Win-Win-Situation auf Grund der zielgerichteten Koordination der Aktivitäten entlang der Versorgungskette führen (vgl. Mentzer *et al.* (2000), Hoffmann und Mehra (2000), S. 366 f.). Mit dieser Orientierung wird Misstrauen beim Datenaustausch abgebaut, da die wechselseitige Kommunikation gefördert wird.

SCM bringt weiterhin flexible Organisationsstrukturen mit sich, die eine unternehmensübergreifende Koordination und Steuerung fördert. Durch Umsetzung der SCM-Philosophie sind die Unternehmen in der Lage, flexibel auf Kundenwünsche und Marktveränderungen zu reagieren (vgl. Chandra und Kumar (2000), S. 101 ff.). Deshalb erzeugt SCM einen selbstverstärkenden Effekt mit dem Ergebnis der Vermeidung von Sicherheitsbeständen, kurzer Bestellvorlaufzeiten sowie der Vermeidung von Out-of-Stock-Situationen (vgl. Chandra und Kumar (2000), S. 103 f.).

3 Unternehmensübergreifendes Demand and Supply Chain Management: Der Königsweg?

3.1 Notwendigkeit einer integrierten Betrachtungsweise

Die Fokussierung auf Aspekte des Supply Chain Managements im Rahmen der ECR-Diskussion bzw. der Ansätze zur Umsetzung darf nicht den Blick trüben, dass der „ursprüngliche" ECR-Gedanke neben dem Baustein des Efficient Replenishment auch die primär marktorientierten Bausteine der Efficient Store Assortments, Efficient Promotion und Efficient Product Introductions beinhaltet.[7] Die Demand-Seite beinhaltet die kooperative Zusammenarbeit zwischen Industrie und Handel bei der Vermarktung der Produkte.

Efficient Assortment bezeichnet die kunden- und renditeorientierte Sortimentsgestaltung mit dem Ziel der kontinuierlichen Warengruppenverbesserung, der bedarfsgerechten Warengruppengestaltung, die insbesondere durch

[7] Vgl. hierzu Liebmann und Zentes (2001), S. 590 und die dort angegebene Literatur sowie Hoffmann und Mehra (2000), S. 366, Brown und Bukovinsky (2001), S. 77 f.

funktionsübergreifende Organisationsstrukturen im Sinne eines Category Managements realisiert werden. Efficient Promotion charakterisiert die effiziente Durchführung der Sonderangebots- und Promotionsaktivitäten, die eine volle Warenverfügbarkeit zu Beginn der Aktionen und eine schnelle Reaktion auf das Verbraucherverhalten während der Aktion erfordern. Eine ähnliche Zielstellung stellt sich bei der Optimierung der Produktneueinführung (Efficient Product Introduction), um die Flopraten zu senken (vgl. Heinemann (1997), S. 38 f.).

Mit den Basisstrategien der Demand-Seite des ECR-Konzeptes wird die Marketing-Effektivität angesprochen, deren Zielsetzung im Aufbau und der Festigung langfristiger Kundenbeziehungen durch ganzheitliche aber differenzierte Marketing-, Vertriebs- und Servicekonzepte besteht (vgl. Hippner und Wilde (2002), S. 6). Die Zielsetzung der Steigerung des Umsatzes und des Marktanteils der Handelsunternehmen wird durch das Customer Relationship Management realisiert, das einerseits eine Synchronisation aller Kommunikationskanäle fördert. Auf der anderen Seite bildet CRM einen Teilbereich der strategischen Ausrichtung eines Handelsunternehmens, das den Paradigmenwechsel des ECR von der operativen zur strategischen Sichtweise forciert (vgl. Hippner und Wilde (2002), S. 6). Mit diesem Paradigmenwechsel geht eine integrierte Betrachtung zwischen SCM und CRM einher, die es ermöglicht, gleichzeitig Marketing-Effektivität durch Steigerung des Marktanteils/Umsatzes und Logistik-Effizienz durch Kostenreduktion zu erzielen (vgl. Min und Mentzer (2000)). Mit dieser Integration steht eine optimale Ressourcenallokation zur Maximierung des Gewinns im Vordergrund (Kopczak und Johnson (2003), S. 33 f.).[8]

Die strategischen Planungsaufgaben des CRM bestehen vor allem in der Marktanalyse und Marktsegmentierung zur Zusammenführung der Märkte, Kunden und Produkte, während die operativen Aufgaben in der Umsetzung der Marketingmaßnahmen liegen. Die Steuerungsaufgaben beinhalten die einzelnen Phasen des Kundenmanagements.[9] Die Planungsaufgaben des SCM liegen in der Bereitstellung der richtigen Waren und Informationen zur richtigen Zeit in der richtigen Menge am richtigen Ort, die Entscheidungen über die flussorientierte Gestaltung und Steuerung des Logistiksystems bestehend aus den Liefer- und Empfangspunkten entlang der Sypply Chain erfordern. Insofern besteht der interdependente Zusammenhang zwischen SCM und CRM darin, dass das CRM die Informationen aus dem Leistungserstellungsprozess in der Supply Chain benötigt, um die Kunden mit den entsprechenden Waren zu versorgen. Auf der anderen Seite kann das SCM nur durch Kundeninformationen das Logistiksystem effizient planen und gestalten (vgl. Busch und Langemann (2002), S. 421 ff.).

---

[8] Vgl. hierzu auch Marbacher (2001), Reary (2002), Lapide (2002), Hoffmann und Mehra (2000).

[9] Die einzelnen Phasen werden in Pre-Sales-Phase, Sales-Phase und After-Sales-Phase differenziert.

3.2 Collaborative Planning, Forecasting and Replenishment

Zur unternehmensübergreifenden Planung als Schnittstelle zwischen SCM und CRM wird vielfach das Collaborative Planning, Forecasting and Replenishment (CPFR) eingesetzt, um unternehmensübergreifend Geschäftsprozesse der Planung, Prognose und Belieferung zu standardisieren. Ursprünglich stellt CPFR eine Weiterentwicklung des CRP/VMI-Ansatzes dar, welches aus einem Supply-Chain-Projekt hervorgegangen ist, das Wal-Mart mit Warner-Lambert unter Mitarbeit von den beiden Softwareunternehmen SAP und Manugistics 1996 begonnen hat (vgl. Cooke (1998a)). Nach dem erfolgreichen Pilotprojekt engagierten sich eine Reihe von US-Institutionen (so das amerikanische Standardisierungsgremium VICS) und Unternehmen (u.a. Wal-Mart, Target, Procter & Gamble, Kimberly-Clark und Nabisco) bei der Entwicklung und Einführung von CPFR (vgl. Rode (2003), Harrington (2002), Hallier (1997)).

Das CPFR-Konzept nutzt das vom Händler und vom Hersteller gesammelte Wissen zur kollaborativen Absatzplanung und führt einen neuen, gemeinsamen und kontinuierlichen Verbesserungsprozess bei der Absatzplanung ein. Die Schwächen des „Vorgängermodells" CRP/VMI werden vor allem darin gesehen, dass die Handelsunternehmen zwar die besseren Prognosemöglichkeiten für den zukünftigen Absatz als die Hersteller hätten, diese aber über andere Informationen, z.B. bzgl. mehrerer Handelsunternehmen und deren Verkaufsförderungspläne, verfügen.

In Anlehnung an das CPFR-Committee kann man definieren:[10] CPFR ist ein Prozess zur Entwicklung einer gemeinsamen Prognose der Konsumentennachfrage, welche die Planung entlang der gesamten Wertkette steuert. Er zielt dabei ausdrücklich auf eine Integration von „Demand Side"- und „Supply Side"-Prozessen ab (vgl. Seifert (2002)).

Zur gemeinsamen Planung wird im Rahmen des CPFR ein neunstufiges Modell vorgeschlagen, das die Aufgaben von Hersteller und Handel im Verlauf des gemeinsamen Planungsprozesses beschreibt.[11] Es wird gemeinsam eine Planung durchgeführt, an deren Ergebnisse beide Partner gebunden sind. Innerhalb bestimmter, fest vereinbarter Parameter kann jeder der Partner die Planung anpassen, während größere Abweichungen das Einverständnis des Partners voraussetzen. Zu einem bestimmten Zeitpunkt werden die Prognosen „eingefroren" und somit automatisch in eine Bestellung und Produktionsplanung umgesetzt (vgl. McKaige (2001), S. 36). Somit ist CPFR die Weiterentwicklung von CRP/VMI zu „jointly managed inventories" (JMI). Im Vergleich zum VMI generieren die Händler beim JMI i.d.R. ihre Bestellungen selbst, wobei die Hersteller allerdings vorab in die Planung einbezogen werden und viel genauer und präziser über Aktionen und Lagerbestände der Händler informiert werden.

[10] Vgl. hierzu Liebmann und Zentes (2001), S. 609 und die dort angegebene Literatur.

[11] Vgl. hierzu VICS (2002), Harrington (2003).

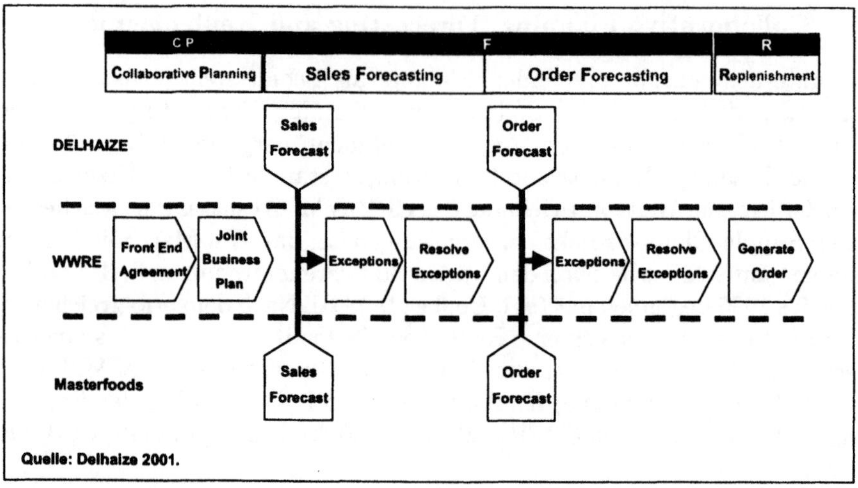

Abb. 2. CPFR-Prozess im Pilotprojekt „Delhaize/Masterfoods"

CPFR zielt auf Situationen ab, in denen eine wesentlich stärkere Prognoseunsicherheit gegeben ist, wie dies bei Neuprodukteinführungen („Efficient Product Introductions") und starken Verkaufsförderungsaktivitäten („Efficient Promotion") üblicherweise gegeben ist. Bezogen auf Marketing-Konzepte bzw. „Preis-Philosophien" sind insbesondere sonderangebotsaktive Unternehmen bzw. sonderangebotsaktive Warengruppen (Categories) in Handelsunternehmen angesprochen. Allerdings kann auch im Basisgeschäft CPFR erfolgreich implementiert werden. So steigerten dm und Procter & Gamble ihre Prognosegenauigkeit bei Promotionen und im Basisgeschäft nach der Einführung von CPFR um fast das Doppelte. Damit erhöhte sich auch die Regalverfügbarkeit von 92% auf 98% bei Promotionen und im Basisgeschäft von 97% auf deutlich über 98% (vgl. Rode (2003)). Trotz Kollaboration wird jedoch die grundsätzliche Problematik der Absatzprognosen und die ihr zu Grunde liegende Kernfrage der Kausalität nicht gelöst.

Abb. 2 zeigt am Beispiel der Pilotanwendung „Delhaize/Masterfoods" den Ablauf eines CPFR-Prozesses (vgl. Zentes (2002), S. 173 ff.). Als Ergebnis dieses Pilotprojektes ist festzuhalten (Zentes (2002), S. 187): „Das Pilotprojekt mit Masterfoods zeigte zunächst, dass vor allem eine sehr gute Kenntnis des Marktes auf beiden Seiten notwendig ist, um im Rahmen der gemeinsamen Planungen für beide Seiten zu Lerneffekten und damit zu Verbesserungen zu gelangen. Im konkreten Projekt lagen die erzielten Effekte zunächst vor allem bei Masterfoods, da sich die Genauigkeit von deren Abverkaufsprognosen über die Zusammenarbeit mit Delhaize um ca. 40% verbesserte. Der Effekt, der für Delhaize daraus resultiert, lag dann in einem verminderten Risiko von Out-of-Stock-Situationen, wodurch die Sicherheitsbestände in den Lägern von Delhaize signifikant gesenkt werden konnten."

3.3 Chancen und Risiken des CPFR

Durch CPFR-Aktivitäten entsteht ähnlich beim SCM ein gegenseitiger Informationsaustausch, der durch Integration der Zielsetzung einer langfristigen Kundenbindung zusätzliche Gewinnpotenziale schafft (vgl. Kopczak und Johnson (2003), S. 33 f.). Daher stammen die ersten Umsetzungen von CPFR aus dem Bereich des SCM, die gleichermaßen durch Kooperation, Vertrauen, intensive Kommunikation, eine gemeinsame Win-Win-Situation gekennzeichnet sind (vgl. Min und Mentzer (2000)). Diese Parameter stellen die grundlegende Zielsetzung des ECR-Gedankens dar (vgl. Hoffmann und Mehra (2000), S. 366), der gleichzeitig die Verbindung zu SCM auf einer strategischen Ebene schafft, wenngleich das derzeit noch nicht der Realität entspricht (vgl. Reary (2002), S. 3).

Durch CPFR als Integration von Supply- und Demand-Prozessen erfolgt ein Austausch von Informationen, die eine mittelfristige Absatz- und Beschaffungsplanung ermöglichen. Allerdings können nach Weiterleitung der Verkaufs- und Absatzprognosen die Produktionspläne nicht kurzfristig umgestellt werden, so dass für ein unternehmensübergreifendes Demand und Supply Chain Management noch Handlungsbedarf zur Konzeption geeigneter Modelle und Methoden besteht. Daher müssen insbesondere Wege gefunden werden, die eine Kommunikation im kurzfristigen Planungsbereich zwischen Handel und Hersteller ermöglichen, die durch entsprechende Informationstechnologien unterstützt werden. Zurzeit findet daher eher eine stärkere Schnittstellenanbindung der CRM- an SCM-Systeme statt, zumal SCM-Anbieter sich verstärkt in dem Bereich von CRM-Systemen engagieren (vgl. Busch und Langemann (2002), S. 431 f.).

Ziel des CPFR-Prozesses ist die Abbildung des Marktgeschehens in Form von Responsefunktionen, die letztlich die Basis einer Prognose bilden, das bisher trotz zahlreicher Versuche erst ansatzweise erreicht wurde. Zwar existieren vielfältige Simulations-, Prognose- und Decision-Support-Verfahren und auch entsprechende IT-gestützte Tools; ihr praktischer Einsatz scheitert meist neben methodischen Einschränkungen an der zeit- und kostenaufwändigen Parametrisierung (vgl. Brown und Bukovinsky (2001), S. 78). Vielversprechend dürften gerade in diesem Kontext die neueren Ansätze des Data Mining und der Mikrosimulation sein, die auf Technologien der Künstlichen Intelligenz (KI), z.B. auf Multiagenten-Technologien, zurückgreifen (vgl. Chandra (2002), S. 100 ff.).[12]

[12] So entwickelt das Deutsche Forschungszentrum für Künstliche Intelligenz (DFKI) in Saarbrücken in Zusammenarbeit mit dem Institut für Handel und Internationales Marketing an der Universität des Saarlandes ein Multiagenten-basiertes Simulations-, Prognose- und Decision-Support-Tool. Mit Hilfe von Data-Mining-Verfahren werden dabei Kundenverhaltensmuster aus Kunden- bzw. Abverkaufsdaten extrahiert und darauf aufbauend Kundenagenten modelliert, die das Kaufverhalten realer Kunden direkt simulieren. Erste Piloterfahrungen mit dem Tool „SimMarket" in einem SB-Warenhausunternehmen deuten auf eine wesentliche

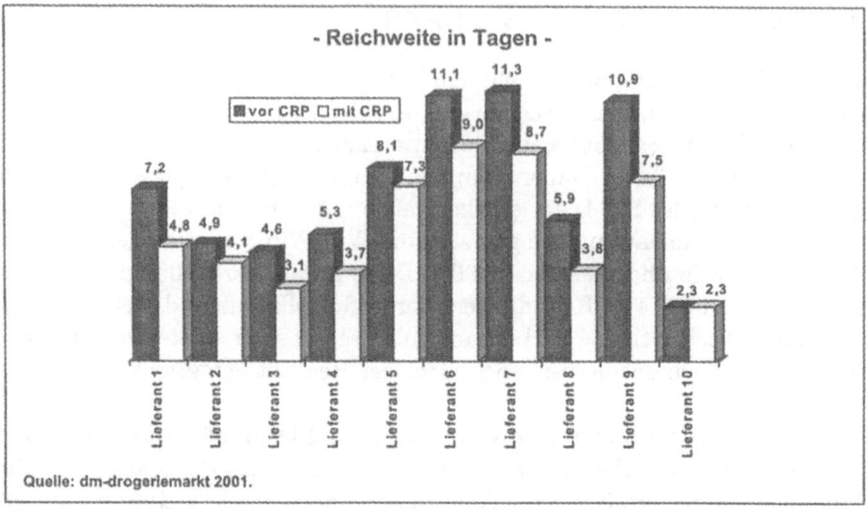

Abb. 3. Entwicklung der Reichweite durch CRP/VMI

4 Empirische Befunde

Wenngleich der Umfang der gegenwärtigen Diskussion des ECR-Konzeptes, so vorrangig in der praxisorientierten Literatur sowie auf Kongressen (z.B. CIES, ECR-Europe, ECR-D-A-CH), sicherlich auch Ausdruck eines „logistischen Modetrends" ist, deuten Fallstudienanalysen und empirische Untersuchungen - auch wenn sie oftmals implizit Wunschvorstellungen bzw. Verkaufsüberlegungen von Beratungsunternehmen sind - auf Potenziale einer kollaborativen Prognose hin.

Insbesondere im Bereich des CRP/VMI bestätigen zahlreiche Erfahrungen aus Pilotprojekten (Fallstudien) und „großzahligen" empirischen Studien Effizienzsteigerungspotenziale (vgl. Zentes (2002), S. 445 ff., Cooke (1998b), Holmström (1998)). Abb. 3 verdeutlicht die Entwicklung der Reichweite durch CRP/VMI bei dm (vgl. Zentes (2002), S. 265): „Über dieses CRP-Programm ist es gelungen, die Reichweite der Bestände in den Verteilzentren von dm entscheidend zu senken. So zeigten sich bei einer Auswahl von zehn Lieferanten bei nahezu allen eine Reduzierung der Reichweite und damit der Lagerbestände und des gebundenen Kapitals im Verteilzentrum von dm. Der Lieferservicegrad ist dabei i.d.R. gleich geblieben oder hat sich ebenfalls verbessert."

Eine Studie der IDS Scheer AG zeigt, dass Hersteller und Handel nicht nur durch CRP/VMI, sondern auch durch weiter gehende ECR-Konzepte große Einsparpotenziale erwarten oder zumindest erhoffen (siehe Abb. 4).

Verbesserung der Prognosegenauigkeit durch Berücksichtigung einer Vielzahl von Einflussfaktoren und Abhängigkeiten hin.

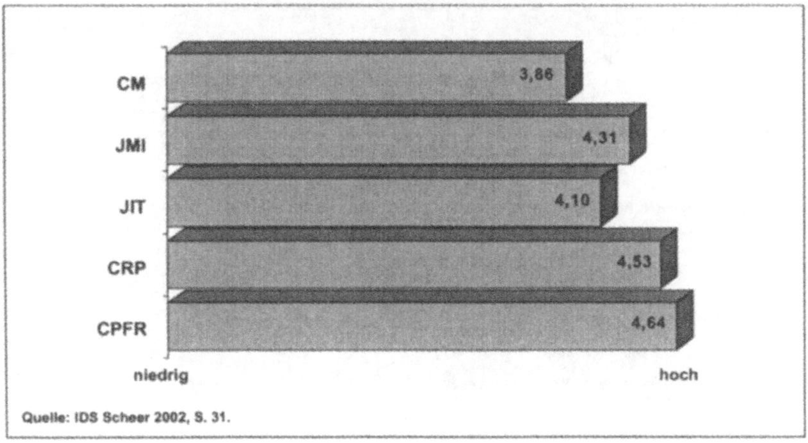

Abb. 4. Kosteneinsparungspotenzial durch verschiedene ECR-Konzepte

Dabei stehen Konzepte im Vordergrund, die durch eine intensive Kommunikation gekennzeichnet sind, so das Collaborative Planning, Forecasting and Replenishment, Continuous Replenishment und Jointly Managed Inventory.

Allerdings wurde bereits bei dem Aufzeigen der Chancen und Risken deutlich, dass bei der Implementierung von ECR-Konzepten Herausforderungen bestehen, die zu Konflikten und Problemen führen können. Das Konflikt- und Kooperationsmanagement spielt in diesem Zusammenhang eine entscheidende Rolle, um eine Verbesserung der Marketing-Effektivität bei gleichzeitiger Verbesserung der Logistik-Effizienz zu erzielen.

Die größten Herausforderungen werden bei der Überwindung interner Barrieren, den entstehenden Kosten und dem Mangel an Vertrauen in die Partner gesehen (siehe Abb. 5). Diese Ergebnisse sind konform mit einer weiteren empirischen Untersuchung, in der 78% der Unternehmen die durchgängige und EDV-gesteuerte Gestaltung der Prozess- und Informationsflüsse als Top-Thema in den nächsten drei Jahren, gefolgt von der Integration der Lieferanten in die Prozesskette und der Realisierung von CPFR (56%) in diesem Bereich sehen (vgl. PWC Consulting (2002), S. 10 f.).

Der Nutzen des unternehmensübergreifenden Geschäftsprozessmanagements besteht in erster Linie in der Erhöhung der Marketing-Effektivität durch Erzielung einer hohen Kundenzufriedenheit. Die Kosten- und Qualitätserwartungen zielen primär auf den Bereich der Logistik-Effizienz ab, die durch eine flussorientierte durchgängige Prozessgestaltung durch moderne IuK-Technologien realisiert werden kann (siehe Abb. 6). Allerdings erfordert eine weit reichende Kollaboration ebenfalls Veränderungen auf der strategischen Ebene, die durch flexible Organisationsstrukturen und den Aufbau von Vertrauen charakterisiert sind. Deshalb ist zu erwarten, dass zukünftig der verbesserte Ressourceneinsatz sowie die Erzielung einer hohen Flexibilität bei der Geschäftprozessoptimierung im Vordergrund stehen.

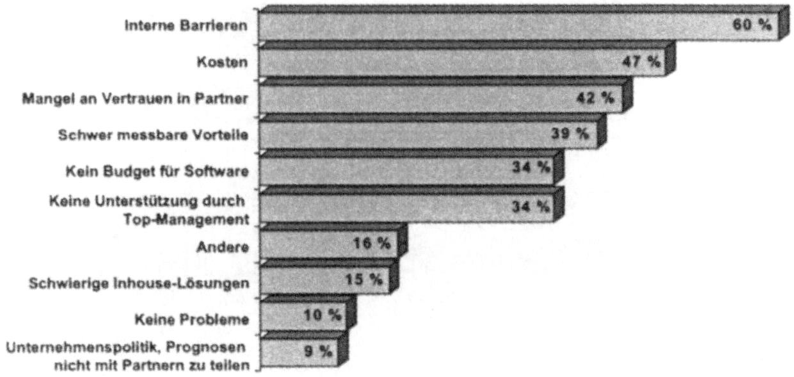

Quelle: Industry Directions/Syncra Systems, zit. nach Fraser 2002, S. 132.

Abb. 5. CPFR-Herausforderungen

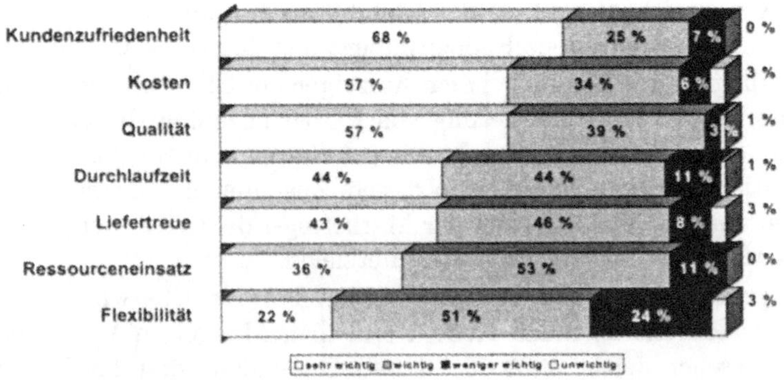

Quelle: IDS Scheer/Pierre Audoin Consultants 2003, S. 9.

Abb. 6. Nutzen der Geschäftsprozessoptimierung

5 Systemoptimierung und Systemführerschaft: Ein Machtkampf?

5.1 Vorüberlegungen

Die Überlegungen zur unternehmensübergreifenden Optimierung in der Konsumgüterwirtschaft durch kollaborative Formen des Demand and Supply Chain Managements, die meist euphemistisch als „partnerschaftlich" mit dem Ziel des Erreichens von „Win-Win-Situationen" eingestuft werden, gehen einher mit einer wettbewerbsstrategischen Fragstellung der künftigen Führerschaftsposition im Marketing- und/oder Logistik-Bereich in der Supply Chain: Liegt diese auch künftig bei den Herstellern oder nun bei den

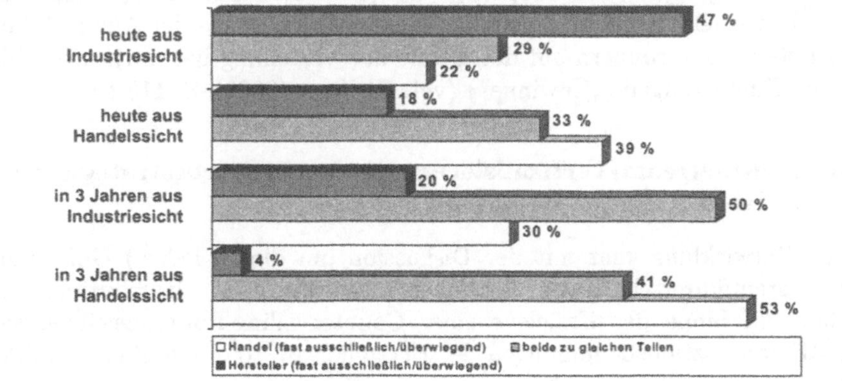

Quelle: PWC Consulting/Lebensmittel Zeitung 2002, S. 13.

Abb. 7. Wer steuert die Supply Chain?

Handelsunternehmen oder führt eine Systemoptimierung zu einer paritätischen (partnerschaftlichen) Struktur? Aus Sicht des Netzwerkmanagements stellt sich die Frage, wer als fokales Unternehmen das Netzwerk steuert, was keineswegs im Widerspruch zu den postulierten Win-Win-Situationen steht.

Eine empirische Studie über die Steuerung der Supply Chain zwischen Hersteller und Handel (siehe Abb. 7) zeigt, dass aus Sicht der Herstellerunternehmen die heutige Systemführerschaft des Herstellers durch eine beiderseitige Steuerung der Supply Chain in drei Jahren abgelöst wird. Auf der anderen Seite erwartet der Handel eine Verstärkung der Systemsteuerung durch den Handel bzw. eine beiderseitige Systemsteuerung. Aus Handelssicht verliert der Hersteller fast völlig die alleinige Steuerungsfunktion der Supply Chain, da „.... the tightest integration of supply and demand is possible where supply is triggered by actual customer usage" (Reary (2002), S. 3).

5.2 Marketing- und Logistikführerschaft als wettbewerbsstrategische Orientierung des Handels

Wie bereits gezeigt, sieht sich der Handel zukünftig als fokales Unternehmen in der Supply Chain, das die Aufgabe der Koordination übernimmt. Da er über die Nähe zum Endkunden und damit zu den Abverkaufszahlen verfügt, strebt der Handel eine dominante Position in der Wertschöpfungskette an, die er bereits zum Teil erreicht hat (vgl. Zentes (1998, 2000)). Dies gilt sowohl bezüglich der Marketingführerschaft als auch der Logistikführerschaft. Die Logistik nimmt damit zugleich einen veränderten Stellenwert ein: Sie ist nicht nur Gegenstand von Bemühungen zur Effizienzsteigerung, sondern auch zur Erzielung von Wertschöpfung und damit eine (weitere) Quelle der Gewinnerzielung, indem Handelsunternehmen verstärkt umfassende Zentrallagerkonzepte entwickeln. Diese Zielsetzung ist durchaus kompatibel mit den

Grundüberlegungen einer kooperativ ausgerichteten Gesamtsystemoptimierung: Potenzielle Konflikte entstehen nicht auf der Ebene der Ausschöpfung von Potenzialen, sondern auf der Ebene der Verteilung der daraus resultierenden Einsparungen („Gewinne") (vgl. Gleißner (2000), S. 113 f.).

5.3 Down-stream-Vertikalisierung als wettbewerbsstrategische Orientierung der Hersteller

Diese Entwicklung geht mit der Diskussion um die (Wieder-) Gewinnung der Systemführerschaft der Herstellerunternehmen im Distributionskanal einher. Im Sinne des Erzielens einer Countervailing-Power zeichnen sich (Re-)Emanzipationsbemühungen der Hersteller ab, so durch eine verstärkte Einschaltung in die Distribution zum Endabnehmer in Form der „controlled distribution" oder der „secured distribution" (vgl. Zentes *et al.* (2003b)). Als Erscheinungsformen dieser „down-stream"-orientierten Vertikalisierung bzw. dieser Insourcing-Tendenz, die parallel zu einer gegenläufigen Tendenz im „up-stream"-orientierten Bereich der Wertschöpfungskette verläuft (Outsourcing), finden sich zahlreiche Formen des Direktvertriebs, so über klassische stationäre Formen, über konventionelle Formen des Versandhandels oder über virtuelle Kanäle, so über das Internet. Gerade diese Bestrebungen der Hersteller zeichnen sich durch das Erzielen einer Marketing-Effektivität aus, die mit einer hohen Logistik-Effizienz einhergehen muss.

6 Zusammenfassung und Ausblick

Der Kampf um die Systemführerschaft scheint allerdings die Basisargumentation der kollaborativen Form der Zusammenarbeit eher zu behindern als zu begünstigen, so dass sich hier die Frage nach einer Gesamtsystemoptimierung stellt. So kann auch zum gegenwärtigen Zeitpunkt nicht abschließend beurteilt werden, ob diese Entwicklungen zu einer Gesamtsystemoptimierung beitragen können. Insofern ist von koexistenten Systemen auszugehen, die vielleicht suboptimal bezüglich der Allokationseffizienz zu beurteilen sind, aber auch positiv i.S. einer Betrachtung des Wettbewerbs der Systeme als Entdeckungsverfahren und somit heuristischen Charakter haben.

Die Diskussion um eine mögliche Gesamtsystemoptimierung leitet über zu einem sehr grundsätzlichen Aspekt und führt zur Frage einer etwaigen Allokationseffizienz bzw. Überlegenheit eines planwirtschaftlichen Systems: Ist eine Gesamtsystemoptimierung nur über einen planwirtschaftlichen „Allokationsmechanismus" oder über eine Marktkoordination erzielbar? Diese Fragestellung zielt auf die ökonomischen Grenzen einer integrierten Planung ab (vgl. Bretzke (2002b), S. 42 f.).

Betriebswirtschaftliche Analyse und informationstechnische Umsetzung virtueller Produktionsnetzwerke

Jürgen Friedl, Axel Tuma und Markus Rager

Wirtschaftswissenschaftliche Fakultät, Universität Augsburg, Universitätsstraße 16, 86159 Augsburg, Germany
{juergen.friedl,markus.rager,axel.tuma}@wiwi.uni-augsburg.de

Zusammenfassung Analysiert man die Diskussion zukunftsorientierter Unternehmenskonzepte in der betriebswirtschaftlichen Literatur der letzten Jahre, wird man zunehmend mit Begriffen wie „virtuelles Unternehmen" bzw. „virtuelle Organisation" konfrontiert. Virtuelle Unternehmen können dabei als Netzwerke mehr oder weniger unabhängiger, spezialisierter Unternehmen verstanden werden. Ziel dieser Unternehmensform ist die Umsetzung zukunftsorientierter Managementphilosophien, wie „Konzentration auf Kernkompetenzen", „verteilte Produktion" oder „höchstmögliche Kundenorientierung". Eine Klassifikation virtueller Unternehmen kann entsprechend ihrer institutionellen Einordnung zwischen den Polen Markt und Hierarchie auf Basis der Transaktionskostentheorie vorgenommen werden. Dabei wird deutlich, dass Art und Umfang der einzusetzenden Informations- und Kommunikationssysteme in erster Linie von der Spezifität und Häufigkeit der Transaktionen abhängen. Ein weiterer Aspekt bei der Bildung virtueller Unternehmen betrifft die Ausgestaltung des unternehmerischen Zielsystems. Hierbei sind entsprechend dem Nachhaltigkeitsgrundsatz insbesondere ökonomische und ökologische Ziele zu berücksichtigen. Bei der Spezifikation des Zielkalküls spielt die Strategie der einzelnen Unternehmen bezüglich der Gewichtung der genannten Kriterien eine zentrale Rolle. Vor diesem Hintergrund werden in der vorliegenden Arbeit Strategien untersucht, die rein ökonomische Ziele (reaktives Verhalten) als auch rein ökologische Ziele (proaktives Verhalten) verbinden. Exemplarisch wird ein virtuelles Unternehmen aus dem Bereich der Textilindustrie untersucht, bei dem die Stoff- und Energieflüsse neben technischen Gegebenheiten hauptsächlich von der Zuordnung der Aufträge zu den einzelnen Unternehmen des Netzwerks abhängen. Die ökonomischen Zielsetzungen betreffen hierbei die Maximierung des Deckungsbeitrags, die ökologischen Zielsetzungen die Minimierung der Emissionen der beteiligten Unternehmen. Die Implementierung des untersuchten Produktionsnetzwerks erfolgt auf einem dezentralen Koordinationsmechanismus in Form eines Multi-Agenten Systems. Dabei wird die Gewichtung der ökonomischen und ökologischen Zielsetzungen durch Unternehmensagenten auf Basis eines Goal Programming-Ansatzes umgesetzt.

1 Beschreibung des Konzepts virtueller Unternehmen

1.1 „State of the art" virtueller Unternehmen

Die Grundidee des Konzepts virtueller Unternehmen ist die Umsetzung zukunftsorientierter Geschäftsstrategien wie „Konzentration auf die Kernkompetenzen", „verteilte Produktion" und „höchstmögliche Kundenorientierung" durch die Unterstützung von Informations- und Kommunikationssystemen (vgl. Davidow und Malone (1993)). Das Hauptziel dieser Kooperationsform besteht darin, mehreren Unternehmen, Institutionen und/oder Einzelpersonen möglichst schnell eine gemeinsame Arbeitsumgebung bereitzustellen, in der die Ressourcen entsprechend der gemeinsamen strategischen Ziele koordiniert werden können (vgl. Martinez *et al.* (2001)). Jeder Teilnehmer dient dabei als Kompetenzcenter, ist im Netzwerk mit horizontalen und vertikalen Kooperationspartnern verbunden und somit für den Erfolg des Gesamtsystems verantwortlich (vgl. Mikhailov (2002)). Daher ist bei der Initialisierung eines virtuellen Unternehmens die Selektion der Partner ein entscheidender Schritt.[1] Bei der Auswahl ist darauf zu achten, dass die Teilnehmer ähnliche Kulturmerkmale aufweisen, die, neben einer Vertrauens- und Toleranzkultur, weitere markt- und wettbewerbsorientierte Elemente enthalten müssen (vgl. Scholz (1996)). Bezogen auf das umweltorientierte Handeln werden sich deshalb eher Unternehmen mit der gleichen ökologischen Strategie zu virtuellen Unternehmen zusammenschließen.

1.2 Diskussion ausgewählter Beispiele virtueller Unternehmen

Nach Picot *et al.* (2001) können virtuelle Unternehmen als hybride Organisationsform zwischen den institutionellen Polen Markt und Hierarchie eingestuft werden (Abb. 4):

- Eine sehr marktnahe Form eines „virtuellen" Unternehmens ist das von Paul Farrow gegründete Unternehmen *Walden Paddlers*, das technisch hochwertige aber zugleich preisgünstige Kajakboote aus recyceltem Kunststoff produziert. Zur Umsetzung seiner Geschäftsidee bildete er ein Netzwerk von Designern, Zulieferern, Herstellern und Verkäufern (Bündelung von Kernkompetenzen). Der entscheidende Erfolgsfaktor hierbei ist in der unkonventionellen und flexiblen Bindung der Partner zu sehen (vgl. Welles (1993)).
- Abb. 1 zeigt ein *virtuelles Gesundheitsnetzwerk*. Ziel ist, neben der Verknüpfung der ambulanten und stationären Versorgung, die Verkürzung der Behandlungsdauer (z.B. durch eine automatische Terminierung der Behandlungen) und der Behandlungskosten (z.B. Wegfall von Doppeluntersuchungen durch eine vereinfachte Form der Dokumentation der Behandlungen) des gesamten „Patienten-Pathways".
  Der „Patienten-Pathway" beginnt im Allgemeinen beim Hausarzt (Intermediär), der die Erstuntersuchung des Patienten durchführt. Je nach Diagnose werden die weiteren Folgebehandlungen (Facharzt, Klinikum) und deren Termine bestimmt. Die Behandlung beim Facharzt bzw. Klinikum kann eine Konsultation weiterer Spezialisten erfordern. Parallel

[1] Ein Überblick qualitativer und quantitativer Ansätze zur Selektion von Partnern in virtuellen Unternehmen findet sich in Ip *et al.* (2003).

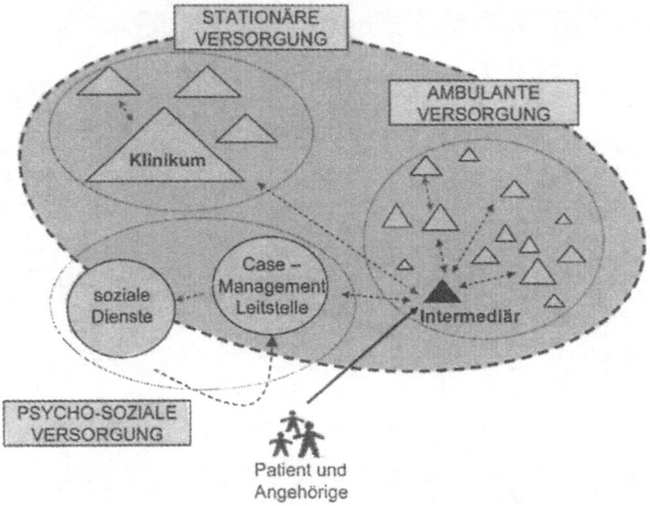

Abb. 1. Virtuelles Gesundheitsnetzwerk

zur ambulanten und stationären Versorgung wird im Krankheitsfall die psycho-soziale Versorgung in Form des Case-Managements[2] angestoßen. Aufgrund der relativ häufigen, vereinheitlichten Kommunikationsabläufe, erscheint der Einsatz von standardisierten Informations- und Kommunikationssystemen Erfolg versprechend.

- In Abb. 2 ist ein *virtuelles Textilnetzwerk* dargestellt.[3] Zur Erstellung der gemeinsamen (halbstandardisierten) Produkte verfügen die Kooperationspartner (verschiedene Webereien, Färbereien und Spinnereien) über (unterschiedliche) Anlagen, die durch Stoff- und Energieflüsse miteinander verbunden sind. In diesem Zusammenhang spielt die einheitliche Strategie der einzelnen Unternehmen bezüglich der Gewichtung der ökonomischen und ökologischen Ziele eine zentrale Rolle.[4] Im Gegensatz zum Beispiel des virtuellen Gesundheitsnetzwerks handelt es sich hier um die Übermittlung spezifischerer Daten (Auftrags- und Produktionsdaten; diese werden auf eine aggregierte Datenstruktur abgebildet, z.B. Produktionsdaten in Form von Produktionsfunktionen des ganzen Unternehmens oder einzelner Anlagen), die weniger häufig ausgetauscht werden. Dies impliziert den Einsatz individueller, „intelligenter" Informations- und Kommunikationssysteme.

[2] Case-Management kann in Anlehnung an Wendt (1997) als ein auf den Patienten ausgerichteter Ansatz zur Koordination von Einzelfallhilfen zwischen verschiedenen Diensten des Gemeinwesens beschrieben werden.

[3] Produktionsnetzwerke im Bereich der Textilindustrie findet man etwa im Emilia district (vgl. Buzacott (1999)).

[4] Dies stellt insbesondere ein wesentliches Element für eine gemeinsame „Unternehmenskultur" innerhalb des Netzwerks dar.

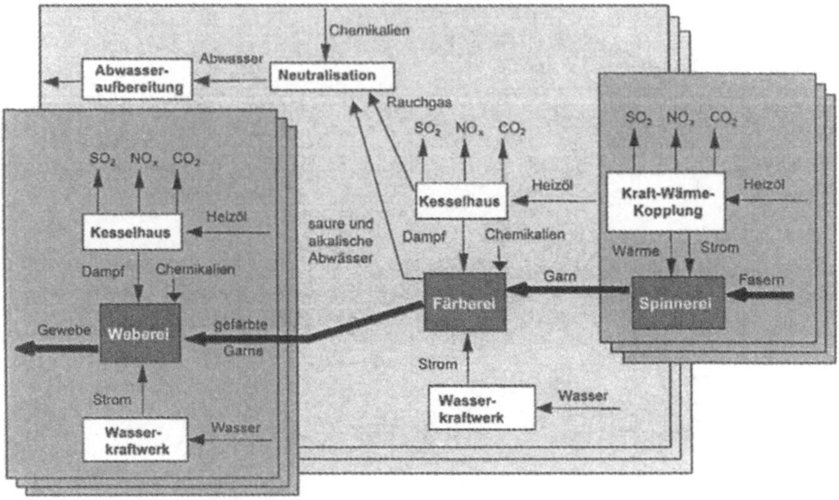

Abb. 2. Virtuelles Textilnetzwerk

- Ein Beispiel eines virtuellen Unternehmens aus dem Bereich der Produktentwicklung ist der Spielwarenhersteller *LewisGaloob Toys* (Arnold *et al.* (1995)). Um möglichst zeitnah auf sich schnell ändernde Marktsituationen reagieren zu können, wird für den relativ kurzen Zeitraum einer Produktneuentwicklung auf die benötigten Kernkompetenzen unabhängiger Ingenieurbüros zurückgegriffen. Der sehr spezifische Abstimmungsprozess erfordert eine flexible Kommunikationsstruktur (z.B. Videokonferenz, Email, Telefon) und kann größtenteils nicht automatisiert werden.
- Eine langfristig angelegte Variante eines „virtuellen" Unternehmens ist das 1996 von VW initiierte *Automobilzuliefernetzwerk* zur Fertigung von Nutzfahrzeugen in Resende/Brasilien (vgl. Specht und Kahmann (2000), Abreu *et al.* (2000)). Die Partnerunternehmen (Zulieferer) fertigen die einzelnen Komponenten und sind für den Einbau der Systeme (durch eigene Mitarbeiter) in den gemeinsamen Produktionsstätten komplett verantwortlich. Somit sind an der Montage der Fahrzeuge nur Mitarbeiter unabhängiger Unternehmen beteiligt (Abb. 3).

Während das Beispiel *Walden Paddlers* sowie das Automobilzuliefernetzwerk Grenzfälle virtueller Unternehmen zu den institutionellen Extremformen Markt und Hierarchie darstellen (Abb. 4), repräsentieren die übrigen Beispiele typische virtuelle Unternehmen. Charakteristische Merkmale dieser Organisationsform sind der *dezidierte Projektcharakter*, das *Fehlen von Hierarchiestufen*, der *starke Netzwerkcharakter* und vor allem die *hohe organisatorische Flexibilität*. Die zur Realisierung der gemeinsamen strategischen und operativen Ziele benötigten Koordinationsmechanismen werden dabei in Form von (mehr oder weniger individuellen) *Informations- und Kommunikationssystemen* umgesetzt.

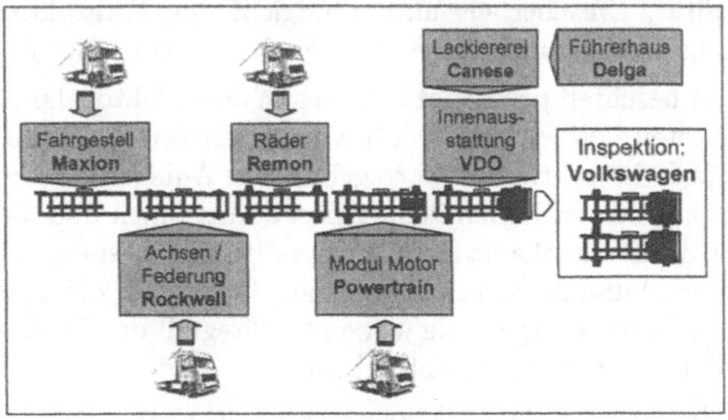

Abb. 3. Automobilzuliefernetzwerk

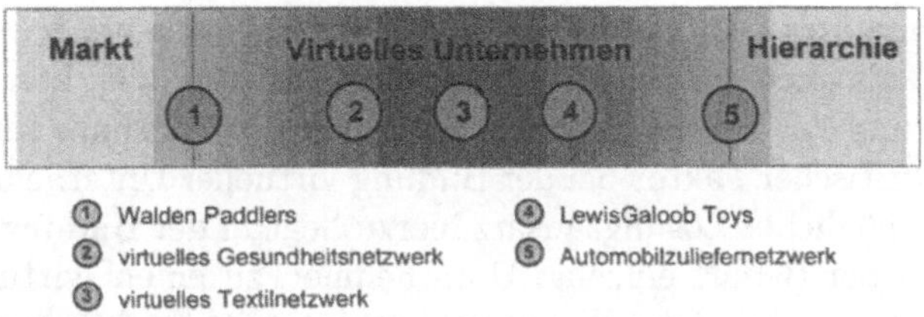

Abb. 4. Einordnung virtueller Unternehmen zwischen den institutionellen Polen Markt und Hierarchie

2 Betriebswirtschaftliche Analyse virtueller Unternehmen auf Basis der Transaktionskostentheorie

Für eine weiterführende Analyse des Konzepts virtueller Unternehmen wird eine Bewertung der untersuchten Beispiele auf Basis der Transaktionskostentheorie (vgl. Coase (1937), Williamson (1985)) durchgeführt. Transaktionskosten werden dort als Kosten für die Akquisition von Informationen, Auswahl potentieller Partner, Verhandlung, Vertragsabschluss, Abwicklung und Koordination (verteilter) Geschäftsprozesse definiert (vgl. Picot (1991)). Weiterhin sind auch Kosten für eventuelle Anpassungen von vertraglichen Vereinbarungen enthalten. Somit ist für die Transaktionskostentheorie (im Gegensatz zur Verfügungsrechts- und Agententheorie) nicht allein die Gestaltung der Ex-ante[5]-Anreizstruktur für die Ressourcenallokation entscheidend, sondern auch die institutionelle Gestaltung des gesamten Austauschprozesses, wobei die Ex-post-Transaktionskosten von besonderer Bedeutung sind (vgl. Ebers und Gotsch (1999)). Nach Williamson hängen Transaktionskosten von den Determinanten Spezifität, Unsicherheit und Häufigkeit der Transaktionen ab. Mit sinkender Spezifität, Unsicherheit und Häufigkeit sollten Transaktionen eher in marktorientierten Kooperationsformen umgesetzt werden. Bei stei-

[5] Ex-ante-Transaktionskosten umfassen die Kosten der Anbahnung der Transaktion; Ex-post-Transaktionskosten die Kosten für die Abwicklung der Transaktion.

gender Spezifität, Unsicherheit und Häufigkeit der Transaktionen ist eine Eigenerstellung der Leistung zu bevorzugen (vgl. Picot (1991)).

Williamson beschreibt die Spezifität als Schlüsselfaktor der oben genannten Determinanten. Dieser lässt sich in vier Arten von Spezifität, der Standortspezifität (z.B. Investitionen in ortsgebundene Anlagen), der Spezifität des Sachkapitals (z.B. Investitionen in spezifische Maschinen und Technologien), der Spezifität des Humankapitals (z.B. Investitionen in spezifische Mitarbeiterqualifikationen) und der zweckgebundenen Sachwerte (z.B. Investitionen in an sich unspezifische Anlagen, die jedoch bei Wegfall der Transaktion Überkapazitäten darstellen würden) untergliedern.

Die Unsicherheit der Transaktionen verursacht vor allem Transaktionskosten aufgrund opportunistischen Verhaltens der Kooperationspartner. Mit steigender Unsicherheit nehmen sowohl die Ex-ante-Transaktionskosten (z.B. höhere Informations-, Verhandlungs- und Vertragskosten bei den Vertragsverhandlungen) als auch die Ex-post-Transaktionskosten (z.B. höhere Konfliktkosten aufgrund von unvollständigen Verträgen) zu. Deshalb kann die Unsicherheit als kritischer Faktor bei der Bildung virtueller Unternehmen gesehen werden. Ein möglicher Lösungsansatz hierzu liegt in der Bildung eines Pools, aus dem sich bei Bedarf einzelne Unternehmen zu einem virtuellen Unternehmen formieren. Auf diese Weise werden einerseits Sanktionsmechanismen ermöglicht (z.B. Ausschluss aus dem Pool), andererseits kann dadurch eine längerfristige Vertrauensbasis zwischen den Poolpartnern aufgebaut werden.

In Abb. 5 werden die beschriebenen Beispiele bezüglich der Determinanten Spezifität und Häufigkeit in Anlehnung an Williamson eingeordnet. Man erkennt, dass die Beispiele *Walden Paddlers* (eher marktnah aufgrund geringer Spezifität und Häufigkeit der Transaktionen) und das Automobilzuliefernetzwerk (Tendenz zur längerfristigen Kooperation) Grenzfälle virtueller Unternehmen sind und den fließenden Übergang zu den anderen institutionellen Kooperationsformen (Markt, längerfristige Kooperation, Hierarchie) aufzeigen. Beim Automobilzuliefernetzwerk lässt sich der Effekt erkennen, dass die Spezifität im Zeitverlauf abnimmt. Nach der Anfangsphase (z.B. Etablierung gemeinsamer Konstruktionsteams), in der hohe Investitionen für die Produktneuentwicklungen anfallen, dominieren Transaktionen geringerer Spezifität. In Übereinstimmung mit Kapitel 1.2 repräsentieren die verbleibenden Beispiele typische virtuelle Unternehmen.

Die weitere Analyse der beschrieben virtuellen Unternehmen zeigt, dass prinzipiell mit sinkender Spezifität der Einsatz von Informations- und Kommunikationssystemen und somit auch das Automatisierungspotential der Prozesse zunimmt. Zudem rechtfertigt eine höhere Häufigkeit der Transaktionen die Implementierung entsprechender Informations- und Kommunikationssysteme. Am Beispiel des Netzwerks von *LewisGaloob Toys* wird einerseits deutlich, dass aufgrund der hohen Spezifität (hohe Investitionen in Humankapital) und der sehr niedrigen Häufigkeit (geringer Informationsaustausch zwischen den Ingenieuren) eine Automatisierung der Abstimmungsprozesse nicht

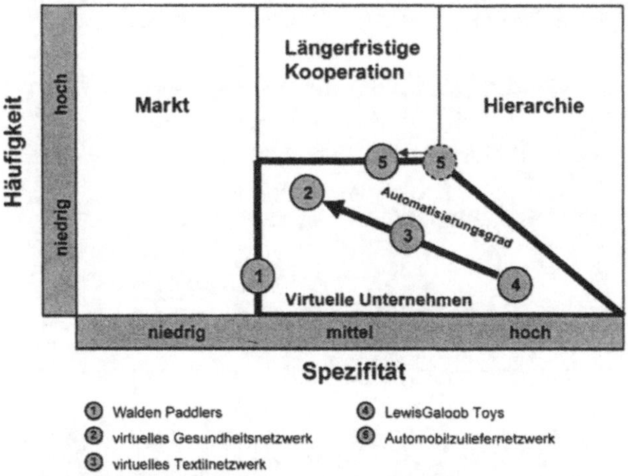

Abb. 5. Bewertung des Konzepts virtueller Unternehmen auf Basis der Transaktionskostentheorie

sinnvoll erscheint. Andererseits zeigt das Beispiel des virtuellen Gesundheitsnetzwerks, dass bei niedriger Spezifität (Austausch von Termindaten, vereinfachte Datenstruktur für die Dokumentation) und höherer Häufigkeit (automatische Terminierung und Dokumentation aller „Patienten-Pathways") ein hohes Automatisierungspotential gegeben ist, das oftmals durch Standardlösungen umgesetzt werden kann. Zwischen diesen beiden Polen nimmt mit zunehmender Spezifität das Automatisierungspotential ab und erfordert individuelle Systemlösungen.

3 Informationstechnische Umsetzung virtueller Produktionsnetzwerke anhand eines Beispiels aus der Textilindustrie

3.1 Betrachtungsebenen zur informationstechnischen Umsetzung

Die informationstechnische Umsetzung eines virtuellen Unternehmens umfasst, in Anlehnung an das Referenzmodell „Open Distributed Processing" (vgl. Linington (1995)), unterschiedliche Betrachtungsperspektiven (Abb. 6). Jede Sicht repräsentiert dabei das gesamte Netzwerk unter einem anderen Blickwinkel. Orthogonal zu diesen Sichten ist der Lebenszyklus virtueller Unternehmen entsprechend der Transaktionskostentheorie dargestellt.

Die *Unternehmenssicht* beschreibt aus betriebswirtschaftlichen Gesichtspunkten die Treiber zur Bildung eines virtuellen Unternehmens. Diese können entweder in der Bündelung von Kernkompetenzen oder der Erweiterung der Kapazität liegen. Bezogen auf das Textilnetzwerk handelt es sich sowohl um

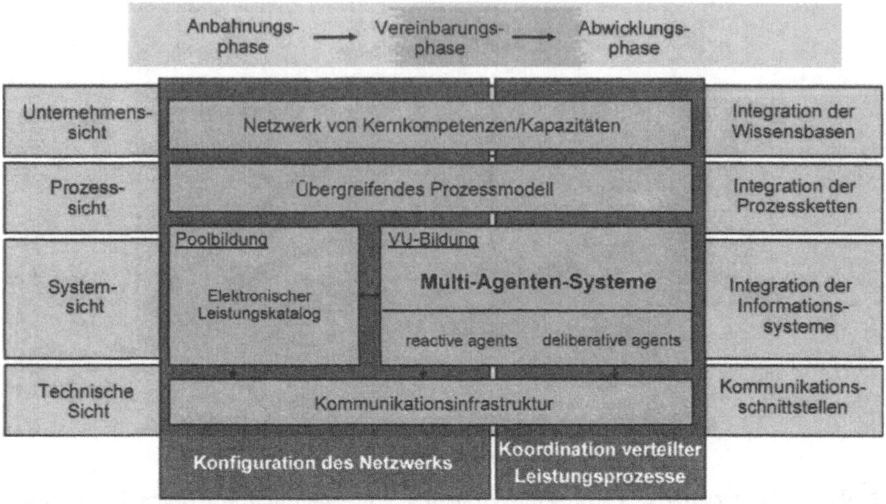

Abb. 6. Betrachtungsebenen zur informationstechnischen Umsetzung virtueller Unternehmen (VU)

eine Kombination unterschiedlicher Kernkompetenzen als auch eine Bereitstellung der benötigten Kapazitäten. Aufgrund der ökologischen Relevanz der Stoff- und Energieflüsse in diesem Netzwerk spielt hierbei die Festlegung einer gemeinsamen Unternehmensstrategie, d.h. insbesondere Vereinbarungen zur Gewichtung ökonomischer und ökologischer Faktoren, eine zentrale Rolle. Für die Operationalisierung impliziert dies im betrachteten Beispiel die Allokation der Aufträge unter Berücksichtigung des Deckungsbeitrags bzw. des Emissionsanfalls.

Auf der Ebene der *Prozesssicht* werden die einzelnen Prozessketten der Kooperationspartner zu einem übergreifenden Prozessmodell zusammengefasst. Dabei werden die bestehenden Geschäftsprozesse durch neue Abläufe ergänzt, die aufgrund der Zusammenarbeit innerhalb des virtuellen Unternehmens erforderlich werden. Im konkreten Beispiel handelt es sich dabei insbesondere um die zur Abstimmung der Produktionsmengen notwendigen Prozesse.

Die Ebene der *Systemsicht* ist prinzipiell in die zwei Phasen Poolbildung sowie Konfiguration und Abwicklung verteilter Geschäftsprozesse (VU-Bildung) zu unterteilen. Für erstere sind Instrumente zur Partnerfindung (z.B. elektronische Leistungskataloge) zur Verfügung zu stellen. Zur Unterstützung der Koordinationsaufgaben können in Abhängigkeit der Spezifität der Transaktionen unterschiedliche Arten von Multi-Agenten-Systemen eingesetzt werden. Aufgrund der tendenziell eher spezifischeren Transaktionen im untersuchten Beispiel aus der Textilbranche empfiehlt sich hierbei ein verteilter Ansatz mit individuellen Problemlösungsfähigkeiten (deliberative agents). Eine dezidierte Ausgestaltung eines derartigen Multi-Agenten-

Systems wird im Folgenden beschrieben (vgl. Kap. 3.2). Die unterschiedlichen ökonomischen und ökologischen Zielfunktionen werden dabei durch entsprechende Unternehmensagenten implementiert.

Die *Technische Sicht* umfasst Systemdienste, Kommunikationskomponenten und Mechanismen, die eine Verteilung von Programmen und Daten ermöglichen. Darüber hinaus werden die Konfiguration, die Leistungsfähigkeit und die Infrastruktur des Informations- und Kommunikationssystems (inklusive Hard- und Softwarekomponenten) betrachtet.

3.2 Entwurf eines Multi-Agenten-Systems zur Koordination verteilter Leistungserstellungsprozesse

Zur Umsetzung der überbetrieblichen Koordinationsprozesse in einem virtuellen Unternehmen sind zunächst die relevanten Planungs- und Steuerungsaufgaben zu präzisieren. Bezogen auf das skizzierte Anwendungsbeispiel liegen diese insbesondere in der Allokation der Aufträge zu den einzelnen Kooperationspartnern (z.B. verschiedener „Spinnereien") unter Berücksichtigung der genannten ökonomischen und ökologischen Ziele. Eine geeignete Methode zur Umsetzung dieser Anforderungen ist die Modellierung mit Hilfe eines Multi-Agenten-Ansatzes (vgl. Corsten und Gössinger (2000)). Dafür wird für jedes Unternehmen ein eigener Agent mit ökonomischen und ökologischen Zielkriterien konstruiert (vgl. Tuma *et al.* (2003)). Dies umfasst die Beschreibung seiner Aufgaben, der möglichen Aktionen, der Kommunikationsstruktur, dessen Wissen über Produktionsprozesse sowie der Spezifikation seiner Planungsfähigkeiten. Der (Unternehmens-)Agent wird als Gutenberg Produktionsfunktion modelliert (vgl. Gutenberg (1969), Fandel (1991)). Auf Basis von Intensitäten und Produktionszeiten können so Deckungsbeitrag und Emissionsanfall berechnet (Abb. 7) und für jedes Unternehmen individuell bewertet werden.

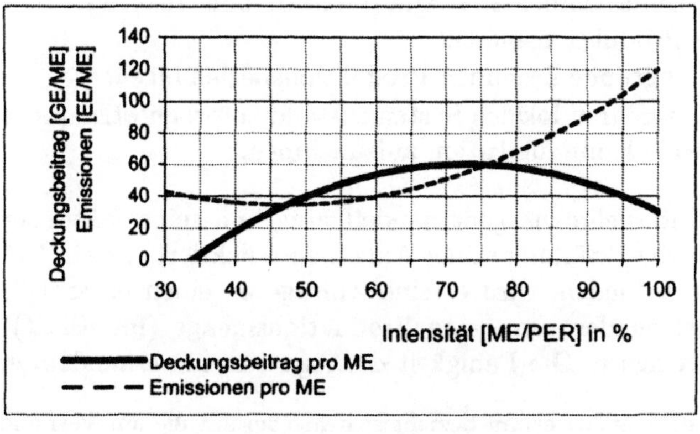

Abb. 7. Unternehmensagent

Die Zuordnung der Aufträge zu den Unternehmen (Agenten) wird in Verhandlungsprozessen festgelegt. Ergebnis dieses Verhandlungsprozesses sind optimale Intensitäten und Produktionszeiten für jedes Unternehmen.[6]

Konfiguration der Unternehmensagenten

Die Aufgabe eines Unternehmensagenten im Rahmen des gemeinsamen Allokationsprozesses ist die Verhandlung über Aufträge, und damit die Festlegung der zu fertigenden Produktionsmenge bzw. der zu fahrenden Intensität, bei gleichzeitiger Maximierung des Deckungsbeitrags und Minimierung der Emissionen. Aufgrund dieser Anforderungen muss der Unternehmensagent definiert, d.h., sein Wissen und Verhalten charakterisiert und sein Kommunikationsmechanismus beschrieben werden. Die Agenten werden in Anlehnung an die CommonKADS-Terminologie modelliert (vgl. Müller (1997)).

Unternehmensagenten (U-Agenten)

- haben die *Aufgabe* ihren Deckungsbeitrag zu erhöhen und die Emissionen sowie unerwünschte Kuppelprodukte zu verringern; in diesem Zusammenhang hat der Agent die Fähigkeit, zwischen ökonomischen und ökologischen Zielen (welche die Unternehmensstrategie zwischen den Polen reaktiv und proaktiv repräsentiert) abzuwägen;
- führen die *Aktionen* „produzieren" und „konsumieren" aus;
- *kommunizieren* mit Lieferanten, Kunden und Kooperationspartnern durch
  - Senden einer Anfrage nach Material/Aufträgen oder Kapazität (Anbieten eigener Aufträge)
  - Empfangen einer Anfrage nach Material/Aufträgen oder Kapazität (externe Aufträge)
  - Verhandeln über die zu produzierende Menge;
- haben *Wissen* über
  - ihren aktuellen Zufriedenheitsgrad (Produktionssituation)
  - die Unternehmensstrategie (proaktiv oder reaktiv)
  - das Produktionsmodell
  - die zugrunde liegenden Produktionsbeziehungen;
- *planen*, um ihren lokalen Systemzustand zu prognostizieren und eine entsprechende Kommunikation aufzunehmen.

Jeder Unternehmensagent handelt aufgrund seiner aktuellen Zufriedenheit, welche die Erfüllung seiner Aufgaben reflektiert. Ist ein Unternehmensagent nicht zufrieden, wird er eine Anfrage an einen potentiellen Verhandlungspartner senden, um seine Produktionsmenge (Intensität) zu erhöhen oder zu verringern. Die Fähigkeit des Agenten zu verhandeln ermöglicht es

[6] Das Optimalitätskriterium bezieht sich hierbei auf die am Verhandlungsprozess beteiligten Unternehmen.

jedem Agenten, Angebote (auch teilweise) zu akzeptieren und die daraus resultierenden Aktivitäten in den aktuellen Produktionsplan aufzunehmen. Im Weiteren werden die Einzelheiten des Verhandlungsprozesses detailliert dargestellt. Eine ausführliche Darstellung potentieller Verhandlungsprinzipien findet sich etwa in (vgl. Müller (1996)).

Berechnung der Zufriedenheitswerte der Agenten

Die Grundidee zur Bestimmung des Zufriedenheitswertes eines U-Agenten ist die Bewertung von Produktionsmengen unter Berücksichtigung ökonomischer und ökologischer Kriterien. Wie vorher bereits beschrieben, wird der U-Agent als Gutenberg Produktionsfunktion modelliert (Abb. 7). Bei der Bestimmung einer Bewertungsfunktion für Produktionsmengen ist der multikriterielle Charakter des Problems zu berücksichtigen. Prinzipiell bieten sich dafür verschiedene Methoden wie Nutzen-Modelle, Goal Programming und Anspruchsniveauverfahren an. Im Folgenden wird ein Goal Programming-Ansatz im Detail erklärt (Abb. 8).

$Max\ DB(d) \cdot X$	<u>**GOAL PROGRAMMING**</u>
$Min\ EM(d) \cdot X$	$Max\ g_1 + k \cdot g_2$
(1) $DB(d) \cdot X \geq DB_{\min}$	(1) $DB(d) \cdot X - g_1 = DB_{\min}$
(2) $EM(d) \cdot X \leq EM_{\max}$	(2) $EM(d) \cdot X + g_2 = EM_{\max}$
(3) $d_{\min} \leq d \leq d_{\max}$	(3) $d_{\min} \leq d \leq d_{\max}$
(4) $d \cdot t_{\min} \leq X \leq d \cdot t_{\max}$	(4) $d \cdot t_{\min} \leq X \leq d \cdot t_{\max}$
	(5) $g_1, g_2 \geq 0$

d = Intensität [ME/PER]	k = Schlüsselparameter [GE/EE]
DB = Stückdeckungsbeitragsfkt. [GE/ME]	EM = Emissionsfunktion [EE/ME]
EM_{max} = gesetzliche Emissionsnorm [EE]	X = (vorgeg.) Produktionsmenge [ME]
DB_{min} = (unternehmensspezifischer) minimaler Deckungsbeitrag [GE]	
d_{min}/d_{max} = (unternehmensspezifische) minimale/maximale Intensität [ME/PER]	
t_{min}/t_{max} = (unternehmensspezifische) minimale/maximale Arbeitszeit [PER]	

Abb. 8. Goal Programming-Ansatz

Durch die Zusammenführung der beiden Zielfunktionen wird ein aggregiertes Gesamtmaß aus ökonomischer (Deckungsbeitrag) und ökologischer (Emissionsanfall) Zielsetzung definiert. Ähnlich zu Abgaben, die in der Umweltpolitik als Instrument zur Beeinflussung der Rahmenbedingung dienen (vgl. Matschke (1996)), werden die Emissionen mit Geldeinheiten belegt. Der Schlüsselparameter *k* (in Geldeinheiten pro Emissionseinheit) repräsentiert dabei die Bewertung der Vermeidung einer Emissionseinheit in Geldeinheiten und wird vom Unternehmen selbst bestimmt. Im Gegensatz zum vorgestellten Goal Programming-Ansatz ist die Festlegung einer Emissionsobergrenze (in Form einer Nebenbedingung) eine weitere mögliche Vorgehensweise.

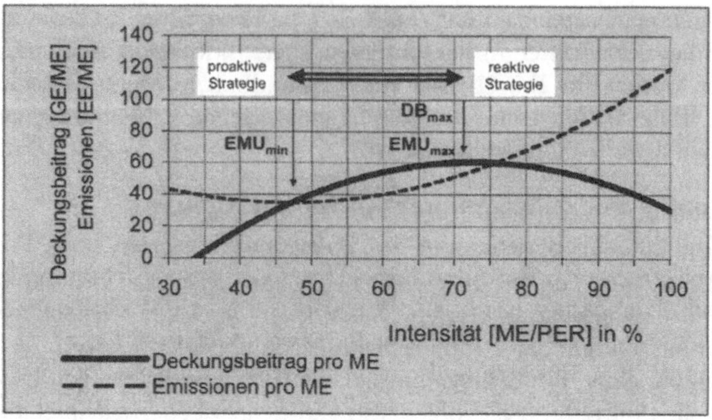

Abb. 9. Deckungsbeitrag und Emissionen pro Produktionseinheit in Abhängigkeit von der Intensität

In einem ersten Schritt wird nun für jedes einzelne Unternehmen der Schlüsselparameter k ermittelt, der die Strategie des Unternehmens widerspiegelt. Für $k = 0$ wird beim Bewertungsprozess nur die ökonomische Sicht des Unternehmens berücksichtigt. Die ökologischen Aspekte bleiben außer Acht. Im Gegensatz dazu werden für $k \to \infty$ die ökonomischen Aspekte vernachlässigt. Nach Hansmann (1998) repräsentiert das Modell für $k = 0$ eine reaktive Unternehmensstrategie (für $k \to \infty$ eine proaktive). Um eine Strategie zwischen den beiden Polen, proaktiv und reaktiv, abzubilden, müssen adäquate Level des Parameters k berechnet werden. Zu diesem Zweck werden der minimale Emissionslevel (EMU_{min}) und der maximale Deckungsbeitrag berechnet (Abb. 9). Der Punkt, an dem der Deckungsbeitrag (unter Berücksichtigung der Intensitäts- und Zeitrestriktionen des Goal Programming-Ansatzes[7]) maximal wird, beschreibt auch gleichzeitig den maximalen Emissionslevel (EMU_{max}).

Im nächsten Schritt wird die Differenz zwischen EMU_{max} und EMU_{min} in n äquidistante Intervalle unterteilt. Für jedes Intervall $i = 1, \ldots, n$ wird der dazugehörige Wert k_i (Obergrenze des Teilintervalls i) nach folgender Gleichung berechnet:

$$EM(d^*_{k_i}) = EMU_{\min} + (EMU_{\max} - EMU_{\min}) * i/n \quad i = 1, ..., n \qquad (1)$$

wobei $d_{ki}*$ die optimale Lösung des Goal Programming-Ansatzes aus Abb. 8 ist.

[7] Durch die vorgegebene Produktionsmenge X, die minimale/maximale Arbeitszeit (t_{min} / t_{max}) und die minimale/maximale Intensität (d_{min}/d_{max}) definieren die Nebenbedingungen (3) und (4) des Goal Programming-Ansatzes ein (effizientes) Intervall für die zu optimierende Intensität d.

Unter der Annahme, dass $EM(d) = a_1 \cdot d^2 + b_1 \cdot d + c_1$ und $DB(d) = a_2 \cdot d^2 + b_2 \cdot d + c_2$, kann k_i (unabhängig von X) nach Gleichung (2) bestimmt werden.

$$k_i = -\frac{EM^{-1}[EM_{\min} + (EM_{\max} - EM_{\min}) \cdot \frac{i}{n}] \cdot 2a_1 + b_1}{EM^{-1}[EM_{\min} + (EM_{\max} - EM_{\min}) \cdot \frac{i}{n}] \cdot 2a_2 + b_2} \tag{2}$$

Abb. 10 zeigt exemplarische Bewertungsfunktionen in Abhängigkeit der potentiellen Produktionsmengen eines Unternehmens für unterschiedliche Parameter (Unternehmensstrategien) $k_4 = 0,5$ und $k_8 = 0,1$ ($n = 10$).

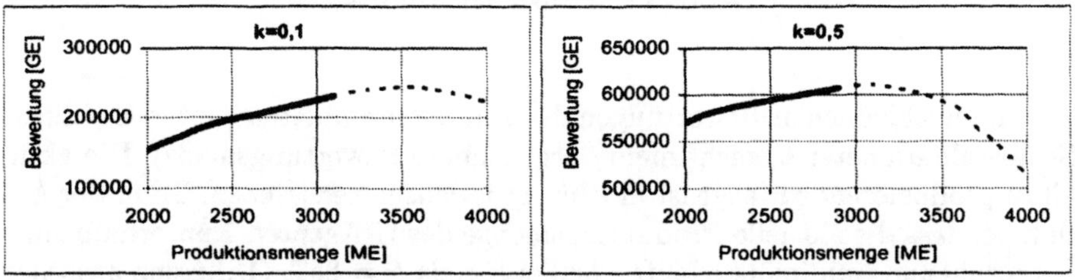

Abb. 10. Bewertungsfunktionen für unterschiedliche Schlüsselparameter [8]

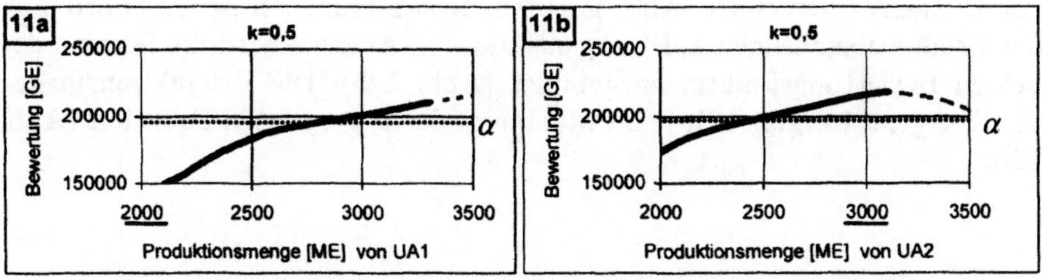

Abb. 11. Bewertungsfunktionen und dazugehörige Zufriedenheitslevel

Exemplarischer Verhandlungsprozess

Zur Verdeutlichung wird ein exemplarischer Verhandlungsprozess anhand einer horizontalen Kooperation zweier Spinnereien (U-Agent 1 und U-Agent 2) vorgestellt. Abb. 11 beschreibt dabei die Bewertungsfunktionen der zwei Unternehmensagenten (mit identischen Schlüsselparametern. In Kap. 1.1 und 1.2 wird deutlich, dass alle beteiligten Unternehmen eines Verhandlungsprozesses die gleiche Unternehmensstrategie bezüglich Gewichtung ökonomischer und ökologischer Kriterien verfolgen müssen. Zudem resultieren aus

[8] Im gestrichelten Bereich können die Emissionen pro Produktionseinheit, gemäß Gleichung (2), nicht garantiert werden. Grund dafür sind straffe Nebenbedingungen des Goal Programming-Ansatzes (vgl. Abb. 8).

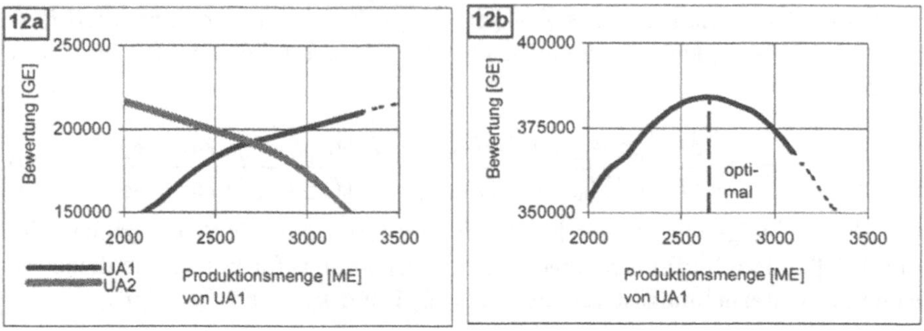

Abb. 12. Verhandlungsprozess

den unterschiedlichen Bewertungen der Emissionseinheiten (unterschiedliche Schlüsselparameter k) nicht mehr vergleichbare Bewertungsmaße). Die aktuell zu produzierende Menge ist in Abb. 11 jeweils unterstrichen. Unter der Annahme, dass die aktuelle Produktionsmenge des U-Agenten 1 unterhalb eines vorgegebenen (minimalen) Zufriedenheitslevels $\alpha = 85\%$ (Differenz zwischen maximalem und minimalem Bewertungswert) liegt, wird ein neuer Verhandlungsprozess durch diesen Agenten initiiert. Somit sendet U-Agent 1 eine Anfrage nach Aufträgen an U-Agent 2. Im nächsten Schritt wird die Bewertungsfunktion für U-Agent 2 als Funktion potentieller Produktionsmengen von U-Agent 1 berechnet (Abb. 12a). Zur Bestimmung der neuen Zuordnung der Produktionsmengen auf U-Agent 1 und U-Agent 2 wird die Summe der beiden Bewertungsfunktionen gebildet (Abb. 12b). Die Produktionsmenge von U-Agent 1 ergibt sich beim Maximum der aggregierten Funktion (Abb. 12b).

4 Schlussfolgerungen

Eine Analyse zukunftsorientierter Unternehmensformen zeigt, dass zunehmend intermediäre Organisationsformen zwischen den institutionellen Polen Markt und Hierarchie entstehen. Ein wesentlicher Grund hierfür liegt in der durch die Weiterentwicklung der Informations- und Kommunikationssysteme bedingten Abnahme der Spezifität unternehmensübergreifender Transaktionen. Eine detailliertere Untersuchung zeigt insbesondere, dass mit abnehmender Spezifität bei gleichzeitig zunehmender Häufigkeit das Automatisierungspotential zunimmt. Während für virtuelle Unternehmen mittlerer Spezifität (z.B. virtuelles Textilnetzwerk) die Konzeption individueller Informations- und Kommunikationssysteme erforderlich ist, kann für virtuelle Unternehmen niedriger Spezifität (z.B. virtuelles Gesundheitsnetzwerk) im Allgemeinen auf Standardlösungen zurückgegriffen werden.

Die Umsetzung virtueller Unternehmen kann auf Basis eines 4-Sichten-Modells, bestehend aus einer Unternehmenssicht, einer Prozesssicht, einer Systemsicht sowie einer technischen Sicht erfolgen.

Auf der Ebene der Unternehmenssicht ist die gemeinsame Definition einer übergreifenden Unternehmenskultur erforderlich, die eine gemeinsame Sprache repräsentiert und somit für einen Verhandlungsprozess unumgänglich ist. In diesem Zusammenhang kann ein Strategieparameter definiert werden, der die Gewichtung ökonomischer und ökologischer Zielkriterien repräsentiert und damit eine Modellierung unterschiedlicher Unternehmensstrategien zwischen den Polen proaktiv und reaktiv ermöglicht. Dieser muss für alle Kooperationspartner identisch sein.

Auf der Prozesssicht sind unternehmensübergreifende Geschäftsprozesse zu spezifizieren, zu deren Umsetzung auf der Systemsicht geeignete Informations- und Kommunikationssysteme zu konzipieren sind.

Entsprechend der dezentralen Entscheidungsstruktur virtueller Produktionsunternehmen empfiehlt sich auf der Ebene der Systemsicht die Verwendung eines Multi-Agenten-Ansatzes, dessen Ausgestaltung wiederum von der Spezifität der unternehmensübergreifenden Transaktionen abhängt. Die multikriteriellen Zielfunktionen (ökonomisch und ökologisch) der entsprechenden Unternehmensagenten können dabei mit einem Goal Programming-Ansatz umgesetzt werden.

Integration von Re-X Optionen in den Abläufen eines ganzheitlichen Ersatzteilmanagements

Jürgen Hesselbach[1], Markus Mansour[1], René Graf[1] und Georg Karl[2]

[1] Institut für Werkzeugmaschinen und Fertigungstechnik der TU Braunschweig, Langer Kamp 19 B, 38106 Braunschweig, Germany
r.graf@tu-bs.de

[2] AGFA-Gevaert AG, Tegernseer Landstrasse 161, 81539 München, Germany
georg.karl1@agfa.com

Zusammenfassung Hersteller von Investitionsgütern stehen unter stetigem Wettbewerbsdruck und differenzieren sich gegenüber dem Kunden vornehmlich durch produktbegleitende Serviceangebote. Zentraler Bestandteil eines After-Sales Services ist die Versorgung des Kunden mit benötigten Ersatzteilen, damit das Produkt die geplante Nutzungsdauer erreicht. Den sich verlängernden Nutzungsdauern steht ein sich kontinuierlich verkürzender Innovationszyklus gegenüber. Dadurch befinden sich immer mehr Produktgenerationen gleichzeitig in der Nutzung, so dass die steigende Teile- und Variantenvielfalt die Ersatzteillogistik der Unternehmen vor große Probleme stellt, die sich in der langen Nachserienphase noch verstärken. Als Quellen von Ersatzteilen werden im Rahmen der Beschaffung bislang alternative Versorgungsansätze, wie z.B. die Nutzung von gebrauchten Geräten, nicht adäquat berücksichtigt und sind dementsprechend nicht in den betrieblichen Abläufen implementiert. Bei der Planung und Steuerung der Nachserienversorgung müssen im Rahmen der Beschaffung von gebrauchten Ersatzteilen unterschiedliche Be- und Verarbeitungsprozesse sowie verschiedene Beschaffungsquellen berücksichtigt werden. Dazu wird am Beispiel der AGFA-Gevaert AG aufgezeigt, wie eine Wiederverwendung von Teilen und Komponenten aus gebrauchten Geräten in den Abläufen eines ganzheitlichen Ersatzteilmanagements integriert werden kann.

1 Einleitung

Als Ersatzteile bezeichnet man nach DIN 24420 Teil 1 „Teile [...], Gruppen [...] oder vollständige Erzeugnisse, die dazu bestimmt sind, beschädigte, verschlissene oder fehlende Teile, Gruppen oder Erzeugnisse zu ersetzen." Aufgabe der Ersatzteillogistik eines Anbieters ist die anforderungsgerechte Versorgung von Kunden mit Ersatzteilen durch Realisierung eines Güterflusses von der Bereitstellung bis zur Verwendung der Teile (Pfohl (2000a)). Der Ersatzteillogistik übergeordnet ist das Ersatzteilmanagement bzw. die Ersatzteilwirtschaft. Aufgabe des Ersatzteilmanagements ist die Planung, Steuerung und Kontrolle der Versorgung von Kunden mit Ersatzteilen, was auch die Aufgaben der Produktion und des Verkaufs beinhaltet (Pfohl (1991), Ester (1997)).

Das Ersatzteilgeschäft schließt sich an die Vermarktung eines Primärproduktes an. Es weist jedoch Besonderheiten auf, die die Versorgung des Kunden im Vergleich zum Primärproduktgeschäft erschweren (Frese und Heppner (1995), siehe auch Ihde *et al.* (1999)):

1. Es besteht eine *vertragliche oder eine gesetzliche Verpflichtung* zur Lieferung von Ersatzteilen über eine übliche Nutzungsdauer und somit ein Versorgungszwang.
2. Der Bedarf beim Kunden basiert zumeist auf einem Ausfall des Primärproduktes. Daraus ergibt sich eine *hohe Dringlichkeit des Bedarfs*, die bei nicht zeitgerechter Erfüllung hohe Unzufriedenheit beim Kunden auslösen kann.
3. Aus der hohen Variantenzahl und der Dauer der Nachlieferverpflichtung ergibt sich ein *großes Teilespektrum* im Ersatzteilbereich. Gleichzeitig führen Verbesserungen der Produktqualität zu einer *niedrigen durchschnittlichen Nachfrage* pro Teil, die nicht immer wirtschaftlich erfüllt werden kann.
4. Kurze Produktlebenszyklen und rein zufallsbedingte Ausfälle führen zu einem *hohen Prognoserisiko* für zukünftige Bedarfe.
5. Für elektronische Komponenten muss mit *Abkündigungen der Bauteilversorgung* durch Lieferanten gerechnet werden, so dass die Fertigungsbereitschaft in Frage gestellt wird.

1.1 Erweiterung des Ersatzteilmanagementbegriffs

Die komplexen Problemstellungen, die sich aus den aufgeführten Besonderheiten ergeben, führen dazu, dass sich der Begriff des Ersatzteilmanagements bei Herstellern von Primärprodukten wandelt. Neben den klassischen Bestandteilen der Planung, Durchführung und Kontrolle ersatzteilwirtschaftlicher Aufgaben müssen weitere Bereiche in die Sicherstellung der Ersatzteilversorgung einbezogen werden. Für die Produktion von Ersatzteilen müssen beschaffungslogistische Aufgaben erfüllt und Lieferanten im Sinne eines Supply Chain Managements eingebunden werden. Außerdem können bei Versorgungsproblemen konstruktive Veränderungen oder Neukonstruktionen für den Ersatzteilkunden notwendig sein.

Ein weiterer Aspekt besteht in der Erweiterung des Dienstleistungsgeschäfts des Herstellers im After-Sales Service insbesondere durch Wartung und Instandsetzung im Sinne der DIN 31051. Den Kunden wird die Funktion einer Anlage oder Maschine bis hin zum vollständigen Betrieb (Betreibermodelle) als Produkt angeboten. Dies führt zu in einer Verschiebung der Aufgaben vom abnehmerseitigen zum anbieterseitigen Ersatzteilmanagement (s. Abb. 1).

Die Aufgaben des abnehmerseitigen Ersatzteilmanagements verlagern sich zunehmend zum Hersteller, der bereits bei der Konstruktion durch servicegerechte, standzeitgerechte und wiederverwendungsfähige Komponenten die

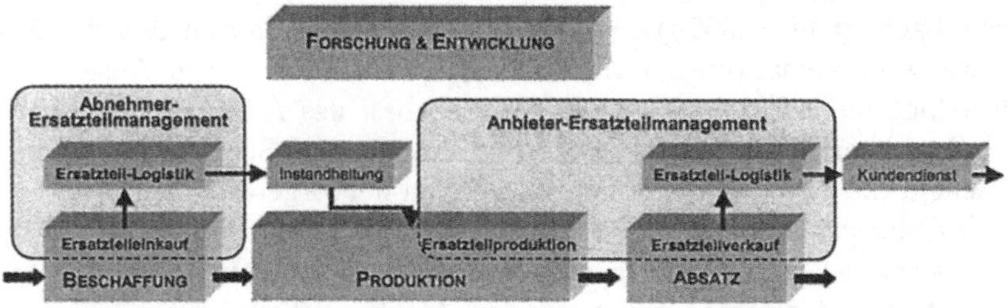

Abb. 1. Verschiedene Sichtweisen des Ersatzteilmanagements (nach Pfohl (1991))

Abb. 2. Ganzheitliches Ersatzteilmanagement (Hesselbach *et al.* (2002a))

Herausforderungen im Ersatzteilmanagement beeinflussen und entsprechende Lieferanten in die Logistikkette mit einbinden kann. Die Beherrschung der komplexen Zusammenhänge einschließlich der Realisierung verschiedener Versorgungsstrategien, einer angepassten Aufbau- und Ablauforganisation und die flexible Nutzung der Logistikstrukturen kann nur durch eine umfassende Betrachtung als ganzheitliches Ersatzteilmanagement erfolgen (s. Abb. 2).

1.2 Versorgungsansätze im Rahmen eines Ersatzteilmanagements

Während die Ersatzteilversorgung in der Produktionsphase des Primärproduktes meist unkritisch ist, kann sich die Versorgung in der langen Nachserienphase als schwierig erweisen. Klassische Ansätze für die Nachserienversorgung sind (Schulz (1977); vgl. auch Meidlinger (1993)):

1. *Abschlusslos*: Bei Produktionsende des Primärproduktes wird der Restbedarf (Allzeitbedarf) an Ersatzteilen abgeschätzt, in einem letzten Los gefertigt und eingelagert (Endbevorratung).
2. *Periodische „Nach"-Fertigung*: Ersatzteile werden in Bedarfsblöcken für einen mittleren Zeitraum auf Serienfertigungseinrichtungen hergestellt.
3. *Separate Ersatzteilfertigung*: In einer separaten Ersatzteilfertigung wird der entstehende Bedarf durch Einzel- und Kleinserienfertigung gedeckt.

Die genannten Ansätze zur Ersatzteilfertigung unterliegen jedoch Bauteilabkündigungen und anderen Gefährdungen der Fertigungsbereitschaft

(Hesselbach *et al.* (2002b)), so dass nach wenigen Jahren auf die Endbevorratung als Versorgungsansatz zurückgegriffen wird. Dieser Ansatz erweist sich jedoch als risikoreich, da die Abschätzung des Allzeitbedarfs schwierig ist, hohe Lagerkosten anfallen und Bedarfsüber- und Bedarfsunterdeckungen entstehen, die durch Prognoseunsicherheiten hervorgerufen werden.

Flexibler gegenüber unerwarteten Bedarfsschwankungen in der Nachserienphase erweist sich die *Nutzung gebrauchter Geräte*. Dabei werden funktionstüchtige und defekte Geräte aus dem Markt zurück geführt und in einen Zustand versetzt, der einen erneuten Verkauf als Ersatzteil ermöglicht. Das große Reservoir im Markt befindlicher Teile wird so genutzt, um die Versorgung bis zum Ende der Lieferverpflichtung sicherzustellen. Gleichzeitig kann ein Beitrag für die rechtlichen Herausforderungen im Sinne der Kreislaufwirtschaft und den zukünftig zu erzielenden Wiederverwendungs- und Recyclingquoten erwirkt werden (EU (2003)), womit sich wirtschaftliche und umweltrelevante Synergien aus getrennten Problembereichen der Unternehmung erschließen lassen.

Aufbauend auf den dargestellten Versorgungsansätzen und den von Hesselbach *et al.* (2002a,b) hinsichtlich Vor- und Nachteilen durchgeführten Bewertungen und den ermittelten Anforderungen, werden im Folgenden die verschiedenen Möglichkeiten zur Nutzung gebrauchter Geräte zur Sicherstellung der Ersatzteilversorgung entwickelt. Nach einer Klassifizierung der notwendigen Prozesse in Abhängigkeit von Anlieferungs- und Verkaufszustand werden Quellen für die Beschaffung gebrauchter Geräte identifiziert. Aus der Kombination mit weiteren Ersatzteilversorgungsansätzen werden anschließend Anforderungen an eine operative Umsetzung im Rahmen der Ersatzteilplanung und -steuerung entwickelt. Am Beispiel der AGFA-Gevaert AG werden die Abläufe im Ersatzteilmanagement beschrieben und die Integrationsmöglichkeiten der entwickelten Optionen aus der Nutzung gebrauchter Geräte in den Auftragsabwicklungsprozess dargestellt.

2 Wiederverwendung im Rahmen eines Ersatzteilmanagements

2.1 Klassifizierung, notwendige Prozesse und Begriffsbestimmungen

Neben einer Betrachtung der Wiederverwendung von Teilen i.S. einer End-of-Life Strategie ist eine Einordnung hinsichtlich der Einsetzbarkeit als Ersatzteil notwendig. Geyer und Van Wassenhove (2000) unterscheiden die Wiederverwendung anhand des Abnutzungsvorrates und der damit verbundenen Qualitätseinstufung sowie der anschließenden Nutzung im Originalprodukt oder im Fremdprodukt. Der Abnutzungsvorrat ist nach DIN 31051 der Vorrat an Funktionsfähigkeit, der zu Beginn der Nutzung zu 100% zur Verfügung steht und bis zum völligen Abbau (0%) der Betrachtungseinheit aufgebraucht

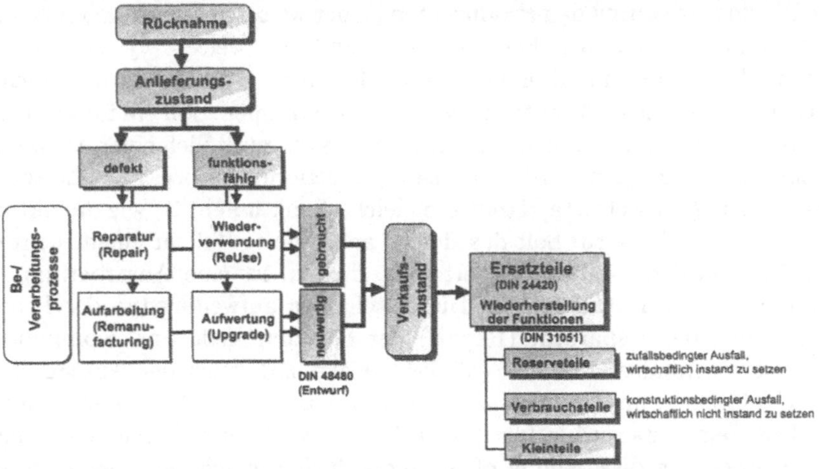

Abb. 3. Prozessvarianten in Abhängigkeit von Anlieferungszustand und angestrebtem Auslieferungszustand von Ersatzteilen

wird. Da der Abnutzungsvorrat entscheidend für den Einsatzzeitpunkt und -zweck ist, ist dieser in der Planung und Steuerung der Ersatzteile zu berücksichtigen.

Die Klassifizierung der Teile anhand ihres Abnutzungsgrades wird im DIN-Entwurf 48480 aufgegriffen und unterscheidet *„neue Teile/Geräte"*, die zum ersten Mal in Verkehr gebracht werden und den aktuellen Herstellerspezifikationen entsprechen, von *„neuwertige Teile/Geräte"*, die ebenfalls den aktuellen Herstellerspezifikationen neuer Teile/Geräte entsprechen jedoch bereits mindestens einmal in Verkehr gebracht wurden. Darüber hinaus müssen die spezifischen Eigenschaften von neuwertigen Teilen mindestens über die übliche Nutzungsdauer eines neuen Teiles erhalten bleiben. Als dritte Klasse werden nach dem DIN-Entwurf *„gebrauchte Teile/Geräte"* beschrieben, die mindestens einmal in Verkehr gebracht wurden, jedoch im Gegensatz zu den neuwertigen Teilen/ Geräten Gebrauchsspuren aufweisen können und nicht unbedingt den aktuellen Herstellerspezifikationen entsprechen müssen. Die Gebrauchsdauer und -eigenschaften gelten daher als eingeschränkt.

Diese Nomenklatur lässt die Verarbeitung zurückgeführter Teile zu neuwertigen oder die direkte Nutzung gebrauchter Teile zu. Neben dem Verkaufszustand der Ersatzteile wird der Be- und Verarbeitungsprozess auch durch den Zustand der Teile bei der Rückführung bestimmt. Es muss daher zwischen funktionsfähigen und defekten Teilen unterschieden werden, so dass sich eine Kombinationsmatrix ergibt, die in Abb. 3 dargestellt ist. Das dem Markt zugeführte Ersatzteil muss sich darüber hinaus nach DIN 31051 klassifizieren lassen und den Anforderungen nach DIN 24420 entsprechen.

In Abb. 3 wird deutlich, dass die Wiederverwendung von funktionsfähigen Teilen/ Produkten in einem gebrauchten Zustand erfolgt (ReUse), die nach der Rücknahme durch den Produzenten keiner weiteren aufwendigen Behandlung bedürfen. Lediglich Funktionstests und ggf. weitere Qualitätsprüfungen zur Einstufung in Altersklassen werden durchgeführt, um den noch zur Verfügung stehenden Abnutzungsvorrat zu bestimmen. Soll ein funktionsfähiges Teil als neuwertig verkauft werden, so muss es zusätzlich einer Aufwertung (Upgrade) unterzogen werden. Dieser Qualifizierungsprozess beinhaltet weitere Bearbeitungsschritte, damit die gleiche Funktionalität, wie die aktueller Neuteile, erreicht wird. Soll das defekt angelieferte Teil in einem neuwertigen Zustand dem Markt zur Verfügung stehen, ist eine Aufarbeitung (Remanufacturing) durchzuführen. Diese stellt den aufwendigsten der Prozesse dar. Neben der Reparatur (Repair) der defekten Teile und Komponenten i.S. einer Instandsetzung (DIN 31051) erfolgt z.B. auch der Austausch von Verschleißteilen, um eine Aufwertung zum neuwertigen Teil zu erreichen.

The Remanufacturing Institute (2002) bezeichnet eine Aufarbeitung als „[...] process of disassembly of products during which time parts are cleaned, repaired or replaced then reassembled to sound working condition." Ein aufgearbeitetes Erzeugnis besteht aus gebrauchten Hauptkomponenten, die zur Feststellung des Zustandes ausreichend zerlegt, gesäubert und entrostet wurden. Weiterhin sind alle fehlenden, defekten oder stark abgenutzten Teile durch Neuteile, neuwertige Teile oder Gebrauchtteile ersetzt worden. Nach dem Zusammenbau wird durch eine Prüfung gewährleistet, dass das aufgearbeitete Erzeugnis ähnliche Leistungen wie ein Neuprodukt aufweist. Durch einen Reparatur-Prozess ist im Vergleich zur Aufarbeitung lediglich die Funktionsfähigkeit des Produktes zu gewährleisten, ohne dass der Stand eines Neuproduktes erreicht werden muss. Somit ist der Zusammenhang zu den Begriffen neuwertiges Teil/Gerät und gebrauchtes Teil/Gerät im DIN-Entwurf 48480 und Abb. 1 gegeben.

Im Rahmen der Ersatzteilplanung und -steuerung sind neben der Teileklassifizierung i.S. des DIN-Entwurfs 48480 auch mögliche Alternativen über die Fremd- oder Eigendurchführung der Prozesse zu berücksichtigen. Dabei können weitere Quellen an wiederverwendungsfähigen Geräten in der Beschaffungsstrategie berücksichtigt werden.

Aufgrund ähnlicher Einflussgrößen und Bearbeitungsschritte, in Abhängigkeit des Zustandes des zu verarbeitenden Teils, ist es für eine globalere Betrachtung einer Wiederverwendung in den Versorgungsstrategien für Ersatzteile sinnvoll, die Prozesse der Wiederverwendung (ReUse), Aufwertung (Upgrade), Reparatur (Repair) und Aufarbeitung (Remanufacturing) zu einer Re-X Option zusammenzufassen.

2.2 Quellen wiederverwendungsfähiger Gebrauchtteile

Das Grundproblem der Versorgung der Kunden mit gebrauchten Ersatzteilen besteht darin, diese in ausreichender Quantität und Qualität bereitstellen zu können. Zur Bestimmung von Quantität und Zeitpunkt der Rückführung stellt der Marktbestand an Primärprodukten die ausschlaggebende Größe

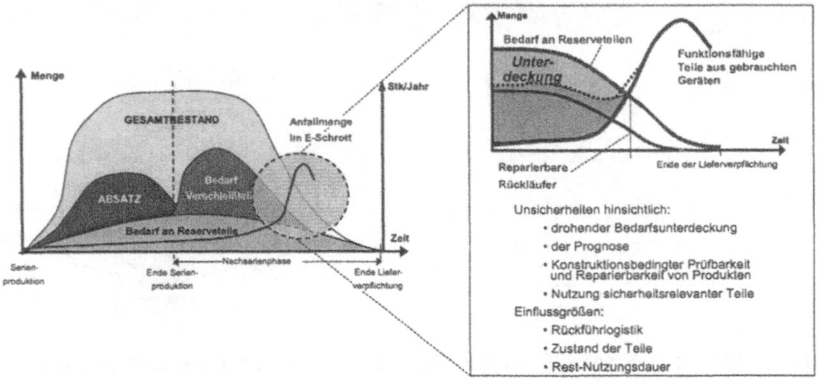

Abb. 4. Bestand, Ersatzteilbedarf und Deckungsmöglichkeit aus dem Recycling

dar (Meidlinger (1993)). Abb. 4 zeigt eine qualitative Darstellung des Zusammenhangs zwischen Primärprodukten, die sich im Betrieb befinden, und dem Bedarf an Reserve- und Verschleißteilen, welcher befriedigt werden muss. Dabei ist auch der mögliche Verlauf der Anfallmenge des Primärproduktes im Elektro- und Elektronikschrott berücksichtigt. Deutlich wird, dass nicht über alle Phasen der Versorgung gebrauchte Geräte in ausreichenden Mengen zur Verfügung stehen können (Hesselbach *et al.* (2002a)). Darüber hinaus existieren eine Reihe von Unsicherheiten z.B. hinsichtlich Anzahl, Zustand und der möglichen Rest-Nutzungsdauer der zurückgeführten Teile sowie der notwendigen Rückführlogistik.

Als Gestaltungsinstrument der Rücknamequantitäten und -qualitäten bieten sich Anreizsysteme an, welche Kunden zu einer Rückgabe der gebrauchten Produkte veranlassen können (Guide *et al.* (2001)). Produkte jüngeren Alters und entsprechend höherer Qualität können durch solche Programme zum Produzenten zurückgelangen und somit Abflüsse an Drittparteien verringert werden. Für eine genauere Planung der Rücklaufmengen muss der Marktbestand differenzierter betrachtet werden, was u.a. durch eine Berücksichtigung der Altersverteilung und der entsprechenden Abnutzung geschehen kann. Somit kann neben der Steigerung des Anteils zurückkommender jüngerer Produkte gleichzeitig eine Anpassung der Rückflussquote an die wirtschaftlichen Bedarfe der Ersatzteilversorgung des Herstellers erfolgen.

Eine entsprechende Gestaltung des Rückflusssystems ermöglicht zusätzlich die Nutzung gebrauchter oder defekter Teile bereits in der Serienproduktion. Neben wirtschaftlichen Vorteilen können Informationen über das Ausfallverhalten für die Nachserienphase gewonnen werden. So betrachtet Richter die Möglichkeit eines Re-X bereits für die Degenerationsphase eines Produktes am Markt (Richter (1987)). Weiter ins Detail gehen Van der Laan *et al.* (1995, 1999), die den Einfluss verschiedener Steuerungsansätze für eine Produktion in Kombination mit einer Aufarbeitung untersuchen.

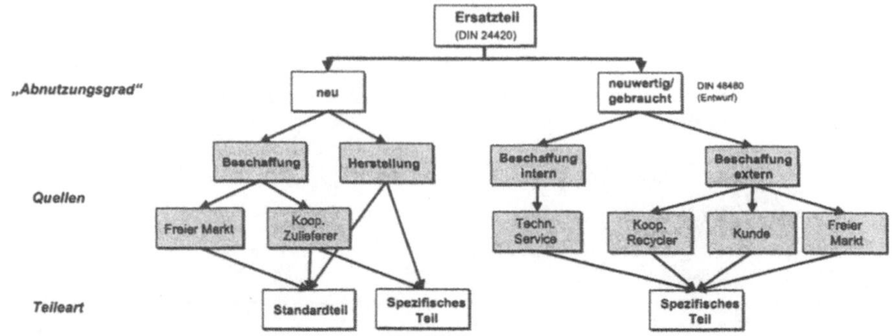

Abb. 5. Mögliche Ersatzteilquellen für neue bzw. neuwertige und gebrauchte Ersatzteile

Durch entsprechend gestaltete Serviceverträge lässt sich der Anteil reparierter Teile und Komponenten an der Wiederverwendung als Ersatzteil steigern. Dies setzt aber unter anderem voraus, dass die Verkaufszeit der Produkte die Lebensdauer übersteigt, eine Rücknahme von Produkten z.B. über Leasingverträge möglich ist oder eine Plattformstrategie die Teilenutzung älterer Modelle zulässt.

Ein Weg zur Erhöhung der Rücknamequantitäten ergibt sich aus der Erschließung weiterer Quellen für Ersatzteile. Abb. 5 weist den entsprechend des DIN-Entwurfes 48480 aufgeführten Teileklassen mögliche Quellen von Ersatzteilen zu.

Die unterste Gliederungsebene zeigt eine Klassifizierung, die sowohl bei Neu- als auch Gebrauchtteilen angewandt werden kann und sich hinsichtlich der Komplexität, der Einsatzmöglichkeiten, Anzahl der Hersteller und der auf dem Markt verfügbaren Mengen des Teiles in Standardteile und spezifische Teile unterteilt. In der nächst höheren Stufe finden sich Quellen, die allgemein zur Bereitstellung der Teileklassen genutzt werden können. Der Unterschied hinsichtlich der Quellen i.S. einer kooperativen Zusammenarbeit und dem freien Markt besteht zum einen in der zeitlichen Dauer der Beziehung und zum anderen in der Möglichkeit der kooperativen Produktentwicklung, welche ggf. eine Nachfertigung zulassen. Bei neuwertigen und gebrauchten Teilen ist die Struktur insofern anders, als dass eine Wiederverwendung von Standardteilen nicht vorkommt, da diese Teile i.d.R. einen geringen wirtschaftlichen Wert und eine hohe Verfügbarkeit auf dem Markt aufweisen. Eine Entscheidung zur Durchführung einer Aufarbeitung von speziellen Teilen und Standardteilen hat unter den Aspekten der Wirtschaftlichkeit und der Verfügbarkeit auf dem Markt zu erfolgen. Ist eine Aufarbeitung sinnvoll, so können diese Teile entsprechend der Anreizsysteme, Serviceverträge und Vertriebsstrukturen entweder von den Recyclern, den Kunden selbst, vom freien Markt oder aus Reparaturprozessen bezogen werden. Neben der wirtschaftlichen Betrachtung der Quellen muss auch eine Einschätzung anhand der rechtlichen

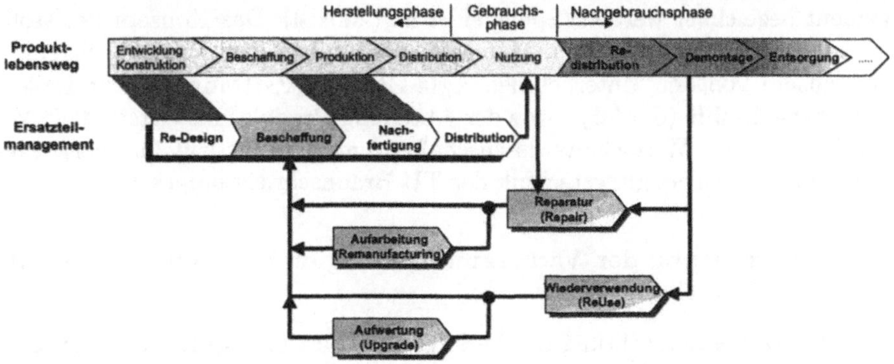

Abb. 6. Klassischer Produktlebensweg und Versorgungsoptionen im Ersatzteilmanagement

Verpflichtungen zur Bereitstellung von Ersatzteilen (§434 i.V.m. §242 BGB) und der Möglichkeit des Einbaus gebrauchter Teile in Gewährleitungsfällen (§241 Satz 1 BGB) erfolgen. Aus diesem Grund wird sich in der Praxis die Anzahl von Quellen zur Bereitstellung von Ersatzteilen auf qualifizierte und kooperative Quellen im Sinne einer Supply Chain eingrenzen.

Insbesondere die Beschaffungsoption aus der Nachgebrauchsphase ist noch ein eher selten genutzter Ansatz. In der erste Stufe der Nachgebrauchsphase fallen Altgeräte bei Recyclingunternehmen an, die die Aufgaben der fachgerechten Zerlegung, Aufarbeitung von Komponenten und Bauteilen und Aufbereitung von Materialien übernehmen (Hesselbach *et al.* (2001)). Das Produktrecycling ist dabei gegenüber dem Materialrecycling von besonderem Interesse, da sich die hohe Wertschöpfungsstufe positiv auf die Entsorgungskosten bzw. -erlöse und auf die Recyclingquote auswirkt (Bullinger *et al.* (2000)). Recyclingunternehmen sind in der klassischen Supply Chain der Hersteller bisher nicht oder nur in geringem Maße integriert, so dass eine Erschließung von Synergieeffekten durch eine Kopplung der Herstellungs- mit der Nachgebrauchsphase bisher nicht möglich war (Spengler *et al.* (2002b)). Die skizzierten Rahmenbedingungen ermöglichen es einem Recyclingunternehmen, sich zu einem Servicedienstleister zu entwickeln, der eingehende Produkte identifizieren, sowie auf Funktionsfähigkeit überprüfen kann und ggf. Wiederverwendungs-Teile, wie auch Defekt-Teile für einen Reparatur- und Aufarbeitungs-Prozess bereitstellen kann (vgl. Abb. 6).

Die dafür notwendige Kooperation und Koordination zwischen Hersteller und Recycler ist von großer Bedeutung, da die für eine wirtschaftliche Verwendung und Verwertung notwendigen Mengen an Geräten und Informationen bereitgestellt werden müssen. Basierend auf dem zeitlichen, mengenmäßigen und räumlichen Anfall der Gebrauchtgeräte sowie deren fachgerechte Verarbeitung und Rückführung in den Kreislauf kann das Management dieser erweiterten Supply Chain als stoffstrombasiertes Supply Chain Management bezeichnet werden (Spengler *et al.* (2002b)). Das Konzept des stoffstrombasierten Supply Chain Managements wird in dem Projekt „StreaM" gemeinsam von den Unternehmen Agfa-Gevaert AG (München) und Electrocycling GmbH (Goslar) sowie der Abteilung Produktionswirtschaft (PW) des Instituts für Wirtschaftswissenschaften und dem Institut für Werkzeugmaschinen und Fertigungstechnik der TU Braunschweig umgesetzt.

2.3 Eingrenzung der Versorgungsstrategien in Kombination mit Re-X Optionen

Die qualitative Betrachtung des Verlaufs der Rückläuferzahlen an gebrauchten Geräten in der Nachserienphase (s. Abb. 4) zeigt, dass die Re-X Optionen nicht in allen Abschnitten der Nachserienphase eine ausreichende Ersatzteilversorgung sicherstellen können. Daher sind neben den vorgestellten Überlegungen hinsichtlich einer aktiven Gestaltung der Rücklaufmenge und -qualität Möglichkeiten der Kombination der Re-X Optionen mit den weiteren Ansätzen der Ersatzteilversorgung notwendig. Darüber hinaus werden die Versorgungsstrategien produktindividuell zu treffen sein, so dass ein Unternehmen für das Produktspektrum verschiedene Kombinationen an Versorgungsstrategien umsetzen können muss (Hesselbach *et al.* (2002a)). Diese Flexibilität stellt hohe Anforderungen an eine operative Umsetzung der Ersatzteilplanung und -steuerung.

Für eine Planung und Steuerung der Abläufe sind die wesentlichen Aktivitäten im Rahmen der Ersatzteilversorgung mit Re-X Optionen die Beschaffung und Verarbeitung. Eine interne Beschaffung kann durch ein Abschlusslos oder durch Nachfertigung erfolgen. Bei einer externen Beschaffung werden z.B. gebrauchte Geräte für eine Re-X Option zurückgeführt oder extern verarbeitet. Neben der Beschaffung kann auch die Weiterverarbeitung der Ressourcen in extern und intern klassifiziert werden. Die sich daraus ergebende Matrix ist in Abb. 7 dargestellt. Den entstehenden Kombinationen sind in Abhängigkeit der Zielsetzung der Weiterverarbeitung die entsprechenden Re-X Prozesse zugeordnet (s. dazu auch Abb. 3).

Auf Basis der Einteilung der Ersatzteilversorgungsansätze in Abb. 7 sind Kombinationen dieser Ansätze möglich und auch sinnvoll, da keiner der Versorgungsansätze eine zuverlässige und wirtschaftliche Ersatzteilversorgung über die gesamte Versorgungsdauer sicherstellen kann. Eine Bewertung der Versorgungsansätze (Hesselbach *et al.* (2002a,b), s. dazu auch Schulz (1977), Meidlinger (1993), Dombrowski *et al.* (2002)) ergibt weiterhin, dass die unterschiedlichen Ansätze eine gegenläufige Entwicklung ihrer Vorteilhaftigkeit aufweisen. Folglich kann nur eine Kombination von Ansätzen zu Versorgungsstrategien die Ersatzteilversorgung über den Gesamtzeitraum sicherstellen (Hesselbach *et al.* (2002b)). Neben einer sequentiellen Kombinationsmöglichkeit können dabei auch parallele Kombinationen auftreten.

Aufgrund der Vielzahl theoretisch denkbarer Versorgungsstrategievarianten muss für eine operative Umsetzung im Rahmen einer Ersatzteilplanung

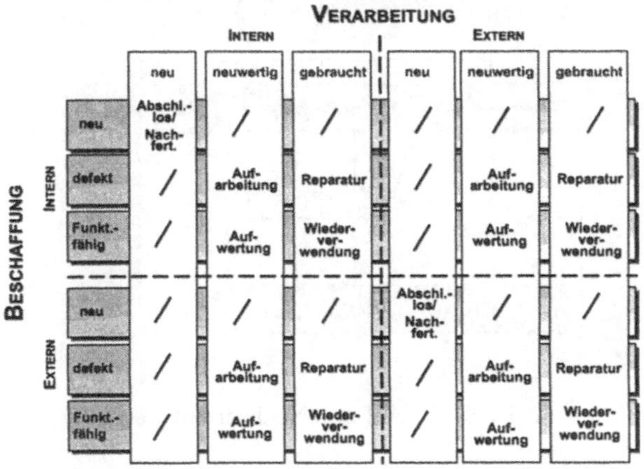

Abb. 7. Klassifizierung von Beschaffung und Verarbeitung in der Nachserie

und -steuerung eine sinnvolle Eingrenzung erfolgen. Dazu werden die Kombinationen aufgrund ihrer kausalen Zusammenhänge bewertet und ggf. ausgeschlossen.

Bei sequentieller Kombination der Ansätze zur Versorgungsstrategie lassen sich dadurch folgende Varianten ausschließen:

1. Eine Kombination aus externer Produktion und anschließender interner Re-X Optionen ist nicht möglich, da eine externe Produktion die Abgabe der Produktionsmittel an den externen Partner verlangt, welche dadurch für anschließende Test- oder Reparatur-, Aufarbeitungs- und Aufwertungs-Prozesse nicht mehr intern zur Verfügung stehen.
2. Eine interne periodische Fertigung nach Serienende mit anschließender Vergabe nach Außen wird ausgeschlossen, da sich der Aufwand einer Verlagerung der Nachfertigung für die geringen Restmengen nicht mehr rechtfertigen lässt.
3. Da eine Einlagerung und Wiederinbetriebnahme der Produktionsmittel sehr kostenintensiv ist, schließen sich ebenfalls Kombinationen aus, die erst die Fertigung eines Abschlussloses und im Falle einer Unterdeckung eine interne oder externe Fertigung vorsehen. Die Re-X Optionen könnten in diesem Fall nach einer Wirtschaftlichkeitsuntersuchung in Frage kommen.
4. Es schließen sich ebenfalls die parallelen Kombinationen aus, bei denen es zu einer gleichzeitigen Ersatzteilbereitstellung durch interne und externe Fertigung kommen würde, da die Fertigungseinrichtungen nur an einer Stelle verfügbar sind.

Sonderfälle, in denen Teile von Folgeprodukten nicht identisch aber kompatibel sind, sind aus dieser Betrachtung ausgeklammert.

Damit ergeben sich für eine weiterführende Betrachtung der operativen Umsetzung sinnvolle Strategievarianten, wie in Abb. 8 dargestellt, durch

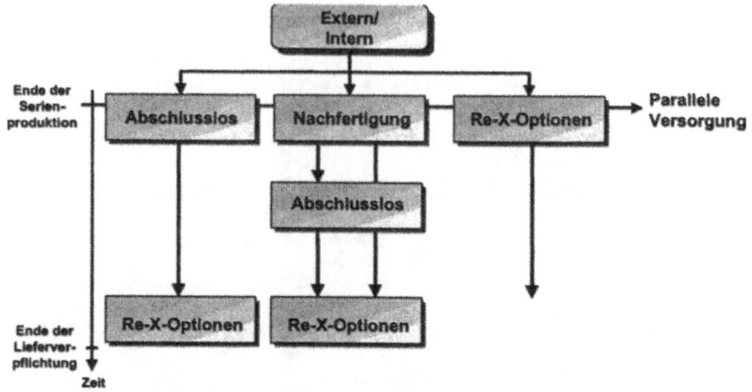

Abb. 8. Ablauf der Nachserienversorgung

1. das Abschlusslos mit anschließender Re-X Strategie,
2. die periodische Nachfertigung mit einem anschließenden Abschlusslos, welches evtl. durch die Re-X Option ergänzt oder ersetzt werden kann.
3. Neben der Betrachtung als interne Strategien sind alle Strategien auch als externe Formen denkbar.
4. Bei der parallelen Betrachtung sind die Varianten durch die gleichzeitige Durchführung einer Re-X Option ergänzbar.

2.4 Bedeutung für eine operative Umsetzung

Um die aufgezeigten Möglichkeiten der Ersatzteilversorgung zu realisieren, sollen im Folgenden die Wiederverwendung von Teilen in der Form der Aufarbeitung und der Reparatur betrachtet werden. Hierbei handelt es sich, verglichen mit der direkten Wiederverwendung gebrauchter Teile, um komplexere Vorgänge bezüglich der Planung und Steuerung im Ersatzteilmanagement.

Ähnlich wie im Recycling können mit dem Aufkommen neuer und vor allem unterscheidbarer Ressourcen die Anforderungen an ein PPS-System bei Aufarbeitungs-/ Reparaturprozessen in Anlehnung an Corsten und Reiss bestimmt werden (Corsten und Reiss (1991), Van der Laan *et al.* (1999)).

1. Im Rahmen der Planung und Steuerung müssen alle Re-X bezogenen Lager-, Transport- und Betriebsmittelressourcen in die Kapazitätsplanung einfließen.
2. Prioritätsregeln müssen bezüglich des Einsatzes von Neuteilen, neuwertigen Teilen und Gebrauchtteilen in der Mengenplanung und Auftragsveranlassung implementiert werden (Guide *et al.* (2000a, 2001)).
3. Bei der Betriebsdatenerfassung (BDE) und der Maschinendatenerfassung (MDE) müssen Produkte am Ende des Aufarbeitungsprozesses, ausgesonderte Gebrauchtteile entsprechend ihrer Klassifizierung nach Entsorgungsgütern an das PPS weitergemeldet werden.

4. Entsprechend der Unterscheidung der Bearbeitungsabläufe zur Produktion kann festgehalten werden, dass die PPS-Datenbasis um Arbeitspläne und Prüfanweisungen für eine Aufarbeitung und Reparatur erweitert werden sollte.

Eine zusätzliche Betrachtung gebrauchter Teile, welche nach einer Altersklassifizierung wieder in den Markt eingeführt werden sollen, erschwert die Planung und Steuerung deutlich. Eine Unterteilung in Altersklassen zur Erfüllung von Gewährleistungsansprüchen mit Hilfe von Gebrauchtteilen ist somit von hohem Steuerungs- und Planungsaufwand begleitet. Eine praktikable Lösung könnte hier die Bereitstellung von Neuteilen für Gewährleistungsfälle und von Gebrauchtteilen für den Ersatzteilbedarf in der Zeit nach der Gewährleistungspflicht sein. Im letzteren Fall ist die Problemstellung dahingehend zu vereinfachen, dass technische Leistungsklassen gebildet werden, welche mit weniger Aufwand genauer messbar sind als Altersklassen.

Nachdem die grundsätzlichen Anforderungen dargestellt wurden und eine operative Umsetzung immer auch an die realen Rahmenbedingungen im Unternehmen gebunden ist, wird im Folgenden zunächst die Ersatzteilversorgung der AGFA-Gevaert AG dargestellt, bevor die Abwicklung unter Berücksichtigung der Re-X Optionen beschrieben wird.

3 Die Ersatzteilwirtschaft der AGFA-Gevaert AG

Die AGFA-Gevaert AG ist ein weltweiter Konzern und vertreibt neben den wohl bekanntesten Produkten aus der Sparte des Consumer Imaging (Filme, Kameras, Scanner u.v.m.) auch elektronische und fotografische Druckvorstufen, Mikrografische Systeme und Geräte der medizinischen Diagnostik. Die Firma AGFA-Gevaert AG ist mit ca. 22.000 Mitarbeitern in 40 Ländern vertreten und erwirtschaftet einen Umsatz von rund 4 Mrd. € und hat ihren Hauptsitz in Mortsel, Belgien. Organisatorisch ist die AGFA-Gevaert AG in drei Geschäftseinheiten untergliedert, denen zentrale Stabsabteilungen und dezentrale Produktionswerke zugeordnet sind. Insbesondere die regionalen Vertriebsorganisationen sind selbständige Gesellschaften, die die Koordination, Planung und Steuerung der Aktivitäten im After-Sales über ein Customer Care Center vornimmt. Die Ersatzteilbereitstellung ist dabei eine zentrale Aufgabe und wird durch ein Zentrallager in München gewährleistet. Dort gehen die Ersatzteilbestellungen aus dem technischen Kundendienst der Vertriebsorganisationen und von den Endkunden, die eine eigene Instandhaltung betreiben, ein. Im Zentrallager in München werden ca. 27.000 Artikelpositionen verwaltet und aufbewahrt, wobei ca. 40% des weltweiten Ersatzteilbedarfes damit abgedeckt wird. Vom Gesamtbestandsvolumen von ca. 55 Mio. € fallen in etwa 30-40% an Endbevorratungsbeständen an. Zudem schlägt sich der Trend der Produktion von digitalen Geräten im Bestandswert nieder, denn die Ersatzteile werden i.d.R. zunehmend höher bewertet (o.V. (2002a)).

Aufgrund der hohen und höher werdenden Kapitalbindungskosten und der Bauteilabkündigungen aus der Halbleiterindustrie werden Alternativen zur Ersatzteilversorgung neben der Endbevorratung zunehmend interessanter.

3.1 Bestimmung der Ersatzteile und der Versorgungsstrategie

Bei der Bestimmung der Ersatzteile und des Bedarfes wird darauf geachtet, dass bereits bei der ersten Geräteauslieferung eine Grundversorgung gewährleistet wird. Die Entscheidung, welche Teile zu Ersatzteilen deklariert werden, erfolgt in Abstimmung zwischen der Entwicklung, der Produktion, den zentralen Abteilungen des Geschäftsbereichs, des Technik Centers und dem Customer Support. Wichtige Aspekte, die bei der Ersatzteilfestlegung eine Rolle spielen, sind u.a. die Lebensdauer des Gerätes, die Möglichkeiten der Demontage, das Verschleißverhalten, die Lagerbarkeit wie auch die Verbrauchshistorie des Vorgängermodells.

Darüber hinaus werden erforderliche Qualitätsprüfungen festgelegt und die Produktionskosten bestimmt. Auf dieser Grundlage wird dann eine wirtschaftliche Losgröße zur Ersatzteilherstellung ermittelt. Während der Serienphase wird die Losgröße mit Hilfe des Bestellpunktverfahrens stochastisch berechnet, welches durch ein PPS-Modul der Firma SAP, sowie das Ersatzteilversorgungssystem (EVS) unterstützt wird. Als Basis zur Planung der Ersatzteilbedarfe dient die aktuelle Reparaturscheinerfassung aus den Kundenserviceanforderungen der nationalen Serviceorganisationen sowie die aus den Vergangenheitswerten prognostizierten Monatsverbräuchen, die im Service Management System verwaltet werden.

Die Vorbereitung zur Ersatzteilbereitstellung der Nachserie wird i.d.R. sechs Monate vor Auslaufen der Produktion angestoßen. Für alle Ersatzteile, die nicht für andere Produkttypen weiter produziert werden, wird der Allzeitbedarf ermittelt und die Losgröße des Abschlussloses zur Endbevorratung vorgeschlagen. Der Allzeitbedarf hängt u.a. vom aktuellen Teilebestand im Zentrallager und den Pufferbeständen der Vertriebsorganisationen, den Verbrauchshistorien, den Erfahrungswerten von Vorgängertypen und dem Marktbestand an Primärprodukten ab.

Zur Bestandsüberwachung im Zentrallager wird ein regelmäßiger Soll-Ist-Vergleich der Lagerbestände für endbevorratete Ersatzteile durchgeführt. Sollte eine signifikante Unterschreitung der Soll-Bestände auftreten, werden die zwischenzeitlich eingelagerten Produktionsanlagen wieder in Betrieb genommen, mit deren Hilfe ein weiteres Los produziert wird. Diese Sicherheitsoption steigert die Produktionskosten aufgrund der Wiederinbetriebnahme der Produktionsanlagen um ein Vielfaches und stellt hohe Anforderungen an die Einlagerung ebenso wie an die notwendigen Lagerkapazitäten und die Reaktivierung des Produktions-Know-hows. Statt dieser teueren Variante können durch eine Ausnutzung von Re-X Optionen entsprechende günstigere Alternativen geschaffen werden.

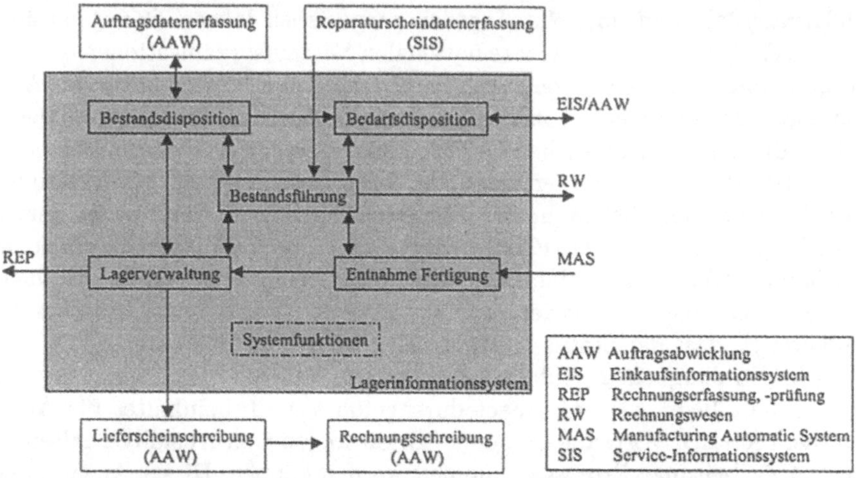

Abb. 9. Lagerinformationssystem der AGFA-Gevaert AG

Zur informationstechnischen Unterstützung der Lagerhaltung von Ersatzteilen wird bei der AGFA-Gevaert AG ein Lagerinformationssystem eingesetzt, welches neben der Funktion als EVS auch als Teileversorgungssystem eingesetzt wird. Zur Erfüllung dieser Aufgaben umfasst das System die verschiedenen Teilsysteme, die in Abb. 9 dargestellt sind und die Komplexität verdeutlichen.

Abb. 9 zeigt, dass neben den Schnittstellen innerhalb des Systems ebenfalls Schnittstellen nach außen existieren, über welche sechs unterschiedliche Systeme angebunden sind. Die inneren Beziehungen werden durch die zentrale Funktion des Teilsystems Bestandsführung geprägt, welches Basisfunktionen der Lagerwirtschaft anbietet. Die Funktionalität des Systems lässt aufgrund planender Funktionen Parallelen zu PPS-Systemen in einigen Bereichen erkennen. So weisen die vorhandene Bedarfsplanung, Bestandsplanung und die Möglichkeit, Entscheidungen über den Bezug der Bedarfe zu tätigen, sowohl planenden als auch steuernden Charakter auf. Darüber hinaus wird das System durch das PPS-System von SAP ergänzt.

Nach dieser kurzen Erläuterung der wichtigsten Abläufe bei der AGFA-Gevaert AG folgen im Weiteren die Bewertung und die Anknüpfungspunkte für die Umsetzung einer Re-X Option.

3.2 Anknüpfungspunkte und Berücksichtigung von Re-X Optionen

Der Fokus des StreaM-Projektes liegt auf der Health-Care Sparte der AGFA-Gevaert AG und hier auf dem Produkt ADC-Compact. Das ADC-Compact digitalisiert Röntgendaten und ist vorwiegend in Krankenhäusern im Einsatz. Die Produktionsphase des Gerätes betrug vier Jahre, bei durchschnittlichen

500 Stück/Jahr und einer Nutzungsdauer von sieben Jahren. Damit gewähren die AGFA-Gevaert AG bzw. ihre nationalen Verkaufsorganisationen eine Versorgung mit Ersatzteilen von ebenfalls sieben Jahren. Für das Produkt ADC-Compact ist bereits ein Prozess umgesetzt, der die Rückführung von Defektteilen, die aus wirtschaftlichen Gesichtspunkten repariert werden, beinhaltet. Dazu ist ein Austausch-Verfahren installiert worden. Nur bei Einsendung des defekten Teils bekommt der entsprechende Kunde (intern die Serviceabteilung bzw. extern der Kunde selbst) ein sog. Austauschteil zurück. Der Endkunde erhält dafür eine Gutschrift. Darüber hinaus werden die defekten Scannereinheiten repariert, auf den neuesten Stand gebracht und soweit aufbereitet, dass der Status „neuwertig" verliehen werden kann.

Die Nutzung einer Aufarbeitung bereits während der Serie, wie dies beispielhaft beim ADC-Compact durchgeführt wird, beinhaltet für AGFA-Gevaert AG den Vorteil, dass bereits Erfahrungen zum Ausfallverhalten und zum Aufarbeitungs-Prozess gesammelt werden können. Dieser Ansatz, mehr als eine Quelle (Neuteile und neuwertige Teile) zur Beschaffung von Ersatzteilen zu nutzen, kann ebenfalls auf die Nachserie übertragen werden. Somit würde der Tauschteilfluss, welcher in der Serie als Ergänzung zur Ersatzteilstrategie genutzt wird, ebenfalls in der Nachserie die Nutzung bereits produzierter Ressourcen zulassen. Dabei steht die Entscheidung über eine externe oder interne Weiterverarbeitung an, bei der aber in beiden Fällen die Koordination des Rückflusses durch die AGFA-Gevaert AG erfolgen müsste. Ein Beispiel in diesem Bereich gibt die Firma IBM mit ihrem eigenen Rücknahmeprogramm. IBM zeigt, inwieweit die Meldung zur Rücknahme von Produkten standardisiert werden kann und wodurch es dem Hersteller ermöglicht wird, alle notwendigen Daten beim Kunden per Standardformular abzufragen (IBM (2002), s. auch Fleischmann *et al.* (2001)). Neben einer höheren Kundenzufriedenheit gewährleistet der Informationsvorteil dem Produzenten eine bessere Planungsmöglichkeit. Die hier genannten Vorteile würden sowohl für den bestehenden Tauschteilfluss der Serie als auch für den angestrebten Fluss in der Nachserie zutreffen.

Für die Nachserienversorgung der AGFA-Gevaert AG wird derzeit eine Endbevorratungs-Strategie praktiziert, die im Fall einer Bedarfunterdeckung eine sehr teure Produktion mit geringer Losgröße nach sich zieht. Dieses verlangt die Erstellung einer Basisstrategie (Spengler und Schröter (2003)) vor dem Serienende und dem Beginn des Servicezeitraums, innerhalb welcher mit operativen Maßnahmen kostengünstig agiert werden kann. Die strategische Entscheidung basiert dabei auf den Möglichkeiten der Gestaltung der Beschaffungsquellen und sollte die folgenden Punkte berücksichtigen:

1. Bildung strategischer Beziehungen mit Recycling-, Zulieferer-, Service-Aufarbeitungs- und Logistikunternehmen im Rahmen einer erweiterten Supply Chain (Spengler *et al.* (2001))
2. Definition der Teile bzw. Produkte für ein Re-X
3. Vorhalten der Produktionsanlagen zur Eigenproduktion oder Verkauf an einen Partner, der die Versorgung mit Ersatzteilen zusagt

4. Aufbau eines Rücknahmesystems für ein Re-X
5. Festlegung von Qualitätsanforderungen

Darüber hinaus ist zu beachten, dass gemäß der Medizingeräterichtlinie IEC 60601 sicherheitsrelevante Teile von Re-X Optionen auszunehmen sind. Dies trifft i.d.R. bei AGFA-Gevaert AG auf weniger als zehn Teile pro Gerät zu.

Das ebenfalls bei AGFA-Gevaert AG zum Einsatz kommende PPS-System der SAP AG gehört zu den am weitesten verbreiteten ERP-Systemen in Europa. Daher wird im Folgenden kurz auf die Funktionalität von SAP R/3 im Rahmen der Ersatzteilplanung eingegangen und deren Nutzung für die Nachserienversorgungsplanung unter Berücksichtigung mehrerer Optionen analysiert.

3.3 Nutzungsmöglichkeiten von SAP R/3 zur Ersatzteilplanung

Die Grundlage einer Ersatzteilplanung bildet die Möglichkeit, Teile in Stücklisten mit dem Selektionszeichen „Ersatzteilkennzeichen" zu versehen, welches die Arbeit von Filterfunktionen unterstützt. Diese für die ersatzteilspezifische Auflösung der Stücklisten notwendige Funktion ermöglicht erst eine PPS-System gestützte Planung. In der Planung selbst unterscheidet SAP R/3 die Möglichkeit einer geplanten und einer ungeplanten Reparaturabwicklung. Zielrichtung hierbei ist vornehmlich die Instandhaltung i.S. der DIN 31051. Für die geplante Reparaturabwicklung stellen Arbeits- und Wartungspläne sowie eine automatische Terminüberwachung die Basis der Arbeit dar. Der Wartungsplanung schließen sich eine Terminierung des Ablaufes und die Generierung eines Serviceauftrages an. Die darauf folgenden Schritte befassen sich mit Materialbereitstellung, Lieferung und Fakturierung (SAP (2002)). Im Fall der ungeplanten Reparaturabwicklung kommt es zuerst zur Erfassung der Servicemeldung, deren Aufgabe es ist, Informationen zu Objekten und Ansprechpartnern sowie die Problembeschreibung aufzunehmen. Aufbauend auf diesen Daten erfolgt die Erteilung des Ersatzteilauftrages mit der Option, einen Techniker vor Ort einzubeziehen.

Die zur Erreichung dieser Funktionalität notwendigen Module gehen über PPS-Funktionalitäten hinaus und verlangen neben den Modulen der Materialwirtschaft (MM) und Vertrieb/Versand (SD) auch die Module Customer Service (CS), Qualitätsmanagement (QM), Finanzbuchhaltung (FI) und Controlling (CO). Andererseits zeigt der fehlende Einsatz des Produktionsplanungs- und Steuerungsmoduls (PP), dass es sich hierbei um eine reine Entnahme aus dem Lager handelt, da mit dem PP-Modul die Hauptfunktionen eines PPS-Systems fehlen (Huber (2001)).

Mit der reinen Entnahme aus dem Lager wird deutlich, dass eine Endbevorratung unterstützt wird. Alternative Ansätze z.B. die Re-X Optionen zu planen und zu ermitteln ist mit SAP R/3 derzeit nicht möglich bzw. nicht vorgesehen.

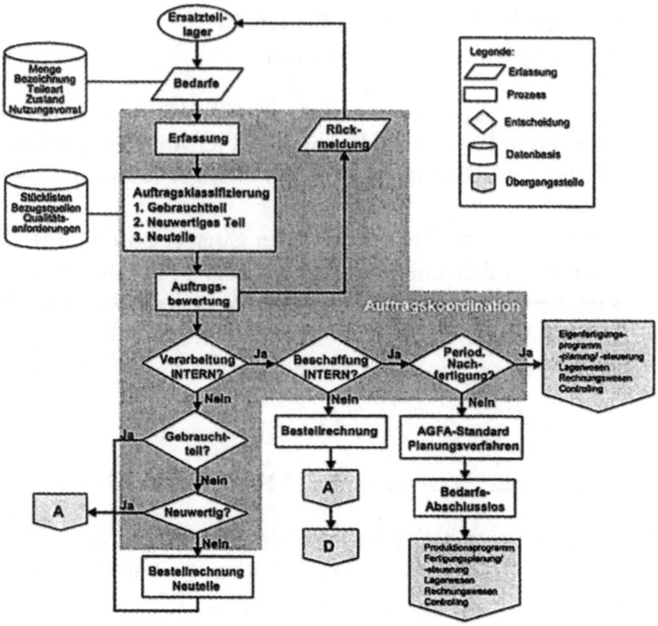

Abb. 10. Auftragskoordination

4 Integrationsmöglichkeit von Re-X Optionen in den Ablauf der Ersatzteilversorgung der AGFA-Gevaert AG

Nach der Darstellung der Anforderungen aus den Re-X Optionen und den Abläufen bei der AGFA-Gevaert AG, wie auch aus der Darstellung der Nutzung des SAP R/3 Systems wird im Folgenden eine Möglichkeit der Integration der Re-X Option in den Ablauf bei der AGFA-Gevaert AG aufgezeigt.

Der in Abb. 10 dargestellte Auftragskoordinationsprozess wird durch eine Bedarfsmeldung aus dem Ersatzteillager angestoßen. Aufgrund der Möglichkeit, Gebrauchtteile in der Bedarfsmeldung zu berücksichtigen, ist neben der Produktbeschreibung und der Anzahl ebenfalls eine Beschreibung des Leistungszustandes bzw. des Alters notwendig. Neben dem Auslassen von Prozessschritten wie der Anfragebewertung oder der Angebotserstellung (Luczak *et al.* (1998)) sind statt dessen Erweiterungen des Prozesses notwendig.

Abb. 10 zeigt das Splitten des Auftrages in bis zu drei Aufträge entsprechend der Teilezustände: Gebrauchtteil, neuwertiges Teil und Neuteil. Neben den aus den Stammdaten generierten Stücklisten ist eine Zuordnung der Teile zu den entsprechenden Bezugsquellen notwendig. Nach der Zuordnung zu den Bezugsquellen kann anhand deren Eigenschaften eine Rückmeldung des Auftragzustandes und der voraussichtlichen Lieferung an das Ersatzteillager gegeben werden. Die darauf folgenden Prozessschritte entsprechen der Ein-

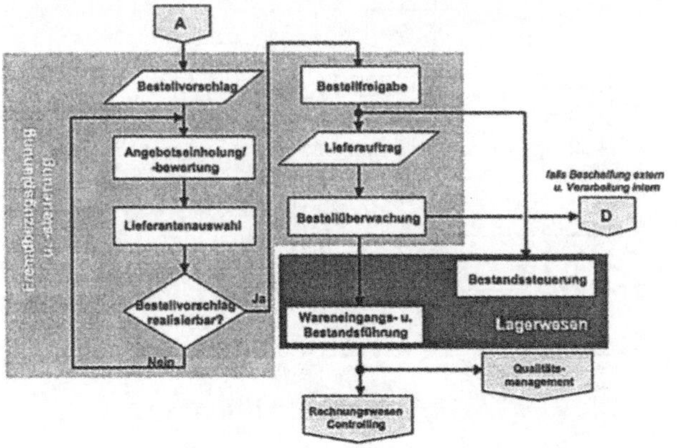

Abb. 11. Fremdbezugsplanung und -steuerung

ordnung der Aufträge in die Unterteilung gemäß Abb. 5, für welche spezielle Aufträge erzeugt werden.

Im Fall der internen Weiterverarbeitung auf Grundlage einer internen Beschaffung erfolgen bei einer periodischen Serienfertigung die gleichen Prozessschritte wie in bestehenden PPS-Systemen. Bei der Entscheidung für ein Abschlusslos wird dann der bereits existierende manuelle Prozess zur Ermittlung des Gesamtbedarfes angestoßen, dessen Resultate in das PPS-System eingegeben und entsprechend terminiert, geplant und gesteuert werden.

Im Falle einer externen Beschaffung bei interner Weiterverarbeitung wird ein Prozess zur Bestellung von Gebrauchtteilen mit einer Bestellrechnung eingeleitet. Der gleiche Ablauf wird bei einer externen Weiterverarbeitung angestoßen, wobei hier zu Beginn der Bestellung in die entsprechenden Teilekategorien unterschieden wird. Somit wird in beiden Fällen der Bestellvorschlag überprüft und die Bestellung freigegeben. Ein Lieferauftrag wird ausgelöst, der bis zum Wareneingang überwacht und anschließend gebucht wird, wie Abb. 11 darstellt.

Nachdem die zuvor geschilderte Fremdbezugsplanung und -steuerung durchlaufen ist, schließt sich im Fall der externen Weiterverarbeitung die Einlagerung der eingehenden Teile in das Ersatzteillager an. Beim Eingang der Teile ist neben dem Rechnungswesen auch das Entsorgungsmanagement aufgeführt. Da es sich um extern weiterverarbeitete und somit auch getestete Teile handelt, ist eine Aussortierung von Teilen über ein Entsorgungsmanagement nicht notwendig. Im Fall qualitativ nicht ausreichender Ware wäre eine Abstufung der Leistungsstufe der Produkte und die entsprechende Einlagerung mit späterem Vertrieb oder die Rücksendung an den externen Produzenten möglich.

Im Fall der internen Weiterverarbeitung bei externer Beschaffungen werden im Anschluss an die Fremdbezugsplanung und -steuerung die eingehenden Teile erfasst und eine Entsorgung nicht brauchbarer Teile eingeleitet. Die

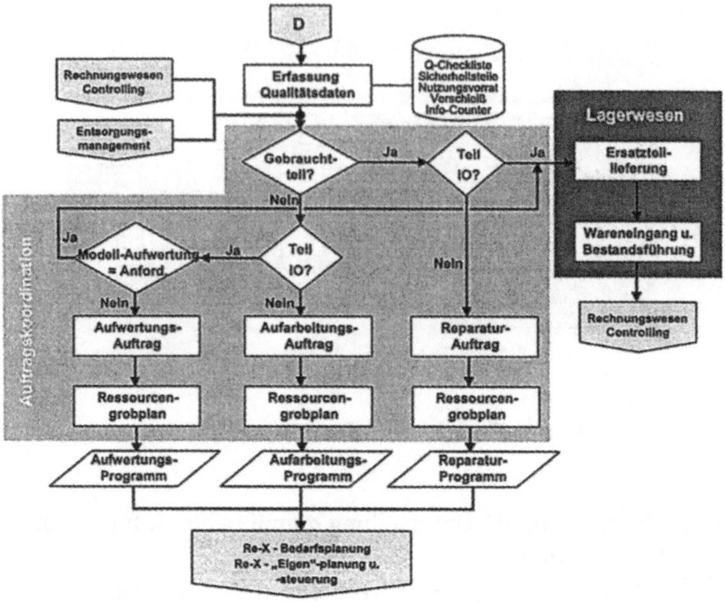

Abb. 12. Auftragsklassifizierung und Zuordnung

folgende Auftragskoordination (Abb. 10) erstellt entsprechend der Qualität der Teile und der Bedarfslage die Aufträge zur Weiterverarbeitung in einem Aufwertungs-, Aufarbeitungs- oder Reparatur-Auftrag oder einer für eine Wiederverwendung direkten Einlagerung ins Ersatzteillager. Im Anschluss erfolgt die Aufnahme der Qualitätsdaten und dann ebenfalls die Einlagerung in das Ersatzteillager.

Bei den hier dargestellten Prozessen handelt es sich um ein System, welches durch ein Bestellpunktverfahren zur stochastischen Losgrößenberechnung im Ersatzteillager ausgelöst wird, wie dies bei der AGFA-Gevaert AG der Fall ist. Eine ganzheitliche Planung für das Ersatzteillager und der hier gezeigten Prozesse wäre möglich und bedürfte nur weniger Erweiterungen. Bei dieser Kombination muss beachtet werden, dass im Lager eine Unterscheidung der Positionen nicht nur nach einer Produktkennung, sondern ebenfalls nach Alters- und Leistungsstufe zu geschehen hat. Entsprechendes wurde in den hier gezeigten Prozessen dahingehend berücksichtigt, dass alle in Abb. 5 aufgezeigten Auftragsverarbeitungsprozesse sowohl parallel, nacheinander, als auch einzeln durchgeführt werden könnten.

5 Ausblick

Nachdem die Einbindung von Re-X Optionen in die bestehende Ersatzteil-Auftragskoordination der AGFA-Gevaert AG erfolgte, schließt sich eine Entwicklung der Planungs- und Steuerungsverfahren für die internen Re-X Aufträge an. Dazu wird auf den Planungssystematiken der AGFA-Gevaert AG aufgebaut, diese hinsichtlich ihrer Einsetzbarkeit überprüft und entsprechend den zu bestimmenden Anforderungen angepasst. Zusätzlich sind die einzelnen Prozessschritte der Re-X Optionen zu entwickeln und verschiedene organisatorische Varianten abzubilden. So könnte eine unternehmensinterne Umsetzung durch ein Re-X Center oder durch die Integration in die bestehenden Serien- und Produktionsabläufe erfolgen.

Eine bedeutende Rolle spielen die zu erfassenden Informationen. Denn eine Qualitätsklassifizierung und eine Rückverfolgbarkeit ist unerlässlich, wenn die gebrauchten und/oder neuwertigen Teile als Ersatzteile eingesetzt werden. Da Informationen über den Zustand und den Abnutzungsvorrat i.d.R. nicht vorliegen, muss durch geeignete Qualitätsprüfungen eine Einordnung in entsprechende Teileklassen erfolgen und verwaltet werden. Dazu sind die Stammdaten entsprechend zu erweitern und dieser Informationszustand sowohl bei der Bedarfsplanung der Ersatzteile wie auch bei der Beschaffungsplanung zu berücksichtigen.

Ein ganzheitliches Ersatzteilmanagement verfügt darüber hinaus über Schnittstellen zum technischen Service, der die eigentliche Instandsetzung der Primärprodukte durchführt. Da der technische Service das Produkt meist im Rahmen von Wartungsverträgen begleitet, kann dieser sowohl eine Abschätzung der möglichen Wiederverwendung geben, wie auch Anforderungen an den Einsatz von Ersatzteilen aus Re-X Prozessen definieren. Diese zusätzlichen Informationen, in Kombination mit Wartungsplänen, können bei der Ersatzteilversorgung im Sinne einer Vorlaufplanung berücksichtigt werden. Damit können der Bedarf an den „richtigen" qualitäts- und anspruchsgerechten Ersatzteilen, z.B. im Sinne einer zeitwertgerechten Reparatur, effizienter geplant und entsprechende Re-X Aufträge generiert werden.

Neben den unternehmensinternen Schnittstellen sind auch die unternehmensexternen Schnittstellen auszubauen. Insbesondere die Erschließung weiterer Quellen für funktionsfähige und defekte Teile und Komponenten, die für einen Re-X Prozess in Frage kommen, stehen dabei im Vordergrund. Im vorliegenden Beitrag wurde bereits auf die Kooperation mit Recyclern im Rahmen eines stoffstrombasierten Supply Chain Managements hingewiesen. Da die Hersteller i.d.R. eine Einbindung dieser „Zulieferer" nicht vorgesehen haben, sind in den Abläufen und Beschaffungsvorgängen Anpassungen hinsichtlich der erweiterten Supply Chain vorzunehmen. Dabei ist auch eine Informationsrückkopplung über verfügbare funktionsfähige und defekte Teile in der Planung des Ersatzteilmanagements zu berücksichtigen.

An approach for solving disassemble-to-order problems under stochastic yields

Karl Inderfurth and Ian M. Langella

Otto-von-Guericke-University of Magdeburg, Faculty of Economics and Management, P.O. Box 41 20, 39016 Magdeburg, Germany
inderfurth@ww.uni-magdeburg.de, langella@ww.uni-magdeburg.de

Abstract This paper addresses the problem of determining the optimal amount of returned products to disassemble in order to fulfill demand for a specified amount of parts. This planning has been treated in literature, albeit under the assumption of deterministic yields. In practice, however, yields are often stochastic and this complicates planning substantially. This paper seeks to extend the current methodology to cases where yields are not known in advance. We begin by examining a small stochastic problem and gain insight into how to modify the existing methods used in disassembly planning to account for situations where the yields are stochastic. From this analysis we develop two different heuristics which are illustrated through a numerical example. In order to assess the performance of these heuristics, we conduct a numerical study over a wide range of scenarios which indicates very strong performance, particularly regarding the more advanced of the heuristics.

1 Introduction

The emergence and increasing importance of reverse logistics has been heralded in such articles as Guide and Van Wassenhove (2002) and Van Nunen and Van Wassenhove (2002). A firm may engage in reverse logistics in one manner or another for several motivating reasons. First, returns may be embedded with economic value which can be harvested by processing and reselling or reusing the material in some way. This is the so-called economic arm of motivation. The second arm being the ecological, in that reusing the material in any form, as opposed to merely landfilling the items, results in decreased waste disposal volumes one the one hand, as well as decreased virgin material consumption on the other hand. This theoretical, benevolent goal being either forced onto firms directly through existing or pending legislation, or indirectly through customer preference for "green" products. Firms may also expect customer's preferences and move towards more "green" product design and image. They may also move further than existing laws, knowing that the trend has always been increasing environmental legislation.

As early as 1995, the traditional conflict between environmental and economic factors, imbedded in the belief that costs inherently rise by increasing the "environmental friendliness" of operations, was challenged by Porter and Van der Linde (1995) and more recently by Reinhardt (1999). Illustrated is that the superior management of environmental issues (including *encouraging* new environmental legislation in certain instances) could bring about a competitive advantage *vis a vis* a firm's competitors. A recent look into the automobile industry's steps toward "greening" is afforded by Van Hoek (2002) through the examination of case studies using the framework from Reinhardt (1999). Each firm's motivation is a mix of the above motivations: economic and environmental, direct and indirect. Their motivation will form the background against which decisions are made.

Given returns are arriving at a firm, first the decision must be made as to what to do with them. The classical framework with respect to disposition options when dealing with a return flow can be credited to Thierry *et al.* (1995). Is there a possibility to sell the returns "as is" to some secondary market (referred to as *reusing*)? Should we disassemble the item, inspect and replace all worn parts, and reassemble it *(remanufacturing)* back into "good as new condition" and resell it? Should we look for a specified number of critical parts in the return and disassemble the return with the objective to harvest these parts *(cannibalization)* only? Or should we merely recycle the material *(recycling)* in the return through some physical transformation (e.g. shredding or melting)? The firm's answer to this will rely on many factors, among them would be economic, market, and legal factors. Economic factors would include the ease to transform the return back into selling condition, or its economic use upon recycling. Market factors would include both the markets response to green products but also the willingness to accept remanufactured products and pay for it. Legal factors would include any legislation which binds the firm to take the returns and process them in some way.

An important disposition option which forms the background of a fast growing business is that of remanufacturing. A major planning problem within the area of remanufacturing refers to so called demand-driven disassembly, where a firm takes an amount of returned products (e.g. cars, engines, computers, etc.), and disassembles them to obtain parts which can be used to construct "good as new" products.

The following section introduces the problem area and its nomenclature. In Section 3, we present the currently available methods which are used to plan disassembly. Section 4 offers our methodology for extending the current methods to cases where the yields are stochastic. These methods are illustrated numerically in Section 5. In Section 6, we conduct a numerical study to examine performance of the methods over a wide range of parameter values. Concluding remarks can be found in the final section.

2 Problem setting

2.1 Fundamentals

In this study, we address the specific decision problems faced by firms engaged in the remanufacturing business. Regarding this business, on the supply side, used products must first be *collected and transported* to a facility capable of remanufacturing. Upon arrival at the facility, the returns (referred to as *cores*) will be *sorted* by type. These sorted cores will wait to be disassembled in order to yield parts for the remanufacturing operation. On the demand side, we can observe a specified demand for remanufactured product, which through an MRP explosion can easily be converted into a list of components which must be harvested by the disassembly process. The main question then becomes: how many cores of each type should I disassemble in order to obtain these required parts?

Disassembling cores to harvest parts for remanufacturing occurs in several industrial settings. One example could be disassembling and remanufacturing automobile engines as seen in Driesch *et al.* (1997). Another example is the demand driven disassembly of computer servers in Veerakamolmal and Gupta (1998). These are not the only examples which could have been given, and in the future we expect the range of different products to broaden substantially, as environmental legislation and awareness increases one the one hand, and knowledge and competence in dealing with reverse logistics and specifically disassembly and remanufacturing becomes more mainstream or commonplace.

At this point, it is advantageous to quickly introduce some nomenclature. Referring to Fig. 1, the items 1 and 2 represent the *cores* or *roots*, the returned product which will be disassembled and remanufactured. Items A through D can be seen as the components which cannot be further disassembled, and are referred to as *parts or leaves.* Items a through c are neither cores nor parts, and are referred to as intermediate items. Also, it is said that item a is the *parent* of items A and B, and analogously items A and B are the *children* of item a. The term *yield* refers to the quantity of each child item obtained from the disassembly of its parent item.

For very simple product structures, the answer to the question of how many cores must be disassembled could be easily calculated. Given a specified demand for the parts (noting that this demand may have resulted from demand planning for external sales of the parts or from a running remanufacturing operation where the firm faces a primary demand for remanufactured product and therefore a secondary demand for the parts), the amount of each core needed could be ascertained by examination of the bill of materials in a reversed MRP approach, given the absence of two complicating characteristics referred to as *multiplicity* and *commonality.* Commonality refers to a specific component being contained in several cores, while multiplicity refers to when a specific item is used more than once (possibly in different locations) within a specific core. However, when each component is unique, and there are no common components either within one of the two cores, or between them, any demand for the parts must be serviced through a unique routing, which negates the need to compare costs.

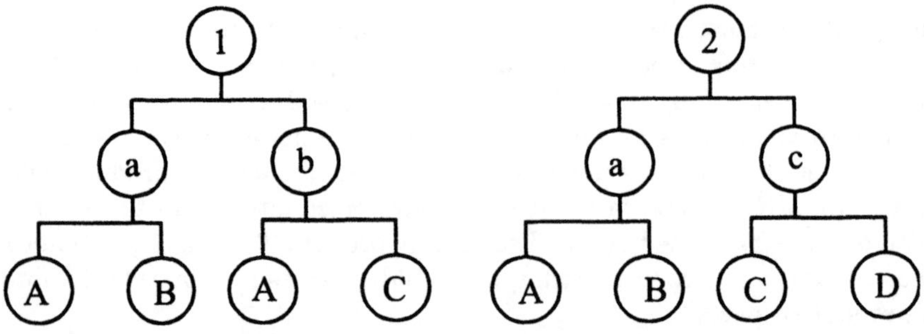

Figure 1. "Complex" product structures

In Fig. 1, however, both multiplicity as well as commonality can be seen. Intermediate item a (and its children) are contained in both core types. Additionally, with respect to core 1, a demand for part A could be sourced through either intermediate item a or b. Arriving at the optimal number of cores to disassemble for a given demand can no longer be merely calculated, and the involved costs must be taken into consideration. It must be noted that while both commonality and multiplicity complicate planning effort, they both make very good sense from several points. Economically, standardization of components allows for specialized labor and tools among other benefits from scaling. Environmentally speaking, a reduction in the number of different plastics (as an example) encountered in a car makes it much easier to recycle the content at its end of life. Also, personnel involved in disassembly (and disassembly is labor-intensive), can work more efficiently if they are exposed to fewer models and types (learning-curve effects).

In this paper we restrict ourselves to so-called *full disassembly*, where the core is completely disassembled. This is often found in a remanufacturing environment where remanufactured products must meet the same quality standards as new ones. Another alternative, *partial disassembly,* would be more relevant if we were to only disassemble to obtain spare parts, or as a precursor to material recycling. Restricting attention to full disassembly allows us to reduce the product structure to two stages. This reduction, illustrated by Fig. 2, would require us to adjust the yield parameter for item A from core 1 to include the yield from both routings 1-a-A and 1-b-A, as well as to incorporate the separation costs of the intermediate items into their respective core separation costs.

2.2 Relevant costs

At this point, one might wonder which decision-relevant costs are involved in this process. Relevant costs in such a disassembly planning model would include the following:

Core acquisition costs. Returns must be obtained from the marketplace. This can occur in practice in several different ways. First, the returned prod-

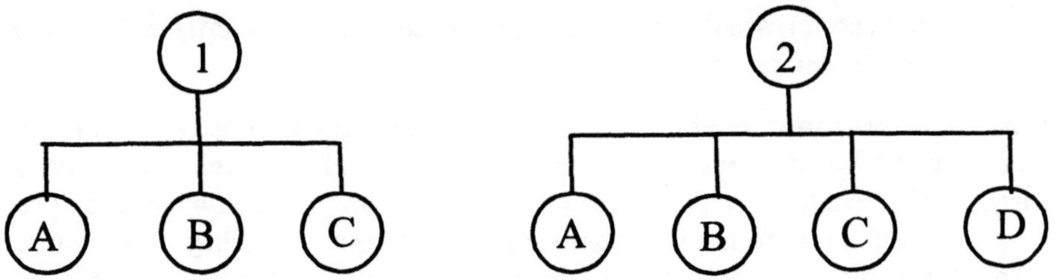

Figure 2. Two-stage product structure after reduction

uct might be leased equipment which has just come "off-lease". In this case, the firm must merely collect and transport the return to the facility for processing. The firm may be collecting returns as part of a take-back obligation, where legislation mandates that certain products be taken back at the end of their useful life (e.g. automobiles). It could also be that the customer demands payment for the returned product. Any such payment, along with costs to collect, inspect, and transport the core to the facility could (and should) be included in this category.

Separation costs. As is well documented, disassembly is labor-intensive and costly. The work required to separate parts from one another is often dirty (especially in comparison to production at large) and requires a good amount of competence from the personnel as they must be familiar with several models, deal with multiple model types within a workday, and exercise good judgement. Any costs involved in inspecting, cleaning, and sorting the parts could also be included here. Note that when considering a reduced two-stage structure, it would be necessary to include intermediate item separation costs with its respective parent's. With a two-stage problem, under the assumption of full disassembly, separating a core generates not only separation costs of the core, but also the separation costs of the intermediate items.

Disposal costs. Disassembling cores results in obtaining both parts for which we have demand, and also parts for which we may not have demand. Due to the uncertainty regarding the yields, in cases when yields are higher than expected we obtain more parts than we have demand for. These parts can either be held for future demand, or disposed of. The term "disposal" costs can be somewhat misleading, in that it need not represent landfilling or entry of the part into a waste stream but rather could represent the more environmentally-friendly option of identifying secondary markets for certain components and selling components which are not needed. Naturally, selling parts to secondary markets also generated revenue where landfilling items generates costs. Increasing landfilling costs are one way in which governments attempt to motivate firms to avoid disposing of material. In the past, these costs have shown a positive (increasing) trend and with most expectations counting on further increasing legislation and taxes, this trend is expected to continue for the foreseeable future as governments react to citizens' concern with respect to the environment.

Part procurement costs. In some cases, components not won from disassembly can be procured either through an external procurement option or through the firm's own production process. As previously mentioned, production itself tends to benefit from economies of scale, making procurement through production a potentially advantageous option from an economic (albeit not environmental) point of view. Having the ability to source parts through means other than disassembly is particularly useful when yields turn out to be less than expected.

2.3 Role of yield uncertainty

Uncertainty is no stranger to firms engaging in manufacturing, and much research has been done on dealing with uncertainty. Unfortunately, disassembly for remanufacturing is plagued by even more uncertainty than one would observe in other planning situations.

As structured in Aksoy and Gupta (2000), this uncertainty can be broken down into two main types: internal and external. The internal variant consists of such effects as stochastic manufacturing times, uncertain yields, and possible failures occurring in the processes. The external uncertainty contains both the traditional uncertainties concerning the demand for remanufacturing products as well as the uncertainty in the timing and quality of returns. This combination of uncertainty complicates our planning situation even more when compared to a traditional manufacturing environment. This uncertainty represents a new frontier for research efforts, as suggested in Guide (2000). Specifically relating to remanufacturing, while demand planning gives us a "deterministic" demand, the quality of the returns remains uncertain and complicates matters. Uncertainty in the quality of the used products is the main driver for yield uncertainty in the disassembly process.

A certain core being returned for disassembly can be malfunctioning in any number of areas, and given that our goal is to obtain viable parts for remanufacturing from disassembly, this fact will doubtlessly complicate matters. In fact, industry surveys have cited the lack of parts as a particularly problematic area in planning, as highlighted in Guide *et al.* (2000b). An industrial example of an instance where yield uncertainty complicates planning in automobile engine remanufacturing can be found in Driesch *et al.* (1997). Defect items can be classified, as seen in Gungor and Gupta (2002) based on whether the defect is physically or functionally defect, and also whether the defective part is removable or not. We maintain no such distinction, and a defect part to us would mean that it is *either* physically or functionally defect, but it *must* be removable.

One might ask how firm's typically deal with yield uncertainty in practice. Through contact with two remanufacturers of automobile engines, we have observed the following strategies. First, a level strategy where exactly the amount of cores for which we have primary demand is disassembled, with any disfunctional parts being made up through procurement. The second strategy inflated demand for cores by a fixed percentage dependent on the mean yield rate (which was applied entirely without regard to model, type, or the part in question), and planned to disassemble enough to meet this demand.

Both strategies are simple enough, but both could also generate unnecessary costs. Starting first with a "level" strategy, only disassembling enough cores to meet demand on a 1:1 basis, in a scenario where the yields are stochastic will all but certainly result in the need to procure parts to make up for the shortfall. This strategy will result in increased part procurement costs. The second strategy, the "fixed inflation factor" strategy, as it always uses the same factor, assumes that all parts (in all models) have the same likelihood of failure. This is counterintuitive, as one would expect older models to have more likely failures. Furthermore, within a certain core, one would also expect certain items to fail more frequently than others. Using a single inflation factor will result in increased core acquisition and separation costs, as well as disposal costs when the actual yield turns out higher than planned. On the other hand, if the yields turn out lower than the inflation factor planned for, this will generate additional part procurement costs. One might presume that the optimal policy must lie between these two extremes: obtaining inflated yield factors for components which reflect relevant costs and their actual probability of failure.

It must be emphasized that the cost trade-offs involved are difficult to balance. Certain parts may have a higher demand than others, but the disassembly of a certain core leads to obtaining not only those parts for which we have demand, but may also reap parts for which we have no demand, or for which the disposal cost is high. The alternative might be to procure parts externally, naturally given external procurement is not too costly. All these costs and options must be considered explicitly to arrive at a good solution.

There are only very few contributions from literature explicitly dealing with yield uncertainty in disassembly problems. Articles addressing this issue like those by Krikke *et al.* (1998) and Zuidwijk and Krikke (2001) focus on disassembly for recycling. This problem area is different from demand-driven disassembly for remanufacturing, which is addressed in our study.

3 Current solution methods under deterministic yields

Notwithstanding the previous section's description of the potentially daunting complexity of the problem, several methods exist to arrive at a solution under deterministic yield assumptions. First, Mixed Integer Linear Programming (MILP) could be used to model and solve the problem, as will be shown shortly. The complexity of these MILP models depends on several factors, and in the extreme could be quite complex. For this reason, a second stream of research employs heuristics which, in spite of being unable to guarantee solution optimality, are able to relatively quickly arrive at a solution to more complex, perhaps more realistic, problems.

3.1 MILP model

The following model has only one period, where a fixed demand for items are given, and yields treated deterministically. The given demand for parts could be direct sales of the components themselves, or an internal demand for parts resulting from remanufacturing.

The model considers the following costs. Cores must first be acquired and separated (*core acquisition and separation costs*). Parts not obtained from disassembly can be externally procured, at given costs *(part procurement costs)* or if too many are obtained from disassembly, they can be disposed of (*part disposal costs*).

The model will arrive at the following decisions. First, it will decide upon the amount of each core to be procured and separated. Second, depending on the costs involved, the model may decide to procure parts externally or to dispose of excess parts generated from disassembly.

We introduce the following notation:

R Set of core items
L Set of part items

c_i^s : Acquisition and separation cost per unit of core i, $i \in R$
c_k^p : Purchase cost per unit of part k, $k \in L$
c_k^d : Disposal cost per unit of part k, $k \in L$
π_{ik} : Amount of part k (yield) obtained from disassembly of core i, $i \in R$, $k \in L$
D_k : Demand for part k, $k \in L$
s_i : Number of items to acquire and separate of core i, $i \in R$
p_k : Number of items to procure of part k, $k \in L$
d_k : Number of items to dispose of part k, $k \in L$

The objective function and constraints for the deterministic model are given below:

$$\text{Min} \quad Z_D = \sum_{i \in R} c_i^s \cdot s_i + \sum_{k \in L} c_k^p \cdot p_k + \sum_{k \in L} c_k^d \cdot d_k \tag{1}$$

s.t.

$$\sum_{i \in R} s_i \cdot \pi_{ik} + p_k - d_k = D_k \quad \forall k \in L \tag{2}$$

$$s_i, p_k, d_k \geq 0 \text{ and integer} \quad \forall \quad i, k$$

The objective function and constraints, as seen above, are simple enough. Summed costs appear in the objective function to be minimized, starting with the core acquisition and separation, followed by part procurement, and ending with part disposal. The first constraint ensures that demand is satisfied by either obtaining parts from disassembly or by external procurement and that if any excess exists, it must be disposed of. The last constraint mandates that all decision variables take on non-negative integer values. It deserves to be mentioned that the integrality restriction on the decision variables is of limited relevance, in that if we face large demands for parts, the value of the decision variables will be large. In such cases, the integrality restriction could be ignored and the optimum values rounded, arriving at a solution with much less computational complexity.

The model presented is hardly novel, and could be seen as a more simplistic version of other, more general models (an example of which can be seen in Lambert and Gupta (2002)). Specifically, its one-period nature precludes the contemplation of holding inventory, which also explains the absence of holding costs. Lead times required for acquisition or separation of items are also neglected. Yet another consequence of its single period format is the coupling of the "core acquisition" and "core separation" decisions, which is particularly imperative in scenarios where the return flow of cores is constrained. In that, in a multi-period context where return scarcity is included in the model, we may procure cores in one period and separate them later. This simplified model leaves out the aspect of core scarcity, and assumes that if we acquire a core, we intend on using it immediately to obtain parts.

Another simplification is that it treats the problem in two-stage manner, i.e., it excludes intermediate items. A more general MILP model would allow us to determine the amount of intermediates to disassemble further, which to hold for future further separation (in a multi-period context) and which to dispose of prior to disassembling them to the part items. Lastly, one should note that while these simplifications are significant, formulating a more general model for a multi-period context, including core scarcity and lead times, would not be difficult.

3.2 Solution procedures

As noted in Taleb and Gupta (1997), a more general MILP model has the potential to be quite complex, especially when the number of items (cores, parts, and intermediates) and / or the time horizon is sufficiently large. As the complexity of realistic problems may preclude (or at least hinder) the use of exact methods, heuristics were developed.

In ground-breaking research, Gupta and Taleb (1994), show that disassembly cannot merely be scheduled by a reversed Material Requirements Planning (MRP) method as in MRP there exists only one demand point (the end item) whereas in disassembly, demand occurs at each of the parts. The heuristic developed therein can be applied only to situations where neither commonality nor multiplicity are present. The heuristic was extended in Taleb *et al.* (1997) to include commonality within a single core, making it possible to service demand from several routings within one core. As motivation, the authors alluded to the economic and environmental benefits of standardizing materials and components within a product.

The heuristic was further extended in Taleb and Gupta (1997) to include the more general problem of multiple cores and with the explicit consideration of commonality and multiplicity. Applying the heuristic will determine the amount of each core to be disassembled to meet a specified demand of parts. It was discovered that applying the heuristic, in certain cases where the lead times required to disassemble the cores are different, has the potential to deliver an infeasible result. This problem was corrected, and the approach extended to include holding costs for items and cores, as well as the consideration of external part procurement opportunities in Langella (2003).

4 Incorporating stochastic yields into solution methods

If yields are stochastic, we do not know beforehand how many parts will be available from disassembly when we decide to separate a certain number of cores. However, after the separation, the output of the disassembly process is revealed and the overage and underage of parts, given prespecified demands, becomes evident. Thus the decision process is naturally separated into two stages. First, it has to be decided how many items of different cores to acquire and separate for a given period, and after separation when uncertainty is gone the number of parts to procure or to dispose of has to be determined. Under reasonable cost assumptions, meaning that neither disassembly nor procurement for the purpose of disposal is profitable, it is straightforward to determine the optimal procurement and disposal quantities. After yield realization, i.e. when all π_{ik} values are known, each lack of parts will be procured and each excess will be disposed of:

$$p_k = \max\left[D_k - \sum_{i\in R} \pi_{ik} \cdot s_i \; ; \; 0\right] \qquad \forall k \in L \tag{3}$$

$$d_k = \max\left[\sum_{i\in R} \pi_{ik} \cdot s_i - D_k \; ; \; 0\right] \qquad \forall k \in L \tag{4}$$

Given this procurement and disposal strategy, the remaining first-stage decision problem refers to the optimal number of cores to be disassembled under probabilistic information about the yield rates. Assuming that in the stochastic case the firm's target is to minimize its expected costs, the optimization problem described in (1) and (2) for the deterministic problem has now to be formulated as follows:

$$\begin{aligned} Z_S = \underset{\{\pi_{ik}\}}{E} \Bigg\{ & \sum_{i\in R} c_i^S \cdot s_i + \sum_{k\in L} c_k^p \cdot \max\left[D_k - \sum_{i\in R} \pi_{ik} \cdot s_i \; ; \; 0\right] \\ & + \sum_{k\in L} c_k^d \cdot \max\left[\sum_{i\in R} \pi_{ik} \cdot s_i - D_k \; ; \; 0\right] \Bigg\} \to Min! \end{aligned} \tag{5}$$

$$\text{s.t.} \quad s_i \geq 0 \text{ and integer } \forall i.$$

Here $\underset{\{\pi_{ik}\}}{E}$ denotes the expectation over all possible yields realization.

Solving this stochastic optimization problem for the general case of multiple cores and part commonality requires a prohibitive computational effort. This is because we have multiple core variables which are stochastically interconnected by yields of multiple parts which commonly can result from different cores. This many-to-many relationship of cores and parts makes it impossible to simplify the problem solution by any separation property. Thus efficient heuristics have to be found to support sophisticated decision making in the stochastic case.

Heuristic procedures. A general idea for solving stochastic problems heuristically is to replace the stochastic variables by deterministic equivalents and solve the remaining deterministic problem. This method which is widely used in practice seems also attractive for our problem setting because the deterministic problem in (1) and (2) can be solved even for large-scale practical problems. However, the question is how to transform the stochastic π_{ik} parameters into deterministic $\hat{\pi}_{ik}$ values so that solving the deterministic problem with $\hat{\pi}_{ik}$ leads to a result which is near to the optimal solution of the stochastic problem in (5). In the sequel we will present two approaches which are based on using solutions of tractable simplified stochastic problems for an effective $\hat{\pi}_{ik}$ determination. The simplification refers to considering specific problem structures with only one core and one part ("one-to-one structure") or with one core and multiple parts ("one-to-many structure"), respectively. For these special cases it is possible to solve the stochastic problem analytically so that valuable insights can be gained by comparing the stochastic and deterministic solutions. This will help us to determine effective deterministic yield equivalents.

In order to model stochastic problems in detail, we have to decide how stochastic yield should be represented. In this paper we follow a modeling approach referred to as stochastically proportional yield where yield uncertainty is specified by the fraction of good units (i.e. the yield rate) resulting from disassembling a given lot of cores. This yield specification is generally justified when relatively large lots of items are considered and when yield losses result from random variations in the quality of the items to be processed (see Yano and Lee (1995)), a situation that we often meet in disassembly problems. In order to keep the analysis simple, we assume that each yield rate π_{ik} has a continuous density function $g_{ik}(\cdot)$. Obviously, each yield realization is bounded from below and above, i.e. $\pi_{ik}^{-} \leq \pi_{ik} \leq \pi_{ik}^{+}$.

One-to-one heuristic. The first heuristic we will present is based on analyzing a one-to-one problem structure and will therefore be denoted by one-to-one heuristic. If we consider a system with only a single core and a single part we can omit the core and part indices in the model formulation (5).

Using the yield density function as introduced above we can formulate the objective function Z_S as:

$$Z_S = c^s \cdot s + c^p \int_{\pi^-}^{D/s} (D - \pi \cdot s) \cdot g(\pi) \cdot d\pi + c^d \int_{D/s}^{\pi^+} (\pi \cdot s - D) \cdot g(\pi) \cdot d\pi \quad (6)$$

From stochastic inventory systems it is well-known that the cost function Z_S is convex in s so that the optimal lot- size of cores to be processed by disassembly can be found by simple differential calculus and turns out to be a multiple of the demand, with multiplier $1/\gamma$ (see Yano and Lee (1995), where also the more general case with stochastic demand is treated).

$$s_S = D/\gamma \quad (7)$$

with γ from

$$\int_{\gamma}^{\pi^+} \pi \cdot g(\pi) \cdot d\pi = \frac{c^p \cdot \bar{\pi} - c^s}{c^p + c^d} \quad (8)$$

where $\bar{\pi}$ equals the expected yield rate.

In case of uniformly distributed yield a closed-form formulation for parameter γ in (8) can be given by

$$\gamma = \sqrt{\frac{c^p \cdot (\pi^-)^2 + c^d \cdot (\pi^+)^2 + 2 \cdot c^s(\pi^+ - \pi^-)}{c^p + c^d}} \quad (9)$$

Given that disassembly is less costly than external procurement, in the correspondent deterministic case the optimal core number from solving the problem in (1) and (2) clearly would be

$$s_D = D/\pi \quad (10)$$

with π as deterministic yield rate.

Comparing the solutions in (7) and (10) it is obvious that solving the deterministic problem will generate the optimal result of the stochastic problem if γ is used as certainty equivalent for the stochastic yield rate, i.e.:

$$\hat{\pi} = \gamma \quad (11)$$

Applied to a general problem structure, the one-to-one heuristic would mean that for each core-part relation, the respective γ value from (8) has to be calculated and put into the deterministic model according to (11). Solving the respective deterministic problem in (1) and (2) yields the solution for the core variables. The procurement and disposal variables are determined following the decision rules given in (3) and (4). In using this quasi-deterministic approach it has to be taken into account that because of splitting the actual one-to-many structural relationships into one-to-one relations, also the core acquisition and separation costs have to split up in part-specific pieces c_k^s such that $c^s = \sum_{k \in L} c_k^s$. Since there is no cogent way of doing this, we have certain degree of freedom in implementing the heuristic approach. Reasonable rules of splitting up the cost could be to do it proportional to respective yields or part procurement costs. However, the choice of a certain rule will of course affect the performance of the heuristic in a way that cannot be easily estimated. To overcome this problem, a second heuristic will be introduced which avoids the cost split-up, but is computationally more cumbersome.

One-to-many heuristic. The one-to-many heuristic relies on breaking down the many-to-many problem structure into single one-to-many substructures which are solved independently so that part commonality is not taken into consideration for solving the stochastic problem. For ease of demonstration we will restrict to a structure where one core is separated into two parts A and B. In this case, using A and B as respective indices, the objective function in (5) can be formulated as

$$\begin{aligned} Z_S = c^s \cdot s + c_A^p \cdot & \int_{\pi_A^-}^{D_A/s} (D_A - \pi_A \cdot s) \cdot g_A(\pi_A) \cdot d\pi_A \\ + c_A^d \cdot & \int_{D_A/s}^{\pi_A^+} (\pi_A \cdot s - D_A) \cdot g_A(\pi_A) \cdot d\pi_A \\ + c_B^p \cdot & \int_{\pi_B^-}^{D_B/s} (D_B - \pi_B \cdot s) \cdot g_B(\pi_B) \cdot d\pi_B \\ + c_B^d \cdot & \int_{D_B/s}^{\pi_B^+} (\pi_B \cdot s - D_B) \cdot g_B(\pi_B) \cdot d\pi_B \end{aligned} \tag{12}$$

We assume that the yield rates of the different parts are independently distributed. If not, we additionally would have to take into account joint density functions for π_A and π_B.

Cost function (12) is a straight-forward extension of function (6) in the one-to-one case. It can easily be shown that Z_S also in (12) is a convex function in s so that from taking the first-order derivative and setting it equal to zero we receive an optimal solution s_S from:

$$\begin{aligned} (c_A^p + c_A^d) \int_{D_A/s_S}^{\pi_A^+} \pi_A \cdot g_A(\pi_A) d\pi_A + (c_B^p + c_B^d) \int_{D_B/s_S}^{\pi_B^+} \pi_B \cdot g_B(\pi_B) d\pi_B \\ = c_A^p \cdot \bar{\pi}_A + c_B^p \cdot \bar{\pi}_B - c^S \end{aligned} \tag{13}$$

In case of uniformly distributed yields rates from (13) a closed-form solution for s_S can be developed as

$$s_S = \sqrt{\frac{C_{AB} \cdot D_A^2 + C_{BA} \cdot D_B^2}{C_{AB} \cdot (\pi_A^+)^2 + C_{BA} \cdot (\pi_B^+)^2 - 2 \cdot (c_A^p \cdot \bar{\pi}_A + c_B^p \cdot \bar{\pi}_B^{-} c^S) \cdot (\pi_A^+ - \pi_A^-) \cdot (\pi_B^+ - \pi_B^-)}} \tag{14}$$

where $C_{AB} := (c_A^p + c_A^d) \cdot (\pi_B^+ - \pi_B^-)$ and $C_{BA} := (c_B^p + c_B^d) \cdot (\pi_A^+ - \pi_A^-)$.

Different from the one-to-one case we do not have to split up separation cost c^s. On the other hand, no part-specific multipliers like $1/\gamma$ in the former case do exist. In order to get an idea how to use the solution in (13) or (14) for solving the many-to-many problem, we again compare it with solution of the corresponding deterministic problem. It is obvious that in the deterministic case with one core and two parts, given again that disassembly is an economically reasonable option, the optimal solution is to disassemble as much cores as is necessary to receive either D_A or D_B part items:

$$s_D \in \left\{ \frac{D_A}{\bar{\pi}_A}; \frac{D_B}{\bar{\pi}_B} \right\} \tag{15}$$

Keeping this in mind, it is easy to see that the deterministic approach will always lead to the optimal stochastic solution if we choose the certainty equivalents $\hat{\pi}_A$ and $\hat{\pi}_B$ as

$$\hat{\pi}_A = D_A/s_S \quad \text{and} \quad \hat{\pi}_B = D_B/s_S \tag{16}$$

When using these yield parameters as key ingredients of the one-to-many heuristic we can avoid any arbitrary cost split-up. However, in applying this heuristic to the general many-to-many case a new problem arises. In case of part commonality we have to split up the demand for these parts into core-specific pieces, because the yield calculation in (16) needs specific part demands for each core individually. Since assignment of part demand to different cores is a result of the optimization rather than its input, we have to incorporate a second heuristic idea in our one-to-many procedure in order to make it applicable. This idea is that we employ an iterative procedure which starts with solving the deterministic problem using the expected yield values. From solving this problem we receive information on which amount of respective part demands is satisfied from which type of core. These core-specific demand data now can be used to calculate the yield rates in (16) which in a second interaction will be used to solve the deterministic problem again. If the assignment of demands from that solution equals that from the first iteration, we can stop the calculation and take the resulting values for the core quantities as heuristic solution. Otherwise we have to repeat the iterations until convergence in form of identity of demand assignment is given. Of note is that in certain infrequent instances, the optimal results from the deterministic problem fail to split the demand between the cores. When this is the case, the one-to-one heuristic can provide the needed demand split.

It is evident that both heuristics have a potential for generating good results to the generally structured disassembly problem with stochastic yields. On the other hand, both approaches have specific shortcomings. In the next section we will give a first glance on how both heuristic approaches will work and how they will perform by applying them to an example with a simple many-to-many problem structure.

5 Application of the method through an example

In this section, we will illustrate the methodology which we suggested in the previous section. We will be interested, in particular, in the performance of the two suggested heuristics as measured by the total expected costs of the policies. We start with a relatively simple product structure, as shown in Fig. 3. As can be seen, our example consists of two cores, 1 and 2, and three parts, A, B, and C. While simple, the product structure contains commonality as the part B could be sourced through either 1 or 2.

Now that we have a given product structure, we need the relevant cost, yield, and demand information. Starting with the cores, the cost for their acquisition and separation is given in Table 1.

Next, the parts can be purchased at given costs, see Table 2, and items face the given demand. With respect to yields, we assume that yields follow a uniform distribution with 0 and 1 as minimum and maximum respectively, resulting in an average yield rate of 0.5 for each part. Also, in our example, we set disposal costs to 0 for all items, while noting that positive disposal costs are explicitly treated in the model and that having positive disposal costs would not complicate the illustrated procedure.

Using mean yield values. The first step is to examine what would happen if we were to use the mean yield values as a deterministic equivalent. This is a form of the simple inflation policy previously mentioned in Section 2. Setting all yield values to 0.5 and solving the MILP model yields the following results of the respective deterministic model (DM), as shown in Tables 3 and 4.

As can be seen in Table 3, we acquire and disassemble 500 and 480 units of cores 1 and 2, respectively. In Table 4 we can see that the entire demand was covered by disassembly, and no procurement of items was used. Also noteworthy is that we dispose of 390 units of item B, which as a result of our disposal cost being set to 0 for all items, is not penalized in the cost

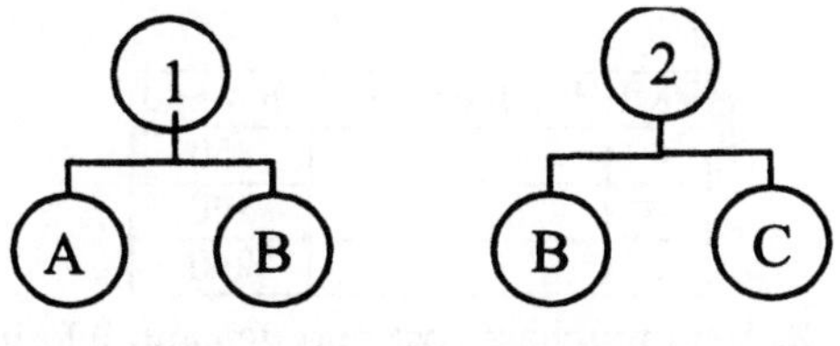

Figure 3. Product structure used in example

Core acquisition and separation cost	
Core	Cost
1	2
2	1

Table 1. Given core costs for numerical example

function. The Total Costs (TC) of the MILP (which treats the mean yield rate as deterministic) are 1490.00 €.

Under stochastic yield conditions, the disassembly policy depicted in Table 3 results in expected purchases and disposals of the different parts as reported in Table 5. With these purchase and disposal values, the Total Expected Cost (TEC) is calculated as 2038.06 €. The additional cost, as an aside, indicates the effects of uncertainty on this particular problem. As we have used zero disposal cost in this example, the additional cost can only be in external item procurement, indicating the inability to satisfy demand for at least some items.

"One-to-one" heuristic. The next step is to try the "one-to-one" heuristic. Yield factors are calculated from the appropriate formula (9), which as one might notice is not dependent on the demand. Noteworthy is that, for this calculation, the core cost is split between the two parts in a manner which is proportional to their yields (i.e. evenly). The adjusted yield factors, given by γ from formula (9), are given in Table 6.

Using these adjusted yield factors in the MILP yields the results shown in Table 7. As can be seen the optimal solution is to disassemble 396 and 480 of core 1 and 2, respectively. This represents a decrease in the amount of core 1 to be disassembled, while the same amount of core 2 is to be disassembled as was the case using the mean yield rates. The TEC results in costs of 1913.59 €, which is 6.1% below that of the simple inflation strategy.

"One-to-many" heuristic. Moving on to the second heuristic using the "one-to-many" model, the first step is to start with the mean yield rates and solve the MILP model to split the demand for item B between cores 1 and 2 prior to obtaining the adjusted yield rates. The solution to this step is identical to the solution presented previously and displayed in Tables 3 and 4, resulting in a 50%/50% demand split for part B. Once the demand is split, we can calculate the adjusted yield factors for the first iteration,

Part	Purchase Cost	Demand
A	5	250
B	8	100
C	4	240

Table 2. Item purchase cost and demand information

Core	Amount to be disassembled
1	500
2	480

Table 3. DM: Disassembly of cores

Item	Purchase Item	Dispose Item
A	0	0
B	0	390
C	0	0

Table 4. DM: Purchase and disposal of items under deterministic mean yields

Item	Purchase Item	Dispose Item
A	62.5	62.5
B	0.7	390.7
C	60.0	60.0

Table 5. DM: Expected purchase and disposal of items under stochastic yields

Core , Item	Adjusted Yield Factor
1, A	0.632
1, B	0.5
2, B	0.354
2, C	0.5

Table 6. Adjusted yield factors for "one-to-one" heuristic

Core	Amount to be disassembled
1	396
2	480

Table 7. "One-to-one" heuristic: Optimal disassembly of cores

using equations (14) and (16). These factors, $(\hat{\pi}_{1A}, \hat{\pi}_{1B}, \hat{\pi}_{2B}, \hat{\pi}_{2C})$, can be seen in Table 8. These values are then inserted into the MILP and re-solved, yielding the solution illustrated in Table 9. As can be seen, the amount of both cores to be disassembled has been further reduced when compared with the "one-to-one" heuristic.

Core , Item	Adjusted Yield Factor
1, A	0.867
1, B	0.173
2, B	0.141
2, C	0.678

Table 8. Adjusted yield factors for "one-to-two" heuristic, first iteration.

Core	Amount to be disassembled
1	289
2	354

Table 9. "One-to-two" heuristic: Disassembly of cores

Method	Core 1	Core 2	TEC
Mean Yield Factors	500	480	2038.06
"One-to-one" Heuristic	396	480	1913.58
"One-to-two" Heuristic	289	354	1811.11
Optimal solution	283	346	1810.68

Table 10. Comparison of total expected costs for different methods

Updating our adjusted yield factors and re-solving the MILP results in no change to the decision variables. That is, the procedure converged after one iteration. The TEC of the solution given in Table 9 is 1811.11 €, which is less than the cost for the "one-to-one" heuristic.

We would now like to juxtapose the results obtained under the three methods, as shown in Table 10. As can be seen, the first heuristic results in a 6.1% savings in the expected cost over the mean yield approach, and the second method results in a 5.3% expected cost savings compared with the first method, and a 11.1% savings over the mean yield factor method.

For the simple example given in this section, it is possible to calculate the optimal disassembly solution from formulating the respective cost function in (5) and searching the optimal (s_1, s_2) values numerically. So we are able to compare both heuristics with the exact solution. It turns out that the optimal solution is only marginally better than the result from the "one-to-many" heuristic. The results are promising and indicate that the heuristics may work very well. This is further supported by a more systematic performance analysis, which follows in the next section.

6 Performance of solution methods

In order to explore the performance of the suggested solution methods, a numerical study is devised and conducted. The goal of this numerical study is to gain a rough insight into performance of the heuristics (*vis-a-vis* the optimal solution) over a wide spectrum of different cost and demand scenarios. The following sections present the design of the study and its results, respectively.

6.1 Study design

We start by using the same product structure seen in Fig. 1 and used in the example in the previous section, with again the advantage that this is the most simple structure which contains multiple cores and part commonality, and that the simple structure allows us to analytically arrive at the optimal values for s_1 and s_2. We assume the yield rates to be uniformly distributed with a minimum and maximum of 0 and 1, respectively. This assumption implies that we have very little (if indeed any) information on what yields to expect, and therefore can be seen as a worst case scenario where the heuristics have the largest potential to improve the planning situation but unfortunately also have the largest potential to deliver poor results. In this study, we set all disposal costs to zero. This assumption, in the light of ever-increasing landfill taxes, certainly deserves to be questioned. Of primary importance in the study is the relation between purchase costs of the cores and the procurement costs of the items, and setting disposal costs to zero can therefore be seen as some kind of normalization.

Taking into account the above assumptions, performance can vary based on the following influences. First, the disassembly profitability, be it high or low, may lead to variation in the performance of the heuristics. Second, they may react differently if costs are symmetric or asymmetric. The former situation would be the case if both cores cost the same to purchase and disassemble, and all three leaves cost the same to procure externally. Lastly, performance may depend on whether demands are symmetric or not. Symmetric demands would mean that all three items have the same demand.

With respect to the profitability of disassembly, it can be seen that, given the absence of disposal costs, disassembly (on average) will be profitable if:

$$c_1^s \leq \bar{\pi}_{1A} \cdot c_A^p + \bar{\pi}_{1B} \cdot c_B^p \quad \text{and} \quad c_2^s \leq \bar{\pi}_{2B} \cdot c_B^p + \bar{\pi}_{2C} \cdot c_C^p$$

Taking into account our assumptions regarding the yields, viz. $\bar{\pi}_{1A} = \bar{\pi}_{1B} = \bar{\pi}_{2B} = \bar{\pi}_{2C} = 0.5$, we can simplify the above to:

$$2 \cdot c_1^s \leq c_A^p + c_B^p \quad \text{and} \quad 2 \cdot c_2^s \leq c_B^p + c_C^p$$

This leads us to the construction of two scenarios, one with high relative profit, the other with low relative profit, as seen below:

$$\begin{array}{ll} \text{A1}: & \text{low disassembly profit} \rightarrow \quad 3 \cdot c_1^s = c_A^p + c_B^p \text{ and } 3 \cdot c_2^s = c_B^p + c_C^p \\ \text{A2}: & \text{high disassembly profit} \rightarrow \quad 12 \cdot c_1^s = c_A^p + c_B^p \text{ and } 12 \cdot c_2^s = c_B^p + c_C^p \end{array}$$

Next, we can address cost symmetry by devising the following two scenarios:

$$\begin{array}{llll} \text{B1} & : & \text{symmetric costs} & \rightarrow \quad c_1^s = c_2^s \quad \text{and} \quad c_A^p = c_B^p = c_C^p \\ \text{B2} & : & \text{asymmetric costs} & \rightarrow \quad c_1^s = 2 \cdot c_2^s \quad \text{and} \quad c_A^p = 2 \cdot c_B^p = 4 \cdot c_C^p \end{array}$$

And finally, addressing different demand situations for the items, the following three scenarios can be formulated. Note that the first asymmetric demand scenario places the largest demand on a core-specific part, while the second scenario has its largest demand on the part common to both cores.

$$\begin{array}{llll} \text{C1} & : & \text{symmetric demands} & \rightarrow \quad D_A = D_B = D_C \\ \text{C2} & : & \text{asymmetric demands 1} & \rightarrow \quad D_A = 2 \cdot D_B = 4 \cdot D_C \\ \text{C3} & : & \text{asymmetric demands 2} & \rightarrow \quad D_A = 4 \cdot D_B = 2 \cdot D_C \end{array}$$

	c_1^s	c_2^s	c_A^p	c_B^p	c_C^p
A1 / B1	1	1	1.5	1.5	1.5
A1 / B2	2	1	4	2	1
A2 / B1	1	1	6	6	6
A2 / B2	2	1	18	8	4

Table 11. Cost parameters by scenario used in performance study

	D_A	D_B	D_C
C1	100	100	100
C2	400	200	100
C3	200	400	100

Table 12. Demand parameters by scenario used in performance study

This results in a total of 12 problem instances spanning a significant range of parameter situations. We normalize using $c_2 = 1$ and $D_c = 100$, allowing the other parameters to take on the following values shown in Tables 11 and 12 for the cost and demand parameters, respectively.

For each of the 12 problem instances, we first started by using the mean yield approach, followed by the "one-to-one" heuristic, and finally the "one-to-many" heuristic. The results of the study are presented in the next section.

6.2 Numerical results

For this relatively simple product structure and yield assumptions, the optimal values of s_1 and s_2 can be numerically ascertained. This makes the selection of an appropriate criterion very simple, we compare results of the three methods against the optimal decision. For each method, the cost of deviating from the optimal decision can be seen as:

$$\text{Relative Cost Deviation} = \frac{TEC(s_1, s_2) - TEC(s_1^*, s_2^*)}{TEC(s_1^*, s_2^*)}$$

We will start by comparing the results obtained using the mean yield factor versus the optimal values. As one can see in Table 13, depending on which scenario is compared, the performance of the mean yield method are at times fairly good, and with other scenarios relatively poor. Specifically, at best performance (under scenario A2/B1/C1) it deviates from optimal costs by only 0.2%, which one could easily term negligible. At worst performance (A1/B2/C2) the simple policy results in a 19.6% cost deviation, which well motivates exploring alternative planning methods. Better performance is generally obtained for scenarios which have high profitability, while the poorest performance is found where the profitability is low. Making accurate statements regarding costs and demand fluctuations is somewhat more

	A1		A2	
	B1	**B2**	**B1**	**B2**
C1	13.3	12.3	0.2	1.0
C2	2.0	19.6	0.4	0.3
C3	2.9	4.7	2.7	3.6

Table 13. Relative cost deviation using mean yield rate approach (in %)

	A1		A2	
	B1	**B2**	**B1**	**B2**
C1	2.3	3.2	3.8	4.3
C2	4.7	5.0	4.3	5.1
C3	1.8	0.3	1.3	2.1

Table 14. Relative cost deviation using "one-to-one" heuristic (in %)

problematic. One can generally observe that moving from symmetric to asymmetric costs leads to a slightly higher penalty. There seems to be no obvious conclusion with regard to moving from symmetric to asymmetric demands.

The "one-to-one" heuristic results in cost deviations from the optimal given in Table 14. The best results were obtained under scenario A1/B2/C3 with a cost deviation of 0.3% and the worst performance was obtained in A2/B2/C2 with a 5.1% cost deviation. This heuristic's performance appears most influenced by the demand structure. Specifically, one could say that it performs relatively well under the second asymmetric demand (C3) where the largest demand is placed on the common part (viz. part B), exhibits relatively poor performance under asymmetric demand where the largest demand occurs on a non-common part (C2), and mediocre performance under symmetric demands (C1). To be fair, one should remember that different core cost splitting rules may arrive at better (or worse) performance than that which we obtained, and deeper study along these lines is relegated to further research.

The "one-to-many" heuristic shows promising results indeed, as seen in Table 15. In none of the instances studied did the cost deviation exceed 1%, which is remarkable. Strongest performance was seen when *either* profitability was high or demand was symmetric. When demand was asymmetric and profitability was low, better performance was generally observed when costs where asymmetric. Naturally, this strong performance could vary under different model assumptions (e.g. yield distribution), or the heuristic may be unable to maintain good performance as the examined product structure is expanded (i.e. for more realistic problems). As before, we leave these questions for further research.

Managers contemplating which method to use to plan disassembly will doubtlessly seek to trade-off performance against ease of implementation.

	A1		A2	
	B1	**B2**	**B1**	**B2**
C1	<0.1	0.1	<0.1	0.1
C2	0.9	0.3	0.1	<0.1
C3	1.0	0.3	0.3	0.1

Table 15. Relative cost deviation using "one-to-many" heuristic (in %)

A more difficult to implement method must exhibit a cost performance advantage large enough to offset the costs of the additional control burden. Naturally, if there were no cost advantage obtained by using a more difficult method, one would prefer a "quick and easy" method such as the mean yield rate approach. Table 16 shows cost deviations for all three results under each scenario. For each scenario, the top number indicates the cost deviation for the mean yield rate approach, the middle the "one-to-one" heuristic, and the lower number the "one-to-many". This will enable us to look for instances where one method may be preferable to the others, although it should be mentioned at the onset that whether the cost advantage outweighs the additional control burden is somewhat of a subjective decision (because of difficult to quantify control costs) and will be made using managerial judgement. That being said, it appears that one would be relatively safe in using the mean yield approach in the portion of the table with bold numbers, which corresponds to areas of high disassembly profit, excluding the C3 demand scenario. The "one-to-many" heuristic results in largest cost savings in the portion of the table with regular numbers, which is when disassembly profit is low, again excluding the C3 demand scenario. Lastly, the "one-to-one" heuristic may be preferred under the C3 demand scenario, which is given in italics in the table, and represents the scenario where the largest demand for items comes from the item common to both cores. In closing, it should also be said that since s_s-values for the "one-to-many" heuristic can be relatively easily calculated in the case of uniformly distributed demands using equation (14), under these circumstances this heuristic has roughly the same control costs as the other methods and thus will be generally preferable.

7 Conclusions

In this paper, we have seen how present-day methods for planning disassembly systems can be extended to deal with situations where the yields are stochastic. Currently available approaches treat yields as deterministic, and it has been shown that extending these methods to incorporate uncertainty is not trivial. For this reason, we focused on simpler product structures and gained insight into the problem using them.

The methodology which we propose consists of two heuristics developed from the analysis of small-scale stochastic problems. The application of this

	A1		A2	
	B1	B2	B1	B2
C1	13.3	12.3	**0.2**	**1.0**
	2.3	3.2	**3.8**	**4.3**
	< 0.1	0.1	**< 0.1**	**0.1**
C2	2.0	19.6	**0.4**	**0.3**
	4.7	5.0	**4.3**	**5.1**
	0.9	0.3	**0.1**	**< 0.1**
C3	*2.9*	*4.7*	*2.7*	*3.6*
	1.8	*0.3*	*1.3*	*2.1*
	1.0	*0.3*	*0.3*	*0.1*

Table 16. Relative cost deviation of all three methods (in %)

methodology has been shown to be not so difficult as to preclude its use by practitioners, and also that employing this methodology can result in substantial cost savings. Realized savings vary depending on several factors, not the least of which are the cost parameters, and our initial performance study indicates strong results, especially regarding the "one-to-many" heuristic, over a wide range of parameter settings.

Areas for future study include the influence of differing cost-split rules in the "one-to-one" heuristic as well as demand-split policies on the "one-to-many" heuristic. Some cost-split or demand-split policies may turn out to be superior to others, and the performance of these two heuristics could be enhanced by the proper policy selection. Further numerical investigation is also warranted, and the study employed in Section 6 can and should be extended. Specifically, disposal costs could be included and more scenarios could be added in order to gain a more in-depth investigation into the performance of the heuristics.

Acknowledgement

The research presented in this paper is part of the research on re-use in the context of the EU supported TMR project REVerse LOGistics (ERB 4061 PL 97-0650) in which apart from Otto-von-Guericke University Magdeburg, Eindhoven University of Technology (NL), Aristoteles University of Thessaloniki (GR), Erasmus University Rotterdam (NL), INSEAD (F) and University of Piraeus (GR) also take part.

Evaluating component recycling strategies

Baptiste Lebreton and Axel Tuma

Department of Economics, University of Augsburg, Universitätsstraße 16, 86135 Augsburg, Germany
baptiste.lebreton@wiwi.uni-augsburg.de, axel.tuma@wiwi.uni-augsburg.de

Abstract European environmental legislation aims at inciting manufacturers to close their supply chain by explicitly encouraging the reintegration of used components. Though this approach seems to be "ecologically correct", the reluctance of several original equipment manufacturers (OEMs) and the low level of diffusion of remanufacturing activities indicate that component recycling does not always economically make sense. The purpose of this paper is twofold: identify critical factors for the success of recovery operations and hereby explaining OEMs' behavior concerning component recycling strategies. In this context an optimization model is discussed taking into account parameters such as life cycle duration, reverse flow distribution, technical compatibility and customer expectations. Finally, we present two interesting insights gained by the application of the model.

1 The economics of component recycling

1.1 Recycling driving factors

Despite the generally acknowledged resource scarcity, recycling has become a really significant concern only recently. The fact that the generic term depicting the management of the reverse flows, namely reverse logistics, only appeared 1992 (cf. Stock (1992)) and preceded the great majority of the publications[1] about this issue, seems to confirm this assertion.

Understanding the sudden interest from the OEMs concerning recycling issues requires taking a look at the driving forces shaping their industry. To this purpose, Carter and Ellram (1998) propose a framework derived from Porter's approach to competition. Given the four forces identified by the authors, an observation of the current practice shows that only three (underlined in Fig. 1) play a significant role in recycling programs.

- **Buyers:** Guided by stakeholder groups (especially NGOs) which point out various form of resource spoilage and advocate for a more sustainable world, some customers have started adding ecological values to their buying decisions. In this context environmental-friendly products may gain a clear differentiation factor which is particularly highlighted by remanufacturers, e.g., in the car and truck tire industry. These concerns

[1] A comprehensive literature overview can be taken from Carter and Ellram (1998), Fleischmann (2001) and Guide *et al.* (2000a).

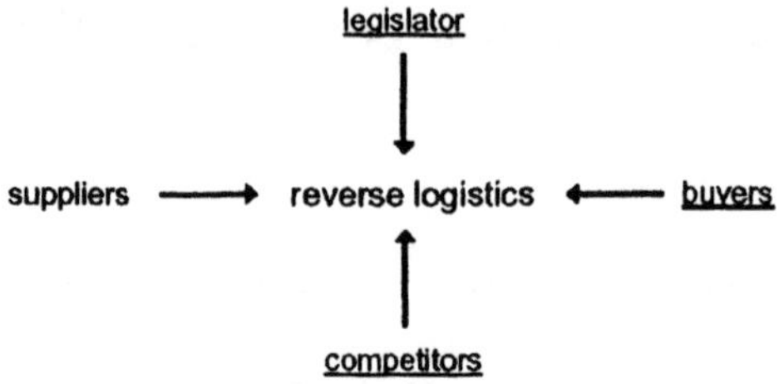

Figure 1. Recycling drivers

find their way backwards into the supply chain: the supplier ability to manage forthcoming environmental challenges (and to share the related financial burden with its customer) becomes a significant criterion for OEMs during the supplier selection process.

- **Competitors:** In industry sectors where increased resource efficiency is immediately coupled with cost savings, used products or their parts (also named cores) appear to be a cheap alternative to new ones. Recent developments in the copier industry illustrate this fact, as remanufactured copiers have contributed to enlarge the customer basis by creating of a low-end segment. This measure enables buyers who could not afford a copier so far, to get a fully functional device. Moreover, these items have partly cannibalized the middle-range segment because of the insignificant quality differences between (partly) old and new commodities.
- **Legislator:** Nevertheless, both driving forces mentioned above represent isolated cases. As long as market mechanisms are not able to respect either external effects or resource scarcity, the legislator will continue to stay the most important driving force behind reverse logistics (cf. Carter and Ellram (1998)). For instance, all significant recycling programs rising in the 90s (with exception of the copier industry) are the sequel of an extension of the producer's responsibility to the after-use phase: German packaging law 1991, European directive for scrap cars (2000) and for electrical and electronic appliances – WEEE (2002). In addition to the aimed internalization of disposal costs by the OEMs' side, the legislator has mandated significant recycling targets: 85% for the automobile industry by 2006, up to 80% for large household appliances like refrigerators or washing machines.

This restrictive legislation has proven to be the decisive factor toward a more sustainable producer behavior. Confronting these recycling targets, concerned OEMs have been forced to investigate how to ensure resource replenishment with the lowest financial burden possible. In this context, producers face two alternatives for closing their supply chain: material recycling or component recycling.

Material recycling means the reuse of materials from used products or components, e.g. by reclaiming metal from a scrap-car. Although material reclaiming has long been practiced, the additional material and energy consumption to reclaim disposed materials may outweigh the initial resource withdrawal, therefore limiting its sustainability. Stumm and Davis (1991) show, using rules of thermodynamics, that material recycling is necessary but not sufficient as the resource input rises over proportionally with an improvement in the recycling rate. The car manufacturers illustrate this situation by already yielding an 85% recycling rate, which is almost entirely based on material reclaiming. OEMs do not expect to improve this figure substantially in the future as the recycling of further materials, especially plastics, can not be either economically or ecologically motivated in the current situation. As the European scrap-car directive sets a 95% reintegration target for 2012, other methods have to be investigated to close the supply chain.

Component recycling depicts the reuse of components either in the production process (remanufacturing) or as spare parts to replace worn components. Unlike material recycling, component recycling avoids an important entropy increase of the ecosystem because of its manual nature: human activity replaces resources and energy consumed for reclaiming materials and producing new items. Published studies about remanufacturing and dedicated life cycle assessments endorse in most of the cases the ecological merits of remanufacturing.

Notwithstanding the environmental contribution of component recycling, one may wonder why OEMs are reluctant to start high range remanufacturing programs and place emphasis on material recovery. In order to understand this dilemma, it is first necessary to identify which factors influence component recycling strategies.

1.2 Key factors

The complexity of component recycling issues makes it necessary to deal with these issues within a comprehensive framework in order to identify which critical factors enable or hinder the reuse of components. Since the scope of the products studied is wide, we refer to Fleischmann (2001) for an overview of the case studies, these often present few commonalities concerning their characteristics. Hence, product-based cluster building seems a priori inappropriate to make a judgement concerning the reuse potential of a component. Despite this diversity, environmental publications insights (cf. Stahel (1986), Steinhilper (1998)) make it possible to recognize similarities among the case

Process	Input	Output
Production	Resources	Final Product
Utilization	Final Product	Used Product
Recovery	Used Product	Resources

Table 1. Generic life cycle processes (adapted from Steinhilper (1998))

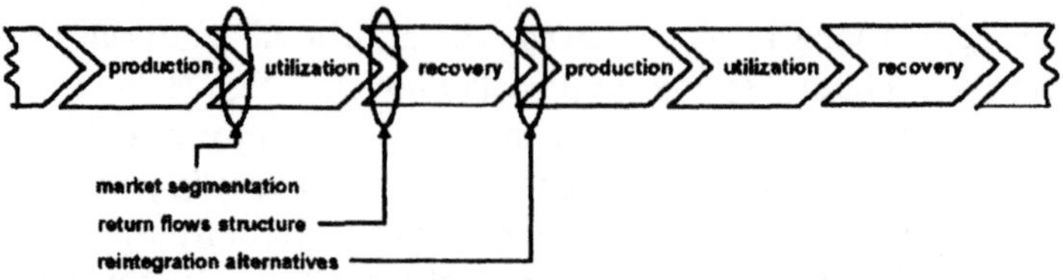

Figure 2. Generic life cycle processes and key factors

studies. The authors identify three processes with respect to the whole product life cycle: production, utilization and recovery (cf. Table 1).

On the basis of the aggregated process map drafted above, we identify three key factors which are positioned at the interface between the generic processes (cf. Fig. 2). These parameters are required for the development of a comprehensive decision model.

Market segmentation. The presence of a marketing channel for remanufactured goods is a prerequisite for implementing remanufacturing operations. Remanufactured products are often considered to be cheap and obsolete although these products fulfill the same basic requirements. The high-end market segment, for which innovation and trends are a critical decision factor, tends to ignore this supply source. For this reason remanufactured goods can only reach a part of the customers, especially low-end ones, who are keen on buying goods at a favorable price. Thus a planning model has firstly to take market differentiation into account and secondly it has to integrate an upper bound for the demand of a product, which meets a given quality expectation. In case of diverging reverse flow patterns among market segments it appears useful to differentiate these into single segments in order to estimate the impact of each segment on component recycling.

Return flow structure. The construction of a reverse logistics network presents initially an important financial burden, so that OEMs are keen on cooperating with already established logistics providers to minimize their sunk costs. Considering the uncertainty surrounding the amount and timing of the return flows, one need not wonder, that producers are reluctant to start a high range remanufacturing program. Two reasons contribute to maintain this uncertainty at a critical level: the absence of past data and the product selling strategy.

Reverse flow management is a recent preoccupation for most of the firms confronted with either more restrictive legislation (e.g. car industry, mobile phones) or competitive pressure (e.g. copiers, truck tires). As a result, little attention has been given to the acquisition of past data so that manufacturers are not able to provide their corporate planning with reliable information. Publications focusing on reverse flow forecasting (cf. Goh and Varaprasad (1986), Kelle and Silver (1989), Toktay (2001)) build on Goh's approach, which addressed returnable containers (cf. Goh and Varaprasad (1986)) or equivalent items such as one-way cameras (cf. Toktay (2001)). Thus, one of

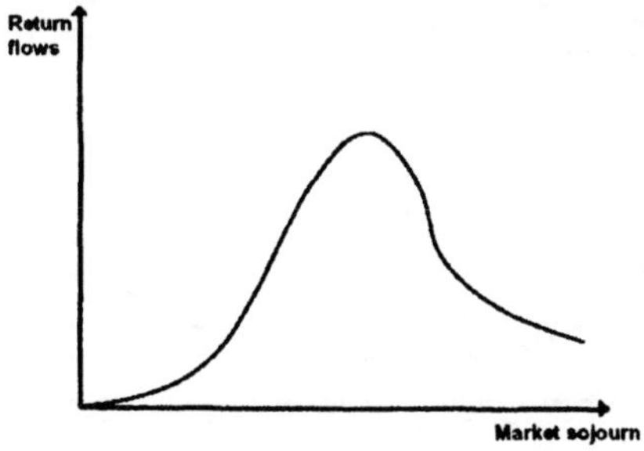

Figure 3. Generic return distribution

the shortcomings of this forecasting method is its non-applicability, when no past data is available. On the other hand, Goh-based algorithms, unlike exponential smoothing or time series, respect the correlation between sales figures and return flows. Fuzzy logic approaches, which combine expert knowledge and experience gained by other industries, may be a way to cope with information lacks and to get reliable data (cf. Marx-Gomez (2001)). In general, the return distribution can be modeled as in Fig. 3.

By basing their business on product selling, OEMs complicate product return management. The sale of a product implies the transfer of all property rights to the buyer (cf. Furubotn and Pejovich (1972)) and in particular the right to resell its good without referring to the OEM. The first buyer can try to extend the product life or to resell the product as long as its value is positive. However, the timing of the reverse flows may be in both cases too late; furthermore, an OEM has then no direct means to influence product returns in his favor. A second core flow, parallel to reverse flows occurring at the product end-of-life, supplies remanufacturing activities during the utilization phase. Unlike product returns, single core returns are more driven by functional than psychological obsolescence, i.e., part returns are caused by a service failure. Lund (1977) identifies three phases in the working life of a core. Each phase presents a single failure reason with respect to the service time. Lund models the failure incidence by a bath-tub-curve as in Fig. 4. Manufacturing errors and material failures explain early life defects; then, after a long period of lowest defect incidence during which the defects are almost always caused by unusual stress, wearing lets the failure rate rise again. Concerning the distribution form, Ihde *et al.* (1999) argue that with increasing quality concerns in manufacturing processes, early failures tend to disappear, although the part's reliability still diminishes over time. Under this quality aspect, the attractiveness of a used part is maximal when remanufacturers can ensure that this core will be returned before the wear out phase begins, thus assuring at least the same service quality of new parts.

Reintegration alternatives. Taking used products back is a prerequisite for remanufacturing but is not decisive. Technical factors also strongly in-

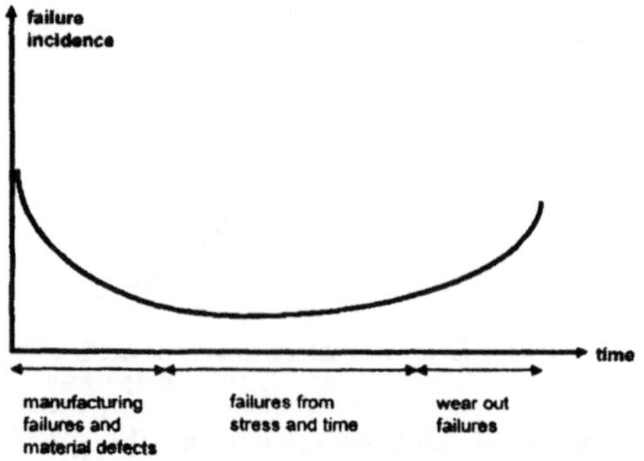

Figure 4. Failure rate distribution (cf. Lund (1977))

fluence the remanufacturing probability of a core. We identify hereby three constraints that tend to reduce the reuse opportunities:

- **Technological evolution.** Functional obsolescence (cf. Bellmann (1990), Packard (1960)) may occur when a returned core does not fit the requirements for being remanufactured, despite its working state. This may be due to problems regarding the functionality of an item, its performance (e.g. processing speed) or the absence of adapted interfaces.
- **Lacking focus on design for recycling (DFR).** DFR (cf. Navin-Chandra (1994), VDI (2002)) results from the necessity of improving the profitability of the disassembly process. Design guidelines help avoid core damage during the recovery process with the use of removable connections. Furthermore, modular product structure helps reduce the process complexity faced by the disassembler and therefore contributes to maintain disassembly costs sensibly lower than purchasing costs for new parts.
- **Wearing.** A third hurdle on the way to reintegration is the wearing state of the parts, also called qualitative obsolescence. Due to wearing during the utilization phase, the parts' performance may decrease over time, once reaching a point where a reintegration appears neither economically justifiable nor defendable in view of security concerns. In the automotive industry, e.g., OEMs refuse to supply remanufactured break discs which are classified as security parts. Notwithstanding these difficulties, it is important to notice that some parts are not subject to strong wearing and, as a consequence, ought to last much longer than their planned life-cycle. As an example, the service time of a processor is much longer than the life-cycle of a computer in which it has been integrated first.

The reintegration of reclaimed components is not only limited by the disassembly efforts but also depends on the technological evolutions of a product. Whereas recovery models, mostly focusing on materials recycling, assume that a fraction of the reverse flows can be reintroduced in the supply chain, little attention has been given to the remanufacturing opportunities

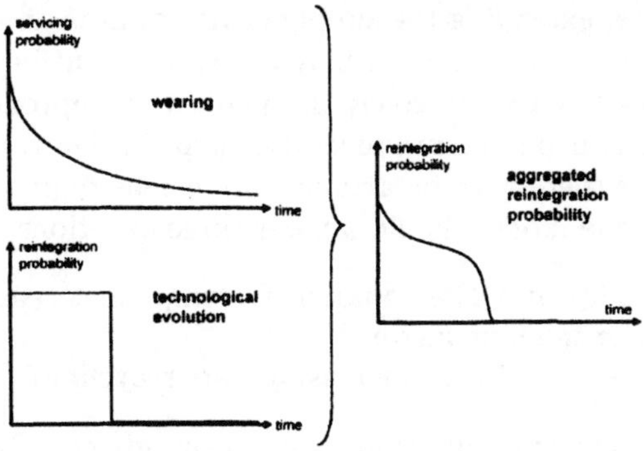

Figure 5. Impact of wearing and technological evolution on the reintegration probability

of a distinct component. In order to develop a practical model, technological evolutions complicating or disabling the remanufacturing option of a part should be taken into account. This model extension enables the OEM to estimate the impacts of a product upgrade on inbound flows (see Fig. 5).

Interdependency between key factors. An isolated improvement of a given key factor increases the potential throughput of the following generic process. It is, e.g., possible for a tire manufacturer to facilitate the reuse of car tire casings by strengthening the sidewalls, therefore increasing the *reintegration* probability (we refer to Ferrer (1997) for a comprehensive overview of the economics of tire remanufacturing). However, the question arises whether a single adjustment of a key factor makes the utilization of the whole remanufacturing potential reachable. In fact, the answer depends on the structure of the input flows which is finally coupled with the key factors settings for the processes located upward in the supply chain. Experience shows that these input flows represent a bottleneck that cannot be removed with the help of a local key factor change downwards. For this reason, a modification of a key factor should be made under consideration of the whole parameter setting, beginning with the *customer acceptance* for used items and under consideration of the financial impacts of such modifications. Finally, as long as an active *product return* management has not been implemented (cf. Thierry *et al.* (1995)), the OEM's ability to significantly influence part reuse will remain low.

2 Modeling component recycling issues

2.1 Modeling requirements

As seen in the previous chapter, evaluating the reuse potential of a component requires a comprehensive approach coping with the complexity of this issue. Furthermore, extending the supply chain towards an integrated loop is a challenge whose financial burden may outweigh its utility. In this context it seems necessary not to rely solely on qualitative approaches for taking a well-founded decision but to produce also quantitative results. Linear programming appears thereby to be an adequate means to produce the required figures. Basically the model should answer three questions:

1. Is it profitable for an OEM to intensify component reuse?
2. If not, what are the hint factors?
3. Which measures could help increasing part recycling?

Dealing with the first question gives clear advices about what Ferrer (2001) calls strong and weak candidates for reuse. Indirect goal of such a model is to draft product clusters that enable an assignment of products for which no research has been made so far. Hereby an a priori judgment about the component recyclability of a given good should become possible. Moreover, an investigation about the viability of a component-based recycling strategy gives the occasion to analyze the factors that hinder this supply chain extension. One may investigate further whether a key factors modification, e.g., through quality improvements or an earlier reverse flows timing, has a positive impact on the OEM's profits and finally on reuse activities.

Whereas numerous publications deal with remanufacturing aspects such as disassembly planning (cf. Guide (2000), Navin-Chandra (1994), Penev and de Ron (1995)) or warehouse location problems (WLP) (cf. Fleischmann (2001), Jayaraman *et al.* (1999), Krikke *et al.* (1999a)), very few relate directly to the purpose mentioned above. To the knowledge of the author, only Ferrer (2001) is concerned primarily with the profitability of component recycling strategies with respect to those parameters that have a direct influence on it. Ferrer's ratio-based method appears to be helpful in determining which parts should be dismantled. Nevertheless, this approach, like most of the disassembly models published so far, fails to model the interactions between key factors. Hence two issues are still lacking:

1. First, the selling price for a recovered component is set exogenous and constant. This assumption is acceptable for material recycling where a single supplier cannot influence significantly the market prices. Nevertheless, current practice shows that a core is a very specific item with a limited market. Unlike materials, a part or module can hardly be reintegrated in a different application than its original one. An OEM disposes, on a long-term basis, of a various range of measures in order to influence the reuse opportunities and thus the price of a reclaimed core.
2. Another shortcoming of previous approaches lies in the lack of consideration of psychological obsolescence, i.e. no distinction is made between new and reclaimed parts (cf. Inderfurth (2002), Richter (1996)) It is important to underline that such a situation exists only in the case of reusable containers to be found in pooling systems.

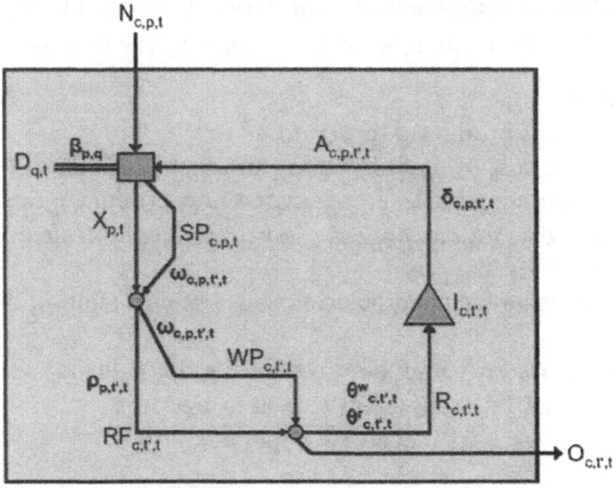

Figure 6. Model overview

2.2 A generic optimization model

The following model considers an OEM acting as a monopolist whose degree of freedom consists in making choices concerning its product range with respect to a given key factor setting. As the goal of our studies is to provide a framework for identifying component reuse opportunities, we consider that the decisions of an individual agent are significant enough to this aim. Fig. 6 provides a quick overview of the model in order to facilitate its comprehension.

Index sets:

c : set of components
p : set of products
q : set of quality levels
t, t' : set of time periods

Variables:

$\beta_{p,q}$: market share of product p in segment q
$X_{p,t}$: flow of produced good p in period t
$N_{c,p,t}$: flow of new components c during period t used for producing item p
$A_{c,p,t',t}$: flow of reused components c in product p from period t' during period t (remanufacturing or spare part)
$SP_{c,p,t}$: spare parts demand for part c to be integrated in product p during period t
$RF_{c,t',t}$: reverse flow of component c from period t' in period t
$WP_{c,t',t}$: flow of worn parts c from period t' during period t
$R_{c,t',t}$: reintegrated flow during period t of component c introduced in period t'

$I_{c,t',t}$: inventory of component c from period t' stored in period t
$O_{c,t',t}$: flow of components c, aged $t-t'$, leaving the system

Monetary data:

$\pi_{p,t}$: selling price of product p in period t
$c^P_{p,t}$: unit variable cost of manufacturing product p in period t
$c^N_{c,p,t}$: cost of a new component c, integrated into product p during period t
$c^{RF}_{c,t',t}$: reclaiming costs for component c issued from end-of-life product return flows after $t-t'$ periods
$c^{WP}_{c,t',t}$: reclaiming costs for component c from period t' failing during period t
$c^R_{c,t',t}$: Recovery costs for component c from period t' during period t
$c^O_{c,t',t}$: Recycling cost for component c, sold in period t'
$c^I_{c,t',t}$: holding cost for part c aged $t-t'$ periods

Parameters:

$D_{q,t}$: demand of service units from quality q during period t
$\alpha_{c,p}$: Sourcing matrix, number of components c in product p
$\beta^{max}_{p,q}$: upper bound for market share of product p in segment q
$\rho_{p,t',t}$: return probability of product p, sold in period t', during period t
$\theta^R_{c,t',t}$: working probability of part c returned after $t-t'$ periods of use (no worn part)
$\theta^W_{c,t',t}$: working probability of a returned worn part c after $t-t'$ periods of use
$\delta_{c,p,t',t}$: binary indicator allowing the reuse option of component c in product p after $t-t'$ periods of use
$\omega_{c,p,t',t}$: failure probability of part c included in product p after $t-t'$ periods of use

Objective function:

$$\begin{aligned} \text{Max}\,! \sum_{p,t} \pi_{p,t}\cdot X_{p,t} + \sum_{c,p,t} \pi^{SP}_{c,t}\cdot SP_{c,p,t} - \sum_{p,t} c^P_{p,t}\cdot X_{p,t} \\ - \sum_{c,p,t} c^N_{c,p,t}\cdot N_{c,p,t} - \sum_{c,t',t} (c^{RF}_{c,t',t}\cdot RF_{c,t',t} + c^{WP}_{c,t',t}\cdot WP_{c,t',t}) \\ - \sum_{c,t',t} (c^R_{c,t',t}\cdot R_{c,t',t} + c^O_{c,t',t}\cdot O_{c,t',t}) - \sum_{c,t',t} c^I_{c,t',t}\cdot I_{c,t',t} \end{aligned} \quad (1)$$

The goal of the producer is to maximize profits, given a selling price $\pi_{p,t}$ for a good p in period t on the one side and the costs induced through production and components' procurement on the other side. The integration of spare parts as an auxiliary revenue source $\pi^{SP}_{c,t}$ can be twofold motivated. First, it appears that this is, in some special cases, the only way to reintegrate used components. In the automotive industry, e.g., no demand exists for remanufactured cars but a vivid replacement market exists for reclaimed subassemblies such as gearboxes or starters (cf. Steinhilper (1998)). Furthermore, the spare parts fraction may yield about 10% of the whole car sales (cf. Volkswagen AG (2002)) so that a comprehensive model cannot afford ignoring this component flow. The relevance of remanufacturing for an OEM can hereby be quickly investigated: although OEMs have to set for marketing reasons a lower price for remanufactured products than for new ones, the integration of these reclaimed goods in the OEM's product or component range can be economically viable. This depends on the supply costs of used parts as well as on their availability.

The diversity of reverse logistics processes makes it difficult to encompass each specificity of a supply chain, therefore we have limited the cost parameters to three generic data sets: $\{c^{RF}_{c,t't}, c^{WP}_{c,t',t}, c^{R}_{c,t',t}\}$. $c^{RF}_{c,t',t}$ and $c^{WP}_{c,t',t}$ include all process costs required to take a given component back, i.e. acquisition costs, transportation and disassembly. $c^{RF}_{c,t',t}$ may differ from $c^{WP}_{c,t',t}$, as worn components $WP_{c,t',t}$ are returned because of failure and tend to be less valuable than components $RF_{c,t',t}$ which are usually still functioning. $c^{R}_{c,t',t}$ comprises costs necessary to ensure the component reintegration into the production or utilization process, i.e. sorting, testing, cleaning and upgrading. This aggregation level makes a flexible adaptation to the single remanufacturing cases possible.

Constraints:

$$X_{p,t} = \sum_q D_{q,t} \cdot \beta_{p,q} \quad \forall\, p,t \tag{2}$$

$$\sum_p \beta_{p,q} = 1 \quad \forall\, q \tag{3}$$

$$\beta_{p,q} \leq \beta^{max}_{p,q} \quad \forall\, p,q \tag{4}$$

Equation (2) expresses the matching between customers' needs for a given quality and the supplied products (e.g. for cars: high quality with up-to-date technology matches with a new premium car). Variable $\beta_{p,q}$, also depicts a product's market share in a specific segment. Since $\beta_{p,q}$ is set variable, equation (3) ensures that the sum of all market shares in a segment q reaches 100% whereas (4) sets a potential upper-bound for a market share. This restriction may especially apply for remanufactured items, which face psychological obsolescence. The car tire industry, e.g., is divided into three market segments: Premium, Middle and Economy. A retreaded car tire is regarded as inferior and therefore competes only with OEM low-level tires. Furthermore, an important fraction of the Economy customers are not disposed to buy remanufactured tires. As a result the upper bound for its market share is set in the Premium and the Middle segment to 0 (0%) and to 0.6 (60%) in the Economy segment. Depending on the market structure, a product may compete in several market segments: remanufactured toner cartridges, e.g., partly cannibalize the demand for new OEM cartridges. As a result, OEMs try to hinder remanufacturing by integrating proprietary technology into their cartridges.

$$WP_{c,t',t} = \sum_{p} \alpha_{c,p} \cdot X_{p,t'} \cdot \omega_{c,p,t',t} \quad \forall\, c, t' \leq t, t \tag{5}$$

$$RF_{c,t',t} = \sum_{p} \alpha_{c,p} \cdot X_{p,t'} \cdot \rho_{p,t',t} \quad \forall\, c, t' \leq t, t \tag{6}$$

$$WP_{c,t',t} + RF_{c,t',t} = R_{c,t',t} + O_{c,t',t} \quad \forall\, c, t' \leq t, t \tag{7}$$

$$R_{c,t',t} \leq \theta^{r}_{c,t',t} \cdot RF_{c,t',t} + \theta^{\omega}_{c,t',t} \cdot WP_{c,t',t} \quad \forall\, c, t' \leq t, t \tag{8}$$

$$I_{c,t',t-1} + R_{c,t',t} = I_{c,t',t} + \sum_{p} A_{c,p,t',t} \quad \forall\, c, t' \leq t, t \tag{9}$$

A differentiation among core returns is required as the reintegration possibilities strongly depend on the functional state of a part. Worn parts $WP_{c,t',t}$ are returned because of their inability to service anymore whereas cores $RF_{c,t',t}$, which are recovered from used products, present a higher service rate. Equations (5) and (6) calculate both reverse flows, these are driven by the probability of wearing $\omega_{c,p,t',t}$ and the reverse product flow distribution $\rho_{p,t',t}$ respectively. Equation (7) expresses the fact that returned parts $RF_{c,t',t}$ and $WP_{c,t',t}$ either "leave the system" (i.e., these parts $O_{c,t',t}$ are either recycled or disposed) or are stored for reuse ($R_{c,t',t}$). The reintegrated cores $R_{c,t',t}$ are limited in (8) by parameter $\theta^{R}_{c,t',t}$ and $\theta^{W}_{c,t',t}$ which expresses that some of the reclaimed cores depending on their origin and age may be too worn or damaged to be reintegrated. As already treated in the previous section, reasons for returning a product lay more in the psychological and functional obsolescence than in working failure. Equation (9) enables the storage of parts being reused in further periods, outflows $A_{c,p,t',t}$ supply whether the production process (remanufacturing) or are used as spare parts.

$$SP_{c,p,t} = \sum_{t' \leq t} \alpha_{c,p} \cdot X_{p,t'} \cdot \omega_{c,p,t',t} \quad \forall\, c, p, t \tag{10}$$

$$\alpha_{c,p} \cdot X_{p,t} + SP_{c,p,t} = N_{c,p,t} + \sum_{t' \leq t} A_{c,p,t',t} \quad \forall\, c, p, t \tag{11}$$

$$A_{c,p,t',t} \leq \delta_{c,p,t',t} \cdot (I_{c,t',t-1} + R_{c,t',t}) \quad \forall\, c, p, t' \leq t, t \tag{12}$$

We assume in the present model that the wearing of components during the utilization phase leads to a demand for replacing these parts. Equation (10) computes therefore the spare parts demand $SP_{c,t',t}$ for a given period t. $SP_{c,t',t}$ is then included in (11) to calculate the whole part demand sourced by new parts $N_{c,p,t}$ and reclaimed ones $A_{c,p,t',t}$. (12) sets an upper bound for component reintegration, where flow $A_{c,p,t',t}$ encloses only parts that are technologically reusable. Key factor and binary parameter $\delta_{c,p,t',t}$ indicates which sourcing combinations are allowed, i.e., in which product a given component c is able to be reused after $t-t'$ periods. By modeling reverse flows this way, we are taking the underlying assumption that the reclaimed components are as old as the product from where they have been disassembled. Although this assumption is not perfectly in accordance with reality, the purpose of this model is primarily to provide first insights on the effects and limits of remanufacturing in a supply chain.

3 Model insights

The application of the model to various case studies leads us to the following insights. Firstly, the potential of remanufacturing activities can be mostly explained with the help of a single characteristic: its product nature, whether functional or innovative. Given our computations, only functional goods provide enough remanufacturing potential to justify a high-range product return management. Secondly, our expectations concerning the positive impact of leasing on the further diffusion of remanufacturing activities have been only partly confirmed and must be therefore relativized.

3.1 Classification functional – psychological

Previous to the model implementation, we faced a wide range of products so that an a priori identification of similarities among items was impossible. Nevertheless, when we take a look at Fig. 7 based on our computations, we can see that items placed on the right hand side are consumer goods whereas items on the left are mostly industrial commodities.

Industrial customers dealing with their supply source tend to put a strong accent on cost and service aspects whereas private customers act not only according to previous but also according to non-financial (e.g. psychological) parameters. Mobile phones illustrate this situation in Western Europe as a permanent flow of innovative gimmicks (multimedia, gaming or organizer) is integrated into new phones in order to vitalize the replacement market. Consequently, given innovation cycles for mobile phones components reduced to a year, reclaimed cores with an average aging of two or three years have neither enough functions to satisfy average customers nor reintegration possibilities due to the continuous miniaturization and the lack of interfaces. As a matter of fact, we estimate that the dichotomy functional / psychological is helpful

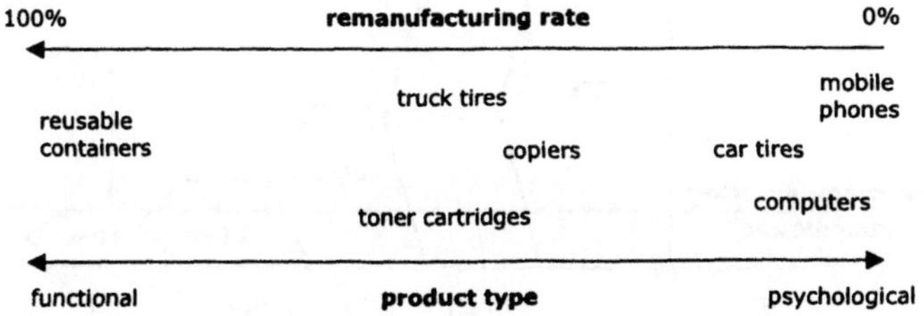

Figure 7. Classification functional – psychological

to estimate whether component recycling can imply a clear breakthrough in a particular industry. Hence, OEMs selling psychological products should focus on measures enabling material recycling in order to comply with closed-loop legislation.

3.2 Leasing: a way out of the one-way economy?

For OEMs supplying functional products, it is also necessary to cope with the uncertainty afflicting return flows and their timing. In this context, leasing appears to be a well-designed alternative to render an active product return management possible since the OEM retains enough property rights to directly influence the core flows. Our studies indicate that the switch from product selling to service selling should not be entirely performed, i.e., an OEM should find a mix between both revenue sources. Leasing-only strategies make only sense when returned products can also be reintegrated: as returned products still belong to the OEM, he must take the disposal costs for the core surplus over, which customers had paid so far. In extreme cases, the disposal costs increase can fully outweigh the savings reached with component reuse. The present model helps solving this dilemma by determining which return flow structure optimizes the OEM's profits. In this connection, an incentive policy embedded into a take-back program might be more efficient than leasing to reach this optimum (e.g., take-back programs for toner cartridges).

Fig. 8 drafted above pictures the remanufacturing pipeline for a car tire in Germany. Given the present market settings, our computations point out that the remanufacturing rate for retreaded tires yields 16-17% of the whole car tire market (size of the low-end segment where retreaded tires are positioned) but reaches only 10% for winter tires and 1% for summer tires due to customer reluctance for reclaimed goods. Keeping property rights over all tires sold would implicate that the OEM should carry disposal costs for the used tire surplus (in this case 90% respectively 99% of the sales X).

Our conclusions are twofold: firstly, the expected OEM profits from leasing (reverse flow control) must be balanced with the additional burden for the

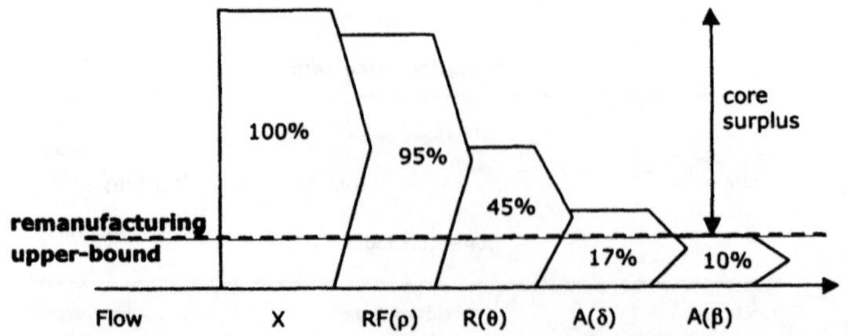

Figure 8. Remanufacturing pipeline for winter car tires in Germany

treatment of the return surplus and should therefore not be considered a priori as a clear improvement. Secondly, tire remanufacturing has to be considered as a partial solution for increasing the resource efficiency of a tire along its whole life cycle and needs to be enhanced with measures aiming at closing the loop at the material level (e.g. rubber recycling).

4 Outlook

The development of a comprehensive decision model is a prerequisite for identifying the critical factors stimulating or hindering component recycling strategies. The application of this model to several case studies is in process and encompasses a wide range of products, from car tires to computers. The results of these case studies should make a more detailed differentiation among them possible. Furthermore, a sensitivity analysis for the products aforementioned should indicate the potential contribution of component recycling for a sustainable resource reduction. Concerning functional products, another interesting research direction consists in investigating to which extent hierarchical planning systems should be modified to integrate these reverse flows.

Tourenplanung zur Gestaltung von Reverse Supply Chains

Frank Schultmann, Moritz Zumkeller und Otto Rentz

Universität Karlsruhe, Institut für Industriebetriebslehre und Industrielle Produktion (IIP), Hertzstr. 16, 76187 Karlsruhe, Germany
frank.schultmann@wiwi.uni-karlsruhe.de

Zusammenfassung Vor dem Hintergrund gesetzlicher Vorgaben zur Rückführung und Verwertung von Produkten, etwa Batterien (o.V. (2001b)), Elektro- und Elektronikaltgeräten (o.V. (2003)), Verpackung (o.V. (1998b)) oder Altautos (o.V. (2002b)) wächst die Notwendigkeit, produktbezogene Recyclingnetzwerke zu etablieren. Im vorliegenden Beitrag wird anhand eines Praxisbeispiels, das die Rückführung von Kunststoffkomponenten aus Altfahrzeugen behandelt, die Vorgehensweise zur Gestaltung und Bewertung einer Reverse Supply Chain aufgezeigt. Im Mittelpunkt steht hierbei die Tourenplanung, die mit Hilfe eines auf den Anwendungsfall angepassten Tabu Search Ansatzes durchgeführt wird.

1 Problemstellung

Im vorliegenden Beitrag wird die Supply Chain Planung für die Aufbereitung von Altprodukten anhand eines Praxisfalls vorgestellt, wobei Aspekte der Rückführlogistik im Vordergrund stehen. Unter dem Begriff „Rückführlogistik" (Reverse Logistics) werden in der Literatur zahlreiche Anwendungen der Produktrückführung zusammengefasst, wobei unterschiedliche Ausprägungen hinsichtlich Produktzustand, Logistikkanal, Planungshorizont und Zielsetzung unterschieden werden (vgl. hierzu Fleischmann (2001), S. 5, sowie die dort angegebene Literatur). Entsprechend vielfältig erweisen sich Praxisbeispiele zur Rückführlogistik, die beispielsweise pharmazeutische Produkte (Ritchie *et al.* (2000)), Versandhandel (Autry *et al.* (2001)), kommunale Abfallentsorgung (Angelelli und Speranza (2002)), oder Kopiergeräte (Krikke *et al.* (1999a)) behandeln.

Ein Anwendungsfall, der bisher wenig Beachtung gefunden hat, ist die stoffliche Verwertung von thermoplastischen Kunststoffen aus Altfahrzeugen in Deutschland. Aufgrund des 2002 in Kraft getretenen Altfahrzeuggesetzes (o.V. (2002b)), das eine stufenweise Steigerung der Verwertungsquote von Altfahrzeugen bis zum Jahr 2015 vorsieht, ist deutschlandweit ein mittelfristig stark ansteigendes Materialaufkommen zu erwarten, so dass das Recycling von Altfahrzeugen in naher Zukunft erheblichen Bedeutungszuwachs erfährt.[1]

[1] Für eine detaillierte Beschreibung des Anwendungsfalls einschließlich einer Darstellung der durchzuführenden Aufbereitungsprozesse sei auf Schultmann *et al.* (2002) verwiesen.

Im vorliegenden Beitrag wird die Sammlung der aus Altfahrzeugen demontierten Kunststoffbauteile und deren Transfer zu Aufbereitungsstandorten dargestellt. Im Gegensatz zu den Unternehmen, die bereits heute die Verwertung von Altfahrzeugen betreiben und zukünftig die Demontage verwertbarer Komponenten von Altfahrzeugen durchführen werden (nachfolgend: Demontagebetriebe), existieren Anlagen zur Aufbereitung von Altkunststoffen noch nicht im großtechnischen Maßstab, so dass Anzahl und geographische Lage der Standorte für diese Aufbereitungsanlagen noch festzulegen sind. Demnach hat ein Planungsansatz für die Rückführlogistik des beschriebenen Anwendungsfalls sowohl Standort- als auch Tourenplanungsaspekte zu umfassen. Die nachfolgenden Ausführungen konzentrieren sich auf Aspekte der Tourenplanung; die Vorgehensweise der Standortplanung ist in Schultmann *et al.* (2002) ausführlich beschrieben.

Im Weiteren wird folgende Vorgehensweise gewählt: Zunächst findet in Kap. 2 eine Klassifizierung von Netzwerken zur Altproduktbehandlung unter Supply Chain Management (SCM)-Gesichtspunkten statt. Dabei werden insbesondere Gemeinsamkeiten und Unterschiede zwischen Supply Chains bei der Produktion von Neuprodukten und der hier vorliegenden „Reverse" Supply Chain (RSC) zum Recycling von Altkunststoffen herausgestellt, um daraus Anforderungen für die Erstellung eines Tourenplanungskonzeptes für RSC abzuleiten. Darauf aufbauend werden in Kap. 3 die Merkmale des hier vorliegenden Tourenplanungsproblems skizziert sowie zur Problemlösung ein Tabu Search (TS) Verfahren vorgeschlagen, das auf die spezifische Problemstellung der Altproduktverwertung angepasst ist. Die Kombination der identifizierten TS-Elemente zu einem problemspezifischen Planungsansatz sowie die Definition von Parametern wie Tabulistenlänge, Möglichkeiten zur Ausführung eines Zuges oder Größe der Nachbarschaft sind Gegenstand von Kap. 4, bevor die Anwendung des Planungsansatzes sowie die Diskussion der Ergebnisse in Kap. 5 durchgeführt wird. Der Beitrag schließt mit einer Zusammenfassung in Kap. 6.

2 Reverse Supply Chain Management zur Rückführung von Altkunststoffen

Die Rückführung und Aufbereitung von Altkunststoffen mit dem Ziel, ein im Vergleich zur Neuware technisch gleichwertiges Substitut herzustellen, erfordert eine mehrstufige Aufbereitung, so dass die Zusammenarbeit verschiedener, auf einzelne Aufbereitungsstufen spezialisierter Unternehmen notwendig wird.[2] Analog zu der als Supply Chain (Bechtel und Jayaram (1997)) bezeichneten Unternehmenskooperation bei der Herstellung von Neuprodukten kann bei der Zusammenarbeit mehrerer Unternehmen im Bereich der Altproduktrückführung und -aufbereitung von *Reverse Supply Chains* gesprochen

[2] Für detaillierte Ausführungen zur Aufbereitung von Kunststoffen aus Altfahrzeugen sei auf Wallau (2001), S. 239 ff., verwiesen.

werden (Schultmann *et al.* (2001)). Guide *et al.* (2000b) identifizieren sieben charakteristische Unterschiede zwischen diesen beiden Arten von Supply Chains, wovon für den vorliegenden Fall insbesondere die folgenden Aspekte relevant sind:

- Bei der Gestaltung von RSCs sind Unsicherheiten beim Altproduktanfall in zeitlicher und in quantitativer Hinsicht zu berücksichtigen.
- Die Etablierung einer RSC erfordert die Einrichtung eines eigenen Rückführlogistik-Netzwerkes.

Aufgrund ihrer Spezialisierung sind die mit Verwertungsaufgaben betrauten Unternehmen in der Regel nicht an der Herstellung der Neuprodukte beteiligt, so dass sich keine Interdependenzen zwischen Supply Chain und RSC ergeben. Die Ausgestaltung der RSC ist daher weitgehend unabhängig von der Supply Chain vorzunehmen; anstatt einer Umkehrung der bestehenden Logistikkanäle in etablierten Supply Chains (Jayaraman *et al.* (1999)) ist daher ein Transportkonzept zu entwickeln, das unabhängig von den Rahmenbedingungen der Produktherstellung auf die Gegebenheiten der Altproduktaufbereitung abzielt.

Bei der Konzeption einer RSC, die auch den Rahmen für die Planung der Rückführlogistik vorgibt, stimmen im Vergleich mit der Supply Chain Planung für die Produktion folgende Charakteristika (vgl. hierzu Cooper und Ellram (1993)) überein:

- **Zielsetzung:** Die Ausgestaltung einer (Reverse) Supply Chain erfolgt zur überbetrieblichen Koordinierung bei der Produkterstellung (Altproduktaufbereitung) mit dem Ziel der Bestandssenkung und der Vermeidung von Bullwhip-Effekten (Lee *et al.* (1997a)).
- **Zeitbezug:** Die Vorteile einer (Reverse) Supply Chain sind für die einzelnen Partner nur bei langfristiger Zusammenarbeit realisierbar, so dass bei der Ausgestaltung einer (Reverse) Supply Chain strategische Zielsetzungen zu verfolgen sind, was eine entsprechend langfristige Auslegung erfordert.

Insbesondere aufgrund der langfristigen Perspektive einer RSC erweisen sich die Unsicherheiten, die sich bei der Altproduktaufbereitung ergeben (s.o.), als erschwerend für die Planung von Anzahl und Lage der Aufbereitungsstandorte. Um die Folge eines unterschiedlichen Altproduktaufkommens abschätzen zu können, sind Szenarien mit verschiedenen Standortkonstellationen einander gegenüberzustellen und einer ökonomischen Bewertung zu unterziehen. Da die Transportprozesse im Allgemeinen einen wesentlich höheren Anteil an den gesamten Bearbeitungskosten entlang der RSC als an denen der Supply Chain auf sich vereinen (Guide *et al.* (2000b)), sind diese Prozesse als entscheidungsrelevanter Bestandteil der Szenarien abzubilden. Dies trifft im vorliegenden Anwendungsfall insbesondere auf den Transport der demontierten Kunststoffbauteile von den Demontagebetrieben zur ersten

Stufe der Aufbereitung zu: Da eine Zerkleinerung vor Ort aus technischen Gründen nicht erfolgen kann, weist das Transportgut eine niedrige Schüttdichte und damit ungünstige Transporteigenschaften auf. Aus diesem Grund konzentrieren sich die nachfolgenden Ausführungen auf die Tourenplanung zwischen den Demontagebetrieben und den Verarbeitungsanlagen der ersten Aufbereitungsstufe. Da aufgrund unterschiedlicher Einflussfaktoren (z.B. steigender Kunststoffanteil in PKWs und steigende Verwertungsquoten) mittelfristig eine deutliche Steigerung der zu verwertenden Kunststoffmenge aus Altfahrzeugen zu erwarten ist, sind prinzipiell folgende Optionen zur Gestaltung eines Recyclingnetzwerkes einander gegenüberzustellen:

- **Zentrale Aufbereitung:** Um Größendegressionseffekte nutzen zu können, wird von einem Standort für die erste Stufe der Aufbereitung ausgegangen, an dem das bundesweite Aufkommen an Altkunststoffen aus Fahrzeugen bearbeitet wird. Bei steigendem Materialaufkommen ist die am Standort vorzuhaltende Kapazität zu erhöhen, was aus technischen Gründen die Inbetriebnahme einer weiteren Anlage nach sich zieht (die Kapazitätserweiterung einer bestehenden Anlage ist nicht möglich).
- **Dezentrale Aufbereitung:** Da nach Erreichen der Kapazitätsgrenze einer Aufbereitungsanlage die Inbetriebnahme einer weiteren Anlage unvermeidlich ist, ist es zur Einsparung von Transportkosten denkbar, für diese Anlage einen neuen Standort vorzusehen.

Die Anzahl der zu errichtenden Anlagen sowie die Zeitpunkte des Kapazitätsausbaus ergeben sich aus dem maximalen Durchsatz pro Anlage sowie aus dem jährlichen Aufkommen an Altkunststoffen aus Fahrzeugen. In Kap. 5 wird beispielhaft von insgesamt sechs Aufbereitungsanlagen bis zum Jahr 2020 ausgegangen, die das für diesen Zeitpunkt prognostizierte Aufkommen von 16.000 t verwertbarer Altkunststoffe verarbeiten.

Um die Transportaufwendungen eines Szenarios, bestehend aus dem bzw. den Aufbereitungsstandort(en) sowie der anfallenden Materialmenge für jeden Demontagebetrieb, ermitteln zu können, sind Tourenpläne aufzustellen, die an die Rahmenbedingungen des jeweiligen Szenarios angepasst sind. Dabei ist zu berücksichtigen, dass Tourenplanungsprobleme bislang hauptsächlich für die operative Planung formuliert wurden[3] und einen entsprechend hohen Detaillierungsgrad aufweisen. Mit Rücksicht auf die hier behandelte Fragestellung, die Tourenplanung als Komponente zur ökonomischen Bewertung bei der Gestaltung von Aufbereitungsnetzwerken einzusetzen, ist die Vorgehensweise entsprechend anzupassen. Daher wird im folgenden Kapitel zunächst eine Klassifizierung des Tourenplanungsproblems für den vorliegenden Anwendungsfall durchgeführt, bevor im Anschluss der Planungsansatz formuliert wird.

[3] Wenige Beiträge behandeln strategische Aspekte der Tourenplanung (vgl. z.B. Dillmann (2002)).

3 Tourenplanung im Reverse Supply Chain Management

Für eine strukturierte Klassifizierung des vorliegenden Tourenplanungsproblems wird das von Desrochers *et al.* (1990) vorgeschlagene Schema verwendet, das sich aus folgenden vier Hauptmerkmalen zur Klassifizierung zusammensetzt:

Adressen | Fahrzeugflotte | Problemcharakteristika | Zielsetzungen
(addresses | vehicles | problem characteristics | objectives)

Fasst man den vorliegenden Anwendungsfall als operatives Tourenplanungsproblem auf, d.h. als Instrument zur Transportplanung für eine kurze Zeitperiode im Voraus (z.B. eine Woche oder ein Monat) bei gegebenen Aufbereitungsstandorten, so lässt sich die Struktur des Planungsproblems mit Hilfe des dargestellten Schemas wie folgt charakterisieren:

$$1, \sim, period \mid m, cap, dur \mid / \mid sumT_i, P_i(dur)$$

Jeder Aufbereitungsstandort repräsentiert einen Ein-Depot-Fall (1), der sich einem stochastischen Angebot an Transportgut gegenüber sieht ($\sim$), so dass für eine vorgegebene Zeitspanne eine bestimmte Anzahl von Tourenplänen erstellt werden müssen, die zur Einsammlung der gesamten voraussichtlich anfallenden Kunststoffmenge innerhalb dieser Zeitspanne für jeden Demontagebetrieb, der dieser Aufbereitungsanlage zugeordnet ist, geeignet sind (*period*). Um diese Vorgabe erfüllen zu können, muss die benötigte Anzahl der Fahrzeuge pro Tourenplan als Teil des Planungsproblems betrachtet werden (m), wobei alle eingesetzten Fahrzeuge dieselbe Ladekapazität aufweisen (*cap*) und zur Vermeidung zusätzlicher Kosten durch mehrtägige Fahrten eine obere Schranke für die Dauer einer Tour angesetzt wird (*dur*). Da innerhalb der betrachteten Zeitspanne das Materialangebot pro Demontagebetrieb in den meisten Fällen größer ist als die Ladekapazität eines Fahrzeugs, ist die Berücksichtigung eines Demontagebetriebes in mehreren Tourenplänen notwendig und daher eine Aufteilung der Angebotsmenge im Vorhinein zu ermöglichen (/). Unterstellt man Proportionalität der Tourdauer zur Tourlänge, so besteht die Zielsetzung bei der Erstellung der Tourenpläne in einer Minimierung der Summe der einzelnen Tourdauern ($sumT_i$). Eine Überschreitung der vorgegebenen maximalen Tourdauer wird mit Straftermen ($P_i(dur)$) belegt, so dass dieses Kriterium als „weiche" Restriktion aufgefasst werden kann.

Um das hier vorliegende Problem, einen Tourenplanungsansatz als Entscheidungsunterstützung für die langfristige Planung eines Aufbereitungsnetzwerkes zu behandeln, sind einige Änderungen in der Struktur des Planungsproblems vorzunehmen. Durch diese Änderungen wird berücksichtigt, dass kurzfristige Schwankungen im Mengenangebot einzelner Demontagebetriebe weniger ins Gewicht fallen als die langfristige Veränderung des jährlichen Materialaufkommens pro Region. Aus diesem Grund wird die jährliche

Anfallmenge an Altkunststoffen auf einzelne Abholzeiträume aufgeteilt: Bei Vorgabe der Länge der Abholzeiträume (z.B. monatliche Sammlung) kann für den gesamten Planungshorizont (ein Kalenderjahr) die Auswahl an Demontagebetrieben für jeden Abholzeitraum festgelegt werden, so dass am Ende der Zeitspanne das gesamte Jahresaufkommen zum Aufbereitungsstandort transportiert worden ist. Dadurch kann bei der Ermittlung der Tourenpläne näherungsweise von einem deterministischen anstatt eines stochastischen Angebots ausgegangen werden. Ferner ist damit die Aufteilung der Angebotsmenge nicht mehr innerhalb der Tourenplanung vorzunehmen, da die einzusammelnde Menge pro Demontagebetrieb und Abholzeitraum durch die vorgenommene Aufteilung gleich groß ist und einen Bruchteil der Fahrzeugkapazität beträgt. Weiterhin ist durch die Vorauswahl von Demontagebetrieben pro Tourenplan von einer fest vorgegebenen Anzahl an Demontagebetrieben, die eine Teilmenge aller zum Aufbereitungsstandort zugehörigen Materialquellen darstellen, gegeben. Damit vereinfacht sich die Struktur des Planungsproblems zu:

$$1,\ subset \mid m,\ cap,\ dur \mid\ \mid sumT_i,\ P_i(dur)$$

Diese Charakterisierung beschreibt ein kapazitiertes Tourenplanungsproblem (Capacitated Vehicle Routing Problem - CVRP) ohne Zeitfenster, das bereits Gegenstand zahlreicher Abhandlungen ist (vgl. z.B. Christofides (1985), Fisher und Jaikumar (1981), sowie die Übersicht in Assad (1988)). Das CVRP ist NP-schwer (Lenstra und Rinnooy Kan (1981)), daher sind exakte Lösungsverfahren nur auf Problemstellungen mit wenigen (bis ca. 100) Kunden anwendbar (einen Überblick über Anwendungsfälle, deren Lösung mit Hilfe exakter Verfahren ermittelt wurde, enthält (Xu und Kelly (1996))). Da dem realen Anwendungsfall der Altproduktaufbereitung die Daten von ca. 1.200 Demontagebetrieben[4] zu Grunde liegen, die bei der Tourenplanung zu berücksichtigen sind, ist für die meisten Szenarien die Anwendung exakter Verfahren nicht praktikabel. Aus diesem Grund wird auf TS als metaheuristischer Lösungsansatz zurückgegriffen, da sich diese Vorgehensweise bei ähnlich gelagerten Tourenplanungsproblemen bereits als geeignet erwiesen hat (vgl. z.B. Gendreau *et al.* (1994), Osman (1993), Taillard (1993)). Zudem belegen zahlreiche Praxisanwendungen die Tauglichkeit dieses Verfahrens (vgl. hierzu die Übersicht in Osman und Laporte (1996) sowie das in Angelelli und Speranza (2002) wiedergegebene Fallbeispiel aus der Rückführlogistik). Für eine ausführliche Einführung in die Struktur und Vorgehensweise von TS wird auf Glover und Laguna (1997) verwiesen.

---

[4] Diese Daten sowie eine Prognose des Kunststoff-Mengenaufkommens bis zum Jahr 2020 wurden im Rahmen eines Forschungsvorhabens erhoben und stellen daher eine reale Datengrundlage für die Anwendung des nachfolgend beschriebenen Verfahrens dar.

4 Tabu Search als Ansatz zur Lösung des Tourenplanungsproblems

Zur Lösung des Tourenplanungsproblems erfolgt im vorliegenden Anwendungsfall eine Kombination verschiedener Elemente bekannter Lösungsverfahren. Merkmale der Leistungsfähigkeit des Lösungsverfahrens, z.B. die zur Berechnung eines Tourenplanes benötigte Zeit, spielen im vorliegenden Fall eine untergeordnete Rolle. Während die Überprüfung der Leistungsfähigkeit von Suchverfahren, die meist durch Anwendung des Verfahrens auf einheitliche Testprobleme (z.B. Christofides *et al.* (1979), Solomon (1987), Taillard (1993)) durchgeführt wird, zur Bewertung der Wirksamkeit neu entwickelter Suchstrategien zielführend ist, erfolgt im vorliegenden Fall bewusst kein Benchmarking des implementierten Verfahrens mit bestehenden Metaheuristiken zur Lösung von Tourenplanungsproblemen. Für die hier vorliegende Problemstellung sollen vielmehr bekannte Lösungsverfahren auf den behandelten Anwendungsfall angepasst werden. Dieser weist allein durch die Anzahl der Kunden, die in den meisten der in der Literatur vorgestellten Testprobleme auf ca. 100 beschränkt ist, eine deutlich höhere Komplexität auf. Weiterhin liegt bei vielen Testproblemen der Schwerpunkt auf der Beachtung von Zeitfenster-Restriktionen,[5] die für den vorliegenden Anwendungsfall nicht von Belang sind. Die Grundstruktur des hier vorliegenden Tourenplanungsproblems kann daher wie folgt beschrieben werden:

- In der Zielfunktion werden ausschließlich entfernungsabhängige Kosten berücksichtigt.
- Eine maximale Tourlänge D soll nicht überschritten werden.
- Die Flotte besteht aus m einheitlichen Fahrzeugen mit der Kapazität Q.
- Das Einsammeln der Altkunststoffe bei den Demontagebetrieben wird nicht als zeitkritischer Vorgang angesehen, so dass keine Zeitfenster als zusätzliche Restriktionen beachtet werden müssen.

Mit

i, j	= Knotenindizes, mit $i = 0$ ($j = 0$) als Tourstartpunkt (-endpunkt) bzw. Aufbereitungsstandort
n	= Anzahl Demontagebetriebe bundesweit
r	= Region ($r = 1, ..., v$)
n'_r	= Anzahl Demontagebetriebe in Region r ($0 < n'_r \leq n$)
t	= Tourindex ($t = 1, ..., u$)
D	= maximal zulässige Entfernung pro Tour [km]
Q	= maximal zulässige Ladekapazität pro Tour [kg bzw. m^3]
c_d	= entfernungsabhängige Kosten [€/km]
d_{ij}	= Entfernung zwischen Knoten i und j [km]

[5] Solomon (1987) stellt beispielsweise insgesamt 56 Testinstanzen vor, die auf lediglich vier verschiedenen Kundenkonstellationen beruhen und sich ansonsten durch die Vorgabe unterschiedlicher Zeitfenster unterscheiden.

b_j = Altproduktaufkommen pro Materialquelle [kg bzw. m^3]
p_D = Strafterm für die Überschreitung der maximalen Entfernung pro Tour [€/km]
p_Q = Strafterm für die Überschreitung der maximalen Ladekapazität pro Tour [€/kg bzw. €/m³]

$$x_{ij} = \begin{cases} 1 \text{ wenn Knoten } j \text{ Nachfolger von Knoten } i \text{ ist} \\ 0 \text{ sonst} \end{cases}$$

$$y_{jt} = \begin{cases} 1 \text{ wenn Materialquelle } j \text{ in Tour } t \text{ enthalten ist} \\ 0 \text{ sonst} \end{cases}$$

lässt sich das Problem wie folgt mathematisch formulieren:

Minimiere:

$$F_r(x,y) = \sum_{t=1}^{u} \left\{ \begin{array}{c} d \cdot \sum_{i=0}^{n'_r} \sum_{j=0}^{n'_r} d_{ij} \cdot x_{ij} \cdot y_{jt} \\ +p_D \cdot max \left[0, \left(\sum_{i=0}^{n'_r} \sum_{j=0}^{n'_r} d_{ij} \cdot x_{ij} \cdot y_{jt} \right) - D \right] \\ +p_Q \cdot max \left[0, \left(\sum_{j=1}^{n'_r} b_j \cdot y_{jt} \right) - Q \right] \end{array} \right\} \quad (1)$$

unter den Nebenbedingungen:

$$\sum_{t=1}^{u} \sum_{i=1}^{n'_r} x_{ij} \cdot y_{ij} = 1 \quad \text{für } j = 1, \ldots, n'_r \quad (2)$$

$$\sum_{j=1}^{n'_r} x_{0j} \cdot y_{jt} = 1 \quad \text{für } t = 1, \ldots, u \quad (3)$$

$$\sum_{i=1}^{n'_r} x_{i0} \cdot y_{it} = 1 \quad \text{für } t = 1, \ldots, u \quad (4)$$

Zielfunktion (1) minimiert die Gesamtentfernung des Tourenplanes. Mit den Nebenbedingungen (2) wird gewährleistet, dass jede Materialquelle (Demontagebetrieb) bei der Tourenplanung berücksichtigt wird und in genau einer Tour enthalten ist, während mit den Nebenbedingungen (3) und (4) festgelegt wird, dass jede Tour am Aufbereitungsstandort beginnt und endet. Die gesamten variablen Transportkosten eines Szenarios ergeben sich damit aus den variablen Transportkosten aller Regionen $r = 1,\ldots,v$:

$$F(x,y) = \sum_{r=1}^{v} F_r(x,y) \quad (5)$$

Das Modell (1)–(5) entspricht weitgehend dem in Toth und Vigo (2002) vorgestellten Basismodell des Capacitated Vehicle Routing Problems, für das bereits eine Vielzahl an heuristischen Lösungsvorschlägen existiert (vgl. z.B. die Übersicht in Laporte *et al.* (2000)). Hierbei erscheint insbesondere die von Gendreau *et al.* (1994) vorgestellte, als TABUROUTE bezeichnete Vorgehensweise als zielführend. Nachfolgend werden daher zunächst die einzelnen Schritte zur Lösung des Tourenplanungsproblems unter Bezug auf TABUROUTE erläutert, bevor anschließend auf problemspezifische Modifikationen des TABUROUTE-Verfahrens eingegangen wird.

Da die Anwendung von Verbesserungsverfahren wie TS die Generierung einer Eröffnungslösung voraussetzt, ist zunächst für jede Region ein zulässiger Tourenplan zu formulieren, der die Grundlage für das anschließende Verbesserungsverfahren bildet. Im vorliegenden Fall wird hierfür auf eine Sweep-Heuristik (Gillett und Miller (1974)) zurückgegriffen, wobei die Anzahl an Demontagebetrieben pro Tour vorzugeben ist, um die Einhaltung der Kapazitätsrestriktion zu gewährleisten. Der resultierende Tourenplan wird mit einem 2-opt-Verfahren nachoptimiert, um bei der anschließenden Tabusuche unnötige Iterationen zu vermeiden. Da im Gegensatz zur Eröffnungslösung für TABUROUTE im vorliegenden Fall keine obere Schranke für die Anzahl an zur Verfügung stehenden Fahrzeugen vorgegeben ist, kann bei der hier verwendeten Vorgehensweise auf die zusätzliche Anwendung einer Insertion-Heuristik wie GENIUS (Gendreau *et al.* (1992)) verzichtet werden.

TS als Verbesserungsverfahren beruht auf der Minimierung der Gesamtentfernung des Tourenplanes nach Zielfunktion (1). Um die Rahmenbedingungen der einzelnen Szenarien adäquat berücksichtigen zu können, kommen analog zu TABUROUTE zusätzlich Strafterme zur Anwendung, die eine überproportionale Verschlechterung der Zielfunktion bewirken, falls die vorgegebene Tourlänge D bzw. die vorgegebene Ladekapazität Q überschritten wird. Auf diese Weise werden temporär Lösungen zugelassen, die die vorgegebenen Rahmenbedingungen verletzen. Dadurch wird bei der Lösungssuche die Möglichkeit eröffnet, über ungültige Zwischenlösungen zu guten, zulässigen Lösungen zu gelangen, die ansonsten nicht aufgefunden werden können.

Zur Lösung des in den Gleichungen (1)-(4) beschriebenen Planungsmodells mit Hilfe von TS ist es zunächst notwendig, Kriterien zur Bestimmung eines Zuges, der Nachbarschaft sowie des Tabulistenmanagements festzulegen. Um bestehende Touren im Hinblick auf Gesamtentfernung sowie Reihenfolge und Anzahl der Materialquellen verändern zu können, werden in Anlehnung an Scholl und Weber (2000) für die Ausführung eines Zuges vier Möglichkeiten in Betracht gezogen:

• Verschieben einer Materialquelle	• innerhalb einer bestehenden Tour
oder	*oder*
• Tausch zweier Materialquellen	• zwischen zwei bestehenden Touren

Im Gegensatz zu TABUROUTE ist damit im vorliegenden Fall auch eine Veränderung der Reihenfolge innerhalb einer Tour sowie ein Tausch von zwei

Punkten innerhalb eines Zuges möglich.

Innerhalb der Lösungssuche werden die Nachbarn jeder Materialquelle untersucht, die sich innerhalb eines vorzugebenden Umkreises um diese Materialquelle befinden. Dieser Umkreis ist für jedes Szenario individuell zu bestimmen, um mit Rücksicht auf die Größe der Regionen sowie die Anzahl und Verteilung der Materialquellen in den Regionen passende Nachbarschaften definieren zu können. Im Gegensatz zu TABUROUTE erlaubt diese Vorgehensweise bei gleichen Rahmenbedingungen deutlich mehr Möglichkeiten für die Ausführung eines Zuges, da die Anzahl der Nachbarschaftslösungen größer ist. Diese Erweiterung der Nachbarschaft führt zwar zu langen Rechenzeiten; dies stellt jedoch aufgrund des strategischen Planungsumfeldes (vgl. Kap. 2) keinen Nachteil dar. Durch Verzicht auf die in TABUROUTE enthaltene zufällige Auswahl der zu verschiebenden Punkte wird der Suchverlauf deterministisch und damit reproduzierbar.

Durch die Möglichkeit, in (1) Werte für die Strafterme vorzugeben, ergeben sich zusätzliche Freiheitsgrade bei der Steuerung der Suche: Abhängig von der Problemstellung können Überschreitungen von Distanz- und Beladungsvorgaben mehr oder weniger restriktiv abgebildet werden, indem hohe oder niedrige Werte für p_D bzw. p_Q vorgegeben werden.

Bei der Lösungssuche werden ausgeführte Züge für eine bestimmte Anzahl an nachfolgenden Iterationen tabu gesetzt, wobei die Tabulistenlänge vorzugeben ist. Diese Möglichkeit stellt eine Anpassungsmöglichkeit des Algorithmus auf die Rahmenbedingungen der betrachteten Region dar. Eine weitere Option zur Gestaltung des vorliegenden, statischen Tabulistenmanagements besteht in der Möglichkeit, in der Tabuliste enthaltene Züge unter bestimmten Umständen zuzulassen, d.h. den Tabu-Status aufzuheben. Beispielsweise kann ein Demontagebetrieb, der innerhalb einer Tour verschoben wurde und deshalb tabu gesetzt ist, für andere Arten von Zügen, z.B. das Verschieben in eine andere Tour, weiterhin zugelassen sein, um eine zu restriktive Einschränkung der möglichen Züge zu verhindern. Zu diesem Zweck sind verschiedene Modi für das Tabulistenmanagement wählbar.

Im Gegensatz zu TABUROUTE sind jedoch sämtliche Parameter, die zur Steuerung der Suche verwendet werden, während der Tabusuche unveränderlich. Ein individuelles Anpassen des Algorithmus an den bisherigen Suchverlauf ist daher nicht möglich. Dies hat einerseits den Vorteil, Zufälligkeiten bei der Berechnung ausschließen zu können, so dass bei einem Vergleich unterschiedlicher Szenarien die Ergebnisse nicht durch stochastische Komponenten beeinflusst werden. Andererseits ist eine Diversifizierung innerhalb der Lösungssuche eines Szenarios nicht möglich, so dass die Gefahr besteht, dass eventuell realisierbare, weitergehende Verbesserungen nicht aufgefunden werden können.

Für das bereits im Kap. 1 erläuterte Beispiel der Rückführung von Kunststoffkomponenten aus Altfahrzeugen werden im folgenden Abschnitt zwei Szenarien untersucht, die sich durch die unterschiedlich gewählten Rahmenbedingungen hinsichtlich Materialaufkommen, Anzahl betrachteter Regionen und Parameterwahl bei der Tabusuche unterscheiden.

5 Anwendung: Fallbeispiel Altfahrzeugverwertung

Die beiden nachfolgend untersuchten Aufbereitungsszenarien zur Rückführung der in Deutschland anfallenden Kunststoffe aus Altfahrzeugen unterscheiden sich im Wesentlichen in der regionalen Aufteilung und damit in der Anzahl der Aufbereitungsstandorte:

- Szenario A: Konzeption eines zentralen Aufbereitungsstandortes
- Szenario B: Konzeption von sechs dezentralen Aufbereitungsstandorten

Um die Entwicklung des jährlichen Materialaufkommens adäquat abbilden zu können, wird bei der Berechnung von Szenario B die im Jahr 2020 voraussichtlich zur Verfügung stehende Menge zu Grunde gelegt. Zu diesem Zeitpunkt ist davon auszugehen, dass alle für die Ausweitung der Aufbereitungskapazität in Deutschland vorgesehenen Zubauoptionen ausgeschöpft sind. Im Gegensatz dazu basiert Szenario A auf dem für 2009 zu erwartenden Materialaufkommen; damit wird eine Übergangsphase in der Kapazitätsausbauplanung dargestellt.

Die sich aus den Szenarien ergebende unterschiedliche Größe der Regionen r (vgl. Gleichung (5)) beeinflusst die Wahl des Strafterms p_D für die Überschreitung der vorgegebenen Tourlänge: Sind mehrtägige Touren aufgrund der regionalen Ausdehnung unvermeidlich, wird die Überschreitung der maximal zulässigen Entfernung weniger restriktiv gehandhabt als in kleineren Regionen, bei denen auf mehrtägige Touren weitgehend verzichtet werden kann. Auf diese Weise kann auf die Tourcharakteristik Einfluss genommen werden. Die Parameter, die bei den Berechnungen verwendet wurden, sind in Tab. 1 zusammengefasst.

Ausgehend von einer zulässigen Eröffnungslösung wurde der in Kap. 4 vorgestellte TS Ansatz für die Tourenplanung in jeder Region angewendet, wobei jeweils 1.000 Iterationen durchgeführt wurden. Anhand der Werte für die Zielfunktion (1), die in Abb. 1 beispielhaft für einen Abholzeitraum in der Region 6 des Szenarios B dargestellt ist, kann angenommen werden, dass nach ca. 500 Iterationen keine wesentliche Verbesserung mit den vorgegebenen Rahmenbedingungen mehr zu erreichen ist.

In Abb. 2 sind die Ergebnisse beider Szenarien für jeweils einen Abholzeitraum graphisch dargestellt. Beim Vergleich beider Tourenpläne wird die unterschiedliche Charakteristik deutlich: Szenario A ist gekennzeichnet durch viele (maximal zehn)[6] Materialquellen pro Tour und enthält aufgrund geographischer Gegebenheiten einen hohen Anteil an mehrtägigen Touren. Aufgrund der regionalen Einteilung ist dagegen im Szenario B eine weitgehende Vermeidung mehrtägiger Touren möglich, weshalb der Strafterm p_D bei der Berechnung entsprechend hoch angesetzt wurde. Aufgrund des im Vergleich

	Szenario A	Szenario B
Anzahl an Materialquellen in Deutschland	1202	1202
bundesweites Materialaufkommen [t/a]	9.600	16.000
Abholzeiträume pro Jahr	13	13
Anzahl Regionen r	1	6
max. Entfernung pro eintägiger Tour D [km]	600	600
max. Ladekapazität pro Tour Q [t]	7,2	7,2
entfernungsabhängige Kosten c_d [€/km]	1,10	1,10
Strafterm für Überschreitung der max. Entfernung p_D [€/km]	2,20	4,40
Strafterm für Überschreitung der max. Ladekapazität p_Q [€/km]	3	3

Tab. 1. Verwendete Parameter für die Berechnung beider Szenarien

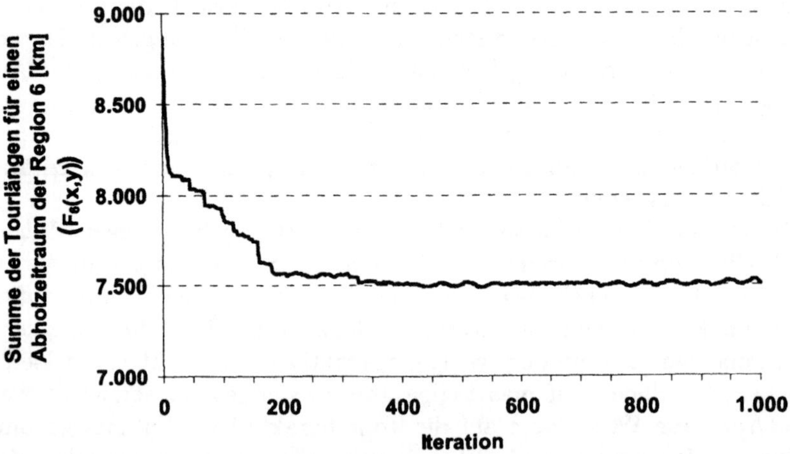

Abb. 1. Verlauf der Tabusuche für einen Abholzeitraum der Region 6 (Szenario B)

zu Szenario A höheren Materialaufkommens werden entsprechend weniger Materialquellen pro Tour (maximal vier)[6] bedient.

Die verschiedenen Rahmenbedingungen wirken sich auch auf die Anzahl und Länge der ermittelten Touren aus, wie Abb. 3 verdeutlicht. In Szenario B kommt eine Überschreitung der maximalen Tourlänge D nur noch in Ausnahmefällen vor, während Szenario A hauptsächlich mehrtägige Touren mit einer Tourlänge von über 600 km enthält. Mit höherem Materialaufkommen sowie der regionalen Einteilung sind in Szenario B jedoch deutlich mehr

[6] Die maximale Anzahl an Demontagebetrieben, die pro Tour bedient werden können, ergibt sich aus dem Materialaufkommen, das pro Demontagebetrieb und Abholzeitraum anfällt, sowie aus der maximalen Ladekapazität Q des Transportmittels.

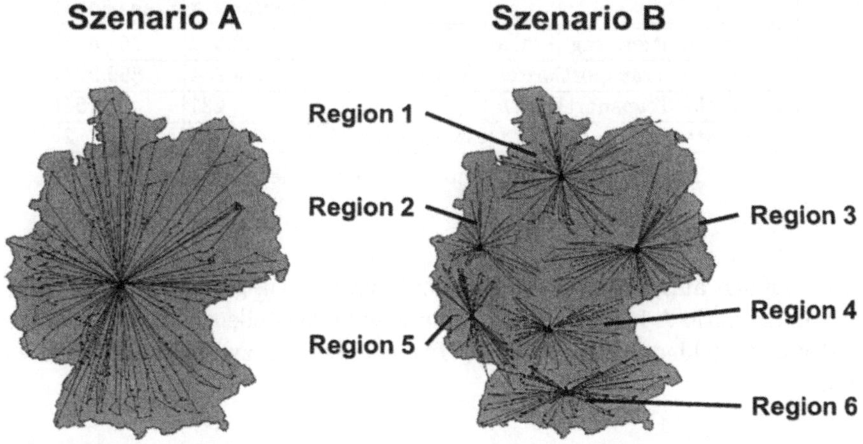

Abb. 2. Tourenpläne für die Rückführung von Kunststoffen aus Altautos

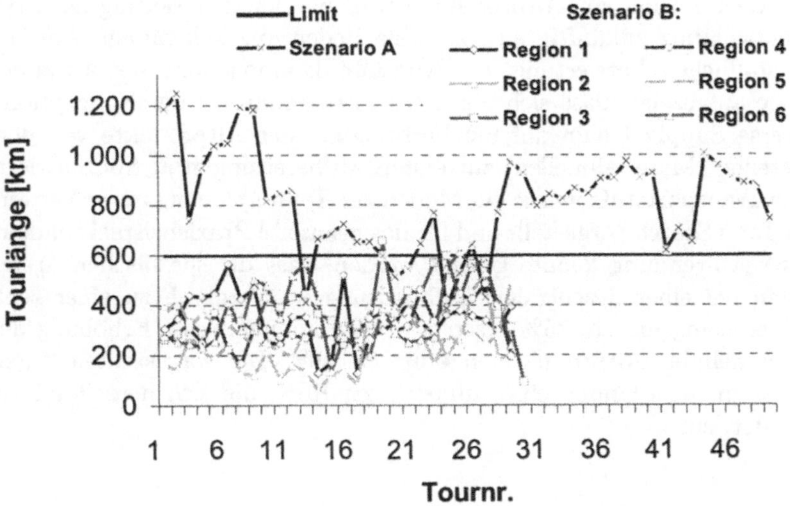

Abb. 3. Länge der Einzeltouren in Szenario A und B für einen Abholzeitraum

Touren pro Abholzeitraum[7] erforderlich als in Szenario A.

Bei der Bewertung beider Szenarien (vgl. Tab. 2) zeigt sich, dass bei gleichen Transportmitteln die jährlich zurückzulegende Transportentfernung in Szenario B trotz eines im Vergleich zu Szenario A um ca. 60% höheren Materialaufkommens deutlich gesunken ist. Aufgrund der höheren Kosten für mehrtägige Touren liegen die Gesamtkosten von Szenario A deutlich über denen von Szenario B, da die Strafkosten, die im vorliegenden Beispiel

[7] Die Anzahl der Touren pro Abholzeitraum ergibt sich aus der Summe der Touren aller zu einem Szenario gehörenden Regionen.

	Szenario A	Szenario B
Transportentfernung [km/a]	1.308.342	767.614
kumulierte Transportkosten [€/a]	2.275.934	859.927
spezifische Transportkosten [€/t]	237	54
Anteil Strafkosten an den Gesamtkosten [%]	37	2

Tab. 2. Bewertung und Vergleich beider Szenarien

ausschließlich aufgrund von Tourlängenüberschreitungen zu berücksichtigen sind, in Szenario A fast 40% der Gesamtkosten darstellen. Entsprechend groß ist der Unterschied der spezifischen Transportkosten zwischen beiden Szenarien.

6 Zusammenfassung

Der Rückführung von Altprodukten wird bei der Realisierung der Produktverantwortung zukünftig eine zentrale Bedeutung zukommen. Am Beispiel der stofflichen Verwertung von Kunststoffkomponenten aus Altfahrzeugen wurde aufgezeigt, dass sich die Transportplanung bei der Konzeption einer Reverse Supply Chain auf die Verbringung der Altprodukte von den Anfallstellen (Materialquellen) zur ersten Aufbereitungsstufe konzentriert. Für diese Transportstufe wurde ein Modell zur Tourenplanung unter Verwendung von Tabu Search vorgestellt und für das genannte Praxisbeispiel validiert. Bei dieser Anwendung konnte gezeigt werden, dass die spezifischen Transportkosten bei einer dezentralen Aufbereitung im Vergleich zu einer zentralen Aufbereitung um ca. 75% gesenkt werden können, trotz Erhöhung der einzusammelnden Altproduktmenge um ca. 60%. Die vorgestellten Ergebnisse fließen in die Planung einer fünfstufigen RSC, die sich derzeit im Aufbau befindet, ein.

Modelling and evaluation of material flow networks for recycling of discarded products

Grit Walther and Thomas Spengler

Braunschweig University of Technology, Institute for Economics and Business Administration, Department of Production Management, Katharinenstr. 3, 38106 Braunschweig, Germany
g.walther@tu-bs.de; t.spengler@tu-bs.de

Abstract As a consequence of future stricter legal regulations, essential changes in the field of electronic scrap recycling should be expected and anticipated not only by Original Equipment Manufacturers (OEMs) but also by disassembly and recycling companies. For the latter, mainly small and medium sized companies there are different alternatives to cope with these future challenges, e.g., specialisation or cooperation within material flow networks. Thus, a concept for modelling and evaluation of these alternatives is developed in this contribution. The concept is applied to a specific region (Lower Saxony, Germany) and a focused product range (entertainment electronics).

1 Introduction

In the framework of the adoption and national implementation of the EU Directive on waste electrical and electronic equipment, essential changes in the field of electronic scrap recycling are expected. As a consequence, structural adaptations will be necessary not only for OEMs but also for disassembly companies. A successful strategy of the latter – mainly small and medium sized – enterprises (SME) seems to be the initiation of long-term cooperations at interplant level in terms of networks of disassembly companies.

Within this contribution an approach for the configuration of material flow networks for treatment of discarded electronic products is developed to support planning and decision making for these companies and their associations. On basis of this approach, an economic evaluation of different alternatives and thus the derivation of recommendations for the design and establishment of material flow networks becomes possible.

This contribution is structured as follows. First, the actual situation within the field of electronic scrap recycling as well as current and future conditions and requirements are characterized. Subsequently, a concept for design, modelling and economic evaluation of alternatives of material flow networks is developed. In this approach, investment costs with regard to capacities and layout at in-plant level are taken into account as well as variable costs and revenues. The latter are calculated as a result of an activity based optimisation model performing a revenue maximal allocation of material flows to nodes of the network. The concept is then applied to the specific region of Lower Saxony in Germany and the product range of entertainment electronics. First results of the evaluation are presented. The paper will close with a perspective.

2 Current situation and future requirements for recycling of discarded electronic products

2.1 Current situation

Based on sales figures and statistical data about the equipment of private households with electronic products a potential of 1 million tons of consumer electronics (Ivisic (2001)) and 0,7 million tons of industrial electronics (BVSE (1998)) per year is predicted for Germany. However, surveys show that only approx. 0,46 million tons of discarded electronic products are actually collected and properly treated (Halstrick-Schwenk (2000)). The remaining share is exported into other countries, disposed to municipal waste or stored in private households.

Collection of discarded electronic products from private households is organized by public waste disposal authorities using a combination of pick-up- and bring-systems. At present, only low shares are taken back by retailers or manufacturers. High collection, transportation and sorting efforts and thus costs are caused since discarded consumer items – on which this paper is focused – accrue at irregular times at punctiform places.

Collected products are then transported to disassembly companies for further treatment. For acceptance of these products, disassembly companies attain mass- or piece-dependent revenues.

Disassembly of electronic products is normally performed in disassembly companies. Many of these companies process less than 1000 tons of electronic scrap per year. However, examinations show strong concentration tendencies in this area at present. A survey in Germany shows that only ten companies process 69 % of all electronic scrap quantities and obtain 66 % of the total turnover. Consequently, each of these ten companies processes much more than 10000 tons electronic scrap per year (Halstrick-Schwenk (2000)). In addition to these differences in capacities, disassembly companies show also very different organisation forms – socially supported companies for the re-integration of long-term unemployed and workshops for handicapped exist besides private companies. The total number of workers employed in the field of electronic scrap recycling is estimated to 4600, the turnover of the companies approximates 235 million € (Halstrick-Schwenk (2000)).

Disassembly is done aiming at different goals – removal of harmful substances as well as gaining of valuable materials and reusable spare parts. Due to a high variety of product types and variants, disassembly is mostly done manually. In the future, automation of disassembly processes seems only promising for goods which resemble a large quantity of collectable products

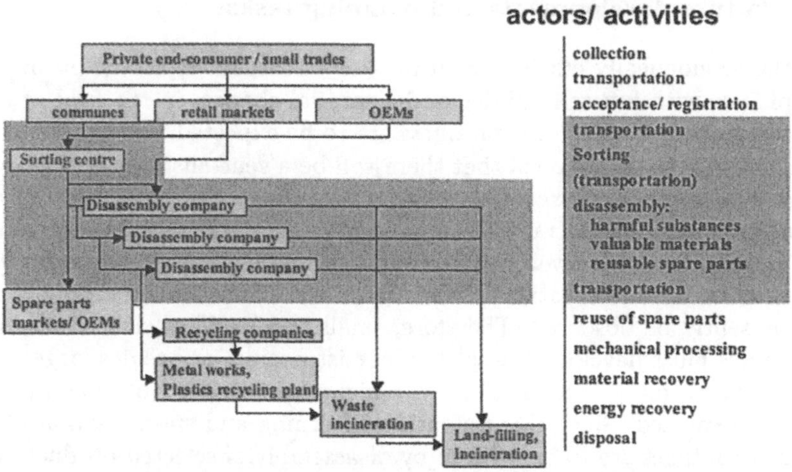

Figure 1. Actors and activities within the field of electronic scrap recycling

with only low variety, e.g. washing machines and TV sets.

After disassembly, the disassembly fractions are sold to recycling companies or are disposed of to waste disposal or incineration sites. At present, the sale of reusable parts at anonymous markets, to manufacturers or private-customers (ReUse) is still of minor importance. Metal fractions are supplied to metal or steel works for material recovery. Plastics are mainly utilized for energy recovery. Material recovery of plastics is currently inhibited by economic criteria like low prices for primary plastics (and thus even lower prices for secondary plastics) as well as by technical reasons like low quantities of pure secondary plastics or contamination with flame retardants.

A summary of the above described actors and activities in the area of electronic scrap recycling is presented in Fig. 1. In the following descriptions a focus will be laid on areas marked in grey.

2.2 Legal requirements

The adoption of the Directive of the European Parliament and the European Council on waste electrical and electronic equipment (WEEE) (EC (2001)) as well as the future national implementation of this directive will have an essential impact on the area of electronic scrap recycling. The directive – in conformity with the German Closed Substance Cycle Waste Management Act – will expand the responsibility of OEMs beyond the usage phase to the treatment of discarded electronic products at the end of their life. Systems to take back electronic products free of charge will have to be implemented. Producers have to set up systems to ensure improved treatment of WEEE. Collection rates as well as recycling and recovery targets will have to be fulfilled.

2.3 Future developments and planning tasks

For the economically efficient treatment of discarded electronic products in compliance with future legal demands essential changes in the field of treatment of discarded electronic products are to be expected.

First, it is to be assumed that there will be a centralisation in the awarding of disassembly contracts. Instead of awarding of disassembly contracts by many communities as it is done presently, contracts may be allocated by few manufacturers or even less consortia of manufacturers. Secondly, there will also be a centralisation of the treatment of discarded products as it can presently be observed. Therefore, small and medium sized disassembly companies must develop strategies to persist against or besides larger, more central disassembly centres. Thirdly, a higher quantity of collected products is to be expected. Since this potentiates learning and specialisation effects, these advantages are to be utilized by disassembly of selected product types. However, this presupposes sorting and homogenisation of collected products as well as specialisation of disassembly companies to certain appliances. Fourthly, manufacturers will have to meet expanded responsibility at the end of the life of their products. To guarantee treatment of products they will demand from disassembly companies at least German – if not European – wide treatment systems. Particularly for small disassembly companies this can not be fulfilled solitarily.

These aspects illustrate that the legal changes named above will inevitably cause changes to the organisation and structure of disassembly companies. A successful strategy of these small and medium sized companies seems to be the initiation of long-term cooperations at interplant level in terms of networks of disassembly companies (Krcal (1999)).

In Germany, current examples of such networks are the VON ROLL Recycling GmbH, the E-back GmbH, the RELO GmbH & Co. KG, the Thuringian association KeeP as well as the cooperation “Elektronikschrott-Recycling” (electronic scrap recycling) and the “Recyclingpartner e.G.” (recycling partners coop.).

Analysis and enquiries of the six above mentioned networks give indications about success factors of these networks of small and medium sized disassembly companies. Advantages for the involved companies are above all the possibility of a nationwide market presence, a clearly reduced administrative and personnel effort, an efficient support regarding quality and environmental problems as well as the possibility of specialisation (Chryssos (1999), EUWID (2001), own enquiries). An overview of success factors alongside with the fulfilment of these factors by the networks is shown in Table 1.

Regarding future requirements, different adaptations and thus, alternatives of material flow networks seem feasible. This contribution will focus on the evaluation of alternatives displayed in Table 2. The first alternative of each impact factor corresponds to the current situation.

Network / Success factors	NW I	NW II	NW III	NW IV	NW V	NW VI
Long-term contracts with communes	-	+	+	-	-	+
Minimum size and capacity	-	-	+	+	O	+
Corporate appearance	-	+	O	+	+	+
Existence of cooperation treaty	-	+	-	+	+	+
Profit based financing of network centre	-	O	+	-	O	+
Joint activities	+	-	-	-	+	+
Specialisation of companies	+	+	+	+	+	+
Participation of other branches	-	-	-	-	-	-

Table 1. Fulfilment of critical factors of success analysed for six disassembly networks (+ complete/ O partial/ - no fulfilment).

Impact factor	Alternatives
treatment of electronic products	• decentralized system (SME with inferior capacity) • advanced centralisation, capacity larger than current situation, • complete centralisation (one company)
technology of internal disassembly systems	• unchained working stations • line chaining of working stations • (partly) automated disassembly systems
Supply of products	• decentralized supply (at communities) • centralized supply (sorting centre)
Sorting of products	• no sorting • slight sorting (large/small appliances) • sophisticated sorting regarding different product categories, e.g. large/small white goods/TV sets/other brown goods/Information & Telecommunication Technology
Form of cooperation within the networks	• no cooperation, single actors • regional networks, equal partners • strategic network, one central leading company

Table 2. Alternatives of material flow networks of disassembly companies for the treatment of discarded electronic products

Taking into account the above mentioned future challenges and the necessary strategic decision of small and medium sized disassembly companies, the following essential planning tasks have to be addressed:

1. Individual capacity of every actor and as a consequence total capacity of disassembly networks
2. Future technology of internal disassembly systems
3. Advantageousness of disassembly networks

4. Type and specialisation of actors within disassembly networks
5. Number of actors within disassembly networks

An economic evaluation of these alternatives and thus the derivation of recommendations for the design and establishment of material flow networks is missing at present.

In literature, a multitude of contributions has been published in the last years regarding planning of reverse networks. Papers deal with characteristics of Product Recovery Management (Thierry *et al.* (1995)) as well as with logistic aspects of this area referred to as reverse logistics (de Brito *et al.* (2002), Fleischmann (2001)). As quantitative planning models mainly enhancements of Warehouse-Location-Problems (WLP) are applied. Thus, variable and fixed costs are minimised or profit is maximised for instance for recycling sand (Barros *et al.* (1998)), carpet residues (Ammons *et al.* (1997)), by-products of the steel industries (Spengler *et al.* (1997), Püchert *et al.* (1996)), discarded cars (Püchert *et al.* (1996)), electronic scrap (Shih (2001)) or for remanufacturing networks of OEM's (Krikke *et al.* (1999b), Fleischmann (2001)).

However, these papers do not focus particularly on the cooperation of small and medium sized disassembly companies with the goal of anonymous recycling of discarded electronic products from private households. Thus, with regard to special characteristics of small and medium sized enterprises, location planning is of much less importance compared to the public- or OEM-driven reverse logistics networks of the above mentioned contributions. Much more essential to SME are strategy decisions regarding necessity of specialisation of companies, investment to additional capacities or involvement in networks. Thus, a fast-to-solve-model should be applied to allow developing and solving of scenarios within meetings of network decision makers.

Linear models (LP) fulfil these requirements. These models can also be applied to case studies similar to the studies mentioned above. For instance, Uzsoy and Ventakatachalam (1998) apply a multi-period, linear model to a multi-level Supply Chain with collection and disassembly of discarded products and assembly and distribution of new, remanufactured and reused products. Focus is laid on developing a practicable, fast-to-solve model that can be operated in meetings with decision makers. Different layouts of the supply chain and impacts of enhanced or reduced capacities are modelled as scenarios. However, for these scenarios no fixed costs are taken into account.

Furthermore, in the planning model of disassembly networks, disassembly actions and processes have to be taken into account, since impacts of legal regulations have to be assessed as precondition for network and capacity planning. In quantitative models of reverse logistics, choice of disassembly options is either not considered at all or only at a very aggregated level. Uzsoy and Ventakatachalam (1998) consider two different disassembly options. These are calculated ahead of the LP-modelling in a separate model by dynamic programming based on a Bill of Materials (BOM) (Uzsoy (1997), Meacham *et al.* (1996)). Also, Püchert (1996) and Püchert *et al.* (1996) are taking into account two disassembly possibilities as well as different in-plant disassembly systems. As an exception, Krikke *et al.* (2001) model complex, modular disassembly structures of products within a multi-level, multi-criteria MILP.

However, there is no model combining all of the above mentioned requirements. Thus, in this contribution a concept for the design of material flow networks for disassembly of discarded electronic products is developed taking into account special characteristics of SMEs. This concept is able to tackle the above mentioned planning problems. The solution shows deficits of the current situation and serves as basis for the derivation of recommendations.

3 Design of material flow networks for disassembly of discarded electronic products

3.1 Concept

To evaluate the above mentioned alternatives of disassembly networks the expected annual profit of all actors of the network represents a generally recognized and easily interpretable criterion. Therefore, the following cost and revenue model is chosen as basis for the economic evaluation (Spengler (1998)):

$$K = K_{invest} + K_{material} + K_{process} + K_{aux} \tag{1}$$

K : Total annual profit of the network alternative

K_{invest} : Investment costs ($K < 0$) calculated using annuity method

$K_{material}$: Material flow revenues in terms of acceptance prizes for products and sales revenues ($K > 0$) resp. costs ($K < 0$) for disassembly fractions

$K_{process}$: Process costs ($K < 0$) in terms of transportation, sorting and disassembly costs

K_{aux} : Other relevant annual fixed costs ($K < 0$) for administration, energy consumption, software, maintenance and other business expenses

The economic evaluation mentioned above is done using a two stage procedure. In a first step, different alternatives of disassembly networks are projected and annual investment costs (K_{invest}) as well as annual fixed costs (K_{aux}) are calculated for every alternative. In a second step, material flow revenues and costs ($K_{material}$) as well as process costs ($K_{process}$) are assigned to every alternative. This is done based on an optimisation algorithm determining an optimal allocation of material flows and disassembly operations to all actors of the disassembly network.

3.2 Investment costs and other annual fixed costs

To derivate investment costs, specific investments necessary for the construction of infrastructure per ton of capacity are determined. Alternatives also differ with respect to centralisation and technology of internal disassembly systems. Data from literature (BFUB (2001), Hucht (1998), Hetzel Elektronik-Recycling GmbH (2001)) as well as from empirical studies are used to evaluate all investments. Coefficients for economies of scale are deduced determining the relation between specific investments and capacity.

Specific investments per ton of capacity are determined modularly for internal logistics (boxes, conveyer belts, vehicles), buildings and for internal disassembly systems. The calculation of annual investment costs is then performed for different depreciation durations and interest rates using annuity method.

In Fig. 2 the derivation of investment costs out of specific investments is presented using a nomogram. Specific investments depend on capacity and internal disassembly system of a company. Annuity factors are calculated for different depreciation durations for an interest rate of 6% per year.

For example, if a company is planning a disassembly capacity of 6000 t/a, specific investments of 27 €/t for internal logistics can be anticipated in the north-eastern quadrant. With the assumption of a depreciation duration of ten years and an interest rate of 6 % per year specific investment costs of 4 €/t×a can be derived for internal logistics out of the north-western quadrant using annuity method. Taking into account the specific costs for logistics, buildings and disassembly system, specific investment costs of 29 €/t×a for the total system are calculated. This is done connecting specific investment costs of every module with the bisecting line of the south-western quadrant.

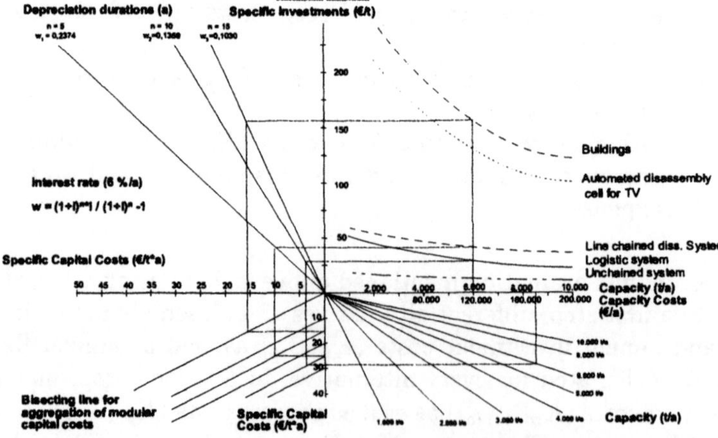

Figure 2. Derivation of investment costs out of specific investments using a nomogram

Finally, for a capacity of 6000 t/a investment costs of 174.000 €/a can be derived in the south-eastern quadrant.

Costs for energy consumption, insurances or maintenance can be derived proportionally from the investments of all of the above mentioned modules.

Other annual fixed costs, e.g. costs for computing, administration and management, are calculated based on data from literature (BFUB (2001)) taking into account economies of scale.

3.3 Variable process and material flow costs

Within the second work step, the economic evaluation of all transportation and disassembly processes is done based on variable annual material flow and process costs. These costs are essentially influenced by the allocation of material flows to all actors of the network. Own examinations of the above mentioned disassembly networks show that an economically efficient allocation of material flows is mainly performed using short-term coordination mechanisms. Thus, an economically efficient allocation of material flows is presupposed in the following.

In order to optimise allocation of products and materials, not only transportation aspects between actors of the network, but also transformation (respective disassembly) aspects within disassembly companies have to be taken into account. Thus, both aspects have to be combined in the model. This is done based on linear activity analysis (Koopmans (1951)) by formulation of all possible transportation and transformation possibilities as activities of a material flow model.

System boundaries of the material flow network include acceptance of products at sources, transportation to disassembly companies, disassembly activities and transportation to recycling companies respectively disposal/ incineration sites. Transportation of products or disassembly fractions between disassembly companies in case of specialisation is possible. Mass balances representing transportation processes, disassembly activities and sales

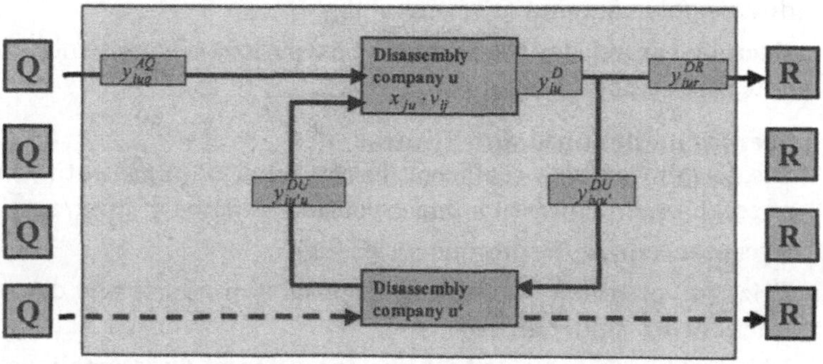

Figure 3. Material flow model for disassembly company u

actions are formulated as shown in Fig. 3. Restrictions consist as market constraints and capacity limitations.

For modelling of transformation processes (respective disassembly operations), the mixed-integer optimisation model for integrated disassembly and recycling planning published by Spengler *et al.* (1997) and Spengler (1994) is used as a foundation. However, since this model is for one actor only, it has to be extended as shown above taking additionally into account transportation processes as material flows between actors of the network. Unlike in the model of Spengler *et al.* (1997) and Spengler (1994) it is also possible to abandon all integer variables. This can be done because of the regional approach and hence the large number of collected products. Thus, efficient allocation of material flows is done using linear programming.

Symbols: For the mathematical formulation of the presented optimisation problem the following indices, variables, coefficients and limits are used.

Indices:
i : Index of products $i \in \{1, ..., P\}$ and disassembly fractions $i \in \{P+1, ..., I\}$
j : Index of disassembly activities $j \in \{1, ..., J\}$
q : Index of sources (collections points) of the network $q \in \{1, ..., Q\}$
u : Index of nodes (disassembly companies) of the network $u \in \{1, ..., U\}$
r : Index of sinks (recycling, land-filling) of the network $r \in \{1, ..., R\}$

Variables:
y_{iuq}^{AQ} : Decision variable of the mass of products i to be transported from source q to disassembly company u [kg]
y_{iu}^{D} : Variable for the mass of products and disassembly fractions i after disassembly at disassembly company u [kg]
$y_{iu'u}^{DU}$: Decision variable of the mass of products and disassembly fractions i accepted at disassembly company u delivered from disassembly company u' [kg]
$y_{iuu'}^{DU}$: Variable for mass of products and fractions i delivered from disassembly company u for acceptance at disassembly company u' [kg]
y_{iur}^{DR} : Decision variable of mass of disassembly fractions i transported from disassembly company u to sink r [kg]
x_{ju} : Decision variable for the number of executions of disassembly activity j at disassembly company u [act]

Parameters, Coefficients and Limits:
v_{ij} : Disassembly activity coefficient for the input (-) or output (+) masses of scrap type i caused by one execution of activity j [kg/act]
e_i^A : Acceptance prize for products i [€/kg]
e_{ir}^V : Prize (+) or costs (-) for sale or disposal of products and disassembly fractions $i$to sink r [€/kg]
c_{ju}^Z : Disassembly costs needed for one execution of disassembly activity j at disassembly company u [€/act]

c_{qu}^{TQ} : Transportation costs from source q to disassembly company u [€/kg]
$c_{uu'}^{TU}$: Transportation costs from disassembly company u to disassembly company u' [€/kg]
c_{ur}^{TR} : Transportation costs from disassembly company u to sink r [€/kg]
c_i^S : Sorting costs for products i (i=1,...,P) [€/kg]
y_{iq}^{QMAX} : Limit for available mass of products i at sources q [kg]
c_u^{ZMAX} : Limit for disassembly labour costs at disassembly company u [€]
y_{ir}^{RMAX} : Limit of sale capacity for products and disassembly fractions i at sinks r [kg]

Objective: The goal of the optimisation is an efficient allocation of products to disassembly companies. The objective is to maximize annual marginal income of the network as sum of acceptance prizes over all products and sale revenues over all disassembly fractions minus costs for transportation, sorting and disassembly. Since the evaluation of alternatives is done based on annual marginal income, the time horizon of the optimisation model is chosen to be one year.

There may be acceptance costs if company u is selling material to company u'. However, no acceptance costs or revenues for exchange of products and materials between disassembly companies are taken into account within the objective function. This is done because marginal income is calculated for the whole network of disassembly companies. Thus, acceptance costs for one company equal acceptance revenues of another company, which means no cost effects for the overall network. However, if marginal income were to be calculated per company or if least marginal income per company were to be achieved as restriction, these acceptance costs between companies would have to be taken into account.

Decision variables for every disassembly company of the network are: quantity of product i accepted from source q (y_{iuq}^{AQ}), quantity of product or disassembly fraction i accepted from other disassembly companies u' ($y_{iu'u}^{DU}$), number of executions of disassembly activity j (x_{ju}), and quantity of disassembly fraction i delivered to recycling or land-filling site r (y_{iur}^{DR}).

$$\textbf{Max} \sum_{u=1}^{U} \left(\sum_{i=1}^{I} \left(\sum_{q=1}^{Q} (e_i^A - c_{qu}^{TQ} - c_i^S) \cdot y_{iuq}^{AQ} + \sum_{\substack{u'=1 \\ u' \neq u}}^{U} (-c_{uu'}^{TU}) \cdot y_{iu'u}^{DU} + \sum_{r=1}^{R} (e_{ir}^V - c_{ur}^{TR}) \cdot y_{iur}^{DR} \right) - \sum_{j=1}^{J} x_{ju} \cdot c_{ju}^Z \right) \quad (2)$$

Restrictions: According to balance Eq. (3) the output of a disassembly company (y_{iu}^D) is calculated as result of the input of appliances from all sources of the network (y_{iuq}^{AQ}) plus the input of appliances and prefabricated parts from other disassembly companies delivered because of specialisation ($y_{iu'u}^{DU}$) plus transformation of masses because of disassembly. The latter is expressed as the number of executions of disassembly activity (x_{ju}) multiplied with an input-output-coefficient (v_{ij}) representing the input-output-relationship of the disassembly activity j. Since the input-output-coefficient is negative for products disassembled and positive for fractions generated, masses of products decrease and masses of fractions increase with every execution of a disassembly activity.

$$(\sum_j x_{ju} \cdot v_{ij}) + \sum_{q=1}^{Q} y_{iuq}^{AQ} + \sum_{\substack{u'=1 \\ u' \neq u}}^{U} y_{iu'u}^{DU} = y_{iu}^{D} \quad i = 1, ..., I; u = 1, ..., U \qquad (3)$$

According to balance Eq. (4) the output of a disassembly company (y_{iu}^{D}) is either delivered to recycling companies or disposal sites (y_{iur}^{DR}) or for further disassembly to other disassembly companies ($y_{iuu'}^{DU}$).

$$y_{iu}^{D} = \sum_{\substack{u'=1 \\ u' \neq u}}^{U} y_{iuu'}^{DU} + \sum_{r}^{R} y_{iur}^{DR} \quad i = 1, ..., I; u = 1, ..., U \qquad (4)$$

Restrictions exist concerning quantity of available products at sources (5), disassembly capacities at companies (6) and capacities at recycling and disposal sites (7).

$$\sum_{u=1}^{U} y_{iuq}^{AQ} \leq y_{iq}^{QMAX} \quad i = 1, ..., P; q = 1, ..., Q \qquad (5)$$

$$\sum_{j=1}^{J} c_{ju}^{z} \cdot x_{ju} \leq c_{u}^{ZMAX} \quad u = 1, ..., U \qquad (6)$$

$$\sum_{u=1}^{U} y_{iur}^{DR} \leq y_{ir}^{RMAX} \quad i = 1, ..., I; r = 1, ..., R \qquad (7)$$

According to the EU directive WEEE there will be the obligation to dismantle certain products containing hazardous materials (8).

$$y_{ir}^{RMAX} \begin{cases} = 0 & \text{if } i \text{ is to be dismantled} \\ \geq 0 & \text{else.} \end{cases} \quad i = 1, ..., P; r = 1, ..., R \qquad (8)$$

There are also non-negativity constraints (9).

$$y_{iuq}^{AQ}, y_{iuu'}^{DU}, x_{ju}, y_{iur}^{DR}, y_{iu}^{D} \geq 0 \qquad (9)$$

Using these restrictions, an efficient allocation of products to disassembly companies and thus a maximisation of annual marginal income based on material flow revenues respective costs as well as of process costs is done.

Finally, an economic evaluation of all alternatives of material flow networks is carried out. This is done joining investment costs and other fixed costs calculated in work step 1 with material and process costs assigned as result of the efficient allocation of material flows in work step 2.

Thus, conclusions about success factors of material flow networks treating electronic products can be derived. Since deficits of existing structures become visible, advice concerning reconfiguration and adaptation of disassembly companies and disassembly networks in preparation for future challenges can be given.

4 Case study: Treatment of Brown Goods in Lower Saxony

The developed concept is exemplarily applied to a case study focusing on treatment of Brown Goods (entertainment electronics like TV sets, radios etc.) in the federal state of Lower Saxony in Germany. Lower Saxony is chosen since there urban areas exist besides rural regions. Thus, this region is representative for the initiation of material flow networks in Germany.

4.1 Data analysis

Initially, an analysis of the current situation determining actors and activities of electronic scrap recycling in Lower Saxony has been carried out. As a result of this analysis, 47 public waste management organisations collecting discarded electronic products, 46 disassembly companies and 56 recycling and disposal sites were determined. 13 of all of the above mentioned disassembly companies are dealing specifically with disassembly of Brown Goods. For all of the above mentioned sources, nodes and sinks of the network location, processed products and fractions as well as treatment capacities were determined and stored in a data base. Exemplarily, location and organisation form of all disassembly companies of Lower Saxony are displayed in Fig. 4.

Since electronic products are very heterogeneous, reference products resembling the average of several products of one product type were defined. Therefore, a diversity of electronic products was examined within the case study. Based on the gathered data, seven classes of Brown Goods and thus seven reference products could be identified according to product similarities.

For every reference product four to six disassembly options with corresponding quality and quantity of disassembly fractions were determined. The first disassembly option satisfies minimum requirements, i.e., separation of harmful substances according to WEEE. The second option resembles a currently economically optimal disassembly depth. This is calculated based on current revenues for secondary raw materials and costs for disassembly activities using the software tool ATROiD® (Assessment Tool for Recycling Oriented Design) (Hesselbach *et al.* (2000)) . Further disassembly options,

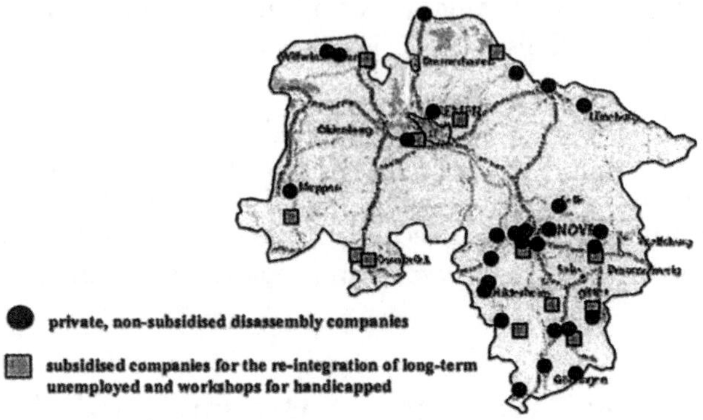

Figure 4. Disassembly companies in Lower Saxony

e.g., "enabling of plastics recycling" and "enabling of Cathode Ray Tube (CRT) recycling", are analysed in order to forecast the effect of new recycling trends on disassembly depth. The last disassembly option considered defines maximum disassembly depth, which means dismantling discarded products to their components achieving a high material purity.

Exemplarily, input-output-relations of disassembly activities for disassembly of the reference product "TV set with plastic housing" are described in Table 3. Negative values of the coefficient v_{ij} correspond to masses of reference products which are disassembled during execution of disassembly option j, positive values reflect fractions generated during execution of disassembly option j. For all reference products altogether 39 disassembly fractions and 31 disassembly depths were defined.

To assign disassembly times to disassembly options, again the software tool ATROID® is used. At first, information about screws and other connections within reference products is extracted by sample disassembly. Then, disassembly time of every disassembly step is calculated based on Methods-Time Measurement (MTM) (Maynard *et al.* (1948)), using a MTM-database implemented in ATROID® which contains information about the time needed for disassembly of every type of connection.

Summing up the time needed for all of the conducted disassembly steps results in the disassembly time needed for disassembly of one reference product with one specific disassembly option at an *unchained working station*. This calculation is conducted for every disassembly option of every reference product (Spengler *et al.* (2002a)). Disassembly personnel costs can then be calculated multiplying disassembly times by disassembly cost factors.

Disassembly times and thus disassembly personnel costs for *line chained working stations* can be calculated based on knowledge about disassembly times at unchained working stations and increase of productivity by line chained systems compared to unchained working stations (having a productivity of 1,0). The knowledge about productivity of line chained disassembly

Disassembly option j Product/ disassembly fraction i (kg)	$j = 1$ TV (P) min.	$j = 2$ TV (P) opt.	$j = 3$ TV (P) CRT	$j = 4$ TV (P) compl.
TV with plastic housing	- 29,55	- 29,55	- 29,55	- 29,55
Waste	6,45	5,08	5,08	5,06
Hazardous - Picture Tube	19,50	19,50	0,00	19,50
Hazardous – Printed Circuit Board	2,13	0,00	0,00	0,00
Hazardous Waste	1,47	1,47	0,00	1,47
Iron & Steel Scrap I	0,00	0,17	0,17	0,17
Iron & Steel Scrap II	0,00	0,02	0,02	0,02
Copper No. 1	0,00	0,03	0,03	0,05
Copper Wire Scrap	0,00	0,13	0,13	0,13
Printed Circuit Board Scrap No. 3	0,00	2,13	2,13	2,13
Shredded Material 2	0,00	0,63	0,63	0,63
Shredded Material 3	0,00	0,28	0,28	0,28
Shredded Material 1	0,00	0,11	0,11	0,11
Cathode Ray Tube	0,00	0,00	20,97	0,00

Table 3. Input-Output-Matrix of four disassembly activities of a reference product (TV set with plastic housing)

systems is obtained out of simulation experiments (Hesselbach and Ohlendorf (2002)).

Personnel costs needed for disassembly of one product at an *automated disassembly system*, e.g. Disassembly Cells (Hucht (1998)), are calculated based on knowledge about personnel needed for operation of the system and disassembly time of one product. Based on this knowledge, productivity of the automated system can be calculated.

4.2 Implementation of the concept

In a data base that was implemented in Microsoft EXCEL essential information about all actors, products and activities received by the data analysis described above is stored as “primary data”.

Using this data base, different alternatives of networks can be designed in a very short time selecting disassembly companies, in-plant technologies or sorting activities out of all possibilities.

Based on the primary data and special characteristics of the selected alternative, secondary data is calculated. This is done automatically based on an implementation using Visual Basic for Application. For instance, Euclidean distances and costs per kg transported between sources, actors and sinks are calculated based on locations of selected companies and capacity of the chosen lorry. Investment costs and other annual fixed costs are calculated taking into account chosen capacities with regard to economies of scale.

Eventually, the efficient allocation of products to disassembly companies and thus, the calculation of variable costs per year is done. Taking into account all of the 13 disassembly companies focusing on Brown Goods as well as the above mentioned 47 sources, 56 sinks, 7 reference products, 31 disassembly depths and 3 in-plant disassembly systems, the linear optimisation problem consists of approximately 71.000 linear variables and 11.000 conditions. It can be solved using common solution procedures for linear optimisation problems. Implemented on personal computer, Pentium III/ 600 Megahertz, using EXCEL-sheets to govern data and the LINGO Solver, a solution can be found in few seconds or minutes.

Combining fixed and variable costs, an economic evaluation of different alternatives is possible within a very short time. Thus, the implemented evaluation system can be used as a tool for consulting of small and medium sized disassembly companies.

4.3 Results

In the following, it is initially assumed that no infrastructure like buildings, disassembly systems etc. exists. Thus, the evaluation is done for the situation of "green field" respective "ideal" planning. Administration costs within networks are assumed to be as high as for single actors. Consequently, the possibility of reduction of administration and personnel costs in case of cooperation is not yet taken into account.

As network alternatives, besides a decentralized system of six small and medium sized companies of inferior capacity (6 comp.) an advanced centralisation (3 comp.) as well as a complete centralisation (1 comp.) is taken into account. As in-plant disassembly systems, mostly unchained working stations (WS) are installed at the moment. However, line-chained (Line) working stations are also possible and thus taken into account (Hetzel Elektronik-Recycling GmbH (2001)). Since for disassembly of Brown Goods an automated disassembly is only feasible for TV sets, other Brown Goods still have to be disassembled manually. Therefore, a partly automated system using automated Disassembly Cells (Hucht (1998)) in combination with line-chained disassembly working station is taken into account (Line + DC). However, to anticipate technological progress a fully automated system (DC) is also considered, assigning data like investments and increase of productivity for automated disassembly of TV sets to disassembly of other Brown Goods.

For some reference products, the disassembly of several products of this product type is still not finished. Therefore, final disassembly times and input-/output relations and thus sales revenues and costs of disassembly fractions can only be estimated at the moment. However, first coarse results of an evaluation of network alternatives which can still be subject to change are presented to show the capability of the planning concept.

A first summary of costs for all alternatives of material flow networks is shown in Fig. 5. Since disassembly costs are the same for all alternatives with

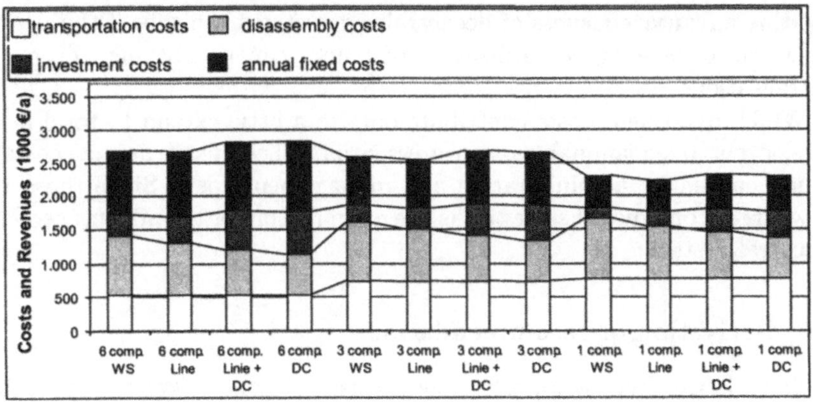

Figure 5. Process costs, investment costs and annual fixed costs of alternatives of material flow networks for the treatment of electronic products in Lower Saxony (Germany)

unchained working stations independent of the number of locations and are proportionally lower for alternatives with chained working stations and Disassembly Cells, future changes in disassembly times will not have an impact on overall results.

Material flow revenues can additionally be calculated as sum of acceptance revenues and sales revenues respective costs for disassembly fractions. However, since input-/output-relations and thus material flow revenues and costs from sale of disassembly fractions can only be estimated at the moment, they are not presented in Fig. 5. Basically, acceptance revenues of Brown Goods are of essential importance for disassembly companies since with sale of disassembly fractions only a slight revenue or even costs are associated.

Looking at the number of actors within the network, first evaluations of the above mentioned alternatives within the scope of our case study show the advantage of central systems. Although transportation costs are lowest within decentralized systems, this is cancelled out by lack of economies of scale and thus high annual investment costs and other fixed costs in decentralized systems.

Looking at the in-plant disassembly systems, results of our case studies show that despite savings up to 50 % of disassembly costs the installation of (partly) automated systems is not yet cost effective because of higher investment costs and annual fixed costs. However, the use of chained systems proves to be profitable because of savings of up to 15 % of disassembly costs with nearly equal investment costs compared to unchained stations.

A comparison of all costs illustrates that transportation costs contribute 1/5 to 1/3 to total annual costs. In decentralized systems, up to 50 % of transportation costs can be saved due to shorter transportation distances in comparison to centralized systems. However, scenario analyses demonstrate that this advantageousness of decentralized systems vanishes if the usage of larger trucks or a higher utilisation of trucks can be obtained because of centralisation.

While investment costs contribute only to a little extend to total annual costs, other fixed annual costs are essential. These fixed annual costs are mainly caused by administration and management costs. Since these costs show large economies of scale this is the main reason for the advantageousness of central systems.

4.4 Derivation of recommendations

At first glance there is an advantageousness of central systems because of economies of scale regarding administration and management costs. Thus, small and medium sized disassembly companies should at least reach a critical size to be able to compete with larger companies.

However, there are also indications for potentials of decentralized systems and thus for small and medium sized disassembly companies. If these SME succeed in reducing their administration costs by interplant cooperation in networks there seems to be the opportunity to exist alongside larger disassembly centres. Options for reducing these costs are for instance joint acquisition and sales activities, joint implementation of quality and environmental management systems or collaborative issuing of waste certificates. A more elaborate study of these aspects is carried out within the research project at the moment.

5 Perspective

The final calculation of disassembly costs and disassembly fractions of reference products will allow a terminal evaluation of disassembly networks for Lower Saxony. Based on this final evaluation, sensitivity analysis regarding acceptance fees, transportation costs and productivity of in-plant disassembly systems can be carried out.

In the framework of the presented case study, it will further on be necessary to include existing infrastructure into the considerations. However, no essential alterations are to be expected since investment costs amount to only a low share of total annual costs.

Furthermore, an expansion of system boundaries of the material flow model embracing collection and mechanical preparation seems promising in order to be able to evaluate the integral collection and treatment system. A more elaborate study and modelling of transportation logistics may also be valuable.

Moreover, product categories should be expanded from Brown Goods to all products to which the EU directive WEEE is applied and geographical borders should be enlarged to Germany or even Europe.

Acknowledgements

The authors would like to thank the German "Deutsche Forschungsgemeinschaft" (DFG) for supporting the research project "Configuration and Management of Recycling Networks for Enhanced Recycling of Waste Electrical and Electronic Equipment (CycleNet)" (Promotion Code SP491/1).

Finally, we would like to thank the anonymous reviewers for their detailed and helpful comments.

Potentiale des Kombinierten Ladungsverkehrs Straße / Binnenwasserstraße bei einer Nutzung von Ro/Ro-Verfahren

Joachim R. Daduna

Fachhochschule für Wirtschaft Berlin, Badensche Straße 50 - 51, 10825 Berlin, Germany
daduna@fhw-berlin.de

Zusammenfassung Der zunehmenden Belastung der Straßenverkehrsinfrastruktur durch den Güterverkehr soll durch Verlagerung auf andere Verkehrsträger entgegen gewirkt werden, u.a. durch eine stärkere Nutzung bi- bzw. multimodaler Transportketten im Kombinierten Ladungsverkehr. Dieser erfordert allerdings in den Schnittstellen zeit- und kostenaufwendige Umsetzvorgänge der Ladungseinheiten, wodurch eine Wirtschaftlichkeit nur unter bestimmten Randbedingungen gegeben ist. Bei einem Einsatz geeigneter Binnenschifftypen können allerdings effiziente Lösungen für bimodale Transporte Straße / Binnenwasserstraße auf der Basis von Ro/Ro-Konzepten existieren, die mit geringen Infrastrukturanforderungen verbunden sind. Ein solches Systemkonzept und dessen mögliche Anwendungen werden vorgestellt. Für dieses wird anhand von zwei Beispielen die Wirtschaftlichkeit im Vergleich mit anderen Verkehrsträgern bzw. anderen Formen bimodaler Transporte untersucht. Ziel ist es, mit einer Verlagerung von bestimmten Straßengütertransporten auf Binnenwasserstraßen wirtschaftliche (und ablaufbezogene) Vorteile zu erreichen, wobei neben den ökonomischen Potentialen auch die ökologischen Aspekte gesehen werden müssen, die mit dem Verkehrsträger Binnenschiff verbunden sind.

1 Nutzung des Kombinierten Verkehrs im Gütertransport

Der Güterverkehr steht mit einer steigenden Auslastung der Straßenverkehrsinfrastruktur zunehmend in einer kontrovers geführten verkehrspolitischen Diskussion. Auch wenn seine grundsätzliche Bedeutung als eine entscheidende Voraussetzung für strukturelle und gesamtwirtschaftliche Entwicklungen gesehen wird (vgl. u.a. Voigt (1960), S. 65ff; Baum (1997)), kommt es immer häufiger zu kritischen Aussagen. Diese beziehen sich meist auf Vorwürfe hinsichtlich einer übermäßigen *Inanspruchnahme* der *Straßennetze* durch den Güterverkehr sowie den damit verbundenen starken *Verschleiß* und die *Emissionsbelastungen.* Legt man die für die nächsten Jahre prognostizierten Verkehrsleistungszuwächse zugrunde (vgl. u.a. Ratzenberger (2000), S. 34ff), die weitgehend auf den Straßengüterverkehr entfallen (s. Tab. 1), wird deutlich, dass sich die Situation weiter verschärfen wird.

Jahr	Schienengüterverkehr	Binnenschiffahrt	Straßengüterfernverkehr	Straßengüternahverkehr	Gesamtleistung
1997	72,9	62,2	235,3	66,5	436,9
2000	74,6	65,4	261,2	69,1	470,4
2005	79,8	69,0	300,5	73,9	523,3
2010	85,4	73,2	340,0	78,8	577,5

Tab. 1. Entwicklungen im Güterverkehr (Prognosezeitraum 1997 - 2010) (in Mrd. Tkm)

Inputorientierte Lösungsansätze in Form von *Netzerweiterungen* sind in den meisten Fällen aufgrund fehlender Flächen nicht realisierbar, abgesehen davon, dass eine politische Durchsetzbarkeit in der Regel nicht gegeben ist. Einschränkungen für den Güterverkehr durch *regulierende Maßnahmen* staatlicher Institutionen, wie sie immer wieder gefordert werden, können keine sinnvolle Alternative darstellen, da sich ein Verhindern von Mobilität auf die politischen Zielvorstellungen hinsichtlich einer nachhaltigen Wirtschaftsentwicklung zwangsläufig kontraproduktiv auswirken muss.

Geeignete und (politisch) durchsetzbare Lösungen müssen daher auf anderen Ebenen gesucht werden. In diesem Zusammenhang stehen neben technischen bzw. organisatorischen Maßnahmen zur effizienteren Ausnutzung der verfügbaren Infrastruktur auf der Basis leistungsfähiger *Informations-* und *Kommunikations*(IuK)*technologien* (vgl. u.a. Daduna und Voß (2000); Daduna (2001)) auch Ansätze zur gezielten Verlagerung von Anteilen des Straßengüterverkehrs auf weniger kapazitätsmässig ausgelastete Verkehrsträger im Vordergrund. Grundlage ist hierbei die Bildung bi- bzw. *multimodaler Transportketten* im *Kombinierten Ladungsverkehr* (KLV) (vgl. u.a. Seidelmann (1997); Böse und Voß (2000); Daduna (2000)). Diese können in Form von *unbegleiteten* Verkehren (u.a. Container- und Wechselbehälterverkehre) realisiert werden, bei denen eine *komplette Ladungseinheit* von einem Ausgangs- zu einem Zielort transportiert wird, sowie als *begleitete* Verkehre, bei denen die *gesamte Fahrzeugeinheit* (z.B. im System „*Rollende Landstraße*" (RoLa) oder im Fährverkehr) als geschlossene Einheit, teilweise auch unter Einbeziehung des Fahrers bzw. der Fahrzeugbesatzungen, auf bestimmten Teilrelationen durch einen anderen Verkehrsträger übernommen wird.

Die bisher eingesetzten Systemlösungen konnten allerdings nicht die gewünschte Marktdurchdringung erreichen. Dies bezieht sich insbesondere auf die in den vergangenen Jahren politisch stark forcierte und auch mit öffentlichen Mitteln finanziell geförderte (klassische) Lösung im KLV, den bimodalen Verkehr Schiene / Straße; vgl. u.a. Stackelberg (1998). So wurden bisher weder die erwarteten Erfolge hinsichtlich einer *Umsatzmengensteigerung* (vgl. u.a. Schulz (2002)) noch eine Senkung der *Break even-Entfernung*, bei der (zur Zeit noch) von einer Transportentfernung von 500 km ausgegangen wird (vgl. u.a. Schulz *et al.* (1996), S. 51; Seidelmann (1997); Ewers und Holzhey (1998)) erreicht. Lediglich im Bereich der Binnenschifffahrt zeigen sich, abgesehen von transkontinentalen Transporten im Bereich des Seefrachtverkehrs, deutliche Volumenzuwächse bei Containerverkehren; vgl. u.a. Stackelberg (1998), Schulz (2002).

Ursache hierfür sind einerseits die fehlende Effizienz in den organisatorischen und technischen Abläufen bei den Erstellern von Schienen(güter)verkehrsleistungen sowie andererseits die durch die Umschlagvorgänge beim Verkehrsträgerwechsel anfallenden Systemkosten, die (derzeit) ein entscheidendes Hindernis beim Erreichen von größeren Marktanteilen darstellen. So werden aufgrund der Umschlagkosten die Bündelungseffekte des Schienen- und Binnenwasserstraßentransports erst bei entsprechenden Transportentfernungen kostenmäßig wirksam (vgl. u.a. Schulz *et al.* (1996), S. 60 f.), was zu den (entfernungsbezogenen) Einschränkungen führt. Zusätzliche Potentiale lassen sich daher nur dann erschließen, wenn es gelingt, effiziente und kostengünstige Übergänge beim Verkehrsträgerwechsel zu erreichen. Einen möglichen Ansatz bildet der kombinierte Verkehr *Straße / Binnenwasserstraße* (bzw. auch *Schiene / Binnenwasserstraße*) bei einer Nutzung von Ro/Ro-Verfahren zur Be- und Entladung. Der aus logistischer Sicht (und auch aus Kostenüberlegungen) entscheidende Vorteil einer Ro/Ro-Technik besteht darin, dass *ortsfeste Infrastruktureinrichtungen* nur in einem geringen Umfang (u.a. in Form von Rampen) benötigt werden und keine (investitionsintensiven) Umschlagsysteme (Krananlagen, etc.) erforderlich sind.

Das den folgenden Ausführungen zugrunde liegende *innovative* (und *patentierte*) *Systemkonzept* basiert auf einer neuen Technik für *Ro/Ro-Binnenschiffe* bzw. *-Schubleichter*, die eine (weitgehende) Unabhängigkeit von Hafenanlagen beinhaltet und damit eine deutlich höhere Flexibilität in den Einsatzmöglichkeiten aufweist. Dieses Konzept wird zunächst in seinen technischen Einzelheiten vorgestellt. Anschließend folgt eine Übersicht über Grundformen möglicher Anwendungen, von denen zwei Beispiele anhand von modellierten Abläufen detailliert beschrieben und hinsichtlich ihrer Kostenstrukturen analysiert werden. Den Abschluss bildet eine Systembewertung, im Rahmen derer auch auf weitere Anwendungsbereiche eingegangen wird, die sich in den kommenden Jahren als zusätzliche Marktpotentiale ergeben können.

2 Systemkonzept für den Kombinierten Verkehr Straße / Binnenwasserstraße

Das Systemkonzept basiert auf neu konzipierten *Ro/Ro-Binnenmotorschiffen* bzw. *Schubleichtern*, die für eine Aufnahme von Straßen- und/oder Schienenfahrzeugen geeignet sind. Die Be- und Entladung erfolgt bugseitig im Ro/Ro-Verfahren, wobei lediglich Rampen benötigt werden, die allerdings, in Abhängigkeit von der Einbeziehung des Schienengüterverkehrs, gegebenenfalls auch einen Gleisanschluss aufweisen müssen. Werden ausschließlich komplette Fahrzeugeinheiten geladen (zum Beispiel Sattelauflieger mit Zugmaschine im begleiteten KLV), so sind keine zusätzlichen Ro/Ro-Zugmaschinen für die Be- und Entladevorgänge notwendig, da hier von autarken Systemeinheiten ausgegangen werden kann. Sollen allerdings nur Sattelauflieger (oder Eisenbahnwaggons) im unbegleiteten KLV transportiert werden, so müssen die Be- und Entladevorgänge mit Hilfe von (unter Umständen auch mitgeführten) Zugmaschinen durchgeführt werden.

Hinsichtlich der Vorteilhaftigkeit dieses Konzepts lassen sich, im Vergleich mit dem monomodalen Straßengüterverkehr bzw. zu anderen Formen des bi- bzw. multimodalen KLV, keine generellen Aussagen treffen. Maßgebliche Gründe hierfür sind zum einen die räumlichen und kapazitiven Begrenzungen des Binnenwasserstraßennetzes sowie zum anderen die Frage der zeitlichen Anforderungen an die Transportdurchführung. Es ist deshalb davon auszugehen, dass eine *flächendeckende Systemverfügbarkeit* (bezogen auf die Bundesrepublik Deutschland) nicht erreicht werden kann. Darüber hinaus bewirken die vergleichsweise geringen Transportgeschwindigkeiten eine Einschränkung der erreichbaren Potentiale am Güterverkehrsmarkt. Allerdings müssen an dieser Stelle auch die aus logistischer Sicht grundsätzlichen Systemvorteile des Binnenwasserstraßenverkehrs gesehen werden:

- (Mengenbezogene) *Kostenvorteile* bei Abwicklung hoher Transportaufkommen über mittlere und größere Entfernungen.
- Keine *zeitlichen Beschränkungen* beim Fahrzeugeinsatz aufgrund gesetzlicher Regelungen.
- Geringe *Personalkosten* (in Relation zur transportierten Menge).
- Verkehrsträger mit einem niedrigen *Energieaufwand* und einer relativ geringen *Umweltbelastung.*
- Hohe *Sicherheit* des Verkehrsweges.

Die häufig als entscheidender Nachteil des Binnenwasserstraßenverkehrs angesehenen Einschränkungen aufgrund saisonalbedingter Einflüsse (Wasserstand, Eisgang, etc.) müssen zwar in den Überlegungen berücksichtigt werden, doch sie stellen kein grundsätzliches Hindernis für eine Realisierung dar. Im Falle einer temporären Nichtverfügbarkeit der Netzinfrastruktur existieren Rückfallebenen, da in einer solchen Situation auf monomodale Abläufe, d.h. die ausschließliche Nutzung des Straßen- bzw. Schienengüterverkehrs zurückgegriffen werden kann, oder aber auch auf bimodale Transporte Straße / Schiene.

2.1 Fahrzeugkonzept

Das Fahrzeugkonzept basiert auf Binnenmotorschiffen und Schubleichtern (bzw. *Schubprahmen*). In der größenmäßigen Auslegung (Länge / Breite) wird ein Verband aus einem *Großmotorschiff* (GMS) mit einer Abmessung von 110 × 11.4 m sowie einem Schubleichter mit 76.5 × 11.4 m (EUROPA II-Klasse) bzw. aus zwei Schubleichtern der angegebenen Größe und einer *Schubeinheit* (bis ca. 30 m Länge) zugrunde gelegt. Diese Festlegung geht von den in weiten Teilen des Binnenwasserstraßennetzes einsetzbaren Standardfahrzeugen aus, die allerdings als *flachgängige Einheiten* gegebenenfalls auch eine Ausweitung des Einsatzbereiches zulassen. Grundlage hierfür ist der geringe Tiefgang, der u.a. aus einem (relativ) niedrigen Nutzungsgrad des maximal möglichen Ladegewichts resultiert. Es können allerdings, in Abhängigkeit von den spezifischen Bedingungen auf den einzelnen Netzabschnitten, die Dimensionierungen bezüglich der Länge und Breite auch unter- bzw. überschritten werden. Sind Unterschreitungen erforderlich, hat dies unter Umständen einen erheblichen Einfluss auf die Frage der Wirtschaftlichkeit des Systemkonzepts, so dass diesbezügliche Aussagen nur fallbezogen getroffen werden können. Die wesentliche technische Ergänzung der Fahrzeuge ergibt sich durch den Einbau von hydraulisch betriebenen Stempeln im Bugbereich (s. Abb. 1), mit Hilfe derer sich die Stabilität bei den Be- und Entladevorgängen an einer Rampe gewährleisten lässt. Außerdem wird hiermit ein Absinken der Ladeöffnung unter die Wasserlinie verhindert, die sich bei einem Zunehmen des Ladegewichts ergeben kann. Ergänzt werden kann diese Technik durch an den Hydraulikstempeln angebrachte *Lafetten*, die, ähnlich einer amphibischen Konstruktion, ein begrenztes Auffahren an den Rampen ermöglichen. Technische Grundlage können Konstruktionen wie die für das *Automatic Loading System* (ALS) (vgl. u.a. Müller (1998)) im KLV entwickelten selbstfahrenden Lafetten sein. Der Laderaum wird (ausgehend von einem GMS bzw. einem Leichter der EUROPA II-Klasse) mit drei parallel verlaufenden Gleisen ausgerüstet, die einerseits für die Aufnahme von Eisenbahnwaggons vorgesehen sind, andererseits aber auch der Verankerung der Spurführungseinrichtungen für Sattelschlepper bzw. Sattelauflieger dienen, die aufgrund der geringeren Fahrzeugbreite in vier Reihen aufgestellt werden können.

2.2 Infrastrukturanforderungen

Die benötigte (Grund-)Infrastruktur beschränkt sich im wesentlichen auf Rampen für die Durchführung der Be- und Entladevorgänge. Obwohl diese in einer Reihe von (Binnenhäfen-)Häfen vorhanden sind, können sie anzahlmässig keine ausreichende Basis für das Systemkonzept gewährleisten. Entscheidende Grundlage für leistungsfähige Strukturen ist vielmehr eine (weitgehend) flächendeckende Verfügbarkeit von Rampen, die durch die aus militärischen Überlegungen eingerichteten *Ersatzübergangsstellen* im gesamten Binnenwasserstraßensystem der Bundesrepublik Deutschland vorhanden sind. So existieren zum Beispiel entlang der Elbe insgesamt 28 Übergangsstellen, von denen eine Reihe als potentielle Be- bzw. Entladestellen genutzt werden können. Da allerdings nicht alle dieser Rampen unmittelbar an das Straßen- bzw. Schienennetz angeschlossen sind, werden an den zu nutzenden Standorten gegebenenfalls entsprechende Infrastrukturmaßnahmen für eine

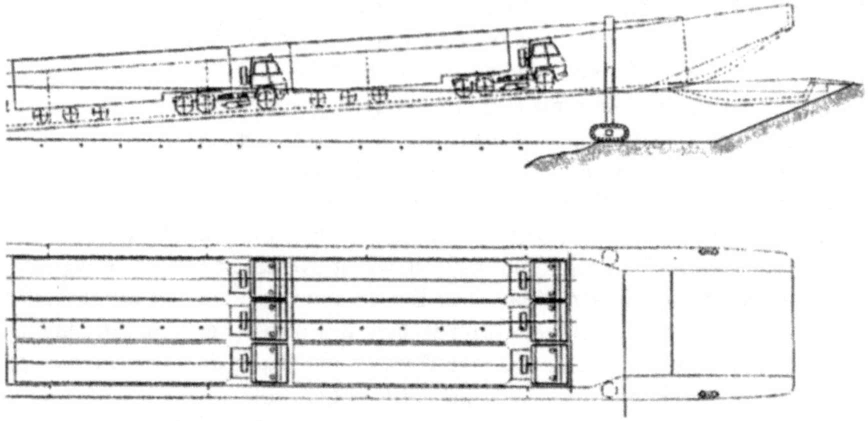

Abb. 1. Schubleichter - Seitenquerschnitt und Grundriss (Ausschnitt)

Anbindung an das bestehende Straßennetz erforderlich. Erfolgt allerdings das Be- und Entladen in Hafenanlagen, können (soweit keine geeigneten Rampen verfügbar sind) selbstverständlich auch vorhandene Umschlageinrichtungen genutzt werden, soweit diese die technischen und kapazitiven Anforderungen erfüllen.

Da die Rampen grundsätzlich mit der Stromrichtung ausgelegt sind, müssen die Motorschiffe bzw. Schubleichter bei Talfahrt zum Be- und Entladen eine Richtungsänderung vornehmen, da die Ladevorgänge nur über die geöffnete Bugklappe erfolgen können. Es kann hierbei vorausgesetzt werden, dass in der Nähe einer genutzten Rampe geeignete Wendestellen verfügbar sind, soweit die Wasserstraßenbreite die entsprechenden Wendemanöver im unmittelbaren Bereich der Rampe nicht zulässt. Nur im Extremfall können sich hieraus Restriktionen für die Länge der Fahrzeugeinheiten ergeben, die unter Umständen die Wirtschaftlichkeit negativ beeinflussen können.

3 Grundformen von Anwendungen

Die möglichen Anwendungen des Systemkonzepts erstrecken sich auf verschiedene Bereiche im *Güternah-* und *-fernverkehr* sowie auf *Schwerlast-* und *Spezialtransporte.* Diese werden im folgenden in ihren grundsätzlichen Strukturen beschrieben, wobei auf die fallspezifischen Vorteile eingegangen wird. Allerdings sind zwei grundsätzliche Voraussetzungen zu berücksichtigen, ein ***ausreichend hohes Aufkommen*** auf den betrachteten Relationen sowie die ***Bündelungsfähigkeit.*** Außerdem darf es sich nicht um ***zeitkritische Transporte*** handeln, da in diesem Fall der LKW eindeutige Systemvorteile aufweist.

Güternahverkehr

Im Güternahverkehr bietet sich bei bestimmten Liefervorgängen eine Punkt-zu-Punkt-Bedienung von Relationen an, so u.a. zwischen peripher gelegenen Güterverkehrseinrichtungen, zum Beispiel einem *Güterverkehrszentrum* (GVZ) oder einem *Güterverteilzentrum* (GVtZ) (vgl. u.a. Daduna (2000)), und zentralen Verdichtungsräumen ohne ausreichende logistische Einrichtungen. Hierbei werden die Lieferfahrzeuge in einer Güterverkehrseinrichtung abends bzw. in den Nachtstunden geladen und anschließend per Binnenschiff zu einem innerstädtischen Übergabepunkt transportiert. Dort erfolgt die Übernahme der Fahrzeuge durch die Fahrer / Fahrzeugbesatzungen, die dann unmittelbar mit den Auslieferungen beginnen können. Der Rücklauf der Fahrzeuge wird analog abgewickelt. Um effiziente Ablaufstrukturen zu erreichen, ist eine geeignete Strukturierung der Auslieferungszonen vorzunehmen. Dies kann bei (zum Beispiel täglich) variierenden Kundenstandorten unter Verwendung von (aggregierten) Nachfragepunkten auf *binäre* bzw. Single *Source Warehouse Location-Modelle* (vgl. u.a. Klose (2001), S. 185 ff.) erreicht werden, während bei bekannten und zumindestens mittelfristig feststehenden (deterministischen) Kundenstandorten *Location-Routing-Modelle* (vgl. u.a. Laporte (1988), Klose (2001), S. 293 ff.) zur Anwendung kommen können. Die Vorteile einer solchen Vorgehensweise liegen in den Kosteneinsparungen, die sich durch die Fahrzeugbündelung über den Binnenschifftransport ergeben, sowie gegebenenfalls auch in der Vermeidung der (zukünftig) anstehenden streckenbezogenen LKW-Gebühr auf Autobahnen für den Schwerlastverkehr (LKW-Maut). Der Personaleinsatz wird unter Umständen deutlich effizienter, da der Anteil der unproduktiven Leistungen durch die Verlagerung der Fahrten zwischen der Güterverkehrseinrichtung und dem Auslieferungsgebiet erheblich verringert wird. Außerdem lässt sich die Bedienungsqualität (u.a. in der Form einer höheren Pünktlichkeit bei den Belieferungen) verbessern, da verkehrlich kritische Streckenabschnitte durch den Wegfall wesentlicher Abschnitte der Einsetzfahrten umgangen werden können und die Kundenstandorte näher am aktuellen Einsatzpunkt der Fahrzeuge liegen.

Güterfernverkehr (*Punkt-zu-Punkt-Verbindungen*)
Über Punkt-zu-Punkt-Verbindungen im Fernverkehr lassen sich u.a. *Ballungsräume* untereinander verknüpfen, wobei die Vor- und Nachläufe (= Sammel- bzw. Verteilverkehre), soweit erforderlich, über den Straßengüterverkehr abgewickelt werden. Weitere Anwendungen ergeben sich im Rahmen von Seehafenhinterlandverkehren, bei denen Ballungsräume effizient an (*Seehafen-*) *Containerterminals* angebunden werden (s. die Ausführungen zu dem Beispiel in Abschnitt 4.1). Hierbei erfolgt eine Bündelung von Containerverkehren in einem definierten Einzugsgebiet sowie deren Umlegung auf die Binnenwasserstraße. Analoge Abläufe ergeben sich beim Weitertransport von über die Seeschiffahrt eingehenden Containern und deren Verteilung in einem Ballungsraum. Die durch die Bündelung entstehenden Kosten (Wartezeiten, etc.), die u.a. auch im Schienengüterverkehr auftreten, können in der Kalkulation unberücksichtigt bleiben, da sie bei einem effizienten logistischen Informationsmanagement von marginaler Bedeutung sind.

Auch hier liegen die Systemvorteile in erster Linie in den Bündelungseffekten, die zu Kosteneinsparungen beim Personal und beim (mengenbezogenen) Kraftstoffverbrauch führen, sowie in der Vermeidung der anstehenden LKW-Maut. Außerdem erhöht sich bei einer Nutzung im Kombinierten Verkehr das zulässige Gesamtgewicht der eingesetzten Fahrzeuge auf 44t, was eine (gewichtsbezogene) Kapazitätsausweitung von ca. 15% bedingt.

Güterfernverkehr (*Richtungsbezogene Verteil- / Sammelverkehre*)
Einen weiteren Ansatz bietet die Verteilung von Ladungseinheiten, die in einem (Seehafen-)Containerterminal eingehen. Im Terminal werden die für diesen Transportweg vorgesehenen Container auf Sattelauflieger gesetzt, die anschließend mit entsprechenden Ro/Ro-Fahrzeugen auf Schubleichter gefahren (bzw. gegebenenfalls auch gekrant) werden. Hierbei ergibt sich eine divergierende Ablaufstruktur, d.h. ausgehend von der entsprechenden Binnenwasserstraße erfolgt eine *Verteilung in die Fläche*. Die Entladung der einzelnen Einheiten erfolgt an definierten Punkten, die durch vorhandene Ersatzübergangsstellen gegeben sind. Kommt es in der Gegenrichtung zu einem Sammeln von Ladungseinheiten, die einem Terminal zugeführt werden sollen, ergibt sich ein (weitgehend) analog strukturierter Ablauf, der allerdings als konvergierender Fluss zu interpretieren ist.

Da aus ablaufbedingten und auch aus wirtschaftlichen Überlegungen nicht jede der verfügbaren Rampen genutzt werden kann, ist eine Auswahl geeigneter Standorte durchzuführen. Dieses Planungsproblem lässt sich von der Grundstruktur her auf *Hub Location-Probleme* (vgl. u.a. Campbell *et al.* (2002)) zurückführen, wobei sich in diesen spezifischen Strukturen die potentiellen Standorte auf einer Linie befinden. Allerdings dürfen die Entfernungen im Vor- bzw. Nachlauf nicht zu groß werden, da dann die eigentlichen Systemvorteile nicht zur Wirkung kommen können. Dies bedeutet, dass sich das Verteilen und Sammeln weitgehend auf einen Einzugsbereich in der (unmittelbaren) Nähe der Binnenwasserstraße beschränken sollte.

Die bei dieser Anwendung auftretenden Vorteile entsprechen denen bei einer Punkt-zu-Punkt-Verbindung im Güterfernverkehr, abgesehen von der variierenden Auslastung und den (geringen) Kapazitätsverlusten durch die Notwendigkeit, ein Ro/Ro-Fahrzeug für die Ent-(bzw. Be-)ladevorgänge mitzuführen.

Schwerlast- und Spezialtransporte
Die Nutzung von bi- bzw. multimodalen Transporten bietet sich zunehmend auch für Schwerlast- und Spezialtransporte an (s. die Ausführungen zu dem Beispiel im Abschnitt 4.2). So bewegt sich die Lastauslegung eines GMS bzw. Schubleichters bezüglich Gewicht und Bemassung in Dimensionen, die allein aus technischer Sicht bei straßen- bzw. schienengebundenen Fahrzeugen in der Regel nicht erreicht werden können. Ansätze, wie das System *CargoLifter* (vgl. u.a. Christ und Lutz (2000)), können, unabhängig von der Frage der tatsächlichen Realisierung, aufgrund der Auslegung auf maximal 160t

und einer Volumenbegrenzung auf 50 × 8 × 8 m nur bedingt eine Alternative darstellen, auch wenn der Lufttransport eine Reihe betriebstechnischer Vorteile aufweist.

Eine Verlagerung von Schwerlast- und Spezialtransporten auf Binnenwasserstraßen, unter Umständen auch nur für Teilabschnitte der zu bedienenden Relation, kann grundsätzliche Vorteile aufweisen. So bestehen in der Regel keine administrativen (zeitlichen) Nutzungseinschränkungen bezüglich des Verkehrsnetzes, und außerdem kann von deutlich geringeren baulichen Restriktionen ausgegangen werden. Hierdurch reduzieren sich die Kosten für die erforderlichen Genehmigungen und Sicherungsmaßnahmen sowie auch für Streckenvorbereitung zum Teil erheblich (s. Tab. 4). Auch durch die Vereinfachung der erforderlichen Umschlagvorgänge Straße / Binnenwasserstraße ergeben sich deutliche Kosteneinsparungen, da der in den Häfen anfallende Aufwand, der sich u.a. auf die zum Teil sehr kostenintensiven Be- und Entladungsvorgänge (beim Einsatz von Krananlagen) bezieht, nicht bzw. nur im begrenzten Rahmen auftritt. Die für ein Ro/Ro-Konzept verfügbaren Rampen weisen auch bei Schwerlasttransporten in der Regel keine Einschränkungen auf, da diese aufgrund der Vorhaltung für militärische Nutzungen auf Lasten ausgelegt sind, die über denen liegen, die im Straßenverkehr gelten. Fahrtechnische Probleme beim Übergang vom Leichter auf die Rampe sind nicht zu erwarten, allenfalls können Infrastrukturmaßnahmen aufgrund ungünstiger Steigungswinkel an den Deichen notwendig werden, die den infrastrukturbezogenen Qualifizierungsmaßnahmen (s. oben) zuzurechnen sind.

Bei den verschiedenen Anwendungen im Güterfernverkehr ist eine Beschränkung auf die Bedienung von Punkt-zu-Punkt-Verbindungen sowie auf Sammel- und Verteilverkehre nicht zwingend gegeben. So lassen sich in bestimmten Fällen, soweit die Kapazitäten verfügbar sind und die transporttechnischen Abläufe es zulassen, auch *Pick-up and Delivery-Verkehre* integrieren. Aufgrund der hohen Komplexität der Abläufe (u.a. bedingt durch die Berücksichtigung von *Reihenfolgeproblemen* und die Vermeidung von *Umsetzbewegungen*) ist ein geeignetes *Informationsmanagement* und der Einsatz leistungsfähiger Planungstools zwingend erforderlich. Analog kann dies auch bei Schwerlastverkehren zur Anwendung kommen, soweit nicht vorgegebene Anforderungen entgegenstehen.

4 Anwendungsbeispiele

Anhand von zwei (konkreten) Beispielen erfolgt eine detailliertere Untersuchung der Abläufe sowie eine Berechnung der anfallenden Kosten (Angaben in Euro), um eine Vergleichsmöglichkeit mit anderen Verkehrsträgern zu erhalten. Untersucht wird zunächst eine Punkt-zu-Punkt-Verbindung im Fernverkehr zwischen dem Großraum Berlin und einem Seehafencontainerterminal im Hamburger Freihafen. Das zweite Beispiel ist ein Schwerlasttransport aus dem Raum Berlin-Tegel, der über den Berliner Westhafen ebenfalls in den

Hamburger Hafen gehen soll.

In beiden Fällen wird für den Vergleich mit anderen Verkehrsträgern von Schubleichtern in Verbindung mit den entsprechenden Schubbooten ausgegangen. Grundlage der Kostenabschätzung für diese vorgesehenen Fahrzeuge ist eine *Untersuchung zur Verlagerung von Schwerguttransporten von der Straße auf Binnenwasserstraßen* (vgl. ETC (2001)). Beim Schubboot wird mit einem (pauschalen) Tagessatz von 1.300 € kalkuliert, wobei von fallbezogen differierenden Berechnungen ausgegangen wird. Dies ergibt sich dadurch, dass beim Einsatz nur eines Leichters ein zweiter, nicht in das Systemkonzept eingebundener, mitgeführt wird, so dass entsprechende Kostenaufteilungen möglich werden. Für einen Leichter fallen, in Abhängigkeit der jährlichen Einsatzzeit, verschiedene Sätze an. Diese basieren auf einer Worst und Best Case-Betrachtung, bei der zwischen zwei Grundszenarien unterschieden wird, in denen eine Nutzungsdauer von 150 bzw. 300 Tagen pro Jahr zugrunde gelegt ist, wodurch sich Tagessätze von 600 € bzw. 300 € ergeben. Berücksichtigt man die vorgesehenen Investitionsbeihilfen des *Bundesministeriums für Verkehr, Bauen und Wohnen* (BMVBW) für den KLV, so kann (ausgehend von geplanten Beihilfen im Umfang von 50%) eine Reduktion der Kosten auf 300 bzw. 150 € erreicht werden.

Um eine Vergleichbarkeit mit einer Punkt-zu-Punkt-Verbindung im Straßengüterverkehr zu ermöglichen und auch eine realitätsnahe Berechnung zu gewährleisten, sind bei den folgenden Beispielen für die Verkehrsträger Schiene und Binnenwasserstraße die entsprechenden Vor- und Nachläufe (mit LKW) einbezogen.

4.1 Container-Transport bei einer Punkt-zu-Punkt-Verbindung

Ausgangspunkt der Vergleichsrechnungen ist ein Transport von Standard(40')-Containern in einem Umlauf Berlin - Hamburg - Berlin, wobei am Standort Berlin von einem Verlader bzw. Empfänger ausgegangen wird, während in Hamburg der entsprechende Ziel- bzw. Ausgangsort ein (Übersee-)Containerterminal ist. Verglichen werden hierbei die Transportdurchführung mit LKW (Sattelauflieger), durch die DB Cargo AG im Einzelwagenverkehr sowie mit Schubleichtern in der Binnenschiffahrt auf der Basis des dargestellten Systemkonzepts. Im einzelnen wird von den folgenden (kalkulatorischen) Ansätzen ausgegangen:

Straßengüterverkehr

Für einen Umlauf Berlin - Hamburg - Berlin wird von einem Zeitablauf ausgegangen, der einen (Arbeits-)Tag beansprucht. Die anfallenden Personalkosten (Fahrer) werden mit 250 € angesetzt, die Kosten für die erforderliche Zugmaschine mit 50 €, die km-bezogenen Aufwendungen (bei einer Gesamtstrecke von 600 km und einem km-Satz von 0.35 €) mit 210 € sowie die (zukünftig im Schwerlastverkehr anfallenden) Straßenbenutzungsgebühren mit ca. 90 €. Hieraus ergibt sich ein (umlaufbezogener) Aufwand von 600 € (pro Container) (Quelle: Kalkulation Spedition F.W. Grundt / Berlin).

Schienengüterverkehr
Hier wird von einem (pauschalen) Kostensatz im Einzelwagenverkehr ausgegangen, der für einen kompletten Umlauf (ohne Aussagen zu den zeitlichen Abläufen) bei 867 € (pro Container) liegt, wobei eine preisliche Differenzierung nach Im- bzw. Exportcontainern (514 bzw. 353 €) zugrunde gelegt wird (Preisangaben TFG Transfracht International vom November 2002). Eine Aussage bezüglich der Kosten bei einem Einsatz eines Ganzzuges ist nicht verfügbar.

Binnenwasserstraßenverkehr
Beim Binnenwasserstraßenverkehr wird ein Umlauf mit drei Tagen angesetzt, wobei pro Schubleichter (EUROPA II-Klasse) eine Kapazität von 20 Aufliegern gegeben ist, d.h. aufgrund der längenmäßigen Restriktionen für Schubverbände ist bei maximal zwei dieser Leichter eine Kapazität von bis zu 40 Aufliegern verfügbar. Die systembezogenen Fixkosten sind in Tab. 2 angegeben, wobei zusätzlich *fahrwegbezogene* Kosten (Kanalgebühren, etc.) von 150 € einzubeziehen sind. Außerdem müssen *ladungsträgerbezogene* Kosten von 305 € pro Einheit berücksichtigt werden, die in Tab. 3 in den Einzelpositionen angegeben sind.

Die aus den beschriebenen Faktoren resultierenden Kostenfunktionen sind in der Abb. 2 dargestellt. Während die Kostenverläufe für den Einzelwagenverkehr (Bahn) und den LKW (quasi-)linear verlaufen, zeigt sich beim Binnenschiff eine Sprungstelle durch den Einsatz eines zweiten Leichters, der bei der Kapazitätsüberschreitung des ersten erforderlich wird.

Die wesentlichen Aussagen, die sich aus den Funktionsverläufen in der Abb. 2 ergeben, lassen sich in drei Punkten zusammenfassen:

- Der Bahntransport im *Einzelwagenverkehr* ist, im Vergleich zum LKW, bei der gegebenen Entfernung grundsätzlich mit höheren Kosten verbunden. Ob, und in welchem Umfang ein Einsatz von Ganzzügen zusätzliche Einsparungspotentiale ermöglicht, kann an dieser Stelle nicht näher analysiert werden, da hierzu die entsprechenden Informationen fehlen. Es

	Anzahl Leichter: 1		**Anzahl Leichter: 2**	
Nutzungsdauer	150 Tage	300 Tage	150 Tage	300 Tage
Schubboot	2.600		3.900	
Leichter	1.800 (900)	900 (450)	3.600 (1.800)	1.800 (900)

Tab. 2. Kosten Binnenschiff (pro Umlauf)

Miete Auflieger und Container (25 € / Tag)	75
Vor- / Nachlauf Containerhafen Hamburg	30
Vor- / Nachlauf Stadtgebiet Berlin	200

Tab. 3. Container-bezogene Daten (pro Umlauf)

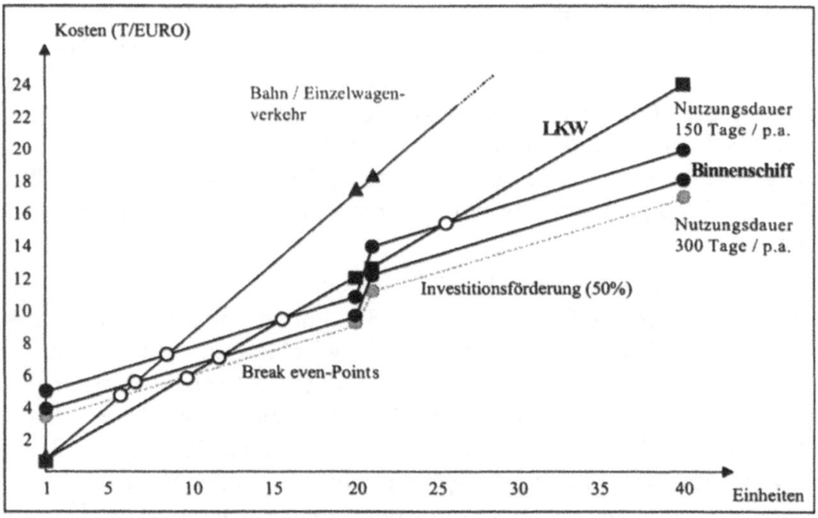

Abb. 2. Verkehrsträgerspezifische Kostenverläufe

kann allerdings davon ausgegangen werden, dass sich keine grundlegenden Veränderungen ergeben, d.h. es ist nicht davon auszugehen, dass im Ganzzugverkehr die Kostenfunktion für den LKW bei bis zu 40 Containern pro Richtung signifikant unterschritten wird.

- Wird im *Binnenwasserstraßentransport von* einem *Worst Case* der Nutzung an insgesamt nur 150 Tagen eines Jahres ausgegangen, liegt ein (erster) Break even-Punkt (bezogen auf den Straßengüterverkehr) beim Transport von 16 Einheiten. Wird aufgrund einer steigenden Nachfrage der Einsatz eines zweiten Leichters erforderlich, so ergeben sich Veränderungen durch den zusätzlichen Fixkostenanteil, so dass zunächst wieder der LKW (theoretisch gesehen) bei 21 Aufliegern günstiger wird. Allerdings tritt ein erneuter Break even bei 26 Einheiten auf, so dass, insgesamt gesehen, ein Straßengütertransport bei entsprechenden Nachfragevolumina keine Kostenvorteile aufweist.
- Bei einem *Best Case*, der von einer jährlichen Nutzung von 300 Tagen ausgeht, ergibt sich eine Verschiebung der Kostenfunktion, die zu einem Break even bei zwölf Einheiten führt. Auch die quantitative Anpassung mit dem Fixkostensprung beim Übergang von 20 auf 21 Auflieger bringt in diesem Fall keine (kurzfristigen) Nachteile.

Berücksichtigt man die vorgesehenen Investitionsbeihilfen für die Beschaffung der Schubleichter), kann ein weiteres Absenken der Kostenfunktion erreicht werden. Dies bewirkt einen frühzeitigeren Break even, der bei zehn Einheiten liegt.

Die Kostenabschätzungen für das zugrunde gelegte Beispiel zeigen, dass die Nutzung eines Binnenschiffes mit Ro/Ro-Einrichtung eine wirtschaftliche

Lösung darstellen kann, soweit die oben angesprochenen Bedingungen auf der Nachfragerseite gegeben sind.

4.2 Schwerlasttransport bei einer Punkt-zu-Punkt-Verbindung

Ausgangspunkt der Vergleichsrechnungen ist ein Schwerlasttransport Berlin - Hamburg (einschließlich Rückführung des eingesetzten Tiefladers nach Berlin). Die Daten für das zugrunde gelegte Transportobjekt sind (Länge) 22,00 m × (Breite) 4,50 m × (Höhe) 4,00 m mit einem Gesamtgewicht von 120 t. Verladeort ist in Berlin ein Standort im Raum Tegel, von wo der Transport zum Westhafen zur Umladung geht, während Zielort der Hamburger Hafen ist, wo die Umladung auf ein Hochseeschiff zum Weitertransport nach Übersee erfolgt. Verglichen werden hierbei die Transportdurchführung mit LKW (*Sattelzugmaschine* (SZM) / *Tieflader* (TL)) und Schubleichtern auf der Basis des vorgestellten Systemkonzepts. Die Einbeziehung des Schienentransports ist bei derartigen Anwendungen (in der Regel) systembedingt nicht möglich, so dass diese Variante unberücksichtigt bleiben kann.

Im einzelnen wird von den folgenden Ansätzen ausgegangen:

Straßengüterverkehr
Eingesetzt wird ein Fahrzeug mit den Bemaßungen 38,00 × 4,50 × 4,50 m sowie einem Gesamtgewicht von 185 t (inklusive Ladung). Aufgrund der Fahrzeugmaße und des Gewichts sind Transporte dieser Art genehmigungspflichtig und mit verschiedenen (kostenwirksamen) Auflagen verbunden. Für die Transportdurchführung Berlin - Hamburg (einschließlich Rückführung) wird von einem Zeitablauf ausgegangen, der zwei (Arbeits-)Tage beansprucht. Dies ergibt sich u.a. aus der Einschränkung der Nutzungszeiten im öffentlichen Straßenverkehr auf ein Zeitfenster von 22:00 Uhr bis 06:00 Uhr des Folgetages.

Die anfallenden Nutzungskosten für das Fahrzeug (einschließlich Personalkosten) belaufen sich auf 3.400 € (SZM: 500 € / Tag; TL: 1.200 € / Tag). Die km-bezogenen Aufwendungen (bei einer Gesamtstrecke von 600 km und einem km-Satz von 1,00 €) mit 600 € sowie die (zukünftig im Schwerlastverkehr anfallenden) Straßenbenutzungsgebühren mit ca. 120 €. Hieraus ergibt sich ein (*fahrzeugbezogener*) *Aufwand* von 4.120 € für den Straßentransport. Weitere anfallende Kosten sind der Tab. 4 zu entnehmen.

Binnenwasserstraßenverkehr
Beim Binnenwasserstraßentransport wird von einem Schubleichter (EUROPA II-Klasse) ausgegangen, wobei für den Transportablauf (einschließlich der Rückführung) ein Zeitbedarf von insgesamt drei Tagen angesetzt wird. Die hierbei anfallenden Systemkosten sind in der Tab. 4 angegeben.

Für den notwendigen Vorlauf (Straßentransport) ergeben sich für den TL 1.200 € (Nutzung am ersten Tag) sowie durch eine entsprechende Fahrzeugverkürzung 800 € / Tag für die beiden weiteren Tage (= 1.600 €). Die Verkürzung, d.h. die Reduzierung der Anzahl der benötigten Achsen, ist

	Straßen-transport	Bimodaler Transport (Schubleichter)	
		Nutzungs-dauer 150 Tage	Nutzungs-dauer 300 Tage
Fahrzeug- / Transportkosten			
Sattelzugmaschine / Tieflader	4.120	3.600	
Schubboot	-	2.600	
Schubleichter	-	1.800 (900)	900 (450)
Kanalgebühren, etc.	-	150	
Genehmigungen / Sicherungsmaßnahmen			
Genehmigung nach § 70 StVZO	100	100	
Genehmigung nach § 29 StVO	200	100	
Sicherungsfahrzeug (BF3) (300€ / Tag)	600	100	
Polizeibegleitung (Lastweg)	1.000	200	
Optionale Kosten (Vorbereitung Fahrtstrecke, etc.)			
Streckenerkundung	500	-	
(Brücken-)Gutachten	1.000	-	
Verkehrslenkende Maßnahmen	400	-	
Gesamtkosten	**7.920**	**8.650 (7.750)**	**7.750 (7.300)**

Tab. 4. Kostenaufstellung

möglich, da der TL nicht mehr beladen bewegt wird und somit die straßenverkehrlichen Anforderungen bezüglich der achsbezogenen Lastverteilung entfallen. Für die SZM entstehen bei einer Nutzung von 1,5 Tagen Kosten in Höhe von 750 €. Einschließlich km-bezogener Aufwendungen von 50 € ergeben sich Gesamtkosten für den Straßentransport bzw. die Nutzungsdauer des TL von 3.600 €. Weitere anfallende Kosten für den Vorlauf sind der Tab. 4 zu entnehmen. Kosten für zusätzliche (lastbezogene) Infrastrukturmaßnahmen fallen in der Regel (so auch in diesem Fall) nicht an, da aufgrund der Lastverteilung über die Anzahl der Achsen (mit maximal 10 t pro Achse) kritische Werte nicht überschritten werden.

Der Kostenvergleich zeigt, dass lediglich für den Worst Case-Fall hinsichtlich der Nutzungsdauer des Schubleichters und ohne Berücksichtigung von Investitionsbeihilfen der bimodale Transport im Vergleich zum (monomodalen) Straßentransport keine günstigere Lösung bringt. Berücksichtigt man aber, dass ein Transportobjekt mit den zugrunde liegenden Daten deutlich weniger als 50% der Ladungskapazitäten in Anspruch nimmt, können zusätzliche Einnahmen durch Zuladung erzielt werden, wodurch sich die Wirtschaftlichkeit erreichen bzw. verbessern lässt.

Da außerdem der zugrunde gelegte Anwendungsfall eine von den *verkehrstechnischen* und *administrativen Randbedingungen* sehr günstige Konstellation für den Straßentransport aufweist, kann (bei Verfügbarkeit der erforderlichen Binnenwasserstraße) für derartige Anwendungen (u.a. aus Kostengesichtspunkten) grundsätzlich von einer Vorteilhaftigkeit des bimodalen Systems Straße / Binnenwasserstraße ausgegangen werden. Allerdings bezieht sich diese Aussage ausschließlich auf die Nutzung eines Ro/Ro-Konzepts, da im traditionellen KLV der Einsatz von Schwerlastkränen einen erheblichen Kostenfaktor darstellt. So müssen beim Umschlagvorgang in einem Binnenhafen bei einer Last von 120t, wie sie im untersuchten Beispiel vorliegt, für die Inanspruchnahme eines (ortsfesten) Kranes Kosten von ca. 2.800 € kalkuliert werden. Muss dagegen aufgrund (lokal) fehlender ortsfester Krananlagen ein mobiler (Auto-)Kran eingesetzt werden, so ist (soweit dies von der vorhanden Infrastruktur aufgrund der extremen Lastverteilung überhaupt zulässig ist) mit Kosten von ca. 10.000 € zu kalkulieren.

Sind Schwerlasttransporte erforderlich, die hinsichtlich Gewicht und/oder Breite bzw. Höhe spezifische Anforderungen aufweisen, die über den im skizzierten Beispiel gegebenen Rahmen hinausgehen, treten bei den optionalen Kosten deutliche Steigerungen auf, u.a. durch zusätzliche Brückengutachten und zum Teil umfangreiche verkehrslenkende Maßnahmen. Außerdem können immer häufiger Situationen eintreten, in denen der monomodale Straßengütertransport keine (*technisch*) mögliche und (*verkehrsrechtlich*) zulässige Alternative mehr darstellt. Dies bedeutet, dass in bestimmten Marktsegmenten des Schwerlastverkehrs die Binnenschiffahrt eine (quasi) monopolistische Position einnehmen kann.

5 Zusammenfassung und Ausblick

Die vorgestellten Ergebnisse zeigen eindeutig, dass bei bestimmten bimodalen Transporten unter Einbeziehung der Binnenwasserstraßen eine interessante Alternative zum (monomodalen) Straßengütertransport verfügbar ist, die durch den Einsatz von Ro/Ro-Verfahren und den damit verbundenen Steigerungen der Flexibilität erheblich an Attraktivität gewinnt. Eine Wirtschaftlichkeit des Systemkonzepts ist aber nur dann gegeben, wenn relationsbezogen ausreichende Nachfragevolumina vorhanden sind und keine zeitkritischen Anforderungen bestehen. Allerdings ist an dieser Stelle anzumerken, dass *zeitkritisch* nicht zwangsläufig mit *zeitgenau* gleichgesetzt werden darf. Von entscheidender Bedeutung ist vielmehr die *Planbarkeit* der Abläufe beim Empfänger, d.h. es können bei entsprechend exakter Planung in vielen Fällen auch längere Transportläufe auftreten.

Neben den Wirtschaftlichkeitsüberlegungen, die grundsätzlich *fallbezogen* zu betrachten sind, müssen auch die positiven verkehrspolitischen und ökologischen Effekte gesehen werden. So können Verlagerungseffekte und damit Veränderungen des Modal splits zu Lasten des Straßengüterverkehrs erreicht werden, auch wenn dies (nur) auf das Einzugsgebiet des verfügbaren Binnenwasserstraßennetzes beschränkt bleibt. Neben der Entlastung des Straßennetzes ergeben sich auch Emissionsreduzierungen, da der beim Einsatz von

Binnenschiffen anfallende (mengenbezogene) Energieaufwand deutlich geringer ist, als vergleichsweise im Straßengütertransport.

Die Anwendungsmöglichkeiten des Systemkonzepts sind nicht auf die im Abschnitt 3 beschriebenen Bereiche beschränkt, auch wenn der Containertransport sowie der Schwerlast- und Spezialtransport derzeit als Marktpotentiale im Vordergrund stehen. Mit den gesetzlichen Veränderungen in der Entsorgungswirtschaft, so u.a. die Erweiterung der Fraktionstrennung und die Festlegung von Entsorgungsverfahren, werden aufgrund dislozierter Standortstrukturen zusätzliche Transportabläufe anfallen, für die sich das vorgestellte Systemkonzept in vielen Fällen eignen wird. Ein weiterer Punkt sind die ab 2007 in Kraft tretenden Regelungen zur herstellergebundenen Rücknahme von Altfahrzeugen im PKW-Segment, die ebenfalls neue Potentiale beinhalten. Neben dem Entsorgungsmarkt kann auch der Transportraumausgleich ein zukünftiges Einsatzfeld bilden, in dem die Bereitstellung von Fahrzeugkapazitäten im Straßen- und Schienengüterverkehr mit Blick auf eine Netzentlastung (partiell) auf Binnenwasserstraßen verlagert wird.

Online- versus Offline-Einsatzplanung von Fahrerlosen Transportsystemen in Containerhäfen

Martin Grunow, Hans-Otto Günther und Matthias Lehmann

TU Berlin, Produktionsmanagement, Wilmersdorfer Str. 148, 10585 Berlin, Germany
{m.grunow,ho.guenther,m.lehmann}@pm-berlin.net

Zusammenfassung Untersucht wird der Einsatz von Fahrerlosen Transportfahrzeugen in hochautomatisierten Containerhäfen. Im Mittelpunkt stehen sog. „Dual-Load"-Fahrzeuge, die entweder zwei 20ft- oder einen 40ft/45ft-Container aufnehmen können. Die Zuordnung von Transportaufträgen zu Fahrzeugen sowie die Reihenfolgeplanung können grundsätzlich offline gemäß einem prädiktiv-reaktiven Ansatz oder online erfolgen. Beide Konzepte werden hinsichtlich ihrer Einsatzmöglichkeiten vergleichend analysiert.

1 Einleitung

Für den interkontinentalen Seefrachtverkehr werden heute überwiegend Container eingesetzt. Zwischen allen großen Seehäfen verkehren spezielle Containerschiffe, die mehrere Tausend Container aufnehmen können. Während des Ankerns in einem Containerhafen werden die für den lokalen Weitertransport bestimmten Container gelöscht und die für einen anderen Seehafen bestimmten Container geladen. Aufgrund der hohen Kapitalbindung und des engen Fahrplans der Containerschiffe ist die Minimierung der Liegezeit in einem Seehafen von größter Bedeutung.

In modernen Containerhäfen kommen zunehmend hochautomatisierte Handling- und Lagereinrichtungen zum Einsatz. Im wesentlichen gliedert sich ein Containerterminal in drei Bereiche (siehe Abb. 1), nämlich den Kai, der mit einer Anzahl von Brücken zum Laden und Löschen der Schiffe ausgestattet ist, den Lagerbereich, der aus einer Anzahl einzelner Lagerblöcke besteht, sowie ein Transportsystem, das den Transport der Container zwischen dem Kai und den Lagerblöcken vornimmt.

Das Löschen eines Containers in einem hochautomatisierten Terminal läuft typischerweise wie folgt ab. Nachdem die Löschreihenfolge der Container bereits vor Eintreffen des Schiffes bestimmt worden ist, übernimmt eine der dem Schiff zugeordneten Brücken den Container und übergibt ihn an ein Fahrerloses Transportfahrzeug. Zu diesem Zeitpunkt ist der Lagerblock, in dem der Container eingelagert werden soll, bereits bestimmt. Nach der Ankunft am Lagerblock wird der Container von einem Portalkran übernommen und an seinen endgültigen Lagerplatz gebracht. Von dort wird der Container

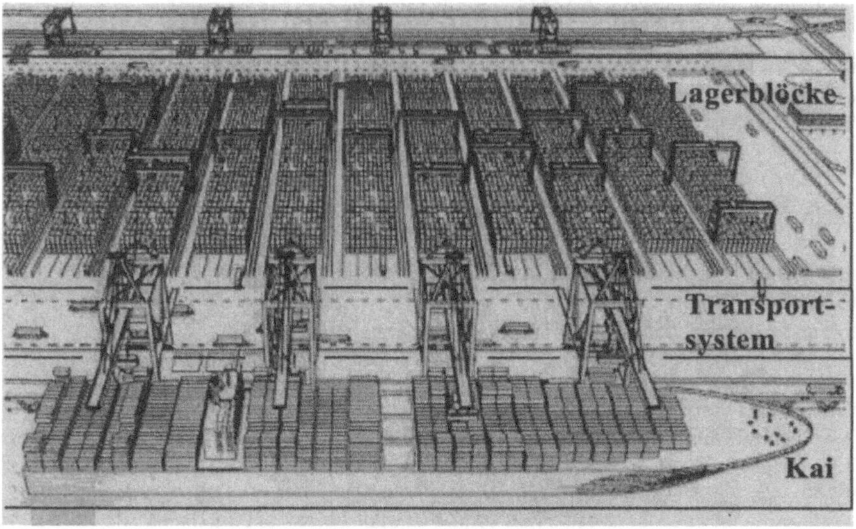

Abb. 1. Layout eines Containerterminals[1]

zu einem späteren Zeitpunkt zwecks Weitertransport per Schiff, LKW oder Bahn entnommen und gelangt so an ein weiteres Verteilzentrum bzw. an seinen endgültigen Bestimmungsort. Beim Laden eines Containers auf ein Schiff werden diese Schritte in umgekehrter Reihenfolge durchlaufen.

2 Einsatzplanung für Fahrerlose Transportsysteme in Containerhäfen

Inzwischen werden in immer mehr Containerhäfen fahrergesteuerte Fahrzeuge durch fahrerlose abgelöst. Fahrerlose Transportsysteme sind in Fertigungsumgebungen und Lagerhäusern seit vielen Jahren erfolgreich im Einsatz; vgl. z.B. Günther *et al.* (2001). Die Steuerung einer aus mehreren Dutzend Fahrzeugen bestehenden Flotte stellt hohe Anforderungen. Das *Steuerungssystem* umfasst im wesentlichen die *Einsatzplanung*, in der die Zuordnung von Transportaufträgen zu Fahrzeugen vorgenommen wird, die *Fahrwegeplanung*, die den innerhalb des Fahrkurses zurückzulegenden Weg zwischen dem Standort und dem Zielort eines Fahrzeuges sowie die Ankunfts- und Abfahrtzeiten an relevanten Knoten im Fahrkurs bestimmt, sowie die *Verkehrsregelung*, deren Hauptaufgabe darin besteht, Konfliktsituationen zwischen mehreren Fahrzeugen im Fahrkurs zu vermeiden. Im Folgenden beschränken wir uns auf die Betrachtung der Einsatzplanung unter Berücksichtigung der besonderen Anforderungen, die in einem hochautomatisierten Containerhafen gestellt werden.

[1] Quelle: `http://www.hhla.de/C/cont.htm` (aufgerufen am 05.03.2003)

Transportaufträge werden vom übergeordneten Logistiksteuerungssystem des Containerterminals generiert und an das Einsatzplanungssystem der Fahrerlosen Transportfahrzeuge weitergegeben. Ein *Transportauftrag* ist durch die folgenden Daten gekennzeichnet:

- Zeitpunkt der Freigabe des Transportauftrags,
- Orte, an denen der Container auf das Transportfahrzeug geladen wird (Aufladeort) bzw. von diesem abgeladen wird (Abladeort),
- Zeitpunkte, zu denen die Ablade- bzw. Aufladeoperation durchgeführt werden sollen, sowie
- Typ des zu transportierenden Containers (20ft-, 40ft- oder 45ft-Container)

3 Besonderheiten der Einsatzplanung von Dual-Load-Fahrzeugen

In den meisten industriellen Anwendungen sind Fahrerlose Transportfahrzeuge als sog. „*Single-Load Carrier*" für den Transport standardisierter Ladungsträger (z.B. einer Palette) ausgelegt. Da in Containerhäfen sowohl 20ft- als auch 40- bzw. 45ft-Container umgeschlagen werden, sind die Fahrerlosen Transportfahrzeuge zumeist als „*Dual-Load Carrier*" konzipiert. Sie sind somit in der Lage, entweder einen großen Container mit 40 bzw. 45ft Länge oder zwei kleine Container mit 20ft Länge zu transportieren. Allerdings werden die Fahrerlosen Transportfahrzeuge in der Praxis bisher trotz ihrer Dual-Load-Fähigkeit lediglich im „Single-Load Carrier"-Modus betrieben. Erst in Zukunft soll die Möglichkeit der Fahrzeuge, zwei kleinere Container zu transportieren, ausgenutzt werden (beispielsweise im European Combined Terminal (ECT) im Hafen von Rotterdam; siehe Vis und de Koster (2003)).

Für den Einsatz von „Dual-Load"-Fahrzeugen in einem Seehafen verdeutlicht Abb. 2 die Möglichkeiten der Tourenbildung an Hand der sukzessiven Beladung eines Fahrzeuges an zwei unterschiedlichen Brücken mit je einem 20ft-Import-Container. Nach der Fahrt zum Lagerbereich und der Übergabe des ersten Containers an einem Lagerblock fährt das Fahrzeug zu einem zweiten Lagerblock und nimmt dort einen für die Kaiseite bestimmten Export-Container auf. Am dritten Lagerblock wird der zweite Import-Container übergeben und schließlich am vierten Lagerblock ein zweiter Export-Container aufgenommen. Das Fahrzeug fährt nun zur Kaiseite und übergibt die beiden geladenen Export-Container nacheinander an zwei unterschiedlichen Brücken.

Dieses einfache Beispiel verdeutlicht die Komplexität der Einsatzplanung von „Dual-Load"-Fahrzeugen. Neben der reinen Zuordnung der Transportaufträge zu Fahrzeugen ist zusätzlich beim Transport von zwei 20ft-Containern auf einem Fahrzeug die Reihenfolge der einzelnen Auf- und Abladeoperationen zu ermitteln. Hinzu kommt die Notwendigkeit, die Vorgänge dreier unterschiedlicher technischer Einrichtungen aufeinander abzustimmen:

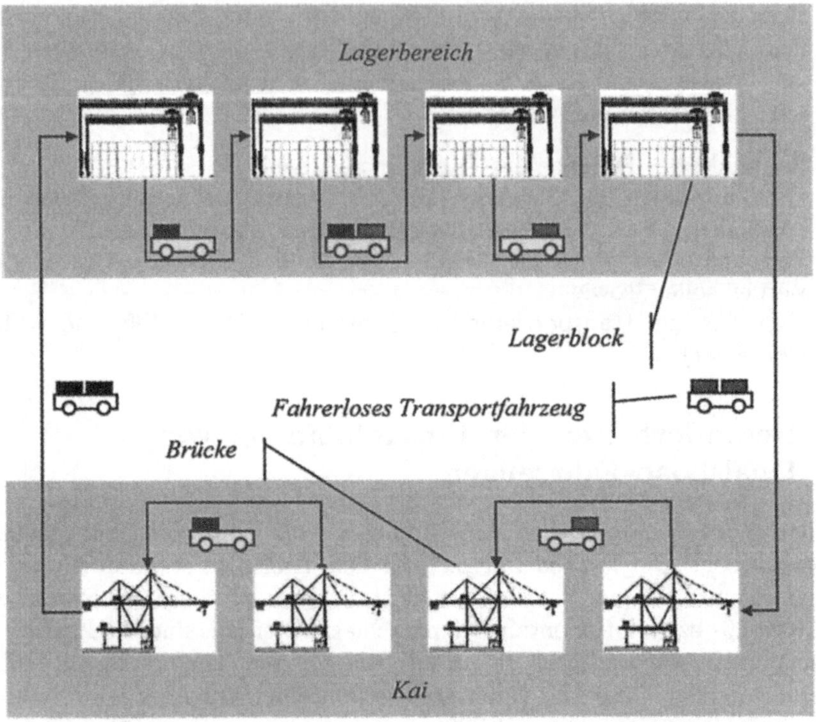

Abb. 2. Beispiel der Fahrtroute eines „Dual-Load"-Fahrzeugs

- Im Idealfall trifft ein Fahrzeug gerade rechtzeitig an einer Brücke ein, wenn diese den vorausgehenden Be- bzw. Entladevorgang abgeschlossen hat. Auf diese Weise werden Wartezeiten sowohl der Brücke als auch des Fahrzeugs vermieden.
- Gleiches gilt für das Eintreffen eines Fahrzeugs an einem Lagerblock und die Synchronisation mit den Operationen des dort vorhandenen Portalkransystems.

Zur Lösung dieses zeitlichen Abstimmungsproblems wird zweckmäßigerweise eine hierarchische Abstimmung vorgenommen. Hierbei wird den Brücken Vorrang eingeräumt, da diese in wesentlich geringerer Zahl vorhanden sind und ihre Operationen unmittelbar die Liegezeit der Schiffe beeinflussen. An zweiter Stelle stehen die Portalkräne an den Lagerblöcken. Die Fahrerlosen Transportfahrzeuge werden als „Servicegeräte" angesehen, die sich dem genauen Zeitplan der Brücken und Portalkräne zu unterwerfen haben.

4 Prinzipien der Online- und Offline-Einsatzplanung

Die Einsatzplanung von Fahrerlosen Transportfahrzeugen in Containerhäfen wird durch die dort herrschende hohe Stochastizität der gesamten Handling-vorgänge erschwert. Im realen Terminalbetrieb ergeben sich regelmäßig Abweichungen von der vorausgeplanten Reihenfolge der Handlingoperationen, weil sich beispielsweise die Bediener der Brücken nicht an die vorgegebenen Lösch- und Ladereihenfolgen halten oder weil sich im Zusammenspiel von mehr als Hundert Einzelgeräten keine perfekte Abstimmung der einzelnen Handlingoperationen erzielen lässt. Hinzu kommen Abweichungen in der geplanten Ausführungsdauer einer einzelnen Handlingoperation in Folge von manuellen Bedienprozessen, von Witterungseinflüssen sowie von Staueffekten im Transportsystem.

Trotz dieser Unsicherheiten müssen Entscheidungen auch ohne vollständige Kenntnis aller Planungsbedingungen getroffen werden. In einer Reihe von Veröffentlichungen werden derartige Entscheidungssituationen aufgrund der sich aus der Unsicherheit ergebenden häufigen Systemänderungen auch als dynamische Probleme bezeichnet; vgl. z.B. Psaraftis (1988), Farn und Muhlemann (1979). Eine Möglichkeit, diesen Änderungen des Planungssystems zu begegnen, besteht in der Durchführung einer sogenannten *Online-Planung*, bei der eine Entscheidung herbeigeführt wird, sobald wesentliche neue Informationen über einen neuen Systemzustand verfügbar wird. In der ursprünglichen, engen Definition der Online-Planung wird davon ausgegangen, dass dabei immer nur die eine, unmittelbar nach dem planungsauslösenden Ereignis anstehende Entscheidung getroffen wird; vgl. Fiat und Woeginger (1998), Sgall (1998). Damit wird bei einer Online-Planung ein Plan gar nicht erst prädiktiv erstellt, sondern entsteht erst mit der Zeit, in der Systemänderungen die Einzelentscheidungen nach sich ziehen; vgl. Sabuncuoglu und Bayiz (2000). Im Rahmen der Einsatzplanung Fahrerloser Transportfahrzeuge kann z.B. einem freiwerdenden Fahrzeug unmittelbar ein neuer Transportauftrag zugewiesen werden.

Bei der *Offline-Planung* hingegen erfolgt eine Planung über das gesamte (bekannte) Problem; vgl. Sabuncuoglu und Bayiz (2000). In unserem Anwendungsfall werden in der Offline-Einsatzplanung alle Transportaufträge und alle verfügbaren Fahrerlosen Transportfahrzeuge im gesamten Planungshorizont berücksichtigt. Wegen der Planungsunsicherheit kann eine Offline-Planung jedoch nicht allein prädiktiv erfolgen, sondern ist um eine Systemüberwachung und Planrevision zu ergänzen.[2] Diese sogenannte *reaktive Planung* hat in der wissenschaftlichen Literatur der letzten Zeit verstärkt Beachtung gefunden. Insbesondere zur kurzfristigen, reaktiven Planung von Produktionssystemen, dem *Rescheduling*, ist eine Reihe von Publikationen erschienen; vgl. die Übersichtsdarstellungen von Sabuncuoglu und Bayiz (2000)

[2] Einige Autoren zählen auch die prädiktiv-reaktive Planung zur Online-Planung und fassen damit diesen Begriff wesentlich weiter. Sie begrenzen eine Offline-Planung auf solche Probleme, in denen alle Problemdaten bekannt sind (z.B. Grötschel *et al.* (2001)). Da in der betriebswirtschaftlichen Realität Planungsdaten immer unsicher sind, wären nach dieser Definition alle logistischen Anwendungsprobleme online zu lösen.

sowie Vieira *et al.* (2003). In Abhängigkeit von der Bestimmung der Zeitpunkte, zu denen ein Rescheduling angestoßen wird, sind dabei verschiedene Reschedulingpolitiken zu unterscheiden:

- *Periodisch.* Nach vorgegebenen Zeitintervallen wird der Plan revidiert, um die während des Intervalls hinzugekommenen Informationen in der Planung berücksichtigen zu können. Diese Planung wird auch als *rollierende* Planung bezeichnet; vgl. Church und Uzsoy (1992).
- *Ereignisgesteuert.* Wie bei der Online-Planung wird eine Neuplanung durch den Eintritt von Ereignissen ausgelöst. Während bei der Online-Planung jedoch häufige Systemzustandsänderungen den Plan erst entstehen lassen, wird bei der prädiktiv-reaktiven Planung ein vorab erstellter Plan revidiert, wenn das System von einem bei der Planerstellung antizipierten Zustand abweicht. Der am häufigsten behandelte Fall ist der Ausfall einer Ressource, z.B. durch eine Maschinenstörung. Bierwirth und Mattfeld (1999) nehmen jedoch ein Rescheduling auch bei Ankunft jedes neuen Auftrags vor. Gleich eine Reihe dieser so genannten Reschedulingfaktoren ist in dem Reschedulingsystem OPIS implementiert (vgl. Smith (1994); zu einer Aufstellung von in der Literatur behandelten Reschedulingfaktoren vgl. Vieira *et al.* (2003)).
- *Hybrid.* Bei dieser Politik werden die beiden obigen Konzepte kombiniert. Die Planung wird prinzipiell periodisch durchgeführt, allerdings wird auch bei gravierenden Systemänderungen der Plan revidiert; vgl. Church und Uzsoy (1992).

Die Dynamik des Entscheidungsproblems erfordert in der Regel kurze Reaktionszeiten, d.h. auch die genutzten computergestützten Planungswerkzeuge müssen kurze Antwortzeiten aufweisen. Welches Antwortzeitverhalten bei diesen sogenannten *Echtzeitproblemen* erforderlich ist, hängt von der konkreten Entscheidungssituation ab. So sind in der Telekommunikation und in Rechnersystemen Antwortzeiten im Bereich von Millisekunden erforderlich, während bei der Steuerung chemischer Reaktionen oder von Produktionsprozessen einige Sekunden ausreichen; vgl. Grötschel *et al.* (2001).

Mit der Online-Planung und der prädiktiv-reaktiven Offline-Planung stehen zwei alternative Steuerungsprinzipien zur Verfügung, deren Grundkonzept und deren Eignung für den Einsatz in Containerhäfen im Folgenden verglichen werden.

5 Online-Einsatzplanung

Im Rahmen der Einsatzplanung ist die Zuordnung von Transportaufträgen zu Fahrzeugen vorzunehmen. In Lagerhäusern oder Produktionssystemen sind Informationen über zukünftige Transportaufträge, insbesondere deren Entstehungszeitpunkt, Start- und Zielort, im vorhinein nicht bekannt. Eine prädiktive Planung ist in diesen Planungsumgebungen daher nicht möglich.

Die Einsatzplanung von Transportsystemen erfolgt mithin hier zumeist durch eine Online-Planung. Während die Online-Einsatzplanung von „Multi-Load"-Fahrzeugen in Fertigungsumgebungen in der wissenschaftlichen Literatur schon frühzeitig Beachtung gefunden hat (vgl. z.B. Tanchoco und Co (1994)), liegen für die Einsatzplanung in Containerhäfen unseres Wissens noch keine vergleichbaren Publikationen vor.

Von zentraler Bedeutung für die Gestaltung einer Online-Einsatzplanung ist die Definition der Ereignisse, die eine Neuplanung des Fahrzeugeinsatzes anstoßen. Hierbei kommen folgende Alternativen in Betracht (vgl. Schrecker (2000)):

- Transportauftraginitiierte Einsatzplanung, z.B. nach der Freigabe eines Transportauftrages,
- Fahrzeuginitiierte Einsatzplanung, z.B. wenn ein Transportfahrzeug nach Abarbeitung eines Transportauftrags verfügbar wird,
- Kombination aus transportauftragsinitiierter und fahrzeuginitiierter Einsatzplanung.

Aufgrund der Echtzeitanforderungen der Online-Planung wurden hierzu überwiegend prioritätsregelbasierte Einsatzstrategien entwickelt und in praktischen Anwendungen realisiert; vgl. z.B. Egbelu und Tanchoco (1984) sowie Klein und Kim (1996). Typische Prioritätsregeln für den Fall von „Single-Load"-Fahrzeugen sind:

- Nearest Vehicle (NV): Einem freigegebenen Transportauftrag wird das am nächsten positionierte verfügbare Fahrzeug zugewiesen (transportauftragsinitiierte Einsatzplanung).
- Shortest Distance/Travel Time (SD/STT): Einem verfügbar gewordenen Fahrzeug wird derjenige Transportauftrag zugewiesen, dessen Quelle am nächsten zum aktuellen Fahrzeugstandort gelegen ist (fahrzeuginitiierte Einsatzplanung).
- First Come First Served (FCFS): Im Falle mehrerer wartender Transportaufträge bzw. Fahrzeuge werden diese nach dem Zeitpunkt der Freigabe bzw. ihrer Verfügbarkeit priorisiert.

In Praxislösungen wird vielfach eine Kombination unterschiedlicher Prioritätsregeln eingesetzt; vgl. Günther *et al.* (2001). Im Folgenden zeigen wir, wie diese „Single-Load"-Regeln für „Dual-Load"-Fahrzeuge konzeptionell zu erweitern sind.

5.1 Verfügbarkeit von Dual-Load-Fahrzeugen

Eine zentrale Rolle bei der Einsatzplanung spielt das verwendete Konzept der Verfügbarkeit der Fahrzeuge, das für die Online-Einsatzplanung unmittelbar an die aktuellen Beladungszustände gekoppelt ist. Im „Single-Load" Modus weist ein Fahrzeug lediglich die Beladungszustände „beladen" oder

„unbeladen" auf. „Dual-Load"-Fahrzeuge hingegen können grundsätzlich als *„vollständig beladen"*, *„teilweise beladen"* oder als *„unbeladen"* angesehen werden. Hierbei legen wir in Anlehnung an Schrecker (2000) nicht den physischen Beladungszustand zugrunde, sondern gehen von dem Zuordnungsstatus der Transportaufträge aus. M.a.W. ein Fahrzeug gilt auch dann als ganz oder teilweise beladen, wenn ihm bereits ein Transportauftrag zur Ausführung zugeordnet wurde und das Fahrzeug sich erst auf dem Weg zur Aufnahme des Containers befindet. Diese Zusammenhänge werden mit Hilfe von Abb. 3 erläutert.

- Befindet sich ein Fahrzeug beispielsweise auf dem Weg zur Aufnahme eines zweiten 20ft- oder eines einzelnen 40ft/45ft-Containers, so gilt es als *vollständig beladen* (siehe den durchgezogenen Pfeil in Abb. 3).
- Andererseits gilt ein Fahrzeug lediglich als *teilweise beladen* (siehe die gestrichelten Pfeile in Abb. 3), wenn es sich auf dem Weg zur ersten Aufnahme eines 20ft-Containers oder zum Abladen des ersten von zwei geladenen 20ft-Containern befindet.
- Der Zustand *„unbeladen"* liegt vor, wenn ein Fahrzeug sich auf dem Weg zum Abladen eines 40ft/45ft-Containers oder des zweiten von zwei geladenen 20ft-Containern befindet (siehe die gepunkteten Pfeile in Abb. 3). Außerdem kann das Fahrzeug auch physisch unbeladen im Fahrkurs geparkt sein.

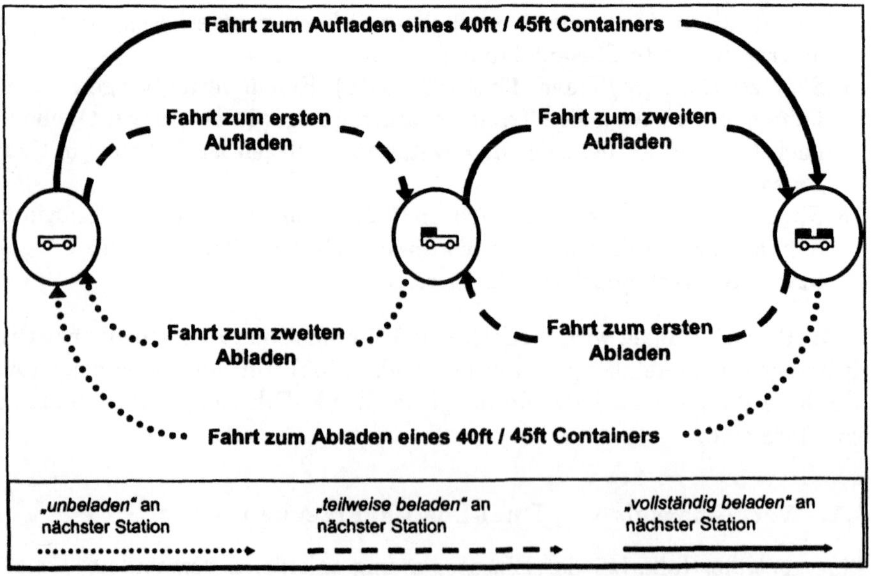

Abb. 3. Verfügbarkeit von „Dual-Load"-Fahrzeugen

5.2 Erweiterte Online-Einsatzplanung von Dual-Load-Fahrzeugen

Sollen Transportaufträge für zwei 20ft-Container kombiniert werden, so sind in der Einsatzplanung zusätzlich zu den Zuordnungsentscheidungen die Auflade- und Abladeoperationen der Container in eine sinnvolle und zulässige Reihenfolge zu bringen. In der Einsatzplanung ist das im Rahmen der Zuordnung eines 20ft-Containers zu einem „teilweise beladenen" Fahrzeug zu berücksichtigen. Hierbei sind sowohl die Auflade- als auch die Abladeoperation des neuen 20ft-Containers in die bereits bestehende Operationsfolge bezüglich des alten 20ft-Containers einzufügen. Prinzipiell ergeben sich die folgenden Alternativen, wobei zwischen den einzelnen Operationen die entsprechenden Wegstrecken zurückzulegen sind:

- Die Auflade- und Abladeoperationen des *neuen* 20ft-Containers werden *vor* denjenigen des bereits zugeordneten (*alten*) 20ft-Containers ausgeführt.
- Die Auflade- und Abladeoperationen des *neuen* 20ft-Containers werden *nach* denjenigen des bereits zugeordneten (*alten*) 20ft-Containers ausgeführt.
- Im Anschluss an die Aufladeoperation des *alten* 20ft-Containers erfolgen Auf- und Abladen des *neuen* 20ft-Containers. Zuletzt wird der *alte* 20ft-Container abgeladen.
- Im Anschluss an die Aufladeoperation des *neuen* 20ft-Containers erfolgen Auf- und Abladen des *alten* 20ft-Containers. Zuletzt wird der *neue* 20ft-Container abgeladen.
- Die einzelnen Auf- und Abladeoperationen werden alternierend entweder nach dem Muster *alt-neu-alt-neu* oder *neu-alt-neu-alt* ausgeführt.

Jede dieser Alternativen kann anhand der Wegstrecken und der sich ergebenden Auf- und Abladezeitpunkte bewertet und unter ihnen kann die beste ausgewählt werden. Zu beachten ist, dass bei der Online-Einsatzplanung ein einmal zugeordneter Transportauftrag bei dem Fahrzeug verbleibt, die Reihenfolge der Operationen und damit zusammenhängend auch die Wegeführung des Fahrzeugs jedoch als variabel angesehen werden. (Zu Erweiterungen der Online-Einsatzplanung für „Multi-Load Carrier" vgl. z.B. auch Bilge und Tanchoco (1997), Hwang und Kim (1998) sowie Nayyar und Khator (1993)).

6 Prädiktiv-reaktive Offline-Einsatzplanung

Anders als in Produktionssystemen oder Lagerhäusern sind in Containerhäfen die Lösch- und Ladereihenfolgen der Container für die am Kai liegenden Schiffe im vorhinein bekannt. Hiervon ausgehend lassen sich die Be- und Entladevorgänge sowohl für die Brücken als auch für die Portalkräne an den Lagerblöcken planen. Auf der Grundlage dieser zeitlichen Eckdaten kann dann die Einsatzplanung für das Fahrerlose Transportsystem grundsätzlich auch offline erfolgen.

Eine Offline-Einsatzplanung wird unter realitätsnahen Anwendungsbedingungen allerdings im Sinne einer prädiktiv-reaktiven Planung ausgelegt sein müssen. Dabei können die drei oben genannten Reschedulingpolitiken prinzipiell auch für die Einsatzplanung von Fahrerlosen Transportsystemen in Containerhäfen verwendet werden:

- *Periodisch.* Aufgrund der Stochastizität von Containerhäfen wird das Zeitintervall einer rollierenden Planung nur wenige Minuten bis maximal eine Stunde umfassen können.
- *Ereignisgesteuert.* Bei einer ***auftragsinitiierten Planrevision*** wird nicht nur der eine (z.B. neu freigegebene) Transportauftrag einem unmittelbar verfügbaren Fahrzeug zugewiesen, sondern es werden alle freigegebenen (und noch nicht bearbeiteten) Transportaufträge betrachtet und allen Fahrzeugen des Systems zugeordnet, wobei sich die Verfügbarkeit jedes einzelnen Fahrzeugs über den Planungshorizont hinweg ändern kann. Zusätzlich wird auch eine Abarbeitungsreihenfolge der Transportaufträge sowie ggf. der Auf- und Abladeoperationen bestimmt. Eine ***fahrzeuginitiierte Planrevision*** ist nur dann sinnvoll, wenn die Änderungen der Fahrzeugverfügbarkeit von dem Plan abweichen.
- *Hybrid.* Eine Kombination aus rollierender und ereignisgesteuerter Planung kann beispielsweise dadurch genutzt werden, dass neben einer periodischen Planrevision auch bei einer erheblichen Verspätung eines Fahrzeugs der Plan revidiert wird.

Methodisch kann die Einsatzplanung sowohl durch heuristische Verfahren als auch durch Optimierungsmodelle unterstützt werden. Der Anwendung von Optimierungsmodellen sind jedoch aufgrund der Echtzeitanforderungen der prädiktiv-reaktiven Planung in realen Terminalanwendungen enge Grenzen gesetzt, da bislang keine auf die Einsatzplanung zugeschnittenen, effizienten Optimierungsverfahren zur Verfügung stehen, die es erlauben würden, auf Standardoptimierungsverfahren mit ihren sehr hohen Rechenzeitanforderungen zu verzichten.

7 Vergleichende Bewertung des Konzepts der Online- und Offline-Einsatzplanung

In einer hochdynamischen Anwendungsumgebung muss davon ausgegangen werden, dass eine Online-Einsatzplanung wegen der geringen Rechenzeiten und der flexiblen Reaktionsmöglichkeiten auf unvorhergesehene Betriebszustände überlegen ist. Auf der anderen Seite kann eine Online-Planung auch zu einer hohen Plannervosität führen, wenn einem freien Fahrzeug immer andere Transportaufträge zugewiesen werden. Daher wurde ein Konzept der

Verfügbarkeit von Fahrzeugen vorgestellt, das auf den zugeordneten Transportaufträgen und nicht auf dem physischen Beladungszustand beruht. Dadurch wird ein sich auf einem Weg zu einem Transportauftrag befindliches Fahrzeug nicht mehr umgeleitet. Unsere Analyse zeigt außerdem, dass das sich bei „Dual-Load"-Fahrzeugen zusätzlich stellende Problem der Reihenfolgebildung der Auf- und Abladeoperationen durch eine konzeptionelle Erweiterung bekannter Verfahren gelöst werden kann.

Der Online-Ansatz baut jedoch nur auf lokalen Informationen auf und ist damit myopisch. Gerade der Einsatz von „Dual-Load"-Fahrzeugen erfordert jedoch auch eine gewisse Vorausschau zur Bildung kombinierter Touren, da sonst die höhere Beladungskapazität dieses Fahrzeugtyps nicht effektiv genutzt werden kann. Hinzu kommt die Notwendigkeit, die Vorgänge aller beteiligten Transport- und Handlinggeräte zeitlich aufeinander abzustimmen. Diese Gründe legen eine prädiktiv-reaktive Offline-Planung nahe.

Der nur in der Offline-Planung vorhandene, vorausschauende Plan liefert außerdem Ausgangsdaten für die nachgelagerten Komponenten des Steuerungssystems, die Fahrwegeplanung und die Verkehrsregelung, die dort zu einer verbesserten Planung genutzt werden können, indem z.B. Staus in stark genutzten Streckenabschnitten vermieden werden.

Um einen Kompromiss aus Planstabilität und Flexibilität zu erzielen, ist insbesondere die hybride Reschedulingpolitik aus rollierender und ereignisgesteuerter Planung geeignet. In der Regel können aufgrund der selteneren Planungsaufwürfe und damit der geringeren Echtzeitanforderungen leistungsfähigere Verfahren als bei der Online-Planung eingesetzt werden.

Für die Einsatzplanung von „Dual-Load"-Fahrzeugen in Containerhäfen kommen grundsätzlich online-basierte und prädiktiv-reaktive offline-basierte Planungsprinzipien in Frage. Welches der beiden Planungsprinzipien zweckmäßiger ist, hängt im wesentlichen von der Stochastizität der konkreten Anwendungsumgebung, der Verfügbarkeit verlässlicher Informationen über die zukünftigen Transportaufträge und der Einbindung der Einsatzplanung in ein übergeordnetes logistisches Steuerungssystem für den gesamten Terminalbetrieb ab. Insbesondere die Abstimmung des Fahrzeugeinsatzes mit den Operationszeitpunkten der Brücken und der Portalkräne an den Lagerblöcken ist von entscheidender Bedeutung im Hinblick auf den gesamten Containerdurchsatz des Terminals und die anfallende Liegezeit der Containerschiffe.

Um über diese grundsätzliche Bewertung hinaus zu einer quantitativen Beurteilung der Eignung der unterschiedlichen Planungsprinzipien für die Einsatzplanung von Fahrerlosen Transportsystemen in Containerhäfen zu gelangen, richten sich unsere kommenden Forschungsbemühungen darauf, die in Frage kommenden Planungsprinzipien und geeignete Verfahren der Einsatzplanung in einer umfassenden numerischen Studie vergleichend zu analysieren.

8 Ausblick

Zur quantitativen Bewertung der Lösungsgüte von in dynamischen Planungsumgebungen eingesetzten Verfahren wird in der Mathematik die *Kompetitivitätsanalyse* eingesetzt; vgl. Karlin *et al.* (1988), Grötschel *et al.* (2001). Dazu wird die Lösung des dynamischen Problems mit dem Optimum des korrespondierenden, hypothetischen, statischen Problems verglichen, bei dessen Lösung alle Eingangsdaten als bekannt vorausgesetzt werden. Ein Verfahren wird *c*-kompetitiv genannt, wenn es immer eine Lösung findet, die maximal um den Faktor *c* vom Optimum des statischen Problems abweicht. Mathematisch lassen sich jedoch i.d.R. nur sehr hohe Werte für den Faktor *c* beweisen, die keine Aussage über den praktischen Nutzen der Verfahren zulassen. Insbesondere weist ein höherer Faktor *c* auf ein ungünstigeres Worst-Case-Verhalten eines Verfahrens, nicht aber auf eine schlechtere Eignung für eine konkrete Anwendung hin. Hinzu kommt, dass viele Verfahren trotz eines unterschiedlichen Lösungsverhaltens identische *c*-Faktoren aufweisen; vgl. z.B. Gutenschwager (2002). Ein weiterer Nachteil der theoretischen Analyse im Rahmen einer Kompetitivitätsanalyse besteht darin, dass sie keine Bewertung der Verfahren hinsichtlich eines geforderten Antwortzeitverhaltens ermöglicht.

Für praktische Fragestellungen ist man daher auf Simulationsstudien angewiesen, in denen die Dynamik des realen Systems nachgebildet wird; vgl. Grötschel *et al.* (2001). Aussagefähige Leistungsvergleiche, wie sie für ausgewählte Lagerhauskonfigurationen und Umschlagterminals der Bahn bereits vorliegen (vgl. De Koster und van der Meer (2002), Gutenschwager (2002), Alicke (1999)), können zum gegenwärtigen Zeitpunkt allerdings noch nicht vorgenommen werden, da hierzu eine umfassende Simulationsstudie unter Berücksichtigung einer realen Terminalkonfiguration notwendig ist. Abgesehen von der Komplexität des dafür zu erstellenden Simulationsmodells wird eine derartige Untersuchung dadurch erschwert, dass die Simulationszeit gleich der Realzeit zu setzen ist, um den Einfluss des Rechenzeitverhaltens der (auf einem anderen Prozessor) laufenden Verfahren bewerten zu können; vgl. Gutenschwager (2002).

Das zu lösende Optimierungsproblem der Einsatzplanung für „Dual-Load"-Fahrzeuge kann allerdings als „mixed-integer linear programming (MILP)" Modell beschrieben werden; vgl. Grunow *et al.* (2003). Die Zuordnung der Be- und Entladeoperationen für die einzelnen Fahrzeuge sowie der zugehörige Beladungszustand und die genaue zeitliche Abfolge aller Operationen werden hierbei durch Entscheidungsvariablen abgebildet. Die Zielsetzung besteht darin, die bei der Aufnahme und Abgabe eines Containers entstehenden Wartezeiten zu minimieren. Mit Hilfe von Standardoptimierungsverfahren ist ein derartiges Modell allerdings nur für kleine Problemgrößen mit vertretbarem Aufwand rechenbar. Exakte Optimierungen sind daher zwar kaum für den praktischen Einsatz zu nutzen, können aber als Benchmark für die Evaluierung effizienter heuristischer Verfahren der Einsatzplanung dienen; vgl. Grunow *et al.* (2003).

Mid-term planning of transshipment tasks

Dirk C. Mattfeld

University of Bremen, Faculty of Business Studies, Box 330 440, 28334 Bremen, Germany
dirk@logistik.uni-bremen.de

Abstract The mid-term transport planning at an intermodal freight terminal derives internal transshipment tasks from customer transportation orders. Whenever intermediate storage of goods is required, the transshipment tasks compete for storage space in spatially distributed storage locations of finite capacity. Since the choice upon storage locations impact the transportation effort, this issue calls for optimization support. Although the optimization model developed suggests considering the assignment of tasks individually, the genetic algorithm proposed evolves a period-oriented capacity utilization strategy. This capacity utilization strategy then controls a construction heuristic which generates the actual plan.

1 Introduction

At a strategic level the terminal management considers the long-term flow of commodities through customer- and transshipment locations (Fleischmann (2000)). At the operational level, short-term routing and scheduling models focus on the utilization of the transport facilities while taking the period of execution as well as the internal storage location for goods as input data (Bramel and Simchi-Levi (1999)). Decisions concerning this data, however, can be subject to the mid-term transportation planning.

We consider a capacitated multi-period transshipment problem where transshipment tasks call for intermediate storage (Mattfeld and Kopfer (2003)). Next to the choice of an appropriate storage location the period of processing has to be determined from a customer granted time-window. The transportation effort constitutes an important cost driver, therefore, efficient operations are pursued. Since transshipment volumes fluctuate strongly over time, also a balanced transportation effort is aimed at.

Although transshipment tasks are modeled individually, the *genetic algorithm* (GA) proposed to solve the above sketched problem evolves capacity utilization strategies on a period basis. For evaluation purposes, a capacity utilization strategy controls a construction heuristic which performs the actual plan generation. This algorithm is particularly well suited for the capacity constrained planning of transshipment tasks on a mid-term basis, where customer orders have to be transferred into internal work processes.

In Section 2 we discuss the problem at hand before we present a mathematical formulation of the problem. In Section 3 we describe the construction heuristic controlled by the capacity utilization strategy. In Section 4 the adaptation of this strategy is subject to a GA, for which we perform a thorough computational investigation. Finally, we conclude.

2 The problem

Global production causes an increasing demand for freight transportation. Competition in the transport industry has led to third party run hub & spoke transport networks (Tyan *et al.* (2003)). Empirical evidence shows, that the transportation efficiency can hardly be improved anymore, since physical limitations concerning the speed and the capacity of transport vehicles have already been met (Rodrigue (1999)). Therefore, further improvements will result from the efficient transshipment of goods rather than from transportation issues (Mason *et al.* (2003)).

2.1 Problem description

We consider a network of spatially distributed (internal) storage locations of finite capacity interconnected by travel ways. This scope of the network is extended by (external) transfer points which depict the origin and destination of commodities (Hall (1987)). Customer orders comprise the transshipment of charges of commodities from one transfer point to another. Customers do not necessarily insist on the transportation within a certain period but grant time-windows. To model that the pickup and delivery of commodities at customer locations may fall asunder, we consider the transshipment of a charge of commodities as a pair of storage and retrieval tasks coupled by a precedence constraint (Mattfeld and Kopfer (2003)).

In case of distinct time-windows of a pair of tasks, an intermediate storage becomes unavoidable. In these cases a storage location of sufficient capacity is chosen, such that the effort for storage and forthcoming retrieval is reasonably small. In case of overlapping time-windows, typically storage and retrieval are assigned to the same period, i.e., the commodities are shipped directly.

On this tactical level the transportation effort is determined as the product of volume and distance covered (Daganzo (1999)). Besides a small transportation effort due to short travel distances, a balanced transportation effort over the periods considered is an important goal of logistics management. A balanced effort ensures safe operations and simplifies the integration of prioritized tasks which arrive late. Therefore, even if direct shipment can be performed, an intermediate storage of commodities may be preferable in order to balance the transportation effort.

To minimize the total effort required, locations yielding a small sum of storage and retrieval distance are chosen. For balancing transportation effort, also the portion of the storage distance with respect to the corresponding retrieval distance is of importance. One may accept a reasonable higher storage

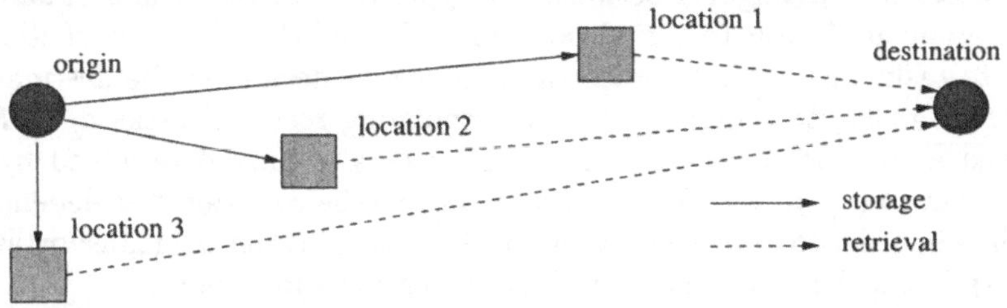

Figure 1. Three alternatives of allocating a storage location are depicted.

effort if this yields a smaller effort for the retrieval in a forthcoming congested period, compare "location 1" and "location 2" in Fig. 1. In extremely congested periods, "location 3" may even be preferred – despite the longer overall distance – because of its extremely short storage distance.

2.2 Problem modeling

The above described problem comprises a large number of integer variables and can result in a highly constrained solution space. In the following we describe the problem resources before going on to list the decision variables explicitly. Then we turn to a description of the objective function and the constraints involved.

Resources considered: A discrete time model is used such that t periods of the planning horizon, $t = 0, \ldots, T$ are considered. A regular transportation effort P_t is given as units of the dimension volume/distance granted for period t. This figure is prescribed by the terminal management as an optimistic estimate of the actual transportation effort to be covered. The distance metric $D_{i,k}$ calls the distance between location i and k.

Storage locations and transfer points are given in the set of locations $i \in F$ where $H_i \in \{\mathtt{I}, \mathtt{E}\}$ denotes the type (internal, external) of location $i \in F$. Internal locations may be used for storage, while external locations (transfer points) merely act as origin or destination of commodities. K_i denotes the storage capacity of internal storage location i whereas B_i carries the initial inventory of internal storage location $i \in F : H_i = \mathtt{I}$.

Transshipment tasks are given in the set $j \in A$ with $Y_j \in \{\mathtt{S}, \mathtt{R}\}$ denoting the type (storage, retrieval) of task j. L_j denotes the volume of commodities of task j. Q_j and Z_j describe the origin of storage task and the destination of retrieval task respectively. V_j gives the preceding storage task of retrieval task j ($V_j = \emptyset$ if not existing), whereas N_j gives the succeeding retrieval task of storage task j ($N_j = \emptyset$ if not existing). Finally, EST_j and LFT_j list the period of earliest permissible shipment and latest permissible shipment of task j respectively.

Variables: We distinguish between two types of decision variables, namely the assignment of tasks to periods $s_j \in \{1 \dots T\}$ and the allocation of storage space to tasks $z_j \in F$ for storage tasks. Since we decide on the destination of storage tasks, the origin of the corresponding retrieval tasks $q_j \in F$ is modeled as a dependent variable. A task $j \in A$ is fully determined by an assignment to (s_j, q_j, z_j). Other variables have to be considered as dependent variables in order to implement appropriate constraints on the transportation effort (p_t) and the inventory level ($l_{t,i}$) of location i in period t.

Objective function and constraints:

$$\min \sum_{t=1}^{T} (P_t - p_t)^2 \tag{1}$$

$$\sum_{j \in A: s_j = t} L_j D_{q_j, z_j} = p_t, \qquad \forall t = 1, \dots, T \tag{2}$$

$$EST_j \leq s_j \leq LFT_j, \qquad \forall j \in A \tag{3}$$

$$s_{V_j} \leq s_j, \qquad \forall j \in A : V_j \neq 0 \tag{4}$$

$$1 \leq s_j \leq T, \qquad \forall j \in A_j \tag{5}$$

$$q_j = Q_j, \qquad \forall j \in A : Y_j = \mathtt{S} \tag{6}$$

$$z_j = Z_j, \qquad \forall j \in A : Y_j = \mathtt{R} \tag{7}$$

$$H_{z_j} = \mathtt{I}, \qquad \forall j \in A : Y_j = \mathtt{S} \tag{8}$$

$$q_j = z_{V_j}, \qquad \forall j \in A : V_j \neq 0 \tag{9}$$

$$l_{0,i} = B_i, \qquad \forall i \in F : H_i = \mathtt{I} \tag{10}$$

$$l_{t-1,i} + \sum_{j \in A: s_j = t \wedge z_j = i} L_j = l_{t,i} + \sum_{j \in A: s_j = t \wedge q_j = i} L_j \qquad \forall i \in F : H_i = \mathtt{I}, \forall t = 1, \dots, T \tag{11}$$

$$0 \leq l_{t,i} \leq K_i, \qquad \forall i \in F : H_i = \mathtt{I}, \forall t = 1, \dots, T \tag{12}$$

The objective function (1) minimizes the squared deviation of the transportation effort p_t from the regular capacity P_t. In (2) p_t is determined as the product of volume L_j and production coefficient D_{q_j, z_j} with regard to the tasks $j \in A : s_j = t$.

The constraints (3)-(5) refer to *temporal dependencies*. Constraints (3) keep the time windows of tasks, constraints (4) ensure that precedence relations among tasks are kept, and constraints (5) restrict the domain of periods.

The constraints (6)-(9) address *location requirements*. For storage tasks the origin is prescribed by (6) and for retrieval tasks the destination is given by (7). Constraints (8) ensure that space allocations are performed for internal locations only, whereas constraints (9) couple the locations of retrieval task j and its predecessor task V_j.

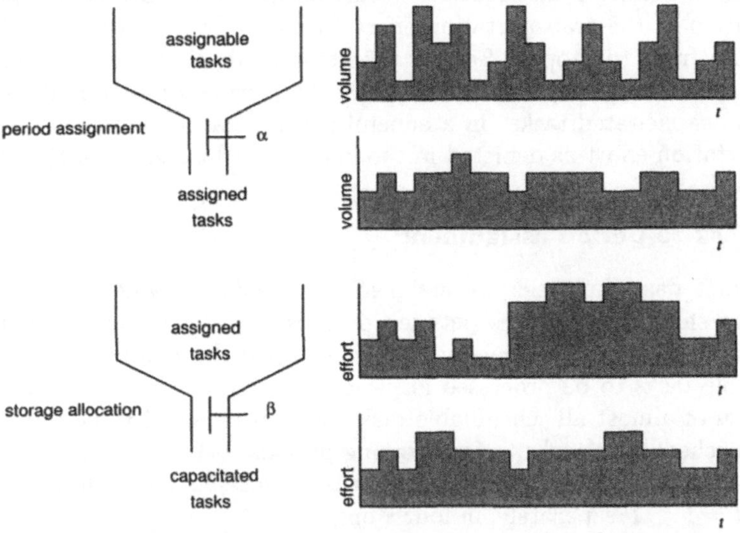

Figure 2. Scheme of the two-pass construction heuristic.

Sets (10)-(12) refer to *inventory constraints.* Initial inventory levels are prescribed by (10). The dynamic inventory equations (11) necessitate that for every internal location i and every period t the inventory level of $t-1$ plus the storage volume performed in t will be equal to the inventory level of t diminished by the retrieval volume performed in period t. Finally, (12) ensure that inventory levels do not exceed the location capacities given.

3 Solution construction

A solution is constructed by traversing the periods involved with increasing time, aiming at a balance of transportation effort over the periods involved. The procedure is defined in two passes, illustrated in Fig. 2.

In the first pass we proceed with increasing time t. An assigning of all tasks available at t will lead to an unbalanced volume as sketched in the uppermost histogram. In order to balance the volume, we apply a filter on the task-to-period assignment parameterized by α_t leading to a more balanced distribution of volume as sketched in the second histogram from top. On the upper-left-hand side of Fig. 2 we depict this filtering using the "funnel model" proposed for the load oriented production control developed by Wiendahl (1987) (similar ideas have been proposed in the "optimized production technology" by Goldratt and Cox (1998)).

In the second pass of the construction heuristic we consider the distribution of the transportation effort instead of the volume. This figure is largely determined by the allocation of storage space. By greedily allocating storage space a balanced distribution of volume may turn into an unbalanced distribution of the transportation effort (depicted by the second and third histogram from the top of Fig. 2). Therefore, this time we filter with respect to the storage capacity by means of the parameter β_t. Finally, we end up with "capacitated tasks" in a hopefully well balanced distribution of the transportation effort as depicted in the lower-most histogram of Fig. 2.

3.1 Task-to-period assignment

In the first pass the tasks are assigned to periods. Parameter α_t provides a way to shift task volumes between periods in order to achieve balanced transshipment volumes. Thereby α_t decides upon the number of optionally executable tasks to be processed in period t. A large value of α_t causes the execution of almost all schedulable tasks, whereas a small value of α_t tends to defer schedulable tasks to forthcoming periods.

The assignment of tasks to periods is performed for each consecutive period $t = 1 \dots T$ separately, in four steps.

1. Set $\mathcal{S}$ of assignable tasks is built from the backlog of tasks already considered in the last period but not yet assigned ($\mathcal{S} = \emptyset$ for $t = 1$). Then $\mathcal{S}$ is updated by tasks with an earliest processing time t, i.e., $\mathcal{S} := \mathcal{S} \cup \{j \in A : EST_j = t\}$.
2. All tasks with $LFT_j = t$ have to be processed in t and therefore unconditionally enter the set of tasks assigned to period t, i.e., $\mathcal{R} := \{\mathcal{S} : LFT_j = t\}$. Finally, these tasks are deleted from $\mathcal{S}$, such that $\mathcal{S} := \mathcal{S} \setminus \mathcal{R}$ holds.
3. A fraction of the optionally assignable volume (remaining in $\mathcal{S}$) is specified by $\alpha_t \in [0, 1]$, i.e., $\hat{L} := \alpha_t \sum_{j \in \mathcal{S}} L_j$. In this way the transportation effort of period t is controlled indirectly by volume $\hat{L}$ to be processed. Optionally processable tasks are determined from $\mathcal{S}$, which are $\emptyset$ for $\alpha_t = 0$ and $\mathcal{S}$ for $\alpha_t = 1$. For $\alpha_t \in (0, 1)$ a subset of $\mathcal{S}$ is selected by means of function Φ controlled by volume $\hat{L}$ and period t, i.e., $\mathcal{R} := \mathcal{R} \cup \Phi^t_{\hat{L}}(\mathcal{S})$.
4. Tasks in $\mathcal{R}$ are assigned to period t, i.e., $s_j := t$ for all $j \in \mathcal{R}$. Tasks in $\mathcal{R}$ are deleted from $\mathcal{S}$ such that $\mathcal{S} := \mathcal{S} \setminus \mathcal{R}$ holds and $\mathcal{S}$ merely contains the backlog for period $t + 1$. Finally, $\mathcal{R} := \emptyset$.

The specification of function Φ in step 3 remains as an open issue. Φ selects tasks in $\mathcal{R} \subseteq \mathcal{S}$ with respect to period t and the optionally processable transshipment volume $\hat{L}$. Tasks are selected by a decreasing utility measure U_j in the dimension piece of commodity per period:

Processing retrieval task j in its latest permissible period LFT_j relieves the storage system by L_j units of volume. Pre-drawing j to its earliest permissible period EST_j is credited with $(LFT_j - (EST_j - 1)) \cdot L_j$, because the L_j units of volume freed can be utilized by other tasks for another $(LFT_j - EST_j)$ periods. The above consideration leads to the general term $U_j = (LFT_j - (t - 1)) \cdot L_j$.

period t	1	2	3	4	5
storage task j with $LFT_j = 5$ and $L_j = 200$	-1000	-800	-600	-400	-200
retrieval task j with $LFT_j = 5$ and $L_j = 200$	1000	800	600	400	200

Table 1. Example of utility U_j for different t and different type of task.

In the event of a storage task we have to accept a loss of L_j units of storage space by processing the task in its latest permissible period. By pre-drawing a storage task j, its L_j units of storage space are unnecessarily occupied for additional periods. This is taken into account by $U_j := (LFT_j - (t-1)) \cdot -L_j$ which applies in case of storage.

In the event that the time-windows of a storage task j and its corresponding retrieval task N_j overlap, the execution of j is enforced in the earliest permissible period of executing N_j, or t, if time has already proceeded beyond EST_{N_j}, i.e., $U_j := (\max\{EST_{N_j}, t\} - (t-1)) \cdot -L_j$. In this way storage j is prioritized in order to provide transport capacity for the execution of retrieval N_j.

The heuristic task selection scheme picks $j \in \mathcal{S}$ into $\mathcal{R}$ with decreasing U_j as long as $\sum_{j \in \mathcal{R}} L_j \leq \hat{L}$ holds. Whenever retrieval task j is picked to enter $\mathcal{R}$, but its predecessing storage task V_j is still contained in $\mathcal{S}$, V_j has to be selected too. As shown in Table 1, this selection scheme favors retrieval tasks over storage tasks and therefore aims at a low overall inventory level.

3.2 Allocating storage space

This second pass allocates storage space for the tasks involved. Parameter β_t allows shifting the transportation effort between periods by controlling the way storage locations are chosen. Deciding upon a storage location has a direct impact on the transportation effort. Moreover, while deciding upon the transportation effort for a storage task j, the effort spent for its corresponding retrieval task N_j is determined, too, cf. Fig 1. If the storage and retrieval are performed in different periods t and u, β_t and β_u determine the relative importance of saving transportation capacity in t with respect to u and vice versa. This way parameter β controls whether transports to nearby or remote locations are preferably carried out in a period.

1. The dynamic inventory balance equations (11) do not track inventory fluctuations within a period. In order to comply with the consecutive space allocation of the heuristic procedure with the model proposed in Section 3, for each period retrieval tasks are processed before storage tasks. Thus storage space is always freed before being reused.
2. In order to process storage task j, internal storage locations of sufficient capacity $\mathcal{G} := \{i \in F : H_i = \mathrm{I} \wedge K_i - l_{ti} \geq L_j\}$ are identified. To

provide a (contingently feasible) solution in every case, a storage location d with unlimited capacity and extremely large production coefficient with respect to all other locations is provided, $\mathcal{G} := \mathcal{G} \cup \{d\}$. The production coefficient of d is set 10 times larger than the mean of coefficients observed in the storage system.

3. A storage location is determined by $\min_{i \in \mathcal{G}} \{\beta_{s_j} D_{q_j,i} + \beta_{s_{N_j}} D_{i,z_{N_j}}\}$, $\beta_t \in [0,1]$. Whenever $\beta_{s_j} = \beta_{s_{N_j}}$ for the period s_j of a storage task j and the period s_{N_j} of its corresponding retrieval task N_j, the efforts for storage and retrieval account at the same rate and consequently the location of sufficient capacity with the smallest overall distance available is chosen. In case of a comparably larger β_{s_j} the storage effort is favored over the retrieval effort. As a consequence a nearby location will be chosen at the expense of a higher transportation effort for the corresponding retrieval task (and vice versa).
4. Finally, inventory is tracked by freeing storage space $l_{t,q_j} := l_{t,q_j} - L_j$ in case of a retrieval task and allocating space $l_{t,i} := l_{t,i} + L_j$ in case of a storage task.

3.3 Performance evaluation

The intention of the following experiment is twofold. First, the impact of different inventory levels and of different extensions of time-windows on the solution quality is investigated. Second, the results yielded serve as a reference for the validation of the genetic algorithm developed through the remainder of this paper.

The construction heuristic is parameterized with $\beta_t = 0.5$ and $\alpha_t = 0.5$ for all t periods. The setting of α_t causes that most retrieval tasks are processed as early as possible whereas storage tasks are mostly deferred to their latest permissible period of processing. The setting of β_t causes an equal weight of storage- and retrieval tasks leading to a greedy selection of "effort minimal" storage locations.

We can expect effective solutions in terms of the average transportation effort per period, i.e., $\overline{p} := T^{-1} \sum_t p_t$. By setting the level of regular transportation capacity to be prescribed $P_t := \overline{p}$ for all t considered, the standard deviation $v := T^{-1}\sqrt{\sum_t (P_t - p_t)^2}$ provides a measure for the balance of the transportation effort over the periods considered. Furthermore, $\overline{l} = (T \cdot \hat{K})^{-1} \sum_{t=1}^{T} \sum_{i \in F: H_i = I} l_{t,i}$ reports the inventory level observed.

For the computational investigation we produce feasible problem instances by means of simulation runs. A problem instance consists of more than 1000 tasks to be assigned to 50 periods. 30 transfer points and 10 storage locations are considered. Since the simulation runs allow us to prescribe the mean inventory level in percent of the overall storage capacity, we vary the inventory level $\Gamma \in \{0.8, 0.9, 1.0\}$ to produce modestly to heavily utilized storage systems. The mean extension of time windows (given as a fraction of the mean duration of stay of 8 periods) is prescribed by $\Omega \in \{0.00, 0.25, 0.50, 0.75\}$.

Ω	$\Gamma = 0.8$			$\Gamma = 0.9$			$\Gamma = 1.0$		
	$\overline{p}$	v	$\overline{l}$	$\overline{p}$	v	$\overline{l}$	$\overline{p}$	v	$\overline{l}$
0.00	6371.5	1331.7	0.75	6648.0	1527.9	0.85	7222.5	1999.3	0.93*
0.25	5956.4	1084.4	0.59	6164.5	1154.8	0.69	6309.9	1314.0	0.77
0.50	6082.4	1009.5	0.53	6246.2	1091.8	0.63	6381.5	1254.6	0.71
0.75	6194.2	982.9	0.51	6328.7	1087.4	0.61	6433.0	1233.3	0.69

* indicates that feasible solutions could not be achieved for all problem instances.

Table 2. Mean transportation effort $\overline{p}$, deviation of the effort v, and mean inventory level observed $\overline{l}$ obtained from construction heuristic parameterized with $\alpha_t = 0.5$ and $\beta_t = 0.5$.

For each combination of Γ and Ω we generate problems by varying the seed $\Sigma \in \{1, \ldots, 50\}$. Each of the 600 test problems is uniquely referred to by (Γ, Ω, Σ).

In Table 2 inventory level $\overline{l}$ observed is slightly lower than intended by Γ, which is caused by the way the problem instances are generated (instances can be obtained from the author upon request). Furthermore, we observe a significant effect of time-windows on $\overline{l}$, because with increasing Ω the number of direct transshipments also increases, leading to a decrease of the overall inventory level. The transportation effort directly benefits from the availability of storage capacity.

The deviation of the transportation effort v increases with increasing Γ, because the construction of solutions with a balanced transportation effort becomes more intricate with a higher utilization of the storage capacity. Therefore, peaks of unbalanced transportation effort become more prominent. Similarly, the mean effort $\overline{p}$ increases with an increasing Γ. Storage capacity is occupied and consequently nearby storage locations cannot be utilized, which directly increases the transportation effort.

By granting time-windows ($\Omega = 0.25$) $\overline{l}$ decreases, and consequently the transportation effort $\overline{p}$ decreases significantly. However, by extending the time-windows even more ($\Omega \in \{0.5, 0.75\}$), $\overline{p}$ increases slightly again. The task-to-period assignment starts to fail by executing storage tasks too early and retrieval tasks too late. The deviation v decreases with an increasing Ω, different to $\overline{p}$ this trend also holds for larger Ω. Obviously, larger time-windows enable the construction heuristic to support the balancing of the transportation effort to some extent.

However, generally the construction heuristic parameterized with $\alpha = 0.5, \beta = 0.5$ will greedily pursue efficient operations — contingently at the expense of neglecting a balanced transportation effort. A setting of $\alpha = 0.5$ will typically execute retrieval tasks in their first permissible period while delaying the execution of storage tasks as long as possible. This will obviously contribute to a low overall inventory level which in turn allows efficient operations. With a setting of $\beta = 0.5$ the most efficient alternative among competing storage locations of sufficient capacity are greedily chosen.

A modification of the setting of α and β can obviously contribute to a balancing of the transportation effort, however, a suitable procedure to achieve a suitable setting of parameters remains difficult. Unfortunately, α has to be fixed before β can be set. Since one parameter can substitute the effect of the other one and vice versa, we do not know how to set α without knowledge of the effect of β. In the remainder of this paper we propose a standard genetic algorithm approach to the parameterization of the construction heuristic in the hope to produce a balanced effort while keeping the efficiency of operations.

4 A genetic algorithm approach

Genetic algorithms are iterative stochastic search methods based on the principles of natural evolution. They have been successfully applied to many combinatorial optimization problems (Reeves (1993)). General introductions to GAs can be found e.g. in Goldberg (1989), Davis (1991), Michalewicz (1996).

4.1 Algorithmic setting

The GA proposed in this research adapts the capacity utilization strategy by means of the parameters α_t and β_t. The construction heuristic proposed in Section 3 is integrated as a base heuristic in order to evaluate the strategies evolved.

In order to evolve suitable strategies, a pretty standard GA design is chosen. The genetic representation consists of $2T$ binary strings of 5 bit length for α_t and β_t of all $t = 1 \dots T$ periods involved. A standard binary decoding is used as proposed in Bäck (2000). Preliminary experiments have shown that a representation domain of $[0, 1]$ produces superior results for β_t.

We have already discussed the advantages of $\alpha_t = 0.5$ and with these arguments in mind we restrict the domain of α_t to $[\frac{1}{3}, \frac{2}{3}]$. This causes a much better mean solution quality of the initial population compared to a $[0, 1]$ domain, and prevents the population from converging at an inferior level of solution quality. Apparently, this setting does not exclude superior solutions from being considered.

Standard mutations as given in Bäck *et al.* (2000) are applied at a rate of $p_m = 0.001$. A standard two-point crossover as proposed by Booker *et al.* (2000) is applied at a rate of $p_c = 1.0$. A population size of 100 individuals has shown to work sufficiently well. A generational reproduction model is run for 500 generations, the 50,000 evaluations performed require approximately 300 seconds on a Pentium III 800Mhz.

In each generation a temporary population of 100 individuals is generated by means of genetic operators applied to randomly selected individuals of the original population. With reference to the "$\mu + \lambda$" strategy introduced for evolutionary strategies, the population of the next generation is built by deterministically selecting the best individuals of both, the original and the temporary population (Deb (2000)).

Because already the construction heuristic may produce infeasible solutions, feasibility can neither be warranted by the GA. Luckily, over the generations infeasible solutions are driven out by means of selection, because of the extremely large production coefficients associated with the storage location d of unlimited capacity. For the test problems considered infeasible solutions occur in the very first phase of adaptation only. In the following the best feasible solution obtained for each GA run is reported.

The fitness is calculated as given in (1). This requires a prescribed regular level of transportation capacity P_t, which is determined with reference to the transportation effort associated with the solution obtained from the construction heuristic $\overline{p}_{heur}$, see Table 2. Due to the greedy character of the construction heuristic $P_t = \overline{p}_{heur}$ is a quite pessimistic estimate. Thus, a smaller P_t value will decrease the transportation effort $\overline{p}$, probably at the expense of deteriorating v. To investigate the sensitivity of the solution quality, $P_t = \overline{p}_{heur} \cdot \varphi$ with $\varphi = \{0.8, 0.9, 1.0\}$ is engaged.

4.2 Computational investigation

Table 3 reports the percentage of improvement over the corresponding figure obtained by the construction heuristic, cf. Table 2. The apostrophe in v' and $\overline{p}'$ indicates the "percentage of improvement" as given in Table 3. Each figure reported is based on the mean achieved for the $\Sigma = 50$ test problems of a (Γ, Ω) combination introduced above, i.e., one GA run is performed for each problem with the objective of minimizing v. Given a fixed computation time, the above setting is given preference over a smaller number of problem instances which could have been solved for several times.

Since the construction heuristic does not support the balancing of the transportation effort explicitly, large v' are produced for all φ and all (Γ, Ω) combinations considered. Obviously, the GA is able to effectively balance the transportation effort over the planning horizon. The gains and losses with regard to $\overline{p}$ – standing proxy for the transportation effort – are less prominent, because this goal is already sufficiently supported by the construction heuristic.

For $\varphi = 1.0$ we notice a deterioration of $\overline{p}'$ regardless of the setting of other parameters. Obviously, the regular transportation capacity P_t is set too pessimistically, such that $\overline{p}$ is not sufficiently pursued, compare (1). By lowering φ we observe positive signs for $\overline{p}'$ at the expense of v', although still large improvements over the solution quality of the construction heuristic are

φ	Ω	$\Gamma = 0.8$		$\Gamma = 0.9$		$\Gamma = 1.0$	
		$\overline{p}'$	v'	$\overline{p}'$	v'	$\overline{p}'$	v'
0.8	0.00	-2.28	49.17	-1.77	45.69	0.52	38.60
	0.25	-0.44	52.64	-0.33	58.59	-0.39	61.07
	0.50	2.39	47.06	1.88	56.08	1.50	62.20
	0.75	3.10	52.60	1.57	62.29	1.21	65.14
0.9	0.00	-2.96	52.97	-2.51	50.23	-0.24	41.07
	0.25	-1.75	60.51	-1.64	66.53	-1.72	67.81
	0.50	0.49	60.84	0.02	66.79	0.04	70.59
	0.75	0.85	65.46	0.04	70.62	-0.12	71.67
1.0	0.00	-3.94	54.98	-3.74	51.70	-1.92	43.34
	0.25	-4.58	73.70	-4.23	76.69	-4.29	75.85
	0.50	-2.86	74.12	-2.98	78.06	-2.91	77.31
	0.75	-2.00	74.18	-2.43	75.47	-2.36	76.57

Table 3. Improvement in % obtained by the GA compared to the construction heuristic for the mean transportation effort $\overline{p}'$ and the deviation of the effort v'.

achieved. We must state, that the solution quality is sensitive to φ, hence the setting of P_t requires some attention.

In the event that no time-windows are granted ($\Omega = 0.0$), v' decreases with increasing Γ. Notice, that α_t is completely useless, because the period of execution is fully determined for all tasks involved. Thus, any progress gained solely results from the proper selection of storage locations by means of β_t. Obviously, storage selection becomes more difficult with an increasing inventory level Γ. The GA improvements reported reflect this obstacle.

Whenever time-windows are provided ($\Omega > 0.0$), v' increases with an inventory level Γ. This is insofar interesting, as the relative advantage of the GA increases with an increasing problem difficulty. Obviously, the construction heuristic fails in the face of a high intended inventory level while the GA is able to cope with this condition.

In the event that the extension of time-windows Ω is increased while keeping Γ constant, no definite conclusion can be derived. However, in many cases v' increases with Ω. Apparently, with an increasing extension of the time-windows the opportunity of making mistakes increases for the construction heuristic, cf. Table 1. The GA is still able to find improving solutions by means of heuristic search.

To summarize, the GA approach proposed yields effective load balancing while retaining efficiency of operations. The approach is robust against variations of the problem data, as long as sufficient capabilities for search are provided. Care has to be taken to set the regular transportation capacity appropriately. Generally a large capacity gives the opportunity for a proper balancing of the transportation effort over the periods, whereas a slightly smaller regular capacity will favor the overall efficiency of operations.

5 Conclusion

The mid-term planning of customer transshipment orders requires the derivation of transportation periods and storage locations for each transshipment. To this end we have proposed a multi-period capacitated transshipment problem which decides upon the period of commodity shipment and the storage location used. For this problem we have developed an optimization model and a genetic algorithm which adapts a capacity utilization strategy with respect to the periods considered.

We have focused on period oriented control because the large size of the problem instances prohibits the consideration of tasks as decision entities. We have investigated whether significant improvements over a reasonable deterministic construction heuristic can be gained. The results obtained validate the approach chosen. The transportation effort can be balanced sufficiently well while keeping the transportation efficiency within reasonable bounds.

With respect to the mid-term transshipment planning problem considered, we can state that the existence of time-windows is important in order to provide effective methodological support. The improvements gained, however, saturate for increasing time-windows. Obviously, already relative small time windows suffice to improve the solution quality significantly. Thus, we see the linkage of the specification of customer orders and the derivation of internal work processes as an important goal in order to improve the efficiency of transshipment processes.

Die Entwicklung von integrierten logistischen Netzwerken im deutschen Schiffbau

Nadja Shigo, Elmar Erkens und Herbert Kopfer

Universität Bremen, Lehrstuhl für Logistik, Wilhelm-Herbst-Str.5, 28359 Bremen, Germany
shigo@logistik.uni-bremen.de

Zusammenfassung In dem vorliegenden Artikel werden die Organisationsstruktur und -abläufe von Kooperationen im deutschen Schiffbau betrachtet und analysiert. Es werden zuerst die angewandten Methoden der Analyse vorgestellt. Durch Nutzung der Methode Prozessmanagement für die Prozessanalyse wird die Basis für ein geordnetes Supply Chain Management im Schiffbau gelegt. Die Hauptprozesse der Supply Chain des Auftragsdurchlaufs innerhalb eines arbeitsteiligen Schiffbauprojektes werden modelliert und analysiert. Das Ziel ist es, die aktuelle Aufbau- und Ablauforganisation eines Schiffbauprojektes im Rahmen eines Kooperationsverbundes darzustellen, um daraus erste Erkenntnisse über Stärken und Schwachstellen aufzeigen zu können.

1 Einleitung

Durch die Globalisierung der Märkte, die arbeitsteilige Produktion von Gütern und die weltweiten Kooperationen nimmt der Transport auf dem Wasserweg ständig zu. Das Schiff ist als Verkehrsträger attraktiv, weil es eine hohe Transportkapazität mit vergleichsweise geringen Betriebskosten sowie eine hohe Zuverlässigkeit und eine lange Lebensdauer hat.

In den letzten Jahren befand sich der Schiffbau weltweit in der Situation steigender Nachfrage. Seit Mitte der neunziger Jahre stieg die Schiffbauproduktion um 40%. Die steigende Nachfrage führte zu Modernisierungen sowie dem Bau neuer Docks und Werften. Dies implizierte sowohl eine Steigerung der Produktionskapazitäten als auch der weltweiten Transportkapazitäten. Das Wachstum der zu transportierenden Gütermengen stieg nicht in gleichem Maße wie die Transportkapazitäten, so dass Überkapazitäten auf dem Transportmarkt entstanden. Dies führte zum Einbruch der Bauaufträge für die Schiffbauindustrie. Die OECD (Organisation for Economic Cooperation and Development) rechnet bis zum Jahr 2005 mit einem Anstieg der Überkapazitäten im Schiffbau auf 40%. Die deutsche Schiffbauindustrie ist somit gefordert, neue Strukturen zu entwickeln, damit sie gegenüber der internationalen Konkurrenz bestehen kann (vgl. Rolf (2001)).

An einem Schiffbau sind viele verschiedene Partner beteiligt: Werften, Zulieferer und Unterzulieferer. Diese schließen sich für die Bearbeitung eines Auftrags im Rahmen einer zeitlich befristeten Kooperation als Konsortium zusammen. Eine üblicherweise unbefristete Kooperation ist für Schiffbauprojekte nicht realisierbar, da mit jedem neuen Auftrag aufgrund der Unikatfertigung neue Konsortien mit unterschiedlicher Zusammensetzung gebildet werden. Insofern kooperieren die Unternehmen zwar immer wieder miteinander, die Zusammensetzung insgesamt ändert sich aber mit jedem Projekt. Das verhindert zwar eine vertraglich stabile Kooperation, unterstreicht aber gleichzeitig die Notwendigkeit einer standardisierten Struktur für Kooperationen in arbeitsteiligen Schiffbauprojekten. Dies verringert den Aufwand für die Bildung des jeweils aktuell notwendigen Konsortiums.

In dieser Zusammenarbeit gibt es weitere zu bewältigende Probleme, die u.a. aus nicht standardisierten Abläufen und nicht vorhandenen Schnittstellen für den Datenaustausch resultieren. Dadurch entstehen hohe Koordinations- und Korrekturkosten, die die Wirtschaftlichkeit bei der Durchführung eines Auftrags stark gefährden können (vgl. VSM (2000, 2001)). Dies zeigt die Notwendigkeit, die Organisation von Arbeitsgemeinschaften im deutschen Schiffbau zu analysieren und Modelle zu entwickeln, die die organisatorische Zusammenarbeit und den Datenaustausch in der Schiffbauindustrie weiterentwickeln.

Hierfür sind die Ist-Zustände bei der Bearbeitung der Aufträge von der Konstruktion über die Organisation der Arbeitsteilung innerhalb des Konsortiums bis zum After Sales zu analysieren. Basierend auf den daraus resultierenden Erkenntnissen zu Abläufen, Schnittstellen, Arbeitsteilung und Schwachstellen werden Prozessmodelle entwickelt, die eine verbesserte Zusammenarbeit ermöglichen. Hierbei könnte die Entwicklung einer neuen Struktur für ein Schiffbaunetzwerk ein Lösungsansatz sein (vgl. Nedeß (2000)). Ergebnis der in dieser Arbeit betrachteten Analyse soll ein Prozessmodell sein, das lediglich die Ablaufstrukturen innerhalb eines verteilten Schiffbauprojektes sowie die Schnittstellen zwischen den Kooperationspartnern beschreibt. Das Modell kann in nachfolgenden Untersuchungen Grundlage für die Entwicklung eines Produktdaten-, Kalkulations- und Kollaborationsmodells für den Schiffbau sein. Ein Beispiel wird in Abb. 1 skizziert.

Die Werften und Zulieferer eines Schiffbauprojektes sind mit ihren eigenen Systemen über eine Schnittstelle an ein neutrales Produktdatenmodell (PDM) und an ein neutrales Entwicklungsdatenmodell (EDM) für den Datenaustausch angebunden. Die Daten der einzelnen Beteiligten werden in dem PDM so integriert, dass jeder mit seinen angeschlossenen Systemen die Möglichkeit der Weiterverarbeitung hat.

2 Angewandte Methoden

Für die Analyse und die Entwicklung von logistischen Netzwerken innerhalb von Konsortien im deutschen Schiffbau werden nachfolgend die Methoden des Supply Chain Managements (SCM) und des Prozessmanagements herangezogen. Hierzu gehören sowohl die informationstechnische Integration als

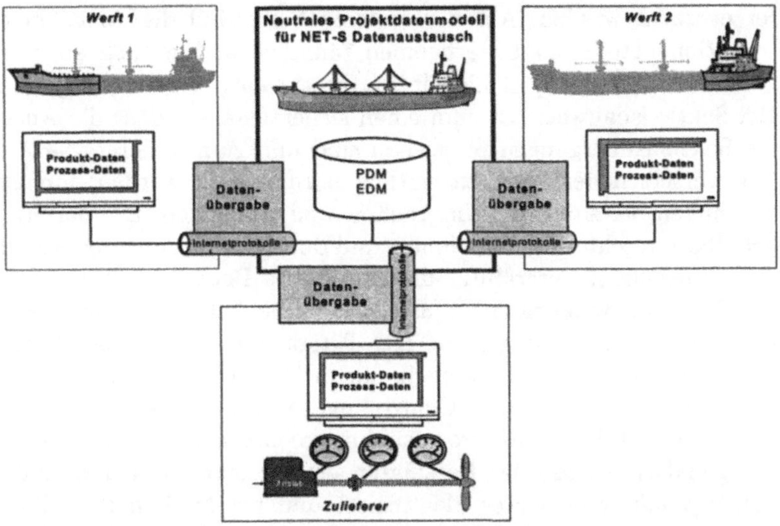

Abb. 1. Schematischer Aufbau eines beispielhaften Netzwerkes kooperierender Werften und Zulieferer innerhalb eines Schiffbauprojektes

Abb. 2. Supply Chain einer Kooperation innerhalb eines Schiffbauprojektes

auch die partnerschaftliche Zusammenarbeit über die Unternehmensgrenzen hinweg.

Mit Hilfe des SCM soll die Wertschöpfungskette eines Auftragsdurchflusses eines deutschen Schiffbauprojektes innerhalb einer Kooperation dargestellt werden. Durch die Darstellung der Supply Chain werden alle Prozesse, die die Planung, Steuerung, Durchführung und die Kontrolle der Wertschöpfungskette betreffen, unter Berücksichtigung der davon abhängigen Material- und Informationsflüsse aufgezeigt (vgl. Abb. 2).

Die Supply Chain eines Schiffbauprojektes stellt sich als Netzwerk dar, in dem horizontale und vertikale Kooperationsbeziehungen zwischen den Akteuren existieren. Der kooperierende Schiffbau erfolgt in einzelnen Sektionen, für die jeweils eine Werft verantwortlich ist. Die Werften stehen in einer horizontalen Beziehung zueinander. Die Integration von Zulieferern, die zu den Werften in vertikaler Beziehung stehen, erhöht die Komplexität des Beziehungsgeflechts. Auf der einen Seite muss eine Abstimmung zwischen den Werften erfolgen, wenn sektionsübergreifende Zuarbeiten durch die Zulieferer erbracht werden. Auf der anderen Seite sind die Arbeiten der an einer Sektion beteiligten Unternehmen räumlich und zeitlich abzustimmen (vgl. Abb. 5). Ein Beispiel hierfür ist die gesamte Verkabelung des Schiffes. Bei Sektionsbauweise ist zum einen sicherzustellen, dass die Anschlüsse an den Sektionsübergängen passgenau sind und zum anderen die Arbeiten auf den verschiedenen Werften zeitlich harmonisiert werden, um extreme Arbeitsspitzen bei einzelnen Unternehmen zu vermeiden. Die Supply Chain des Schiffbauprojektes umfasst inner- und überbetriebliche Prozesse und das Prozessmanagement unterstützt die detaillierte Betrachtung dieser Prozesse. Das Prozessmanagement umfasst die Teilbereiche Prozessmodellierung, -messung und -optimierung sowie alle Tätigkeiten, die mit der Einführung eines solchen Managementsystems in einem Unternehmen zusammenhängen (wie z.B. Projektmanagement, Controlling und Reorganisation); vgl. Becker *et al.* (2002). Mit Hilfe des Prozessmanagements werden die aktuellen und zukünftigen Bedürfnisse der Beteiligten einer Kooperation innerhalb eines deutschen Schiffbauprojektes identifiziert und beschrieben (vgl. Fuermann (1997)). Hierzu werden die Ist-Zustände der Abwicklung in heutigen Schiffbauprojekten aufgenommen. Auf dieser Basis wird unter Beteiligung aller Kooperationspartner der Soll- Zustand definiert. Im Schiffbau können folgende Kernprozesse identifiziert werden: Auftragsgewinnung, Produktionsplanung, Beschaffung und Produktion. Diese Kernprozesse werden analysiert und dargestellt. Basierend aus den hierbei gewonnenen Erkenntnissen wird ein Referenzprozessmodell für die Abwicklung eines Schiffbauprojektes innerhalb einer Kooperation entwickelt (als Werkzeuge für die Prozessanalyse und -modellierung kommen z.B. ARIS und iGrafx Process in Frage).

3 Analyse der Organisationsstruktur und -abläufe von Kooperationen im deutschen Schiffbau

Um die Organisationsstruktur und -abläufe für die Bearbeitung eines Auftrags im Rahmen einer Kooperation darstellen zu können, wird zunächst der Ist-Ablauf für eine Auftragsbearbeitung (Auftragsdurchlauf) betrachtet. Die daraus gewonnenen Erkenntnisse sind Grundlage für die Entwicklung eines generalisierten Modells der Supply Chain „Auftragsdurchlauf im Schiffbau" (vgl. Gaitanides *et al.* (1994)). Aufgrund der hohen Komplexität dieser Abläufe werden im 1. Schritt nur die Hauptprozesse (Kernprozesse) der Prozesskette des Auftragsdurchlaufs analysiert.

3.1 Supply Chain eines deutschen Schiffbauprojektes innerhalb einer Kooperation

In Abb. 3 wird zwischen werftübergreifenden und werftinternen Abläufen differenziert, um die Rollen der beteiligten Akteure zu verdeutlichen und die Abläufe, die innerhalb einer Kooperation/Netzwerk liegen, zu identifizieren.

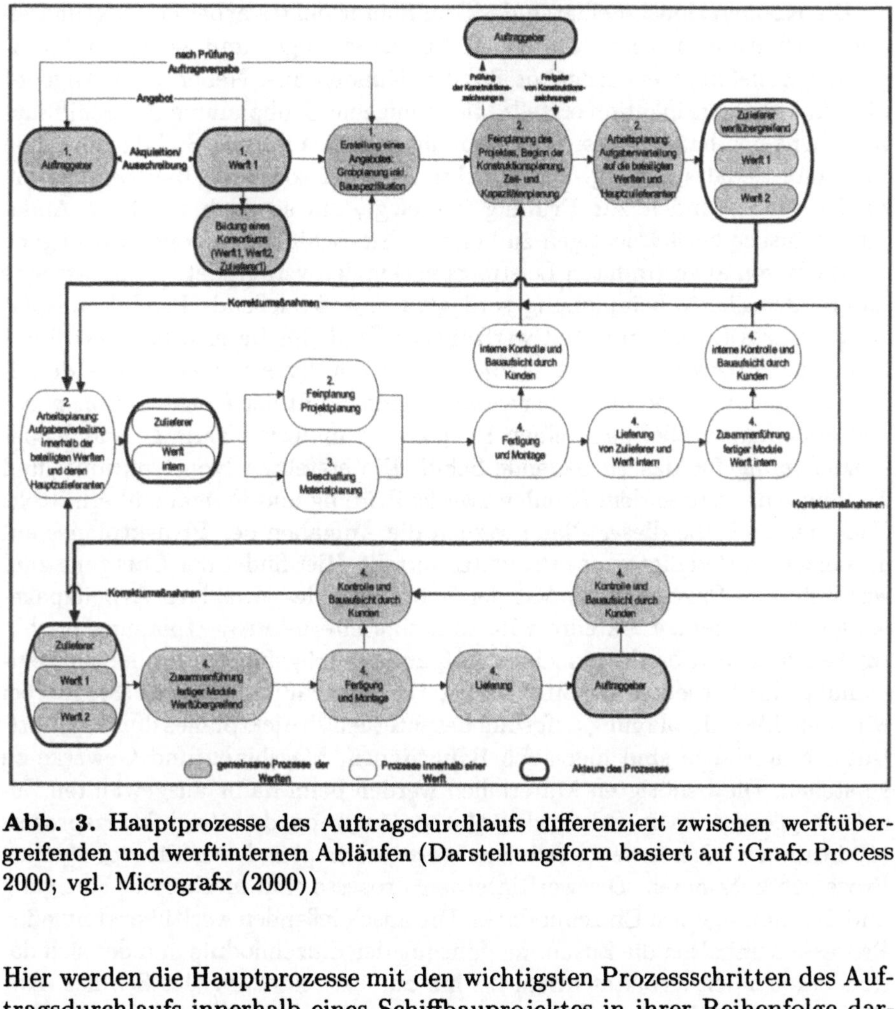

Abb. 3. Hauptprozesse des Auftragsdurchlaufs differenziert zwischen werftübergreifenden und werftinternen Abläufen (Darstellungsform basiert auf iGrafx Process 2000; vgl. Micrografx (2000))

Hier werden die Hauptprozesse mit den wichtigsten Prozessschritten des Auftragsdurchlaufs innerhalb eines Schiffbauprojektes in ihrer Reihenfolge dargestellt. Um die Prozesse in den nachfolgenden Abbildungen wieder erkennen zu können, wurden ihnen Nummern zugeordnet.

Die Hauptprozesse sind Auftragsgewinnung (1), Produktionsplanung (2), Beschaffung (3) und Produktion (4). Eine detaillierte Beschreibung der Hauptprozesse schließt sich an.

Der Auftragsgewinnungsprozess (dazu gehören alle mit (1) gekennzeichnet Symbole in Abb. 3) ist ein werftübergreifender Prozess. Der Auslöser für ein Schiffsbauprojekt ist eine vorangegangene Ausschreibung durch potenzielle Kunden oder durch eine Akquisition einer Werft. Sobald die Erstellung eines Angebotes gefordert wird, prüft die Werft, ob sie den Auftrag alleine oder nur in einem Konsortium erfüllen kann. Schiffbauprojekte werden heute überwiegend in Netzwerken kooperierender Werften und Zulieferer bearbeitet.

Die Kooperationsbeteiligten des Schiffbauprojektes arbeiten aufgrund eigener Erfahrungen, vorangegangener Ausschreibungen und aktuellen Anfragen bei Zulieferern ein Angebot für den Kunden aus. Neben dem Angebot wird eine Bauspezifikation erstellt, die schon eine Grobplanung des Schiffbauvorhabens beinhaltet. Diese Grobplanung enthält an dieser Stelle auch schon eine erste Bedarfsplanung. Das erstellte Angebot sowie die Bauspezifikation werden dem Kunden zur Prüfung vorgelegt, um so noch mögliche Änderungswünsche berücksichtigen zu können. Ein Schiffbauauftrag wird folglich auf Basis von abgestimmten Leistungsmerkmalen verabredet, ohne dass eine exakte, detaillierte Feinplanung vorliegt. Der anschließende Produktionsplanungsprozess (2) ist zum Teil werftübergreifend. Im Bereich des werftübergreifenden Prozesses wird das Projekt erst nach der Auftragsvergabe detailliert geplant. Die Kooperationspartner beginnen mit der Konstruktionsphase und erstellen parallel dazu einen Projektplan inklusive Termin- und Kapazitätsplanung für das zu bauende Schiff. Die erstellten Konstruktions- und Terminpläne werden dem Kunden zwecks Prüfung und Freigabe übermittelt. Nach der Freigabe dieser Pläne werden die Aufgaben des Projektplanes auf die einzelnen Beteiligten des Projektes verteilt. Hier findet der Übergang zum werftinternen Prozess statt. Mit der Zuordnung des jeweiligen Arbeitspaketes auf die einzelnen Akteure wird nun eine interne Projektplanung bis hin zur Feinspezifikation der einzelnen Aufgaben durchgeführt. Parallel zur Feinplanung des Projektes beginnt der interne Beschaffungsprozess (3), hierbei wird eine Materialplanung aufgrund des internen Projektplanes durchgeführt. Unter Materialien sind hier auch Baugruppen, Maschinen und Gewerke zu verstehen. Die benötigten Materialien werden beim dafür ausgewählten Zulieferer geordert. Mit Erhalt der Materialien kann der Produktionsprozess (4) beginnen. Dieser setzt sich aus werftinternen und werftübergreifenden Prozessen zusammen. Die werftinternen Prozesse sind hierbei die Fertigung und Teilmontage von Einzelmodulen. Die anschließenden werftübergreifenden Prozesse beinhalten die Zusammenführung der Einzelmodule und der sich daraus ergebenden Arbeitsschritte bis hin zur Fertigstellung des Schiffes. Alle Prozessschritte des Produktionsprozesses werden auf Basis der Konstruktionszeichnungen und des Projektplanes kontrolliert und ggf. korrigiert.

Abb. 4 zeigt das gleiche Prozessmodell wie Abb. 3. Hier werden jedoch die Schnittstellen zwischen den Hauptprozessen visualisiert, indem die Symbole je nach ihrer Zugehörigkeit zu den Hauptprozessen in unterschiedlichen Graustufen dargestellt werden. So können die Grade von Abhängigkeiten und Komplexitäten zwischen den einzelnen Prozessen identifiziert werden. Jedem Hauptprozess wurde eine Graustufe zugeordnet, um sie so besser identifizieren zu können. Bei der Auftragsvergabe liegt die erste zentrale Schnittstelle der Prozesskette zwischen dem Auftragsgewinnungs- und dem Produktionsplanungsprozess. Die zweite zentrale Schnittstelle liegt nach der detaillierten werftübergreifenden und internen Planung des Projektes innerhalb des Produktionsplanungsprozesses. An dieser Stelle beginnt der Beschaffungsprozess,

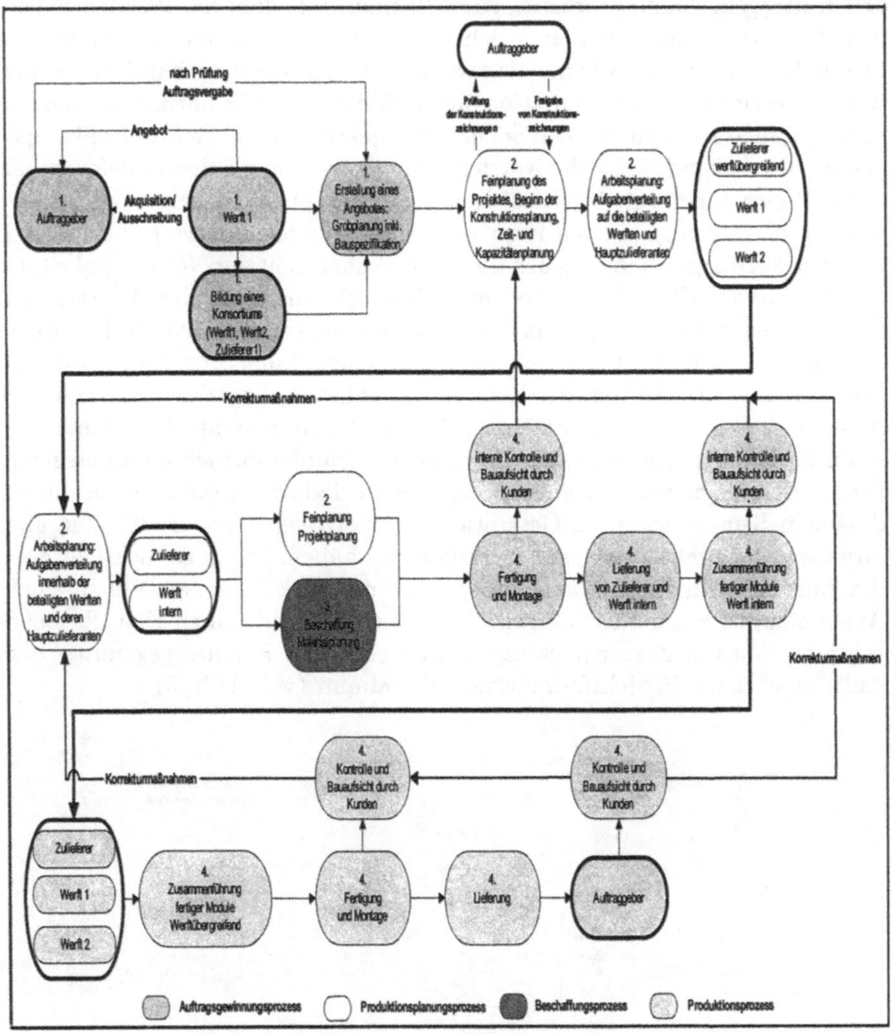

Abb. 4. Differenzierung der Hauptprozesse des Auftragsdurchlaufs nach Schnittstellen der einzelnen Prozesse

der sich aus der Materialplanung und -bestellung zusammensetzt. Die dritte zentrale Schnittstelle ist der Beginn des Produktionsprozesses. Hier werden die einzelnen Module erst werftintern und dann werftübergreifend produziert bzw. montiert.

Die hier dargestellten Prozesse unterliegen einem sehr komplexen Hintergrund aufgrund der netzartigen Beziehungsstruktur in einem Schiffbauprojekt. Innerhalb des Prozessablaufes verstärkt sich die Komplexität, da die Haupt- und Teilprozesse nicht unabhängig voneinander sind. Betrachtet man den Auftragsgewinnungsprozess, so stellt man fest, dass die Werften auf eine detaillierte Kalkulation eines Schiffes, die auch konstruktive Detailfragen beinhaltet, aufgrund des hohen Aufwandes und der damit verbundenen hohen Kosten verzichtet. Die Kalkulation der Schiffe fußt auf Erfahrungswerten aus vorangegangenen typähnlichen Schiffbauprojekten. Lediglich für Großkomponenten, wie beispielsweise die Antriebstechnik, werden bei den Zulieferern aktuelle Preise angefragt. Gleichzeitig muss in der Angebotsphase abgeschätzt werden, ob alle notwendigen Kapazitäten für eine termingerechte Fertigstellung zur Verfügung stehen. Auch dies ist in Anbetracht der Notwendigkeit der unvollständigen Planung mit hohem Risiko verbunden. Vor dem Hintergrund der internationalen Konkurrenz ist davon auszugehen, dass den Werften kaum Spielraum für zeitliche und finanzielle Puffer eingeräumt wird. Insgesamt wird deutlich, dass die Werften das Risiko eines hohen Aufwandes ohne definitive Aussicht auf einen Auftrag scheuen müssen. Ziel ist es somit, Detailkenntnisse durch Erfahrungswissen aus vergangenen Schiffbauprojekten zu ersetzen. Dieses Bestreben wird in einer Kooperation dadurch zusätzlich erschwert, dass dem Kunden zwar ein Gesamtangebot vorzulegen ist, die Werften aber ihre Gewerke zunächst einzeln zu kalkulieren haben. Unter Berücksichtigung des Aufwands für die Gesamtmontage sind die Kalkulationspakete zu einem Angebotspreis zusammenzufügen. Aus diesem Grund haben sich die beobachteten Werften dazu entschlossen, dass einer der Partner gegenüber dem Auftraggeber die Projektführerschaft übernimmt (vgl. Abb. 5).

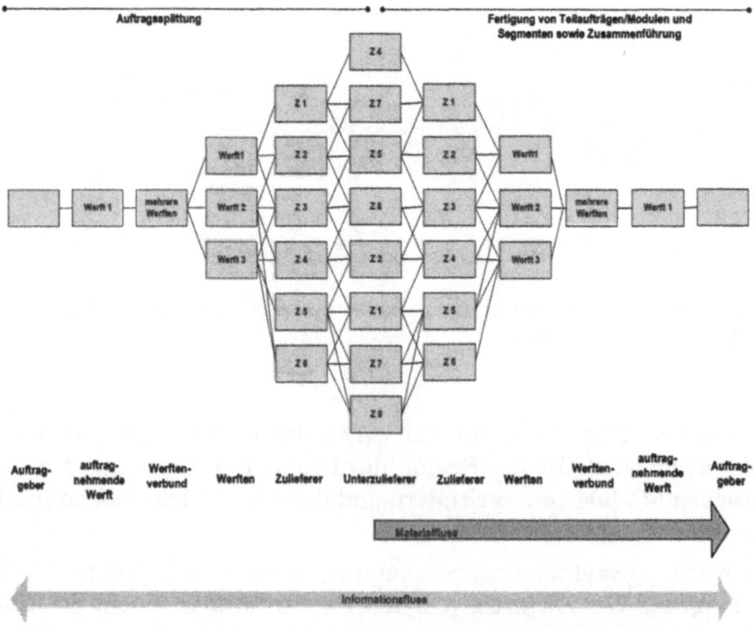

Abb. 5. Die Akteure der Supply Chain im Schiffbau

3.2 Die Akteure der Supply Chain im Schiffbau

Im Anschluss der Darstellung der groben Ablaufstruktur wird nun das Netzwerk der Kooperationsbeteiligten eines Schiffbauprojektes analysiert, damit die Abhängigkeiten und die Material- sowie Informationsflüsse zwischen den Akteuren eines Schiffbauprojektes transparent werden. Die Akteure verschiedener Organisationseinheiten im Schiffbau arbeiten zur Erstellung eines Produktes in einem Netzwerk zusammen (vgl. o.V. (2001a)). Die Struktur des Netzwerkes ist abhängig von den Beziehungen der Akteure zueinander. Hier wird eine Supply Chain (vgl. Abb. 5) dargestellt, die sich auf die Beziehungen der Akteure von kooperierenden Werften bezieht.

In Abb. 5 wird die Struktur des Netzwerkes der beteiligten Akteure eines Schiffbauprojektes entlang der Auftragsbearbeitung sichtbar. Kennzeichnend für diese Struktur ist eine Zunahme der Akteure im Rahmen der Arbeitsteilung (Auftragssplitting) und dem Zwang der Zusammenführung der einzelnen Gewerke, damit der Auftraggeber mit der Werft 1 oder dem Werftenverbund zu verhandeln hat. Es ist zu beachten, dass in dem Geflecht einzelne Akteure auf mehreren Ebenen zu finden sind und auch mehrere Rollen verkörpern können.

Nach diesen ersten Erkenntnissen werden die einzelnen Hauptprozesse innerhalb der Supply Chain detaillierter analysiert. Aufgrund dieser Analysen können die Schnittstellen zwischen den Hauptprozessen und die Schnittstellen zwischen gemeinsamen Prozessen von Kooperationspartnern und internen Prozessen einzelner Kooperationspartner besser identifiziert werden.

3.3 Der Auftragsgewinnungsprozess

Hier wird die Anfrage/Ausschreibung des Kunden an eine Werft, die einem Werftenverbund angehört, gerichtet. Im ersten Schritt der Angebotsphase verhandelt der Kunde meistens noch mit einer Werft, die sich anschließend um die Bildung eines Konsortiums für den entsprechenden Auftrag bemüht. Die beteiligten Werften integrieren schon bei der Angebotserstellung die wichtigsten Zulieferer. Es wird eine Grobplanung durchgeführt, die im Angebot und in der Bauspezifikation festgeschrieben wird. Die Unterlagen werden dem Kunden zur Prüfung und für weitere Verhandlungen vorgelegt, um eine zügige Auftragserteilung zu erreichen.

3.4 Der Produktionsplanungsprozess

Im Produktionsplanungsprozess wird nach der Auftragserteilung das Projekt in drei Phasen zerlegt und geplant. Diese Phasen setzen sich aus einer Grob-, Basis- und Detailplanung zusammen. Die Grobplanung findet weitestgehend in der Angebotsphase statt. Dem schließt sich die Basisplanung an, die mit der Konstruktionsphase beginnt und dadurch die Projektplanung auslöst. Die erstellten Konstruktions- und Projektpläne inkl. einer Zeit- und

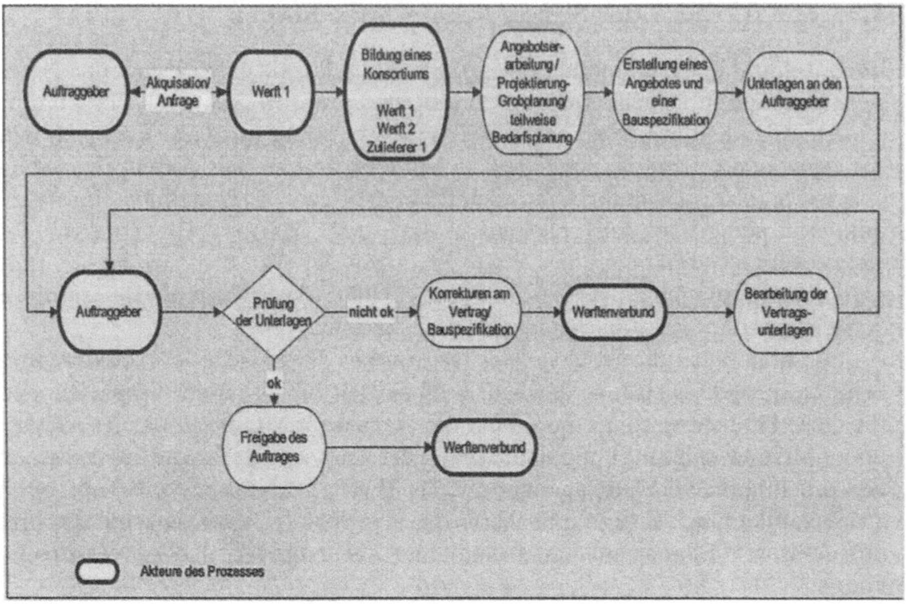

Abb. 6. Der Auftragsgewinnungsprozess

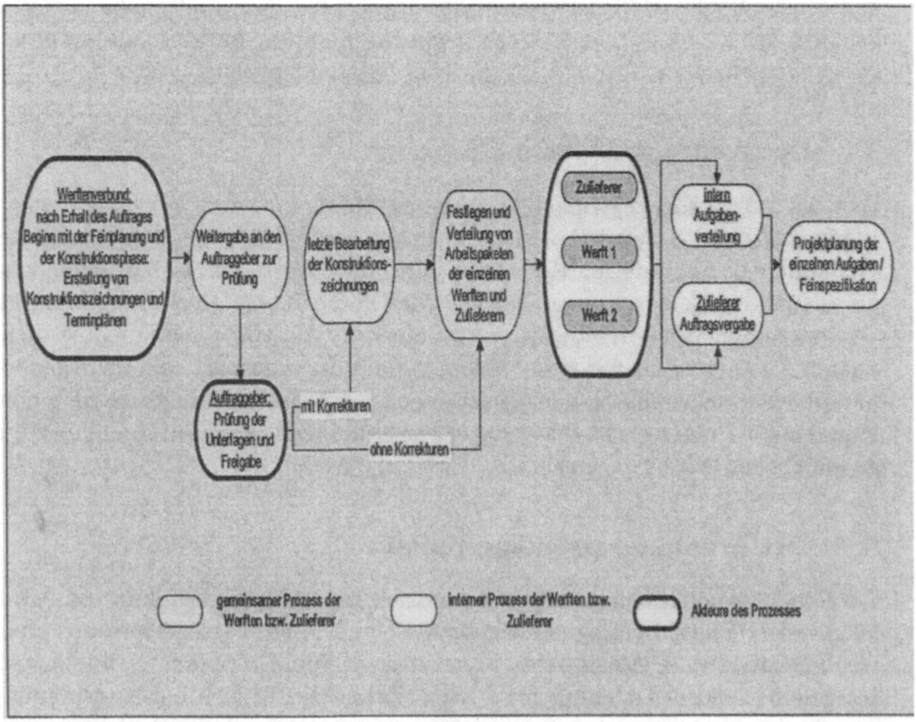

Abb. 7. Der Produktionsplanungsprozess

Kapazitätsplanung werden dem Kunden zur Prüfung vorgelegt. So besteht die Möglichkeit, spezielle Kundenwünsche zu berücksichtigen. Als Ergebnis liegt ein mit allen Beteiligten abgestimmter Projektplan vor, der anschließend in einzelne Arbeitspakete auf die jeweiligen Beteiligten des Projektes verteilt werden kann. Die Kooperationspartner des Schiffbauprojektes setzen mit Erhalt des Arbeitspaketes mit der internen Projektplanung und somit mit der Phase der Detailplanung des Projektes auf. Es werden die Aufgaben innerhalb der eigenen Organisation und der zugeordneten Zulieferer verteilt. Die Empfänger des jeweiligen Arbeitspaketes führen dann jeweils noch mal eine Feinspezifikation ihrer zugeteilten Aufgaben durch. Ergebnisse sind über mehrere Stufen hinweg abgestimmte Projekt-, Produktions- und Konstruktionspläne.

3.5 Der Beschaffungsprozess

Nach der Feinspezifikation des internen Projektplanes der einzelnen Kooperationspartner des Schiffbauprojektes folgt die Phase der Beschaffung. Dieser Prozess läuft aber aufgrund des hohen Zeitdrucks innerhalb eines Projektes schon während des Produktionsplanungsprozesses an.

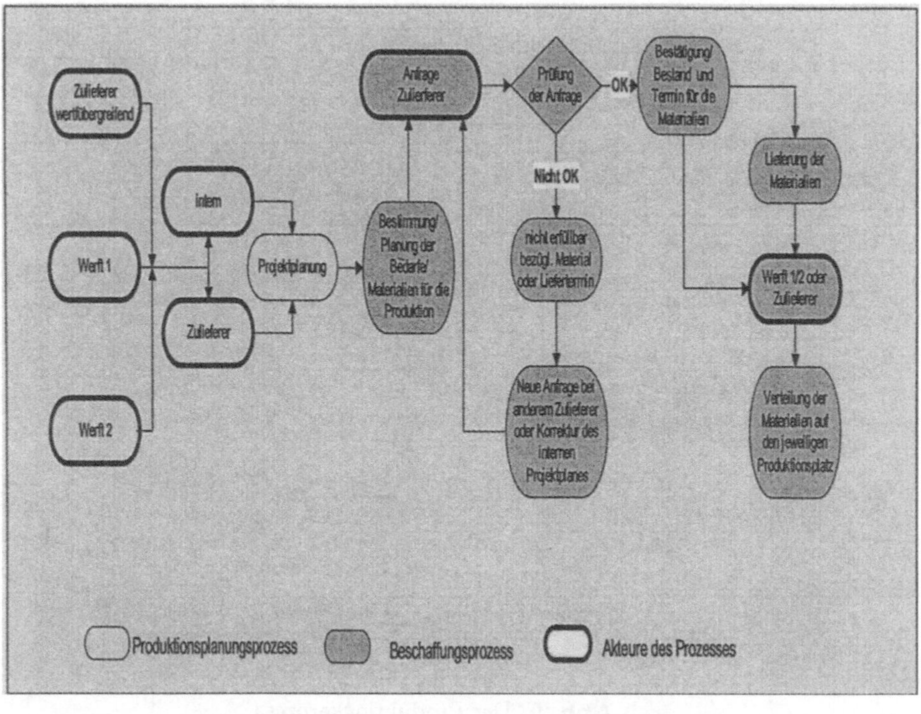

Abb. 8. Der Beschaffungsprozess mit dezentraler unkoordinierter Bestellung

Anhand des aufgestellten Projektplanes (inkl. Produktions- und Konstruktionspläne) werden die Materialbedarfe für die Produktion innerhalb der einzelnen Projektphasen bestimmt. Dem schließt sich eine Anfrage über die Bedarfe und die gewünschten Liefertermine bei dem jeweiligen Zulieferer an. Nach Überprüfung der Anfrage gibt der Zulieferer Bescheid, ob er diese erfüllen kann oder nicht. Bei Nichterfüllung erfolgt eine Anfrage bei einem anderen Zulieferer. Gegebenenfalls muss der interne Projektplan den Lieferbedingungen der Materialien angepasst werden. Wenn solche Änderungen den Gesamtprojektplan gefährden, kann dies nur mit dem Einverständnis aller Kooperationspartner geschehen. Die bestellten Materialien werden vom Zulieferer zum gewünschten Liefertermin zur Verfügung gestellt. Der jeweilige Kooperationspartner verteilt nun die intern benötigten Materialien auf den zugeordneten Produktionsplatz.

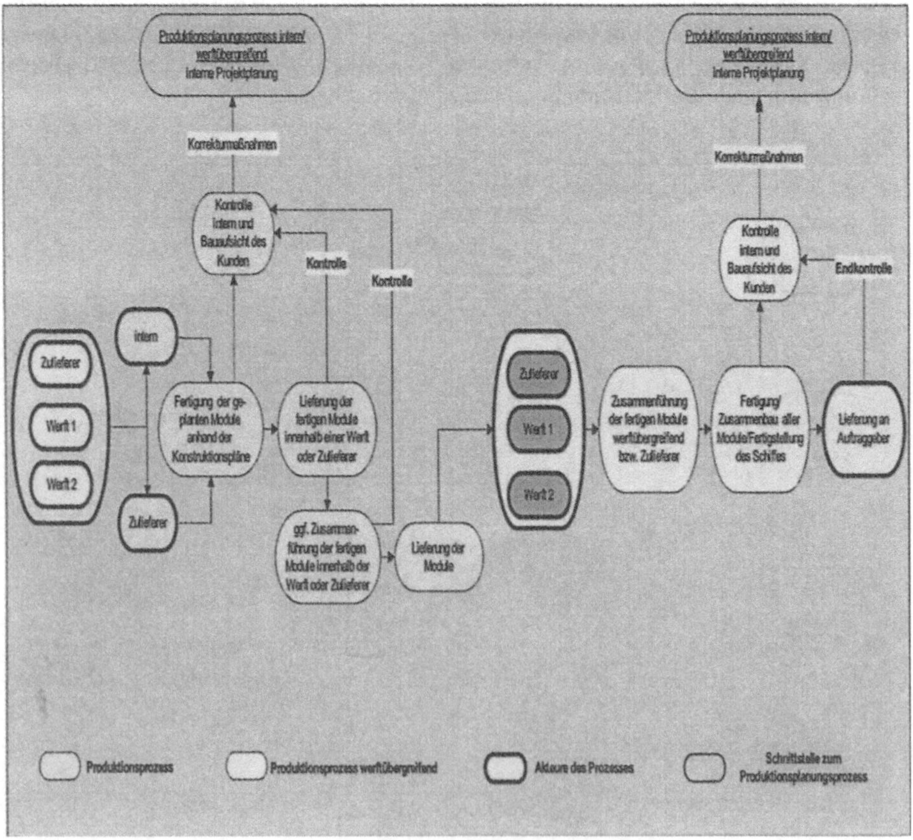

Abb. 9. Der Produktionsprozess

3.6 Der Produktionsprozess

Der Produktionsprozess teilt sich in interne und werftübergreifende Prozesse auf. Der vorgelagerte werfteninterne Prozess ist hierbei die Fertigung von Einzelmodulen in Verantwortung der einzelnen Kooperationsbeteiligten. Die Montage wird anhand der vorliegenden Konstruktions- und Projektpläne kontrolliert und ggf. sofort korrigiert. Abschließend erfolgt soweit möglich eine Zusammenführung der fertigen Teilmodule. Dies ist Auslöser für den werftübergreifenden Prozess der Lieferung und Montage aller produzierten Teilmodule. Dem schließt sich die Durchführung aller sich daraus ergebenden Arbeitsschritte bis hin zur Fertigstellung des Schiffes an. Die einzelnen Arbeitsschritte unterliegen ebenfalls der Kontrolle durch die Kooperationsbeteiligten und der Bauaufsicht des Kunden. Hierbei erkannte Mängel werden sofort beseitigt. Bei der Übergabe des Schiffes wird gemeinsam mit dem Kunden eine abschließende detaillierte Endkontrolle anhand der Konstruktions- und Projektpläne durchgeführt.

4 Fazit

Das dargestellte Modell eines Auftragsdurchlaufs innerhalb eines Schiffbauprojektes gibt einen Überblick über die heutige Situation in einem Kooperationsverbund. Bei dem hier vorliegenden Modell beschränkt sich die Darstellung auf die Identifizierung von Schnittstellen innerhalb eines deutschen Schiffbauprojektes. Hierbei ist zu erwähnen, dass an jeder Schnittstelle der verschiedenen Prozesse, ob intern oder zu anderen Kooperationspartnern, ein Austausch von Daten stattfindet. Heute werden viele verschiedene Produktdatenverzeichnisse (z.B. POOL, DBMAR) von den Werften benutzt, die im Verbund aber nicht integriert sind und insofern nicht kompatibel zu den anderen Kooperationspartnern sind. Der Einsatz von unterschiedlichen Systemen bei den einzelnen Kooperationspartnern führt dazu, dass eigene Formate nicht in andere Systeme importiert und exportiert werden können und umgekehrt. Dadurch entstehen bei allen Beteiligten hohe Koordinations- und Korrekturkosten sowie Mehrfacherfassungskosten innerhalb eines Projektes. Vor diesem Hintergrund lassen sich folgende Problembereiche identifizieren:

1. Die Systemlandschaft in einem Schiffbauprojekt:
   Es existieren heute für die Bereiche Akquisition, Projektierung / Vertrieb, Planung / Management / Abwicklung, Materialwirtschaft und Fertigung viele verschiedene Softwareprodukte, die in den Werften unterschiedlich integriert und eingesetzt sind. Es werden verschiedene PPS-Systeme, die werftenspezifisch ausgerichtet sind, eingesetzt. Dies führt dazu, dass das Einrichten von Schnittstellen oder der Austausch von Daten nahezu unmöglich ist. Es gibt oftmals keine abgestimmte Schnittstelle zu den Systemen der Kooperationspartner, da keine verbindlichen Standards existieren. So entstehen in der Zusammenarbeit hohe Koordinationskosten und große Zeitverluste.

2. Die Koordination von Prozessen/Abläufen in einem Schiffbauprojekt: Die Koordination von parallel und zeitlich abhängigen Prozessen stellt ein weiteres Problem dar, vor allem wenn die Prozesse in der Verantwortung verschiedener Akteure liegen. Bei einem Schiffbauprojekt in einer Kooperation plant jeder Beteiligte sein zugeordnetes Arbeitspaket, es erfolgt keine gemeinsame Planung über alle Arbeitspakete hinweg. Es treten große Probleme bei der Planung und Koordination von Arbeitspaketen auf, die mehrere Schnittstellen zu anderen Arbeitspaketen besitzen. Der Abstimmungsbedarf bei solchen Arbeitspaketen ist sehr hoch, doch durch die separate Planung ist ein optimaler Informationsaustausch nicht immer sicher gestellt. So kommt es oft zu hohen Koordinationskosten und Zeitverlusten bei der Bearbeitung der Arbeitspakete und letztlich im Ablauf des gesamten Projektes (vgl. Moritz (2000)). Dabei können beispielsweise Änderungen in den Abmessungen eines Einbauteils, die erst aufgrund der verzögerten Feinplanung zeitversetzt aus der Detailspezifikation resultieren, Rückwirkung auf bereits erledigte, parallele oder künftige Arbeiten von Partnern bzw. Zulieferern haben. Aufgrund von Planungsabweichungen kann es ferner vorkommen, dass Teile im Bezug auf den Ist-Ablauf zu früh geliefert werden. Wenn sie dann benötigt werden, sind die Teile unbrauchbar oder nicht mehr auffindbar. Dadurch entstehen innerhalb eines Projektes hohe Wiederbeschaffungskosten.
3. Das Schnittstellenmanagement zwischen den Kooperationspartnern: Durch die nicht klar definierten Schnittstellen zwischen den Akteuren sind entstandene Fehler schwer zuzuordnen. Diese Fehler resultieren aus der fehlenden Möglichkeit, Konstruktionsdaten abzugleichen bzw. einen geordneten Änderungsdienst zu pflegen. Das Gesamtrisiko für den Bau eines Schiffes ist so nicht genügend aufteilbar. Es liegt meistens in der Verantwortung der auftragnehmenden Werft. Das Risiko für eine Werft ist aber bei den heutigen hoch anspruchsvollen Aufträgen nicht mehr allein tragbar.

Um diese Probleme langfristig besser bewältigen zu können, werden im Rahmen des BMBF-Projekts NET-S Analysen von Schiffbauprojekten durchgeführt. Die auszutauschenden Produktdaten von kooperierenden Werften in einem Schiffbauprojekt sind bezogen auf ihren räumlichen und zeitlichen Anfall zu identifizieren und zu klassifizieren, um eine Basis für Standardisierungen des Datenaustausches zwischen Kooperationspartnern zu finden. Es wird der Ansatz verfolgt, ein einheitliches PDM für ein Schiffbauprojekt zu entwickeln, das auch die speziellen organisatorischen Abläufe eines solchen Vorhabens berücksichtigt, die Verarbeitung und Verwendung der ausgetauschten Daten ermöglicht, den Abstimmungsprozess zwischen den Kooperationspartnern erleichtert sowie die Basis eines Koordinationsverfahrens darstellt. Es wird eine Vereinfachung der Zusammenarbeit aller Partner in einer Kooperation angestrebt, bei der die individuellen Bedürfnisse der einzelnen Kooperationspartner nicht außer Acht gelassen werden.

Die ersten Schritte, die zu dem angestrebten Produkt- und Projektdatenmodell führen, sind folgende:

- Erreichung einer Standardisierung der Abläufe entlang der Wertschöpfungskette eines Schiffbauprojektes (inkl. Änderungsdienst).
- Einigung auf festgelegte Datenformate für den Informationsaustausch zwischen den Kooperationspartnern, um somit kompatible Schnittstellen zu erreichen
- Standardisiertes Produktdatenmanagement, das die Einigung auf ein einheitliches Produktdatenverzeichnis impliziert

Im Rahmen des Projektes wird mit Praxispartnern aus dem Schiffbau nach einer eingehenden Ist-Analyse heutiger Schiffbauprojekte ein verallgemeinerndes Prozessmodell bzw. Referenzmodell entwickelt, das aus der Simulation verschiedener Varianten für die Umsetzung eines solchen Produkt- und Projektdatenmodells resultiert. Das Referenzmodell beinhaltet die Abbildung von standardisierten Prozessen für ein Schiffbauprojekt, sowie die Festlegung von Produktdaten und deren dazugehörigen Formate, um die Schnittstellen der Identifikationssysteme der Partner bedienen zu können.

Das Modell wird durch Bearbeitung eines fiktiven Schiffbauprojektes getestet, um so sicherzustellen, dass die heutigen Schwachstellen soweit wie möglich beseitigt und die definierten Ziele erreicht wurden.

Rahmenkonzept für die Entwicklung von Weiterbildungsstudiengängen in der Logistik

Ingrid Göpfert und Jan Hendrik Platt

Philipps-Universität Marburg, Lehrstuhl für Allgemeine Betriebswirtschaftslehre und Logistik, Am Plan 2, 35037 Marburg, Germany
{Goepfert,Platt}@wiwi.uni-marburg.de

Zusammenfassung Im vorliegenden Beitrag wird ein Rahmenkonzept für die Entwicklung von Weiterbildungsstudiengängen in der Logistik vorgestellt. Auslöser für die Auseinandersetzung mit dieser Thematik ist die Lücke zwischen der großen Nachfrage nach Logistik-Weiterbildung auf universitärem Niveau und dem bisher geringen Angebot an derartigen Studiengängen im deutschsprachigen Raum. Das Konzept soll potentiellen Anbietern wertvolle Anregungen vermitteln, um attraktive Angebote an Logistik-Weiterbildungsstudiengängen binnen kurzer Zeit und kosteneffizient zu schaffen. Angesprochen sind überdies interessierte Praktiker, denen dieser Beitrag wichtige Ansatzpunkte für die Auswahl eines ihren individuellen Ansprüchen gerecht werdenden Programms liefert. Da die Erarbeitung eines Rahmenkonzepts für universitäre Logistik-Weiterbildungsstudiengänge eine vielschichtige Aufgabe darstellt, wird ein vierseitiges Vorgehen gewählt, das die Belange der Unternehmenspraxis berücksichtigt, die Fachkenntnisse einer interdisziplinären Expertengruppe erschließt, die Erfahrungen etablierter Anbieter von Weiterbildungsstudiengängen nutzt und die Anforderungen von Akkreditierungsagenturen berücksichtigt. Auf diese vierseitige Orientierung stützt sich die Erarbeitung von Empfehlungen für die Gestaltung der relevanten Elemente eines Weiterbildungsstudiengangs in der Logistik. Zu den relevanten Gestaltungselementen zählen beispielsweise die Studiendauer, die Voraussetzungen für die Teilnahme am Studium, Studieninhalte und geeignete Lehrmethoden. Aus Sicht der genannten vier Perspektiven werden zunächst die Vor- und Nachteile verschiedener Ausprägungen der Gestaltungselemente diskutiert und schließlich Empfehlungen abgegeben, welche Ausprägungen der einzelnen Kriterien sinnvoll erscheinen.

1 Problemstellung

Die große und wachsende Bedeutung der Logistik für die Wirtschaftspraxis bewirkt, dass die Nachfrage nach berufsbegleitender universitärer Logistik-Weiterbildung mit international anerkannten Abschlüssen wie „Master of Science in Logistics and Supply Chain Management" wächst. Das bisherige Angebot der wissenschaftlichen Hochschulen ist allerdings weit zurück. Zu diesem Ergebnis kommt eine Studie, die das Bundesministerium für Verkehr, Bau- und Wohnungswesen (BMVBW) in Auftrag gegeben hatte; vgl. Göpfert (2001).

Die Studie zeigt, dass die Praxis insbesondere Interesse an Logistik-Weiterbildung auf universitärem Niveau hat. Der Grund: Erst ein solches

Studium garantiert, dass nicht nur bekanntes Wissen vermittelt wird, sondern die Teilnehmer in die Lage versetzt werden, selbständig neues Logistikwissen zu produzieren. Gerade weil die Logistik eine hohe Entwicklungsdynamik besitzt, sind Fähigkeiten von Logistikmanagern zur Generierung von neuem Wissen so wichtig. So kann den steigenden Herausforderungen der Logistikpraxis rechtzeitig mit erfolgreichen Problemlösungen begegnet werden.

Das BMVBW nahm die Lücke zwischen Nachfrage und Angebot zum Anlass, einen Folgeauftrag an eine internationale Expertengruppe zu vergeben. Das Ziel: Erarbeitung eines Rahmenkonzepts für ein universitäres Logistik-Weiterbildungsstudium. Im Rahmen dieses Beitrags geht es konkret um die Erarbeitung von Gestaltungsempfehlungen für den Aufbau und die Einführung von Logistik-Weiterbildungsstudiengängen. Potentielle Anbieter sollen in die Lage versetzt werden, attraktive Angebote binnen kurzer Zeit und kosteneffizient zu schaffen. Die Federführung besitzt der Lehrstuhl für Allgemeine Betriebswirtschaftslehre und Logistik der Philipps-Universität Marburg.

2 Vorgehensweise zur Erarbeitung des Rahmenkonzepts für den universitären Logistik-Weiterbildungsstudiengang

Die Erarbeitung eines Rahmenkonzepts für einen universitären Logistik-Weiterbildungsstudiengang stellt eine vielschichtige Aufgabe dar, die es erforderlich macht, verschiedene Perspektiven einzunehmen und bei der Erarbeitung von Gestaltungsempfehlungen zu berücksichtigen. Um diesem Aspekt gerecht zu werden, wurde zur Entwicklung des Konzepts ein *vierseitiges Vorgehen* gewählt (vgl. Abb. 1).

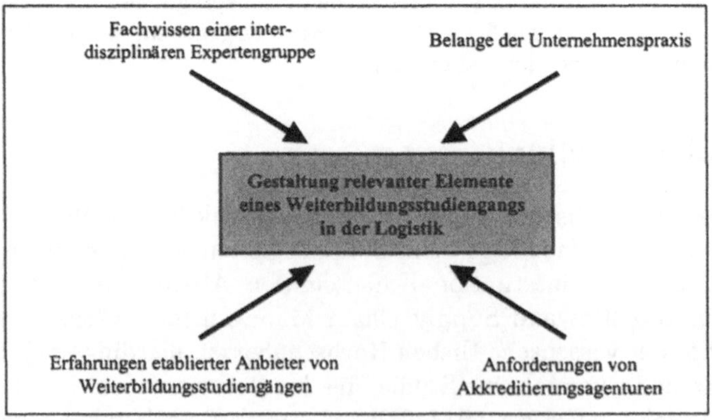

Abb. 1. Das vierseitige Vorgehen im Überblick

2.1 Erschließung des Fachwissens einer interdisziplinären Expertengruppe

Erstens wird die Erarbeitung des Rahmenkonzepts für den universitären Logistik-Weiterbildungsstudiengang von einer ***internationalen und interdisziplinären Expertengruppe*** begleitet, um spezifisches Expertenwissen in das Konzept einfließen zu lassen. Ihr gehören Hochschulprofessoren an, die über Know-How bezüglich neuer Formen in der universitären Logistik-Weiterbildung im In- und Ausland verfügen und dieses gezielt in die Arbeitsgruppensitzungen einbringen können. Zugleich wird damit eine ***universitäts- und länderübergreifende sowie fachübergreifende Zusammenarbeit*** gewährleistet, was sich positiv auf die konkreten Umsetzungen der Rahmenkonzeption auswirken dürfte.

2.2 Ausrichtung auf die Belange der Praxis

Zweitens werden bei der Entwicklung der Konzeption die Anliegen und Anregungen der ***Unternehmenspraxis*** einbezogen. Dies ist bedeutsam, da ein universitäres Weiterbildungsstudium nicht Selbstzweck sein kann, sondern aktuelle und zukünftige Problemstellungen aus der Praxis aufgreifen muss. Nur so kann es gelingen, die Teilnehmer des Studiengangs auf die Übernahme verantwortungsvoller Aufgaben in Unternehmen sinnvoll vorzubereiten. Zudem müssen Unternehmen von dem Studiengang „überzeugt" sein und einen konkreten Nutzen für das eigene Unternehmen erkennen können, damit sie bereit sind, ihren Nachwuchs-Führungskräften die erforderlichen zeitlichen und finanziellen Ressourcen zur Verfügung zu stellen.

Die Belange der Unternehmenspraxis finden durch ***Experteninterviews*** und insbesondere durch die Berücksichtigung der Erkenntnisse aus einer ***empirischen Untersuchung über den Logistik-Weiterbildungsbedarf*** in Industrie, Handel und Logistik-Dienstleistungsbranche Eingang in die Rahmenkonzeption. Die empirische Untersuchung wurde im Herbst 2001 vom Lehrstuhl für Allgemeine Betriebswirtschaftslehre und Logistik an der Philipps-Universität Marburg durchgeführt.[1] Der entwickelte Fragebogen wurde an 300 Unternehmen geschickt, von denen 92 Unternehmen geantwortet haben (Rücklaufquote: 30,67%). Die Erwartungen der Praxis an ein universitäres Weiterbildungsstudium im Bereich Logistik/Supply Chain Management können Abb. 2 entnommen werden. Sie fließen im weiteren in die Auseinandersetzung mit den verschiedenen Gestaltungselementen ein.

Zu berücksichtigen ist weiterhin, dass die Interessenten an Logistik-Weiterbildungsprogrammen keine homogene Gruppe darstellen. Wird ein Hochschulabschluss als Voraussetzung für die Teilnahme an einem Weiter-

---

[1] Diese empirische Untersuchung ist Bestandteil der in Kap. 1 aufgeführten Studie im Auftrag des BMVBW. Vgl. Göpfert (2001).

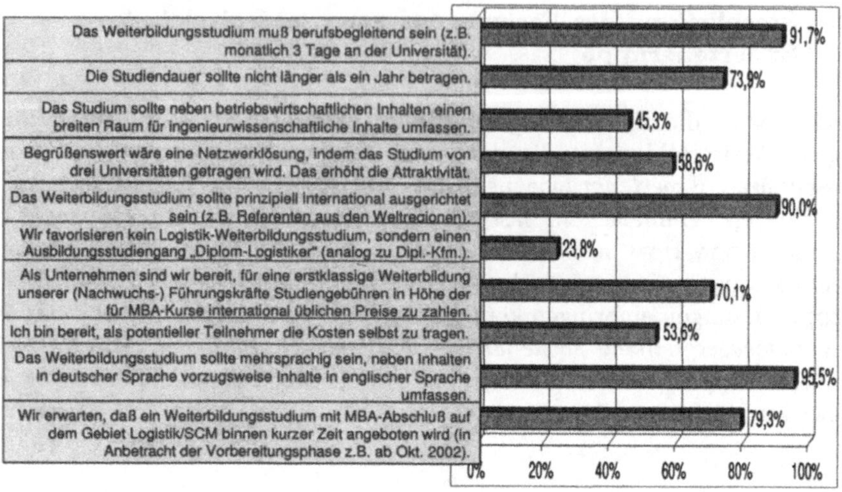

Abb. 2. Erwartungen an ein universitäres Weiterbildungsstudium im Bereich Logistik / Supply Chain Management, Quelle: Göpfert (2001)

bildungsstudium im Bereich der Logistik angesehen,[2] können *verschiedene Zielgruppen* eines derartigen Programms unterschieden werden:

- *Absolventen nicht-wirtschaftswissenschaftlicher Fakultäten* wie der Ingenieurwissenschaften oder der Naturwissenschaften, die sich als Logistik-Nachwuchsführungskräfte in der Praxis bewähren, Logistik aber nicht als Vertiefungsrichtung studiert haben. Häufig kommt es vor, dass ausgebildete Ingenieure, Mathematiker, Chemiker, Physiker und Absolventen weiterer Fachdisziplinen beruflich in die Logistik „hineinrutschen" und spätestens dann diese Weiterbildungschance suchen.
- *Absolventen wirtschaftswissenschaftlicher Studiengänge ohne Logistikvertiefung.* Es wäre aus heutiger Sicht unrealistisch, würde man annehmen, dass alle Absolventen wirtschaftswissenschaftlicher Studiengänge über Logistikkompetenz verfügen. Hinzu kommt, dass sich individuelle Neigungen und Präferenzen für das praktische Tätigkeitsfeld nicht selten erst nach dem Studium mit dem Berufseinstieg herausstellen.
- *Hochschulabsolventen mit Logistikvertiefung.* Die Attraktivität des Logistik-Weiterbildungsstudiums für diese Zielgruppe gründet sich zum einen auf die hohe Entwicklungsdynamik der Logistikdisziplin. Zum anderen ergibt sie sich aus der anderen Qualität eines Weiterbildungsstudiums gegenüber einem Ausbildungsstudium. Durch die gezielte Einbeziehung der Berufserfahrungen und die konstruktive Ausnutzung des praktischen Erfahrungsaustauschs gewinnt die Weiterbildung eine Attraktivität, wie sie das Studium unmittelbar im Anschluss an das Abitur nicht vorweisen kann.

[2] Vgl. dazu die Ausführungen zu den Teilnahmevoraussetzungen (Kap. 3.3).

Anbieter von Logistik-Weiterbildungsstudiengängen sollten klären, welche Zielgruppe(n) sie ansprechen möchten und dementsprechend das zu konzipierende Programm auf die Bedürfnisse der potentiellen Teilnehmer zuschneiden.[3]

2.3 Nutzung der Erfahrungen etablierter Anbieter

Drittens werden bereits bestehende Angebote im Bereich Executive Education insbesondere in Europa, aber auch den USA einer detaillierten Analyse unterzogen. Um zu eruieren, welche Programme wertvolle Anregungen für die Entwicklung des Rahmenkonzepts für den Logistik-Weiterbildungsstudiengang bieten, wurden von der interdisziplinären Expertengruppe Kriterien entwickelt, die eine Auswahl der zu berücksichtigenden Programme ermöglichen.

Die Auswahlkriterien im einzelnen:

- Bei dem Programm soll es sich um einen Masterstudiengang im Bereich Logistik und/oder Supply Chain Management handeln.
- Es soll ein berufsbegleitendes Part-Time Programm sein.
- Die Teilnehmer sollen über einschlägige, mehrjährige Berufserfahrung verfügen.
- Die Teilnehmer sollen über einen Hochschulabschluss verfügen.

Zu den Anbietern, die allen genannten Auswahlkriterien gerecht werden und in die Analyse der „Ist-Situation" in bezug auf Weiterbildungsstudiengänge im Bereich der Logistik aufgenommen werden, zählen u.a.: Cardiff Business School, Copenhagen Business School, Cranfield Center for Logistics and Supply Chain Management (CCLSCM), Erasmus Universität Rotterdam, Michigan State University und die University of Westminster.

Zudem haben wir Anbieter bei der Entwicklung des Rahmenkonzepts berücksichtigt, die nicht allen Auswahlkriterien gerecht werden, aber eine gewisse Affinität zu dem zu entwickelnden Konzept aufweisen. Dazu gehören beispielsweise Anbieter, die einen Masterstudiengang im Bereich Logistik und/oder Supply Chain Management als „Full-Time-Programm" anbieten, wie z.B. das MIT Center for Transportation and Logistics.

Im Rahmen der bestehenden Logistik-Weiterbildungsstudiengänge (part-time) unterscheiden wir *zwei Basistypen*:

Typ 1: Executive MBA in Logistics. Dieses Programm umfasst neben der Logistik eine umfassende Basislegung im General Management. Zielgruppe sind insbesondere Teilnehmer, die über keine umfassende Ausbildung im General Management verfügen, d.h. in erster Linie „Hochschulabsolventen nicht-wirtschaftswissenschaftlicher Fakultäten."[4]

[3] Dieser Aspekt wird bei der Auseinandersetzung mit den verschiedenen Typen von Logistik-Weiterbildungsstudiengängen im folgenden Kap. 2.3 wieder aufgegriffen.

[4] Vgl. zu dieser Zielgruppe Kap. 2.2.

Typ 2: Executive Master of Science in Logistics. Es handelt sich um ein auf die Logistik und das Supply Chain Management inhaltlich konzentriertes Programm. Zu der Zielgruppe gehören insbesondere Nachwuchsführungskräfte, die über grundlegende wirtschaftswissenschaftliche Kenntnisse verfügen und ausschließlich eine zielgerichtet zugeschnittene Vertiefung in Logistik und Supply Chain Management wünschen.[5]

2.4 Berücksichtigung der Anforderungen von Akkreditierungsagenturen

Viertens werden bei der Entwicklung von Gestaltungsempfehlungen für den Aufbau eines universitären Weiterbildungsstudiums im Bereich Logistik/Supply Chain Management die *Anforderungen von Akkreditierungsagenturen*, insbesondere am Beispiel der *FIBAA* (Foundation for International Business Administration Accreditation) und der *AACSB* (The Association to Advance Collegiate Schools of Business), berücksichtigt.[6] Die Akkreditierung von Studienprogrammen kann der Orientierung und Qualitätssicherung dienen. Sie wird zunehmend in den Bundesländern als Voraussetzung staatlicher Genehmigung gefordert. Durch die Einbeziehung der geforderten Standards von Akkreditierungsagenturen soll sichergestellt werden, dass die Vorgaben der Wissenschaft und Wirtschaft, der Kultusministerkonferenz der Länder sowie der Hochschulrektorenkonferenz und des Akkreditierungsrates berücksichtigt werden; vgl. FIBAA (2002), S. 2.

3 Analyse ausgewählter Elemente eines universitären Logistik-Weiterbildungsstudiengangs und Erarbeitung von Gestaltungsempfehlungen

Im Rahmen dieses Kapitels werden ausgewählte Elemente, die beim Aufbau eines universitären Weiterbildungsstudiengangs im Bereich der Logistik zu gestalten sind, betrachtet. Die erarbeiteten, *konkreten Gestaltungsempfehlungen* stützen sich auf die im vorherigen Kapitel skizzierte vierseitige Orientierung. Aus Sicht der verschiedenen Perspektiven wird somit herausgearbeitet, welche Ausprägung der einzelnen Kriterien sinnvoll erscheint. Die Empfehlungen sollen potentiellen zukünftigen Anbietern von entsprechenden Programmen als *wertvolle Orientierungshilfe* dienen.

Für die zu entwickelnde Rahmenkonzeption wurden folgende *elf Kriterien*, die zu drei Gruppen zusammengefasst sind, als relevant erachtet. In der vorliegenden Arbeit können lediglich die „wichtigsten" Kriterien näher beleuchtet

---

[5] Angesprochen sind vornehmlich die Zielgruppen „Absolventen wirtschaftswissenschaftlicher Studiengänge ohne Logistikvertiefung" und „Hochschulabsolventen mit Logistikvertiefung". Vgl. dazu die Ausführungen unter Kap. 2.2.

[6] Vgl. zu den Anforderungen der beiden Akkreditierungsagenturen AACSB (2001) und FIBAA (2002).

• *Zeitliche Kriterien (3.1)* – **Studiendauer** – **Zeitlicher Studienaufbau** – (Anwesenheitspflicht)	• *Inhaltliche Kriterien (3.2)* – **Studieninhalte** – **Lehrmethoden** – (Unterrichtssprachen) – (Prüfungsmodalitäten)
• *Rahmenbedingungen (3.3)* – **Teilnahmevoraussetzungen** – **Studiengebühren und Kosten** – **Akkreditierung** – (Verwaltung/Administration)	

Tab. 1. Gestaltungskriterien für die Entwicklung eines Weiterbildungsstudiengangs im Bereich der Logistik

werden. Diese sind in Tab. 3 fettgedruckt. Die umfassende Auseinandersetzung mit allen Gestaltungskriterien kann dem vollständigen Projektbericht entnommen werden; vgl. Göpfert und Platt (2003).

3.1 Zeitliche Kriterien

Studiendauer. Etablierte berufsbegleitende Executive Programme in Logistik weisen in der Regel eine Studiendauer von zwei Jahren auf.[7] Die Einschätzung sowohl der Experten der interdisziplinären Expertengruppe als auch der Unternehmenspraxis in der empirischen Untersuchung ist im Hinblick auf die Studiendauer eindeutig. Danach sollte ein Weiterbildungsstudiengang im Bereich der Logistik in möglichst kurzer Zeit zu absolvieren sein. Fast 74% der befragten Unternehmen plädieren sogar dafür, dass die Studiendauer nicht länger als ein Jahr betragen solle; vgl. Abb. 2. Betrachtet man in diesem Zusammenhang die Anforderungen der Akkreditierungsagentur FIBAA, so wird in Standard PI-2 dargelegt, dass „ein Masterprogramm ... grundsätzlich mindestens ein Jahr und höchstens zwei Jahre dauern" (FIBAA (2002), S. 7) sollte. Die interdisziplinäre Expertengruppe hält eine *Studiendauer von 1,5 Jahren - also 18 Monaten-* für ideal. In diesem Zeitraum kann auch die von der FIBAA geforderte Mindeststundenzahl von 714 Stunden realisiert werden, wie im folgenden Abschnitt detaillierter dargestellt wird.

[7] Zum Teil sind aber auch andere Laufzeiten möglich. Anbieter, bei denen das Studium über einen längeren Zeitraum als zwei Jahre absolviert werden kann, sind beispielsweise die Erasmus Universität Rotterdam (bis zu drei Jahre), Cranfield University (das Programm Global MSc ist ausdehnbar auf bis zu vier Jahre) und Cardiff Business School (das Modular MBA-Programm ist ausdehnbar auf bis zu fünf Jahre).

Zeitlicher Studienaufbau. Bedeutsam erscheint hier insbesondere die zeitliche Struktur des *Präsenzstudiums*, also des Teils des Studiums, der am Veranstaltungsort absolviert werden muss (z.B. in Form von Vorlesungen, Diskussionsrunden, Klausuren).[8] Mit Blick auf die bestehenden Programme der analysierten Anbieter erscheinen verschiedene Ausgestaltungsmöglichkeiten dieses Aspekts möglich. Anzutreffen sind in der „Weiterbildungspraxis" Studienblöcke mit einer Länge von zwei bis zehn Tagen und die Variante „Lange Wochenenden". Zudem kann das Präsenzstudium an einzelnen Wochentagen oder an wenigen Stunden am Tag (Evening Courses) stattfinden.

Im entwickelten Rahmenkonzept wird das 18-monatige Studium zweckmäßigerweise in Studienblöcke/Module mit einer Dauer von je fünf bis zehn Tagen gegliedert. Eine Aufteilung in derartige Studienblöcke ist auch mit dem von der FIBAA geforderten Mindestumfang des Programms von 714 Stunden[9] grundsätzlich vereinbar. Verteilt man diese *714 Stunden* grob auf ein *18-monatiges Programm*, kommt man zu einer durchschnittlichen Stundenzahl von *40 Stunden pro Monat.* Ein Studiengang der für Lehrveranstaltungen und ergänzende Studien *jeden Monat einen einwöchigen Studienblock* anbietet, könnte somit den genannten Anforderungen grundsätzlich gerecht werden. Zudem ist zu berücksichtigen, dass im Rahmen der ergänzenden Studien (vgl. Fußnote 9) nicht immer die Anwesenheit an der Institution erforderlich ist, so dass hier ein zusätzlicher zeitlicher Spielraum entsteht.

Weiterhin sollten die Fehlzeiten des Teilnehmers im Unternehmen möglichst gering gehalten werden. Indem Teile des Wochenendes oder Urlaubs des Teilnehmers ebenfalls für Veranstaltungen genutzt werden, kann der Teilnehmer seinem Arbeitgeber zudem seine hohe Bereitschaft für das Weiterbildungsstudium signalisieren.

3.2 Inhaltliche Kriterien

Studieninhalte. Bei der inhaltlichen Gestaltung des Weiterbildungsstudiengangs ist zunächst danach zu differenzieren, ob ein „Executive MBA in Logi-

---

[8] Zur Analyse und zur Ableitung von Gestaltungsempfehlungen scheint eine Unterteilung in die Bereiche „Präsenzstudium" und „Fernstudium" sinnvoll. Das Fernstudium umfaßt all diejenigen Programmteile, die der Student am Arbeitsplatz im Unternehmen oder an seinem Wohnort wahrnehmen kann. Dazu gehören beispielsweise die Vorbereitung von Präsentationen, die Bearbeitung von Aufgaben und die Anfertigung der Abschlußarbeit sowie eventuell der Besuch „virtueller Vorlesungen" via Internet oder CD-ROM. Da diese Programmteile vom Teilnehmer weitgehend individuell gestaltet werden können, spielen sie bei der Frage nach der Gestaltung des zeitlichen Aufbaus des Programms eine nachrangige Rolle.

[9] Diese Mindeststundenzahl von 714 Stunden umfaßt 476 Stunden in Lehrveranstaltungen (Kontaktstunden) und 238 Stunden als ergänzende Studien (z.B. vertiefende Studienarbeiten, Projekte, Exkursionen). Hinzu kommen die Zeiten für persönliche Vor- und Nachbereitung, Literaturstudium und andere Formen individuell gesteuerter Eigenarbeit. Vgl. dazu FIBAA (2002), S. 7-8.

stics" oder ein „Executive Master of Science in Logistics" konzipiert werden soll. Wie bereits ausgeführt, beinhaltet der MBA in Logistics weite Teile des General Managements, während der Master of Science in Logistics auf Logistik und Supply Chain Management zugeschnitten ist. Daraus ergeben sich unterschiedliche Anforderungen an die Inhalte der Studiengänge.

Unabhängig vom „Weiterbildungstyp" gilt, dass sich Executive Programme durch ihre Individualität und Einzigartigkeit voneinander abheben müssen, um am Markt zu bestehen. Die Auswahl und Gestaltung der Studieninhalte stellt in diesem Zusammenhang das ausschlaggebende Differenzierungskriterium dar.

Beispiele für individuelle Profilierungen der Programme sind eine Schwerpunktsetzung auf Innovationen in der Logistik oder eine Fokussierung auf Finanzmanagement oder auch auf rechtliche Aspekte in der Logistik. Das individuelle Profil sichert, dass eine große Zahl von Angeboten nebeneinander langfristig Bestand haben kann. Interessenten wählen aus dem weltweiten Angebot das zu ihnen passende Profil aus. Ein weiterer Zuschnitt des Studiums auf die persönlichen Präferenzen wird durch das Angebot von Wahlmöglichkeiten gegeben, die eine zusätzliche inhaltliche Schwerpunktsetzung erlauben.

Für den Erfolg von Programmen ist es darüber hinaus notwendig, dass die Anbieter das Angebot von Programm-Modulen dynamisieren – also veraltete Module rechtzeitig aus dem Programm nehmen und dafür neue, attraktivere aufnehmen. Anbieter müssen frühzeitig neue, relevante Themen erkennen, noch bevor sie am Markt für die Nachfrageseite als solche erkennbar sind.

Lehrmethoden. Die Methoden des interaktiven Lernens sollten das Weiterbildungsstudium dominieren. Dazu gehören Planspiele, Gruppenarbeiten, Case-Studies, Projektarbeiten und Diskussionsrunden – zum Teil auch durch Nutzung des Internets. So selbstverständlich und geeignet der Einsatz moderner Informations- und Kommunikationstechniken in vielen Bereichen des Weiterbildungsstudiums auch erscheint: Im Rahmen von Vorlesungen, so betont das internationale Expertenteam, kommt der Face-to-Face Kommunikation eine hohe Bedeutung zu. Die klassische Form der Vorlesung scheint geeigneter als die virtuelle Form, um die Kommunikation zwischen Teilnehmern und Dozent aber auch zwischen den Teilnehmern zu fördern und somit der Philosophie eines „Gegenseitigen voneinander Lernens" gerecht zu werden. Zudem ermöglicht es die klassische Vorlesung, flexibler auf aktuelle Ereignisse oder individuelle Bedürfnisse der Teilnehmer einzugehen. Im Vergleich zu Vorlesungen via Internet sollten klassische Vorlesungen einen verhältnismäßig hohen Anteil einnehmen.

Das interdisziplinäre Expertenteam hält es weiterhin für zweckmäßig, dass, wie im deutschen akademischen Umfeld üblich (nicht so in vielen angelsächsischen Masterstudiengängen), eine umfangreichere *Abschlussarbeit/Master-Thesis* zu erstellen ist. Diese sollte *in enger Zusammenarbeit mit dem Unternehmen*, in dem der jeweilige Teilnehmer beschäftigt ist, angefertigt werden. Sinnvoll wäre es beispielsweise, wenn die Thesis eine konkrete Problemstellung des Unternehmens zum Gegenstand hätte. Dies bietet die Möglichkeit, den konkreten Nutzen des Studiums für das Unternehmen weiter zu erhöhen.

3.3 Rahmenbedingungen

Teilnahmevoraussetzungen. Die interdisziplinäre Expertengruppe spricht sich für folgende *Teilnahmevoraussetzungen* aus, die *kumulativ* erfüllt werden sollen:

- Hochschulabschluss beliebiger Fachrichtung: Bachelor, Diplom, Magister oder Master von Universität oder Fachhochschule,
- Einverständniserklärung des Arbeitgebers,
- Bewerbungsgespräch,
- Sprachtest,
- Berufserfahrung.

Mit der Wahl der *Voraussetzung „Hochschulabschluss beliebiger Fachrichtung"* möchte die interdisziplinäre Expertengruppe verdeutlichen, dass fachfremde Teilnehmer an diesem Programm ausdrücklich erwünscht sind und als Bereicherung angesehen werden. Durch die *Einverständniserklärung des Arbeitgebers* soll sichergestellt werden, dass der Arbeitgeber bereit ist, dem Teilnehmer die erforderlichen finanziellen und zeitlichen Ressourcen zur Verfügung zu stellen. Im Rahmen eines *Bewerbungsinterviews* sollte die Motivation des Kandidaten, ein derartiges Studium aufzunehmen, hinterfragt und seine Fähigkeiten, sich konstruktiv in die Gruppe einzubringen, eingeschätzt werden. Weiterhin sollten in diesem Gespräch das berufliche und private Umfeld des Kandidaten analysiert werden, um sicherzustellen, dass die zusätzlichen Belastungen durch das Studium verkraftet werden können.

Da das Studium zum Teil in englischer Sprache durchgeführt werden sollte (vgl. auch FIBAA (2002), S. 5), ist ein *Test der englischen Sprachkenntnisse* erforderlich. Eine Prüfung der Deutschkenntnisse ausländischer Bewerber ist bei einer zweisprachigen (z.B. englisch und deutsch) Ausrichtung des Programms ebenfalls notwendig. Die für die Aufnahme des Studiums erforderliche *Berufserfahrung* sollte nach Auffassung der interdisziplinären Expertengruppe fünf Jahre betragen; je nach Ausgestaltung des jeweiligen Programms kann auch ein anderes Maß an Berufserfahrung sinnvoll sein.

Studiengebühren und Kosten. Die *Studiengebühren* der bereits etablierten Weiterbildungsstudiengänge in der Logistik bewegen sich in der Regel *zwischen 20.000 € und 28.000 €* und liegen damit innerhalb der großen Bandbreite der Preise für allgemeine MBA-Programme. Reisekosten, Unterbringung und Verpflegung sind in den Gebühren in der Regel nicht enthalten; zum Teil fallen zusätzliche Kosten für Kursmaterial an.

Im Rahmen der empirischen Untersuchung wurden die Unternehmen hinsichtlich ihrer Zahlungsbereitschaft für ein Weiterbildungsstudium im Bereich Logistik befragt. Gut 70% der antwortenden Unternehmen stimmten zu, dass für eine erstklassige Logistik-Weiterbildung der (Nachwuchs-) Führungskräfte Studiengebühren in Höhe der für MBA-Kurse international üblichen Preise angemessen sind; vgl. Abb. 2. Bezieht man die große Nachfrage nach berufsbegleitenden Weiterbildungsstudiengängen im Bereich Logistik/Supply Chain Management in die Überlegungen ein, so ist zu erwarten, dass qualitativ hochwertige Programme durchaus Studiengebühren im *Bereich von 30.000 €* erheben können.

Die Höhe der Studiengebühren steht in engem Zusammenhang mit der Finanzierung des Programms. Grundsätzlich gilt der Anspruch, dass sich ein Executive-MBA/MSc-Angebot in Logistik finanziell selbst tragen sollte. Den weltweiten Angeboten liegen verschiedene Finanzierungsmodelle zu Grunde:

- ausschließlich über Studiengebühren
- zusätzlich durch Sponsoring der Wirtschaft
- zusätzlich aus Stiftungskapital.

Das Expertenteam empfiehlt die alleinige Programm-Finanzierung aus den Einnahmen von Studiengebühren. Berechnungsbeispiele zeigen, dass sich die Programme mit Studiengebühren ab 28.000 € selbst finanzieren können.

Akkreditierung. Mit Beschluss vom 03.12.1998 hat die Kultusministerkonferenz die Einführung eines Akkreditierungsverfahrens für Bachelor-/Bakkalaureus- und Master-/Magisterstudiengänge vorgesehen.[10] Durch die Akkreditierung[11] soll gewährleistet werden, dass die Studiengänge fachlich-inhaltliche Mindeststandards erfüllen und die Abschlüsse Berufsrelevanz aufweisen.[12] Die Akkreditierung führt bei Studierenden und Arbeitgebern zu einer höheren Transparenz hinsichtlich der Qualität der Programme und zu einer gesteigerten Attraktivität des Studiengangs.

[10] Vgl. Kultusministerkonferenz (2002), S. 4. Im Beschluss der Kultusministerkonferenz vom 03.12.1998 wird dazu allerdings auch folgendes ausgeführt: „Die Entscheidung über die Einrichtung eines Bachelor-/Bakkalaureus- und Master-/Magisterstudiengangs bleibt dem Land vorbehalten. Die Akkreditierung ist keine zwingende Voraussetzung für die Einrichtung von Bachelor/Bakkalaureus- und Master-/Magisterstudiengängen." Kultusministerkonferenz (1998), S. 3. Der Akkreditierungsrat hat mit Stand November 2002 ein Dokument mit dem Titel „Entscheidungsgrundlagen für die Genehmigung von Studiengängen mit den Abschlüssen Bachelor/Bakkalaureus und Master/Magister in den einzelnen Bundesländern" veröffentlicht. Aus diesem geht hervor, dass fast alle Bundesländer die Akkreditierung als Voraussetzung für die staatliche Genehmigung neuer BA-/MA Studiengänge fordern. Vgl. dazu ausführlich Akkreditierungsrat (2002).

[11] Die Akkreditierung ist ein Bestandteil des Qualitätssicherungssystems für Studiengänge und Abschlüsse. Vgl. dazu Kultusministerkonferenz (2002), S. 2.

[12] Vgl. Kultusministerkonferenz (1998), S. 3.

Durchgeführt wird die Akkreditierung von sogenannten *Akkreditierungsagenturen.* In Deutschland gibt es verschiedene Akkreditierungsagenturen, zu denen die FIBAA (Foundation for International Business Administration Accreditation), die ZEVA (Zentrale Evaluations- und Akkreditierungsagentur Hannover) und das ACQUIN (Akkreditierungs-, Certifizierungs- und Qualitätssicherungs-Institut) gezählt werden können.[13] Auf europäischer Ebene wurde von der efmd (european foundation for management development) im Jahr 1997 EQUIS (European Quality Improvement System) gegründet, um Anbieter von entsprechenden Programmen zu akkreditieren. Die wohl bekannteste und renommierteste Akkreditierungsagentur ist AACSB (The Association to Advance Collegiate Schools of Business) aus den USA, die bereits 1916 gegründet wurde.

Wichtig im Hinblick auf die Akkreditierung von Weiterbildungsstudiengängen im Bereich der Logistik ist zunächst die Frage, ob die verschiedenen Agenturen auch einzelne Studiengänge oder lediglich ganze Institutionen (z.B. Business Schools oder Fachbereiche) akkreditieren. Je nach Einbindung des Programms scheint es möglicherweise nicht unproblematisch, die Akkreditierung der gesamten Institution anzustreben, um damit die Akkreditierung des Studiengangs zu erreichen. So bieten etwa die AACSB und EQUIS nicht die Möglichkeit, lediglich einzelne Programme wie den zu konzipierenden Weiterbildungsstudiengang im Bereich Logistik zu akkreditieren. Möglich hingegen ist die Akkreditierung einzelner Studiengänge z.B. bei der FIBAA.

Wenn das Programm international auf Europa oder die ganze Welt ausgerichtet werden soll und in den Kreis der Top-Anbieter von Masterprogrammen vordringen möchte, erscheint es sinnvoll, eine Akkreditierung bei einer international sehr bekannten Agentur, wie z.B. der AACSB, im Auge zu behalten.

4 Zusammenfassung und Ausblick

Die Erarbeitung eines Rahmenkonzepts für einen universitären Logistik-Weiterbildungsstudiengang stellt eine anspruchsvolle Aufgabe dar, die am ehesten gelöst werden kann, wenn vielfältige Problemsichten und Erfahrungen eingebracht werden. Deshalb wurde im Rahmen dieses Projekts ein vierseitiges Vorgehen gewählt, um die wichtigsten Aspekte abzudecken. In Abhängigkeit von der konkreten Situation eines neuen Anbieters können bei der Entwicklung eines Weiterbildungsstudiengangs im Bereich der Logistik weitere Kriterien hinzutreten, andere Kriterien verlieren möglicherweise etwas an Relevanz.

An dieser Stelle sollen die gewonnenen Ergebnisse noch einmal übersichtsartig dargestellt werden. Auch hier ist darauf hinzuweisen, dass die Empfehlungen vor dem Hintergrund unterschiedlicher situativer Gegebenheiten individuell zu bewerten sind.

---

[13] Vgl. zu Möglichkeiten der Typisierung von Akkreditierungsagenturen Kultusministerkonferenz (2002), S. 10-11.

- Die *Studiendauer* sollte möglichst kurz gehalten werden (z.B. 18 Monate).
- Das Präsenzstudium sollte aus einer *Kombination von Studienblöcken* mit einer Zeitdauer von 5 bis 10 Tagen bestehen.
- Grundsätzlich ist festzulegen, ob das Programm sich ausschließlich auf logistische Inhalte konzentrieren sollte, oder auch Inhalte aus dem Bereich General Management vermittelt werden sollten. Individuelle, *inhaltliche Schwerpunktsetzungen* sind dann nach verschiedenen Kriterien (z.B. Tradition einer Institution) möglich.
- Ein *Mix verschiedener Lehrmethoden* scheint geeignet, um komplexe logistische Inhalte zu vermitteln.
- Die *Abschlussarbeit/Master-Thesis* sollte in enger Zusammenarbeit mit dem Unternehmen, in dem der jeweilige Teilnehmer beschäftigt ist, angefertigt werden.
- Der *Einsatz moderner Informations- und Kommunikationstechniken* ist grundsätzlich sehr sinnvoll und notwendig, sollte aber die „klassische" Vorlesung nicht verdrängen.
- Um zum Studium zugelassen zu werden, sollten die Teilnehmer folgende *Voraussetzungen* kumulativ erfüllen: Hochschulabschluss, Einverständniserklärung des Arbeitgebers, Bewerbungsgespräch, Sprachtest, Berufserfahrung.
- Die *Studiengebühren* für einen qualitativ hochwertigen Weiterbildungsstudiengang im Bereich Logistik/Supply Chain Management können sich durchaus im Bereich von 30.000 € bewegen.
- Die *Akkreditierung* des Weiterbildungsstudiengangs ist in den meisten Bundesländern erforderlich und stellt zugleich ein wichtiges „Qualitätssiegel" dar, das die Auswahl potentieller Teilnehmer maßgeblich beeinflusst.

Aktuell entstehen neue Angebote an Logistik-Weiterbildungsstudiengängen, insbesondere im deutsch-sprachigen Raum. Vor diesem Hintergrund erscheint es sinnvoll, zu gegebener Zeit eine vergleichende Betrachtung der bestehenden Programme auf Basis der Erkenntnisse aus diesem Projekt vorzunehmen. Schwerpunktmäßig sollte untersucht werden, welche Ausprägungen der hier entwickelten Kriterien in der „Logistik-Weiterbildungspraxis" anzutreffen sind und ob diese Kriterien für einen Anbietervergleich weiterhin grundsätzlich geeignet sind. Zudem könnten im Rahmen eines Folgeprojekts auch weiterführende Fragen angegangen werden, die bei der Entwicklung dieses Konzepts noch nicht berücksichtigt werden konnten. Dazu zählt z.B. die interessante Frage nach der Messung des Erfolgs derartiger Programme.

Computerbasierte Lernumgebung für die Aus- und Weiterbildung in der Logistik

Rainer Lasch

Technische Universität Dresden, Fakultät Wirtschaftswissenschaften, Lehrstuhl für Betriebswirtschaftslehre, insb. Logistik, Mommsenstr. 13, 01069 Dresden, Germany
rlasch@rcs.urz.tu-dresden.de

Zusammenfassung Lehren und Lernen in der Ausbildung sowie der beruflichen Weiterbildung wird heute noch stark durch stoff- und dozentenorientierte Wissensvermittlung dominiert, so dass das erworbene Wissen vielfach träge und ungenutzt bleibt. Flexible und individuellere Formen des Lernens, insbesondere selbstgesteuertes Lernen, gewinnen somit an Bedeutung. Im folgenden Beitrag wird die Umsetzung und die inhaltliche Gestaltung einer interaktiven hypertextbasierten Lernumgebung zur Logistik vorgestellt, die individuell anpassbar ist und das selbstgesteuerte Lernen an beliebigen Orten und zu beliebigen Zeiten unterstützt. Die Lernsoftware lässt sich sowohl in der beruflichen Aus- und Weiterbildung einsetzen als auch in die universitäre Lehre integrieren.

1 Einleitung

Infolge einer gestiegenen Marktdynamik, der Reduzierung der Fertigungs- und Logistiktiefe, der Bildung kooperativer Netzwerke, des fortschreitenden Trends zur Globalisierung sowie des Einsatzes neuer Informations- und Kommunikationstechnologien rückt die Logistik immer mehr ins Blickfeld der Unternehmen. Die betriebswirtschaftliche Logistik hat sich zu einem entscheidenden Wettbewerbsfaktor entwickelt, so dass ein effizientes Logistiksystem heute zum Aufbau und zur Verteidigung strategischer Wettbewerbsvorteile genutzt wird.

Die dynamische Entwicklung der Logistik, die zunehmende Umsetzung kundenorientierter, prozessübergreifender Managementkonzepte und die weltweite logistische Vernetzung haben das Anforderungsprofil an den Logistiker stetig erweitert und setzen hohes Wissen und exzellente Fähigkeiten voraus. In aktuellen Untersuchungen wird eine Erweiterung des vom Logistiker zu bewältigenden Aufgabenspektrums und der dafür erforderlichen Kenntnisse und Fähigkeiten nachgewiesen; vgl. Baumgarten und Thoms (2002), Göpfert (2002a). Eine wissenschaftlich fundierte und praxisorientierte logistische Hochschulausbildung und berufliche Weiterbildung bildet somit die Basis für den wachsenden Einsatz hochqualifizierter Logistiker in expandierenden Aufgabenfeldern.

Spitzenkräfte in der Logistik zeichnen sich durch permanentes Anpassen ihrer Kenntnisse im Logistik- und Supply Chain Management aus. Die

Bedeutung der planerischen Aufgaben über die operativen Aufgaben hinaus und die dafür notwendigen Kenntnisse nehmen zu. Bei den sogenannten Soft-Skills im Rahmen des Logistik-Managements dominieren ganzheitliches und analytisches Denken sowie ein ausgeprägtes Organisationstalent; vgl. Baumgarten und Thoms (2002). Ganzheitliches Denken und Handeln sind die Erfolgsfaktoren für Führungskräfte in der Zukunftsbranche Logistik. Erst das Verständnis für Systeme, Flüsse und Querschnittsfunktionen ermöglicht die Entwicklung und Implementierung innovativer Logistikkonzepte in Unternehmen. Somit sind Kenntnisse über die Zusammenhänge zwischen Beschaffung, Produktion, Distribution, Entsorgung sowie Forschung und Entwicklung notwendig. Die Bereitschaft zu lebenslangem Lernen im Rahmen der Aus- und Weiterbildung, die Flexibilität bei der Gestaltung des Wandels und von Innovationen sowie die Entwicklung von Führungskompetenz und Motivation von Mitarbeitern stellen notwendige Voraussetzungen für das Erreichen von Spitzenpositionen in der Logistik dar.

An der Fakultät Wirtschaftswissenschaften der Technischen Universität Dresden ist in Zusammenarbeit mit der Siemens AG München eine interaktive hypertextbasierte Lernumgebung zur Logistik entwickelt worden, die individuell anpassbar ist und das selbstgesteuerte Lernen unterstützt. Unter besonderer Berücksichtigung der konstruktivistischen Didaktik werden im Folgenden das Konzept, die Umsetzung sowie die inhaltliche Gestaltung der Lernsoftware zur Logistik vorgestellt.

2 Selbstgesteuertes Lernen

Immer kürzere Produktzyklen, Marktveränderungen usw. führen dazu, dass sich das Wissen in Unternehmen immer schneller anhäuft. Gleichzeitig kann das Unternehmen dieses Wissen immer kürzer einsetzen, da vielfach das neue Wissen wirtschaftlich lukrativer ist als altes Wissen. Aufgrund steigender und wechselnder Anforderungen im Beruf und der Tatsache, dass unternehmerisches Wissen immer kürzer verwertbar ist, stellt heute lebenslanges Lernen eine wesentliche Voraussetzung für nachhaltigen Erfolg dar. Lehre und Lernen in der Ausbildung sowie in der beruflichen Weiterbildung ist jedoch noch stark durch eine dozenten- und stofforientierte Wissensvermittlung geprägt. Die Aus- und Weiterzubildenden werden dadurch in die Rolle eines passiv-rezeptiv Lernenden versetzt, mit der Folge, dass das erworbene Wissen vielfach träge und ungenutzt bleibt. Flexiblere und individuellere Formen des Lernens gewinnen daher an Bedeutung.

In den letzten Jahrzehnten zeichnet sich in der Unterrichtspraxis ein Paradigmenwechsel vom fremdgesteuerten Lernen (Instruktionismus) zum selbstgesteuerten Lernen (Konstruktivismus) ab. Als Folge ergab sich eine Verschiebung von Objektivismus zu Subjektivismus, von Fremdsteuerung zu Selbststeuerung und von Generalität zu Individualität; vgl. Dubs (1995). Der Lehr- und Lernprozess wird durch seine zeitgemäßen Medien geprägt. Analog zum programmierten Unterricht im Behaviourismus könnten die neuen Informationstechnologien, die den Computer als multimediales Lernwerkzeug nutzen, diese Rolle für die sich langsam in der Praxis durchzusetzenden konstruktivistischen Ansätze übernehmen.

Der Konstruktivismus geht davon aus, dass es kein objektives Wissen gibt, sondern Wissen aus einem Interaktionsprozess zwischen Lernendem und Lerngegenstand entsteht. Aus konstruktivistischer Sicht wird Lernen als aktiver Prozess verstanden und der Lernerfolg nicht nur am Produkt, sondern auch am Prozess gemessen. Oberstes Ziel des konstruktivistischen Ansatzes ist die Selbststeuerung des Lernens, so dass dieser Ansatz insbesondere in der beruflichen Weiterbildung zu fordern ist. Die didaktischen Prinzipien des Konstruktivismus basieren auf komplexen, anwendungsorientierten Lernumgebungen, der Wissenskonstruktion durch individuelle Lernwege sowie der Selbstkontrolle.

Die Annahmen und Forderungen des Konstruktivismus können bevorzugt in Form offener Lernumgebungen integriert werden. Um Lernen zu kontextualisieren und den Transfer zu maximieren, sollten diese Lernumgebungen authentische Situationen in ihrer Komplexität und realitätsnah präsentieren bzw. Interaktionen des Lerners mit diesen Situationen simulieren; vgl. Strittmatter und Mauel (1997).

3 Umsetzung einer computerbasierten Lernumgebung

Vor dem Hintergrund des hohen Bedarfs an Aus- und Weiterbildung vermehren sich die Bedenken, ob die bestehenden Lehrformen dem qualitativ und quantitativ gestiegenen Lernbedarf gerecht werden können. Als zentrale Engpässe können Zeit, geeignete Personen, finanzielle Mittel und geeignete Lehr- und Lernkonzepte genannt werden, um mit Weiterbildung in der traditionellen Präsenzveranstaltung die erwünschten Lernergebnisse zu erzielen; vgl. Reglin (2000), Schäfer (2000). In der derzeitigen Diskussion wird im Kontext von Lehren und Lernen mit neuen Medien das selbstgesteuerte Lernen als zentrales Aufgabenfeld der Bildungsforschung gesehen; vgl. Fischer und Mandl (2000).

Computerbasierte Lernumgebungen ermöglichen individuelles Lernen an beliebigen Orten und zu beliebigen Zeiten. Der Lernende steckt sich individuelle Lernziele und sucht sich entsprechende Lernressourcen in der Lernumgebung, die er dann in seiner eigenen Geschwindigkeit bearbeitet. Die Lerneinheiten können solange durchgearbeitet werden, bis sie verstanden sind. Geeignete Kontrollstrategien helfen dem Lerner, seinen eigenen Lernfortschritt zu überwachen, zu regulieren und zu bewerten. Eine computerbasierte Lernumgebung soll eine Bereicherung im konstruktivistischen Sinne außerhalb der Präsenzunterrichtszeit sein.

Lerner wollen durch Lernprozesse Kompetenz in einem Fachgebiet erwerben. Diese Zielsetzung besteht aus den beiden Teilzielen „Erwerb von Sach-,

Handlungs- und Methodenwissen" und „Aufbau von Fähigkeiten zur Anwendung von Wissen". Für die Entwicklung einer computerbasierten Lernumgebung, die für beide Teilziele Hilfe bietet, wurden die folgenden Leitlinien aufgestellt:

- Der Einsatz des Computers soll als integraler Bestandteil kreativer, nichtlinearer geistiger Prozesse möglich sein. Voraussetzung hierfür sind die Verwendung einer Hypertextstruktur zur Unterstützung verschiedener Lernziele und unterschiedlichen Vorwissens sowie vielfältige Interaktionsmöglichkeiten.
- Selbstgesteuertes und selbstkontrolliertes Lernen soll bei Bedarf mit didaktischer Unterstützung und Führung verknüpft werden können, so dass individuelles, dem jeweiligen Lernziel und persönlichen Wissensstand entsprechendes Lernen unterstützt wird.
- Eine Diagnose des Lernzustands und die Identifizierung von Lerndefiziten soll möglich sein.
- Die interaktive Verknüpfung unterschiedlicher Medien (Text, Bild, Ton, Video, Animation) soll unter didaktischen Gesichtspunkten genutzt werden, so dass auch komplizierte Sachverhalte vermittelt werden können.
- Ein Aufbau von Fähigkeiten zur Anwendung des erworbenen Wissens wird gefordert.

In Umsetzung dieser Leitlinien besteht die an der Fakultät Wirtschaftswissenschaften der TU Dresden entwickelte computerbasierte Lernumgebung aus den folgenden sieben Komponenten:

Wissensnetz. Das hypertextbasierte Wissensnetz enthält die eigentlichen Lehrinhalte und besteht aus miteinander verlinkten Wissensknoten, die die kleinste Wisseneinheit darstellen. Die Knoten bestehen aus Texten, Tabellen, Formeln, Beispielen, Graphiken, Videos, Animationen und Übungsaufgaben. Die Wissensknoten sind miteinander über Absprungstellen verknüpft, so dass sie ein Netz von Informationen bilden. Als Hilfsmittel umfasst das Wissensnetz eine Suchfunktion, ein Lesezeichen sowie verschiedene didaktische Pfade mit einer Positionsangabe. Erfahrene Hypertextanwender können sich das Wissen selbstgesteuert (entdeckend) mittels freier Navigation durch die Wissensknoten aneignen. Weiterhin kann man sich aber auch durch das Wissensnetz auf der Basis von drei vordefinierten didaktischen Pfaden führen lassen, die je nach Lernziel ein systematisches Erschließen der Wissensinhalte ermöglichen. Neben diesen vordefinierten Pfaden wird dem Lerner zusätzlich die Möglichkeit gegeben, neue Lernpfade individuell festzulegen, die entweder ein aktuelles Lernziel vorgeben oder als Vorgabe für andere Lerner dienen. Die Hypertextstruktur unterstützt nicht nur verschiedene Lernziele, sondern auch ein unterschiedliches Vorwissen der Lerner. Kennt sich der Anwender in dem Stoffgebiet bereits gut aus, muss er nicht jedem Link zu mehr Hintergrundinformationen folgen. Umgekehrt würde ein Anfänger auf dem jeweiligen Gebiet allen erläuternden Links folgen, bis hin zur Begriffsdefinition im Lexikon.

Übungsaufgaben. Zur Lernerfolgskontrolle werden wissensknotenbezogene Übungsaufgaben verschiedener Interaktionstypen wie z.B. Lückentexte, Zuordnungsaufgaben, Anordnungsaufgaben und Multiple-Choice-Fragen sowie komplexe Rechenaufgaben angeboten. Der Lerner kann selbst bestimmen, mit wie vielen Übungsaufgaben er sein Wissen überprüft. Zu jeder Übungsaufgabe erfolgt eine automatische Korrektur mit qualifizierter Rückmeldung sowie ein Vergleich mit einer Musterlösung. Kann eine Übungsaufgabe nicht gelöst werden, dann wird eine schrittweise Hinführung zu einer Musterlösung angeboten. Gibt es zu einer Aufgabenstellung nicht nur eine richtige Lösung, dann werden alternative richtige Lösungen bei der automatischen Korrektur berücksichtigt.

Klausur. Die Klausur-Komponente ermöglicht eine Lernerfolgskontrolle unter Prüfungsbedingungen ohne Hilfestellungen und innerhalb einer vorgegebenen Zeit. Der Anwender kann seine Klausur individuell bzgl. der zu behandelnden Themengebiete, des Schwierigkeitsgrades und der Dauer gestalten. Gemäß den Vorgaben des Lerners wird jede Klausur nach dem Zufallsprinzip aus einem Aufgabenpool zusammengestellt und das erzielte Ergebnis inklusive einer Musterlösung umgehend mitgeteilt. Als Hilfsmittel steht ein Taschenrechner zur Verfügung.

Lexikon. Das Lexikon dient als Nachschlagewerk und enthält Definitionen und Erklärungen für die im Wissensnetz verwendeten Fachtermini. Das Lexikon verfügt über eine Suchfunktion und eine Registeransicht. Jeder Lexikonbegriff wird auf einer Bildschirmseite erklärt. Die einzelnen Begriffe sind untereinander und mit den Wissensknoten verlinkt.

Fallstudie. Zur Anwendung des erworbenen Wissens wird auf der Basis von Fallstudien, die reale Probleme der Praxis wiedergeben, der Transfer zwischen Theorie und Praxis gefördert. Der Anwender befindet sich während der Fallstudie als Trainee in einem virtuellen Büro, in dem er Telefonate führt, E-mails oder Faxe empfängt, in Aktenschränken nach notwendigen Unterlagen sucht und mit seinem erworbenen Wissen verschiedene Entscheidungen vorbereitet. Auch in dieser Komponente bestehen die Möglichkeiten einer geführten Lösung und der Vergleich mit einer Musterlösung.

Inhaltsverzeichnis. Damit sich der Anwender bei den vielfältigen Möglichkeiten der Wissensvermittlung und -kontrolle nicht verirrt, dient das Inhaltsverzeichnis als Navigationshilfsmittel. Mit dessen Hilfe werden die Lernstände der Wissensabschnitte angezeigt, die bisher bearbeiteten Übungsaufgaben mit ihrem erzielten Resultat vermerkt und eine Suche nach Themen und Übungsaufgaben unterstützt.

Benutzerverwaltung. Die Lernumgebung beinhaltet eine Benutzerverwaltung, mit deren Hilfe die unterschiedlichen Lernstände und didaktischen Pfade je Anwender gespeichert werden können.

Mit diesem Konzept bietet die Lernumgebung dem Anwender die Integration von vier Produkten. Sie vermittelt neues Wissen, dient als Nachschlagewerk, prüft den Lernerfolg entweder in kleinen, abgeschlossenen Übungsaufgaben oder unter Prüfungsbedingungen als komplette Klausur und beinhaltet Fallstudien für die praxisnahe Anwendung des Gelernten. Durch den modularen Aufbau der Lernumgebung wird ein permanenter, flexibler Wechsel zwischen den Komponenten ermöglicht.

Im Vergleich mit dem klassischen Lehrbuch wird deutlich, dass insbesondere der interaktive Charakter der Lernumgebung ein deutlicher Vorteil beim Lernen ist. Das Lösen von Übungsaufgaben wird durch qualifizierte Rückmeldungen, geführte Lösungen und Musterlösungen aktiv unterstützt. Das aktive Eingreifen in den Lernprozess fördert die Motivation. Der Anwender kann sein Lerntempo und seinen Lernstil individuell festlegen und damit effizienter lernen. Die Lern- und Erfolgskontrollen bieten einen kontinuierlichen Fortschritt.

4 Interaktive Lernsoftware Logistik

An der Fakultät Wirtschaftswissenschaften der Technischen Universität Dresden ist eine interaktive hypertextbasierte Lernumgebung in Form einer CD-Rom für die orts- und zeitunabhängige Aus- und Weiterbildung in der Logistik entwickelt worden[1]; vgl. Uhr und Lasch (2003). Ziel der Lernsoftware Logistik ist die Vermittlung des Gedankens der ganzheitlichen Planung, Gestaltung und Steuerung logistischer Systeme industrieller Unternehmen sowie die Sicherung und Kontrolle der Wirtschaftlichkeit. Neben der Vermittlung analytischer Fähigkeiten wird besonderer Wert auf eine prozessorientierte ganzheitliche Sichtweise gelegt, die eine Ausrichtung sämtlicher unternehmerischer Aktivitäten auf die Bedürfnisse der Kunden betont.

4.1 Inhalte des Wissensnetzes

Das Wissensnetz der Lernsoftware Logistik enthält 2800 Bildschirmseiten. Diese Fülle an Inhalten ist thematisch in folgende sechs Module gegliedert: Grundlagen, Beschaffungs,- Produktions-, Distributions,- Entsorgungslogistik und logistikorientierte Unternehmensführung (vgl. Abb. 1).

Lernenden, die mit dem Gebiet der Logistik noch überhaupt nicht vertraut sind, wird im Modul „Grundlagen" eine Einführung in die Logistik gegeben.

[1] Als Entwicklungsumgebung wurde eine mit ToolBook Instructor II generierte Eigenentwicklung benutzt, um eine verbesserte Bedienbarkeit für Studierende zu ermöglichen.

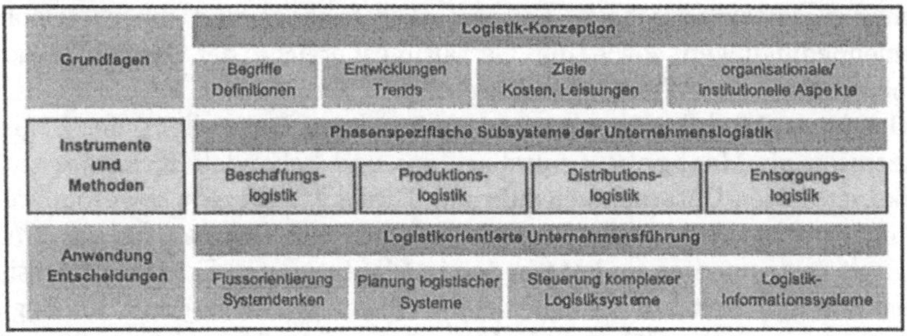

Abb. 1. Wissensebenen und Anwendungsbereiche der Unternehmenslogistik

Es wird insbesondere auf die logistischen Aufgaben entlang der phasenspezifischen Subsysteme der Logistik eingegangen.

Inhalte der Module 2-5 sind die Instrumente und Methoden entlang der phasenspezifischen Subsysteme der Logistik. Das Modul „Beschaffungslogistik" behandelt im Rahmen der strategischen Beschaffungsaufgaben Beschaffungsmarktanalysen, Make-or-Buy-Entscheidungen, Beschaffungsstruktur und -formen sowie Aspekte der Lieferantenbewertung. Gegenstand der operativen Beschaffungsaufgaben sind quantitative Methoden zur Bestimmung der Materialbedarfsermittlung (programmorientierte, verbrauchsorientierte und subjektive Verfahren), zur Bestellmengenermittlung (deterministische, stochastische Lagerhaltungsmodelle) sowie zur Qualitätssicherung (zählende, messende Prüfung).

Das Modul „Produktionslogistik" behandelt zunächst das Gebiet der innerbetrieblichen Logistik anhand von Transport-, Lager- und Kommissioniersystemen. Anschließend wird auf das Stufenkonzept der Produktionsplanung und -steuerung inkl. der dafür notwendigen Verfahren zur stationären und dynamischen Losgrößenplanung, zur Durchlaufterminierung sowie zur Kapazitäts- und Maschinenbelegungsplanung eingegangen. Den Abschluss dieses Moduls bilden Konzepte zur Fertigungssteuerung wie z.B. das Kanban- und Fortschrittszahlen-Konzept oder die belastungsorientierte Auftragsfreigabe.

Die absatzseitigen Logistikaktivitäten sind Gegenstand des Moduls „Distributionslogistik". Es werden verschiedene Möglichkeiten des außerbetrieblichen Transports vorgestellt und diskutiert. Die darauf folgenden graphentheoretischen Grundlagen zur Optimierung in Netzen bilden die Voraussetzung für die Bestimmung kürzester Wege und die Modelle zur Transport-, Rundreise- und Tourenplanung. Im Rahmen der strategischen Aspekte werden die Gestaltung der Distributionsstruktur, Modelle zur Standortplanung sowie Entscheidungen über Eigen- oder Fremdtransport behandelt.

Die Module zur Beschaffungs-, Produktions- und Distributionslogistik stellen die phasenspezifischen Subsysteme der Versorgungslogistik dar. Den Abschluss der phasenspezifischen Subsysteme zu einem Kreislauf bildet das Modul „Entsorgungslogistik". Gegenstand sind gesetzliche, beschaffungsmarktgetriebene, absatzmarktgetriebene und innerbetriebliche Rahmenbedingungen sowie die Gestaltungsbereiche der Redistributions-, Aufbereitungs- und Wiedereinsatzlogistik.

Das letzte Modul geht von einer umfassenden Behandlung der Logistik-Konzeption als Managementgrundlage aus und behandelt Konzepte zur logistikorientierten Unternehmensführung. Dieses Modul geht insbesondere auf den integrativen Aspekt der Logistik ein, gibt den Rahmen für die Anwendung von Instrumenten und Methoden in Planungs- und Entscheidungssituationen vor und zielt auf die Querschnittsfunktion der Logistik ab. Logistik wird als strategische Führungsfunktion behandelt. Gegenstand dieses Moduls sind die Organisation logistischer Strukturen, Partnerschaftsstrategien, Prozessmanagement und Methoden zur Steuerung komplexer Logistiksysteme (z.B. QFD, Logistikcontrolling, Logistik-Benchmarking, ECR, Postponement). Den Abschluss dieses Moduls bilden logistische Informationssysteme im Bereich der Beschaffung (e-Procurement), der Distribution (Verkehrstelematik) sowie zur integrierten Planung und Steuerung (Supply Chain Software).

Das umfangreiche Logistik-Wissen wird durch über 500 Grafiken, zahlreiche Videos und Animationen didaktisch sinnvoll präsentiert. Eine Lernerfolgskontrolle kann entweder am Ende jedes Kapitels anhand von über 400 Übungsaufgaben oder durch eine individuell zusammengestellte Gesamtklausur durchgeführt werden. Gelöste Aufgaben werden automatisch korrigiert und können mit einer Musterlösung verglichen werden.

Im Modus des geführten Lernens bietet die Lernsoftware die folgenden drei didaktischen Lernpfade an, die einen Weg durch die Hypertextstruktur vorschlagen und ein sequentielles Blättern durch die Wissensinhalte ermöglichen:

- Schnupperstudium: Dieser Pfad gibt dem Einsteiger eine Orientierungshilfe für das spätere selbstgesteuerte Lernen oder einen umfangreicheren Lernpfad. Es werden die einzelnen Inhaltsmodule des Wissensnetzes mit ausgewählten Teilgebieten vorgestellt.
- Materialflusstechniken: Dieser Lernpfad konzentriert sich auf die inner- und außerbetrieblichen Materialflusstechniken.
- Vollständiger Lernpfad: Zur Aneignung eines umfassenden Wissens zur Logistik sowie zur Bearbeitung ausgewählter kompletter Teilgebiete umfasst dieser Pfad alle Knoten des Wissensnetzes in einer empfohlenen Reihenfolge.

Zusätzlich können vom Anwender der Lernsoftware neue Lernpfade individuell festgelegt werden, um sich ein aktuelles Lernziel vorzugeben.

4.2 Fallstudie

Die traditionelle Ausbildung in Form des Frontalunterrichts wird dem Ziel des Aufbaus von Fähigkeiten zur Anwendung von Wissen nicht gerecht. Als

Resultat findet man häufig ein starr ausgerichtetes Modelldenken vor, das sich für komplexe Entscheidungssituationen als kontraproduktiv erweist. Aufgrund der Querschnittsfunktion der Logistik wird in der Praxis jedoch ein ganzheitliches vernetztes Denken in komplexen Zusammenhängen und Interdependenzen benötigt.

Die Fallstudienmethode, als komplexes Lehr- und Lernarrangement in der Aus- und Weiterbildung, vermittelt nicht nur Fachwissen wie beim Frontalunterricht, sondern auch fächerübergreifende Fähigkeiten. Die Studierenden können in höherem Maße zum aktiven Lernen angeregt werden, und es kann eine theoretisch anspruchsvolle und zugleich anwendungsbezogene ganzheitsorientierte Ausbildung geschaffen werden.

Innerhalb der Lernumgebung wurde deshalb eine Fallstudie konzipiert, die das ganzheitliche Denken in komplexen, vernetzten Zusammenhängen in logistischen Strukturen trainiert und Zusammenhangswissen beim Bearbeiter gezielt aufbaut. Anhand stark komprimierter Datensätze können Logistikkenntnisse aus den Bereichen Logistik-Management, Beschaffung, Produktion und Distribution auf praxisnahe Problemstellungen angewendet und vertieft werden.

Das betrachtete Unternehmen in der Fallstudie ist ein Waschmaschinenhersteller, in dem der Fallstudienbearbeiter als Trainee eingestellt wird. Um Unternehmensziele und damit verbundene Strategien festzulegen, muss das Unternehmen in seiner Gesamtheit betrachtet werden.

Um das bislang wenig berücksichtigte Lernziel „ganzheitliches Denken und Handeln" explizit zu trainieren, sollte sich der Bearbeiter nach jeder gelösten Aufgabe vergegenwärtigen, welche Auswirkungen die Ergebnisse auf andere Teilbereiche oder Unternehmen haben. Weiterhin müssen geeignete Lösungsverfahren selbst ausgewählt werden. Bei der Bearbeitung der Fallstudie kann der Bearbeiter somit sein Transferwissen unter Beweis stellen.

Ausgehend von der Betrachtung der unbefriedigenden Ist-Situation im Unternehmen wird ein Projektplan zur „Verbesserung der Unternehmenslogistik" entwickelt (vgl. Abb. 2), der die Gestaltung der Logistik für ein neu zu errichtendes Werk eines bestimmten Produktsegmentes beinhaltet. Nach einer anfänglichen Standortentscheidung werden die drei Hauptbereiche der logistischen Kette, Beschaffung, Produktion und Distribution, für den neuen Standort ausführlicher analysiert. In der Beschaffung müssen unter anderem eine Teileklassifizierung durchgeführt, Make-or-Buy-Entscheidungen getroffen und Sourcingstrategien sowie Lagerhaltungspolitiken festgelegt werden. Im Bereich Produktion sind die Produktionsplanung mit der Festlegung der Losgrößen, die Layoutplanung und eine Qualitätsprüfung auszuführen. Die Ausgestaltung des Distributionssystems mit der Standortwahl der Auslieferungslager sowie der Tourenplanung wird im Bereich Distribution diskutiert. Der Bearbeiter der Fallstudie hat somit sowohl strategische als auch operative Entscheidungen zu treffen, die sich gegenseitig beeinflussen, so dass

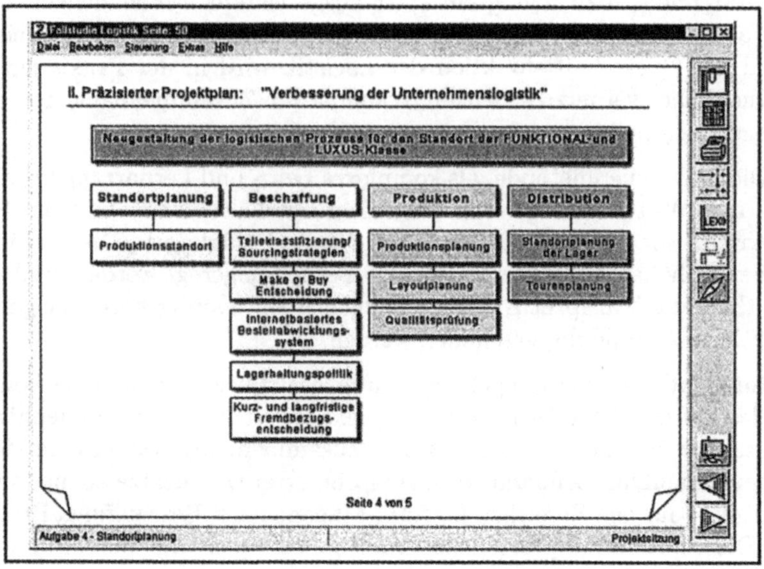

Abb. 2. Fallstudie: Aufgabenstellung

diese vielfältigen Wechselwirkungen beim Lösen der einzelnen Teilaufgaben zu berücksichtigen sind.

Dreh- und Angelpunkt der Fallstudie ist das Büro, welches sich aus der vor dem Bearbeiter liegenden Arbeitsmappe, dem Computer für E-mail Korrespondenz, dem Telefon und dem Aktenschrank zusammensetzt (vgl. Abb. 3). Zusätzlich wird immer wieder der Ablauf durch Gespräche mit Kollegen aufgelockert.

Erforderliche Daten zur Aufgabenlösung müssen des öfteren selber beschafft werden. Hierzu kann der Fallstudienbearbeiter Information aus dem Aktenschrank, mit dem Telefon oder dem Computers gewinnen. Gerade hier liegt die Schwierigkeit einiger Aufgaben, damit dadurch das ganzheitliche Denken geschult wird.

4.3 Logistik-Toolbox

Die Logistik-Toolbox ist eine in der Programmiersprache Java erstellte Software, die zahlreiche Verfahren aus dem Bereich der Logistik enthält. Idee war es, die in der Lernsoftware vorgestellten quantitativen Verfahren zu implementieren, um somit dem Anwender ein Hilfsmittel an die Hand zu geben, mit dem die Lernsoftware noch attraktiver wird. Mit der Logistik-Toolbox können auch Problemgrößen aus der Praxis beherrscht werden, die nicht mehr per Hand lösbar sind.

Konzeptionell stellt die Toolbox eine Kombination aus Lehr- und Anwendungsprogramm dar. Es stehen zwar grundsätzlich die Resultate der Verfah-

Abb. 3. Fallstudie: Arbeitsplatz des Trainees

ren im Vordergrund, jedoch werden zusätzlich Zwischenergebnisse bzw. eine Demonstration des Ablaufs ausgegeben. Dadurch eignet sich das Programm sowohl für die rein ergebnisorientierte Lösung als auch für didaktische Zwecke.

Eine einfache Bedienung wird u.a. durch eine Vermeidung der Trennung von Ein- und Ausgabe erreicht. Ausgangsdaten und Lösung sind deshalb immer gleichzeitig sichtbar und stets zueinander passend, was durch eine automatische Aktualisierung nach jeder Eingabe ermöglicht wird.

Momentan sind etwa drei Dutzend quantitative Verfahren implementiert, die sich folgenden Bereichen bzw. Gruppen zuordnen lassen:

- **Beschaffung:** Teileklassifikation, Bedarfsauflösung, Bedarfsprognose, Bestellmengenrechnung (vgl. Abb. 4), stochastische Lagerhaltung, Qualitätssicherung
- **Produktion:** Programmplanung, Losgrößenrechnung, Durchlaufterminierung, Kapazitätsrechnung (vgl. Abb. 5), Maschinenbelegungsplanung
- **Distribution:** Bestimmung kürzester Wege, Flussberechnungen, Transportplanung (vgl. Abb. 6), Rundreiseplanung, Tourenplanung, Standortplanung

Aus dem Konzept und den Inhalten der Logistik-Toolbox ergeben sich zahlreiche Möglichkeiten der Anwendung. Die wichtigsten sollen im Folgenden kurz angesprochen werden:

Einsatzmöglichkeiten für Lernende:

- Möglichkeit der schnellen Verifizierung der von Hand berechneten Endergebnisse.
- Das Auffinden von Fehlerquellen in der eigenen Lösung von Aufgaben wird durch die Ausgabe zahlreicher Zwischenergebnisse ermöglicht.

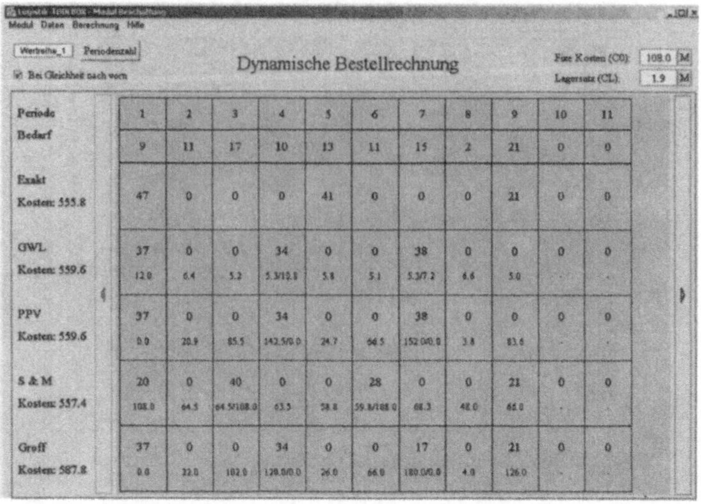

Abb. 4. Logistik-Toolbox: Verfahren zur dynamischen Bestellrechnung

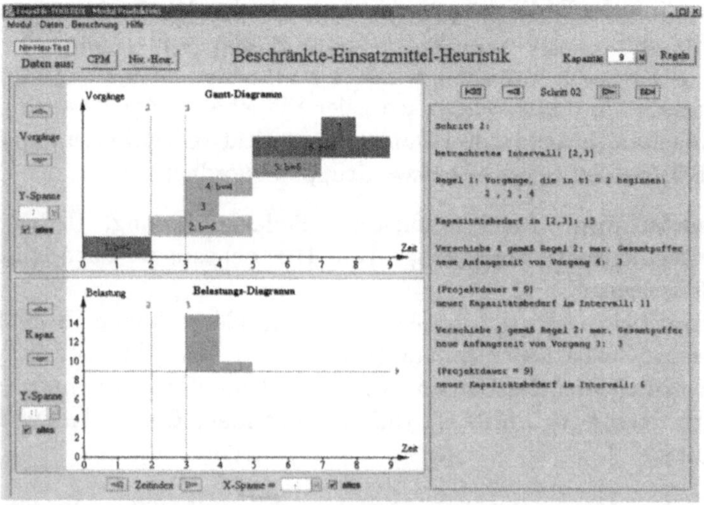

Abb. 5. Logistik-Toolbox: Heuristik zur Kapazitätsplanung

- Einfacher Entwurf neuer Aufgaben (inkl. Lösung), z.B. in der Phase der Prüfungsvorbereitung.
- Besseres Verständnis der Eigenschaften der Verfahren durch das „Durchspielen" verschiedener Varianten und Beobachtung der Reaktion des Ergebnisses.

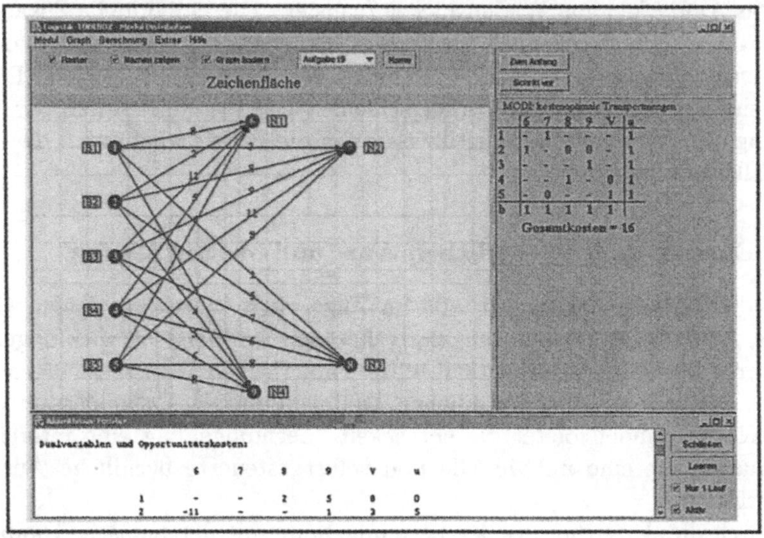

Abb. 6. Logistik-Toolbox: Transportplanung mittels MODI-Verfahren

Einsatzmöglichkeiten für Lehrende:

- Demonstration der Anwendung der gelehrten Verfahren auf Probleme mit realistischerem Umfang.
- Hilfsmittel zum schnellen und sicheren Entwurf von quantitativen Übungs- und Klausuraufgaben für die Studierenden.

5 Einsatzmöglichkeiten und Ausblick

5.1 Integration in die universitäre Lehre

Die Lernumgebung zur Logistik eignet sich zur Integration in die universitäre Lehre. Zur Vertiefung der Vorlesung kann der Dozent didaktische Lernpfade vorgeben, die zusätzlich zu seiner Gliederung auch weiterführendes Wissen enthalten, das sich die Studierenden im Selbststudium aneignen sollen. Unterschiedliches Vorwissen der Studierenden kann durch Verzweigen zu entsprechendem Grundlagenwissen über die Hyperlinkstruktur ausgeglichen werden. Der Dozent kann somit von der Übermittlung vorauszusetzender Grundlagen entlastet werden und sich auf die Vertiefung von Wissen konzentrieren sowie Zeit für Diskussionen gewinnen.

Als weiteres Einsatzfeld kann die Lernsoftware Logistik zur vorlesungsbegleitenden Lernerfolgskontrolle und zur Prüfungsvorbereitung eingesetzt werden. Durch kapitelbezogene Übungsaufgaben mit qualifizierter Rückmeldung und Musterlösungen wird die individuelle Überprüfung des Vorlesungsstoffes und das Aufdecken von Wissenslücken realisiert. Die individuelle Zusammenstellung von Klausuren nach Stoffgebiet, Schwierigkeitsgrad und Prüfungsdauer ermöglicht eine optimale Simulation von Prüfungssituationen. Die bisher beim Frontalunterricht vorherrschenden Defizite hinsichtlich der Übertragung des vermittelten Logistikwissens in die Praxis wird durch das Lösen der Fallstudie behoben.

5.2 Einsatz in der beruflichen Aus- und Weiterbildung

Persönlichkeitsentwicklungsgründe im Zuge einer individualisierten Gesellschaft, Arbeitsplatzveränderungen, technologische Weiterentwicklungen und die immer kürzere Verwertbarkeit unternehmerischen Wissens zwingen heute und in Zukunft zu einer beruflichen Weiterbildung. Insbesondere aus Zeit- und Kostengründen bietet die entwickelte Lernumgebung eine interessante Alternative für eine individuelle und selbstgesteuerte berufliche Aus- und Weiterbildung.

Durch die Anreicherung der Lernumgebung mit der Logistik-Toolbox, in der zahlreiche Verfahren zur Lösung von Planungsproblemen entlang der logistischen Kette implementiert sind, können auch eigene Planungsaufgaben im Unternehmen gelöst werden. Somit gelingt insbesondere im Planungsbereich eine optimale Verknüpfung zwischen Theorie und Praxis.

5.3 Ausblick

Die Zukunft von Bildung und Ausbildung wird im Diskurs mit einer sich zunehmend informationstechnisch und multimedial ausrüstenden Gesellschaft bestimmt, so dass Konzepte zum individuellen selbstgesteuerten Lernen in der Zukunft immer wichtiger werden. Zusätzlich wird sich der Trend zum Distance Learning über das Internet verstärken. Als Beispiele können die Virtuelle Universität Bayern oder Baden-Württemberg sowie das sich im Aufbau befindende Bildungsportal Sachsen genannt werden.

Das Bildungsportal Sachsen ist ein Internetportal, das über die Angebote der sächsischen Hochschulen zur wissenschaftlichen Aus- und Weiterbildung informiert und das gleichzeitig Plattform für die Online-Nutzung der digitalen Bildungsangebote ist. Es ist geplant, eine internetfähige Version der Lernsoftware Logistik in das Bildungsportal Sachsen einzustellen.

Um Aussagen zur Qualität und Wirksamkeit der entwickelten Lernumgebung liefern zu können, soll ein Evaluationsmodell entwickelt werden. In diesem Modell wird davon ausgegangen, dass der Lernerfolg nicht nur von den Eigenschaften der Lernumgebung abhängt, sondern auch von den Eigenschaften des Lernortes und des Lerners sowie dem Verhalten in der Lernumgebung. Der Lernerfolg soll anhand der erzielten Ergebnisse in der folgenden Prüfung gemessen werden.

Aktive Lernmethoden für Operations-Research-Techniken in der Logistik

Leena Suhl und Michael Scholz

Decision Support & Operations Research Lab, Universität Paderborn, Warburger Straße 100, D-33098 Paderborn, Germany
suhl@upb.de, scholz@upb.de, http://www.dsor.de

Zusammenfassung Das Ziel einer modernen Hochschullehre im interdisziplinären Fach Logistik muss es sein, neben Sachkenntnissen auch Problemlösungskompetenzen und Softskills zu vermitteln, um Absolventen für anspruchsvolle Tätigkeiten in der Forschung und Praxis adäquat vorzubereiten. Für die Hochschuldidaktik bedeutet dies, dass nach aktiven Lehr- und Lernmethoden gesucht werden muss, die unsere Studierenden bereits während des Studiums in die Lage versetzen, verstärkt als Gestalter statt als Wissenskonsumenten zu agieren. Neben den traditionellen Übungen, Fallstudien und Spielen können aktive Lernmethoden im Rahmen von webbasierten Lernumgebungen realisiert werden. Dieser Beitrag berichtet über Erfahrungen bei der Umsetzung und Nutzung webbasierter Lernumgebungen zur aktiven, problembasierten Vermittlung von Techniken des Operations Research/Management Science in der Logistik. Insbesondere wird die interaktive, multimediale Umsetzung und Nutzung von Algorithmen, Übungsaufgaben und Fallstudien in einer modularen, individuell gestaltbaren Lernumgebung diskutiert.

1 Einführung

In den letzten Jahren wurde eine Vielzahl von Projekten mit dem Ziel initiiert, Informations- und Kommunikationstechnologien in der universitären Lehre einzusetzen. Das primäre Ziel solcher E-Learning-Initiativen liegt oft darin, Lernprozesse effizienter zu gestalten. Aus einer ökonomischen Perspektive verspricht man sich eine Aufwendung geringerer finanzieller Mittel für den Betrieb von Lehr- und Ausbildungsinstitutionen, oder, anders herum betrachtet, mit gegebenen Mitteln der konstant steigenden Studienanfängerzahl gewachsen zu sein.

Des Weiteren kann die Qualität der Lehre nach wissenschaftlichen Gesichtspunkten durch eine Erhöhung der Aktivität des Lernenden signifikant erhöht werden. Zahlreiche Länder integrieren somit bereits seit einigen Jahren virtuelle Universitäten fest in ihr Gesamtbildungsangebot (vgl. Schulmeister (2001); international vgl. auch Hazemi (1998)).

Die Mehrwerte, die durch virtuelle Lehre auf Seiten des Wissensempfängers und der Ausbildungsinstitutionen gesehen werden können, sind vielschichtig. Seitens des Lernenden ermöglicht eine webbasierte Wissensvermittlung die weitgehende Unabhängigkeit von zeitlichen und räumlichen Restriktionen (vgl. Ludwig (2000)). Dem zunehmenden Ruf nach mehr Flexibilität in der Ausbildung kann so Rechnung getragen werden. Geographisch separierte Zielgruppen können über E-Learning gemeinsam an einem Kurs teilnehmen. Die Individualisierung des Einzelnen wird durch die Option einer flexiblen Zusammenstellung von Kursen unterstützt. Limitierungen der Studienwahlmöglichkeiten durch das Angebot eines bestimmten Fachbereiches oder einer Universität können durch die Etablierung virtueller Universitäten aufgehoben werden. Die Virtualisierung der Lehre führt zu verringerten Reisekosten auf Seiten des Wissensnachfragers. Insbesondere in Unternehmen wird dieser Vorteil zunehmend erkannt, und kostspielige Präsenzseminare werden durch E-Learning, Computer based (CBT) oder Web based (WBT) Trainings ergänzt oder substituiert. In den Vereinigten Staaten nutzen bereits 57% der Unternehmen E-Learning zur internen Fortbildung, in europäischen Unternehmen liegt die Nutzung durchschnittlich unter 20%, es zeigt sich jedoch auch hier eine stark steigende Tendenz (vgl. NFO (2002)). Seitens des Lehrenden bietet sich der Vorteil, die Lehrunterlagen durch die digitale Distribution auf einfachem Wege immer auf dem neusten Stand zu halten. Kurzfristige Änderungen oder für die Lehre relevante aktuelle Ereignisse können durch den Dozenten in den Kurs eingearbeitet werden. Durch eine interaktive virtuelle Lernumgebung können Lernfortschritte protokolliert und verfolgt werden. Lehrende können diese Funktionen zur Identifikation und gezielten Behandlung von Lerndefiziten verwenden (vgl. Mietzel (2001)).

Neben den genannten Vorteilen existieren jedoch eine Reihe von Nachteilen, die insbesondere aus dem frühen Entwicklungsstadium der neuen Lehr- und Lernmethoden und der noch mangelnden Nutzung der technischen und didaktischen Opportunitäten resultieren. Insbesondere sei hier auf die Punkte Kommunikation und Motivation hingewiesen. E-Learning spricht einen selbstdisziplinierten und eher intrinsisch motivierten Lerntyp an. Der Lernende ist weitgehend eigenverantwortlich für seine Lernergebnisse. Effekte wie Gruppendynamik in virtuellen Lernumgebungen sind noch weitgehend unerforscht, und zur Unterstützung von gruppendynamischen Prozessen, die stark auf einer sozialen Interaktion basieren, müssen noch entsprechende systemtechnische Voraussetzungen geschaffen werden. Im Hinblick auf Kommunikation stehen Dozent und Lernendem im Vergleich zur traditionellen Lehre stark limitierte Möglichkeiten zur Verfügung. Diese Tatsache kann dazu führen, dass eine höhere Abbruchquote als bei einer traditionellen Lehre auftritt.

2 Anforderungen an OR/MS-Lehr- und Lernmethoden

Operations Research/Management Science (OR/MS) verstehen die Autoren als die Nutzung von wissenschaftlichen und formalen Methoden für das Management und die Planung von Unternehmensabläufen. Solche Fragestellungen sind insbesondere in den Bereichen Produktion, Logistik, Finanz- und Personalplanung oft sehr komplex und erfordern die Nutzung moderner In-

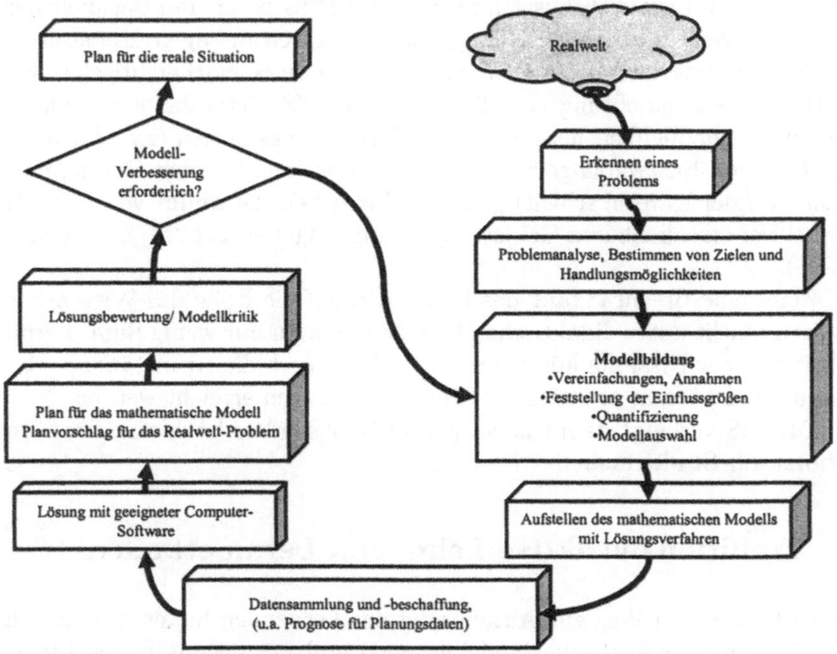

Abb. 1. Vorgehensmodell (Entscheidungsprozess im OR); Suhl und Mellouli (2002)

formationstechnik in Form von integrierten, verteilten Anwendungssystemen. Demnach hat OR eine große Bedeutung in der Praxis und weist einen hohen Grad an Interdisziplinarität auf; vgl. Blumstengel *et al.* (1997).

Die Anwendung von OR-Methoden ermöglicht es, unternehmerische Planungsaufgaben mathematisch abzubilden und optimal zu lösen. Modellierungsfähigkeiten sind grundlegend für die richtige Verwendung von Methoden. Abb. 1 zeigt einen idealtypischen Ablauf eines Entscheidungsprozesses im Operations Research und verdeutlicht die Relevanz von Modellierungskompetenz in allen Phasen des Prozesses.

Primäres Ziel der Vermittlung von OR/MS-Methoden sollte neben der reinen Wiedergabe von Konzepten der Erwerb von Problemlösungskompetenz sein. Darunter wird die Fähigkeit verstanden, beim Auftreten realer betrieblicher Aufgabenstellungen geeignete Lösungsansätze aus dem Bereich des OR/MS zu wählen und zu adaptieren sowie mit Hilfe geeigneter Werkzeuge zu realisieren. Der sichere Umgang mit Informationstechnik und den entsprechenden Tools ist sehr wichtig im Hinblick auf die Berufsfähigkeit der Studierenden.

Eine Vermittlung der algorithmischen Grundlagen ist für das Verständnis des Fachgebiets und den Aufbau von Problemlösungskompetenz unumgänglich. Die Erläuterung komplexer Algorithmen in der Vorlesungszeit geht jedoch derzeit oft zu Lasten der angestrebten Praxisorientierung, da nicht genügend Zeit für die Diskussion realistischer Fallstudien und Beispiele bleibt. Ein intensiver Unterricht in Kleingruppen ist in Grundlagenveranstaltungen aus Kapazitätsgründen oft nicht möglich. Die stark mathematische und algorithmische Ausrichtung grundlegender OR/MS-Methoden sowie die mangelnde Anschaulichkeit herkömmlicher Darstellungsformen (z.B. für die Vermittlung von Netzwerkalgorithmen) macht das Fach für viele Studierende zu einem vergleichsweise schwierigen und durch Selbststudium von Fachliteratur schwer erschließbaren Gebiet; vgl. Blumstengel *et al.* (1997), Blumstengel (1998).

Eine reine Beschränkung des Lernenden auf die Rolle des Wissenskonsumenten macht unter didaktischen Gesichtspunkten nur wenig Sinn. Lernfortschritte in der Disziplin können insbesondere durch die eigenständige Modellierung und Lösung praxisnaher Problemstellungen erreicht werden.

OR/MS verlangt damit nach qualitativ besonders hochwertigen Lernangeboten für Studierende.

3 Traditionelle aktive Lehr- und Lernmethoden

Einen klassischen Weg zur Aktivierung der Lernenden bieten Übungsaufgaben, in denen quantitative Modellierungs- und Lösungsmethoden für überschaubare Aufgabenstellungen trainiert werden können. Durch Fallstudien ist es möglich, auch umfassende und unstrukturierte Fragestellungen interaktiv zu bearbeiten. Ein weiteres Mittel sind Spiele, bei denen neue Erkenntnisse durch eigene Erfahrung in gruppendynamischen Prozessen scheinbar als Nebensache produziert werden.

Zum Verständnis von algorithmischen und methodischen Vorgehensweisen werden in der universitären Lehre traditionell Übungsaufgaben genutzt. Weil eigenständiges Modellieren und Problemlösen, insbesondere am Computer, nur durch Übung gelernt werden kann, sind Übungsaufgaben ein unabdingbarer Bestandteil quantitativ orientierter Logistik-Ausbildung.

Der Einsatz von Übungsaufgaben ist am effektivsten, wenn zu den Ausarbeitungen von Studierenden individuelles Feedback zurückgegeben wird. „Ideally, the instructor provides individual feedback to each student, as well as group feedback [...] Indeed, one of the most common complaints students have about online cources is that they did not get timely feedback (or any) on their assignments" (Kearsley (2000), S. 81).

Weil eine individuelle Korrektur durch Lehrkräfte bei großen Lehrveranstaltungen oft nicht möglich ist, kann ein Internet-basierter Übungsbetrieb die Situation verbessern (vgl. Werners (1998)). Die Erfahrungen zeigen jedoch, dass eine automatische Korrektur im Internet-basierten Übungsbetrieb nach dem heutigen Stand der Technik nur für stark strukturierte und streng geführte Aufgabenstellungen möglich ist. Trainieren von kreativen Aufgaben, wie oft im Bereich der Modellierung erwünscht, ist für eine automatische Korrektur leider heute ungeeignet. In einer Lernumgebung kann ein individuelles

Feedback in Form von E-Mail-Nachrichten erfolgen. „In online courses, teacher feedback will generally take the form of email messages about assignments or comments on assignments that students have submitted" (Kearsley (2000), S. 81).

Fallstudien sind eine insbesondere in nordamerikanischen Business Schools oft genutzte Methode, um Problemstrukturierung und Entscheidungsfindung anhand realer Situationen in Teamarbeit trainieren zu können (vgl. Erskine *et al.* (1998)). In europäischen Hochschulen verhindert neben einer fehlenden Tradition oft die hohe Anzahl von Studierenden eine echte interaktive Nutzung von Fallstudien. Dazu kommt, dass bei Dozenten europäischer Universitäten der Anreiz dafür oft fehlt, einen hohen Aufwand für gute didaktische Leistungen zu betreiben.

Spiele bieten eine Möglichkeit zur interaktiven Gruppenarbeit, die von Studierenden, insbesondere in Nordamerika, oft mit Begeisterung genutzt wird. Beispielsweise wird das bereits legendäre *Beer Game* seit den 60er Jahren in Logistik-Veranstaltungen zur Veranschaulichung des Supply-Chain-Managements weltweit eingesetzt (vgl. z.B. MIT (2003), Simcon (2003), Sterman (2000)). Auch wenn dieses Spiel mehrfach für die Computernutzung im Internet programmiert wurde, ist das Spiel am lebendigsten, wenn alle Teams in einem Raum sitzen, so dass eine persönliche Interaktion möglich ist.

Eine weitere Möglichkeit, aktives Lernen auch in großen Gruppen zu ermöglichen, bieten hypermediale Lernumgebungen, die über das Internet zur Verfügung gestellt werden können.

Eine virtuelle Lernumgebung mit interaktiven Lernmodulen kann daher für diese Disziplin Verwendung finden und gute Dienste leisten, praxisbezogene Inhalte zu verdeutlichen und entsprechend zu trainieren. Im folgenden Kapitel nehmen wir Bezug auf die Entwicklung eines solchen aktiven Lehrangebotes.

4 Das Projekt Virtual OR/MS

Das Projekt „Virtuelles Studienfach Operations Research und Management Science" (Virtual OR/MS, VORMS) ist ein Verbundprojekt im Förderprogramm „Neue Medien in der Bildung" aus dem Förderbereich Hochschulen des Bundesministeriums für Bildung und Forschung (BMBF), das im Jahr 2000 initiiert wurde. Die Teilprojekte von VORMS realisieren an verschiedenen Lehrstühlen Deutschlands (Freie Universität Berlin, Ruhr-Universität Bochum, Technische Universität Braunschweig, Universität Hamburg, Universität Halle-Wittenberg, Universität Hohenheim, Universität Paderborn) Lehrangebote mit verschiedenen inhaltlichen Schwerpunkten gemäß der Kernkompetenzen der jeweiligen Institution. Durch diese Projektkonstellation ergibt sich eine Reihe von Synergieeffekten bei der Entwicklung des virtuellen Studienangebotes. Über eine virtuelle Lernumgebung können die erstellten Inhalte, die bisher i.d.R. nur den auf eine Hochschule bezogenen

Lehrenden und Studierenden vorbehalten waren, einem bei weitem größeren Zielpublikum zugänglich gemacht sowie sukzessive ergänzt und verbessert werden.

Der Aufbau des virtuellen Studienfachs umfasst das Themengebiet OR/MS und bietet Studierenden ein umfassendes, qualitativ hochwertiges und inhaltlich differenziertes Selbststudium an. Interaktivität der Materialien und Einbezug kollaborativer Elemente bieten Möglichkeiten, die über die Grenzen eines traditionellen Selbststudiums hinausgehen und den Lernenden sinnvoll unterstützen. Im Operations Research verwenden die Lernenden quantitative Techniken, d.h. Verfahren der mathematischen Optimierung, um vordefinierte Probleme zu lösen. Erfolgt die Problemlösung durch den Studierenden allein oder im Rahmen einer Vorlesung, werden keine sozialen Kompetenzen erlernt. Durch den Einsatz von webbasierten Fallstudien kann ein kollaboratives Lernen unterstützt werden, wobei die Entwicklung sozialer Kompetenzen und das Lösen von Problemen im Team aktiv unterstützt wird (vgl. Frank *et al.* (2003)).

Die Kollaboration bei der Bearbeitung bzw. ein aktiver Austausch zwischen den räumlich verteilten Studierenden kann z.B. über das Angebot eines Diskussionsforums erfolgen. Eine Erhöhung der Partizipation der Studierenden im Forum kann durch einfache Maßnahmen erreicht werden (vgl. Frank *et al.* (2003)):

1. Requiring a certain amount of contributions per person per case to the board.
2. Setting up certain times, when discussion can take place almost synchronously, in addition to the asynchronous use of the board, which is probably more conventional.
3. Quickly and continuously giving feedback to the students about their contributions within the forum. „Teachers should indicate the normal turnaround time for feedback on assignments (for example, within 48 hours) and ensure that they achieve this standard" (Kearsley (2000), p. 81.)
4. Continuously explaining the importance of participation within the board.

Das Angebot, das durch die entwickelte Lernumgebung entsteht, soll weniger die konventionelle Wissensvermittlung an einer Universität ersetzen, als vielmehr eine sinnvolle Ergänzung für alle Studierenden darstellen. Im Vordergrund der Entwicklung steht die inhaltliche Qualität der Lerneinheiten. Diese wird durch diverse formative Evaluationsprozesse regelmäßig überprüft, abgesichert und entsprechend der jeweiligen Zielgruppe angepasst. Neben grundsätzlichen pädagogischen Überlegungen spielen insbesondere frauenspezifische Lerninteressen in der Weiterentwicklung der Lernumgebung eine wichtige Rolle.

Um dies zu ermöglichen, werden im Projekt VORMS folgende Tätigkeiten durchgeführt (vgl. Frank (2000)):

1. Qualitative Interviews mit Frauen: Sammlung der frauenspezifischen Schwachstellen, Wünsche, Verbesserungsvorschläge
2. Fragebogenaktionen: Sammlung von Schwachstellen, Wünschen und Verbesserungsvorschlägen. Dabei ist absolute Anonymität gegeben, so dass ggf. eine höhere Bereitschaft als zu persönlichen Interviews besteht.
3. Elektronische Abfrage nach Kommentaren/Zufriedenheitsabfrage
4. In der Lernumgebung wird eine elektronische Möglichkeit geschaffen, Kommentare abzugeben. Verbesserungsvorschläge können auf diese Weise sofort gemacht werden.
5. Workshops zum Thema: „Arbeiten mit der Lernumgebung." Es werden Hinweise und Erläuterungen gegeben. Außerdem werden Anregungen, Ergänzungen und Vorschläge gesammelt.

Innovative Ansätze des „Blended Learning", welches mehrere didaktische Szenarien miteinander verbindet, werden in diesem Bereich verfolgt, implementiert und sowohl qualitativ als auch quantitativ evaluiert (vgl. VORMS (2000)).

Neben dem Einsatz in Hochschulen können die entwickelten Lerneinheiten zukünftig ebenso zur Schulung zusätzlicher Zielgruppen eingesetzt werden. Die zu realisierende Internet-basierte Lernumgebung für das virtuelle Gesamtangebot von VORMS soll mittel- und langfristig zweigleisig eingesetzt werden, nämlich

1. als Ergänzungsmaterial zur Nutzung der Möglichkeiten der neuen Medien im Präsenzunterricht
2. als ein virtuelles Fach, das modular zusammengesetzt wird und unabhängig von regulären Lehrplänen belegt werden kann

Im dritten Projektjahr 2003 erfolgt die Nutzung im Rahmen von regulären Lehrveranstaltungen als ein zusätzliches Angebot, das Lernmaterial auch außerhalb der Präsenzveranstaltungen zu nutzen. Danach werden auch externe Nutzer aus anderen Bildungseinrichtungen mit eingebunden. Darüber hinaus wird im dritten Jahr ein Konzept entwickelt und getestet, wonach es möglich ist, das virtuelle Fach OR/MS auch außerhalb der regulären Lehrveranstaltungen zu belegen. Das Projektkonsortium hat dafür ein virtuelles Curriculum entwickelt.

Allerdings wird davon ausgegangen, dass hier kein vollständig isoliertes Lernen sinnvoll ist, sondern dass immer Support-Funktionen zumindest über eine Hotline verfügbar sind. Das virtuelle Fach OR/MS kann von allen Projektpartnern nach Bestehen einer Prüfung anerkannt werden (vgl. VORMS (2000)).

Neben dem VORMS-Studienangebot werden ausgewählte Kurse auch im Rahmen des Studienangebots *Virtuelle Aus- und Weiterbildung Wirtschaftsinformatik* (VAWI)[1] im Internet angeboten.

[1] Für nähere Informationen: `http://www.vawi.de`, letzter Zugriff: 15.04.2003

5 Entwicklung aktiver Lernmethoden für Operations Research und Logistik

Im Folgenden werden exemplarisch einige Teilprojekte des Projektes VORMS und deren Entwicklungen aktiver Lernmethoden für Operations Research näher vorgestellt (vgl. VORMS (2000)):

Das zu entwickelnde Gesamtkonzept zu Virtual OR/MS soll neben der Ergänzung bestehender Veranstaltungen auch im Selbststudium von Studierenden oder bei der betrieblichen Weiterbildung einsetzbar sein. Daher ist es wichtig, Übungsaufgaben und Testfragen für die Lernerfolgskontrolle mit einer vertieften Auseinandersetzung der Themengebiete zu integrieren, die in der Lehre curricular implementiert sind.

Im Teilprojekt „Übungen, Fallstudien, Tests, Entscheidungsunterstützung" der Ruhr-Universität Bochum werden unter Leitung von Prof. Dr. Brigitte Werners, Inhaberin des Lehrstuhls für Betriebswirtschaftslehre, insbes. Unternehmensforschung und Rechnungswesen[2], neben allgemeinen Übungs- und Testmethoden konkrete Fragen und interaktive Tests zu den wichtigsten Themengebieten entwickelt. Weiterhin werden Fallstudien erarbeitet, wobei inhaltlich besonderer Wert auf den Einsatz von Methoden zur Entscheidungsunterstützung gelegt wird. Die Korrektur von stark strukturierten Aufgaben erfolgt automatisch und beinhaltet vom Ergebnis abhängiges, vorprogrammiertes Feedback. Die Korrektur von schwach strukturierten Modellierungsaufgaben ist aus unserer Sicht nicht automatisierbar. Hier wird lediglich der Korrekturprozess vom System unterstützt, damit ein effizienter Ablauf auch bei großen Studierendenzahlen ermöglicht wird. Individuelles Feedback wird durch E-Mail, Gruppenfeedback auch durch ein Diskussionsforum gegeben.

Fallstudien werden weltweit in Business Schools benutzt, um interaktives Training solcher Problemlösungskompetenzen zu ermöglichen, die man sich nur durch eigene Erfahrungen aneignen kann. Prof. Dr. Christoph Haehling von Lanzenauer, Leiter des Lehrstuhls für Produktionswirtschaft der Freien Universität Berlin[3] verfügt über langjährige didaktische Erfahrungen beim Einsatz von Fallstudien zu OR/MS, die er insbesondere im Rahmen seiner Tätigkeit an der University of Western Ontario in Kanada im Sinne der nordamerikanischen Tradition eingesetzt hat. Zielsetzung des Teilprojektes „Aufbereitung von Fallstudien" ist es, für die Lernumgebung Fallstudien in interaktiver Weise vorzubereiten, so dass sie auch im asynchronen Lernmodus genutzt werden können (vgl. Haehling von Lanzenauer und Trela (2003)). Forschungsbedarf besteht u.a. bei der Aufteilung einer Fallstudie in Schritte,

---

[2] Für nähere Informationen: `http://www.ruhr-uni-bochum.de/or/`, letzter Zugriff: 31.03.2003

[3] Für nähere Informationen: `http://www.wiwiss.fu-berlin.de/w3/w3haehli/`, letzter Zugriff: 31.03.2003

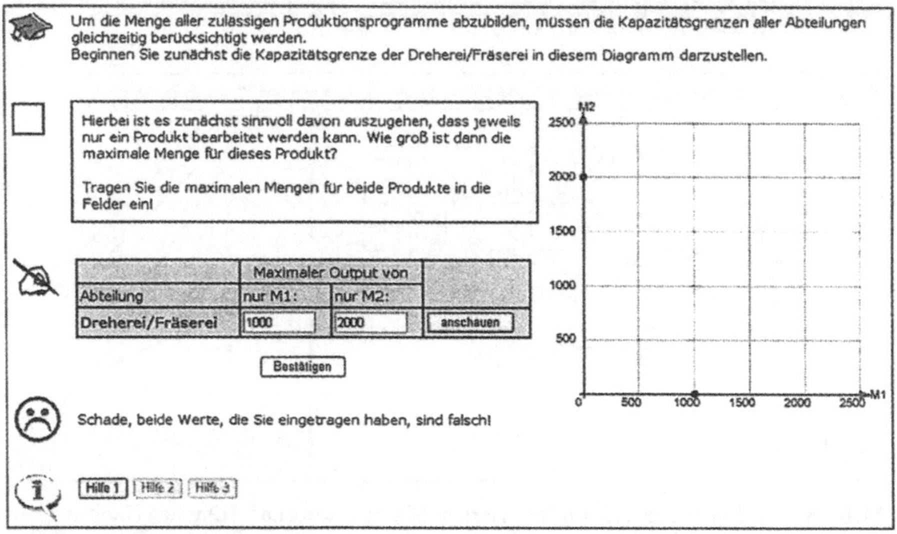

Abb. 2. Feedback zur Fallstudie „Berger Elektromotoren" (Quelle: Haehling von Lanzenauer und Trela (2003))

so dass der oder die Lernende Hilfe bekommen kann, aber die Gesamtlösung nicht sofort verraten wird.

Besonderer Wert wird auf differenziertes Feedback gelegt: Wenn ein Student eine falsche Antwort gibt, erscheinen Fragen und Hilfestellungen, die die Lösung in die richtige Richtung lenken (vgl. Abb. 2, Hilfe 1 bis 3). Die Erfahrung im VORMS-Projekt zeigt, dass der Entwicklungsaufwand hierfür sehr hoch ist, weil viele mögliche Lösungspfade im Voraus antizipiert werden müssen. Für das interaktive Lernen von Basistechnologien ist der Aufwand jedoch aus unserer Sicht begründet, weil die Fallstudien von vielen Studierendenjahrgängen genutzt werden können. Die ersten Fallstudien (z.B. Berger Elektromotoren, vgl. Abb. 2 und 3) sind bereits mit Studierenden getestet sowie nach den Erfahrungen entsprechend modifiziert worden.

Das Teilprojekt „Grundlagen zu Simulation und Heuristiken" des Instituts für Wirtschaftsinformatik der Universität Hamburg[4] unter Leitung von Prof. Dr. Stefan Voß (vorher Technische Universität Braunschweig) setzt sich zum Ziel, basierend auf modernen Informations- und Kommunikationstechnologien individualisierbare Projektinhalte zu den Basistechnologien Simulation und Heuristiken zu entwickeln und zu evaluieren (vgl. Reiners *et al.* (2003)). Es werden Modelle und Methoden der Content-Bereiche Simulation und Heuristiken in Form von Übungskomponenten dargestellt und mit Anwendungsbeispielen erläutert. In Abstimmung mit anderen Teilprojekten erfolgt die Entwicklung didaktisch aufbereiteter Lernobjekte zur Erklärung und

[4] Für nähere Informationen: `http://www.rrz.uni-hamburg.de/IWI/`, letzter Zugriff: 31.03.2003

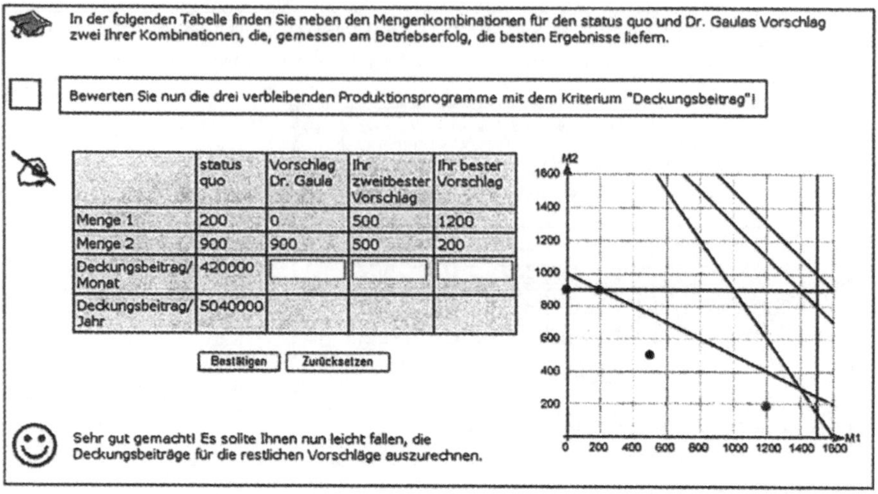

Abb. 3. Feedback zur Fallstudie „Berger Elektromotoren" (Quelle: Haehling von Lanzenauer und Trela (2003))

Verdeutlichung des Lösungsverhaltens insbesondere der diskreten ereignisorientierten Simulation sowie von Meta-Heuristiken. Wesentlicher Bestandteil ist die Entwicklung von Tools zur Visualisierung des Vorgehens moderner heuristischer und insbesondere naturanaloger Verfahren. Durch ein interaktives (online nutzbares) Simulationswerkzeug (vgl. Abb. 4) kann die Modellierung von kleineren Beispielen dargestellt werden. Dem Lernenden wird mittels einer Bausteinbibliothek (Fahrzeuge, Warteschlangen, vorgefertigte Steuerungseinheiten) die praktische Anwendung der Theorie näher gebracht, da hier neben der eigentlichen Modellierung z.B. die statistischen Einflüsse aus der Einführung in einem praktischen Beispiel umgesetzt sind. Variationen von Eingangsgrößen und Modellannahmen sowie Verteilungen werden dadurch sofort ersichtlich und erlauben ein besseres Verständnis auf einer ganzheitlichen Ebene. Die entwickelten Komponenten stehen als Bestandteil des Gesamtsystems zur Nutzung im Internet zur Verfügung (vgl. VORMS (2000)).

Im Teilprojekt „Grundlagen von Optimierungssystemen" der Universität Paderborn unter Leitung von Prof. Dr. Leena Suhl, Inhaberin des Lehrstuhls für Wirtschaftsinformatik[5], werden die grundlegenden Optimierungsansätze und -technologien des OR/MS umgesetzt. Diese bilden eine wichtige Komponente der methodischen Basis, weil es sich hier um die ältesten und bekanntesten OR/MS-Technologien handelt. Das Projekt basiert auf Multimedia-Erfahrungen aus den Projekten ORWelt und ORWorld (vgl. Kassanke (1999), Kassanke und Suhl (2000)). Der Content-Bereich umfasst unter anderem Modellierungs- und Lösungstechniken der linearen und gemischt-

[5] Für nähere Informationen: `http://www.dsor.de`, letzter Zugriff: 31.03.2003

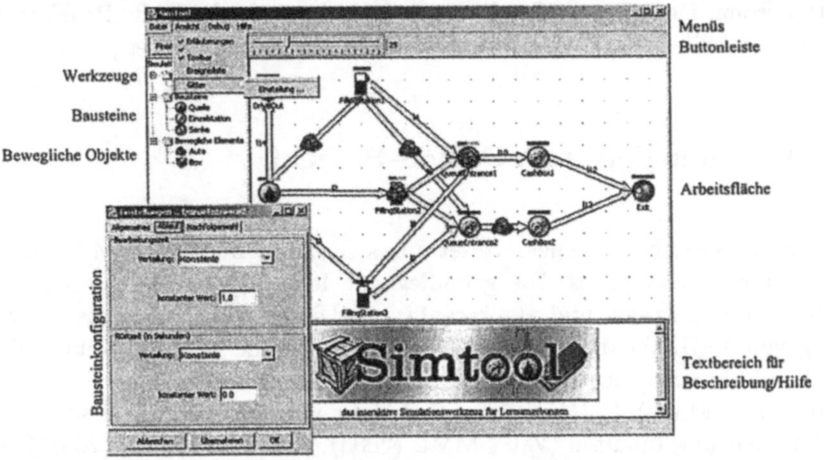

Abb. 4. Oberfläche des Simulationswerkzeuges *SimTool* (Quelle: Reiners *et al.* (2003))

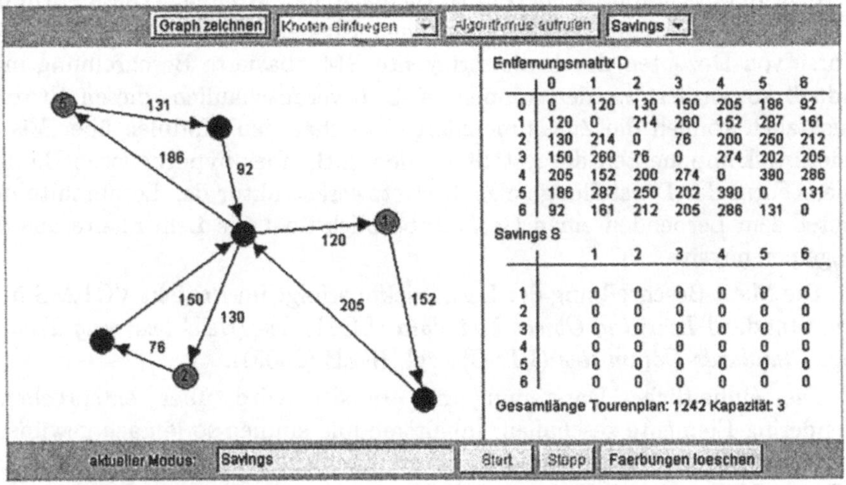

Abb. 5. Interaktive Anwendung von Tourenplanungsalgorithmen

ganzzahligen Optimierung sowie Netzwerkoptimierung und Anwendungen, wie Transport- und Tourenplanung. Interaktivität wird neben vorgefertigten Animationen (vgl. Abb. 7 und 8) durch zahlreiche integrierte Java-Applets (vgl. Abb. 5) gewährleistet, die den Lernenden exploratives Lernen mit eigenen Beispielen ermöglichen.

Beispielsweise können Lernende mit dem Java Applet der Abb. 5 Knoten anlegen, entfernen und beliebig platzieren. Eine Entfernungsmatrix wird automatisch generiert. Anschließend kann der Savings- oder Sweep-Algorithmus auf die eigens modellierte Konstellation angewendet und das Ergebnis analysiert werden. Der oder die Studierende kann damit individuelle Problemstellungen modellieren und verschiedenen Lösungsalgorithmen vergleichen.

6 Technologien im VORMS-Projekt

Aus technologischer Perspektive setzt das Gesamtprojekt VORMS ebenfalls auf etablierte Standards. Die grundlegende Idee liegt in der konsequenten Trennung von Inhalt und Repräsentation. Dieses wird durch die Verwendung von XML-Technologien erreicht. Der zugrunde liegende Standard für die Strukturierung der Lernmodulinhalte ist die *Learning Material Markup Language* (LMML). LMML ist eine Sprache zur XML-basierten Beschreibung von E-Learning-Inhalten (vgl. LMML (2003), Süß und Freitag (2001)). Auf unterster Ebene werden in LMML Medienelemente beschrieben. Diese können z.B. Grafiken, Animationen oder durch Java-Applets realisierte interaktive Elemente sein. Medienelemente können zu Inhaltsmodulen zusammengefasst werden, Inhaltsmodule wiederum zu thematischen Modulen. Diese Form der Abbildung der Inhalte auf verschiedenen Ebenen bietet viele Vorteile, da Kurse von Dozenten durch die stringente XML-basierte Beschreibung individuell konstruiert werden können. Abb. 6 veranschaulicht diesen Prozess. Zusätzlich können die Zusammenhänge zwischen den Modulen über Visualisierungskomponenten dargestellt werden, z.B. über hyperbolische Bäume. Diese Form der Darstellung zeigt die Netzwerkstruktur der Lerninhalte und bietet dem Lernenden einen Gesamtüberblick über die Lehrinhalte aus der Vogelperspektive.

Die Meta-Beschreibung der Lernobjekte erfolgt im Projekt VORMS über den Standard *Learning Object Metadata* (LOM) des *IEEE Learning Technology Standards Committee* (LTSC) (vgl. IEEE (2003)).

Die einheitliche Darstellung der Inhalte wird über entsprechende Rendering-Elemente geschaffen. Inhaltsmodule können so je nach gewünschter Verwendung situativ direkt in unterschiedliche Ausgabeformate wie z.B. HTML, PDF oder WML für mobile Nutzer transformiert werden. Im Internet unter dem VORMS-Vorgängerprojekt (vgl. ORWorld (2003)) ist dieser Mechanismus einzusehen.

Bei der Umsetzung der Lernobjekte im Teilprojekt „Grundlagen der Optimierung" werden insbesondere die Interaktionsmöglichkeiten mit Simulationen und Animationen berücksichtigt. Somit können die Nutzer den Ablauf von Algorithmen (z.B. Simplex- und Interior-Point-Methoden) mit diversen Eingabewerten und Sonderfällen sich selbst veranschaulichen.

Die Umsetzung erfolgt u.a. mittels des W3C-Standards für Vektorgrafiken *Scalable Vector Graphics* (SVG) (vgl. W3C (2003)). Dieser Standard liegt derzeit als Empfehlung des W3C in der Version 1.1 vor. Die Vorteile von SVG liegen im Folgenden:

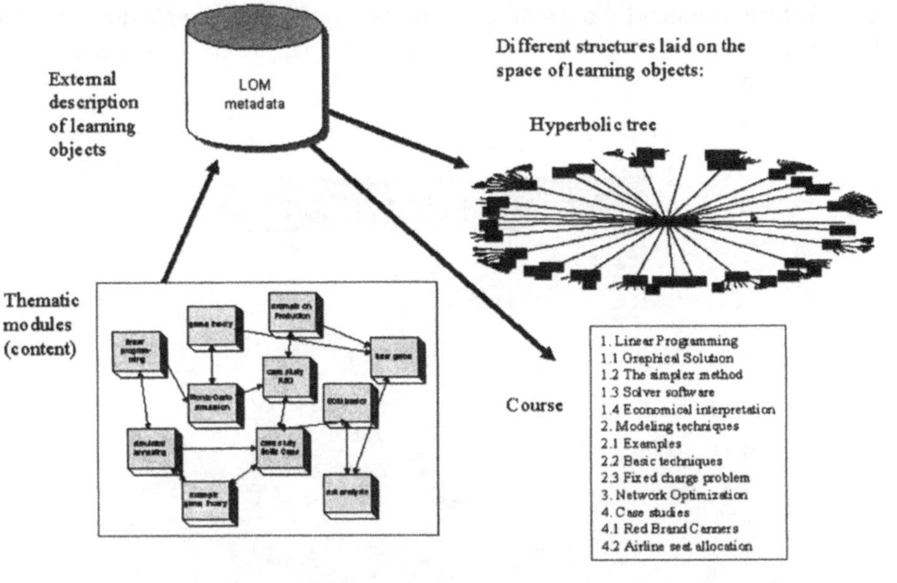

Abb. 6. Strukturierung und Beschreibung der VORMS-Lernmodule über Metadaten

1. Die in der XML-basierten Grafiksprache erzeugten Dateien sind kleiner als entsprechende GIF-, JPEG- oder PNG-Bilddateien. Der Programm-Code lässt sich zusätzlich komprimieren.
2. Dank der Skalierbarkeit von Vektorgrafiken passt sich die Anzeige der Grafiken der jeweiligen Auflösung des Ausgabegeräts an. SVG-Grafiken können also auch mit Handhelds ohne Qualitätsverlust verwendet werden. Durch XML-basierte Beschreibung ist eine schnelle Aktualisierung von Lerninhalten, z.B. über einen Texteditor möglich.
3. SVG-Inhalte können über Cascading Style Sheets oder XSL formatiert und damit über das gesamte Lehrangebot hinweg einheitlich dargestellt werden.
4. Durch Xlink kann jeder Bereich einer SVG-Grafik verlinkt werden.
5. SVG unterstützt komplexe Animationen und Transformationen.
6. SVG ermöglicht das verlustfreie Schwenken und Zoomen in Grafiken.
7. SVG-Dokumente sind rein XML-basiert und damit zu durchsuchen.

Insbesondere der letzte Punkt stellt eine wesentliche Anforderung für E-Learning-Umgebungen dar, da über SVG erstellte Inhalte und Objekte so ebenfalls von einer Suchmaschine indiziert werden können, was einen wichtigen Beitrag zur Wiederauffindung von Lernobjekten liefert. Ein ökonomisches Ziel bei der Verwendung von SVG im Projekt liegt darin, die Folgekosten für die Aktualisierung der Inhaltsmodule möglichst gering zu halten. Eine Aktualisierung von pixelbasierten Inhalten wäre zeit- und kostenintensiver, da spezielle Grafikprogramme zur Bearbeitung notwendig sind. Der SVG-Standard ermöglicht weitgehend die Trennung von Daten und Repräsentation, so dass der Datenteil eines Objektes durch einen einfachen Texteditor manipuliert werden kann.

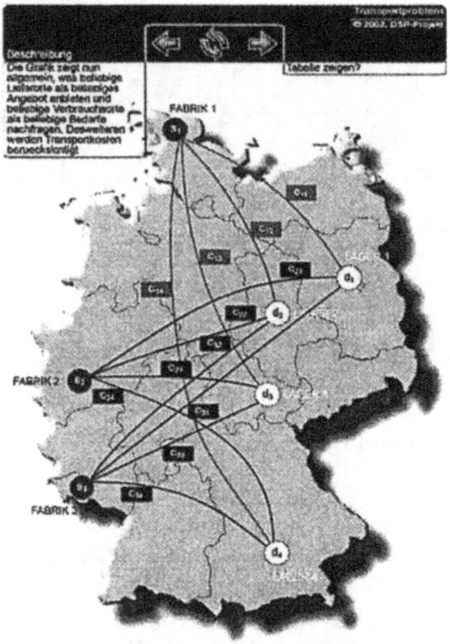

Abb. 7. SVG zur schrittweisen Visualisierung des klassischen Transportproblems

Abb. 7 zeigt ein Beispiel für eine im Projekt VORMS realisierte SVG zur Visualisierung des klassischen Transportproblems. Sie ermöglicht, Erklärungszusammenhänge Schritt für Schritt zu visualisieren. Die Geschwindigkeit des Ablaufs wird individuell durch den Lernenden gesteuert.

Eine solche Komponente ist sehr gut dazu geeignet, die schrittweise Erstellung von Tafelbildern im klassischen Unterricht zu ergänzen. Der Lernende kann den Prozess der Entstehung jederzeit wiederholen und besser nachvollziehen. Diese SVG-Komponente findet innerhalb der VORMS-Lernmodule in mehreren Kontexten zur Veranschaulichung von einfachen bis komplexen Sachverhalten ihre Verwendung. Abb. 8 zeigt eine weitere Anwendung der SVG-Technologie für das Traveling Salesman-Problem.

Eine weitere wesentliche Technologie zur Erhöhung der Interaktivität und damit – aus pädagogischer Sicht – des Lernerfolgs (vgl. Frank *et al.* (2002)) stellen Java Applets (vgl. Abb. 5) dar. Innerhalb der VORMS-Umgebung werden diese gezielt eingesetzt, wenn komplexere Berechnungen oder Algorithmen Verwendung finden, die mittels der Programmiersprache Java perfor-

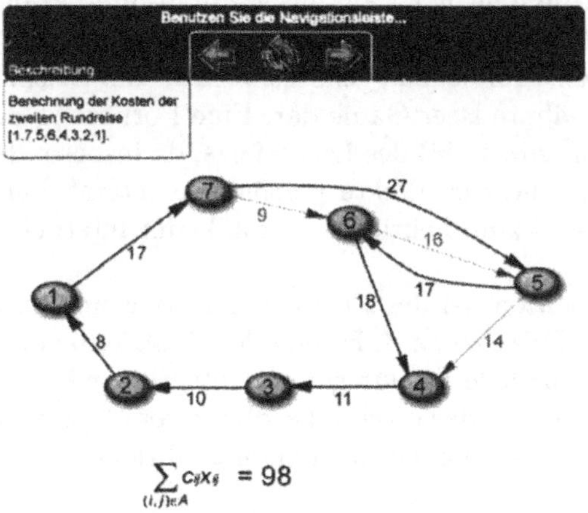

Abb. 8. SVG zur schrittweisen Visualisierung des Traveling Salesman-Problems

manter und effizienter und damit für den Benutzer ergonomischer umgesetzt werden können als dies mittels z.B. SVG-Grafiken möglich ist.

Durch die dargestellte konsequente Verwendung von XML-Technologien im Projekt VORMS, der Modularisierung aller Inhalte, sowie der Beschreibung der Lernobjekte über Metadaten wird ermöglicht, sämtliche Lernobjekte in verschiedenen Lernkontexten und -systemen zu verwenden. Ein Lernobjekt bzw. Lernmodul kann somit zeitlich parallel in verschiedenen Kursen bei verschiedenen webbasierten Studienangeboten eine Verwendung finden. Eine Modifikation der XML-basierten Quelldatei führt zur sofortigen Aktualisierung aller auf dieser Quelle basierenden Lerninhalte. Aus Sicht des Lernenden können durch die VORMS-Architektur Lerninhalte den Anforderungen entsprechend individuell zusammengestellt werden. Es besteht somit keine Abhängigkeit von individuellen Lernsystemen, die die Lernmodule i.d.R. in proprietären Formaten ablegen und somit eine Integration von externen Lerninhalten nur schwer ermöglichen.

7 Ausblick

Die Entwicklung aktiver Lehr- und Lernmethoden im Internet stellt eine neue Herausforderung für die universitäre Lehre dar. Es ist schon seit längerem bekannt, dass ein reiner Frontalunterricht nicht die optimale Form der Wissensvermittlung darstellt, da der Wissenstransfer und die Wissensaufnahme durch die mangelnde Einbindung und Eigenaktivität des Lernenden sehr gering ist. Diese Aktivität und damit auch der Wissenstransfer im traditionellen Unterricht kann durch die Einbindung von Übungen oder Spielen erhöht werden. Sinnvoll ergänzt werden kann das Angebot auch durch E-Learning.

Bei der Entwicklung von E-Learning-Angeboten ist insbesondere darauf zu achten, dass das vorhandene traditionelle Lehrangebot in Form von z.B.

Veranstaltungsskripten nicht 1:1 auf das Medium Internet portiert wird, sondern die Möglichkeiten der interaktiven Wissensvermittlung, die die neuen Technologien bieten, hinreichend genutzt werden. Ein Beispiel stellt auch das in Abschnitt 3 erwähnte Beer Game dar. Eine Portierung des Spiels auf das Internet sichert nur einen Teil des Lernerfolgs, da insbesondere der gruppendynamische Effekt und die direkte persönliche Interaktion Erfolgskriterien darstellen. Diese sind zum heutigen Zeitpunkt im Internet noch nicht realisierbar.

Des Weiteren sollten bei der Entwicklung die Kommunikationsoptionen, die das Medium in Form von z.B. Foren oder Chaträumen bietet, sinnvoll genutzt und in eine virtuelle Lernumgebung integriert werden. Der Austausch mit Gleichgesinnten oder das direkte Feedback vom Dozenten kann die Lernmotivation beim E-Learning wie auch beim traditionellen Lernen bei weitem erhöhen.

Die nächsten Jahre werden dazu dienen müssen, umfangreichere Erfahrungen mit dem Einsatz neuer aktiver Methoden in Form virtueller Lehrangebote zu machen und einen optimalen Mix zu etablieren. Insbesondere der Evaluation der Angebote durch die Lernenden selbst kommt zur Erreichung dieses Ziels eine wichtige Rolle zu.

Literatur/References

AACSB (2001). Standards for business accreditation. http://www.aacsb.edu/accreditation/business/BusinessStandards2000.pdf, 26.01.2003.

Abreu, A., Beynon, H., and Ramalho, J. (2000). The dream factory: VW's modular production system in Resende, Brazil. *Work, Employment & Society*, **14**(2), 265–282.

Agrell, P., Lindroth, R., and Norrman, A. (2002). Risk, information and reward in supply chain: Agency mechansims for mulit-level coordination in telecom. *Twelfth International Working Seminar on Production Economics*, **3**, 1–20. Igls.

Ahlert, D. (1997). Warenwirtschaftsmanagement und Controlling in der Konsumgüterdistribution - betriebswirtschaftliche Grundlagen. In D. Ahlert and R. Olbrich, editors, *Integrierte Warenwirtschaftssysteme und Handelscontrolling*. Stuttgart, 3rd edition.

Akkreditierungsrat (2002). Entscheidungsgrundlagen für die Genehmigung von Studiengängen mit den Abschlüssen Bachelor/Bakkalaureus und Master/Magister in den einzelnen Bundesländern (November 2002). http://www.akkreditierungsrat.de/, Stand 19.12.2002. Technical report.

Aksoy, H. and Gupta, S. (2000). Effect of reusable rate variation on the performance of remanufacturing systems. *Proceedings of the SPIE International Conference on Environmentally Conscious Manufacturing*, **4193**, 13–20.

Aksoy, Y. and Erenguc, S. (1988). Multi-item inventory models with coordinated replenishments: A survey. *International Journal of Operations and Production Management*, **1**(8), 63–73.

Albach, H. (2001). Shareholder Value und Unternehmenswert – theoretische Anmerkungen zu einem aktuellen Thema. *Zeitschrift für Betriebswirtschaft*, **71**, 643–673.

Alicke, K. (1999). *Modellierung und Optimierung von mehrstufigen Umschlagsystemen*. Ph.D. thesis, Institut für Fördertechnik und Logistiksysteme der Universität Karlsruhe.

Alicke, K. (2003). *Planung und Betrieb von Logistiknetzwerken*. Springer, Berlin.

Alicke, K., Putzlocher, S., and Graf, H. (2002). Unternehmensübergreifendes Supply Chain Management realisiert multi-tier collaboration. In W. Dangelmaier and A. Busch, editors, *Integriertes Supply Chain Management – Theorie und Praxis effektiver unternehmensübergreifender Geschäftsprozesse*, pages 471–483. Gabler, Wiesbaden.

Allard, R., Hartel, I., and Hieber, R. (1999). Innovationstreiber im Supply Chain Management. *ioManagement*, **5**, 64–67.

Allweyer, T. (2002). E-Procurement – ein Trend wird erwachsen. Technical report, emaro network. `http://www.emaro.de`, 05.02.2003.

Alvarenga, C. and Schoenthaler, R. (2003). A new take on supply chain event management. *Supply Chain Management Review*, **7**(2), 28–35.

Ammons, J., Realff, M., and Newton, D. (1997). Reverse production system design and operation for carpet recycling. Technical report, Georgia Institute of Technology.

Anderson, D. and Lee, H. (1999). Synchronised supply chains: the new frontier. In ASCET, editor, *Achieving Supply Chain Excellence Through Technology*, volume 1, pages 12–21. Montgomery Research Inc., San Francisco.

Andradottir, S. (1998). Simulation optimization. In J. Banks, editor, *Handbook on Simulation*, pages 307–333. Wiley, Chichester.

Angelelli, E. and Speranza, M. (2002). The application of a vehicle routing model to a waste collection problem: Two case studies. In A. Klose, G. Speranza, and L. van Wassenhove, editors, *Quantitative Approaches to Distribution Logistics and Supply Chain Management*, pages 269–286. Springer, Berlin.

Anonymous (2001). Danmarks største butikkæder. Detailrapporten 2001.

Anschütz, S. (2001). *Ablaufplanung bei Chargenproduktion: Ein Dekompositionsansatz auf der Basis Evolutionärer Algorithmen.* Gabler, Wiesbaden.

Anschütz, S. and Friedrich, S. (2002). *Supply Chain Management in der Prozessindustrie - Ergebnisse einer bundesweiten Branchenstudie.* Hansebuch, Hamburg.

Anthony, T. (2000). Supply chain collaboration: success in the new internet economy. In ASCET, editor, *Achieving Supply Chain Excellence Through Technology*, volume 2, pages 41–44. Montgomery Research Inc., San Francisco.

Arnold, O., Faisst, W., Härtling, M., and Sieber, P. (1995). Virtuelle Unternehmen als Unternehmenstyp der Zukunft? *HMD Handbuch der modernen Datenverarbeitung*, **185**(32), 8–23.

Arnold, U. (1997). *Beschaffungsmanagement.* Schäffer-Poeschel, Stuttgart, 2nd edition.

Arnolds, H., Heege, F., and Tussing, W. (2001). *Materialwirtschaft und Einkauf.* Gabler, Wiesbaden, 10th edition.

Assad, A. (1988). Modeling and implementation issues in vehicle routing. In B. Golden and A. Assad, editors, *Vehicle Routing: Methods and Studies*, pages 7–45. Elsevier, Amsterdam.

Autry, C., Daugherty, P., and Richey, R. (2001). The challenge of reverse logistics in catalog retailing. *International Journal of Physical Distribution & Logistics Management*, **31**(1), 26–37.

Bäck, T. (2000). Binary strings. In T. Bäck, D. Fogel, and T. Michalewicz, editors, *Evolutinary Computation 1: Basic Algorithms and Operators*, pages 132–135. IOS Press.

Bäck, T., Fogel, D., Whitley, D., and Angeline, P. (2000). Mutation operators. In T. Bäck, D. Fogel, and T. Michalewicz, editors, *Evolutinary Computation 1: Basic Algorithms and Operators*, pages 237–255. IOS Press.

Baker, E. (2001). Evolution of microcomputer-based vehicle routing software: Case studies in the United States. In P. Toth and D. Vigo, editors, *The Vehicle Routing Problem*, pages 353–362. Siam, Philadelphia.

Baker, S. and Geraghty, R. (1998). Java for business objects. In A. Carmichel, editor, *Developing Business Objects*, pages 225–237. Cambridge University Press.

Balakrishnan, N. (1993). Simple heuristics for the vehicle routeing problem with soft time windows. *Journal of the Operational Research Society*, **44**, 279–287.

Ballou, R. (1985). *Logistics management.* Prentice Hall, Englewood-Cliffs.

Ballou, R. (1991). The accuracy in estimating truck class rates for logistical planning. *Transportation Research*, **6**, 327–337.

Barabarosoglu, G. and Ozgur, D. (1998). Hierarchical design of an integrated production and 2-echelon distribution system. *European Journal of Operational Research*, **118**, 464–484.

Barratt, M. and Oliveira, A. (2001). Exploring the experiences of collaborative planning initiatives. *International Journal of Physical Distribution & Logistics Management*, **31**(4), 266–289.

Barros, A., Dekker, R., and Scholten, V. (1998). A two-level network for recycling sand: A case study. *European Journal of Operational Research*, **110**, 199–214.

Baum, H. (1997). Der volkswirtschaftliche Nutzen des Verkehrs. *Zeitschrift für Verkehrswissenschaft*, **68**, 27–51.

Baumgarten, B. (1996). *Petri-Netze: Grundlagen und Anwendungen.* Spektrum Akademischer Verlag, Heidelberg, 2nd edition.

Baumgarten, H. and Thoms, J. (2002). *Trends und Strategien in der Logistik: Supply Chains im Wandel.* Berlin.

Bazaraa, M., Sherali, H., and Shetty, C. (1979). *Nonlinear Programming.* Wiley, Chichester.

Bea, F. (2000). Wissensmanagement. *WiSt – Wirtschaftswissenschaftliches Studium*, **29**, 362–367.

Beamon, B. (1999). Measuring supply chain performance. *International Journal of Operations & Production Management*, **19**(3), 275–292.

Bechtel, C. and Jayaram, J. (1997). Supply chain management: A strategic perspective. *The International Journal of Logistics Management*, **8**(1), 15–34.

Becker, F. (1994). *Grundlagen betrieblicher Leistungsbeurteilungen: Leistungsverständnis und -prinzip, Beurteilungsproblematik und Verfahrensprobleme.* Schäffer-Poeschel, Stuttgart, 2nd edition.

Becker, J., Kugeler, M., and Rosemann, M. (2002). *Prozessmanagement.* Springer, Berlin.

Bellman, R. (1957). *Dynamic Programming.* Princeton University Press, Princeton.

Bellmann, K. (1990). *Langlebige Gebrauchsgüter.* DUV, Wiesbaden.

Berekoven, L. (1995). *Erfolgreiches Einzelhandelsmarketing.* Beck, München.

Berens, W. and Delfmann, W. (2002). *Quantitative Planung.* Schäffer-Poeschel, Stuttgart, 3rd edition.

Bergeron, F. and Raymond, L. (1992). The advantages of electronic data interchange. *Database*, **23**, 19–31.

Berry, D. and Towill, D. (1992). Material flow in electronic product based supply chains. *International Journal of Logistics Management*, **3**(2), 77–94.

Bertazzi, L. and Speranza, M. (2002). Continuous and discrete shipping strategies for the single link problem. *Transportation Science*, **36**, 314–325.

BFUB (2001). Kosten der EU-weit vorgesehenen Regelungen zur Behandlung von Elektro- und Elektronikschrott. Projektnummer B-I-01, Abschlussbericht.

Bierwirth, C. and Mattfeld, D. (1999). Production scheduling and rescheduling with genetic algorithms. *Evolutionary Computation*, **7**(1), 1–17.

Bilge, U. and Tanchoco, J. (1997). AGV systems with multi-load carriers: Basic issues and potential benefits. *Journal of Manufacturing Systems*, **16**, 159–174.

Blömer, F. (1999). *Produktionsplanung und -steuerung in der chemischen Industrie.* Gabler, Wiesbaden.

Blumenfeld, D., Burns, L., Dlitz, J., and Daganzo, C. (1985). Analysing trade-offs between transportation, inventory and production costs in freight networks. *Transportation Research B*, **19**(5), 361–380.

Blumstengel, A. (1998). *Entwicklung hypermedialer Lernsysteme.* Ph.D. thesis, Paderborn.

Blumstengel, A., Kassanke, S., and Suhl, L. (1997). Praxisorientierte Lehre im Fach Operations Research unter Einsatz einer hypermedialen Lernumgebung. *Wirtschaftsinformatik*, **39**, 555–562.

Bodendorf, F., Butscher, R., and Zimmermann, R. (2001). Konzept zur agentengestützten Auftragsüberwachung in Supply-Chains. *Logistik Management*, **3**(2/3), 13–24.

Bogaschewsky, R. (1999). Electronic Procurement – neue Wege der Beschaffung. In R. Bogaschewsky, editor, *Elektronischer Einkauf*, pages 13–40. Deutscher Betriebswirte-Verlag, Gernsbach.

Bogaschewsky, R. (2002). Virtuelle Plattformen zur Unterstützung von B2B-Partnernetzwerken. *Supply Chain Management*, **2**(1), 7–14.

Bogaschewsky, R. and Müller, H. (2002). *B2B-Marktplatzführer.* Verlagsgruppe Handelsblatt, Düsseldorf.

Böhnlein, U. and Ulbrich vom Ende, A. (1999). XML – Extensible Markup Language. *Wirtschaftsinformatik*, **41**, 275–277.

Booker, L., Fogel, D., Whitley, D., Angeline, P., and Eiben, A. (2000). Recombination. In T. Bäck, D. Fogel, and T. Michalewicz, editors, *Evolutionary Computation 1: Basic Algorithms and Operators*, pages 256–269. IOS Press.

Böse, J. and Voß, S. (2000). Informationsmanagement im Kombinierten Verkehr. In J. Daduna and S. Voß, editors, *Informationsmanagement im Verkehr*, pages 229–322. Physica, Heidelberg.

Böse, J., Gutenschwager, K., and Voß, S. (2003). Informationslogistikmanagement: Komponenten und Methoden zur Gestaltung innovativer E-Business-Prozesse. In W. Dangelmaier, T. Gajewski, and C. Kösters, editors, *Innovationen im E-Business*, pages 310–323. ALB-HNI, Paderborn.

Bowersox, D., Closs, D., Stank, T., and Keller, S. (2000). How supply chain competency leads to business success. *Supply Chain Management Review*, **4**(4), 70–78.

Bramel, J. and Simchi-Levi, D. (1999). *The Logic of Logistics*. Springer, Berlin, 2nd edition.

Brenner, W., Zarnekow, R., and Wittig, H. (1998). *Intelligente Softwareagenten – Grundlagen und Anwendungen*. Springer, Berlin.

Bretzke, W. (2002a). CEM - Entwicklungsperspektiven für Logistikdienstleister. *Supply Chain Management*, **2**(3), 27–31.

Bretzke, W. (2002b). „SCM Collaboration" und „4PL's": Bemerkungen über die Grenzen eines Paradigmas. *Logistik Management*, **4**(1), 41–44.

Bretzke, W., Stölzle, W., Karrer, M., and Ploenes, P. (2002). Vom Tracking & Tracing zum Supply Chain Event Management - aktueller Stand und Trends. Technical report, Studie der KPMG Consulting AG, Düsseldorf.

Brewer, P. and Speh, T. (2000). Using the balanced scorecard to measure supply chain performance. *Journal of Business Logistics*, **21**(1), 75–93.

Brink, A. (1988). *Operative Lager- und Bestellmengenplanung*. Eul, Köln.

Brodersen, K. (2000). Beschaffungsmarktwahl. Dissertation Köln.

Brown, T. and Bukovinsky, D. (2001). ECR and grocery retailing: An exploratory financial statement analysis. *Journal of Business Logistics*, **22**(2), 77–90.

Bruggink, B. and Buck, E. (2002). Practical aspects of implementing a Basel II-compliant economic capital framework. *Journal of Financial Regulation and Compliance*, **10**(3), 219–223.

Bruhn, M. (2001). *Relationship Marketing*. Vahlen, München.

Brummund, P. and Schwindt, P. (1985). *Struktur und Organisation des Pressevertriebs*. München.

Bullinger, H., Menrad, W., and Dietrich, J. (2000). Schwerpunkte zukünftiger Forschungsaktivitäten in der Kreislaufwirtschaft – Ergebnisse einer Unternehmensbefragung. *Industrie Management*, **16/2000**, 43–47.

Burns, A. and Bush, R. (1998). *Marketing Research*. Prentice-Hall, Upper Saddle River.

Busch, A. and Dangelmaier, W. (2002). Integriertes Supply Chain Management - ein koordinationsorientierter Überblick. In A. Busch and W. Dangelmaier, editors, *Integriertes Supply Chain Management - Theorie und Praxis effektiver unternehmensübergreifender Geschäftsprozesse*, pages 1–24. Gabler, Wiesbaden.

Busch, A. and Langemann, T. (2002). Unternehmensübergreifende Planung als Schnittstelle zwischen CRM und SCM. In S. Helmke, M. Uebel, and W. Dangelmaier, editors, *Effektives Customer Relationship Management*, pages 419–433. Gabler, Wiesbaden, 2nd edition.

Buzacott, J. (1999). The structure of manufacturing systems: Insights on the impact of variability. *International Journal of Flexible Manufacturing Systems*, **11**, 127–146.

BVSE (1998). Elektronikschrottrecycling – Fakten, Zahlen und Verfahren. Technical report, Bundesverband für Sekundärrohstoffe und Entsorgung e.V.

Campbell, J., Ernst, A., and Krishnamoorthy, M. (2002). Hub location problems. In Z. Drezner and H. Hamacher, editors, *Facility Location – Applications and Theory*, pages 373–407. Springer, Berlin.

Caplice, C. and Sheffi, Y. (1995). A review and evaluation of logistics performance measurement systems. *The International Journal of Logistics Management*, **6**(1), 437–458.

Carson, Y. and Maria, A. (1997). Simulation optimization: Methods and applications. In S. Andradottir, K. Healy, D. Withers, and B. Nelson, editors, *Proceedings of the 1997 Winter Simulation Conference*, pages 118–127. Association for Computing Machinery, New York.

Carter, C. and Ellram, L. (1998). Reverse logistics: A review of the literature and framework for further investigations. *Journal of Business Logistics*, **19**(1), 85–102.

Chakravarthy, B. (1986). Measuring strategic performance. *Strategic Management Journal*, **7**(5), 437–458.

Chan, F. and Qi, H. (2002). A fuzzy basis channel-spanning performance measurement method for supply chain management. *Proceedings of the Institution of Mechanical Engineers - Part B*, **216**(8), 1155–1167.

Chandra, C. (2002). E-management of supply chain: general models taxonomy. *Human Systems Management*, **21**(2), 95–113.

Chandra, C. and Kumar, S. (2000). Supply chain management in theory and practice: a passing fad or fundamental change? *Industrial Management & Data Systems*, **100**(3/4), 100–113.

Chang, C., Liu, P., and Wei, C. (2001). Failure mode and effects analysis using grey theory. *Integrated Manufacturing Systems*, **12**(3), 211–216.

Chester, T. (2001). Cross-plattform integration with XML and SOAP. *IT Professional*, **3**(5), 26–34.

Chopra, S. and Meindl, P. (2001). *Supply Chain Management. Strategy, Planning, and Operation.* Prentice-Hall, Upper Saddle River.

Christ, A. and Lutz, A. (2000). Luftschiffe für den Schwertransport. *Internationales Verkehrswesen*, **52**, 103–104.

Christofides, N. (1985). Vehicle routing. In E. Lawler, J. Lenstra, A. Rinnooy Kan, and D. Shmoys, editors, *The Traveling Salesman Problem*, pages 431–448. Wiley, Chichester.

Christofides, N., Mingozzi, A., and Toth, P. (1979). The vehicle routing problem. In N. Christofides, A. Mingozzi, P. Toth, and C. Sandi, editors, *Combinatorial Optimization*, pages 315–338. Wiley, Chichester.

Christopher, M. (1992). *Logistics and Supply Chain Management.* Pitman, London.

Christopher, M. (1998). *Logistics and Supply Chain Management.* Prentice Hall, Harlow, 2nd edition.

Christopher, M. and Ryals, L. (1999). Supply chain strategy: Its impact on shareholder value. *The International Journal of Logistics Management,* **10**(1), 1–10.

Christopher, M. and Towill, D. (2000). Supply chain migration from lean and functional to agile and customized. *Supply Chain Management: An International Journal,* **5**(4), 206–213.

Chryssos, G. (1999). Qualitäts- und Umweltmanagement im Elektronikschrottrecycling – Gratwanderung zwischen Umweltschutz und Wirtschaftlichkeit. In VDI, editor, *Ganzheitliches Recycling elektr(on)ischer Produkte. Tagung Düsseldorf, 27.4.1999,* pages 99–109.

Church, L. and Uzsoy, R. (1992). Analysis of periodic and event-driven rescheduling policies in dynamic shops. *International Journal of Computer Integrated Manufacturing,* **5**(2), 153–163.

Clarke, G. and Wright, J. (1964). Scheduling of vehicles from a central depot to a number of delivery points. *Operations Research,* **12**, 568–581.

CMC (2003). `www.cmc-essen.de/konzept/konzept1_herausforderungen.html`, Konzept und Ziele des CMC (Center for Multi-Channel-Management), 2003-05-09. Technical report.

Coase, R. (1937). The nature of the firm. *Economica (New Ser.),* **4**, 386–405.

Cohen, M. and Agrawal, N. (1999). An anlytical comparison of long and short term contract. *IIE Transaction,* **31**, 783–796.

Cohen, M. and Lee, H. (1988). Strategic analysis of integrated production-distribution systems: models and methods. *Operations Research,* **36**, 216–228.

Cokins, G. (1996). *Activity Based Cost Management: Making It Work.* McGraw-Hill, New York.

Cokins, G. (2001). Measuring costs across the supply chain. *Cost Engineering,* **43**(10), 25–31.

Cooke, J. (1998a). Into the great wide open. *Logistics Management and Distribution Report,* **37**(10), 84–87.

Cooke, J. (1998b). VMI: very mixed impact? *Logistics Management and Distribution Report,* **37**(12), 51–53.

Cooke, J. (1999). CPFR – the countdown begins. *Logistics Management and Distribution Report,* **38**(11), 59–61.

Cooper, M. and Ellram, L. (1993). Characteristics of supply chain management and the implications for purchasing and logistics strategy. *The International Journal of Logistics Management,* **4**(2), 13–24.

Corsten, H. (2000). *Einführung in das industrielle Produktionsmanagement.* Oldenbourg, München, 9th edition.

Corsten, H. and Gössinger, R. (2000). Opportunistische Koordinierung bei Werkstattfertigung - Ein multiagentensystemgestützter Lösungsansatz. In U. Götze, B. Mikus, and J. Bloech, editors, *Management und Zeit,* pages 493–540.

Corsten, H. and Reiss, M. (1991). Recycling in PPS-Systemen. *Die Betriebswirtschaft*, **51**, 615–627.

Coughlan, A., Anderson, E., and Stern, P. (2001). *Marketing Channels*. Prentice-Hall, Upper Saddle River, 6th edition.

Curiel, I. (1997). *Cooperative Game Theory*. Kluwer, Boston.

Daduna, J. (2000). Logistische Strukturen und Prozesse. In P. Ammann, J. Daduna, G. Schmid, and P. Winkelmann, editors, *Distributions- und Verkaufspolitik*, pages 281–310. Fortis, Köln.

Daduna, J. (2001). Planung und Steuerung im Straßengütertransport unter dem Einfluß von Informationstechnologien. In H. Sebastian and T. Grünert, editors, *Logistik Management – Supply Chain Management und e-Business*, pages 257–269. Teubner, Stuttgart.

Daduna, J. and Voß, S. (2000). Informationsmanagement im Verkehr. In J. Daduna and S. Voß, editors, *Informationsmanagement im Verkehr*, pages 1–21. Physica, Heidelberg.

Daganzo, C. (1999). *Logistic Systems Analysis*. Springer, Berlin, 3rd edition.

Dangelmaier, W., Busch, A., Lange, H., and Langemann, T. (2002a). *Marktstudie: Standardsoftware zum Collaborative Supply Chain Management*. ALB-HNI, Paderborn.

Dangelmaier, W., Gajewski, T., Pape, U., and Rüther, M. (2002b). Multi-Agenten-Systeme als Ansatz zur Optimierung der Supply Chain. *WISU – Das Wirtschaftsstudium*, **31**, 552–563.

Dangelmaier, W., Krebs, W., Pape, U., and Rüther, M. (2002c). Optimierung einer Wertschöpfungskette am Beispiel der Frachtkostenoptimierung im Projekt CoagenS. In A. Busch and W. Dangelmaier, editors, *Integriertes Supply Chain Management - Theorie und Praxis effektiver unternehmensübergreifender Geschäftsprozesse*, pages 455–470. Gabler, Wiesbaden.

Dantzig, G. and Ramser, J. (1959). The truck dispatching problem. *Management Science*, **6**, 80–91.

Dantzig, G., Fulkerson, D., and Johnson, S. (1954). Solution of a large-scale traveling-salesman problem. *Operations Research*, **2**, 393–410.

Darkow, I. and Schupp, F. (2002). Controlling für das E-Procurement. In R. Hossner, editor, *Jahrbuch der Logistik 2002*, pages 194–199. Verlagsgruppe Handelsblatt, Düsseldorf.

Davidow, W. and Malone, M. (1993). *Das virtuelle Unternehmen. Der Kunde als Co-Produzent*. Campus, Frankfurt/Main.

Davis, L. (1991). *Handbook of Genetic Algorithms*. Van Nostrand Reinhold, New York.

Davis, S., Halstead-Nussloch, R., Kovacs, Z., and Large, R. (2001). Weite Verbreitung – einfache Anwendungen. *Beschaffung aktuell*, **5/01**, 34–38.

de Backer, B., Furnon, V., Kilby, P., Prosser, P., and Shaw, P. (2000). Solving vehicle routing problems using constraint programming and metaheuristics. *Journal of Heuristics*, **6**, 500–523.

de Brito, M., Flapper, S., and Dekker, R. (2002). *Reverse Logistics: a review of case studies*. Econometric Institute.

De Koster, R. and van der Meer, J. (2002). On-line versus off-line control with multi-load vehicles. In A. Klose, M. Speranza, and L. van Wassenhove, editors, *Quantitative Approaches to Distribution Logistics and Supply Chain Management*, pages 331–355. Springer, Berlin.

de Vries, S. and Vohra, R. (2003). Combinatorial auctions: A survey. *INFORMS Journal on Computing*, **15**.

Deb, K. (2000). Introduction to selection. In T. Bäck, D. Fogel, and T. Michalewicz, editors, *Evolutinary Computation 1: Basic Algorithms and Operators*, pages 166–171. IOS Press.

Deimel, K. (2002). Shareholder Value – Kennzahlen und wertorientierte Unternehmenssteuerung. *WISU – Das Wirtschaftsstudium*, **31**, 506–510.

Desaulniers, G., Desrosiers, J., Ioachim, I., Solomon, M., Soumis, F., and Villeneuve, D. (1998). A unified framework for deterministic time constrained vehicle routing and crew scheduling problems. In T. Crainic and G. Laporte, editors, *Fleet Management and Logistics*, pages 57–93. Kluwer, Boston.

Desaulniers, G., Desrosiers, J., and Solomon, M. (2002). Acceleration strategies in column generation for vehicle routing and crew scheduling problems. In C. Ribeiro and P. Hansen, editors, *Essays and Surveys in Metaheuristics*, Operations Research/Computer Science Interfaces Series, pages 309–324. Kluwer, Boston.

Desrochers, M., Lenstra, J., and Savelsbergh, M. (1990). A classification scheme for vehicle routing and scheduling problems. *European Journal of Operational Research*, **46**, 322–332.

Diaby, M. and Ramesh, R. (1995). The distribution problem with carrier service: A dual based penalty approach. *ORSA Journal on Computing*, **7**, 24–34.

Dicken, P. (1998). *Global Shift - Transforming the World Economy*. Chapman, London, 3rd edition.

Dillmann, R. (2002). Strategic vehicle routing in practice – A pure software problem or a problem requiring scientific advice? Routing problems of daily deliveries to the same customers. In A. Klose, G. Speranza, and L. van Wassenhove, editors, *Quantitative Approaches to Distribution Logistics and Supply Chain Management*, pages 287–305. Springer, Berlin.

Dogan, K. and Goetschalckx, M. (1998). A primal decomposition method for the integrated design of multi-period production-distribution systems. *IIE Transactions*, **31**, 1027–1036.

Doherty, N., Ellis, C. F., and Hart, C. (1999). Cyber retailing in the UK: The potential of the internet as a retail channel. *International Journal of Retailing & Distribution Management*, **27**(1), 22–36.

Dombrowski, U., Bauer, A., and Bothe, T. (2002). Lebenszyklusorientiertes Ersatzteilmanagement. *Industriemanagement*, **2/2002**, 55–59.

Domschke, W. (1997). *Logistik: Rundreisen und Touren*. Oldenbourg, München, 4th edition.

Domschke, W., Scholl, A., and Voß, S. (1997). *Produktionsplanung*. Springer, Berlin, 2nd edition.

DORIS Domino EDV-Kommunikation (2003). Disponenten – Online – Regie – und Informationssystem, `http://www.mylogistics.net/`, 10.02.2003.

Drenkard, F. (1989). Planung in der chemischen Industrie. In N. Szyperski and U. Wienand, editors, *Handwörterbuch der Planung*. Schäffer-Poeschel, Stuttgart.

Driesch, H., Van Oyen, J., and Flapper, S. (1997). Control of the Daimler-Benz MTR product recovery operation. In K. Inderfurth, M. Schenk, and D. Ziems, editors, *Logistik auf Umweltkurs: Chancen und Herausforderungen*, pages 157–166.

Dubs, R. (1995). *Lehrerverhalten*. SKV, Zürich.

Durtsche, D., Keebler, J., and Ledyard, M. (1999). *Keeping Score: Measuring the Business Value of Logistics in the Supply Chain*. Oak Brook.

Dyckhoff, H. (2000). *Grundzüge der Produktionswirtschaft – Einführung in die Theorie der betrieblichen Wertschöpfung*. Springer, Berlin, 3rd edition.

Ebers, M. and Gotsch, W. (1999). Institutionenökonomische Theorien der Organisation. In A. Kieser, editor, *Organisationstheorien*, pages 199–249. Kohlhammer.

EC (2001). Proposal for a directive of the european parliament and of the council on waste electrical and electronic equipment. brussels commission proposals, document 500pc0347(01). Technical report, European Commission.

Eccles, R. (1991). The performance measurement manifesto. *Harvard Business Review*, **69**(Jan/Feb), 131–137.

Eccles, R., Herz, R., and Keegan, E. (2001). *The Valuereporting Revolution*. New York.

ECR Europe (2001). A guide to CPFR implementation. Technical report.

Egbelu, P. and Tanchoco, J. (1984). Characterization of automatic guided vehicle dispatching rules. *International Journal of Production Research*, **22**, 359–374.

Ellinger, A., Lynch, D., Andzulis, J., and Smith, R. (2003). B-To-B E-commerce: A content analytical assessment of motor carrier websites. *Journal of Business Logistics*, **24**(1), 199–220.

Elmaghraby, W. (2000). Supply contract competition and sourcing policies. *Manufacturing and Service Operations Management*, **2**(4), 350–371.

Emmelhainz, M. (1998). Strategic issues of EDI implementation. *Journal of Business Logistics*, **19**(2), 55–70.

Emmerich, W. (2000). Software-engineering and middleware: A roadmap. In A. Finkelstein, editor, *22nd International Conference on Software Engineering*, pages 119–129. ACM Press.

Eppen, G. (1979). Effects of centralization on expected costs in a multi-location newsboy problem. *Management Science*, **25**, 498–501.

Erdmann, M. (1999). *Konsolidierungspotentiale von Speditionskooperationen*. DUV, Wiesbaden.

Erkens, E. and Kopfer, H. (2001). WAP-LOG: Ein System zur mobilen Fahrzeugeinsatzsteuerung und Auftragsfortschrittskontrolle. In H. Sebastian and T. Grünert, editors, *Logistik Management – Supply Chain Management und e-Business*, pages 293–303. Teubner, Stuttgart.

Ernst, M. and Walpukis, D. (1997). *Telekommunikation und Verkehr*. Vahlen, München.

Erskine, J., Leenders, M., and Mauffette-Leenders, L. (1998). *Teaching with Cases*. Ivey Publishing, London.

Eßig, M. (1999). *Cooperative Sourcing*. Lang, Frankfurt am Main.

Ester, B. (1997). *Benchmarks für die Ersatzteillogistik*. Erich Schmidt, Berlin.

ETC (2001). Schwergut-Transportverlagerung Straße / Binnenschiffahrt mit neuer RoRo-Technologie. Technical report, ETC Transport Consultants GmbH, Gutachten im Auftrag der Deutschen Binnenreederei AG.

EU (2003). Directive 2002/96/EC of the European Parliament and of the Council on Waste Electrical and Electronic Equipment (WEEE), PE-CONS 3663/2/02 Rev2, 27.01.2003.

Euro Telematik AG (2003). TransWatch die Dispositions-Zentrale, `http://www.eurotelematik.de/`, 10.02.2003.

EUWID (2001). MVFE: Vereinigung für E-Geräterecycling. *Europäischer Wirtschaftsdienst*, **46**(13.11.2001), 5.

Evans, J. and Olson, D. (2002). *Introduction to Simulation and Risk Analysis*. Prentice Hall, Upper Saddle River, 2nd edition.

Ewers, H. and Holzhey, M. (1998). Strategien der Akteure im Kombinierten Ladungsverkehr. In K. Hartwig, editor, *Kombinierter Verkehr*, pages 7–34. Vandenhoeck & Rupprecht, Göttingen.

Ewert, R. and Wagenhofer, A. (2002). *Interne Unternehmensrechnung*. Springer, Berlin, 5th edition.

Ey, H., Sackmann, D., Mutz, M., and Sauer, J. (2000). Adaptive job-shop scheduling with routing and sequencing flexibility using expert knowledge and coloured petrinets. *IEEE Conference on Systems, Man, and Cybernetics, Nashville TN, October 8-11, 2000*, pages 3212–3217.

Fagerholt, K. (2001). Ship scheduling with soft time windows: An optimisation based approach. *European Journal of Operational Research*, **131**, 559–571.

Fandel, G. (1991). *Theory of Production Costs*. Springer, Berlin.

Fandel, G. and Lorth, M. (2001). Produktion und Logistik. In P. Jost, editor, *Die Prinzipal-Agenten-Theorie in der Betriebswirtschaftslehre*, pages 273–329. Schäffer-Poeschel, Stuttgart.

Fandel, G., François, P., and Gubitz, K. (1997). *PPS-. und integrierte betriebliche Softwaresysteme – Grundlagen, Methoden, Marktanalyse*. Springer, Berlin, 2nd edition.

Farn, C. and Muhlemann, A. (1979). The dynamic aspects of a production scheduling problem. *International Journal of Production Research*, **17**, 12–21.

Ferber, J. (2001). *Multiagentensysteme – Eine Einführung in die Verteilte Künstliche Intelligenz*. Addison-Wesley, München. Deutsche Übersetzung von Stefan Kirn.

Ferrer, G. (1997). The economics of tire remanufacturing. *Resources, Conservation and Recycling*, **19**, 221–255.

Ferrer, G. (2001). On the widget remanufacturing operation. *European Journal of Operational Research*, **135**, 373–393.

Fiat, A. and Woeginger, G. (1998). *Online-algorithms: The state of the art.* Springer, Berlin.

FIBAA (2002). Qualitätsstandards der FIBAA für Studienprogramme mit dem Abschluss Master of Business Administration (MBA) in Deutschland, Österreich und der Schweiz, 06. März 2002, Fassung: 05. September 2000. `http://www.fibaa.de/ger/downlo/MBA-Standards.pdf`, Stand 11.11.2002. Technical report.

Fine, C. (2000). Clockspeed-based strategies for supply chain design. *Production and Operations Management*, **9**(3), 213–221.

Fischer, F. and Mandl, H. (2000). *Lehren und Lernen mit neuen Medien.* München: Ludwig-Maximilians-Universität, Lehrstuhl für Empirische Pädagogik und Pädagogische Psychologie; Forschungsbericht 125.

Fisher, M. (1997). What is the right supply chain for your product? *Harvard Business Review*, **75**(2), 105–116.

Fisher, M. and Jaikumar, R. (1981). A generalized assignment heuristic for vehicle routing. *Networks*, **11**, 109–124.

FleetBoard (2003). DaimlerChrysler Services FleetBoard GmbH, Flottenmanagement mit IQ, `http://www.fleetboard.info/`, 09.02.2003.

Fleisch, E. (2001). *Das Netzwerkunternehmen.* Springer, Berlin.

Fleischmann, B. (1999). Kooperation von Herstellern in der Konsumgüterdistribution. In J. Engelhard and E. Sinz, editors, *Kooperation im Wettbewerb*, pages 167–186. Gabler, Wiesbaden.

Fleischmann, B. (2000). Distribution and transport planning. In H. Stadtler and C. Kilger, editors, *Supply Chain Management and Advanced Planning*, pages 167–182. Springer, Berlin.

Fleischmann, B., Meyr, H., and Wagner, M. (2002). Advanced planning. In H. Stadtler and C. Kilger, editors, *Supply Chain Management and Advanced Planning*, pages 71–96. Springer, Berlin, 2nd edition.

Fleischmann, M. (2001). *Quantitative Models for Reverse Logistics.* Springer, Berlin.

Fleischmann, M., Van Nunen, J., and Gräve, B. (2001). Integrating closed-loop supply chains and spare parts management at IBM. Technical Report ERIM Report Series Research in Management, ERS-2002-107-LIS, Rotterdam.

Fliedner, G. (2003). CPFR: an emerging supply chain tool. *Industrial Management and Data Systems*, **1**(103), 14–21.

Fog, M., Skov, M., and Jenster, P. (1999). Integration af internettet i firmaets forretningsstrategi: teoretiske og praktiske vurderinger fra en industriel virksomhed. *Ledelse & Erhervsøkonomi*, **62**(3), 191–213.

Forrester, J. (1961). *Industrial Dynamics.* MIT Press, Cambridge.

Frank, C. (2000). *Handbuch zur Berücksichtigung frauenspezifischer Lerninteressen in VORMS.* Paderborn.

Frank, C., Kassanke, S., and Suhl, L. (2002). Meeting students' expectations and realizing pedagogical goals within the development of a virtual learning environment. *Proceedings of Elearn, World Conference on E-learning in Corporate, Government, Healthcare, & Higher Education, Montreal, Canada, October 2002.*

Frank, C., Reiners, T., and Suhl, L. (2003). Implementing an online version of the case method: A qualitative evaluation. *ICDE World Conference on Open Learning and Distance Education, Hong Kong, China, Juni 2003.*

Fransoo, J. and Wouters, M. (2000). Measuring the bullwhip effect in the supply chain. *Supply Chain Management*, **5**(2), 78–89.

Fraser, J. (2002). CPFR-Status im Konsumgütersektor. In D. Seifert, editor, *Collaborative Planning, Forecasting, and Replenishment*, pages 117–138. Amacom, Bonn.

Fraza, V. (1998). Streamlining the channel. *Industrial Distribution*, **97**(9), 73–74.

Frese, E. and Heppner, K. (1995). *Ersatzteilversorgung: Strategie und Organisation.* TCW, München.

Fuermann, T. (1997). *Prozeßmanagement: Anleitung zur ständigen Verbesserung der Prozesse im Unternehmen.* Hanser, Wien.

Fürst, K. and Schmidt, T. (2001). Turbulent markets need flexible supply chain communication. *Production Planning & Control*, **12**(5), 525–533.

Furubotn, E. and Pejovich, S. (1972). Property rights and economic theory: A survey of recent literature. *Journal of Economic Literature*, **10**, 1137–1162.

Gaitanides, M., Scholz, R., Vrohlings, A., and Raster, M. (1994). *Prozeßmanagement.* Hanser, Wien.

Gendreau, M., Hertz, A., and Laporte, G. (1992). New insertion and postoptimization procedures for the traveling salesman problem. *Operations Research*, **40**, 1086–1094.

Gendreau, M., Hertz, A., and Laporte, G. (1994). A tabu search heuristic for the vehicle routing problem. *Management Science*, **40**, 1276–1290.

Geoffrion, A. and Powers, R. (1993). 20 years of strategic distribution system design. Technical Report 431, University of Southern California.

Geyer, R. and Van Wassenhove, L. (2000). *Product Take-Back and Component Reuse.* CISMO 12, Fontainebleau.

Gietz, M. (1994). *Computergestützte Tourenplanung mit zeitkritischen Restriktionen.* Physica, Heidelberg.

Gillett, B. and Miller, L. (1974). A heuristic algorithm for the vehicle-dispatch problem. *Operations Research*, **22**, 340–349.

Glantschnig, E. (1994). Merkmalsgestützte Lieferantenbewertung. Dissertation Köln.

Gleich, R. (2001). *Das System des Performance Measurement: Theoretisches Grundkonzept, Entwicklungs- und Anwendungsstand.* München.

Gleißner, H. (2000). *Logistikkooperationen zwischen Industrie und Handel.* Göttingen.

Glover, F. and Laguna, M. (1997). *Tabu Search.* Kluwer, Boston.

Goetschalckx, M. and Vidal, C. (1997). Strategic production-distribution models: a critical review with emphasis on global supply chain models. *European Journal of Operational Research*, **98**, 1–18.

Goh, T. and Varaprasad, N. (1986). A statistical methodology for the analysis of the life-cycle of reusable containers. *IIE Transactions*, **18**, 42–47.

Goldberg, D. (1989). *Genetic Algorithms.* Addison-Wesley, Reading.

Goldratt, E. and Cox, J. (1998). *The Goal.* McGraw Hill, Cambridge, 2nd edition.

Gomber, P., Schmidt, C., and Weinhardt, C. (1997). Elektronische Märkte für die dezentrale Transportplanung. *Wirtschaftsinformatik*, **39**, 137–145.

Göpfert, I. (2001). Logistik-Weiterbildung an Wissenschaftlichen Hochschulen und Universitäten. Technical report, Marburg. Schlußbericht.

Göpfert, I. (2002a). Auf dem Weg zu einem universitären Weiterbildungsstudiengang. In R. Hossner, editor, *Logistik Jahrbuch 2002.* Düsseldorf.

Göpfert, I. (2002b). Einführung, Abgrenzung und Weiterentwicklung des Supply Chain Managements. In A. Busch and W. Dangelmaier, editors, *Integriertes Supply Chain Management – Theorie und Praxis effektiver unternehmensübergreifender Geschäftsprozesse*, pages 25–44. Gabler, Wiesbaden.

Göpfert, I. and Platt, J. (2003). Erarbeitung des Rahmenkonzepts für den Logistik-Weiterbildungsstudiengang durch eine interdisziplinäre Arbeitsgruppe. Technical report, Marburg. Schlußbericht.

Grötschel, M., Krumke, S., Rambau, J., Winter, T., and Zimmermann, U. (2001). Combinatorial online optimization in real time. In M. Grötschel, S. Krumke, and J. Rambau, editors, *Online Optimization of large scale systems*, pages 679–704. Springer, Berlin.

Gruhn, V. and Thiel, A. (1998). *Komponentenmodelle.* Addison Wesley, München.

Grünert, T. (2002). Lagrangean tabu search. In C. Ribeiro and P. Hansen, editors, *Essays and Surveys in Metaheuristics*, Operations Research/Computer Science Interfaces Series, pages 379–397. Kluwer, Boston.

Grünert, T., Sebastian, H., Drexl, M., Funke, B., Hartmann, M., and Irnich, S. (2002). Endbericht Projekt Tourenplanung „Danzas Euronet GmbH". Unveröffentlichter interner Bericht. Lehr- und Forschungsgebiet Operations Research und Logistik Management, RWTH Aachen.

Grüning, M. (2002). *Performance Measurement-Systeme – Messung und Steuerung von Unternehmensleistung.* DUV, Wiesbaden.

Grunow, M., Günther, H., and Lehmann, M. (2003). Dispatching multi-load AGVs in highly automated seaport container terminals. *OR Spectrum.* To appear.

Guide, V. (2000). Production planning and control for remanufacturing: industry practice and research needs. *Journal of Operations Management*, **18**, 467–483.

Guide, V. and Van Wassenhove, L. (2002). The reverse supply chain. *Harvard Business Review.* February 2002.

Guide, V., Srivastava, R., and Kraus, M. (2000a). Priority scheduling policies for repair shops. *International Journal of Production Research*, **38**, 929–950.

Guide, V., Jayaraman, V., Srivastava, R., and Benton, W. (2000b). Supply chain management for recoverable manufacturing systems. *Interfaces*, **30**(3), 125–142.

Guide, V., Teutner, R., and Van Wassenhove, L. (2001). *Matching Supply and Demand to Maximize Profits from Remanufacturing*. Centre for Integrated Manufacturing and Service Operations, Fontainebleau.

Gungor, A. and Gupta, S. (2002). Disassembly line in product recovery. *International Journal of Production Research*, **40**, 2569–2589.

Günther, H. (1991). Bestellmengenplanung aus logistischer Sicht. *Zeitschrift für Betriebswirtschaft*, **61**, 641–666.

Günther, H., Krüger, H., and Schrecker, A. (2001). Einsatzplanung Fahrerloser Transportsysteme – untersucht an einem Praxisfall aus dem Spezialmaschinenbau. *Logistik Management*, **3**(1), 43–53.

Günther, T. (1997). *Unternehmenswertorientiertes Controlling*. München.

Günther, T., Landrock, B., and Muche, T. (2000). Gewinn- versus unternehmenswertbasierte Performancemaße – Eine empirische Untersuchung auf Basis der Korrelation von Kapitalmarktrenditen. Teil II: Datenaufbereitung, Ergebnisse und Schlussfolgerungen. *Controlling*, **12**(3), 129–134.

Gupta, S. and Taleb, K. (1994). Scheduling disassembly. *International Journal of Production Research*, **32**, 1857–1866.

Gutenberg, E. (1969). *Grundlagen der Betriebswirtschaftslehre, Band 1, Die Produktion*. Springer, Berlin, 16th edition.

Gutenschwager, K. (2002). *Online-Dispositionssysteme in der Lagerlogistik*. Physica, Heidelberg.

Haehling von Lanzenauer, C. and Trela, J. (2003). Fallstudien und E-Learning: Möglichkeiten und Grenzen der Interaktivität. In L. Suhl and S. Voß, editors, *E-Learning in Wirtschaftsinformatik und Operations Research. DSOR Beiträge zur Wirtschaftsinformatik*, volume 1, pages 117–131. BoD, DSOR Lab, Paderborn.

Hahn, D. (2000). Problemfelder des Supply Chain Management. *ZWF-Zeitschrift für wirtschaftlichen Fabrikbetrieb*, **4**, 174–178.

Hall, R. (1987). Comparison of strategies for routing shipments through transportation terminals. *Transportation Research A*, **21**, 421–429.

Hallier, B. (1997). ECR – Der Wal Mart-Mythos. *THEXIS*, **14**(4), 45–47.

Halstrick-Schwenk, M. (2000). Umfang und Struktur der Entsorgungswirtschaft im Bereich Elektroaltgeräte/ Elektronikschrott in Deutschland – Ergebnisse einer Unternehmensbefragung. RWI-Papiere Nr 65. Rheinisch-Westfälisches Institut für Wirtschaftsforschung.

Hansmann, K. (1998). *Umweltorientierte Betriebswirtschaftslehre*. Gabler, Wiesbaden.

Harrington, L. (2002). Planning for profit. *Transportation & Distribution*, **43**(5), 58–62.

Harrington, L. (2003). Steps to success with CPFR. *Transportation & Distribution*, **44**(4), 50–52.

Hart, C., Doherty, N., and Ellis-Chadwick, F. (2000). Retailer adoption of the internet - implications for retail marketing. *European Journal of Marketing*, **34**(8), 954–975.

Hartmann, H., Pahl, H., and Spohrer, H. (1997). *Lieferantenbewertung – aber wie?* Deutscher Betriebswirte Verlag, Gernsbach, 2nd edition.

Hartmann, M. (2002). *Modellierung und Optimierung von Komplettladungstransporten am Beispiel der Danzas Euronet GmbH.* Master's thesis, Lehr- und Forschungsgebiet Operations Research und Logistik Management, RWTH Aachen.

Hauber, R. (2002). *Performance Measurement in der Forschung und Entwicklung – Konzeption und Methodik.* Wiesbaden.

Hazemi, R. (1998). *The Digital University: Reinventing the Academy (Computer Supported Cooperative Work).* Springer, London.

Heinemann, G. (1997). Kooperative Effizienzstrategien im Absatzkanal – was der Handel bei ECR bedenken sollte. *THEXIS*, **14**(4), 38–40.

Hertz, D. and Thomas, H. (1983). *Risk Analysis and Its Applications.* Wiley, Chichester.

Hesselbach, J. and Ohlendorf, M. (2002). Optimization of comprehensive disassembly systems based on simulation experiments. In *Proceedings of the International Symposium Going Green - CARE INNOVATION.* Wien, November 25 - 28, 2002.

Hesselbach, J., Herrmann, C., and Kang, H. (2000). *Recyclingorientierte Produktentwicklung – Bewertung und Lösungswissen. Recyclingorientierte Entwicklung technischer Produkte 2000, Management komplexer Zielkonflikte.* VDI Verlag, Düsseldorf.

Hesselbach, J., Herrmann, C., Ohlendorf, M., and Graf, R. (2001). Approach of substance flow oriented closed loop supply chain management in the electric and electronic equipment industry. *Proceedings of EcoDesign 2001 (IEEE)*, pages 725–728.

Hesselbach, J., Mansour, M., and Graf, R. (2002a). Erweitertes Supply Chain Management durch ganzheitliches Ersatzteilmanagement. In M. Schenk, D. Ziems, and K. Inderfurth, editors, *8. Magdeburger Logistiktagung – Logistikplanung und -management*, pages 225–246.

Hesselbach, J., Mansour, M., and Graf, R. (2002b). Reuse of components for the spare part management in the automotive electronics industry after end-of-production. *9th CIRP International Sem. LCS 2002 Erlangen*, pages 191–197.

Hetzel Elektronik-Recycling GmbH (2001). Konzeption und Realisierung eines industriell geprägten Verwertungsbetriebs für Elektronik-Altgeräte. Teilvorhaben 2 im Verbundprojekt IREAK, Schlussbericht.

Heydt, A. (1998). *Efficient Consumer Response.* Lang, Frankfurt a.M., 3rd edition.

Hieber, R. (2002). Collaborative performance measurement in logistics networks - the model, approach and assigned KPIs. *Logistik Management*, **4**(2), 25–33.

Hill, T. (1994). *Manufacturing Strategy: Text and Cases.* Irwin Inc., Chicago, 2nd edition.

Hillman, A. and Keim, G. (2001). Shareholder value, stakeholder management, and social issues: What's the bottom line? *Strategic Management Journal*, **22**(2), 125–139.

Hippner, H. and Wilde, K. (2002). CRM – Ein Überblick. In S. Helmke, M. Uebel, and W. Dangelmaier, editors, *Effektives Customer Relationship Management*, pages 3–37. Wiesbaden, 2nd edition.

Hoffmann, J. and Mehra, S. (2000). Efficient consumer response as a supply chain stratgey für grocery business. *International Journal of Service Industry Management*, **11**(4), 365–373.

Hoffmann, O. (2000). *Performance Management – Systeme und Implementierungsansätze.* Haupt, Bern, 2nd edition.

Hofstede, G. (1993). *Interkulturelle Zusammenarbeit. Kulturen - Organisationen - Management.* Gabler, Wiesbaden.

Holmström, J. (1998). Implementing vendor-managed inventory the efficient way. *Production and Inventory Management Journal*, **39**(3), 1–5.

Huber, A. (2001). *Demontageplanung und -steuerung: Planung und Steuerung industrieller Demontageprozesse mit PPS-Systemen.* Shaker, Aachen.

Hucht, A. (1998). *Beitrag zur Entwicklung einer flexiblen, robotergestützten Demontagezelle für Bildschirmgeräte.* Verlag Praxiswissen, Dortmund.

Hungenberg, H. (2001). *Strategisches Management in Unternehmen. Ziele – Prozesse – Verfahren.* Gabler, Wiesbaden, 2nd edition.

Hunt, S. and Morgan, R. (1994). Relationship marketing in the era of network competition. *Marketing Management*, **3**(1), 19–28.

Hwang, H. and Kim, S. (1998). Development of dispatching rules for automated guided vehicle systems. *Journal of Manufacturing Systems*, **17**, 137–143.

IBM (2002). Rücknahmeprogramm: Rücknahme von IBM-Altgeräten. `http://www5.ibm.com/de/umwelt/ruecknahme/index.html`, 07.10.2002.

IDS Scheer AG, editor (2002). *Strategische Wettbewerbsvorteile durch CPFR?* Saarbrücken.

IDS Scheer AG and Pierre Audoin Consultants, editors (2003). *Welches sind die wichtigsten Themen beim Geschäftsprozessmanagement.* Saarbrücken-München.

IEEE (2003). IEEE P1484.12: Standard for Learning Object Metadata. http://ltsc.ieee.org/doc/index.html. 31.03.2003.

Ihde, G. (2001). *Transport, Verkehr, Logistik.* Vahlen, München, 3rd edition.

Ihde, G., Merkel, H., and Henning, R. (1999). *Ersatzteillogistik: Theoretische Grundlagen und praktische Handhabungen.* Hussverlag, München.

ILOG (1999). *ILOG Dispatcher 2.1: User's Manual.* ILOG S.A., 2.1 edition.

Inderfurth, K. (2002). Product recovery behavior in a closed-loop supply chain. Technical report, University of Magdeburg.

Inderfurth, K. and Minner, S. (2001). Produktion und Logistik. In P. Jost, editor, *Die Spieltheorie in der Betriebswirtschaftslehre*, pages 307–349. Schäffer-Poeschel, Stuttgart.

Ip, W., Huang, M., Yung, K., and Dingwei, W. (2003). Genetic algorithm solution for a risk-based partner selection problem in a virtual enterprise. *Computers & Operations Research*, **30**, 213–231.

Isermann, H. (1998). Grundlagen eines systemorientierten Logistikmanagements. In H. Isermann, editor, *Logistik - Gestaltung von Logistikprozessen*, pages 21–60. Moderne Industrie, Landsberg a.L., 2nd edition.

Ivisic, R. (2001). *Management Kreislauforientierter Entsorgungskonzepte – Erfolgsfaktoren und Gestaltungsinstrumente.* Ph.D. thesis.

Jayaraman, V., Guide, V., and Srivastava, R. (1999). A closed-loop logistics model for remanufacturing. *Journal of the Operational Research Society*, **50**, 497–508.

Johnson, M. (2001). Learning from toys: Lessons in managing supply chain risk from the toy industry. *California Management Review*, **43**(3), 106–124.

Johnson, T. and Kaplan, R. (1987). *Relevance Lost – The Rise and Fall of Management Accounting.* Harvard Business School Press, Boston.

Jung, J. and Hampe, J. (1998). Konzeption einer Architektur für ein Flottenmanagementsystem. Technical Report 23, Institut für Wirtschaftsinformatik, Universität Koblenz.

Kaipia, R., Holmström, J., and Tanskanen, K. (2002). VMI: What are you loosing if you let your customer place orders? *Production Planning & Control*, **13**(1), 17–25.

Kajüter, P. (2003). Risk management in supply chains. In S. Seuring, M. Müller, M. Goldbach, and U. Schneidewind, editors, *Strategy and Organization in Supply Chains*, pages 321–336. Physica, Heidelberg.

Kaplan, R. and Norton, D. (1992). The balanced scorecard – measures that drive performance. *Harvard Business Review*, **70**(Jan/Feb), 71–79.

Kaplan, R. and Norton, D. (1997). *Balanced Scorecard: Translating Strategy into Action.* Harvard Business School Press, Boston, 4th edition.

Kaplan, R. and Norton, D. (2001). Transforming the balanced scorecard from performance measurement to strategic management: Part I. *Accounting Horizons*, **15**(1), 87–104.

Karlin, A., Manasse, M., Rudolph, L., and Sleator, D. (1988). Competitive snoopy caching. *Algorithmica*, **3**, 79–119.

Kassanke, S. (1999). ORWelt – a hypermedia learning environment for university lectures in operations research. In *Proceedings of BOBCATSSS Symposium 99, Bratislava.*

Kassanke, S. and Suhl, L. (2000). ORWelt – a hypermedia learning environment for university lectures in operations research. In *OR-World – Using Learning Objects in a Hypermedia Learning Environment. Proceedings of EdMedia 2000 – World Conference on Educationall Multimedia, Hypermedia & Telecommunications, Montreal.*

Kaufmann, L. and Germer, T. (2002). Strategisches Management internationaler Supply Chains. In R. Gleich, K. Möller, W. Seidenschwarz, and R. Stoi, editors, *Controlling Fortschritte*, pages 77–94. Vahlen, München.

Kaupp, M. (1998). *City-Logistik als kooperatives Güterverkehrs-Management*. DUV, Wiesbaden.

Kearsley, G. (2000). *Online Education*. Wadsworth, Belmont Californien.

Keebler, J. (2000). The state of logistics measurement. *Supply Chain & Logistics Journal*, **3**(2), 1–7.

Kelle, P. and Silver, E. (1989). Forecasting the returns of returnable containers. *Journal of Operations Management*, **8**(1), 381–409.

Kersten, W., Held, T., and Kern, E. (2002). Leistungsspektrum virtueller Marktplätze. *Beschaffung aktuell*, pages 20–25. BA-Special 07/02.

Kilby, P., Prosser, P., and Shaw, P. (1999). Guided local search for the vehicle routing problem with time windows. In S. Voß, S. Martello, I. Osman, and C. Roucairol, editors, *Meta-heuristics: Advances and Trends in Local Search Paradigms for Optimization*, pages 473–486. Kluwer, Boston.

Kilby, P., Prosser, P., and Shaw, P. (2000). A comparison of traditional and constraint-based heuristic methods on vehicle routing problems with side constraints. *Constraints*, **5**, 389–414.

Kilger, C. and Reuter, B. (2002). Collaborative planning. In H. Stadtler and C. Kilger, editors, *Supply Chain Management and Advanced Planning*, pages 223–237. Springer, Berlin, 2nd edition.

Kindervater, G. and Savelsbergh, M. (1997). Vehicle routing: Handling edge exchanges. In E. Aarts and J. Lenstra, editors, *Local Search in Combinatorial Optimization*, pages 337–360. Wiley, Chichester.

Klaus, P. (1998). Jenseits einer Funktionenlogistik: Der Prozeßansatz. In H. Isermann, editor, *Logistik – Gestaltung von Logistiksystemen*, pages 61–78. Landsberg a.L., 2nd edition.

Klein, C. and Kim, J. (1996). AGV dispatching. *International Journal of Production Research*, **34**, 95–110.

Klingebiel, N. (2000). *Integriertes Performance Measurement*. Wiesbaden.

Kloock, J., Sieben, G., and Schildbach, T. (1999). *Kosten- und Leistungsrechnung*. Werner, Düsseldorf, 8th edition.

Klose, A. (2001). *Standortplanung in distributiven Systemen – Modelle, Methoden, Anwendungen*. Physica, Heidelberg.

Knapp, T., Durst, M., and Bichler, K. (2000). Permanente Bewertung der Lieferantenleistung. *Beschaffung aktuell*, **12/00**, 42–47.

Knickle, K. (2001). Supply chain event management – the next best thing to supply chain perfection. `http://www.amrresearch.com`, 10/2001. Technical report.

Koopmans, T. (1951). Efficient allocation of resources. *Econometrica*, **19**, 455–465.

Kopczak, L. and Johnson, M. (2003). The supply-chain management effect. *MIT Sloan Management Review*, **44**(3), 27–34.

Kopfer, H. (1992). Konzepte genetischer Algorithmen und ihre Anwendung auf das Frachtoptimierungsproblem im gewerblichen Güterverkehr. *OR Spektrum*, **14**, 137–147.

Kopfer, H. and Bierwirth, C., editors (1999). *Logistik Management*. Springer, Berlin.

Kopfer, H. and Pankratz, G. (1998). Das Groupage-Problem kooperierender Verkehrsträger. In P. Kall and H.-J. Lüthi, editors, *Operations Research Proceedings 1998*, pages 453–462. Springer, Berlin.

Koppelmann, U. (2000). *Beschaffungsmarketing*. Springer, Berlin, 3rd edition.

Koskosidis, Y., Powell, W., and Solomon, M. (1992). An optimization-based heuristic for vehicle routing and scheduling with soft time window constraints. *Transportation Science*, **26**, 69–85.

Kotzab, H. (1997). *Neue Konzepte der Distributionslogistik von Handelsunternehmen*. Gabler, Wiesbaden.

Kotzab, H. and Madlberger, M. (2001a). European retailing in e-transition? An empirical evaluation of web-based retailing – indications from Austria. *International Journal of Physical Distribution & Logistics Management*, **31**(6), 440–462.

Kotzab, H. and Madlberger, M. (2001b). `www.stationaererhandel goesinternet.at` – Ergebnisse einer empirischen Bestandsaufnahme. In H. Sebastian and T. Grünert, editors, *Logistik Management – Supply Chain Management und e-Business*, pages 173–180. Teubner, Stuttgart.

Kotzab, H., Sørensen, L., and Holst, L. (2002). An empirical evaluation of web-based retailing – indications from Denmark. In *NOFOMA Proceedings*.

Krcal, H. (1999). *Industrielle Umweltschutzkooperationen – Ein Weg zur Verbesserung der Umweltverträglichkeit von Produkten*. Springer, Berlin.

Kreps, D. (1998). Bounded rationality. In P. Newman, editor, *The new Palgrave Dictionary of Economics and Law*. MacMillan Reference, London.

Krikke, H., Van Harten, A., and Schuur, P. (1998). On a medium term product recovery and disposal strategy for durable assembly products. *International Journal of Production Research*, **36**, 111–139.

Krikke, H., van Harten, A., and Schuur, P. (1999a). Business case Océ: Reverse logistic network re-design for copiers. *OR Spektrum*, **21**, 381–409.

Krikke, H., Kooi, E., and Schuur, P. (1999b). Network design in reverse logistics: A quantitative model. *Lecture Notes in Economics and Mathematical Systems*, pages 45–61.

Krikke, H., Bloemhof-Ruwaard, J., and Van Wassenhove, L. (2001). Design of closed loop supply chains: A production and return network for refrigerators. Technical report, Erasmus Research Institute of Management; Rotterdam School of Management.

Krüger, M. (2002). Mit SCEM die Lieferversprechen einhalten. `http://www.computerwoche.de`, 10/2002. *Computerwoche*.

Kultusministerkonferenz (1998). Einführung eines Akkreditierungsverfahrens für Bachelor-/Bakkalaureus- und Master-/Magistierstudiengänge.

Beschluss der Kultusministerkonferenz vom 03.12.1998. http://www.kultusministerkonferenz.de/doc/beschl/akkredit.pdf, 08.11.2002. Technical report.

Kultusministerkonferenz (2002). Künftige Entwicklung der länder- und hochschulübergreifenden Qualitätssicherung in Deutschland. Beschluss der Kultusministerkonferenz vom 01.03.2002. http://www.kultusministerkonferenz.de/hschule/home.htm?pub, 02.12.2002. Technical report.

Lambert, A. and Gupta, S. (2002). Demand-driven disassembly optimization for electronic products. *Journal of Electronics Manufacturing*, **11**(2), 121–135.

Lambert, D. and Burduroglu, R. (2000). Measuring and selling the value of logistics. *The International Journal of Logistics Management*, **11**(1), 1–17.

Lambert, D. and Pohlen, T. (2001). Supply chain metrics. *The International Journal of Logistics Management*, **12**(1), 1–19.

Lambert, D. and Stock, J. (1993). *Strategic Logistics Management*. McGraw-Hill, Boston, 3rd edition.

Lambert, D., Cooper, M., and Pagh, J. (1998). Supply chain management: Implementation issues and research opportunities. *International Journal of Logistics Management*, **9**(2), 1–19.

Langella, I. (2003). Heuristics for demand-driven disassembly planning. Technical Report No. 11/2003, Faculty of Economics and Management, Otto-von-Guericke University Magdeburg.

Lapide, L. (2002). New developments in business forecasting. *The Journal of Business Forecasting*, **21**(2), 3–7.

Laporte, G. (1988). Location-routing. In B. Golden and A. Assad, editors, *Vehicle routing – Methods and studies*, pages 163–197. North-Holland, Amsterdam.

Laporte, G., Gendreau, M., Potvin, J., and Semet, F. (2000). Classical and modern heuristics for the vehicle routing problem. *International Transactions in Operational Research*, **7**, 285–300.

Large, R. (2000). *Beschaffungsmarketing*. Gabler, Wiesbaden, 3rd edition.

Larson, P. (2002). Mail surveys in logistics research: An analysis of practice and response rates, presentation. Technical report, CLM Educators' Conference, Sept. 29, 2002, San Francisco.

Lasch, R. (2001). Electronic Procurement: Internetbasierte Optimierung von Beschaffungsprozessen. Dresdner Beiträge zur Betriebswirtschaftslehre Nr. 55/01.

Lasch, R., Janker, C., and Friedrich, C. (2001). Identifikation, Bewertung und Auswahl von Lieferanten. Dresdner Beiträge zur Betriebswirtschaftslehre Nr. 56/01.

Laudon, K. and Travor, C. (2001). *E-Commerce. Business – Technology – Society*. Addison-Wesley, Boston.

Law, A. and Kelton, W. (2000). *Simulation Modeling & Analysis*. McGraw-Hill, New York, 3rd edition.

Lebas, M. (1995). Performance measurement and performance management. *International Journal of Production Economics*, **41**(1–3), 23–25.

Lebas, M. and Euske, K. (2002). A Conceptual and Operational Delineation of Performance. In A. Neely, editor, *Business Performance Measurement*, pages 65–79. Cambridge University Press, Cambridge.

Lee, H. (2002). Aligning supply chain strategies with product uncertainties. *California Management Review*, **44**(3), 105–119.

Lee, H. and Amaral, J. (2002). Continuous and sustainable improvement through supply chain performance management. Technical report. Stanford Global Supply Chain Management Forum.

Lee, H. and Billington, C. (1995). The evolution of supply chain management models and practices at HP. *Interfaces*, **25**(5), 42–63.

Lee, H., Padmanabhan, V., and Whang, S. (1997a). The bullwhip effect in supply chains. *Sloan Management Review*, **38**(3), 93–102.

Lee, H., Padmanabhan, V., and Whang, S. (1997b). Information distortion in a supply chain: the bullwhip effect. *Management Science*, **43**, 546–558.

Lee, Y. and Kim, Y. (2002). A discrete-continuous combined modeling approach for supply chain simulation. *Simulation*, **78**, 321–329.

Lehmann, D., Gupta, S., and Steckel, J. (1998). *Marketing Research*. Addison-Wesley, Reading.

Lenstra, J. and Rinnooy Kan, A. (1981). Complexity of vehicle routing and scheduling problems. *Networks*, **11**, 221–227.

Levy, M. and Weitz, B. (2001). *Retailing Management*. Irwin, Boston, 4th edition.

Lewandowski, S. (1998). Frameworks for computer-based client/server computing. *ACM Computing Surveys*, **30**(1), 3–27.

Liebmann, H. and Zentes, J. (2001). *Handelsmanagement*. Vahlen, München.

Liebmann, H., Foscht, T., and Ulrich, C. (1999). Qualitative Analyse des Auftritts von Unternehmen im Internet. Technical report, Institut für Handel, Absatz und Marketing, Universität Graz.

Linington, P. (1995). RM-ODP: The architecture. In K. Raymond and L. Armstrong, editors, *Proc. 3rd Intl. Conference on Open Distributed Processing*, pages 15–33. Chapman & Hall, London.

Liu, C. and Arnett, K. (2000). Exploring factors associated with web site success in the context of electronic commerce. *Information and Management*, **38**(1), 23–33.

Liu, C., Arnett, K., Capella, L., and Beatty, R. (1997). Web sites of the fortune 500 companies: Facing customers through homepages. *Information & Management*, **31**(6), 335–345.

LMML (2003). LMML: Learning Material Markup Language Framework. `http://www.lmml.de`, 31.03.2003. Technical report.

Loos, P. (1999). Konzeption und Umsetzung einer Systemarchitektur für die Produktionssteuerung in der Prozessindustrie. In P. Wenzel, editor, *Business Computing mit SAP R/3*. Gabler, Wiesbaden.

Lücke, W. (2001). Zielgrößen für Unternehmen, Stakeholder und Shareholder. *Zeitschrift für Planung*, **12**, 47–72.

Luczak, H., Eversheim, W., and Schotten, M. (1998). *Produktionsplanung und -steuerung*. Springer, Berlin.

Ludwig (2000). Telelearning Pauken im Web. *Diebold Management Report*, **9**, 23–26.

Lummus, R. and Vokurka, R. (1999). Defining supply chain management: a historical perspective and practical guidelines. *Industrial Management and Data Systems*, **1**(99), 11–17.

Lund, R. (1977). Making products live longer. *Technology Review*, **80**(1), 49–55.

Lustig, I. and Puget, J. (2001). Program does not equal program: Constraint programming and its relationship to mathematical programming. *Interfaces*, **31**(6), 29–53.

Marbacher, A. (2001). *Demand & Supply Chain Management – Zentrale Aspekte der Gestaltung und Überwachung unternehmensübergreifender Leistungserstellungsprozesse betrachtet aus der Perspektive eines Markenartikelherstellers der Konsumgüterindustrie.* Haupt, Bern.

Marriott, K. and Stuckey, P. (1998). *Programming with Constraints: An Introduction.* MIT Press, Cambridge.

Martinez, M., Fouletier, P., Park, K., and Favrel, J. (2001). Virtual enterprise – organisation, evolution and control. *International Journal of Production Economics*, **74**, 225–238.

Marx-Gomez, J. (2001). *Rechnergestützte Ansätze zur Rückflussprognose von Altprodukten zum Remanufacturing.* Shaker, Aachen.

Mason, S., Ribera, P., Farris, J., and Kirk, R. (2003). Integrating the warehousing and transportation functions of the supply chain. *Transportation Research E*, **39**, 141–159.

Matschke, M. (1996). *Betriebliche Umweltwirtschaft.* NWB, Herne.

Mattfeld, D. and Kopfer, H. (2003). Terminal operations management in vehicle transshipment. *Transport Research A*, **37**, 435–452.

Maynard, H., Stegemerten, G., and Schwab, J. (1948). *Methods-time Measurement.* McGraw-Hill, New York.

McFadden, D. (1999). Rationality for economists. *Journal of Risk and Management*, **19**, 73–105.

McKaige, W. (2001). Collaborating on the supply chain. *IIE Solutions*, **33**(3), 34–37.

Meacham, A., Uzsoy, R., and Venkatadri, U. (1996). *Determining Maximum Revenue Disassembly Configurations.* School of Industrial Engineering, Purdue University, West Lafayette.

Meidlinger, A. (1993). *Dynamisierte Bedarfsprognose für Ersatzteile bei technischen Gebrauchsgütern.* Europäischer Verlag der Wissenschaften, Frankfurt/M.

Mentzer, J. and Konrad, B. (1991). An efficiency/effectiveness approach to logistics performance analysis. *Journal of Business Logistics*, **12**(1), 33–61.

Mentzer, J., Min, S., and Zacharia, Z. (2000). The nature of interfirm partnering in supply chain management. *Journal of Retailing*, **76**(4), 549–568.

Mentzer, J., DeWitt, W., Keebler, J., Min, S., Nix, N., Smith, C., and Zacharia, Z. (2001). Defining supply chain management. *Journal of Business Logistics*, **22**(2), 1–26.

Meyr, H., Rohde, J., and Stadtler, H. (2002). Basics for modelling. In H. Stadtler and C. Kilger, editors, *Supply Chain Management and Advanced Planning*, pages 45–70. Springer, Berlin, 2nd edition.

Michalewicz, Z. (1996). *Genetic Algorithms + Data Structures = Evolution Programs*. Springer, Berlin, 3rd edition.

Micrografx (2000). *Benutzerhandbuch iGrafx process 2000*. Micrografx Deutschland.

Mies, A. and Voß, S. (2002). Logistik ‚zeitnah' gestalten. In W. Dangelmaier, A. Emmrich, and D. Kaschula, editors, *Modelle im E-Business*, pages 197–218. ALB-HNI, Paderborn.

Mietzel, G. (2001). *Pädagogische Psychologie des Lernens*. Hogrefe Verlag für Psychologie, Göttingen.

Mikhailov, L. (2002). Fuzzy analytical approach to partnership selection in formation of virtual enterprises. *Omega*, **30**, 393–401.

Milgrom, P. and Roberts, J. (1992). *Economics, Organization and Management*. Prentice Hall, Upper Saddle River.

Min, S. and Mentzer, J. (2000). The role of marketing in supply chain management. *International Journal of Physical Distribution & Logistics Management*, **30**(9), 765–787.

Minner, S. (2000). *Strategic Safety Stocks in Supply Chains*. Springer, Berlin.

Minner, S. (2002). Bewertung und Verteilung von Kooperationsvorteilen in Instandhaltungsnetzwerken. Technical report, Otto-von-Guericke-Universität Magdeburg, Fakultät für Wirtschaftswissenschaft.

Minner, S., Silver, E., and Robb, D. (2003). An improved heuristic for deciding on emergency transshipments. *European Journal of Operational Research*, **148**, 384–400.

Miragliotta, G. (2003). *Techniques and tools for multisite production systems*. Ph.D. thesis, Politecnico di Milano, Italy.

MIT (2003). The MIT beer game. `http://beergame.mit.edu`. 31.03.2003. Technical report.

Mitchell, T. (1997). *Machine Learning*. McGraw-Hill, Boston.

Morganosky, M. (1997). Retailing and the internet. A perspective on the top 100 US retailers. *International Journal of Retailing & Distribution Management*, **25**(11), 372–377.

Moritz, F. (2000). Prozentuale Selbstkosten im Schiffbau/Rahmenbedingungen des Schiffbaus. Technical report, TU-Harburg.

Mors, M. (2002). Supply chain event management systeme. *Supply Chain Management*, **2**(2), 25–28.

Mulkay, D. (1994). *Warehouse, Distribution & Operations Handbook*. McGraw-Hill, New York.

Mullaney, T., Green, H., Arndt, M., Illof, R., and Himelstein, L. (2003). E-business. The net-impact. *Business Week*, pages 42–45. May 17.

Müller, C. (1998). Automatic-Loading-System kann den Kombi-Verkehr revolutionieren. *Internationales Verkehrswesen*, **50**, 50.

Müller, H. (1996). Negotiation principles. In G. O'Hare and N. Jennings, editors, *Foundations of Distributed Artificial Intelligence*, pages 211–230. Wiley, Chichester.

Müller, H. (1997). Towards agent systems engineering. *Data & Knowledge Engineering*, **23**, 217–245.

Munari, S. and Naumann, C. (1999). Strategische Steuerung – Bedeutung im Rahmen des strategischen Managements. In D. Hahn and B. Taylor, editors, *Strategische Unternehmensplanung – Strategische Unternehmensführung*, number Physica, pages 847–862. Heidelberg, 8th edition.

Munson, C. and Rosenblatt, M. (1998). Theories and realities of quantity discounts: An exploratory study. *Production and Operations Management*, **7**, 352–369.

Muschinski, W. (1998a). Empirische Bestandsaufnahme der Lieferantenbewertung in Deutschland. Technical report. Mönchengladbacher Schriften zur wirtschaftswissenschaftlichen Praxis, 1.

Muschinski, W. (1998b). Lieferantenbewertung. In M. Strub, editor, *Das große Handbuch Einkaufs- und Beschaffungsmanagement*, pages 77–126. Moderne Industrie, Landsberg a.L.

Muthoo, A. (1999). *Bargaining Theory with Applications*. Cambridge University Press, Cambridge.

Nachtweh, K. (1998). Prozess- und zielorientierte Lieferantenauswahl. *Beschaffung aktuell*, **2/98**, 41–43.

Nalebuff, B. and Brandenburger, A. (1996). *Coopetition – kooperativ konkurrieren*. Frankfurt a.M.

Navin-Chandra, D. (1994). The recovery problem in product design. *Journal of Engineering Design*, **5**(1), 65–86.

Nayyar, P. and Khator, S. (1993). Operational control of multi-load vehicles in an automated guided vehicle system. *Computers & Industrial Engineering*, **24**, 503–506.

Nedeß, C. (2000). Produktionsfortschrittsorientiertes Referenz-Informationsmodell, Forschungsbericht 1995-2000.

Neely, A. (2003). Gazing into the crystal ball: The future of performance measurement, `http://www.som.cranfield.ac.uk/som/cbp/CBPupdate1-AndyNeely-CrystalBall.pdf`, 23.04.2003. Technical report.

Neely, A., Gregory, M., and Platts, K. (1995). Performance measurement system design. *International Journal of Operations & Production Management*, **15**(4), 80–116.

Neumann, K. and Morlock, M. (2002). *Operations Research*. Hanser, München, 2nd edition.

NFO (2002). Monitoring Informationswirtschaft. Sekundärstudie von NFO Infratest im Auftrag des Bundesministeriums für Wirtschaft und Arbeit. Technical report, NFO Infratest, München.

Nielsen, C., Holst, L., Sørensen, and Madsen, J. (2001). Internettets betydning for kæder i dansk detailhandel. Technical report, Copenhagen Business School.

Nissen, V. (2002a). Supply Chain Event Management. *Wirtschaftsinformatik*, **44**, 477–480.

Nissen, V. (2002b). Supply Chain Event Management als Beispiel für Electronic Business in der Logistik. In R. Gabriel and U. Hoppe, editors, *Electronic Business - Theoretische Aspekte und Anwendungen in der betrieblichen Praxis (Festschrift für Jörg Biethahn)*, pages 429–445. Physica, Heidelberg.

Nonaka, I. and Takeuchi, H. (1997). *Die Organisation des Wissens - Wie japanische Unternehmen eine brachliegende Ressource nutzbar machen.* Campus, Frankfurt/Main.

Norris, G., Hurley, J., Hartley, K., Dunleavy, J., and Balls, J. (2000). *E-Business and ERP.* Wiley, New York.

Norrman, A. and Lindroth, R. (2002). Supply chain risk management: Purchasers' vs. planners' views on sharing capacity investment risks in telecom industry. Technical report, 11th International IPSERA Conference, Enschede.

O'Donnell, F. and Duffy, A. (2002). Modelling design development performance. *International Journal of Operatons & Production Management*, **22**(11), 1198–1221.

Oliver, R. and Webber, M. (1982). *Outlook.* Booz Allen and Hamilton Inc.

Opitz, C. (2000). *Organisation der geteilten Nutzung.* DUV, Wiesbaden.

Orfali, R., Harkey, D., and Edwards, J. (1996). *The Essential Client/Server Survival Guide.* Wiley, Chichester.

ORWorld (2003). Portal ORWorld. http://www.or-world.com. 02.04.03. Technical report.

Osman, I. (1993). Metastrategy simulated annealing and tabu search algorithms for the vehicle routing problem. *Annals of Operations Research*, **41**, 421–451.

Osman, I. and Laporte, G. (1996). Metaheuristics: A bibliography. *Annals of Operations Research*, **63**, 513–623.

Osman, I. and Salhi, S. (1996). Local search strategies for the vehicle fleet mix problem. In V. Rayward-Smith, I. Osman, C. Reeves, and G. Smith, editors, *Modern Heuristic Search Methods*, pages 131–153. Wiley, Chichester.

Otto, A. (2002). *Management und Controlling von Supply Chains. Ein Modell auf der Basis der Netzwerktheorie.* DUV, Wiesbaden.

o.V. (1998a). Logistikkooperationen – Logistik Heute Umfrage. *Logistik Heute*, **10**, 94–101.

o.V. (1998b). Verordnung über die Vermeidung und Verwertung von Verpackungsabfällen (Verpackungsverordnung-VerpackV) vom 21.8.1998. BGBl. I 1998, page 2379.

o.V. (2001). *Kooperation und Wettbewerb.* Bayerisches Staatsministerium für Wirtschaft, Verkehr und Technologie, München, 5th edition.

o.V. (2001a). Modellierung von Informationsflüssen. *Hansa International Maritime Journal*, **6**.

o.V. (2001b). Verordnung über die Rücknahme und Entsorgung gebrauchter Batterien und Akkumulatoren (Batterieverordnung-BattV) vom 27.3.1998.

o.V. (2002a). Die Guten in's Töpfchen... – weltweite Lageroptimierung. *Logistik heute*, **12/2002**, 66–67.

o.V. (2002b). Gesetz über die Entsorgung von Altfahrzeugen (Altfahrzeug-Gesetz-AltfahrzeugG) vom 21.6.2002. BGBl. I 2002; page 2199.

o.V. (2003). Richtlinie 2002/96/EG des Europäischen Parlamentes und des Rates vom 27. Januar 2003 über Elektro- und Elektronikaltgeräte. Amtsblatt der Europäischen Union L37 (13.02.2003), pages 24-38.

Packard, V. (1960). *The Wastemakers*. Penguin.

Penev, K. and de Ron, A. (1995). Disassembly and recycling of electronic consumer products: An overview. *Technovation*, **15**(6), 363–374.

Pesant, G., Gendreau, M., Potvin, J., and Rousseau, J. (1998). An exact constraint logic programming algorithm for the traveling salesman problem with time windows. *Transportation Science*, **32**, 12–29.

Pesant, G., Gendreau, M., Potvin, J., and Rousseau, J. (1999). On the flexibility of constraint programming models: From single to multiple time windows for the traveling salesman problem. *European Journal of Operational Research*, **117**, 253-263.

Pfohl, H. (1991). Ersatzteil Logistik. *Zeitschrift für Betriebswirtschaft*, **61**, 1027–1044.

Pfohl, H. (1994). *Logistikmanagement. Funktionen und Instrumente*. Springer, Berlin.

Pfohl, H. (2000a). *Logistiksysteme: betriebswirtschaftliche Grundlagen*. Springer, Berlin, 6th edition.

Pfohl, H. (2000b). Supply Chain Management. Konzepte, Trends, Strategien. In H. Pfohl, editor, *Supply Chain Management Logistik plus*, pages 1–42. Berlin.

Pfohl, H. and Elbert, R. (2002). Wertorientierte Gestaltung von Transportvorgängen mittels dynamischer Werttreiberhierarchien. *Logistik Management*, **4**(3), 63–74.

Pfohl, H., Bretz, R., Hauk, B., Koldau, A., and Woelke, A. (2001). Status und Entwicklung von Supply Chain Management in der verarbeitenden Industrie – Ergebnisse einer Unternehmensbefragung. Technical report, Technische Universität Darmstadt, Institut für Betriebswirtschaftslehre, Fachgebiet Unternehmensführung.

Picot, A. (1991). Ein neuer Ansatz zur Gestaltung der Fertigungstiefe. *Zeitschrift für betriebswirtschaftliche Forschung*, **43**, 336–357.

Picot, A., Reichwald, R., and Wigand, R. (2001). *Die grenzenlose Unternehmung*. Gabler, Wiesbaden, 4th edition.

Picot, A., Dietl, H., and Franck, E. (2002). *Organisation*. Schäffer-Poeschel, Stuttgart, 3rd edition.

Piontek, J. (2001). Marktstudie: Das weite Feld der Tourenoptimierung. *Logistik Heute*, **12**, 37–39.

Porter, M. (1989). Der Wettbewerb auf globalen Märkten - ein Rahmenkonzept. In M. Porter, editor, *Globaler Wettbewerb - Strategien der neuen Internationalisierung*, pages 17–68. Gabler, Wiesbaden.

Porter, M. and Van der Linde, C. (1995). Green and competitive: ending the stalemate. *Harvard Business Review*. September / October 1995.

Potvin, J. and Rousseau, J. (1993). A parallel route building algorithm for the vehicle routing and scheduling problem with time windows. *European Journal of Operational Research*, **66**, 331–340.

Psaraftis, H. (1988). Dynamic vehicle routing problems. In B. Golden and A. Assad, editors, *Vehicle Routing: Methods and Studies*, pages 223–248. Elsevier, North Holland.

Püchert, H. (1996). *Ein Ansatz zur strategischen Planung von Kreislaufwirtschaftssystemen: dargestellt für das Altautorecycling und die Stahlindustrie*. DUV, Wiesbaden.

Püchert, H., Spengler, T., and Rentz, O. (1996). Strategische Planung von Kreislaufwirtschafts- und Redistributionssystemen – am Fallbeispiel des Altautorecyclings. *Zeitschrift für Planung*, **7**, 27–44.

PWC Consulting (2002). SCM in der Konsumgüterbranche – Eine Studie über die Strukturen der Logistik und des Supply Chain Managements, Frankfurt a.M.

Pyke, D. and Cohen, M. (1994). Multiproduct integrated production and distribution systems. *European Journal of Operational Research*, **74**, 18–49.

Raiffa, H., Richardson, J., and Metcalfe, D. (2002). *Negotiation Analysis: The Science and Art of Collaborative Decision Making*. Harvard University Press, Cambridge.

Rappaport, A. (1986). *Creating Shareholder Value – The New Standard for Business Performance*. New York.

Ratzenberger, R. (2000). *Entwicklung der Verkehrssicherheit und ihrer Determinanten bis zum Jahr 2010*. Wirtschaftsverlag NW, Bremerhaven.

Reary, B. (2002). A survivor's guide to integrated demand and supply. *The Journal of Business Forecasting*, **21**(2), 3–7.

Reeves, C. R. (1993). Genetic algorithms. In C. Reeves, editor, *Modern Heuristic Techniques for Combinatorial Problems*, pages 151–196. Blackwell, Halsted.

Reglin, T. (2000). *Betriebliche Weiterbildung im Internet: Didaktik – Produktion – Organisation*. Bertelsmann, Bielefeld.

Reiner, G. and Trcka, M. (2002). Supply chain management in the food industry – alternatives for a production company analyzed by a simulation model. *Twelfth International Working Seminar on Production Economics*, **1**, 141–150. Igls.

Reiners, T., Reiß, D., Sassen, I., and Voß, S. (2003). Simulation und Meta-Heuristiken als Bestandteil quantitativer BWL-Ausbildung: von der Technik zur Anwendung. In L. Suhl and S. Voß, editors, *E-Learning in Wirtschaftsinformatik und Operations Research. DSOR Beiträge zur Wirtschaftsinformatik*, volume 1, pages 77–115. BoD, DSOR Lab, Paderborn.

Reinhardt, F. (1999). Bringing the environment down to earth. *Harvard Business Review*. July/August.

Reinheimer, S. and Zimmermann, R. (2002). Einführung eines agentenbasierten Supply-Chain-Event-Management-Systems - Konzeption, Vorstudie und erste Erfahrungen. *HMD Theorie und Praxis der Wirtschaftsinformatik*, **227**(39), 76–88.

Richter, H. (1987). *Ersatzteilbewirtschaftung über die Lebensdauer eines elektronischen Gerätetyps*. Peter Lang, Frankfurt/Main.

Richter, K. (1996). Modellierung von kombinierten Wiederverwendungs- und Entsorgungsprozessen. In H. Wildemann, editor, *Produktions- und Zuliefernetzwerke*, pages 279–292. TCW, München.

Richter, K. and Nohr, H. (2002). *Elektronische Marktplätze*. Shaker, Aachen.

Riebel, P. (1994). *Einzelkosten- und Deckungsbeitragsrechnung*. Gabler, Wiesbaden, 7th edition.

Riedl, J. (2000). *Unternehmenswertorientiertes Performance Measurement: Konzeption eines Performance-Measure-Systems zur Implementierung einer wertorientierten Unternehmensführung*. DUV, Wiesbaden.

Ritchie, L., Burnes, B., Whittle, P., and Hey, R. (2000). The benefits of reverse logistics: The case of the Manchester royal infirmary pharmacy. *Supply Chain Management*, **5**(5), 226–233.

Rochat, Y. and Taillard, É. (1995). Probabilistic diversification and intensification in local search for vehicle routing. *Journal of Heuristics*, **1**, 147–167.

Rode, J. (2003). CPFR geht in den Dauerbetrieb. *Lebensmittel Zeitung*, **10**(März), 28.

Rodrigue, J. (1999). Globalization and the synchronization of transport terminals. *Journal of Transport Geography*, **7**, 255–261.

Rolf, M. (2001). Die Wettbewerbssituation im internationalen Schiffbau. *HANSA Maritime Journal*.

Ronchi, S. (2002). *The Role of Internet in the Emergence of Collaborative Markets*. Ph.D. thesis, Politecnico di Milano, Italy.

Rousseau, J. (1988). Customization versus a general purpose code for routing and scheduling problems: A point of view. In B. Golden and A. Assad, editors, *Vehicle Routing: Methods and Studies*, pages 469–479. Elsevier, Amsterdam.

Rowley, J. (1996). Retailing and shopping on the internet. *Journal of Retail and Distribution Management*, **24**(3), 26–38.

Russel, S. and Norvig, P. (1995). *Artificial Intelligence: A Modern Approach*. Prentice Hall, Englewood-Cliffs.

Russell, R. (1995). Hybrid heuristics for the vehicle routing problem with time windows. *Transportation Science*, **29**, 156–166.

Russell, R. and Igo, W. (1979). An assignment routing problem. *Networks*, **9**, 1–17.

Rust, R., Zahorik, A., and Keinigham, T. (1994). *Return On Quality: Measuring the Financial Impact of Your Company's Quest for Quality*. Probus Publishing, Chicago.

Ruthner, S. and Gibson, B. (2001). The effects of survey collection methods of reliability, response rate and costs. In T. Pohlen, editor, *Proceedings of thirtieth annual transportation and logistics educators conference. Kansas, September, 30, 2001*, pages 299–316.

Sabuncuoglu, I. and Bayiz, M. (2000). Analysis of reactive scheduling problems in a job shop environment. *European Journal of Operational Research*, **126**, 567–586.

Sackmann, D. and Ey, H. (1999). Fuzzy-Regelbasierte Exploration von Erreichbarkeitsgraphen zur Entscheidungsunterstützung der Ablaufplanung in flexiblen Fertigungssystemen. In E. Schnieder, editor, *Entwicklung und Betrieb komplexer Automatisierungssysteme, Band II, 6. Fachtagung, Braunschweig, 1999*, pages 423–432.

Sakawa, M., Nishikazi, I., and Uemura, Y. (2000). Fuzzy programming and profit and cost allocation for a production and transportation problem. *European Journal of Operational Research*, **131**, 1–15.

Sandholm, T. (2002). Algorithm for optimal winner determination in combinatorial auctions. *Artificial Intelligence*, **135**(2), 1–54.

Sankar, N. and Prabhu, B. (1998). Modified approach for prioritization of failures in a system failure mode and effects analysis. *International Journal of Quality & Reliability Management*, **18**(3), 324–335.

SAP (2002). `http://help.sap.com/saphelp_46c/helpdata/DE/8a/1a22594e4211d182be0000e8%29fbfe/content.htm`, 31.07.2002. Reparaturabwicklung beim Kunden (Field Service).

Sarma, S., Weis, S., and Engels, D. (2003). RFID systems, security & privacy implications. White Paper, Auto-ID Center MIT, Cambridge.

Sarmiento, A. and Nagi, R. (1999). A review of integrated analysis of production-distribution systems. *IIE Transactions*, **31**, 1061–1074.

Savelsbergh, M. (1990). A parallel insertion heuristic for vehicle routing with side-constraints. *Statistica Neerlandica*, **44**(3), 139–148.

Schäfer, R. (2000). *Computergestützte Lernumgebungen in der Betriebswirtschaftslehre: Analyse und Konstruktion aus Sicht des selbstgesteuerten Lernens.* DUV, Wiesbaden.

Scheer, A., Angeli, R., and Herrmann, K. (2003). Moderne Informations- und Kommunikationstechnologien: Treiber neuer Kooperations- und Kollaborationsformen. In J. Zentes, B. Swoboda, and D. Morschett, editors, *Kooperationen, Allianzen und Netzwerke – Grundlagen, Ansätze, Perspektiven*, pages 359–384. Wiesbaden.

Schertler, W. (1995). *Management von Unternehmenskooperationen.* Ueberreuter, Wien.

Schick, C. (2002). Die kooperative Supply Chain bei dm-drogerie markt GmbH + Co. KG: Risiken und Chancen. In H. Pfohl, editor, *Risiko- und Chancenmanagement in der Supply Chain: proaktiv – ganzheitlich – nachhaltig*, page Erich Schmidt. Berlin.

Schneeweiß, C. (1999). *Hierarchies in Distributed Decision Making.* Springer, Berlin.

Scholl, A. and Weber, M. (2000). Distributions-Logistik: Entscheidungsunterstützung bei der periodischen Belieferung von Regionalvertretungen. *Zeitschrift für Betriebswirtschaft*, **70**, 1109–1132.

Scholz, C. (1996). Virtuelle Organisation. Konzeption und Realisation. *Zeitschrift für Führung und Organisation*, **65**(4), 204–210.

Schönberger, J. and Kopfer, H. (2003). A memetic algorithm for a pickup and delivery selection problem. In *Proceedings of CIMCA 2003*. to appear.

Schönberger, J., Kopfer, H., and Mattfeld, D. (2002). A combined approach to solve the pickup and delivery selection problem. In U. Leopold-Wildburger, F. Rendl, and G. Wäscher, editors, *Operations Research Proceedings 2002*, pages 150–155. Springer, Berlin.

Schönleitner, G. (1999). *Electronic Commerce und neue Möglichkeiten im Bereich der Logistik durch Online Distribution unter besonderer Berücksichtigung des österreichischen Handels*. Vienna University of Economics and Business Administration, Vienna.

Schramm-Klein, H. (2002). Multi-Channel-Retailing in der Textilbranche. *Marketing-Management-Transfer*, **October**, 25–31.

Schrank, R. (2002). *Neukonzeption des Performance Measurements – Der GOPE Ansatz*. Wissenschaft & Praxis, Mannheim.

Schrecker, A. (2000). *Planung und Steuerung Fahrerloser Transportsysteme*. Gabler/DUV, Wiesbaden.

Schremper, R. and Pälchen, O. (2001). Wertrelevanz rechnungswesenbasierter Erfolgskennzahlen. *Die Betriebswirtschaft*, **61**, 342–359.

Schulmeister, R. (2001). *Virtuelle Universität – Virtuelles Lernen*. Oldenbourg, München.

Schultmann, F., Engels, B., and Rentz, O. (2001). Reverse supply chain management for spent batteries. In H. Boer and J. Christiansen, editors, *Proceedings of the 9th International EurOMA Conference "Operations Management and the New Economy"*, pages 1277–1291. Kommunik, Aalborg.

Schultmann, F., Zumkeller, M., and Rentz, O. (2002). Kombinierte Touren- und Standortplanung in der Kreislaufwirtschaft, dargestellt am Beispiel der Altautoverwertung. In M. Schenk, D. Ziems, and K. Inderfurth, editors, *Begleitband zur 8. Magdeburger Logistik-Tagung "Logistik aus technischer und ökonomischer Sicht"*, pages 172–187. Magdeburg.

Schulz, E. (1977). *Grundlagen zur Planung der Ersatzteilfertigung*. Otto Krauskopf, Mainz.

Schulz, J., Kesten, J., Vrtic, M., and Krumme, T. (1996). Bewertung des Güterverkehrs auf Straße und Schiene. Gutachten der Prognos AG im Auftrag der Forschungsvereinigung Automobiltechnik e.V. und des Deutschen Verkehrsforum e.V.

Schulz, L. (2002). Kombinierter Verkehr – Strategien und Konzepte. *Internationales Verkehrswesen*, **54**, 145–148.

Sebastian, H. and Grünert, T., editors (2001). *Logistik Management – Supply Chain Management und e-Business*. Teubner, Stuttgart.

Seidelmann, C. (1997). Der Kombinierte Verkehr – Ein Überblick. *Internationales Verkehrswesen*, **49**, 321–324.

Seifert, D. (2001). *Efficient Consumer Response.* Rainer Hampp, Mering, 2nd edition.

Seifert, D. (2002). *Collaborative Planning, Forecasting, and Replenishment.* Amacom, Bonn.

Seuring, S. (2001). Die Produkt-Kooperations-Matrix im Supply Chain Management. Technical Report EcoMTex Nr. 02, Universität Oldenburg.

Seuring, S. and Goldbach, M. (2002). *Cost Management in Supply Chains.* Physica, Heidelberg.

Sgall, J. (1998). On-line scheduling – a survey. In A. Fiat and G. Woeginger, editors, *Online Algorithms: The State of the Art*, volume 1442 of *Lecture Notes in Computer Science*, pages 196–231. Springer, Berlin.

Shaw, P. (1998). Using constraint programming and local search methods to solve vehicle routing problems. Technical report, Department of Computer Science, University of Strathclyde, Glasgow.

Shih, L. (2001). Reverse logistics system planning for recycling electrical appliances and computers in Taiwan. Resources, conservation and recycling. pages 55–72.

Siek, K., Erkens, E., and Kopfer, H. (2003). Marktübersicht über Systeme zur Fahrzeugkommunikation im Straßengüterverkehr. *Logistik Management.* To appear.

Silver, E., Pyke, D., and Peterson, R. (1998). *Inventory Management and Production Planning and Scheduling.* Wiley, New York, 3rd edition.

Simchi-Levi, D., Kaminsky, P., and Simchi-Levi, E. (1999). *Designing and Managing the Supply Chain.* McGraw-Hill, New York.

Simcon (2003). Beer Game by Simcon, `http://www.simcon.de/beergame.htm`. 31.03.2003.

Skoett-Larsen, T. (2000). European logistics beyond 2000. *International Journal of Physical Distribution & Logistics Management*, **30**(5), 377–387.

Sliwa, C. (2002). CPFR clamor persists, but adoption remains slow. *Computerworld*, **July**(1), 10.

Smeltzer, L. and Siferd, S. (1998). Proactive supply management: The management of risk. *Internatioanl Journal of Purchasing and Materials Management*, **34**(1), 38–45.

Smith, S. (1994). OPIS. A methodology and architecture for reactive scheduling. In M. Zweben and M. Fox, editors, *Intelligent Scheduling*, pages 29–66. Morgan Kaufmann, San Francisco.

Solomon, M. (1987). Algorithms for the vehicle routing and scheduling problems with time window constraints. *Operations Research*, **35**, 254–265.

Sonnek, A. and Stüllenberg, F. (2000). Kooperations- und Konfliktmanagement in Logistiknetzwerken – Der Beitrag des Controlling. *IO Management*, **69**(11), 32–39.

Specht, D. and Kahmann, J. (2000). *Virtuelle Organisation: Wege zur Anwendung und Gestaltung virtueller Unternehmen.* TCW, München.

Spengler, T. (1994). *Industrielle Demontage- und Recyclingkonzepte – Betriebswirtschaftliche Planungsmodelle zur ökonomisch effizienten Um-*

setzung abfallrechtlicher Rücknahme- und Verwertungspflichten. Erich Schmidt, Berlin.

Spengler, T. (1998). *Industrielles Stoffstrommanagement - Betriebswirtschaftliche Planung und Steuerung von Stoff- und Energieströmen in Produktionsunternehmen.* Erich Schmidt, Berlin.

Spengler, T. and Schröter, M. (2003). Strategic spare parts management in closed-loop supply chains - a system dynamics approach. *Interfaces, Special Issue on Closed-Loop Supply Chain Management.*

Spengler, T., Püchert, H., Penkuhn, T., and Rentz, O. (1997). Environmental integrated production and recycling management. *European Journal of Operational Research*, pages 308–326.

Spengler, T., Schröter, M., and Walther, G. (2001). Überbetriebliches Informationsflußkonzept zum stoffstrombasierten Supply Chain Management in der Elektro(nik)industrie. In H. Buhl, A. Huther, and B. Reitwiesner, editors, *Information Age Economy*, pages 773–786. Springer, Berlin.

Spengler, T., Walther, G., Hesselbach, J., and Ohlendorf, M. (2002a). Product assessment and recycling data analysis as precondition for efficient WEEE recycling. In *Proceedings of the International Symposium Going Green - CARE INNOVATION.* Wien, November 25 - 28, 2002.

Spengler, T., Ploog, M., Schröter, M., and Stölting, W. (2002b). Stoffstrombasiertes Supply Chain Management zur kosteneffizienten Schließung von Kreisläufen am Beispiel der Elektronikindustrie. In H. Bullinger, G. Jürgens, and U. Rey, editors, *Stoffstrommanagement - effizient produzieren nach Umwelt- und Kostenzielen, 4. Management-Symposium*, pages 121–144. Fraunhofer IRB, Stuttgart.

Stackelberg, F. (1998). Die Binnenschiffahrt im Kombinierten Ladungsverkehr. In K. Hartwig, editor, *Kombinierter Verkehr*, pages 93–122. Vandenhoeck & Rupprecht, Göttingen.

Stadtler, H. (2002). Supply chain management - an overview. In H. Stadtler and C. Kilger, editors, *Supply Chain Management and Advanced Planning*, pages 7–28. Springer, Berlin, 2nd edition.

Stadtler, H. and Kilger, C., editors (2002). *Supply Chain Management and Advanced Planning.* Springer, Berlin, 2nd edition.

Stahel, W. (1986). Product life as a variable: the notion of utilization. *Science and Public Policy*, **13**(4), 185–193.

Stainer, A. and Nixon, B. (1997). Productivity and performance measurement in R&D. *International Journal of Technology Management*, **13**(5/6), 486–498.

Stalk, G. and Hout, T. (1990). *Competing Against Time: How Time Based Competition is Reshaping Global Markets.* Free Press, New York.

Stank, T., Daugherty, P., and Autry, C. (1999). Collaborative planning: supporting automatic replenishment programs. *Supply Chain Management*, **2**(4), 75–85.

Stapleton, D., Hanna, J., and Yagla, S. (2002). Measuring logistics performance using the strategic profit model. *The International Journal of Logistics Management*, **13**(1), 89–107.

Stefansson, G. and Tilanus, B. (2000). Tracking & tracing: principles and practice. *International Journal of Technology Management*, **20**(3/4), 252–271.

Steinhilper, R. (1998). *Remanufacturing, The Ultimate Form of Recycling.* Fraunhofer IRB.

Sterman, J. (1989). Modelling managerial behaviour: misconceptions of feedback in a dynamic decision making experiment. *Management Science*, **35**, 321–339.

Sterman, J. (2000). *Business Dynamics: Systems Thinking and Modeling for a Complex World.* McGraw-Hill, Boston.

Steven, M. and Krüger, R. (2001). Internationale Logistik: Vom internationalen Gütertransfer zum globalen Supply Chain Management. In H. Sebastian and T. Grünert, editors, *Logistik Management – Supply Chain Management und e-Business*, pages 31–40. Teubner, Stuttgart.

Steven, M. and Krüger, R. (2002). Advanced Planning Systems - Grundlagen, Funktionalitäten, Anwendungen. In A. Busch and W. Dangelmaier, editors, *Integriertes Supply Chain Management - Theorie und Praxis effektiver unternehmensübergreifender Geschäftsprozesse*, pages 169–186. Gabler, Wiesbaden.

Stock, J. (1992). *Reverse Logistics.* Council of Logistics Management.

Stölzle, W. (2000). Beziehungsmanagement – Konzeptverständnis und Implikationen für die Beschaffung. In H. Hildebrandt and U. Koppelmann, editors, *Beziehungsmanagement mit Lieferanten*, pages 1–23. Schäffer-Poeschel, Stuttgart.

Stölzle, W. (2002). Supply Chain Controlling und Performance Management – Konzeptionelle Herausforderungen für das SCM. *Logistik Management*, **4**(3), 10–21.

Stölzle, W. and Heusler, K. (2001). Beschaffung auf elektronischen Märkten – Der Einfluss der Logistik auf die Qualität von industriellen Zulieferer-Abnehmer-Beziehungen. In H. Sebastian and T. Grünert, editors, *Logistik Management – Supply Chain Management und e-Business*, pages 135–147. Teubner, Stuttgart.

Stölzle, W. and Karrer, M. (2002). Performance Management in der Supply Chain. Potentiale durch die Balanced Scorecard. In Bundesvereinigung Logistik, editor, *Wissenschaftssymposium der BVL 2002*, pages 57–81. München.

Stölzle, W., Heusler, K., and Karrer, M. (2001). Die Integration der Balanced Scorecard in das Supply Chain Management-Konzept. *Logistik Management*, **3**(2/3), 73–85.

Strittmatter, P. and Mauel, D. (1997). Einzelmedium, Medienverbund und Multimedia. In L. Issing and P. Klimsa, editors, *Information und Lernen mit Multimedia.* Weinheim.

Stroustrup, B. (1998). *Die C++ Programmiersprache.* Addison-Wesley-Longman, Bonn, 3rd edition.

Stumm, W. and Davis, J. (1991). Kann Recycling die Umweltbeeinträchtigung vermindern? In E. Seidel and H. Strebel, editors, *Umwelt und Ökonomie*, pages 75–87. Gabler.

Suhl, L. and Mellouli, T. (2002). Optimierungssysteme. Skript zur Lehrveranstaltung Grundlagen von Optimierungssystemen.

Supply Chain Council (2003). `http://www.supply-chain.org`. 12.02.2003.

Süß, C. and Freitag, B. (2001). Learning material markup language LMML. Technical Report IFIS 2001/03.

Sutter, H. (1976). *Computergestützte Produktionsplanung in der chemischen Industrie*. E. Schmidt, Berlin.

Sutton, R. and Barto, A. (1998). *Reinforcement Learning: An Introduction*. Cambridge.

Szyperski, C. (1998). *Component Software – Beyond Object-Oriented Programming*. Addison-Wesley, Reading.

Taillard, É. (1993). Parallel iterative search methods for vehicle routing problems. *Networks*, **23**, 661–673.

Taillard, É., Badeau, P., Gendreau, M., Guertin, F., and Potvin, J. (1997). A tabu search heuristic for the vehicle routing problem with soft time windows. *Transportation Science*, **31**, 170–186.

Taillard, É., Gambardella, L., Gendreau, M., and Potvin, J. (2001). Adaptive memory programming: A unified view of metaheuristics. *European Journal of Operational Research*, **135**, 1–16.

Taleb, K. and Gupta, S. (1997). Disassembly of multiple product structures. *Computers & Industrial Engineering*, **32**, 949–961.

Taleb, K., Gupta, S., and Brennan, L. (1997). Disassembly of complex product structures with parts and materials commonality. *Production Planning & Control*, **8**(3), 255–269.

Tanchoco, J. and Co, C. (1994). Real-time control strategies for multiple-load AGVs. In J. Tanchoco, editor, *Material Flow Systems in Manufacturing*, pages 300–331. Chapman & Hall, London.

Tempelmeier, H. (2002). *Material-Logistik*. Springer, Berlin, 5th edition.

Teng, S. (1996). Failure mode and effects analysis - an integrated approach for product design and process control. *International Journal of Quality & Reliability Management*, **13**(5), 8–26.

The Remanufacturing Institute (2002). `http://www.remancentral.com/about_reman_industry.htm`, 30.09.02.

Thierry, M., Salomon, M., Van Nunen, J., and Van Wassenhove, L. (1995). Strategic issues in product recovery management. *California Management Review*, **37**(2), 114–135.

Toktay, L. (2001). Forecasting product returns. Technical Report 2001/98/TM/CIMSO 24, Insead, France.

Tolksdorf, R. (1999). XML und darauf basierende Standards. *Informatik Spektrum*, **22**, 407–421.

Toth, P. and Vigo, D., editors (2002). *The Vehicle Routing Problem*. SIAM Monographs on Discrete Mathematics and Applications. Society for Industrial and Applied Mathematics, Philadelphia.

Towill, D. (1996). Time compression and supply chain management – a guided tour. *Supply Chain Management*, **1**(1), 15–27. also printed in: *Logistics Information Management*, **9**(6), 41–53.

Towill, D., Naim, M., and Wikner, J. (1992). Industrial dynamics simulation models in the design of supply chains. *International Journal of Physical Distribution & Logistics Management*, **22**(5), 3–13.

Tuma, A., Friedl, J., and Franke, S. (2003). Environmental-oriented coordination of supply networks. In H. Dyckhoff, R. Lackes, and J. Reese, editors, *Supply Chain Management and Reverse Logistics*. Springer, Berlin. To appear.

Tyan, J., Wang, F.-K., and Du, T. (2003). An evaluation of freight consolidation policies in global third party logistics. *Omega*, **31**, 55–62.

Uhlig, R. and Bruns, M. (1995). *Automatisierung von Chargenprozessen*. Oldenbourg, München.

Uhr, W. and Lasch, R. (2003). *Logistik - Interaktive hypertextbasierte Lernsoftware, BWL Lernsoftware Interaktiv*. Stuttgart.

Uzsoy, R. (1997). Production planning for companies with product recovery and remanufacturing capability. *Proceedings of the 1997 IEEE International Symposium on Electronics and the Environment, San Francisco, CA, 1997, May 5-7*, pages 285–290.

Uzsoy, R. and Ventakatachalam, G. (1998). Supply chain management for companies with product recovery and remanufacturing capability. *International Journal of Environmentally Conscious Design & Manufacturing*, **7**, 59–72.

Vahrenkamp, R. (2003). *Quantitative Logistik für das Supply Chain Management*. Oldenbourg, München.

Van der Laan, E., Salomon, M., and Dekkert, R. (1995). Production planning and inventory control for remanufacturable durable products. Technical report, Tinbergen Instititut, Amsterdam.

Van der Laan, E., Salomon, M., and Dekkert, R. (1999). An investigation of lead-time effects in manufacturing/remanufacturing systems under simple push and pull control strategies. *European Journal of Operational Research*, **115**, 195–214.

Van Hoek, R. (2002). Case studies of greening the automotive supply chain through technology and operations. *International Journal of Technology Management*, **23**(1–3), 89–112.

Van Nunen, J. and Van Wassenhove, L. (2002). Supply chains of the future. *International Herald Tribune*, **October 7, 2002**.

VDI (2002). Recycling-oriented product development. Technical Report VDI 2243, 07/2002.

Veerakamolmal, P. and Gupta, S. (1998). Optimal analysis of lot-size balancing for multiproducts selective disassembly. *International Journal of Flexible Automation and Integrated Manufacturing*, **6**(3–4), 245–269.

VICS (1998a). Collaborative planning forecasting and replenishment. Voluntary guidelines. Technical report.

VICS (1998b). VICS helps trading partners collaborate to reduce uncertainty with CPFR guidelines. CPFR press release 10/1998, `http://www.cpfr.org/19981008.html`.

VICS (2002). Global commerce initiative recommended guidelines collaborative planning, forecasting and replenishment, version 2.0. Voluntary Interindustry Commerce Standards (VICS).

Vieira, G., Herrmann, J., and Lin, E. (2003). Rescheduling manufacturing systems: A framework of strategies, policies and methods. *Journal of Scheduling*, **6**, 39–62.

Vis, I. and de Koster, R. (2003). Transshipment of containers at a container terminal: an overview. *European Journal of Operational Research*, **147**, 1–16.

Vodafone Passo GmbH (2001). `http://www.passo.de/`, 10.02.2003.

Voigt, F., editor (1960). *Die volkswirtschaftliche Bedeutung des Verkehrssystems*. Dunker & Humblot, Berlin.

Volkswagen AG (2002). Geschäftsbericht 2002.

VORMS (2000). Vorhabenbeschreibung des Projekts VORMS. Ergänzungen zur Projektskizze im Förderprogramm „Neue Medien in der Bildung“, Förderbereich Hochschulen des Bundesministeriums für Bildung und Forschung. Technical report, Paderborn.

Voß, S. and Gutenschwager, K. (2001). *Informationsmanagement*. Springer, Berlin.

Voß, S. and Witt, A. (2003). Batching in der Produktionsplanung – Projektplanung mit reihenfolgeabhängigen Rüstkosten. *Zeitschrift für Planung*, **14**, 75–89.

Voß, S. and Woodruff, D., editors (2002). *Optimization Software Class Libraries*. Kluwer, Boston.

Voß, S. and Woodruff, D. (2003). *Introduction to Computational Optimization Models for Production Planning in a Supply Chain*. Springer, Berlin.

Voß, S., Martello, S., Osman, I., and Roucairol, C. (1999). Preface. In *Metaheuristics: Advances and trends in local search paradigms for optimization*, pages ix–x. Kluwer, Boston.

VSM (2000). Jahresbericht 2000. Verband für Schiffbau und Meerestechnik e.V. (VSM).

VSM (2001). Jahresbericht 2001. Verband für Schiffbau und Meerestechnik e.V. (VSM).

W3C (2003). W3C Recommendation scalable vector graphics (SVG), World Wide Web Consortium 14.01.2003. `http://www.w3.org/Graphics/SVG/Overview.htm8`. 31.03.2003. Technical report.

Wagner, S. (2001). *Strategisches Lieferantenmanagement in Industrieunternehmen*. Lang, Frankfurt am Main.

Wallau, F. (2001). *Kreislaufwirtschaftssystem Altauto*. DUV, Wiesbaden.

Weber, J. (2002a). *Einführung in das Controlling*. Schäffer-Poeschel, Stuttgart, 9th edition.

Weber, J. (2002b). *Logistik- und Supply Chain Controlling*. Schäffer-Poeschel, Stuttgart, 5th edition.

Weber, J. (2002c). *Logistikkostenrechnung: Kosten-, Leistungs- und Erlösinformationen zur erfolgsorientierten Steuerung der Logistik.* Berlin, 2nd edition.

Weber, J. and Blum, H. (2001). *Logistik-Controlling. Konzept und empirischer Stand.* Vallendar.

Weber, J. and Dehler, M. (1999). Erfolgsfaktor Logistik. *Logistik Heute*, **23**(9), 64–66.

Weber, J. and Schäffer, U. (1999). Auf dem Weg zu einem aktiven Kennzahlenmanagement. *Die Unternehmung*, **53**(5), 333–350.

Weber, J. and Wertz, B. (1999). Erfolgsfaktoren des Lieferantenmanagements. *Beschaffung aktuell*, **11/99**, 47–49.

WebFleet-Datafactory AG (2003). WebFleet-Fahrzeug- und Personenortung im Internet, `http://www.webfleet.de`, 10.02.2003.

Webster, F. and Wind, Y. (1972). A general model of understanding organizational buying behaviour. *Journal of Marketing*, **4/72**, 12–19.

Welles, E. (1993). Virtual realities. *Inc.*, **4**, 50–58.

Wendt, W. (1997). *Case Management im Sozial- und Gesundheitswesen. Eine Einführung.* Lambertus, Freiburg im Breisgau.

Wenzel, P. (1999). *Betriebswirtschaftliche Anwendungen mit SAP R/3.* Vieweg, Braunschweig, 2nd edition.

Werners, B. (1998). Multimedia in der Lehre: Internet-basierter Übungsbetrieb. In *Workshop Aktuelle Methoden und Systeme, insbesondere zur Produktionsplanung.* Witten.

Wickinghoff, C. (1999). Performance Measurement in der Logistik – Grundlagen, Konzepte und Ansatzpunkte einer Bewertung logistischer Prozesse. Technical Report 100, Seminar für Allgemeine Betriebswirtschaftslehre, Betriebswirtschaftliche Planung und Logistik, Universität zu Köln.

Wiendahl, H.-P. (1987). *Belastungsorientierte Fertigungssteuerung.* Hanser, München.

Wieser, O. and Lauterbach, B. (2001). Supply Chain Event Management mit mySAP SCM (Supply Chain Management). *HMD Theorie und Praxis der Wirtschaftsinformatik*, **219**(38), 65–71.

Wildemann, H. (2001). *Logistik Prozeßmanagement.* München, 2nd edition.

Williamson, O. (1985). *The Economic Institutions of Captitalism.* The Free Press, New York.

Willke, H. (1998). *Systemisches Wissensmanagement.* Lucius&Lucius, Stuttgart.

Wißler, W. (1997). *Unternehmenssteuerung durch Gemeinkostenzuteilung.* DUV, Wiesbaden.

Wooldridge, M. (2000). *Resaoning about Rational Agents.* MIT Press, London.

Xu, J. and Kelly, J. (1996). A network flow-based tabu search heuristic for the vehicle routing problem. *Transportation Science*, **30**, 379–393.

Yano, C. and Lee, H. (1995). Lot sizing with random yields: a review. *Operations Research*, **43**, 311–324.

Zäpfel, G. and Wasner, M. (2000). Logistische Planungsprobleme in kooperativen Transportnetzwerken für Sammelgutspeditionen. In B. Kaluza and T. Blecker, editors, *Produktions- und Logistikmanagement in Virtuellen Unternehmen und Unternehmensnetzwerken*, pages 321–344. Springer, Berlin.

Zelewski, S. (1995). Petrinetzbasierte Modellierung komplexer Produktionssysteme, Band 5: Einführung in Synthetische Netze, Teilband 5.2: Auswertungsmöglichkeiten. Technical Report 10, Institut für Produktionswirtschaft und industrielle Informationswirtschaft, Universität Leipzig.

Zentes, J. (1996). ECR – eine neue Zauberformel? In A. Töpfer, editor, *Efficient Consumer Response (ECR) – Wie realistisch sind die versprochenen Vorteile?*, pages 24–46. Mainz.

Zentes, J. (1998). Effizienzsteigerungspotentiale kooperativer Logistikketten in der Konsumgüterwirtschaft. In H. Isermann, editor, *Logistik – Gestaltung von Logistiksystemen*, pages 429–440. Moderne Industrie, Landsberg a.L.

Zentes, J. (2000). Wettbewerbsstrategien und Logistik. In H. Baumgarten, H. Wiendahl, and J. Zentes, editors, *Logistik-Management*. Kap. 3.03.02, Berlin.

Zentes, J. (2002). *Best Practice-Prozesse im Handel: Customer Relationship Management und Supply Chain Management.* Frankfurt a.M.

Zentes, J. and Biesiada, H. (2003). Retail Performance Measurement – Ein neuer Ansatz des prozessorientierten Handelscontrolling. *Coorganisation*, **22**(3).

Zentes, J. and Schramm-Klein, H. (2001). Multi-Channel-Retailing – Ausprägungen und Trends. In B. Hallier, editor, *Praxisorientierte Handelsforschung*, pages 290–296.

Zentes, J. and Swoboda, B. (2001). *Grundbegriffe des Marketing.* Stuttgart, 5th edition.

Zentes, J., Swoboda, B., and Morschett, D., editors (2003a). *Kooperationen, Allianzen und Netzwerke – Grundlagen, Ansätze, Perspektiven.* Wiesbaden.

Zentes, J., Morschett, D., and Neidhart, M. (2003b). Vertikale Vertriebskooperationssysteme – Perspektiven und Strategien. In IBB und Institut für Handel und Internationales Marketing, editor, *Die Zukunft der Kooperationen*, pages 189–267. Frankfurt a.M.

Zimmermann, K. (2002). Using the balanced scorecard for interorganizational performance management of supply chains – a case study. In S. Seuring and M. Goldbach, editors, *Cost Management in Supply Chains*, pages 399–415. Physica, Heidelberg.

Zipkin, P. (2000). *Foundations of Inventory Management.* McGraw-Hill, Boston.

Zuidwijk, R. and Krikke, H. (2001). Disassembly for recovery under uncertainty. *Proceedings of SPIE International Conference on Environmentally Conscious Manufacturing II*, pages 44–53.

Appendix

The chair of the program committee of the conference Logistics Management LM03 consisted of:

- Thomas Spengler (Braunschweig)
- Stefan Voß (Braunschweig / Hamburg)

Members of the international program committee are:

- Christian Bierwirth (Halle)
- Raymond K. Cheung (Hongkong, China)
- Teodor Gabriel Crainic (Montreal, Canada)
- Joachim R. Daduna (Berlin)
- Mauro Dell'Orco (Bari, Italy)
- Wolfgang Domschke (Darmstadt)
- Bernhard Fleischmann (Augsburg)
- Hans Otto Günther (Berlin)
- Hans-Dietrich Haasis (Bremen)
- Arnd Huchzermeier (Koblenz)
- Karl Inderfurth (Magdeburg)
- Heinz Isermann (Frankfurt)
- Egon Jehle (Dortmund)
- Peter Klaus (Erlangen)
- Gerhard Knolmayer (Bern, Switzerland)
- Herbert Kopfer (Bremen)
- Sebastian Kummer (Vienna, Austria)
- Gilbert Laporte (Montreal, Canada)
- Rainer Lasch (Dresden)
- Pitu Mirchandani (Tucson, USA)
- Eckehard Schnieder (Braunschweig)
- Hans-Jürgen Sebastian (Aachen)
- M. Grazia Speranza (Brescia, Italy)
- Dirk Steenken (Hamburg)
- Marion Steven (Bochum)
- Wolfgang Stölzle (Duisburg)
- Horst Tempelmeier (Köln)
- Jo van Nunen (Rotterdam, Netherlands)
- Günther Zäpfel (Linz, Austria)

While the members of the international program committee helped in refereeing the contributions submitted for the conference, the following individuals were additionally involved as referees:

- Jaqueline M. Bloemhof (Rotterdam, Netherlands)
- Ronald Bogaschewsky (Würzburg)
- Kai Brüssau (Hamburg)
- Jian Chen (Beijing, China)
- Daniel Corsten (St. Gallen, Switzerland)
- Sven Crone (Hamburg)
- Wilhelm Dangelmaier (Paderborn)
- Jan Dethloff (Hamburg)
- Dirk Pieter van Donk (Groningen, Netherlands)
- Andreas Drexl (Kiel)
- Harald Dyckhoff (Aachen)
- Elmar Erkens (Bremen)
- Monica Gentili (Rome, Italy)
- Peter Greistorfer (Graz, Austria)
- Tore Grünert (Aachen)
- Dan Guide (University Park, USA)
- Felix Hahne (Hildesheim)
- Werner Jammernegg (Vienna, Austria)
- Peter Kajüter (Düsseldorf)
- Bernd Kaluza (Klagenfurt, Austria)
- Herbert Kotzab (Copenhagen, Denmark)
- Ronald Krick (Braunschweig)
- Harold Krikke (Rotterdam, Netherlands)
- Tan Wee Kwan (Singapore)
- Rudolf Large (Bernburg)
- Stefan Lessmann (Hamburg)
- Arne Løkketangen (Molde, Norway)
- Dirk Mattfeld (Bremen)
- Axel Neher (Marburg)
- Giselher Pankratz (Hagen)
- Marco Perona (Brescia, Italy)
- Michael Rebstock (Darmstadt)
- Knut Richter (Frankfurt/Oder)
- Franz Rothlauf (Mannheim)
- Elke Sandvoss (Augsburg)
- Gabriele Schneidereit (Hamburg)
- Frank Schultmann (Karlsruhe)
- Regine Slagmulder (Fontainebleau, France)
- Gilvan Souza (College Park, USA)
- Sven Spieckermann (Maintal)
- Robert Stahlbock (Hamburg)
- Axel Tuma (Augsburg)
- Klaus Turowski (Augsburg)
- Richard Vahrenkamp (Kassel)
- Nils Weisphal (Hamburg)
- David L. Woodruff (Davis, USA)
- Stephan Zelewski (Essen)
- Joachim Zentes (Saarbrücken)

Sponsors of the LM03 are:

- Volkswagen Bank

- Deutsche Post World Net

- Braunschweigischer Hochschulbund e.V.